VERHANDLUNGSBERICHTE DER KOLLOID-GESELLSCHAFT · BAND 28

Lösungen und Adsorption

(Special Edition from Progress in Colloid and Polymer Science, Vol. 65)

Vorträge

Gehalten auf der 28. Hauptversammlung in Kiel vom 3. bis 6. Oktober 1977

Herausgegeben von

Prof. Dr. GERHARD LAGALY – Kiel

Prof. Dr. F. HORST MÜLLER – Marburg

Prof. Dr. ARMIN WEISS – München

Mit 289 Abbildungen und 19 Tabellen

DR. DIETRICH STEINKOPFF VERLAG · DARMSTADT 1978

CIP-Kurztitelaufnahme der Deutschen Bibliothek

Lösungen und Adsorption: (special ed. from "Progress in colloid and polymer science", Vol. 65); Vorträge, gehalten auf d. 28. Hauptversammlung in Kiel vom 3.–6. Oktober 1977 / Kolloid-Ges. Hrsg. von Gerhard Lagaly . . . – Darmstadt: Steinkopff, 1978.

(Verhandlungsberichte der Kolloid-Gesellschaft; Bd. 28)

ISBN-13:978-3-7985-0538-4 e-ISBN-13:978-3-642-93664-7

DOI: 10.1007/978-3-642-93664-7

NE: Lagaly, Gerhard [Hrsg.]; Kolloid-Gesellschaft

ISSN 0075–6555

Herstellung: Hans Meister KG, Kassel

Erscheinungsweise: in der Regel alle 2 Jahre – Bandpreis: DM 130,–

INHALT

Wasser und Elektrolytlösungen

Nichtwässerige Systeme

Micellen

Stark strukturierte Systeme

Polymere und deren Lösungen

Reaktionen an Grenzflächen

Neue Meßmethoden

KOLLOID-GESELLSCHAFT e.V.

Frühere 1. Vorsitzender

1922–1943 Prof. Dr. *Wo. Ostwald* †
1949–1967 Prof. Dr. *H. Erbring*

1. Vorsitzender 1977-1979

Prof. Dr. *A. Weiss*, München

Vorstand 1977-1979

Dr. *H. Schuller*, Ludwigshafen
J. Steinkopff, Darmstadt (Geschäftsführung)
Prof. Dr. *A. Weiss*, München

Vorstandsrat 1977-1979

Prof. Dr. *H. P. Boehm*, München
Prof. Dr. *H. Erbring*, Bensberg
Prof. Dr. *G. Ertl*, München
Prof. Dr. *G. Kanig*, Ludwigshafen
Prof. Dr. *H. Lange*, Düsseldorf
Prof. Dr. *F. H. Müller*, Marburg
Prof. Dr. *W. Noll*, Leverkusen
Prof. Dr. *E. Wolfram*, Budapest

Bisherige Hauptversammlungen

Lfd. Nr.	Jahr	Tagungsort	Tagungs-Vorsitzender	Thema, Tagung bzw. Berichtsband
1	1922	Leipzig	Prof. Dr. *Wo. Ostwald*	Kolloidchemie der Gegenwart
2	1923	Jena	Prof. Dr. *Wo. Ostwald*	–
3	1924	Innsbruck	Prof. Dr. *Wo. Ostwald*	Wasserbindung in Kolloiden
4	1925	Nürnberg	Prof. Dr. *Wo. Ostwald*	Experimentelle Methoden der Kolloidchemie
5	1926	Düsseldorf	Prof. Dr. *Wo. Ostwald*	Säurewirkung und Wasserstoffionenkonzentration in der reinen und angewandten Kolloidchemie
6	1927	Essen	Prof. Dr. *Wo. Ostwald*	Brownsche Bewegung und nichtflüssige disperse Systeme
7	1928	Hamburg	Prof. Dr. *Wo. Ostwald*	Gallerten und Gele
8	1930	Frankfurt/Main	Prof. Dr. *Wo. Ostwald*	Organische Chemie und Kolloidchemie
9	1932	Mainz	Prof. Dr. *Wo. Ostwald*	Filme und Fäden
10	1934	Hannover	Prof. Dr. *Wo. Ostwald*	Röntgenoskopie und Elektronoskopie von dispersen Systemen, Fäden, Filmen und Grenzschichten
11	1936	Dresden	Prof. Dr. *Wo. Ostwald*	Angewandte Kolloidchemie
12	1938	Stuttgart	Prof. Dr. *Wo. Ostwald*	Kolloidchemie und einige biologisch-medizinische Probleme
13	1941	Dresden	Prof. Dr. *Wo. Ostwald*	Struktur kolloider Systeme
14	1949	Wiesbaden	Prof. Dr. *H. Erbring*	Neue Ergebnisse der Kolloidwissenschaft
15	1951	Köln	Prof. Dr. *H. Erbring*	–
16	1953	Hamburg	Prof. Dr. *H. Erbring*	Kräfte und Strukturen bei Kolloiden
17	1955	Bad Oeynhausen	Prof. Dr. *H. Erbring*	Grenzflächenprobleme und Reaktionen im kolloiden Zustand
18	1957	Bad Oeynhausen	Prof. Dr. *H. Erbring*	Kolloidchemie makromolekularer Naturstoffe
19	1959	Bad Oeynhausen	Prof. Dr. *H. Erbring*	Anorganische Dispersoide
20	1961	Bad Oeynhausen	Prof. Dr. *H. Erbring*	Chemie und Physik der Makromoleküle
21	1963	Bad Oeynhausen	Prof. Dr. *H. Erbring*	Ordnungsstrukturen in biologischen, polymeren und kolloiden Systemen
22	1965	Bad Oeynhausen	Prof. Dr. *H. Erbring*	Polymere und Grenzschichten
23	1967	Bad Oeynhausen	Prof. Dr. *H. Erbring*	Grenzflächen und Stabilität von Dispersionen
24	1969	Heidelberg	Prof. Dr. *A. Weiss*	Grenzflächen: Grundlagen, Methoden, Anwendungen
25	1971	München	Prof. Dr. *A. Weiss*	Stabilität kolloider Systeme
26	1973	Marburg	Prof. Dr. *F. H. Müller*	Strukturen von Polymer-Systemen
27	1975	Darmstadt	Prof. Dr. *H. W. Kohlschütter*	Kolloidchemie heute
28	1977	Kiel	Prof. Dr. *G. Lagaly*	Lösungen und Adsorption

Empfänger des Laura-R.-Leonhard-Preises:

1923 Prof. Dr. *Wo. Pauli* †
Prof. Dr. *R. Zsigmondy* †
1924 Prof. Dr. *M. H. Fischer* †
1925 Prof. Dr. *H. Siedentopf* †
1926 Prof. Dr. *H. Ambronn* †
1927 Prof. Dr. *A. Lottermoser* †
1928 Prof. Dr. *H. Freundlich* †
Sir *William Hardy* †
1929 Dr. Dr. *R. E. Liesegang* †
1930 Prof. Dr. *H. Bechhold* †
1931 *Agnes Pockels* †
1932 Prof. Dr. *P. P. von Weimarn* †
1933 Prof. Dr. *G. Wiegner* †
1935 *A. Imhausen* †
1936 Prof. Dr. *L. Ubbelohde* †
1938 Prof. Dr. *M. Samec* †
1940 Dr.-Ing. E. h. *Theodor Steinkopff* †
1941 Dr. *H. Lüppo-Cramer* †

Empfänger des Felix-Cornu-Preises:

1924 Dr. Dr. *R. E. Liesegang* †

Empfänger des Thomas-Graham-Preises:

1926 Prof. Dr. *Wo. Ostwald* †
1969 Prof. Dr. *H. Erbring*
1975 Prof. Dr. *H. W. Kohlschütter*

Empfänger des Wolfgang-Ostwald-Preises:

1961 Prof. Dr. *O. Kratky*
1963 Prof. Dr. *F. H. Müller*
1965 Prof. Dr. *U. Hofmann*
1971 Prof. Dr. *W. Noll*
1973 Prof. Dr. *G. Rehage*
1975 Prof. Dr. *B. Tamamushi*

Empfänger des Richard-Zsigmondy-Stipendiums:

1961 Priv.-Doz. Dr. *K. Kühn,* Heidelberg
Prof. Dr. *R. C. Schulz,* Mainz
Prof. Dr. *K. Hummel,* Graz
1963 Prof. Dr. *H.-G. Kilian,* Ulm
Dr. *E. Brandt,* Kiel
1965 Priv.-Doz. Dr. *W. Funke,* Stuttgart
Prof. Dr. *K. Ebert,* Heidelberg
1969 Prof. Dr. *G. Lagaly,* Kiel
1973 Priv.-Doz. Dr. *W. Borchard,* Clausthal
1975 Prof. Dr. *H. Knözinger,* München

Verstorbene Ehrenmitglieder:

Prof. Dr. *P. Debye*
Prof. Dr. *M. H. Fischer*
Prof. Dr. *M. Samec*
Dr.-Ing. E. h. *Theodor Steinkopff*
Prof. Dr. *The Svedberg*

Mitglieder der Kolloid-Gesellschaft

(Mitgliederstand per 1. 8. 1977: 307)

Ehrenmitglieder

Erbring, Prof. Dr. Hans, Graf-von-Spee-Straße 5, D-5060 Bensberg
Huggins, Prof. Dr. M. L., 135 Northridge Lane, Woodside, Calif. 94062 (USA)

Ordentliche Mitglieder

Adam, Dr. Gerold, W.-Sombart-Straße 20III, D-7750 Konstanz
Affeldt, Dr. H., Reuterweg 14, D-6000 Frankfurt
Albrecht, Prof. Dr. Johannes, Bäumlstraße 11, D-8000 München 19
Antweiler, Prof. Dr. H. J., Ölbergstraße 7, D-5300 Bonn
Awad, Dr. Aida, Assuit University, Faculty of Science, Chemistry Department, Assuit (Ägypten)

Baaz, Dr. Katharina, Loidoldgasse 4, A-1080 Wien
Baltá Calleja, Dr. F. J., Instituto de Quimica Fisica „Rocasolano", Serrano 119, Madrid 6 (Spanien)
Balzer, Dr. Dieter, Griesheimer Straße 18, D-4370 Marl 1
Barthell, Dr. E., Minkweg 18a, D-4150 Krefeld
Bartunek, Dr. Richard, Am Sonnenberg 11, D-8761 Mechenhard
Bartusch, Dr. Werner, Winzererstraße 50, D-8000 München 13
Baumann, Dr. Helmut, Grillostraße 4, D-4630 Bochum
Beck, Dr. Karlheinz Hanns, Brändli 1484, Heerbrugg-Widnau, Kt. St. Gallen (Schweiz)
Beckmann, Dr. Heinrich, Waldblick 27, D-5308 Rheinbach
Beneke, Klaus, Univ.-Inst. f. anorg. Chemie, Olshausenstraße 40–60, D-2300 Kiel
Bergna, Dr. Horacio, E., 34 Vining Lane, West Park, Wilmington, Delaware 19807 (USA)
Bergseth, Dr. Harald, Chemisches Institut d. Landwirtschaftl. Hochschule Norwegens, Vollebekk (Norwegen)
Blanc, Dr. H., Forschungszentrum Graz, A-8010 Graz
Beutelspacher, Dr. H., Bundesallee 50, D-3300 Braunschweig
Boehm, Prof. Dr. H. P., Meiserstraße 1, D-8000 München 2
Bonart, Prof. Dr. Richard, Universität Regensburg, Fachbereich Physik, Institut für Angewandte Physik III, Universitätsstraße 31, D-8400 Regensburg
Borchard, Dr. Werner, An der Ziegelhütte 7, D-3392 Clausthal-Zellerfeld 3
Brandt, Dr. Erik, Dorfstraße 53, D-2300 Ottendorf, Post Kiel 1
Brandt, Dr. Horst, Antoniusstraße 4, D-5074 Odenthal
Braun, Prof. Dr. Dietrich, Jakob-Jung-Straße 56, D-6100 Darmstadt-Arheilgen
Breitenbach, Prof. Dr. J. W., Währingerstraße 42, A-1090 Wien
Budde, Dr. Klaus, Mainzer Straße 85, D-6090 Rüsselsheim
Burkhardt, Dr. Ernst, Sossenheimer Weg 28, D-6230 Frankfurt 80

Corte, Dr. Herbert, Am Wasserturm 12, D-5090 Leverkusen 3
Cremer, Prof. Dr. Erika, Innrain 52a, A-6020 Innsbruck

Damm, Dr. Klaus, Am Freudenberg 13, D-5600 Wuppertal-Elberfeld
Davidescu, Dr. Yvette, B-dul Republicii 177, Bukarest (Rumänien)
Dervichian, Dr. D. G., Institut Pasteur, Avenue du Docteur Roux, F-75724 Paris
Dialer, Prof. Dr. Kurt, Spalatinstraße 41, D-8000 München 83
Dobry-Duclaux, Frau Dr. A., 39, rue de l'Arbalète, F-75 Paris V
Dövener, Dr. Dierk, Sonnenbergstraße 5, D-6701 Ellerstadt

Ebert, Prof. Dr. Gotthold, Gisselberger Straße 49, D-3550 Marburg
Ebert, Prof. Dr. Klaus, Werderstraße 27, D-6900 Heidelberg 1
Edelmann, Dr. Kurt, Via Tuarga 6, CH-7013 Domat/Ems, GB
von Eichborn, Dr. Johann Ludwig, Falkenburger Ring 73, D-2000 Hamburg 73
Eicke, Prof. Dr. Hans-Friedrich, Univ.-Inst. f. Physikalische Chemie, CH-4065 Basel
Ekwall, Prof. Dr. Per, Grahundsvägen 134, S-12362 Stockholm 7
Ettlinger, Dr. M., Eifelweg 26, D-8500 Nürnberg

Fikentscher, Dr. Hans, Holzweg 75, D-6702 Bad Dürkheim
Fitz, Stephan, Meiserstraße 1, D-8000 München 2
Flaig, Prof. Dr. Wolfgang, Bundesallee 50, D-3300 Braunschweig
Flumiani, Prof. Dr. Gilbert, Philosophische Fakultät, Skoplje (Jugoslawien)
Forslind, Prof. Dr. Erik, Inst. Fysikalisk Kemi, Kungl. Tekniska Högskolan, S-114-70 Stockholm
Forst, Prof. Dr. August W., Schönbergstraße 12, D-8000 München 80
Frens, Dr. G., Philips Research Laboratories, Eindhoven (Niederlande)
Freyer, Dr. Peter, Pottberghöhe 1, D-2300 Kiel 14
Freytag, Dr. Hans, Riedeselstraße 10, D-6100 Darmstadt
Funcke, Priv.-Doz. Dr. Werner, Liststraße 17, D-7250 Leonberg

Fürniss, Dr. Peter, Adalbert-Stifter-Straße 11, D-6901 Eppelheim

Garcia Fernandez, Prof. Dr. Serafin, Nucleo Universitario de Pedralba, Barcelona 14 (Spanien)
Gast, Apotheker Werner, Montplanelstraße 5, D-4132 Kamp-Lintfort
Gehatia, Priv.-Doz. Dr. Theodor M., 5749 Seven Gables Avenue, Dayton, Ohio 45426 (USA)
Gessner, Prof. Dr. Hermann, Stockenstraße 107, CH-8802 Kilchberg b. Zürich
Ghosh, Prof. Dr. S., Chemical Laboratories, University of Allahabad, Allahabad 2 (Indien)
Gille, Dr. Fritz, Bahnhofstraße 116, D-4030 Ratingen 6
Gohr, Doz. Dr. Dr. Hans, Hauptstraße 2, D-5350 Eiserberg über Euskirchen
Götte, Dr. Ernst, Angermunder Weg 37, D-4030 Ratingen-Tiefenbroich
Grasenick, Dr. Fritz, Rechbauerstraße 12, A-8020 Graz
Grassmann, Prof. Dr. Wolfgang, Gachenaustraße 21, D-8036 Herrsching
Groh, Dr. Julius, CH-1724 Praroman
Groh, Dr. Marguerite, CH-1724 Praroman

Haller, Dr. W., Pahlshof 13, D-4000 Düsseldorf 30
Hansen, Dr. Albert, Statens Seruminstitut, Amager Boulevard 80, Kopenhagen S (Dänemark)
Härtel, Dipl.-Ing. Chem. Martin, Eulenhardtweg 4, D-5340 Bad Honnef 1 (Röhndorf)
Helferich, Prof. Dr. Burckhardt, Bonner Talweg 66, D-5300 Bonn
Heller, Prof. Dr. Siegfried, Medizinische Forschungsanstalt MPG, Planck-Straße 10, D-3400 Göttingen
Hellmuth, Dr. Eckhard W., 3 East 55th Terrace, Kansas City, Mo. 64113 (USA)
Henning, Dr. Otto, Freiherr-vom-Stein-Allee 24 DDR-53 Weimar
Herminghaus, Dr. Hellmut, Wetterstraße 49, D-5804 Herdecke
Herzog, Alfred, Univ.-Inst. f. anorg. Chemie, Meiserstraße 1, D-8000 München 2
Heusch, Dr. Rudolf, Morgengraben 12, D-5000 Köln 8
Hilke, Dr. Klaus-Jürgen, II. Rote Haag Weg 10, D-5100 Aachen
Hofmann, Prof. Dr. Ulrich, Tischbeinstraße 42, D-6900 Heidelberg
Holland-Moritz, Dr. K., Nikolausstraße 125, D-5000 Köln 41
Horn, Dr. Dieter, Schröderstraße 69, D-6900 Heidelberg
Hosemann, Prof. Dr. R., Kirchstraße 4, D-1000 Berlin 33
Hummel, Prof. Dr. Klaus, Plüddemanngasse 71, A-8010 Graz

Imhausen, Prof. Dr. Karl-Heinz, Kaiserstraße 95, D-7630 Lahr

Jäckel, Dr. Karl, Kalmitstraße 18, D-6800 Mannheim-Lindenhof
Janeschitz-Kriegl, Prof. Dr. H., Universitäts-Institut für Physikalische Chemie, A-4045 Linz-Auhof
Jasmund, Prof. Dr. K., Kerpener Straße 4, D-5000 Köln 41
Jodl, Dipl.-Chem. Richard, Am Heidstamm 81, D-5023 Lövenich
Joly, Dr. Maurice, 55, rue Lacordaire, F-75015 Paris
Jost, Dr. Frantisek, Bonner Straße 14, D-4000 Düsseldorf 13
Junghanss, Dr. Helmut P., Kalkweg 66, D-4100 Duisburg

Kalauch, Dr. Carl, Harnackstraße 9, DDR-705 Leipzig
Kaminski, Ing. grad. Manfred, Hünshovener Gracht 3, D-5130 Geilenkirchen
Kanig, Prof. Dr. Gerhard, Saarlandstraße 40, D-6700 Ludwigshafen
Kassenbeck, Dir. Dr. Paul, Fraunhofer-Inst. f. angew. Mikroskopie, Photographie und Kinematographie, Breslauer Straße 48, D-7500 Karlsruhe 1
Kast, Prof. Dr. Wilhelm, Kybfelsenstraße 48, D-7800 Freiburg
Katsurai, Prof. Dr. Tominosuke, 476, Shimo-ochiai 1-chome, Shinjuku, Tokyo (Japan)
Kaulgud, Dr. M. V., 61 Dharampeth, Extension M. Azad Road, Ghanekar Bungelow, Nagpur 10 (India)
Kausch, Prof. Dr. H. H., ETH Lausanne, Laboratoire des polymères, 32, ch. de Bellerive, CH-1007 Lausanne
Kern, Dr. Rudolf, Winterbergstraße 3, D-6736 Hambach
Kern, Prof. Dr. Werner, Universität, Institut für Organische Chemie, D-6500 Mainz
Kiessig, Dr. Heinz, Finkenweg 30, D-7016 Gerlingen 2
Kilian, Prof. Dr. Hanns-Georg, Beyerstraße 37, D-7900 Ulm
Killmann, Prof. Dr. Erwin, Erdinger Platz 1, D-8046 Garching
Klein, Dipl.-Chem. Hermann, Arnimstraße 32, D-5000 Köln 30
Kleinschmidt, Prof. Dr. Albrecht, Universität Ulm, Abt. Mikrobiologie I, Oberer Eselsberg, D-7900 Ulm
Kleinstein, Dipl.-Chem. Ana, Catedra de chimie fizică, Strada 23 August Nr. 11, Jaşi (Rumänien)
Klemm, Prof. Dr. Wilhelm, Theresiengrund 22, D-4400 Münster
Klette, Dr. Hermann, Lützowstraße 40, D-8000 München 60
Kling, Dr. Walter, Vennhauser Allee 40, D-4000 Düsseldorf-Eller
Knappwost, Prof. Dr. A., Laufgraben 24, D-2000 Hamburg 13
Knözinger, Prof. Dr. Helmut, Ahornring 3/V, D-8021 Taufkirchen
Koeck, Dr. Wolfgang, Richard-Strauss-Straße 45, D-8000 München 80
Kohlschütter, Prof. Dr. H. W., Annastraße 19, D-6100 Darmstadt
Koppe, Dr. Paul, Parsivalstraße 32d, D-4330 Mülheim
Koppelmann, Prof. Dr. Jan, Montanistische Hochschule, A-8700 Leoben
Köppelmann, Dr. Edgar, Menzelweg 60, D-4010 Hilden
Kosfeldt, Prof. Dr. Robert, In den Atzenbenden 30, D-5100 Aachen

Krämer, Dr. Karl-Heinz, Dorrlochstraße 15, D-6200 Wiesbaden-Bierstadt

Kratel, Dr. Rudi, Fritz-von-Grävenitz-Straße 23, D-7016 Gerlingen 2

Kratky, Prof. Dr. Oskar, Drosselweg 15, A-8010 Graz

Krléza, Prof. Dr. Franjo, Lenjinova 9/IV, Sarajewo (Jugoslawien)

Krücke, Dipl.-Chem. Edgar, Kastanienweg 3, D-3406 Bovenden üb. Göttingen

Kurzendörfer, Dr. Claus-Peter, Kapellenstraße 7, D-4019 Monheim

Lagaly, Prof. Dr. Gerhard, Univ.-Inst. f. anorg. Chemie, Olshausenstraße 40–60, Haus N 13a, N 13b, D-2300 Kiel

Lange, Prof. Dr. Hermann, Beethovenstraße 11, D-4018 Langenfeld

László, Dr. Zoltán, Sallai Imre u. 41, Budapest XIII (Ungarn)

Lehmann, Prof. Dr. Hans, Oberer Triftweg 28, D-3380 Goslar

Lohs, Dr. Karl-Heinz, Lindenberger Weg 70, DDR-1115 Berlin-Buch

Lüdde, Dr. K. H., Löwen-Apotheke, Güldeplatz 1, DDR-53 Weimar

Lyklema, Prof. Dr. J., Laboratorium voor Fysische en Kolloidchemie der Landbouwhogeschool, De Dreyen 6, Wageningen (Holland)

Malss, Dr. Hellmuth, Cheruskerstraße 36, D-4000 Düsseldorf-Oberkassel

Martin Sauras, Prof. Dr. Juan, Calvo Sotelo 25, Zaragoza (Spanien)

Matijević, Prof. Dr. Egon, 94 Market Street, Potsdam, N.Y., 13676 (USA)

Matthes, Prof. Dr. A., Kiefernweg 6, DDR-45 Dessau

Medina Romero, Ing. Antonio, C/Aben-Humeya 10, Granada (Spanien)

Meskat, Dr. Walter, Mühlenweg 90a, D-5090 Leverkusen 3

Metzger, Dr. Gisela, Mühlpforte 1, DDR-40 Halle

Milička, Dr. Lubomir, Smeralova 2, Bratislava (ČSSR)

Mitra, Dr. S. P., Sheila Dhar Institute of Soil Science, University of Allahabad, 2-D Beli Road, Allahabad (Indien)

Moll, Dr. Walter, Schulstraße 18, D-3030 Walsrode

Moravek, Prof. Dr. Vladimir, Kotlarska, 2 Brno (ČSSR)

Müller, Dr. Bernd W., Antonius Deusinglaan 2, Groningen (Niederlande)

Müller, Prof. Dr. F. Horst, Haselhecke 26, D-3550 Marburg-Marbach

Nemetschek, Prof. Dr. Theobald, Hildastraße 24, D-6900 Heidelberg

Netter, Prof. Dr. Hans, Waitz-Straße 4, D-2300 Kiel

Neumann, Prof. Dr. A. W., 1097 Melvin Avenue, Oakville, Ontario (Canada)

Noll, Prof. Dr. Walter, Am Wasserturm 15A, D-5090 Leverkusen 3

Nüßlein, Dr. H., Klosterstraße 78, D-4000 Düsseldorf

Ohlenbusch, Prof. Dr. Hans-Dieter, Maria-Theresia-Allee 219, D-5100 Aachen

Otero Aenlle, Prof. Dr. Enrique, Catedra de Tecnica Fisica y Fisico Aplicada, Facultad de Farmacia, Universidad, Madrid 3 (Spanien)

Ottewill, Prof. Dr. R. H., School of Chemistry, Bristol University, Bristol BS8 1TS (Großbritannien)

Parfitt, Prof. Dr. Geoffrey, Tioxide International Ltd, Billingham, Cleveland (England)

Patat, Prof. Dr. F., Arcisstraße 21, D-8000 München 2

Peschel, Prof. Dr. G., Am Sonnenschein 60, D-4300 Essen 17

Peterlin, Prof. Dr. Anton, National Bureau of Standards, Washington, D.C. 20234 (USA)

Pfefferkorn, Prof. Dr. Gerhard, Habichtshöhe 12, D-4400 Münster

Pfeiffer, Dr. Hans H., Pagentorner Straße 7, D-2800 Bremen I

Pich, Dr. Josef, C.Sc., Zahradni město-Zăpaol č, 2802, Praha 10 (ČSSR)

Pieper, Dr. Luise, Grünhofer Weg 45, D-1000 Berlin 20

Platinakov, Dr. Dimo, Chemische Fakultät, Universität Sofia, Anton-Ivanov-Straße 1, Bu-1126 Sofia

Pohle, Dr. Hans, Am Weidenbusch 33, D-5090 Leverkusen 3

Prosch, Dr. Werner, Kurt-Schumacher-Straße 49, D-5810 Witten

Pucherna, Dir. Dr. Jaroslav, Sdruženi Cukrovar ů, Výzkumný Ustav Cukrovarnický Ředitel, Praha (ČSSR)

Quaedvlieg, Dr. Mathieu, Andreasstraße 32, D-5300 Bonn-Bad Godesberg

Rehage, Prof. Dr. G., Inst. f. physik. Chemie TU, Ad.-Römer-Straße 2A, D-3392 Clausthal-Zellerfeld

Reinwald, Dr. Elmar, Werstener Dorfstraße 110, D-4000 Düsseldorf-Wersten

Reitstötter, Prof. Dr. Dr. Josef, Elisabethstraße 31, D-8000 München 13

Revallier, Dr. L. J., Central Laboratorium, Staatsmijnen in Limburg, Geleen (Holland)

Rupprecht, Prof. Dr. Herbert, Machthildstraße 47, D-8400 Regensburg

Ruska, Prof. Dr. Ernst, Falkenried 7, D-1000 Berlin 33

Sachsse, Prof. Dr. Hans, Regerstraße 1, D-6200 Wiesbaden

Saechtling, Dr. Hans-Jürgen, Wilhelm-Beer-Weg 103, D-6000 Frankfurt 70

Saito, Dr. Shuji, Momotani Juntenkan Ltd., Minatoku, Osaka (Japan)

Sandera, Prof. Dr. K., Výzkumný Ustav Cukrovarnický Modrany, Masarykova 76, Praha (ČSSR)

Sappok, Dr. Reinhard, Langgarten 15, D-6900 Heidelberg 1

Sato, Prof. Dr. Koichi, Shibuya-ku, Higashi-2–8, Tokyo 150 (Japan)

Sauerwald, Prof. Dr. H., Univ.-Inst. f. physikal. Chemie, DDR-40 Halle

Schade, Dr. Herbert, Franz-Lehmann-Straße 24, DDR-422 Leuna

Schäfer, Prof. Dr. Herbert, Taubenweg 7, D-6101 Rossdorf

Schallreuther, Dieter, Paul-Löbe-Weg 7, 3400 Göttingen-Weende

Scharrer, Dr. Erich, Finkenweg, D-5106 Roetgen

Scheele, Prof. Dr. Walter, Diedenhofener Straße 14, D-3000 Hannover-Kirchrode

Scheludko, Prof. Dr. A., Bulgar. Akademie der Wissenschaften, Institut für physikalische Chemie, Sofia 13 (Bulgarien)

Schempp, Dr. W., Breslauer Platz 3, D-6100 Darmstadt

Schindler, Prof. Dr. Paul, Univ.-Inst. f. anorganische Chemie, Freiestraße 3, CH-3000 Bern

Schlüter, Dr. Herbert, Hessische Straße 4, D-4370 Marl-Drewer

Schmid, Prof. Dr. Gerhard, Kardinal-Schulte-Straße 30, D-5060 Bensberg

Schmidt, Dr. Herbert, Saturnweg 16, D-2000 Hamburg-Wellingsbüttel

Schöllhorn, Prof. Dr. Robert, Univ.-Institut für anorganische Chemie, Gievenbecker Weg 9–11, D-4400 Münster i.W.

Scholz, Dr. Werner, Mittlerer Rainweg 8, D-6904 Ziegelhausen

Schoon, Prof. Dr. Th. G. F., Univ.-Inst. f. physikal. Chemie, Markusstraße 9–11, D-8700 Würzburg

Schramm, Dr. Georg, Karwendelstraße 9, D-8021 Großhesselohe

Schreier, Dr. Gerhard, Holsteiner Straße 27, D-4370 Marl

Schuller, Dr. Helmut, Freinsheimer Straße 30, D-6700 Ludwigshafen

Schultze, Prof. Dr. Georg R., Gerlachstraße 24, D-3000 Hannover 1

Schulz, Prof. Dr. Rolf C., Am Gonsenheimer Spiess 18, D-6500 Mainz

Schulz, Dr. Richard, Postfach 7540, D-4800 Bielefeld

Schumann, Dr. Klaus, Matthias-Claudius-Straße 2, D-4006 Erkrath 1

Schurz, Prof. Dr. Dr. J., Univ.-Institut für Physikalische Chemie, Heinrichstraße 28, A-8010 Graz

Schwabe, Prof. Dr. Kurt, DDR-7301 Meinsberg üb. Döbeln

Schwiete, Prof. Dr. Hans Ernst, Drimbornallee 253, D-5100 Aachen

Schwiete, Dr. R., Mainzer Straße 35, D-6084 Gernsheim

Schwuger, Dr. Milan Joh., Sauerbruchstraße 18, D-5657 Haan

Sell, Dr. P.-J., Institut für Physik und Chemie der Grenzflächen, Römerstraße 32a, D-7000 Stuttgart-S

Singh, Dr. Mahendra Kumar, Kolloidbiologisches Forschungslabor, Martinistraße, D-2000 Hamburg 20

Šipalo-Zuljević, Dr. Josip, ul. Prolet. brig. 230b/III, Y-41 Zagreb

Sippel, Dr. Arnulf, Weddigenstraße 3, D-7800 Freiburg

Sliwka, Dr. Wolfgang, Diemstraße 8, D-6940 Weinheim

Smolka, Dr. Heinz G., Senliser Straße 32, D-4018 Langenfeld

Springer, Prof. Dr. Jürgen, An den Hubertushäusern 3e, D-1000 Berlin 38

Spurný, Prof. Dr. Krĕtoslav, Fraunhofer-Institut für Aerobiologie, D-5949 Grafschaft (Sauerland)

Stampe, Dr. Gerhard, Wakenitzstraße 56, D-2400 Lübeck

Stanislaus, Dr. Fritz, Halserspitzstraße 12, D-8000 München 80

Stauff, Prof. Dr. Joachim, Briegelweg 21, D-6100 Darmstadt

Steinbach, Dr. Hans-Horst, Im Birkelshof 1, D-5072 Schildgen

Steinkopff, Verlagsbuchhändler Jürgen, Zimmerstraße 13, D-6100 Darmstadt

Störzbach, Wolfram, c/o Kinematica GmbH, Steinhofhalde 20–22, CH-6005 Luzern

Strauch, Dr. Georg, Minkweg 42, D-4151 Krefeld

Sucker, Dr. Christian, Hoppersheider Busch 6, D-5072 Schildgen

Szanto, Dr. Ferenc, Aradi Vértanúk tere 1, Szeged (Ungarn)

Tamamushi, Prof. Dr. Bun-ichi, Nezu Chemical Institute, Musashi University, 1–26, Toyotama-kami, Nerimaku, Tokyo (Japan)

van den Tempel, Dr. M., Unilever Research Laboratory, Olivier van Noort Laan, 120, Vlaardingen (Holland)

Tewari, Dr. Swarup Narain, 15 Taj Road, Agra (Indien)

Težak, Prof. Dr. Božo, Postfach 131, Zagreb (Jugoslawien)

Thiele, Prof. Dr. Heinrich, Neue Universität Kolloidchemie, Olshausenstraße 40–60, D-2300 Kiel 1

Tönges, Dipl.-Chem. Carl-Heinz, Dieselstraße 12, D-5657 Haan

Traitteur, Dr. Heinz, Feldkirchner Straße 15, D-8016 Heimstetten

Tschapek, Prof. Dr. Max, Instituto de Edafologia e Hidrologia, Av. Alem. 925, Bahia Blanca (Argentinien)

Türck, Dr. Ulrich, Gersthofener Straße 20, D-4370 Marl

Ullmann, Prof. Dr. Elsa, Sambergerstraße 6, D-8000 München 71

Ulmann, Prof. Dr. M., Institut für Ernährung, DDR-1505 Potsdam-Rehbrücke

Unger, Prof. Dr. Klaus, Zintl-Institut für Anorganische und Physikalische Chemie der THD, Hochschulstraße 4, D-6100 Darmstadt

Vavruch, Doz. Dr. Istvan, Ciba-Geigy Photochemie AG, Forschungszentrum Marly, CH-1701 Fribourg

Walter, Dr. G., Hessenring 75, D-6374 Steinbach

Walther, Dipl.-Chem. Horst, Vollmerstraße 9, D-7880 Säckingen

Wannow, Dr. Hans Andreas, Tunselweg 28, D-7813 Staufen i. Br.

Weber, Dr. Eva, Holzstraße 5, D-4200 Oberhausen-Holten

Weiss, Prof. Dr. Arnim, Meiserstraße 1, D-8000 München 2

Welfers, Dr. Egi, Wachenheimer Straße 75, D-6237 Liederbach
Wenning, Dr. Heinrich, Auf dem Berg 8, D-5170 Jülich-Barmen
Wiedemann, Dr. Erwin, Heubenstraße 5, CH-4125 Riehen
Wiegel, Dr. Ernst, Bortfelder Stieg 7, D-3300 Braunschweig
Wijnen, Dr. M. D., Philips' Gloeilampenfabrieken, Bibliotheekcentraale, Eindhoven (Holland)
Wild, Dr. Hellmuth, Wasserturmstraße 72, DDR-7027 Leipzig
Wirth, Dr. Hans, Eifelweg 7, D-6368 Bad Vilbel
Wittich, Erich K. H., Postfach 161, 8033 Planegg
Wolf, Dr. Friedrich, Karl-Heine-Straße 4b, DDR-7031 Leipzig
Wolfram, Prof, Dr. E., Puskin-u. 11/13, Budapest VIII (Ungarn)

Zahn, Prof. Dr. Helmut, Siegelallee 19, D-5100 Aachen
Zeil, Prof. Dr. Werner, Aiblestraße 10, D-7406 Mössingen b. Tübingen
Zichy, Erno L., 19 The Holdings, Hatfield, Herts. AL 9 5HH (England)
Zocher, Prof. Dr. Hans, Laboratorio da Producào Mineral, Avenida Pasteur 404, Rio de Janeiro (Brasilien)

Korporative Mitglieder

Akzo-Chemie GmbH, Postfach 175, D-5160 Düren
Arbeitsgemeinschaft für Getreideforschung, Am Schützenberg 9, D-4930 Detmold

BASF, Badische Anilin- und Soda-Fabrik AG, Hauptlaboratorium, Postfach, D-6700 Ludwigshafen
P. Beiersdorf & Co. AG, Unnastraße 48, D-2000 Hamburg 20
Bibliothek der Chemischen Institute der Technischen Universität, Straße des 17. Juni 135, D-1000 Berlin 12
Bibliothek der Leuna-Werke, Chemiewerke Walter Ulbricht, DD-422 Leuna
Bibliothek der Rheinisch-Westfälischen Technischen Hochschule, Wüllnerstraße, D-5100 Aachen
Bibliothek der Technischen Universität, Am Welfengraben 1, D-3000 Hannover
Bibliothek der Universität Fridericiana, Kaiserstraße 12, D-7500 Karlsruhe
Bundesanstalt für Materialprüfung, Unter den Eichen 87, D-1000 Berlin 45

Ceresit-Werke GmbH, Friedrich-Ebert-Straße 32, D-4750 Unna
Chemische Fabrik Kalk GmbH, Kalker Hauptstraße 22, D-5000 Köln 91
Chemische Fabrik Stockhausen & Cie., Bäckerpfad 25, D-4150 Krefeld 1
Chemische Werke Hüls AG, Postfach, D-4370 Marl
Chemisches Institut der Humboldt-Universität, Hessische Straße 1/2, DDR-104 Berlin
Consortium für elektrochemische Industrie GmbH, Zielstattstraße 20, D-8000 München 25

Dalli-Werke Mäurer & Wirtz, Postfach, D-5190 Stolberg
DECHEMA, Deutsche Gesellschaft für chemisches Apparatewesen e.V., Rheingau-Allee 25, Postfach 970811, D-6000 Frankfurt 97
DEGUSSA, Postfach 2644, D-6000 Frankfurt 1
Deutsche Gesellschaft für Lackforschung e.V., Postfach, D-6300 Gießen
Deutsche Vakuumapparate Dreyer & Holland-Merten GmbH, Postfach, DDR-47 Sangerhausen
Deutsches Kunststoffinstitut, Schloßgartenstraße 6R, D-6100 Darmstadt
Dunlop AG, Postfach 129, D-6450 Hanau
Dynamit Nobel AG, Postfach, D-5210 Troisdorf

Emser Werke AG, CH-7013 Domat-Ems GB
Enka AG, Postfach 100149, D-5600 Wuppertal 1
Erz- und Kohleflotation GmbH, Postfach 397, D-4630 Bochum 5

Farbwerke Hoechst AG, Postfach 800320, D-6230 Frankfurt 80
Fraunhofer-Institut für Silikatforschung, Neunerplatz 2, D-8700 Würzburg

Geologische Landesanstalt der Deutschen Demokratischen Republik, Invalidenstraße 44, DDR-104 Berlin
Gmelin-Institut, Varrentrappstraße 40–42, Postfach 13369, D-6000 Frankfurt 90

Henkel KG auf Aktien, Henkelstraße 67, D-4000 Düsseldorf 1
Hoffmann-La Roche AG, D-7887 Grenzach-Wyhlen
Huber, Michael, Farbenfabriken, Postfach 800808, D-8000 München 80

Institut für angewandte Mikroskopie, Photographie und Kinematographie der Fraunhofer-Gesellschaft e.V., Breslauer Straße 48, D-7500 Karlsruhe 1
Institut für Physikalische Chemie, Universität Hamburg, Laufgraben 24, D-2000 Hamburg 13
Institut für physikalische Chemie und Kolloidchemie der Universität Köln, Severinswall 34, D-5000 Köln

Kali-Chemie AG, Hans-Böckler-Allee 20, D-3000 Hannover 1

Dr. Madaus & Co., Postfach 932001, D-5000 Köln 91
E. Merck, Postfach 4119, D-6100 Darmstadt 2
Meßgerätewerk Lauda Dr. R. Wobser KG, Postfach 350, D-6970 Lauda

Röhm GmbH, Chemische Fabrik, Postfach 4242, D-6100 Darmstadt

Sichel-Werke GmbH, Postfach, D-3000 Hannover-Linden
SKW Trostberg Aktiengesellschaft, Postfach 1150/1160, D-8223 Trostberg
Süddeutsche Chemiefaser AG., Postfach, D-8420 Kelheim

VEB Schimmel, VVB Organisch-chemische Industrie, DDR-7154 Miltitz

Schleicher & Schüll GmbH, Postfach, D-3352 Einbeck

Verlag Theodor Steinkopff, Loschwitzer Straße 32, Postfach 20, DDR-8053 Dresden

Výzkumný Ustav Cukrovarnický, Modrany, Masarykova 76, Praha (ČSSR)

Wacker-Chemie GmbH, Prinzregentenstraße 22, D-8000 München 22

Wintershall AG, August-Rosterg-Haus, D-3500 Kassel

Zinkweiß-Forschungsgesellschaft mbH, Schwartzstraße 72, Postfach 622, D-4200 Oberhausen

Progr. Colloid & Polymer Sci. **65**, 1–5 (1978)

ISSN 0340-255 X

Bericht über die 28. Hauptversammlung der Kolloid-Gesellschaft e. V. vom 3. bis 5. Oktober 1977 in Kiel

A. Weiss (München)

Begrüßungsabend

Am Abend des 3. Oktober 1977 versammelten sich die bereits in Kiel eingetroffenen Tagungsteilnehmer zu einem zwanglosen Begrüßungsabend im *Restaurant im Schloß*, nachdem zuvor Vorstand und Vorstandsrat der Kolloid-Gesellschaft im *Hotel Flensburger Hof* zu einer turnusmäßigen ordentlichen Sitzung zusammengetroffen waren.

1. Sitzungstag

am Dienstag, dem 4. Oktober 1977, im Großen Chemie-Hörsaal der Universität Kiel.

Beginn: 9 Uhr

Vorsitzende: die Herren *A. Weiss, G. Kanig, R. C. Schulz, E. Wolfram*

Tagungsteilnehmer: rund 130 Personen.

Herr *Armin Weiss* begrüßte als Vorsitzender der Kolloid-Gesellschaft die Versammlung mit folgenden Worten:

Meine sehr verehrten Damen und Herren!

Ich darf Sie herzlich willkommen heißen zur 28. Hauptversammlung der Kolloid-Gesellschaft, die in zweijährigem Turnus nun seit mehr als 50 Jahren stattfindet. Ich möchte dabei all den alten Mitgliedern danken, die nun schon zum x-ten Male dabei sind, und auch diejenigen sehr herzlich begrüßen, die zum ersten Male zu unserem Kreis gestoßen sind. Mein besonderer Gruß gilt auch den Teilnehmern aus den verschiedensten Ländern. Es hat sich in den letzten Jahren erfreulich eingepegelt, daß zwischen 30 und 40% der Teilnehmer aus dem Ausland kommen.

Unsere Hauptversammlung ist eine wissenschaftliche Veranstaltung. Ihr Erfolg hängt von der Qualität der Vorträge ab. Es haben sich sehr viele prominente Redner bereitgefunden, zu dieser Tagung durch einen Vortrag beizutragen. Ihnen gilt mein besonderer Dank. Für den reibungslosen Ablauf muß umfangreiche Organisationsarbeit geleistet werden. Hier haben Prof. *Lagaly* und sein Mitarbeiterstab Vorbildliches geleistet, und wir alle haben dafür zu danken.

Die früheren Hauptversammlungen haben in großer Regelmäßigkeit Anfang Oktober/Anfang November in Bad Oeynhausen stattgefunden. Sie sind von Prof. *Erbring* organisiert worden, der heuer zum ersten Male seit 1951 wegen Erkrankung nicht dabei sein kann. Ich setze Ihr Einverständnis voraus, daß wir ihm von dieser Tagung hier ein Telegramm mit den besten Wünschen für die Genesung senden.

In Bad Oeynhausen hat die Gesellschaft von der Umwelt abgeschlossen getagt. Seit 1969 sind wir aus dieser Abgeschlossenheit herausgetreten. Unsere Tagungen fanden an den Universitäten in *Heidelberg, München, Marburg* und *Darmstadt* statt. In diesem Jahr wurde zum ersten Male *Kiel* als Tagungsort gewählt. Die Universität bietet jungen Studenten und wissenschaftlichen Mitarbeitern die Möglichkeit, unsere Gesellschaft und die in ihren Hauptversammlungen diskutierten wissenschaftlichen Probleme kennenzulernen.

Auch wenn nur wenige neue Mitglieder auf diese Weise gewonnen werden, lohnt sich der zusätzliche Aufwand.

Für die Wahl von Kiel als Tagungsort gibt es noch einen anderen Grund: hier hat es einen letzten Lehrstuhl für Kolloidlehre in der Bundesrepublik gegeben. Leider ist auch dieser Lehrstuhl mit der Emeritierung von Prof. *Thiele* verschwunden und damit eine Entwicklung abgeschlossen worden, die derjenigen in den anderen Industriestaaten und in den Ostblockländern gerade entgegengesetzt ist. Hier wirken sich noch immer Vorurteile aus, die über Jahrzehnte in unserem Lande wirksam waren. Dabei gewinnt die Kolloidwissenschaft bei den praktischen Fragen, die unsere Gesellschaft zu lösen hat, mehr und mehr an Bedeutung. Vielleicht gelingt es über den Umweg, viele jüngere Wissenschaftler für das Gebiet zu begeistern, der Kolloidwissenschaft an den deutschen Universitäten wieder einen breiteren Wirkungsraum zu verschaffen. Hier in Kiel ist mit der Berufung von Prof. *Lagaly* wenigstens eine Keimzelle erhalten geblieben.

Vielleicht könnte man das Problem auch etwas primitiver aufgreifen. Als ich gestern abend durch die sehr schöne, regenfeuchte Fußgängerzone von Kiel ging, fiel mir auf, daß auch hier, wie in den meisten deutschen Großstädten, jeder zweite bis dritte Pflasterstein mit einem Kaugummiklumpen verschmutzt ist, den die normalen Straßenreinigungsgeräte nicht erfassen. Hier liegt ein typisch kolloidchemisches Problem vor. Die Haftung eines visko-elastischen Systems auf einer starren Unterlage. Mit einem guten Journalisten und einem Hygieniker müßte es möglich sein, in einer ökologiebewußten Gesellschaft der Kolloidlehre den Grad an Gesellschaftsrelevanz zuzuerkennen, den sie verdient. Im Augenblick ist es damit allerdings in der Bundesrepublik noch schlecht bestellt. Dem Durchschnittschemiker fehlt elementares Grundlagenwissen auf diesem Gebiet, und er hat gegenüber den Kollegen aus den Nachbarländern ein erhebliches Wissensdefizit. Dieses Defizit in den normalen Studienplänen äußert sich u.a. auch darin, daß der Fortbildungskurs, den wir zusammen mit der Gesellschaft Deutscher Chemiker durchführen, der mit weitem Abstand gefragteste ist. 150 Teilnehmer in nur knapp 2 Jahren haben einige Stellen hellhörig gemacht und Versäumnisse der Vergangenheit aufgedeckt. Der augenblickliche Zeitpunkt ist allerdings äußerst ungünstig, um rasch Abhilfe zu schaffen. Die deutschen Universitäten sind nach der politischen Lähmung der letzten Jahre nun durch gesetzgeberische und bürokratische Maßnahmen entmündigt. Sie haben von sich aus nicht mehr die Kraft zu einer Lösung. Daher ist es für besonders begabte junge Leute, welche die Hochschullehrerlaufbahn einschlagen möchten, ein besonders großes Risiko, sich auf dem Kolloidgebiet zu engagieren. Die Industrie ist auf diesem Gebiet ungewöhnlich publikationsfeindlich. Dies ist einerseits leicht verständlich, weil bei fast jedem Endprodukt Kolloid- und Grenzflächenprobleme eine wesentliche Rolle spielen. Andererseits erscheint mir aber die Industrie selbst unsicher, weil sie nur wenige eigene Fachleute hat. Das dokumentiert sich besonders deutlich in der Formulierung vieler Patentanmeldungen, wo allgemein anerkannte Begriffe der Kolloidwissenschaft häufig recht tollpatschig neu umschrieben werden, wie wenn die zugehörigen Fakten gerade neu entdeckt worden wären.

Unsere Gesellschaft hat die Aufgabe, hier eine Wendung zum Besseren herbeizuführen. Ein Weg hierzu liegt in der Organisation von *Arbeitstagungen unserer Arbeitsgemeinschaften.* Seit der letzten Hauptversammlung hat eine solche Arbeitstagung über Dispersionen in Deidesheim stattgefunden. Sie war von Herrn Dr. *Schuller* organisiert worden, dem ich hier ebenfalls dafür danken möchte. Arbeitstagungen über Polymere werden von Prof. *Müller* und Prof. *Kanig* in regelmäßigen Abständen abgehalten. Im Anschluß an die nun stattfindende 28. Hauptversammlung wird zusammen mit der Deutschen Ton- und Tonmineralgesellschaft eine Arbeitstagung über Ionenaustauscher stattfinden. Arbeitstagungen dieser Art werden auch in Zukunft durchgeführt. Interessenten werden gebeten, sich bei den Leitern der jeweiligen Arbeitsgemeinschaften zu melden.

Ein anderer Weg liegt in der Verstärkung der internationalen Zusammenarbeit. So werden die früher als EUCHEM-Konferenzen veranstalteten Tagungen über Chemistry of Interfaces jetzt in Anlehnung an die Kolloid-Gesellschaft durchgeführt. Die nächste wird Ende September 1978 in *Varna* (Bulgarien), stattfinden und sich schwerpunktmäßig mit dünnen Filmen, Benetzbarkeit, Flotation und elektrischen und mechanischen Eigenschaften von Interphasen befassen. Eine Veranstaltung in noch größerem Rahmen wird vom 20. bis 25. August 1979 in *Stockholm* stattfinden. Dort werden mizellare Systeme, Mikroemulsionen, polymere Kolloide, Adhäsion und Benetzung, Dispersionen von Festkörpern sowie dünne flüssige Filme und bimolekulare Lipidschichten zentrale Diskussionspunkte sein. Wenn Sie diese Schwerpunkte näher überlegen, sehen Sie die Spannweite unseres Gebietes. Diese Spannweite äußert sich auch bei unserer Tagung hier in Kiel. Es war dabei nicht leicht, die Zahl der Diskussionsbeiträge so zu beschränken, daß man ohne Parallelsitzungen auskommen konnte.

Alle Teilnehmer, die schon öfter an Hauptversammlungen der Kolloid-Gesellschaft teilgenommen haben, schätzen den vertrauten Kreis, der ihnen Möglichkeiten zu wissenschaftlicher Aussprache bietet und auch menschliche Kontakte pflegt. In diesem Zusammenhang müssen wir auch der Mitglieder gedenken, die seit der letzten Hauptversammlung verstorben sind.

Es sind dies:

Dr. *Richard Elsner*, Heinsberg/Randerath
Prof. Dr. *H. Heinrich Franck*, Berlin-Niederschönhausen (DDR)
Dr. *August Moeller*, Frankfurt/Main
Prof. Dr. *Günter Reske*, Frankfurt/Main
Dr. *Willy Weiß*, Koblenz
Prof. Dr. *Karl A. Wolf*, Heidelberg

Sie haben sich zu Ehren der Verstorbenen von Ihren Plätzen erhoben, und ich danke Ihnen dafür.

Wie ich schon eingangs erwähnte, sind unsere Hauptversammlungen wissenschaftliche Veranstaltungen mit Vorträgen und Diskussionen. Ihnen soll die ungeschmälerte Zeit zur Verfügung stehen. Ich möchte daher nunmehr die Tagung mit dem ersten Vortrag von Prof. *Luck* eröffnen.

In der *Vormittagssitzung* wurden folgende Vorträge gehalten*):

W. A. P. Luck-Marburg, Zur Struktur des Wassers und wässeriger Systeme

G. Hertz-Karlsruhe, Struktur nichtwässeriger Flüssigkeiten

B. Steffen-Berlin, Strukturuntersuchung an realen und molekular-dynamischen Flüssigkeiten

In der *Nachmittagssitzung* wurden folgende Vorträge gehalten:

W. A. P. Luck and *S. S. Shah*-Marburg, Einfluß der Wasserstruktur auf gespreitete Filme von äthoxylierten Octadecanolen

G. Ebert, *Ch. Ebert* und *L. Paudjojo*-Marburg, Über den Einfluß von Wasserstruktur und elektrostatischen Wechselwirkungen auf die Konformationsumwandlung von Polypeptiden

H. E. Kern, *A. Piechocki*, *U. Brauer* und *G. H. Findenegg*-Bochum, Adsorption from solution of chain molecules onto graphite: Evidence for lateral interactions in ordered monolayers

M. J. Schwuger und *W. D. Hell*-Düsseldorf, Adsorptionskinetik nicht-ionogener Tenside an der Grenzfläche Wasser/Luft

H. Rupprecht-Regensburg, Sorption von Tensiden an Festkörperoberflächen und ihre Bedeutung im Bereich der Arzneiformen

H. Steinbach-Leverkusen, Coadsorbate und Wasserstrukturen an der Oberfläche wässeriger Tensidlösungen

Am *Abend* fand ein *Orgelkonzert* für die Tagungsteilnehmer in der Marienkirche in Schönkirchen statt.

2. Sitzungstag

am Mittwoch, dem 5. Oktober 1977, im Großen Chemie-Hörsaal der Universität Kiel.

Beginn: 9 Uhr

Vorsitzende: G. Ebert, S. Friberg, G. Kanig, A. Weiss, H. Lange, W. A. P. Luck

Tagungsteilnehmer: rund 80–100 Personen

In der *Vormittagssitzung* wurden folgende Vorträge gehalten:

S. Friberg-Rolla, Miss., Flüssige Kristalle und Stabilität von Dispersionen

B. Tamamushi-Tokyo, Surface and interfacial tensions of systems involving lyotropic liquid crystals

---

*) Für die Veröffentlichung wurden die Vorträge durch *G. Lagaly* systematisiert und daher etwas anders angeordnet. Die Vorträge gliedern sich daher im folgenden entsprechend den Zwischenüberschriften: *Wasser und Elektrolytlösungen – Nichtwässerige Systeme – Micellen – Stark strukturierte Systeme – Polymere und deren Lösungen – Reaktionen an Grenzflächen – Neue Meßmethoden.* Aus thematischen Gründen wurden zwei Vorträge der gemeinsamen Tagung der Arbeitsgruppe Ionenaustausch der Kolloid-Gesellschaft und der Deutschen Ton- und Tonmineral-Gesellschaft am 6. Oktober 1977 mit eingefügt (*I. Dekany* et al., *A. Maes* et al.).

H. Hoffmann-Bayreuth, Das dynamische Verhalten von Micellen

P. E. Zinsli und *H. F. Eicke*-Bern, Photon-Sampling-Technik zur Untersuchung des Einflusses solubilisierten Wassers auf invertierte micellare Aggregate

In der *Nachmittagssitzung* wurden folgende Vorträge gehalten:

R. Pottel-Göttingen, Dielektrische Relaxations-Untersuchungen zur Molekül-Bewegung und -Anordnung in wässerigen Lösungen aggregierter amphiphiler Moleküle

D. Stigter-Albany, Calif., On the invariance of the charge of electrolyte solution electrical double layers under dilution of the equilibrium

R. Heusch-Leverkusen, Flüssig-kristalline Strukturen von Polyglykoläthern in Lösung und Grenzfläche

D. H. Everett-Bristol, Thermodynamics of adsorption from non-aqueous solutions

Ordentliche Mitgliederversammlung

Tagungsort: Großer Chemie-Hörsaal der Universität Kiel

Beginn: 18 Uhr — *Ende:* 18.30 Uhr

Zahl der anwesenden Mitglieder: 25

Versammlungsleiter: Herr *A. Weiss*

Tagesordnung:

1. Bericht des Vorstandes
2. Satzung
3. Mitgliedsbeitrag
4. Kassenbericht
5. Entlastung und Neuwahl des Vorstandes
6. Verschiedenes

Zum Protokollführer wurde Herr *G. Lagaly* bestellt.

Der Versammlungsleiter stellt fest, daß die Mitgliederversammlung entsprechend § 8 der Satzung ordnungsgemäß und rechtzeitig einberufen wurde und sich keine Einwände gegen die Tagesordnung ergeben haben.

Der ausführliche *Bericht der Geschäftsstelle* wurde entsprechend einem Beschluß der Mitgliederversammlung vom 9. Oktober 1969 unter dem 15. September 1977 schriftlich erstattet und rechtzeitig vor Tagungsbeginn allen Mitgliedern zugestellt.

1. Bericht des Vorstandes

Konferenzen über Kolloide und Grenzflächen (s. Bericht der Geschäftsstelle); Arbeitsgruppen (s. Bericht der Geschäftsstelle); Probleme im Zusammenhang mit der auf der Mitgliederversammlung 1975 beschlossenen Satzungsänderung.

2. Satzung

Die allen Mitgliedern vor zweieinhalb Jahren zugesandte Satzung, die bereits in der Mitgliederversammlung am 2. Oktober 1975 in Darmstadt beschlossen worden war, wurde noch einmal zur Abstimmung gebracht. Vor der erneuten Abstimmung wurden die Paragraphen 1 bis 13 einzeln aufgezählt. Die Satzung wurde einstimmig angenommen.

Zustimmung:	25
Gegenstimmen:	keine
Enthaltung:	keine.

3. Der *Erhöhung des Mitgliedsbeitrages für persönliche Mitglieder* von 20,– DM *auf 30,– DM* wird einstimmig zugestimmt.

4. Die *Kassenprüfer* (Prof. *G. Kanig* und Prof. Dr. *G. Lagaly*) stellen eine Differenz zwischen den Angaben im Geschäftsbericht (Seite 4: 24.435,42 DM) und dem Stand der Kassenbücher (25.535,42 DM) fest. Der Vorstand wird unter dem Vorbehalt entlastet, daß der von den Prüfern festgestellte Differenzbetrag zwischen ausgedrucktem Kassenstand und den Kassenbüchern innerhalb von vier Wochen erklärt werden kann*).

5. Bei der *Neuwahl des Vorstandes* wird beantragt, die Herren Prof. Dr. *A. Weiss* (als Vorsitzenden), Dr. *H. Schuller* und *J. Steinkopff* „en bloc" zu wählen. Weitere Kandidaten werden nicht nominiert. Die vorgeschlagenen Herren werden durch Handzeichen einstimmig gewählt. *A. Weiss, H. Schuller* und *J. Steinkopff* nehmen die Wahl an.

6. Verschiedenes

1. Als *Tagungsort für die nächste Hauptversammlung* wird *Ulm* vorgesehen.

2. Auf die Anfrage eines Mitgliedes berichtet der Vorsitzende, weshalb 1977 keine *Preise* vergeben werden konnten.

---

*) Von dem Geschäftsführer *J. Steinkopff* wurde unmittelbar daraufhin mitgeteilt, daß es sich im Geschäftsbericht um einen Druckfehler handelt. Der Stand der Kassenbücher ist wie von den Kassenprüfern festgestellt 25.535,42 DM.

3. Die Mitgliederversammlung bittet den Geschäftsführer, ab 1978 Bankvordrucke zur Einzahlung des Mitgliedsbeitrages zu versenden.

4. Unmittelbar nach Schluß der Mitgliederversammlung sprechen mehrere Mitglieder den Vorsitzenden wegen der Zeitschrift „*Colloid and Polymer Science*" (*Kolloid-Zeitschrift*) an. Leider wurde vergessen, diesen Punkt auf der Mitgliederversammlung zu diskutieren. Es wird die zu lange Veröffentlichungsfrist beanstandet. Prof. *Weiss* bestätigt dies, da seine eigene Arbeit bereits am 29. März 1976 zum Satz gegeben wurde und noch nicht erschienen ist (19 Monate!). Prof. *Weiss* berichtet ferner, daß bereits mehrere bekannte Autoren, die von ihm um einen Beitrag gebeten wurden, wegen der langen Erscheinungsfristen abgesagt haben. Es besteht die ernste Sorge, daß dadurch das Niveau der Zeitschrift absinkt. Die Fristen sollen durch eine Erweiterung des Heftumfanges (auch wenn der Bezugspreis erhöht werden muß), durch Wegfall der sowieso meist veralteten Literaturreferate und durch eine Verringerung der Zahl der angenommenen Arbeiten durch eine kritischere Auswahl verkürzt werden*).

Für den *Abend* hatte die Kolloid-Gesellschaft alle Teilnehmer und ihre Damen zu einem *Gesellschaftsabend* in den historischen *Drathenhof* im Freilichtmuseum Kiel-Rammsee eingeladen. Das Treffen wurde für alle Teilnehmer zu einem unvergeßlichen Erlebnis.

3. Sitzungstag

am Donnerstag, dem 5. Oktober 1977, im Großen Chemie-Hörsaal der Universität Kiel

Beginn: 9 Uhr

*) *Anmerkung des Verlages: 1.* Für die *Disposition des Inhaltes* der einzelnen Hefte sind die Herausgeber (*F. H. Müller, A. Weiss*) zuständig. *2.* Der *Heftumfang* wird ab 1. 1. 1979 erhöht. *3.* Die *Zahl der Supplementbände* („*Progress in Colloid and Polymer Science*") wurde ebenfalls vermehrt. *4.* Die *Publikationsfristen* werden sich bis zum Sommer 1979 weitgehend normalisieren. *5.* Bestimmte Originalarbeiten benötigen bei den Herausgebern eine längere Prüfungsdauer als andere und erscheinen dann erst etwas später.

Vorsitzende: H. Rupprecht, G. Lagaly, H. P. Boehm, E. Killmann

Tagungsteilnehmer: rund 80–100 Personen

In der *Vormittagssitzung* wurden folgende Vorträge gehalten:

J. Seelig–Basel, The organization of lipids in membranes. Nuclear magnetic resonance and neutron diffraction studies

G. Adam und *Schumann*–Konstanz, Interfacial tension at plasma membranes of normal and virus-transformed fibroblast cell cultures

D. Horn–Ludwigshafen, Optisches Zweistrahlverfahren zur Bestimmung von Polyelektrolyten in Wasser und zur Messung der Polymeradsorption an Grenzflächen

B. Koeman und *H. Janeschitz-Kriegl*–Delft. Prospects for the application of refined measuring techniques in the rheology of colloidal systems

J. B. Uytterhoeven–Leuven, Zeolites and their role in adsorption and catalysis

In der *Nachmittagssitzung* wurden folgende Vorträge gehalten:

G. Kühnle und *E. Schollmeyer*–Stuttgart, Zur Ermittlung ortsabhängiger Strukturparameter von Hochpolymeren durch interferometrische Messungen

E. Schollmeyer und *W. Aichele*–Stuttgart, Adsorptionsuntersuchungen von ionischen Farbstoffen an Polymer-Wasser-Grenzflächen mit Hilfe der ζ-Potentialmethode

U. Kaatze–Göttingen, Dielectric relaxation in aqueous solutions of polymers

Tet Soei Ng–Hanau, The determination of size distribution of carbon blacks in aqueous dispersion by turbidity measurements

G. Peschel, P. Belouschek, B. Kress und *R. Reinhard*–Essen, Zur Adsorption von Phenolen aus wässeriger Elektrolytlösung an Aktivkohle

Herr *Armin Weiss* schließt gegen 18 Uhr als Vorsitzender der Kolloid-Gesellschaft diese letzte Sitzung mit einem nochmaligen Dank an alle Vortragenden, Tagungsteilnehmer und alle an der Vorbereitung und Durchführung der 28. Hauptversammlung Beteiligten, insbesondere an Herrn *G. Lagaly*.

Eine Reihe von Tagungsteilnehmern nahm an der an die 28. Hauptversammlung anschließenden gemeinsamen *Diskussionstagung* mit der DTTG über „*Ionenaustausch an Mineralien*" teil, die am 6. Oktober 1977 in Kiel stattfand.

Wasser und Elektrolytlösungen

Progr. Colloid & Polymer Sci. 65, 6–28 (1978)

ISSN 0340-255 X

Fachbereich Physikalische Chemie, Universität Marburg, Marburg

Zur Struktur des Wassers und wässeriger Systeme

W. A. P. Luck

Mit 24 Abbildungen

(Eingegangen am 8. März 1978)

Einleitung

Stoffeigenschaften werden vorwiegend von zwischenmolekularen Kräften bestimmt[1]). Neben den Metallen können wir drei Hauptklassen derartiger Wechselwirkungen unterscheiden:

1. Dispersionskräfte:

Kugelsymmetrische Anziehung bei mittleren Abständen (2–4 Å); Paarwechselwirkungs-Energieminimum $U \approx RT_k$ (T_k: kritische Temperatur) (2, 3) (z.B. Argon $U = 280$ cal/mol (4), $T_k = 151$ °K; $RT_k = 300$ cal/mol)

Für überwiegend unpolare Stoffe gilt in homologen Reihen $T_k \approx \sqrt{M}$ (M: Molgewicht) und für kleine und mittelgroße Moleköln: 3 °K $< T_k <$ 800 °K; 6 cal/mol $< RT_k$ $<$ 1.6 kcal/mol.

2. Ionenkräfte:

Kugelsymmetrische Anziehung o d e r Abstoßung bei mittleren Abständen: bei größeren Ionen wie ClO_4^-, SO_4^{--} oder organischen Ionen über Sekundäreffekte Abweichungen von Kugelsymmetrie des Kraftfeldes.

3. Dipolkräfte:

Je nach Orientierung Abstoßung oder Anziehung mit Reduktion der Aufenthaltsdauer in Abstoßungs- und Erhöhung in Anziehungs-Konfigurationen (Keesoms-Richtkräfte). Je nach kT mehr oder weniger bevorzugte Orientierungen im Energieminimum U. U hängt von Größe des Dipolmomentes μ ab und ob Ladungen im Molekülinneren oder mehr in Nähe der Moleküloberfläche liegen. Durch induzierte Änderungen von μ wird Anziehung erhöht.

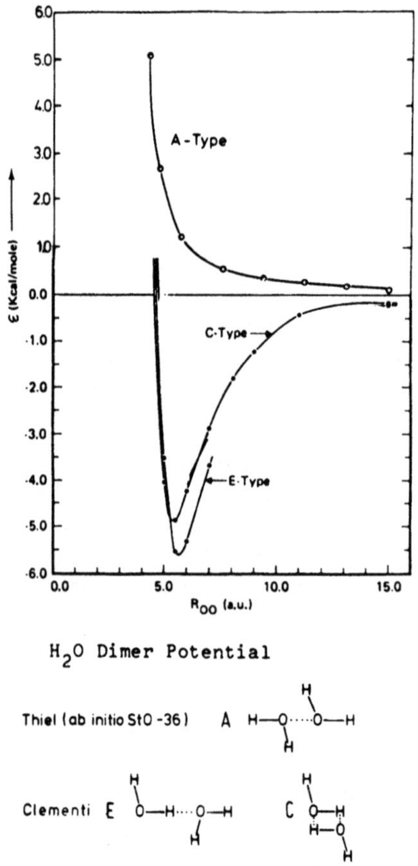

Abb. 1. Quantenchemische Rechnungen des Wasser-Dimeren-Potentials. *A*: Abstoßungspotential (Thiel (5)), *E*: lineares Dimeres (Clementi (31)), *C*: cyclisches Dimeres (Clementi (31)). (Abb. zeigt Winkelabhängigkeit der H-Brücken als echte Nebenvalenz)

4. Wasserstoffbrücken (H-Brücken):

Starke Dipole aus freien Elektronenpaaren am N oder O und aciden Protonen (OH, NH), μ besteht aus Ladungen in Oberflächennähe. Kräfte wie bei 3., aber größeres U um 4 kcal/mol; Wechselwirkungsminima in kleinen Abständen, so daß Wechselwirkungsanteile auch quantenchemisch berechnet werden können (Untergruppe der Klasse 3). Eine quantenchemische Abschätzung der starken Abstoßung bei Gegenüberstellung zweier Elektronenpaare zweier benachbarter H_2O-Molekeln zeigt die obere Kurve der Abbildung 1 (5), während die unteren Kurven Berechnungen von verschiedenen Anziehungskonfigurationen darstellen (nach *Clementi* (31)). Das Auftreten von Energieminima oder von reinen Abstoßungen je nach Orientierung der Stoßpaare entspricht vollkommen dem H_2-Molekül. Auch für H_2 sind theoretisch als auch experimentell je nach Orientierung Anziehungs- und Abstoßungspotentialkurven bekannt (vgl. *W. A. P. Luck*, Ztschr. Elektrochemie **61**, 1057 (1957)). In dieser Parallele und der Tiefe des Minimums verhalten sich H-Brücken wie echte Nebenvalenzkräfte.

Die Struktur der Flüssigkeiten mit Kräften der Klasse 1 kann erstaunlich gut näherungsweise mit einem Löchermodell beschrieben werden (2) mit $U = Z\ RT_k 3/4$ (Z: Koordinationszahl erstnächster Nachbarn). – Ionendissoziation wird vorzugsweise in Flüssigkeiten der Klasse 4 beobachtet, hängt also mit der Struktur dieser Stoffklasse eng zusammen.

1. Struktur des Wassers

a) Wasserstoffbrücken

Extrapoliert man die Eigenschaften der Hydride: TeH_2, SeH_2 und H_2S auf H_2O, so sollte es bei -90 °C schmelzen und bei etwa -80 °C sieden (6). Für das dem H_2O am nächsten stehende Edelgas Neon entspricht $RT_k = 88$ cal/mol nur etwa 2% der Paarwechselwirkung des H_2O (4–5 kcal/mol) (7, 8). Ohne das durch H-Brücken bedingte anomale Verhalten des Wassers gäbe es keine Kolloidchemie, keine Biochemie und kein Leben auf unserem Planeten. Das Studium der Wasserstruktur gehört also zu den grundlegendsten Problemen der Naturwissenschaft.

Wasser ist gleichzeitig der Extremfall für H-brückenhaltige Substanzen. Näherungsmodelle für unpolare Stoffe (1, 2) und für die Wasserstruktur geben daher Zugang zum Verständnis aller zwischenmolekularen Wech-

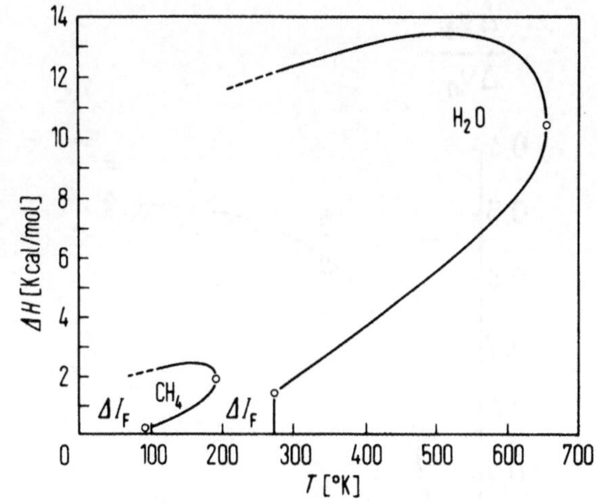

Abb. 2. Vergleich des Wärmeinhaltes im Sättigungszustand von H_2O und CH_4. (Obere Kurven Sättigungsdampf, untere Flüssigkeit) Energienullpunkt auf Kristallzustand bezogen. (Abb. zeigt das um ca. 8 kcal/mol größere zwischenmolekulare Potential des Wassers gegenüber unpolaren Flüssigkeiten)

selwirkungen. Sofern H-Brücken auftreten können, dominieren sie.

Die starken H-Brückenkräfte demonstriert die Abbildung 2, in der die Wärmeinhalte ΔH im flüssigen Zustand (untere Kurven) von H_2O und CH_4 verglichen sind (obere Kurven Sättigungsdampf). Die Sublimationswärmen am Schmelzpunkt T_f unterscheiden sich um 9 kcal/mol; ähnlich ist für Wasser der Enthalpiezuwachs von T_f bis T_k um etwa 8 kcal/mol größer, was gerade der H-Brückenwechselwirkung der beiden OH-Gruppen entspricht (2 mal 4 kcal/mol).

Die Richtungsabhängigkeit der H-Brücken im Wasser wird experimentell u.a. durch Röntgenstreuexperimente nachgewiesen. Diese sind nicht nur mit der Annahme eisartiger Ordnungszustände quantitativ vereinbar bis zu Abständen von 10 Å um ein Bezugsmolekül (9, 10), sondern auch aus dem Verlauf der Radialverteilungsfunktion ist zu entnehmen, daß bei Argon in Nähe von T_f Z etwa 10 und bei Wasser etwa 4,4 ist; und daß sich beide im Maximum der zweitnächsten Nachbarn unterscheiden: beim Argon liegt es im doppelten Abstand des Wirkungsdurchmessers und beim Wasser beim 1,6 fachen. Beide Tatsachen weisen nach *Ben Naim* (11) auf eine durch richtungsabhängige Kräfte lose gepackte Struktur beim Wasser hin.

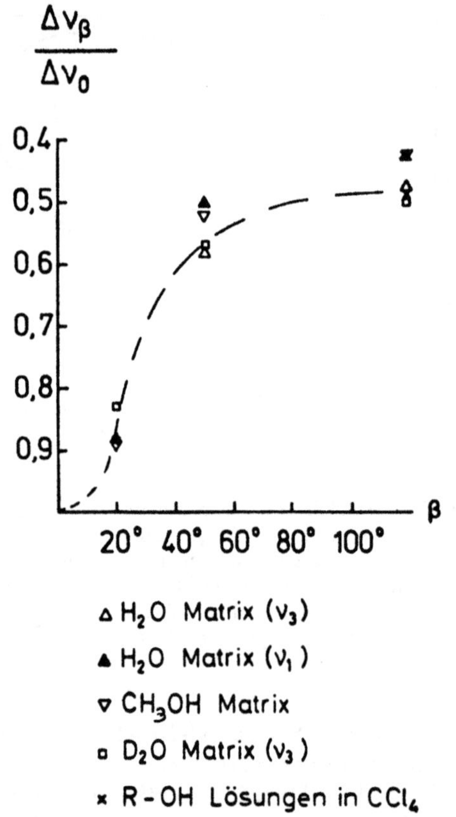

Abb. 3. Spektroskopisch abgeschätzte Abhängigkeit der H-Brückenenergie vom Brückenwinkel β. (Ordinate: I. R. Frequenzverschiebung als Maß für Wechselwirkungsenergie, normiert auf lineare H-Brücken (8, 14))

Die Winkelabhängigkeit der H-Brückenwechselwirkung zwischen OH-Gruppen läßt sich spektroskopisch mit Hilfe der Matrixtechnik oder an innermolekularen H-Brücken der Dialkohole HO–(CH_2)n–OH abschätzen (12, 13, 14). Abbildung 3 zeigt die Frequenzverschiebung $\Delta\nu$ der OH-Valenzschwingung als Funktion des Brückenwinkels β zwischen den Protonenachsen und den Achsen der freien Elektronenpaar-Orbitale. $\Delta\nu$ ist nach der Badger-Bauer-Regel der H-Brückenenergie proportional. Bis zu 15°, dem Bereich der H-Brückenwinkel in festen Hydraten (13, 14), tritt ein Minimum auf. Im Bereich $20° < \beta < 80°$ erfolgt eine steile Abnahme der Bindungsenergie, die dann um 100° flach ausläuft. Dieser Bereich entspricht cyclischen Dimeren, die durch ein Dipolmomentminimum nachgewiesen sind (12, 13).

Zum Verständnis der winkelbegünstigten zwischenmolekularen Anordnungen werden die Stuart-Briegleb-Molekülmodelle so modifiziert, daß die Protonenachsen durch Stahlstifte und die Achsen der freien Elektronenpaar-Orbitale durch entsprechende Bohrungen markiert werden (12). Beim Zusammenstecken entsprechend modifizierter Wassermodelle erhält man zwanglos das Eis-Tridymitgitter mit Ringen aus jeweils 6 Molekeln in hexagonaler Anordnung (vgl. Abb. 7). Die Symmetrie von unter Gleichgewichtsbedingungen gewachsenen Schneekristallen wird so direkt auf die Richtungsabhängigkeit der H-Brückenenergie bei einer Koordinationszahl von 4 für Wasser zurückgeführt.

b) Die H-Brückenspektroskopie

Die bisher beste Methode zur quantitativen Bestimmung von H-Brücken ist nach wie vor

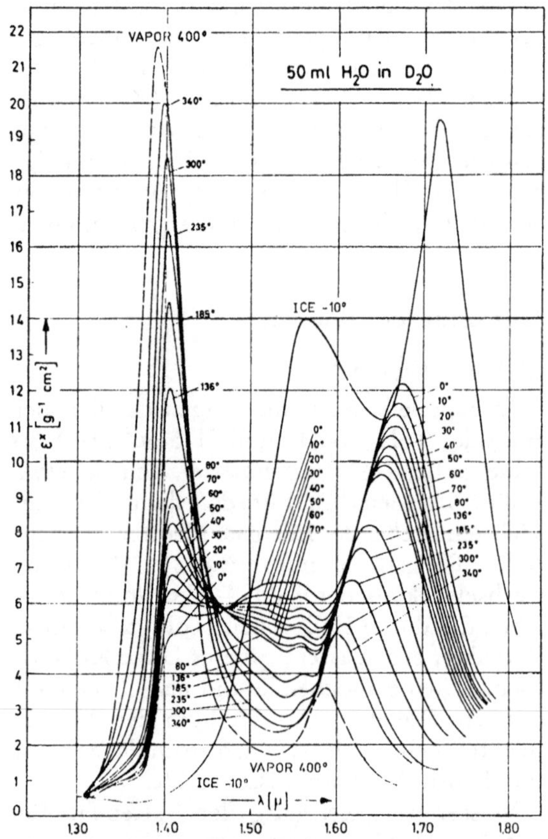

Abb. 4. Temperaturabhängigkeit der HOD-Obertonspektren unter Sättigungsbedingungen (15). Abb. zeigt bei 1,4 μm Zunahme der nicht H-Brücken gebundenen OH-Gruppen mit steigender Temperatur

die I. R. Spektroskopie (14–21). Die Abbildung 4 zeigt in dieser Technik die 1. OH-Valenzoberschwingung von flüssigem HOD im Bereich von 1,4 μm (15). Oberhalb T_k bei Dichten $\leq \varrho_k$ tritt vorwiegend die freie OH-Schwingung auf, während im Eis durch H-Brücken die OH-Valenzschwingung bis auf 1,58 μm verschoben wird (15). – In der Abbildung wird zusätzlich die Kombinationsschwingung der Valenzschwingung von ν_{OD} und ν_{OH} beobachtet, deren Inaktivität nur beim Auftreten von H-Brücken durchbrochen wird, während sie bei schwachen Wechselwirkungen mit nur sehr schwacher Intensität bis nach 1,59 μm verschoben ist (15).

In sehr umfangreichen Lösungsuntersuchungen an H-Brückenbildnern wie Alkohole, Carbonsäuren, Lactame oder Oximen wurde aus der Konzentrationsabhängigkeit der „freien" – d. h. der nicht durch H-Brücken gestörten Schwingungen – derartige H-Brücken-Gleichgewichte sehr sorgfältig studiert (14, 16). Die hierbei erhaltenen Gleichgewichtskonstanten zwischenmolekularer Gleichgewichte zwischen definierten Assoziaten (Dimere bei Carbonsäuren und Lactamen, Dimere und Trimere bei Oximen (16)) gehören zu den genauesten Gleichgewichtskonstanten, die überhaupt in der Physikalischen Chemie bekannt geworden sind, mit wirklich konstanten Gleichgewichtskonstanten in einem Konzentrationsbereich bis zu 3 Zehnerpotenzen (12).

Aus Mangel an Lösungsmitteln ohne H-Brückenwechselwirkungen mit ausreichender Löslichkeit lassen sich derartige Konzentrationsreihen beim Wasser nicht durchführen. Die T-Abhängigkeit der Wasserspektren läßt sich jedoch durch einen quantitativen Vergleich der OH-Spektroskopie der reinen Alkohole mit Alkohol-CCl_4-Lösungsspektren zwanglos zuordnen (17).

Die Höhe der Maximalextinktion oder aus dem Flächeninhalt der HOD-Bande bei 1,4 μm (15) oder anderer Oberschwingungen des H_2O (18, 19, 20, 21) kann der Gehalt an „freien" – d. h. nicht durch H-Brücken gestörten OH-Gruppen – quantitativ bestimmt werden (Abb. 5). Die Abbildung 5 zeigt das mit mehreren anderen Methoden geprüfte Ergebnis über die T-Abhängigkeit derartiger OH-Orientierungsfehlstellen O_F. Während beim Aufschmelzen von CH_3OH und C_2H_5OH – in Übereinstimmung mit deren relativ niedrigen Schmelzwärmen – der H-Brückenzustand höchstens um 1% gestört wird (17), tritt beim Eisschmelzen ein Sprung im H-Brückengehalt um etwa 10% auf, ein Anzeichen der höheren Kooperativität des H-Brücken-Netzwerkes des Eises gegenüber den H-Brücken-Ketten in den Alkoholen. Entsprechend der ähnlichen H-Brückenenergie pro OH-Gruppe beim Wasser und diesen Alkoholen wird eine weitgehende Auflösung der H-Brücken für alle drei Stoffe erst im Bereich um 400 °C beobachtet. An der Größe von T_k der Alkohole sind offenbar sowohl die H-Brücken als auch die Dispersionskräfte der hydrophoben Gruppen beteiligt, so daß oberhalb deren T_k noch merkliche Anteile von H-Brücken beobachtet werden, während beim Wasser oberhalb T_k ein viel geringerer Rest an H-Brücken existiert. Der Abbau dieses An-

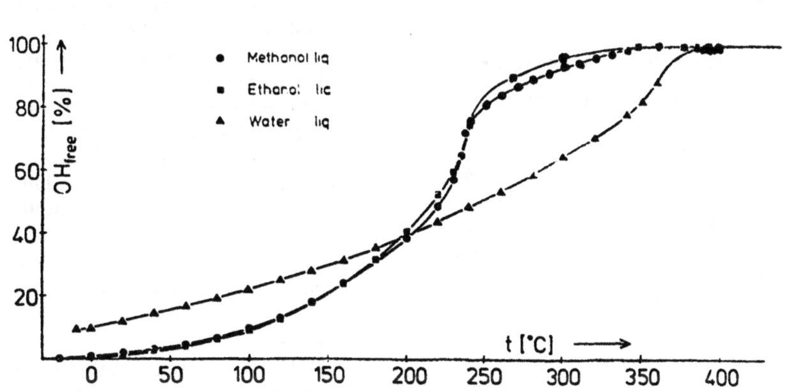

Abb. 5. Zunahme des Anteils nicht H-Brücken-gebundener OH-Gruppen von flüssigem H_2O, CH_3OH und C_2H_5OH unter Sättigungsbedingungen

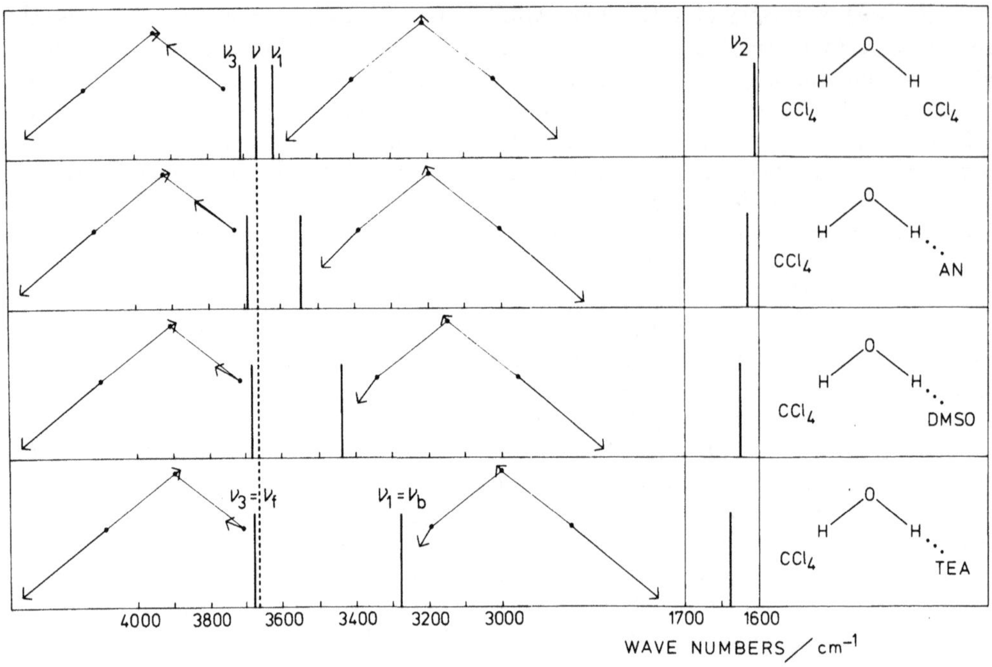

Abb. 6. Bandenmaxima und Schwingungsformen des Wassermoleküls. a) ohne H-Brücken, b) 1 OH-Gruppe H-Brücken-gebunden an Acetonitril (AN), c) 1 OH-Gruppe H-Brücken-gebunden an Dimethylsulfoxid (DMSO), d) 1 OH-Gruppe H-Brücken-gebunden an Triäthylamin (TEA). (Bei starker Wechselwirkung sind ν_1 und ν_3 weitgehend entkoppelt, so daß man von ν_{frei} und $\nu_{gebunden}$ sprechen kann)

teiles entspricht dem Maximum der Molwärme C_v bei T_k und dem langsamen Abklingen dieses C_v-Maximums oberhalb T_k (22)[1]).

In Unkenntnis der Genauigkeit und der Eigenheiten der Oberschwingungsspektroskopie wurden häufig unberechtigt Einwände gegen sie erhoben. Im folgenden berichten wir daher kurz über neuere Untersuchungsmethoden an binären und ternären Mischungen: Wasser/organische Basen und Wasser/Basen/CCl_4 (23). Die H_2O-Valenzschwingung ν_{OH} wird durch Kopplung der Schwingungen der beiden OH-Gruppen aufgespalten in ν_1 und ν_3 (s. Abb. 6 oberste Zeile). Es gilt hier $\nu_{OH} = \frac{1}{2}(\nu_1 + \nu_3)$, in sogenannten 1:1 Komplexen – in denen nur eine H-Brücke zwischen einer OH-Gruppe und einem Akzeptor vorliegt – wird die symmetrische Schwingungsfrequenz ν_1 proportional zur Basenstärke des Akzeptors verschoben, während die ν_3-Schwingung nur ein wenig in Richtung zum ungestörten ν_{OH}-Wert verschoben wird. Die Schwingungsamplituden beider Frequenzen werden mehr und mehr unsymmetrisch, bis bei starken H-Brücken wie im Fall von $DMO =$ Dimethylsulfoxid oder $TEA =$ Triäthylamin als Akzeptoren beide Schwingungen fast entkoppelt sind (unterste Zeile in Abb. 6). Bei starken Akzeptoren kann man daher in guter Näherung von isolierter „freier" OH-Schwingung (ν_3) und Schwingungen „gebundener" OH-Gruppen (ν_1) sprechen. Die Frequenzverschiebung im Eis liegt etwa zwischen Triäthylamin und Pyridin[2]). H_2O hat in diesen Fällen die C_{2v}-Symmetrie verloren. Sie wird jedoch zurückgewonnen in 2:1 Komplexen, in denen beide OH-Gruppen mit einem gleichen Akzeptor wechselwirken. In diesem Fall tritt auch eine Verschiebung $\Delta\nu_3$ auf, die fast gleich ist $\Delta\nu_1$ in 1:1 Komplexen, so daß $\nu_3 - \nu_1$ in 2:1 Komplexen ähnlich wird der Differenz $\nu_3 - \nu_1$ im Dampfzustand. Aus diesen Untersuchungen folgt, daß man die Konzentration an freien – nicht über H-Brücken wechselwirkenden – OH-Gruppen im Frequenzbereich zwischen ν_1 und ν_3 der freien Moleküle bestimmen kann. Dieses im Grundschwingungsbereich beobachtete Verhalten gilt sinngemäß auch für das Oberschwingungsgebiet (24). Hiermit sind die oben erwähnten Methoden zur Bestimmung der freien OH-Gruppen im Wasser auch von dieser Seite bestätigt worden. Betont muß werden, daß in diesem Bereich freie OH-Gruppen bestimmt werden und

[1]) Die Daten der Abbildung 4 und 5 wurden für $T < T_k$ bei Sättigungsbedingungen aufgenommen für $T \geq T_k$ bei kritischen Dichten.

[2]) Die Grundschwingungsfrequenzen von ν_1 und ν_3 des Wassers in Gegenwart verschiedener organischer Basen werden später in Abbildung 12 ausgewertet.

nicht allein freie Moleküle. Alle Wassermodelle, die selbst unterhalb 50 °C eine erwähnenswerte Konzentration an freien Wassermolekülen annehmen, wie z. B. die ältere Némethy-Scheraga-Vorstellung, stehen mit den experimentellen spektroskopischen Methoden im Widerspruch und sind zu korrigieren.

Schwierigkeiten infolge Überlagerung von ν_1 und ν_3 entfallen weitgehend bei der Untersuchung am HOD (15), bei dem infolge des starken Massenunterschiedes zwei weitgehend unabhängige Schwingungen OH und OD auftreten. Unsere früheren Untersuchungen haben jedoch gezeigt, daß im Oberschwingungsbereich die Methode zur Bestimmung des Orientierungsfehlstellengehaltes O_F auch auf H_2O angewandt werden kann. Dies wird durch unsere neueren Untersuchungen der Intensität der verschiedenen Ober- und Kombinationsschwingungen bestätigt.

c) Eigenschaften des Wassers

Überraschender Weise kann man allein mit Hilfe der Orientierungsfehlstellenkonzentration nach Abbildung 5 viele anomale Eigenschaften des Wassers quantitativ berechnen mit einem Zweizustandsmodell: gebundene OH-Gruppen und freie (14, 25, 26). Aus dem Anteil an Orientierungsfehlstellen O_F, den freien OH-Gruppen, kann man den Dichteverlauf einschließlich der Lage des Dichtemaximums bei 4 °C beschreiben durch (25):

$$\frac{1}{\varrho} = (1 - O_F)\, V_B + O_F V_F \qquad [1]$$

V_B: Molvolumen der gebundenen OH-Gruppen = Eismolvolumen,

V_F: Molvolumen der freien OH-Gruppen, angepaßte Konstante.

V_B und seine T-Abhängigkeit wird als eisartig angenommen, V_F ist eine angepaßte Konstante. Abbildung 7 zeigt modellmäßig das Zustandekommen des Dichtemaximums bei 4°. Neben der lockeren Struktur der eisartig strukturierten H-Brücken-Assoziate treten Störstellen „freier" OH-Gruppen mit dichterer Packung auf. Die Zunahme des Schwingungsvolumens mit steigender Temperatur einerseits und die Volumenabnahme mit steigendem Gehalt an Fehlstellen führt zu einem Minimum des Volumens – bzw. Maximum der Dichte – bei 4 °C (25, 8, 26). Da V_B in Gl. [1] eine angepaßte Konstante ist, ist die Prüfung der Gl. [1] keine sehr interessante Prüfung des Modells. Dagegen kann man aber folgende Eigenschaften ohne jede Konstante, lediglich aus den spektroskopischen Daten der Abbildung 5 und der Sublimationswärme $\Delta H_s = 11{,}6$ kcal/mol und H-Brückenenergie: $\Delta H_H = 4$ kcal/mol OH und der van der Waals Energie: $W = \Delta H_s - 2\Delta H_H = 3{,}6$ kcal/mol quantitativ als $f(T)$ berechnen (29):

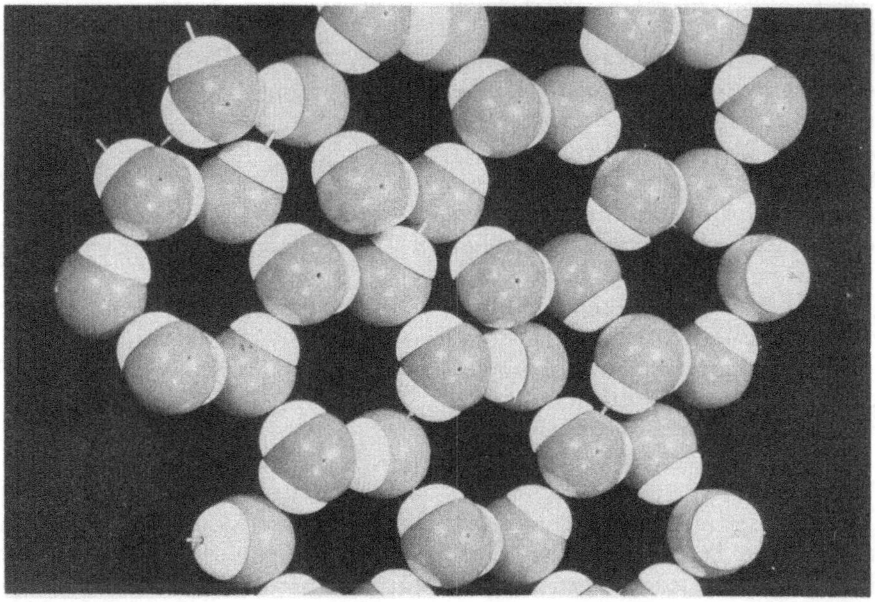

Abb. 7. Modell für flüssiges Wasser mit eisartig geordneten Bereichen und Störzonen offener OH-Gruppen mit höherer Dichte

$$C_v = C_{\text{dampf}} + \frac{\partial O_F}{\partial T}\, 2 \cdot \Delta H_H + 2(1 - O_F)R \qquad [2]$$

Verdampfungswärme:

$$L_v = W_{\text{real}} + (1 - O_F)\Delta H_s + O_F W - 2(1 - O_F)\,RT \qquad [3]$$

Hierbei ist: W_{real}: die Wechselwirkungsenergie im realen Wasserdampf (bestimmbar aus Abb. 1).

In der Molwärme gehen die in Abbildung 7 geordnet sitzenden OH-Gruppen mit der Änderung des H-Brückengehaltes mit $T\left(\frac{\partial O_F}{\partial T}\, 2\, \Delta H_H\right)$ einen wichtigen Anteil, während der letzte Term die zwischenmolekularen Freiheitsgrade berücksichtigt (25). – Bei der Verdampfungswärme ist die Statistik über die geordneten OH-Gruppen mit einem Anteil $(1 - O_F)\Delta H_s$ zu berücksichtigen, die ungeordneten mit einem Anteil $O_F W$, während der letzte Term den Wärmeinhalt der zwischenmolekularen Freiheitsgrade darstellt (25).

Wir sind gewohnt, bei allen Strukturdiskussionen nur molare Einheiten zu benutzen. Leider wird dies im Falle der Oberflächenspannung σ nicht getan, sie gibt die Energie an, um die Oberfläche um 1 cm² zu vergrößern (vgl. z. B. Abb. 8). Leichtsinnig werden anhand von σ in der Kolloidchemie häufig Strukturaussagen getätigt, daß z. B. die besonders hohen σ-Werte für Wasser auf seine besonders starken zwischenmolekularen Kräfte hinweisen. Hierbei wird die sehr unterschiedliche Molekülzahl pro cm² übersehen. Das wird in Abbildung 8 besonders kritisch, weil sich sogar für jeden Stoff die Molekülzahlen pro cm² mit T ändern. Es ist hier für unbedingt erforderlich, auf die molare Oberflächenspannung: $\sigma_M = \sigma N_A^{1/3} V^{2/3}$ umzurechnen (Abb. 9) (2, 27). Dann verliert Wasser seine dominierende Rolle, bleibt allerdings noch in der homologen Reihe der Alkohole am größten. Nur dies ist ein Hinweis auf die starken Wechselwirkungen beim Wasser. Die hohen σ-Werte beruhen dagegen hauptsächlich auf der Tatsache, daß in 1 cm² beim Wasser mehr Molekeln als bei den meisten anderen Stoffen enthalten sind. Oberflächenspannungserniedrigungen beruhen häufig auf dem Faktum, daß man die Molekülzahl pro cm² erniedrigt. – σ_M muß dann als

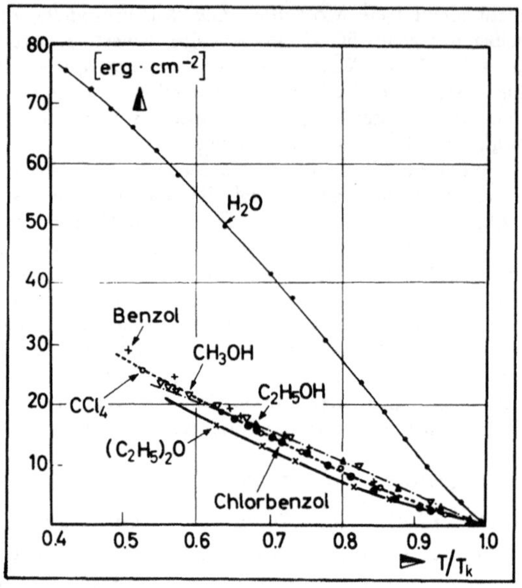

Abb. 8. Oberflächenspannungen σ im reduzierten Temperaturmaßstab

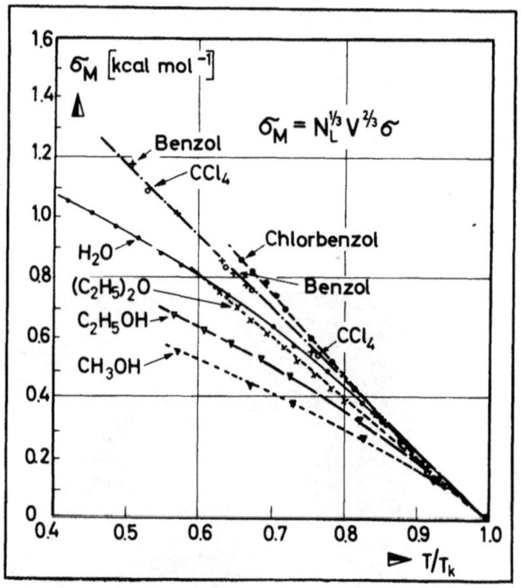

Abb. 9. Molare Oberflächenspannung σ_M im reduzierten Temperaturmaßstab. (Freie Energie, um 1 Mol an die Oberfläche zu bringen)

isotherm gemessene freie Enthalpie, nach *Gibbs-Helmholtz*, auf die Oberflächenenergie H_σ umgerechnet werden (Abb. 10). In dem Standardbuch von *K. L. Wolf* wird der Fehler gemacht, erst σ nach *Gibbs-Helmholtz* umzurechnen und dann zu bilden $H_\sigma = H \cdot N_A^{1/3} V^{2/3}$, das ist fehlerhaft, weil auch $\frac{\partial V}{\partial T}$ in die Gibbs-Helmholtz-Gleichung eingeht.

Schwierig wird die Strukturdiskussion der Oberflächenspannung in Mischungen oder Lösungen. Auch in diesem Fall muß auf das Molvolumen der Mischung umgerechnet werden. Hierbei zeigt sich, daß ein Teil der häufig diskutierten Maxima von $\sigma = f(c)$ verschwinden, andererseits treten neue Maxima oder auch Minima für σ_M auf (2, 27), in diesen Fällen konnte man mit anderen Methoden Komplexbildungen in diesem Konzentrationsbereich nachweisen. Komplikationen können allerdings auch für σ_M in Mischungen auftreten, wenn sich das Mischungsverhältnis in der Oberfläche unbekannt gegen die Einwaage verschiebt. In diesem Fall ist ohne Kenntnis dieser Verschiebung eine Strukturdiskussion nur unsicher möglich.

Bei unpolaren bzw. schwach polaren Stoffen läßt sich $H_\sigma \approx U_\sigma$ aus dem Löchermodell

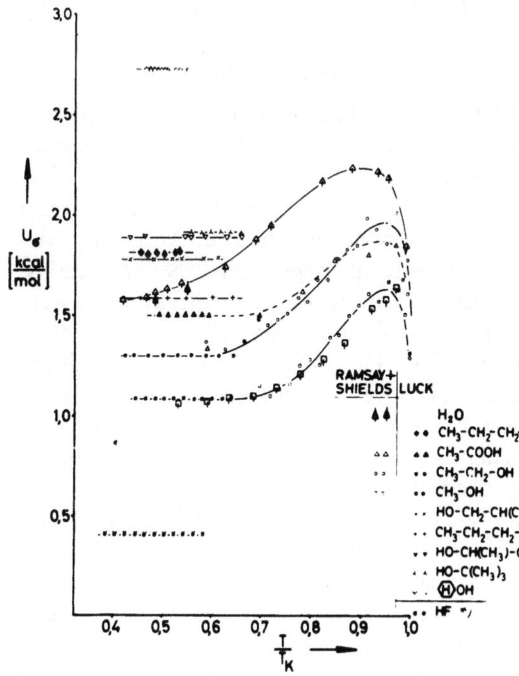

Abb. 10. Berechnete und experimentelle Oberflächenenergien. Die aus der H-Brückenspektroskopie vorausgesagte Konstanz von U_σ bei tiefen Temperaturen wurde experimentell bestätigt

abschätzen (2, 27) zu: $\frac{3}{4}(Z-X)\,RT_k$ (Z: Koordinationszahl der erstnächsten Nachbarn im Flüssigkeitsinnern und X an der Oberfläche). Bei dichtester Kugelpackung ist $Z=12$ und $X=9$, also $Z-X=3$. Im T-Bereich $T/T_k \leq 0{,}9$, in dem die Lochfehlstellenkorrektur zu vernachlässigen ist, erhält man für $Z-X \approx 2{,}8$ bis 2,9 (2, 27), z. B.

C_6H_5Cl	2,76
C_6H_6	2,86
CCl_4	2,88
$(C_2H_5)_2-O$	2,88

Für $T/T_k < 0{,}9$ ist $U_\sigma \approx H_\sigma$ T-unabhängig. Im Gegensatz hierzu tritt bei H_2O und Flüssigkeiten mit H-Brücken ein Maximum für U_σ auf (Abb. 10), das ebenfalls aus den spektroskopisch bestimmten Fehlstellen O_F quantitativ erfaßt werden konnte (25) mit der Gl. [4]. Oberflächenenergie:

$$\Delta H_\sigma = ((1 - O_F)\Delta H_s + O_F W)_{in} - ((1 - O_F)\Delta H_s + O_F W)_{ob} \qquad [4]$$

Die Klammern in Gl. [4] beziehen sich auf das Flüssigkeitsinnere (*in*) und die Oberfläche (*ob*).

Für Wasser und auch für Alkohole lassen sich aus diesen Ansätzen die anomalen Eigenschaften berechnen (8, 25). Besonders kritisch ist die Anwendung der Formel [4], in der die Differenz zweier ähnlich großer Zahlen mit besonders hohen Fehlern belastet ist. Trotzdem konnten die H_σ-Werte gut erfaßt werden. Im Falle der Alkohole geht die Gl. [4] für mittlere T in den Grenzwert über (27):

$$U = W_D + \frac{O_F \cdot W}{3} \qquad [5]$$

W_D: Wechselwirkungsenergie der Dispersionskräfte der hydrophoben Teile,
W: Dispersionskräfte des Gesamtmoleküls.

Aus [5] folgt, daß bei niedrigen Temperaturen $U_\sigma = W_D$ T-unabhängig werden sollte. Da keine derartigen Messungen der Alkohole bekannt waren, eignete sich diese Stoffeigenschaft zur Prüfung, ob unser Modell der H-Brücken in der Lage ist, Voraussagen zu tätigen. Eigene Messungen mit einer Kapillardifferenzmethode bestätigten diese Voraussage der T-Unabhängigkeit glänzend (Abb. 10). Bei tiefen T verhalten sich die Alkohole auf Grund der langen H-Brücken-Kettenassoziate hinsichtlich H_σ wie unpolare Stoffe, weil die Flüssigkeitsstruktur an der schwächsten Stelle nachgeben kann. In diesem Fall läßt sich die Größe von H_σ durch T_k der hydrophoben Alkoholreste quantitativ beschreiben. Wobei RT_k als Maß für das Paarpotential gewählt wird. Auf Grund unserer Messungen gilt:

	$H_\sigma/\frac{3}{4}\,RT_k$
CH_3OH/CH_4	3,7
C_2H_5OH/C_2H_6	2,85
$n\,C_3H_7OH/C_3H_8$	2,85
$n\,C_4H_8OH/C_4H_{10}$	2,85

Auch der verbesserte Stefansche Satz für den Quotienten aus Verdampfungswärme L_V und H_σ: $\lim\limits_{\tau=0} \frac{L_V}{H_\sigma} = \frac{Z}{Z-X} = 4$ konnte mit dem Löchermodell für unpolare Stoffe bestätigt werden (2). Bei stark H-Brücken-bildenden Stoffen wie Wasser und niederen Alkoholen ist dieser Quotient etwa doppelt so groß. Auch dies ließ sich anhand der Daten der Abbildung 5 quantitativ deuten (Deutung weiterer Eigenschaften des Wassers vgl. (8, 26)).

Die Abbildung 3 gibt einen direkten Hinweis für die Kooperativität der H-Brücken. Die Energie zur Erzeugung von Fehlstellen hängt vom H-Brückenwinkel ab. Das bedeutet, die Wahrscheinlichkeit eine weitere Fehlstelle zu erzeugen, ist in gestörten Bereichen (gestörter Bindungswinkel β) kleiner als in noch intakten gut geordneten Bereichen. Danach müssen wir erwarten, daß die H-Brücken Fehlstellen in Form von „freien" OH-Gruppen nicht statistisch verteilt auftreten, sondern in Störzonen. Das war ein weiteres Argument für das sogenannte Clustermodell, das größere über H-Brücken vernetzte Aggregate annimmt, an deren Oberflächen sich die „freien" OH-Gruppen befinden. Aus O_F kann dann mit unserer Methode die mittlere Ausdehnung derartiger Aggregate abgeschätzt werden. Sie wird bei Raumtemperatur mit Werten von einigen Hundert abgeschätzt (8). Bei 100 °C ist diese mittlere Aggregatgröße noch 40. Aus diesen großen Aggregationszahlen kann der Versuch gewagt werden, die H-Brückenbildung in Wasser und Alkoholen als Gleichgewicht anzunehmen (8):

$$OH_{\text{frei}} + \theta_{\text{frei}} = OH_{\text{gebunden}} \qquad [6]$$

Mit θ: Symbol für freie Elektronenpaare. Die entsprechende Gleichgewichtskonstante:

$$K = \frac{C(OH,\text{geb})}{C(OH,\text{frei})\;C(\theta,\text{ungebunden})} = \frac{(1-O_F)}{O_F^2 \cdot C_o} \qquad [7]$$

ist sowohl für Wasser als für Alkohole als auch für die Aggregatgrößen als Logarithmus gegen $1/T$ aufgetragen bis 200 °C eine Gerade mit Anstiegen von 3,8 bis 4 kcal/mol. Die verschiedene Bestimmung der nicht H-Brückengebundenen freien Elektronenpaare beim Wasser und bei den Alkoholen ($f(O_F)$ in (7) ist anders) spricht für die Wahrscheinlichkeit der Brauchbarkeit der Gl. [6]. Oberhalb 200 °C erreicht man beim Wasser Aggregatgrößen kleiner als 10. Damit wird verständlich, daß oberhalb 200 °C andere Gleichgewichte kleinerer Aggregate angesetzt werden müssen. Damit möge ein Ansatz vorliegen, wie Eigenschaftsänderungen bei Hydrothermalverfahren oberhalb 220 °C gedeutet werden können (28).

d) Die Winkelabhängigkeit der H-Brücken

Die Leistungsfähigkeit des 2-Komponentenmodells ist kürzlich von *Paquette* und *Joliceur* (29) spektroskopisch im Bereich 2 °C $< T <$ 55 °C mit einer Differenzmeßtechnik bestätigt worden. Hierbei wurde die Änderung des Wasserspektrums gegen eine bei $T = 25$ °C konstant gehaltene Küvette direkt gemessen. Nach diesen Ergebnissen läßt sich Wasser in diesem T-Bereich sehr gut darstellen durch die Zunahme einer einzigen Bande und die Abnahme einer zweiten. Es erscheint überraschend, wieweit sich die vielen anomalen Eigenschaften des Wassers allein mit einem Zwei-Zustandsmodell aus geschlossenen und geöffneten H-Brücken deuten lassen. (8) Hierzu ist zunächst zu bemerken, daß *Stillinger* und *Rahman* anhand ihrer Computer-Simulierungen der Wasserassoziation die Folgerung zogen, daß ein 2-Spezies-Modell des Wassers nicht aufrechterhalten werden kann (30). Ihre Folgerung bezieht sich aber nur auf verschiedene Spezies an Wassermolekeln, aber nicht, wie wir immer wieder auf Grund unserer spektroskopischen Erfahrungen betonen: auf zwei verschiedene Sorten von OH-Gruppen!

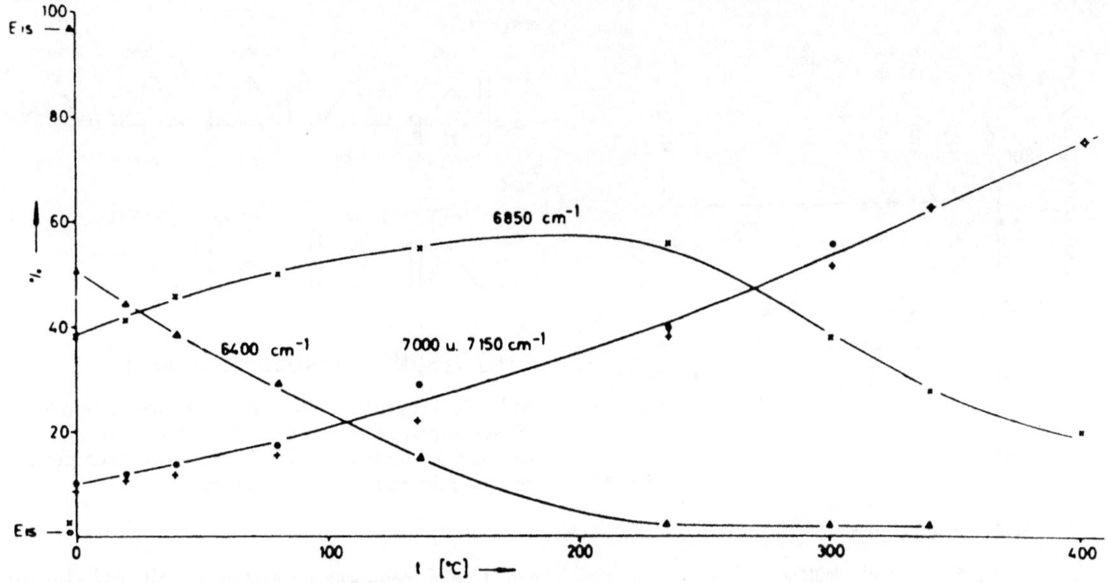

Abb. 11. Kurvenanalyse des HOD-Spektrums (15). Die Bande der eisartig gebundenen OH-Gruppen verschwindet um 250 °C. Die Bande der „freien" OH-Gruppen entsteht beim Schmelzen zu 10% und steigt langsam bis 400 °C auf 80% (7000 bis 7150 cm^{-1}). Die mittlere Bande (6850 cm^{-1}) der winkelungünstigen H-Brücken zeigt ein flaches Maximum um 200 °C

Doch die Spektroskopie selbst zeigt, daß zwei verschiedene OH-Banden nicht ausreichen würden, um die Banden bis 400 °C zu beschreiben (15). Wir benötigen im Minimum drei verschiedene Banden (beim HOD-Oberton z. B. 7150, 6850 und 6400 cm^{-1}) mit denen die Details der Spektren vom Eis bis zu 400 °C sehr gut beschrieben werden können. Der Anteil der mittleren Bande steigt allerdings als Funktion von T nur sehr lansgam bis 200 °C an (15) (Abb. 11). Dies mag die Ursache sein, warum man mit einem einfachen 2-Komponenten-Modell so weit kommt, indem man die Winkelverteilungsfunktion durch eine 2-Stufenfunktion annähert [3]).

Worauf kann man aus der dritten Bande schließen? Abbildung 3 zeigt, daß das Frequenzmaximum dieser breiten dritten Bande im Bereich der Winkel um 100° liegt. Man kann daraus schließen, daß unser 2-Komponenten-Modell durch eine Winkelverteilungsfunktion zu ergänzen ist, in der Winkel um 100° bevorzugt sind. Die Matrix-Spektroskopie erlaubt, die Frequenzen verschiedener H-Brückenwinkel in definierten kleinen Aggregaten bei tiefen Temperaturen zu bestimmen. In Abbildung 12 sind diese in ein Diagramm eingetragen, welches die Frequenzen der 1:1 Komplexe zwischen Wasser und verschiedenen organischen Basen zeigt. Die kleinen in der Matrix von H_2O als Gast in festem Stickstoff beobachteten Wasseraggregate sind auch vorzugsweise nur mit 1 OH Gruppe H-Brücken verbunden, so daß beide Experimente (Matrixtechnik und Lösungen H_2O/Basen) die starke Aufspaltung der beiden Frequenzen ν_1 und ν_3 zeigen. Die Abbildung 12 zeigt eindrucksvoll, daß das Wassermolekül mit verschiedenen Brückenwinkeln eine ähnliche Palette verschiedener Wechselwirkungen wie die benutzte Basenreihe auf Grund verschiedener Akzeptoren einstellen kann. Die verschiedenen Brückenwinkel entsprechen verschiedenen Feldstärken. Hierbei ist zu bemerken, daß kürzlich gegen die hier benutzte Deutung der Matrixspektren auf der Basis quantenchemischer Rechnungen Bedenken publiziert worden sind, die aber spektroskopisch nicht haltbar sind. Neue quantenchemische Berechnungen von *Clementi* (31) haben nun ergeben (s. Abb. 1), daß die Wechselwirkungen pro OH-Gruppe (!) in einem cyclischen Dimeren sich zu der Wechselwirkung einer linearen H-Brücke mit $\beta = O$

[3]) Im Zweikomponentenmodell wird für 400 °C angenommen 100% freie *OH*, während die Computer-Analyse der Spektren mit drei Banden bei 400 °C noch auf kleinen Rest winkelungünstiger H-Brücken hinweist.

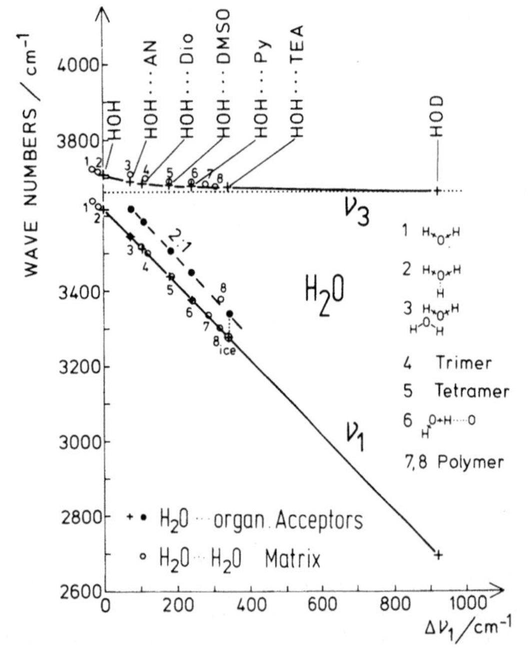

Abb. 12. Lage der beiden Valenzschwingungen des Wassers ν_1 und ν_3 aufgetragen gegen die Frequenzverschiebung zum freien Molekül. +: Brückenbindung zu organ. Basen verschiedener Akceptorstärke in 1:1 Komplexen; ●: in 2:1 Komplexen mit organ. Basen; ○: in Wasseraggregaten verschiedener Bindungswinkel (Matrixtechnik)

verhalten wie: 2,42 kcal/mol zu 5,6 kcal/mol = 0,43. Die in der Matrixspektroskopie beobachtete Frequenzverschiebung der cyclischen Dimeren verhält sich zu der der linearen wie 0,39, in glänzender Bestätigung für die Annahme cyclischer Dimerer (14). Ebenso sind die drei zur Fragestellung der Wasserspektren notwendigen Banden des HOD um folgende Frequenzen verschoben: 300 cm^{-1} die mittlere Bande und um 750 cm^{-1} die eisartige (Abb. 11). Auch dies entspricht einem Verhältnis von $\frac{300}{750} = 0{,}4$ und deutet auf die Möglichkeit hin, dic Winkelverteilungsfunktion durch ein Dreistufenmodell gut annähern zu können: 0 lineare eisartige Bindungen mit $\beta = 0$; M: parallel liegende OH-Gruppen mit β um 100° und „freie" OH-Gruppen F.

Abbildung 13 zeigt die prozentualen Anteile der drei verschiedenen OH-Banden unserer spektroskopischen Analyse, und zwar geben jeweils die Höhen der Rechtecke und der Dreiecke die Anteile an Brücken mit $\beta = 0$, mit mittlerem β (M) und freie OH-Gruppen (F)

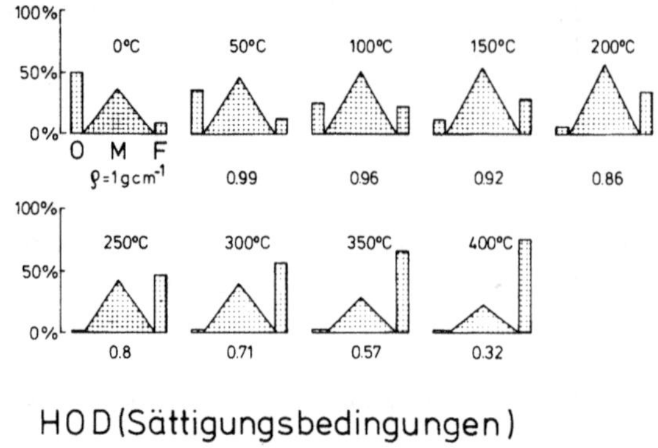

Abb. 13. Prozentuale Anteile verschieden gebundener OH-Gruppen im fl. Wasser. F: „freie" OH; O: H-Brücken gebunden mit $\beta = 0$; M: H-Brücken gebunden mit mittlerem Brückenwinkel β

an. Die Dreiecksausdehnung soll auf die zu beachtende Winkelverteilung hinweisen. Die in der 2. Zeile angegebenen Sättigungsdichten bestätigen wie die Röntgenstreuexperimente, daß sich bis 200 °C die Molekelabstände im Mittel nur um etwa 5% ändern, so daß wir die Abstandsverteilung, die auch einer Verteilung verschiedener H-Brückenstärken infolge schwächerer Felder entsprechen würde, gegenüber der Winkelverteilung in 1. Näherung vernachlässigen können[4]).

Bis 400 °C sinkt dann die Dichte auf 32% ab, die Abstände ändern sich also um etwa 20%, so daß in diesem T-Bereich zusätzlich eine Abstandverteilung zu beachten ist, die zu einem weiteren Anstieg der freien OH-Gruppen mit vergleichsweiser schwacher Wechselwirkung führen.

Zusammenfassend muß betont werden: eine exakte Beschreibung der Flüssigkeiten, insbesondere des Wassers, setzt die Kenntnis der Verteilungsfunktionen der molekularen Abstände und Orientierungen voraus. Solange wir diese Kenntnis nicht haben, wird dem Praktiker, insbesondere dem Kolloidchemiker, die Entscheidung nicht schwerfallen, ob er abwarten will, bis diese Verteilungsfunktionen bekannt sind, oder ob er solange Näherungsmodelle benutzt. Bei Sättigungsbedingungen ist unterhalb 200 °C die Winkelverteilung wichtiger als die Abstandsverteilung. Be-

[4]) *Choppin* benutzt eine andere Deutung der 3-Bandenanalyse, ohne sie wie hier begründen zu können.

stimmte Orientierungen zwischen Wassermolekeln sind energetisch bevorzugt; dies begünstigt offenbar die Möglichkeit, die Winkelverteilungsfunktion näherungsweise durch eine Stufenfunktion zu ersetzen. Skeptiker gegen Näherungsmodelle seien erinnert, daß das ideale Gasmodell häufiger angewandt wird als Modelle realer Gase; obwohl es wichtige Stoffeigenschaften wie Verflüssigung, Wärmeleitung oder Viskosität nicht kennt.

Man kann in Parallele zum idealen Gas ein Modell von „idealem" Wasser benutzen. Es besteht aus dem Zweistufenmodell: offene und geschlossene H-Brücken. Eine erste reale Korrekturmöglichkeit wäre ein Dreistufenmodell aus: offenen, geschlossenen und energetisch ungünstigen etwa parallel liegenden OH-Gruppenpaaren, die aus einer quasi cyclischen Struktur aus zwei H-Brücken bestehen. Aus der Intensitätsverteilung innerhalb der H-Brückenbanden kann das Modell weiter verfeinert werden durch eine Abschätzung der Verteilung über die Stärken der Wechselwirkungen, wobei allerdings Details wie Überlagerungen von ν_1 und ν_3, Bandenüberlagerungen und Fermiresonanzen zu beachten sind. Diese Intensitätsverteilung gibt die energetische Bilanz über Winkel- und Abstandsverteilungen und in Lösungen gleichzeitig über verschieden starke H-Brücken Akzeptoren. Auch in diesem Fall kann man schrittweise in Näherungen vorgehen, indem man z.B. unter ähnlichen Bedingungen als Maß für die Summenbilanz der Wechselwirkungen die Frequenz des H-Brückenbanden-Maximums auswählt.

2. Struktur wässeriger Lösungen

a) Löslichkeiten

Während der Logarithmus des Löslichkeitskoeffizienten der Edelgase in Wasser bei 0 °C mit deren T_k-Wert etwa linear ansteigt, ist die Löslichkeit einiger einfacher Gase bei vergleichbarem T_k kleiner als die der Edelgase; sie hängt offenbar von der Molekülgröße und von der Wechselwirkung ab, je nach dem Anteil an H-Brücken ähnlichen Wechselwirkungen. Das erwähnte Absinken der Löslichkeitskoeffizienten, das auch in der homologen Reihe Methan, Äthan, Propan, Butan beobachtet wird, ist ein weiterer deutlicher Hinweis auf die ausgedehnten geordneten Strukturen im Wasser. Ein spektroskopischer Modellversuch mag Hinweise zum Löslichkeitsmechanismus geben. Das Spektrum des im Wasser gelösten NH_3 ändert sich nur wenig gegenüber verdünnten Lösungen in CCl_4 (32). Dagegen geht der Anteil an freien OH-Gruppen des Wassers in Ammoniaklösungen deutlich zurück (32). Dies führt zu der Arbeitshypothese, daß der Primärschritt der Löslichkeit im Wasser eine Anlagerung hydrophiler Gruppen an die Störstellen „freier" OH-Gruppen ist, wobei der Stickstoff des NH_3 als Akzeptor für OH...N Brücken wirkt.

Diese Anschauung ist nach *Schröder* (32) auch mit Untersuchungen der anomalen Druckabhängigkeit des Bunsenschen Löslichkeitskoeffizienten von Gasen im Wasser im Einklang. *Schröder* schloß hieraus auf verschiedene Löslichkeitsmechanismen. Diese deutete er im Modell größerer Wasseraggregate als Löslichkeit: 1. in den „Ecken" zwischen verschiedenen Aggregaten; 2. in den gestörten Flächen zwischen Wasseraggregaten und 3. ein Aufbrechen der Aggregatstrukturen. – Ähnlich zeigt die Temperaturabhängigkeit der Löslichkeit von Aromaten in Wasser ein Temperaturminimum der Löslichkeit, was ebenfalls auf mindestens zwei verschiedene Löslichkeitsmechanismen mit verschiedenen Lösungswärmen deutet.

Die Vorstellung der Löslichkeit an den Rändern der Wasseraggregate wird auch anhand der anomalen Eigenschaft des Wassers, durch geringe Zusätze Gele zu bilden, gestützt.

Zusätze von 1 SiO_2 auf 330 Molekeln H_2O vermögen Kieselgele zu bilden (34, 35). Schon kleine Konzentrationen von einem Molekül des Farbstoffs Pseudo-Isocyanin auf 2000 Wassermolekeln bilden Gele (36). Der vor einigen Jahren lebhaft diskutierte Artefakt, das von *Derjagin* postulierte anomale Wasser (35), beruhte ebenfalls darauf, daß Wasser mit kleinsten Verunreinigungsmengen Gele bilden kann. Im Modell der Wasserstruktur aus großen Aggregaten mit Störzonen dazwischen ist die Gelbildung leicht zu verstehen. Während in reinem Wasser die Störzonen schnell ab- und aufgebaut werden, können kleine Mengen gelöster Fremdmolekeln diesen „schnellen Flickering"-Mechanismus in den Störzonen

2

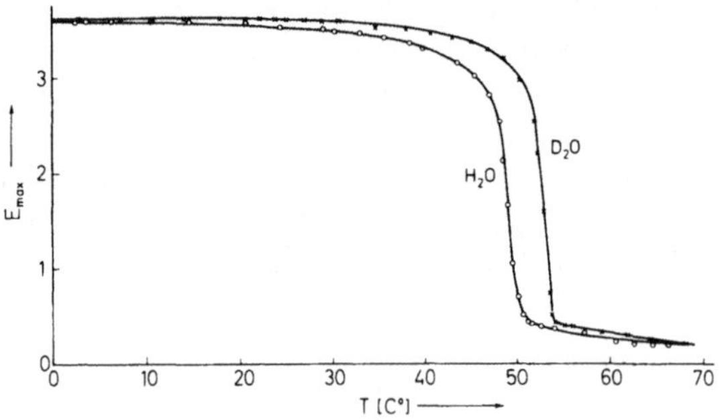

Abb. 14. Gelbindung von Pseudoisocyanin in Wasser. Im Gelzustand tritt eine Absorptionsbande bei 57 omμ auf. Gelschmelzpunkt ist im D_2O um 3,8 °C erhöht. 7,5 g Fst/l, pH = 7

stoppen und so zu einem großen Viskositätsanstieg in Form einer Gelbildung führen. Die anomale Eigenschaft der Gelbildung mit relativ kleinem Fremdstoffgehalt beruht demnach auf der großen Ausdehnung der Wasseraggregate.

Das erwähnte Pseudo-Isocyanin-Gel eignet sich vorzüglich, um das Aufschmelzen von Gelen experimentell mit optischer Genauigkeit zu verfolgen. Der Farbstoff zeigt im Existenzbereich des Geles eine relativ scharfe Assoziationsbande im Sichtbaren (36, 37, 38). In Abbildung 14 wird die Extinktion dieser Farbstoffaggregationsbande in Abhängigkeit von der Temperatur aufgetragen. Der Gelschmelzpunkt hängt in diesem System von der Farbstoffkonzentration und vom pH-Wert ab. Im Beispiel der Abbildung 14 liegt er für 7,5 g Farbstoff/Liter H_2O im Bereich pH 7 bei 48,8 °C und in D_2O bei 52,6 °C[5]). Diese Temperaturdifferenz von 3,8° entspricht dem Schmelzpunktunterschied D_2O/H_2O von 3,82°. Dies führt zum anschaulichen Begriff der Strukturtemperatur der Bilanz der H-Brückenstruktur. Eigenschaften des D_2O kann man danach in erster Näherung so beschreiben, als ob D_2O eine um 3,8° niedrigere Strukturtemperatur hat, als der eigentlichen Meßtemperatur entspricht. Die H-Brücken im D_2O gehen nach dieser Vorstellung langsamer mit T zurück als im H_2O. Die Brauchbarkeit dieser vereinfachten Vorstellung zeigt die Abbildung 15. Auch der Schmelzpunkt von *RN*-ase Ribosomen von e.coli ist in D_2O um etwa 4° höher als in H_2O (39, 40). – Andererseits ist die Sterberate von e.coli *B* in D_2O bei 55 °C etwa nur so hoch wie in H_2O von 53 °C (39).

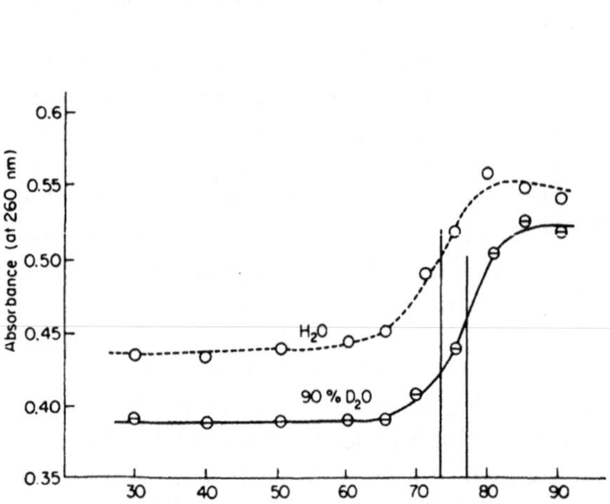

Abb. 15. Schmelztemperatur von RNA-ase-Ribosomen (E.coli) ebenfalls in D_2O um etwa 4 °C erhöht

Die für den Gelbildungsmechanismus benutzte Modellvorstellung kann auch zum Verständnis der starken Viskositätsänderungen beim Aufschmelzen des Eises herangezogen werden. Dieser Viskositätssprung beim Aufschmelzen mag zunächst Zweifel erwecken an unserer Vorstellung, daß beim Schmelzen lediglich 10% der H-Brücken aufgehen. Störstellen sind auf Grund kooperativer Mechanismen nicht statistisch verteilt, sondern gehäuft in Art von Rißflächen vorzustellen. Die auf Grund von dielektrischen Messungen bekannte Relaxationszeit des Wassers in der Größenordnung von 10^{-12} sec wird allgemein als Lebensdauer der H-Brücken aufgefaßt (40). In dieser Zeit-Größenordnung ist im Gegensatz zum Eis eine Wanderung der Störstellen in Form geöffneter H-Brücken zu erwarten, wobei als Zwischenzustände Brücken mit ungünstigen Brückenwinkeln kurzfristig auftreten. Offene OH-Gruppen versuchen unter einem Energiegewinn von etwa 4 kcal/mol wieder H-Brücken zu bilden. Dieser Energiebeitrag kann zum Aufbrechen benachbarter H-Brücken führen. Bei einer Scherbeanspruchung wird die Wasserstruktur an ihrer schwächsten Stelle nachgeben, das ist im Bereich der Oberflächen der größeren Aggregate. Die Aktivierungsenergien für Diffusion oder Viskosität des Wassers von etwa 4,6

[5]) Bei einem Fst-Gehalt von 3,75 g/l ist der Gelschmelzpunkt um 35 °C.

kcal/mol (41, 42) deuten darauf hin, daß bei diesen Prozessen vorwiegend Molekeln an den Rändern der über H-Brücken geordneten Bereiche beansprucht werden. Diese sind nur mit 1 H-Brücke an die Aggregate gebunden, so daß diese Energie im Gegensatz zu der mittleren Bindungsenergie von 10 kcal/mol als Aktivierung der Viskosität ausreicht.

b) Elektrolytlösungen

Vorstellungen über die Struktur der Elektrolytlösungen gingen bisher weitgehend von dem umfangreichen Arbeitsgebiet der Debye-Hückel-Theorie aus. Diese gilt jedoch nur für kleine Konzentrationen. Sie kann selbst für 1-1wertige Ionen höchstens bis in Konzentrationsbereiche von 0,01 bis 0,05 mol/l angewandt werden. Unterhalb von 5000 bis höchstens 1000 Wassermolekeln pro Ionenpaar sind andere Vorstellungen zu entwickeln, wobei hierbei individuelle Ioneneigenschaften nicht mehr vernachlässigt werden können. Für die Kolloidchemie sind vorwiegend die Bereiche höherer Salzkonzentrationen interessant. Gerade aus ihrem Arbeitsbereich kamen daher mit der sogenannten *Hofmeister*schen oder lyotropen Ionenreihe erste Hinweise auf die Notwendigkeit der Beachtung individueller Ioneneigenschaften. Als zwei Beispiele hierfür sei 1. an die Reihenfolge der Ionenwirkung auf die Proteinflockung im sauren Bereich erinnert (43):

$Li^+ > K^+ > Na^+ > NH_4^+ > Mg^{2+}$

Citrate > Tatrate > So_4^{2-} > Acetate >

$Cl^- > NO_3^- > ClO_3^- > J > CNS^-$

← Aussalzen Einsalzen →

oder 2. an die Ionenadsorptionswirkung an polaren Festkörpern (44):

$Th^{4+} > Al^{3+} > H^+ > Ba^{2+} > Sr^{2+} >$

$Ca^{2+} > Cs^+ > Rb^+ > K^+ > Na^+$

Citrate > Tatrate > CO_4^{2-} > Acetate >

$Cl^- > NO_3^- > Br^- > J^- > CNS^-$.

Durch Ionenzusätze oberhalb etwa 0,1 mol/Liter wird auch ein Oberflächenpotential an wäßrigen Lösungen beobachtet in der Reihenfolge (45):

$K^+ = NH_4^+ > Na^+ > Li^+ > Ba^+ > Sr^{2+} >$

Mg^{2+}

und für die Anionenreihe

$SO_4^{2-} > CO_3^{2-} > CH_3COO^- > Cl^- >$

$NO_3^- > Br^- > J^- > SCN^-$.

Für $Na_2SO_4 > MgSO_4 > Na_2CO_3 > BaCl_2 > (NH_4)_2SO_4$ wird ein positives Potential etwa proportional zur Salzkonzentration beobachtet, und negative Potentiale in der Reihenfolge

$NH_4Cl > NaCl > LiCl > NaNO_3 >$

$NaBr > KJ > NaJ > NaSCN$.

Wobei NaSCN das negativste Potential hat.

Auch die Oberflächenspannung des Wassers wird durch Ionen in der Reihenfolge der *Hofmeister*-Ionenreihe beeinflußt:

$Li^+ > Na^+ > K^+ > Rb^+ > Cs^+$

$F^- > SO_4^{--} > Cl^- > Br^- > NO_3^- > J^- >$

CNS^-.

Diese Ionenreihe wird sehr häufig im Bereich mittlerer Konzentrationen bei den verschiedensten Eigenschaften wäßriger Systeme wiedergefunden. In den folgenden Zeilen sind z. B. einige biochemische Beobachtungen zusammengestellt (47):

1. Umwandlungstemperatur der DNA

$Cl^- < Br^- < ClO_4^- < CNS^-$.

2. Löslichkeit von Thymin oder Adenin in Wasser:

Einsalzeffekte: $Br^- < J^- < ClO^- < CNS^-$
Aussalzeffekte: Cl^-, SO_4^{--}.

3. Reduktion der optischen Drehung von Poly-L-Prolin:

$Cl^- < NO_3^- < Br^- < J^- < ClO_4^- < SCN^-$.

4. Behinderung der Gelbildung von Amylose:

$Cl^- < Br^- < NO_3^- < J^-$.

5. Rückhaltevermögen von Cellulose-Acetat-Membranen:

$SO_4^{--} > Cl^- > Br^- > NO_3^- > J^- > SCN^-$.

Die Aufklärung der physikalischen Bedeutung der *Hofmeister*schen Ionenreihe gelang durch die Infrarotspektroskopie (18, 20, 48). Die Wasser-Obertonspektren werden durch Elektrolytzusatz ähnlich verändert in erster Näherung wie eine Temperaturänderung des reinen Wassers. *Bernal* und *Fowler* (51) hatten bereits qualitativ vorgeschlagen, die Struktur von Elektrolytlösungen durch eine Strukturtemperatur T_{str} zu beschreiben. Die Spektren geben eine Möglichkeit, die Strukturtemperatur quantitativ zu messen (18, 20, 48). Die Strukturtemperatur ist dabei die Temperatur, die reines Wasser haben würde bei einem ähnlichen H-Brückenzustand. Wobei es sich empfiehlt, diese im Bereich der „freien" nicht H-Brücken-gebundenen OH-Gruppen spektroskopisch zu bestimmen. Hierbei erhielten wir folgende Reihenfolge:

T_{str} $\quad SO_4^{2-} < CO_3^{2-} < Cl^- < Br^- < J^- < SCN^- < ClO_3^- < ClO_4^-$

$$Na^+ < K^+ < NH_4^+ < Mg^{2+} < Ba^{2+}$$

Diese so erhaltene Ionenreihe erwies sich identisch mit der *Hofmeister*-Ionenreihe. Für diese geben wir als Beispiel die Änderung der Trübungspunkte von 9-fach äthoxyliertem *p*-iso-Octylphenol:

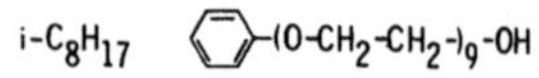

cloud point $\quad Fe(CN)_6^{4-} < SO_4^{2-} < HPO_4^{2-}, PO_4^{3-} < CO_3^{2-} < CrO_4^{2-}, WO_4^{2-} < S_2O_3^{2-} < MoO_4^{2-}, H_2PO_4^-$

$$MoO_4^{2-}, H_2PO_4^- < F^- < Cl^- < NO_3^- < Br^- < ClO_3^- < J^- < ClO_4^- < SCN^-$$

$$Na^+ < K^+ < Mg^{++} < NH_4^{2+}, Ca^+ < Al^{3+} < Li^+ < Ba^{2+} < Cu^{2+} < Mg^{2+}$$

Eine ähnliche Jonenreihe hatten auch *Williams* und *Millett* (49) aus der Frequenzlage der Wasserobertonspektren erhalten und auch *Yamatera*, *Fitzpatrick* und *Gordon* (5).

Die spektroskopischen Daten brachten folgende Ergebnisse:

1. Die *Hofmeister*sche Ionenreihe entspricht der Wirkung auf die Strukturänderung des Wassers.

2. Es gibt Ionen, deren T_{str} größer ist als die Lösungstemperatur T, sie werden structure breaker genannt, ihre Spektren zeigen einen höheren Gehalt an „freien" OH-Gruppen als reines Wasser, das bedeutet, das Wasser wird „hydrophiler", und derartige Ionen können für organische Molekeln einsalzend wirken. Zu ihnen gehören J^-, ClO_4^-, SCN^-. Daneben gibt es Ionen mit $T_{str} < T$, ihre Spektren zeigen einen geringeren Anteil an „freien" OH-Gruppen, das Wasser wird durch sie „weniger hydrophil", derartige Ionen heißen structure maker und wirken aussalzend. Die Grenze zwischen structure-breaker und -maker hängt etwas von T ab.

3. Für die Änderungen der Wasserstruktur sind vornehmlich die Anionen maßgebend, die Kationen wirken demgegenüber schwächer.

4. Während Löslichkeitsänderungen schon bei relativ geringen Salzkonzentrationen messend verfolgt werden können, wirken Salze auf die Spektren meßbar erst ab 0,1 mol/Liter.

Der überragende Anioneneinfluß mag primär durch direkte Einwirkung der Anionen auf die OH-Gruppen bedingt sein, während Vorgänge an den freien Elektropaaren erfahrungsgemäß nur schwach auf die OH-Schwingungsfrequenzen wirken (8). Man kann jedoch auch an Löslichkeitseffekten die stärkere Anioneneinwirkung nachweisen. So zeigt z. B. die Abbildung 16 die Trübungspunkte T_c von äthoxyliertem *p*-iso-Octylphenol (20) bei 1 m Salzzusätzen aufgetragen gegen die reziproken Quadrate der Anionen- und Kationenradien. (Ohne Salzzusatz ist die Trübungstemperatur 64 °C) Die Abbildung 16 trennt deutlich die löslichkeitsverbessernden Strukturbrecher wie Jodide und Perchlorate von den die Löslichkeit verschlechternden Strukturverfestigern. Auch bei den aus Lösungsdichten berechneten partiellen Molvolumina des Wassers in Elektrolytlösungen fanden wir gleiche Werte, wenn man diese für NaCl oder $MgCl_2$ gegen die Anionenkonzentration auftrug (26).

Die geringere Empfindlichkeit der Wasserspektren gegenüber Salzzusätzen konnten wir dahingehend aufklären, daß im Bereich der Raumtemperatur mit Ausdehnungen der H-Brückenstruktur von einigen Hundert Wassermolekeln die Spektren bei Änderungen der Aggregation relativ unempfindlich ansprechen (26). Hieraus folgte die Voraussage, daß bei

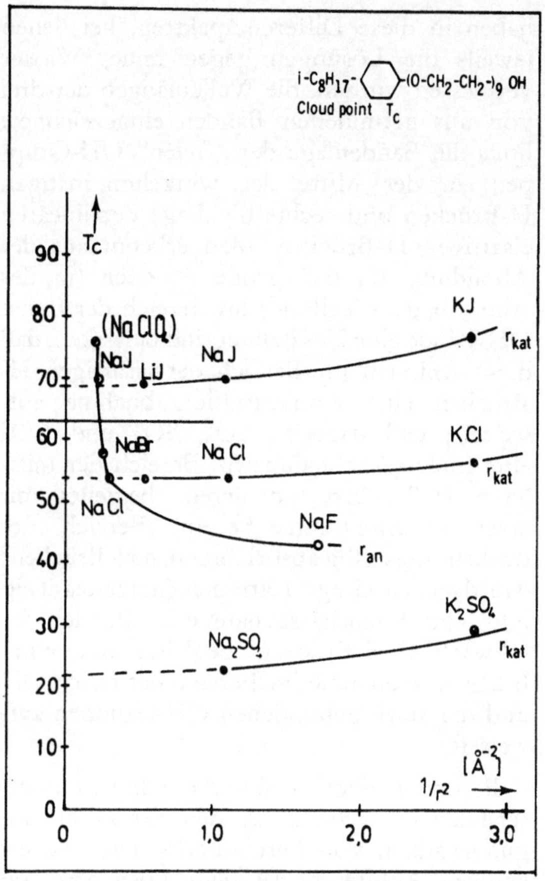

Abb. 16. Trübungstemperaturen T_c von 9 fach äthoxiliertem *p*-iso-Octylphenol in Abhängigkeit von Anionen- und Kationenradien *r*

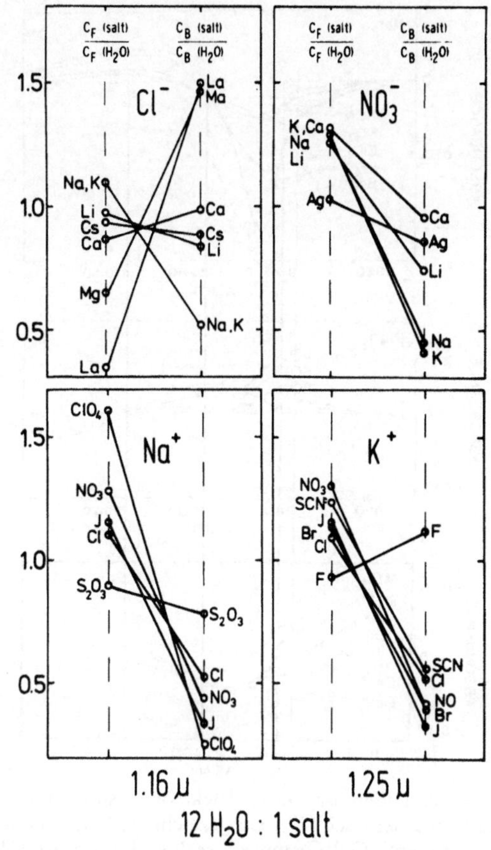

Abb. 17. Linke Werte jeweils Quotienten der Extinktionskoeffizienten mit und ohne Salz bei Frequenz der „freien OH", rechte Skalen bei der Frequenz der linearen eisartig gebundenen H-Brücken, in verschiedenen Elektrolytlösungen 12 H_2O pro Ionenpaar. Zunahme bei einer Frequenz geht mit Abnahme bei der anderen parallel und umgekehrt. (Werte entnommen Messungen von *Choppin* & *Buijs* (52))

höheren Temperaturen die Spektren infolge der kleineren Ausdehnung des H-Brückensystems auf Salze stärker ansprechen (26). Dies konnte verifiziert werden und abgeschätzt werden, daß spektroskopisch eine ähnliche Änderung der H-Brückenausdehnung gemessen wird, wie sie auch aus Löslichkeitsänderungen durch Salze abgeschätzt werden kann (26).

In erster Näherung beobachtet man an den Obertonspektren bei Zunahme des „freien" OH durch Salze im allgemeinen eine Intensitätsabnahme im Bereich der linearen eisartig gebundenen H-Brücken. In Abbildung 17 sind Spektren von *Buijs* und *Choppin* (52) entsprechend von uns ausgewertet worden. Auf der linken Seite sind die Intensitäten im Frequenzbereich der „freien" OH und auf der rechten Seite jeweils im Bereich der eisartig gebundenen aufgetragen (Werte >1 bedeuten Zunahme, Werte <1 Abnahme).

Bei einem genaueren quantitativen Studium zeigt sich jedoch, daß in beiden Frequenzbereichen graduelle Unterschiede existieren. Bestimmungen der Strukturtemperatur unterscheiden sich daher, ob diese im Bereich der „freien" OH oder der H-Brückenbanden durchgeführt werden (53). Wobei die Vereinbarung, T_{str} im Bereich der freien OH-Gruppen zu bestimmen, eine bessere Parallelität zu Löslichkeitseffekten in der Regel aufwies. Das mag damit zusammenhängen, daß die H-Brückenbanden mit einer Hydratstruktur um die Ionen zusammenhängen, für Löslichkeiten aber mehr die äußeren Strukturen fernab vom Primärhydrat maßgebend sind.

Paquette und *Joliceur* haben mit ihrer Differenzspektroskopie auch zeigen können

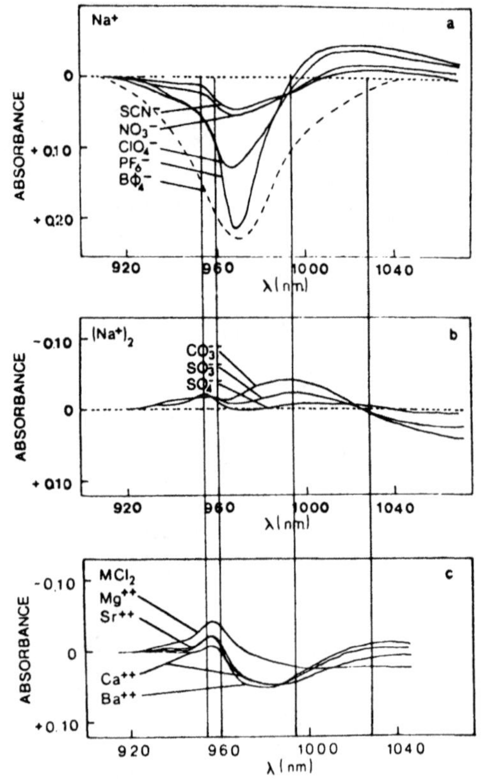

Abb. 18. Differenzspektren-Elektrolytlösungen gegen reines Wasser nach (29). Eingezeichnet: links Maxima der „freien" OH-Gruppen; rechts der linearen H-Brücken und in der Mitte der winkelungünstigen H-Brücken. (0,5 m Salz, 25 °C)

(29), daß man für den Salzeinfluß – ähnlich wie es unsere HOD-Bandenanalyse vorschrieb – drei Wasserbanden diskutieren sollte. Wir haben in diese Differenzspektren, bei denen jeweils die Lösungen gegen reines Wasser vermessen wurden, die Wellenlängen der drei von uns gefundenen Banden eingezeichnet: links die Bandenlage der „freien" OH-Gruppen, in der Mitte der winkelungünstigen H-Brücken und rechts die Lage der linearen eisartigen H-Brücken. Man erkennt aus der Abbildung 18, daß große Anionen (in der Abb. oberstes Teilbild) im Bereich der freien OH-Bande eine Zusatzintensität bewirken, daß diese Anionen im Bereich der eisartigen H-Brücken eine Konzentrationsabnahme aufweisen; daß dagegen $SO_4^=$, $SO_3^=$ und $CO_3^=$ eine Intensitätsabnahme im Bereich der mittleren H-Brücken induzieren, begleitet mit einer Intensitätszunahme im Bereich der starken langwellig absorbierenden H-Brücken; daß dagegen einige Kationen (unterstes Teilbild) eine Intensitätszunahme im Bereich der schwachen H-Brücken begleitet mit einer Intensitätsabnahme im Bereich der freien OH und der stark gebundenen OH-Gruppen aufweisen.

Besonders deutlich sind diese drei zu unterscheidenden Effekte an den Grundschwingungsbanden von Perchloratlösungen zu erkennen. Abbildung 19 zeigt Lösungen von $NaClO_4$ und $MgClO_4$ (54). In der nächsten Abbildung 20 haben wir die Intensitäten an den drei von uns gefundenen Banden ausgewertet. Hierbei ist deutlich zu erkennen, daß im Bereich der freien OH-Gruppen für beide

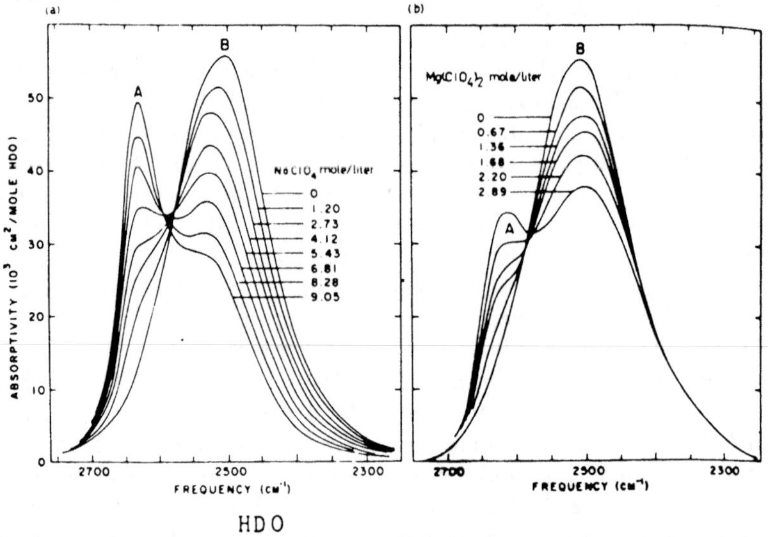

HDO

Abb. 19. HOD-Valenz-Schwingung von $NaClO_4$ und$Mg(ClO_4)_2$-Lösungen steigender Konzentrationen nach *Brink* und *Falk* (54)

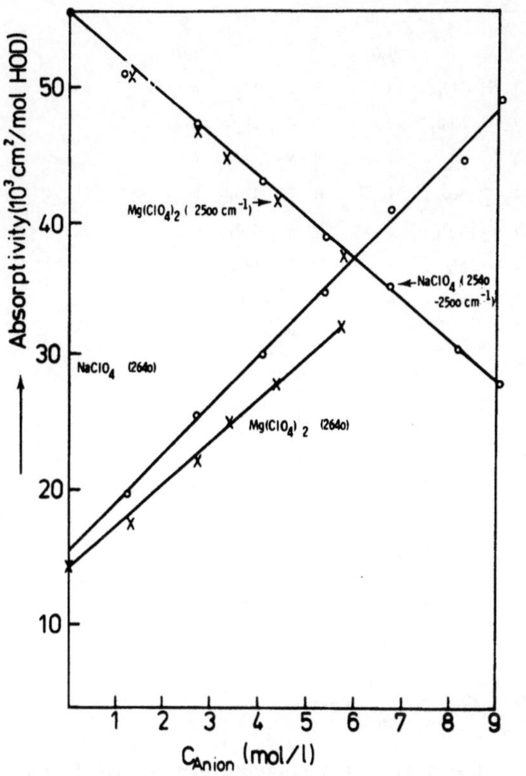

Abb. 20. Auswertungen der Abb. 19. Graden von „unten" nach „oben" Intensitäten im Bereich der sehr schwach gestörten OH-Gruppen (2640 cm^{-1}); Grade von links oben nach rechts unten Intensitäten im Bereich der winkelungünstigen H-Brücken als Funktion der Anionenkonzentration

Salzlösungen gleiche Intensitäten gefunden werden, wenn man dies gegen die Anionenkonzentrationen aufträgt, daß diese sich im mittleren Bereich schwacher H-Brücken etwas unterscheiden; ein Rückblicken auf die Abbildung 19 zeigt dagegen, daß beide Lösungen sich jedoch im Bereich der starken H-Brücken wesentlich unterscheiden: während Na-Kationen dort eine Abnahme derartiger Brücken bewirken, bleiben sie durch Mg-Kationen unverändert. Dies mag durch Störungen oder verschiedenen Einbau in die Wasserstruktur bedingt sein.

Die Maxima der Lösungsspektren in Abbildung 19 sind etwas langwelliger als die Maxima der „freien" OH-Banden im flüssigen Wasser. Das führt zu der Deutung, daß das große Perchloratanion eine sehr schwache Wechselwirkung mit OH-Gruppen des Wassers eingeht, die sehr nahe einer vollständigen Orientierungsfehlstelle ohne Brückenbindung entspricht. Die Wechselwirkung zwischen Wasser und den Ionen kann spektroskopisch am einfachsten an Hydraten studiert werden. Nach Neutronenbeugungsbefunden liegen in festen Hydraten die OH-Gruppen überwiegend im Brückenbindungswinkel Null (41).

Trotzdem findet man überraschend an festen Hydraten OH-Frequenzen, die vorwiegend zwischen den freien OH-Gruppen (z. B. bei ClO_4^-) und den eisartigen H-Brücken liegen. In Abbildung 21 wurde in die frühere Abbildung 12 in das Frequenzverschiebungsdiagramm durch organische Basen die Frequenzen der Wasserspektren in festen Hydraten eingezeichnet (markiert durch Nummern). Man sieht in der Abbildung 21, daß alle Hydratspektren im Bereich der organischen Akzeptoren absorbieren. Eis hat sein Maximum zwischen Pyridin- und Triäthylaminzusatz. Nach allen Erfahrungen sind die I. R. Frequenzverschiebungen bei H-Brücken proportional zur Wechselwirkungsenergie. Aus Abbildung 21 ist daher die Frage zu stellen: Sind die Wechselwirkungen zwischen Wasser und Anionen in der gleichen Größenordnung wie die Wasser/Wasser-Wechselwirkungen? Da die H-Brücke im Eis oder zwischen Wasser und den beiden genannten Lösungsmitteln im Bereich von 4–5 kcal/mol liegt, entsteht die Frage: sind die Wechselwirkungen Anionen–Wasser etwa in der gleichen Größe? Die hohen Hydratationsenergien, die pro Ionenpaar zu 100 kcal/mol angenommen werden, scheinen dem zu widersprechen. Erinnern wir uns, daß Kationeneffekte sich im Spektrum nur durch Störungen zweiter Ordnung bemerkbar machen, und denken wir daran, daß die meisten Salze erst ab 8 bis 10 Wasser pro Ionenpaar löslich werden, so müssen wir diskutieren: etwa 100/2 kcal/mol entfallen größenordnungsmäßig auf die Anionen, diese 50 kcal/mol können höchstens von 8 bis 10 Anionen aufgebracht werden! Damit sind wir in der gleichen Größenordnung von 5 kcal/mol für die Wechselwirkungen Anion–H_2O.

Mit diesen Folgerungen müssen wir fortan Elektrolytlösungen in einem neuen Aspekt sehen: Die freien Elektronenpaare der Wassermolekeln liegen offenbar so nahe an den Molekeloberflächen, daß die *Coulomb*schen Wechselwirkungen in den H-Brücken zwischen Wassermolekeln in der ähnlichen Größenordnung liegen wie die Wechselwirkungen

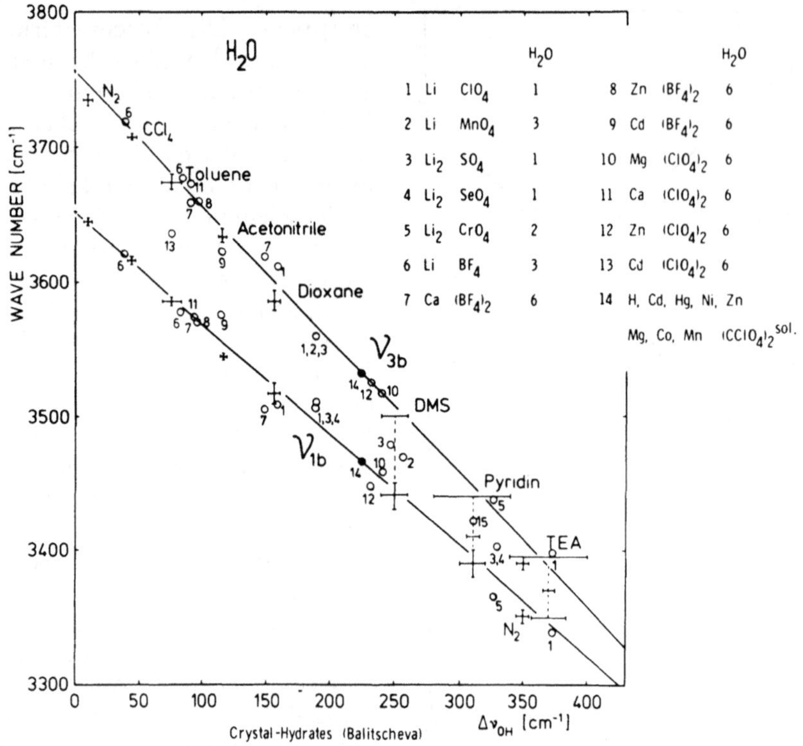

Abb. 21. Punkte: Frequenzmaxima der Wasserbanden in festen Hydraten eingezeichnet in das Frequenzdiagramm der Abbildung 12. Hydratbanden liegen im gleichen Frequenzbereich wie H-Brückenbanden: Wasser-organ. Basen. Haben Ionen ähnliche Wechselwirkungen zum Wasser wie organ. Akceptoren?

Wasser–Anionen. Die Forschungsbereiche: Elektrolytlösungen und H-Brücken können vom energetischen Standpunkt also vereint werden. Die Wasserstruktur erscheint demnach in einem neuen Licht!

Rückblickend sollte nochmals betont werden, daß die Hoffmeister-Ionenreihe der Reihe der Wasserstrukturänderung entspricht. Daher ist es verständlich, daß sehr viele Salzeffekte in wäßrigen Systemen recht ähnlich sind. Die spektroskopisch quantitativ bestimmbare Strukturtemperatur vermag Elektrolytlösungen in erster Näherung zu beschreiben. Für ein verfeinertes Bild sind jedoch die Stärken der Wechselwirkung Ion/Wasser mit zu diskutieren. Dies sei nochmals in einem Beispiel deutlich gemacht: Abbildung 22 zeigt Messungen der Übergangstemperatur von Ribonuclease nach *von Hippel* und *Wong* (55). Durch Pfeile markiert wurden von uns spektroskopisch bestimmte Strukturtemperaturen bei den jeweiligen Salzkonzentrationen und bei den jeweiligen Übergangstemperaturen. Die Abbildung 22 bedeutet: 1 molare Lösung von $(NH_4)_2SO_4$ hat bei der Übergangstemperatur von 73 °C eine Strukturtemperatur von etwa 64 °C, diese liegt also nicht weit von der salzfreien Umwandlungstemperatur von 61 °C. Ähnlich hat eine 1 molare KSCN Lösung bei der durch sie erzwungenen Umwandlungstemperatur von 47 °C eine Strukturtemperatur von etwa 57 °C, ebenfalls nicht weit von der ungestörten Umwandlung bei 61 °C. – Diese Übereinstimmung ist bei anderen Salzen nicht immer so gut. Z. B. ändert $CaCl_2$ keineswegs T_{str} so stark wie die Umwandlungstemperatur von Ribonuclease. Bei diesem Zusatz ist in anderen Untersuchungen jedoch eine gleichzeitige pH-Änderung oder eine Ionenadsorption vermutet worden.

Die hier diskutierten Phänomene der Strukturtemperaturen beziehen sich auf Konzentrationsbereiche von 0,1 molar bis etwa 2 molar. Bei höheren Konzentrationen können zusätzliche Effekte auftreten. Die grobe Beschreibung von Strukturtemperaturen bedeuten umgerechnet auf die Änderungen der H-Brückensysteme des Wassers, daß bei

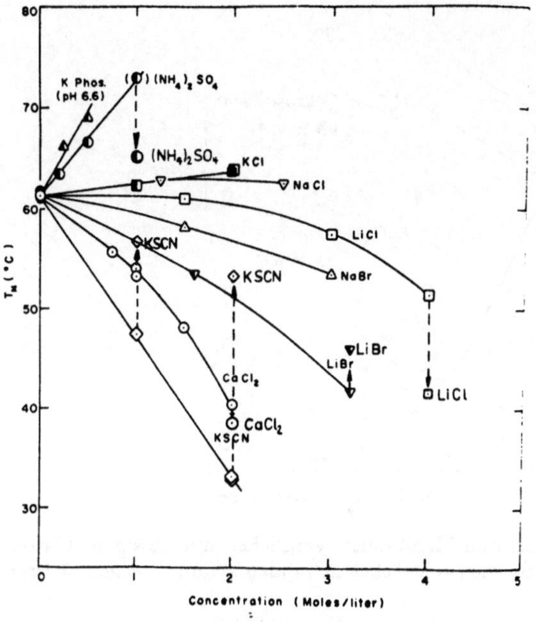

Abb. 22. Umwandlungstemperaturen von 0,5% Ribonuclease in Abhängigkeit von der Salzkonzentration. (nach *von Hippel* und *Wong* (55)) Durch Pfeile markiert von uns vermessene Strukturtemperaturen für die jeweilige Salzkonzentration und bei der jeweiligen durch Salz veränderten Umwandlungstemperatur.

Strukturtemperaturen einiger Salze liegen nahe der Umwandlungstemperatur ohne Salz

Raumtemperatur durch die Ionen bis zu 20 Wassermolekeln in ihrem H-Brückenzustand bei 1 molaren Lösungen verändert werden; bei geringeren Konzentrationen reicht die Ionenwirkung sogar noch weiter (47, 26). Das bedeutet bei Lösungen: Wasser/Ionen/organische Zusätze können bei Konzentrationen von 2 molar aufwärts die Hydratstrukturen der beiden Zusätze sich gegenseitig stören, so daß hierdurch neue Phänomene – wie z.B. Maxima in Trübungspunkten etc. – auftreten können.

3. Strukturen wässeriger Systeme

In wässerigen Systemen mit organischen Molekeln können erst wenige Strukturaussagen versucht werden. Abbildung 12 gab einen Hinweis auf den für diese wichtigen Parameter der Basenstärke der hydrophilen Gruppen mit Wasser wechselwirkender hydrophiler Molekeln. Hydrophobe Gruppen von organischen Molekeln werden offenbar durch eine gashydratähnliche Anordnung der Wassermolekeln um die hydrophoben Gruppen „abgeschirmt". In einfachen Gashydraten ist nachgewiesen mit Beugungsmethoden, daß Wasser um Gasmolekeln einen Hohlraum von 20 Wassermolekeln bilden kann. In das Innere dieses so gebildeten Hohlraumes zeigen weder Protonen noch freie Elektronenpaare. Die Wassermolekeln drehen also dem Hohlraum ihren möglichst „hydrophoben Rücken" zu. Bei größeren Konzentrationen ist bekannt, daß Molekeln mit getrennten hydrophilen und hydrophoben Gruppen die hydrophoben Reste zu einem Mizellkern eines größeren Aggregates zusammenlagern. Im Fall der diskutierten Äthylenoxidderivate konnten wir z.B. zeigen (56), daß sich jeweils 6 *p*-iso-Octylphenolgruppen aneinanderlagern. Bei dieser sogenannten hydrophoben Wechselwirkung ist die Zahl der hierfür zu öffnenden H-Brücken des Wassers wesentlich kleiner als bei einer monomeren Lösung der organischen Partner. Dieses Energieminimum verursacht die sogenannte hydrophobe Bindung. Wie wir andererseits nachweisen konnten (20), können auch organische Molekeln wie die Äthergruppen der Polyäthylenoxiderivate eine Primärhydratschicht ausbilden unter möglichster Einstellung des Brückenwinkels $\beta = 0$ zwischen Wasser und den organischen Acceptoren. Wie z.B. die Strukturen von DNA und der Eiweiß-α-Helix z.B. zeigen, ist diese energetisch bevorzugte Einstellung des Brückenbindungswinkels Null ein für die gesamte Biochemie grundlegender Effekt (57).

Oberhalb des Trübungspunktes der Polyäthylenoxidderivate bilden sich zwei Phasen, wobei kurz oberhalb der Trübungstemperatur noch beträchtliche Wassermengen bis zu 20 Wasser pro Äthersauerstoff in die organische Phase übertreten können. Neben einem Primärhydrat der Äthersauerstoffe von etwa 2 Wasser pro O-Atom tritt also eine Art Sekundärhydratstruktur auf. Wie nähere Untersuchungen zeigen konnten, löst dieses Sekundärhydrat Ionen (20).

Mit Hilfe der I.R. Technik kann man auch in komplizierten Systemen einige Aussagen machen über die Bilanz des gesamten H-Brückenzustandes. Hierfür seien zwei Beispiele gegeben:

1. Abbildung 23 zeigt Wasserspektren in Celluloseacetat- und Polyimid-Membranen. Im

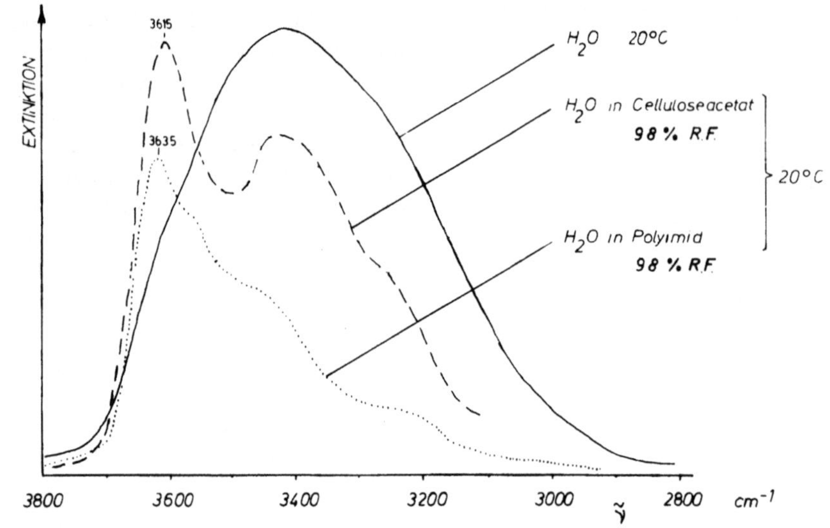

Abb. 23. Wasservalenzbanden in Celluloseacetat- und Polyimid-Membranen verglichen mit flüssigem Wasser (20 °C, 98% rel. Feuchte). Wasser ist in Entsalzungsmembranen schwächer gebunden als im flüssigen Wasser

Vergleich zum Spektrum des reinen Wassers zeigt sich in der Gesamtbilanz, daß das Wasser in diesen Membranen schwächer gebunden ist als in der Flüssigkeit. Diese für Wasserentsalzung geeigneten Membranen haben offenbar kaum die oben an den Polyäthylenoxiden diskutierten Sekundärhydratschichten, so daß die Ionenlöslichkeit in der Membran gering ist. Die vergleichsweise schwächere Wasserbindung in der Membran begünstigt die Beweglichkeit des Wassers durch die Membran.

Das Ergebnis der Abbildung 23 wurde durch Differenzbildung mit den Spektren der reinen Membranen erhalten, ist damit mit größerem Fehler behaftet, wie sie üblich ist. Im Frequenzbereich der Wasserkombinationsbande, in dem die Membranen keine Eigenabsorption aufweisen, konnte diese Aussage jedoch erhärtet werden.

Ebenso zeigt sich an anderen Membranen mit geringerer Ionentrennwirkung bei Sättigung ein Wasserspektrum, das der Flüssigkeit ähnlich war. Dies geht mit der Hypothese konform, daß man für Ionen trennende Membranen durch sterische Effekte etc. die Ausbildung von Sekundärhydratschichten vermeiden muß, weil diese Ionen lösen.

2. Ähnlich kann mit dieser Technik mit Hilfe eines im Eigenbau hergestellten Mikrospektralphotometers für das NIR auch die Wasserstruktur in biologischen Proben vermessen werden (58). Die letzte Abbildung 24

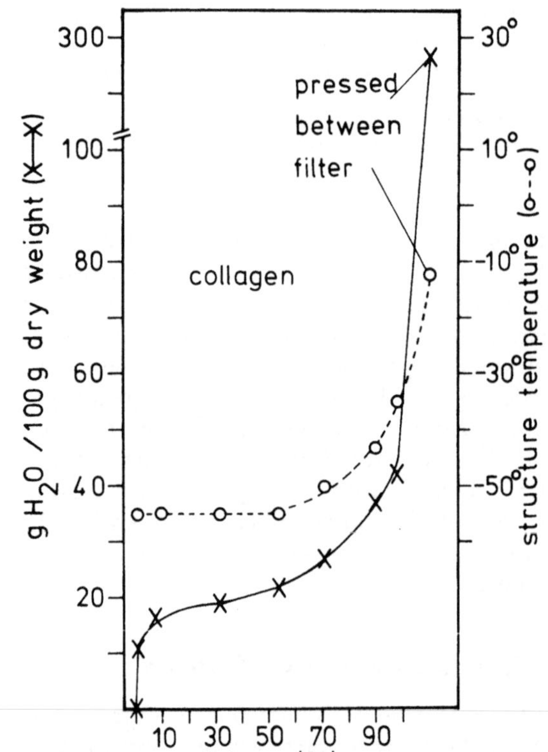

Abb. 24. Untere Kurve: Wasseradsorptionsisotherme von Kollagen in Abhängigkeit von der rel. Feuchte (linke Ordinate). Obere Kurve: Lage des Wasserbandenmaximums in Kollagen umgerechnet auf Strukturtemperatur des reinen Wassers mit ähnlicher H-Brückenbilanz

gibt als Beispiel in der unteren Kurve die Wasseraufnahme von Kollagen in Abhängigkeit von der relativen Feuchtigkeit. Die obere Kurve gibt die Lage des Maximums der Wasserkombinationsbande um 1,9 μ. Wobei dieser Zahlenwert umgerechnet ist auf die Temperatur, die reines Wasser bei gleicher H-Brückenbilanz haben würde. Im Bereich der Stufe der Adsorptionsisotherme finden wir also stärker gebundenes Wasser in Form einer Hydratstruktur. Im Bereich des starken Anstieges der Wasseraufnahme bei hoher Feuchtigkeit geht das Wasserspektrum langsam in Richtung auf das flüssige Wasser. Ein Vergleich der oben diskutierten Membranen und des Kollagens zeigt, daß wir beim Kollagen stärkere H-Brücken-Akzeptoren als im reinen Wasser vorliegen haben, so daß die erste Hydratstruktur verfestigt wird.

Anhand unseres spektroskopischen Ergebnisses erscheint auch die alte Beobachtung sofort verständlich, daß Pflanzen-Samen jahrzehntelang ohne zu wachsen bei 50 bis 65 % relativer Feuchte aufbewahrt werden können; daß sie bei hoher Feuchtigkeit sofort zu wachsen beginnen, sie benötigen hierzu offenbar Wasser von der normalen Struktur.

Mit diesen kurzen Hinweisen müssen wir uns begnügen. Es erscheint verständlich, daß in ternären Systemen: Wasser/Ionen/organ. Molekeln wieder die *Hoffmeister*-Ionenreihe häufig beobachtet wird. In einem anschließenden Kurzreferat wird gezeigt werden, daß dies selbst für organische Grenzschichten gegen Wasser gilt.

Summary

A review is given on possibilities and methods to give approximative models of the water structure. It is shown that I. R. overtone methods give a conductive water model which usefulness is demonstrated by calculated and described properties of: liquid water, aqueous solutions and aqueous systems like membranes or biologic cells.

Zusammenfassung

Es wird ein Überblick über Möglichkeiten und Methoden zur Gewinnung von Näherungsmodellen der Wasserstruktur gegeben. Es wird gezeigt, daß die I. R. Obertonmethoden ein brauchbares Modell geben, dessen Nützlichkeit anhand der Berechnung und Diskussion der Eigenschaften des flüssigen Wassers, wäßriger Lösungen und wäßriger Systeme wie Membranen oder biologischen Zellen demonstriert wird.

Literatur

1) *Luck, W. A.*, Chemie-Ingenieur-Technik **40**, 464 (1968).

2) *Luck, W. A., W. Ditter*, Tetrahedron **27**, 201 (1971).

3) *Luck, W. A.*, In: Ullmanns Encyclopädie Technische Chemie, 4. Auflage, Bd. **1**, S. 55 (Verlag Chemie Weinheim 1972).

4) *Scott, R. L.*, In: Physical Chemistry, ed. *Eyring-Henderson* and *Jost*, Bd. **VIII A**, Liquids, S. 27 (Academic Press New York 1971).

5) Obere Kurve nach Rechnungen von *W. Thiel*, Marburg, Theoretica chimica acta, (im Druck).

6) *Luck, W. A. P.*, Physikal. Blätter **22**, 347 (1966).

7) *Onsager, L.*, In: Structure of Water and Aqueous Solutions, ed. *W. A. P. Luck*, Chapt. I, **1** (Verlag Chemie Weinheim 1974).

8) *Luck, W. A. P.*, Structure of Water and Aqueous Solutions, Chapt. III, **3** (Verlag Chemie Weinheim 1974).

9) *Morgan, J., B. E. Warren*, J. Chem. Phys. **6**, 666 (1938).

10) *Narten, A. H., H. A. Levy*, J. Chem. Phys. **55**, 2263 (1971). *A. H. Narten*, in: *W. A. P. Luck* Structure of Water and Aqueous Solutions, S. 352 (Verlag Chemie Weinheim 1974).

11) *Ben Naim, A.*, In: *W. A. P. Luck* Structure of Water and Aqueous Solutions, S. 96 (Verlag Chemie Weinheim 1974).

12) *Luck, W. A. P.*, Naturwiss. **52**, 25, 49 (1965); **54**, 601 (1967). Ber. Bunsenges. **67**, 848 (1963).

13) *Luck, W. A. P.*, Hydrogen Bonds in Liquid Water, in: Hydrogen Bond, ed. *Schuster-Zundel-Sandorfy*, Vol. III, p. 1368 (North Holland Co., Amsterdam 1976).

14) *Luck, W. A. P.*, In: *F. Franks* Water a Comprehensive Treatise Vol. II, S. 235 (Plenum Press, New York 1973).

15) *Luck, W. A. P., W. Ditter*, Z. Naturforsch. **24 b**, 482 (1969).

16) *Luck, W. A. P.*, Z. Elektrochem. **64**, 1109 (1960); **65**, 355 (1961).

17) *Luck, W. A. P., W. Ditter*, Ber. Bunsenges. **72**, 365 (1968).

18) *Luck, W. A. P.*, Z. Elektrochem. **66**, 766 (1962).

19) *Luck, W. A. P.*, Ber. Bunsenges. **67**, 186 (1963).

20) *Luck, W. A. P.*, Fortschr. chem. Forsch. **4**, 693 (1964).

21) *Luck, W. A. P.*, Ber. Bunsenges. **68**, 895 (1964).

22) Landolt-Börnstein, Band II, **4** (Springer-Verlag Berlin–Heidelberg–New York 1961).

23) *Schiöberg, D., W. A. P. Luck*, Spectrosc. Letters **10**, 613 (1977).

24) *Luck, W. A. P., D. Schiöberg*, Vortrag XIII Europ. Kongreß on Mol. Spectroscopy (Breslau, Sept. 1977). J. mol. Relax. (in press).

25) *Luck, W. A. P.*, Disc. Farad. Soc. **43**, 115 (1967).

26) *Luck, W. A. P.*, Hydrogen Bonds in Liquid Water, in: Hydrogen Bond, ed. *Schuster-Zundel-Sandorfy*, Vol. III, p. 1368 (North Holland Co. Amsterdam 1976).

27) *Luck, W. A. P.*, In: Chemie, physikalische

Chemie und Anwendungstechnik der grenzflächenaktiven Stoffe, Bericht vom VI. Intern. Kongreß oberflächenaktiver Stoffe, Zürich 1972, S. 83 (Carl Hanser Verlag München 1973).
28) *Katsurai, T., Y. Makide*, Sc. Papers Inst. Physical and Chem. Res. **68**, 100 (1974).
29) *Paquette, J., C. Joliceur*, J. Sol. Chem. **6**, 403 (1977).
30) *Stillinger, F. H., A. Rahman*, J. Chem. Phys. **57**, 1281 (1972).
31) *Clementi, E.*, Determination of Liquid Water Structure, Lecture Notes in Chemistry, Vol. **2** (Springer Verlag, Berlin–Heidelberg–New York 1976).
32) *Luck, W. A. P., W. Ditter*, J. Phys. Chem. **74**, 3687 (1970).
33) *Schröder, W.*, Z. Naturforschg. **24 b**, 500 (1969).
34) Gmelins Handbuch der Anorganischen Chemie Nr. 15, Silicium B, S. 414, 439, 447, 448, 453, 503 (Verlag Chemie Weinheim.)
35) *Luck, W. A. P.*, Physikal. Blätter **26**, 133 (1970); *W. A. P. Luck, W. Ditter*, Naturwiss. **57**, 126 (1970).
36) *Luck, W. A. P.*, Naturwiss. **63**, 39 (1976).
37) *Scheibe, G.*, Angew. Chem. **49**, 1 (1936); **50**, 51, 212 (1937); Naturwiss. **25**, 75, 474, 795 (1937); **26**, 412 (1938); Koll. Ztschr. **82**, 1 (1938).
38) *Luck, W. A. P.*, In: Optische Anregung organischer Systeme S. 152 (Verlag Chemie Weinheim 1966).
39) *Hübner, G., K. Jung, E. Winkler*, Die Rolle des Wassers in biologischen Systemen, Berlin Akademie Verlag (Berlin und Braunschweig Vieweg 1970).
40) *Hasted, J. B.*, Aqueous Dielectrics, Chapman, London 1973.
41) *Samoilov, O. J.*, Die Struktur wäßriger Elektrolytlösungen und die Hydratation von Ionen, (Teubner Verlag, Leipzig 1961).
42) *Wang, J. H.*, J. Am. Chem. Soc. **73**, 510, 4181 (1951); **75**, 466 (1953).
43) *Edelmann, K.*, Lehrbuch der Kolloidchemie S. 351, Deutscher Verlag der Wissenschaften (Berlin 1962).
44) *Stauff, J.*, „Kolloidchemie" S. 344, Springer Verlag (Heidelberg 1960).
45) *Jarvis N. L., M. A. Scheiman*, J. Phys. Chem. **72**, 74 (1968).
46) *Freundlich, H.*, Kapillarchemie Bd. I, S. 98, (Akadem. Verlagsges. Leipzig 1930).
47) *Luck, W. A. P.*, Topics Current Chem. **64**, 116 (1976).
48) *Luck, W. A. P.*, Ber. Bunsenges. **69**, 69 (1965).
49) *Williams, D., W. Millett*, Phys. Rev. **66**, 6 (1944).
50) *Yamatera, H., B. Fitzpatrick, G. Gordon*, J. Mol. 7pectr. **14**, 268 (1964).
51) *Bernal, J. D., R. H. Fowler*, J. Chem. Phys. **1**, 515 (1933).
52) *Choppin, G. R., K. Buijs*, J. Chem. Phys. **39**, 2042 (1963).
53) *Luck, W. A. P., A. Zhukovskij*, In: Molecular Physics and Biophysics, Vol. II, p. 131, ed. *Sidárowa*, Leningrad University press 1974.
54) *Brink, G., M. Falk*, Can. J. Chem. **48**, 2096, 3019 (1970).
55) *von Hippel, P. H., K. Y. Wong*, J. Biol. Chem. **240**, 3909 (1965).
56) *Luck, W. A. P.*, Angew. Chem. **72**, 57 (1960).
57) *Luck, W. A. P.*, Naturwiss. Rdsch. **21**, 236 (1968).
58) *Kleeberg, H., W. A. P. Luck*, Naturwiss. **64**, 223 (1977).

Adresse des Verfassers:

W. A. P. Luck
Fachbereich Physikalische Chemie,
Universität Marburg
D-3550 Marburg

Progr. Colloid & Polymer Sci. 65, 29–44 (1978)

ISSN 0340-255 X

Lehrstuhl für Pharmazeutische Technologie an der Universität Regensburg

Sorption von Tensiden an Festkörperoberflächen und ihre Bedeutung im Bereich der Arzneiformen

H. Rupprecht

Mit 21 Abbildungen und 3 Tabellen

(Eingegangen am 26. Januar 1978)

1. Einleitung

Der rasante Fortschritt auf allen Gebieten der Arzneiformung war in den letzten Jahren mit einem immer vielfältigeren und differenzierteren Einsatz von grenzflächenaktiven Stoffen, den Tensiden, verbunden. Zu diesen Substanzen zählen eine große Zahl von Wirkstoffen, wie z. B. Verbindungen aus der Reihe der Lokalanästhetika oder der Psychopharmaka, sowie die breite Palette von Hilfsstoffen, die z. B. als Emulgatoren, Stabilisatoren, Solubilisatoren oder Netzer zur Anwendung kommen (1, 2).

Ausgehend von den hohen Anforderungen an moderne Arzneimittel hinsichtlich Wirksamkeit, Sicherheit und Stabilität (3) müssen die charakteristischen physikalisch-chemischen Eigenschaften der Tenside und deren Konsequenzen etwa für die physiologische Verträglichkeit oder die Beeinflussung der Arzneistoffverfügbarkeit erkannt und berücksichtigt werden.

Besondere Bedeutung haben in diesem Zusammenhang die Wechselwirkungen von Tensiden mit Oberflächen fester Wirk- und Hilfsstoffe in Arzneimitteln. Dies gilt vor allem dann, wenn die Teilchen der festen Substanz in feindisperser oder kolloider Verteilung vorliegen oder wenn sie eine Hohlraumstruktur mit Poren im kolloiden Größenbereich besitzen, so daß große spezifische Oberflächen für Sorptionsvorgänge zur Verfügung stehen.

Anhand ausgewählter typischer Vertreter aus der Verbindungsklasse der Tenside lassen sich an Festkörpern mit wohldefinierten großen spezifischen Oberflächen, wie z. B. an kolloidem SiO_2 oder TiO_2 (4, 5), Ad- und Desorption verfolgen und allgemein gültige Schlußfolgerungen zum Einsatz von Tensiden – auch unter Berücksichtigung verschiedener Milieubedingungen – ziehen. Eine konsequente Aufklärung der diesen Grenzflächenreaktionen zugrunde liegenden Gesetzmäßigkeiten schafft schließlich die Voraussetzung zu einer rationellen Entwicklung optimaler Arzneimittel!

2. Reaktionspartner

2.1 *Tenside*

Tenside sind nach *Götte* (6) alle jene Stoffe, die mit ausgeprägt lipophilen und ausgeprägt hydrophilen Molekülteilen ausgestattet sind und sich bevorzugt an Phasengrenzen anreichern und in die dort vorliegenden Energieverhältnisse eingreifen. Ihre Klassifizierung erfolgt zweckmäßigerweise nach dem Ladungszustand der hydrophilen Gruppen als nichtionogene, anionische, kationische und amphotere Tenside.

Die Grenzflächenaktivität wird vom unterschiedlichen Löseverhalten der hydrophilen und der lipophilen Anteile im Wasser bestimmt: Während die polaren Gruppen eine gute Löslichkeit im Wasser zeigen, verursachen die unpolaren Reste eine erhebliche Störung der Struktur des flüssigen Wassers (7, 8, 9, 10). Wassermoleküle, welche in unmittelbarem Kontakt mit dem unpolaren Rest stehen, befinden sich in einem asymmetrischen Kraftfeld (11):

Auf der einen Seite betätigen sie schwache Van-der-Waals-Anziehungskräfte zu den KW-Resten, auf der anderen Seite reagieren sie mit einer Umorientierung zu ihren nächsten Nachbarn. Mit einer Einschränkung ihrer Beweglichkeit nimmt ihre Entropie ab. Diese als Hydratation 2. Art oder auch Eisbergbildung (7) bezeichnete Erscheinung wird durch Abdrängen der KW-Reste aus der Wasserphase wieder beseitigt (12). Hierzu bieten die Adsorption an Phasengrenzen oder die Mizellbildung entsprechende Voraussetzungen. Die treibende Kraft hierfür bezeichnet man als hydrophobe Wechselwirkung (13).

2.2 Festkörperoberflächen

Als Reaktionspartner für die gelösten Tenside stehen an den Festkörperoberflächen verschiedene funktionelle Gruppen zur Verfügung, die von der chemischen Zusammensetzung und der Kristallstruktur bestimmt sind (Tabelle 1).

Hochdisperse Kieselsäure und Titandioxid besitzen reaktionsfähige Hydroxidgruppen, die zur Wasserstoffbrückenbindung und – in Abhängigkeit von der Wasserstoffionenkonzentration – zum Ionenaustausch befähigt sind (4, 5, 14, 15). Die Silanolgruppen der Kieselsäure ermöglichen den Austausch nur mit Kationen (16), während am Titandioxid mit seinem amphoteren Verhalten sowohl der Austausch von Kationen mit den Protonen saurer Hydroxidgruppen als auch der Austausch von Anionen mit basischen Hydroxidgruppen möglich ist (15, 17).

Die Sorptionseigenschaften der SiO_2-Oberflächen lassen sich modifizieren, wenn man Phenyl-, Benzyl- oder stark saure Benzylsulfonsäuregruppen einführt (18, 19, 20, 21).

Tab. 1. Funktionelle Gruppen an den Oberflächen hochdisperser anorganischer Hilfsstoffe

Pyrogene Kieselsäure Aerosil 200	$\equiv Si-OH$
Grenzflächenmodifizierte Kieselsäuren: mit Methylgruppen	$\equiv Si-O-Si(CH_3)_2-O-Si(CH_3)_2-O-Si\equiv$
mit Benzylsulfonsäure-Gruppen	$\equiv Si-CH_2-C_6H_4-SO_3H$
Pyrogenes Titandioxid P 25	$\equiv Ti-OH$

Chemisorbierte Methylgruppen geben der Kieselsäureoberfläche schließlich stark hydrophobe Eigenschaften, wie sie beim Präparat R 972 der Degussa vorliegen (22, 23, 24).

3. Wechselwirkungen an der Grenzfläche

Verlauf und Ausmaß der Tensidsorption an festen Grenzflächen und ihre Auswirkung auf die Eigenschaften eines Arzneimittels hängen von den Bindungen zwischen Sorbens und Sorptiv, zwischen Sorbens und Lösungsmittel, sowie von der Solvatation des Sorptivs durch das Lösungsmittel ab. Das Kräftegleichgewicht zwischen diesen Wechselwirkungen bestimmt schließlich das Ausmaß der Sorption und den Aufbau der Sorptionsschichten (25, 26).

3.1 Organische Flüssigkeiten

Sorptionssysteme in organischen Dispersionsflüssigkeiten liegen in einer Reihe von Arzneiformen vor und beeinflussen z. B. die Wirkstoffliberation aus Fettgrundlagen von Salben, Suppositorien und öligen Suspensionen, sowie die rheologische Stabilität entsprechender Systeme (27, 28, 29).

Ein anderer Aspekt ist die Belegung organischer Matrixsysteme mit Arzneistoffen aus unpolaren Flüssigkeiten (30) oder die Analytik bei Arzneiformen. Darüber hinaus geben uns Untersuchungen über den Bindungsmechanismus in nichtwäßrigem Milieu wertvolle Hinweise auf den Ablauf der Grenzflächenreaktionen.

Die Bindung nichtionogener Tenside vom Typ der Polyäthylenglykolnonylphenole an hydrophile Kieselsäureoberflächen läßt besonders deutlich das Wechselspiel zwischen den Sorptions- und Solvatationsprozessen beim Übergang eines gelösten Tensidteilchens in die Sorbensphase erkennen. Dies zeigen Sorptionsisothermen aus verschiedenen organischen Lösungsmitteln (Abb. 1). Vergleicht man die maximal erreichbaren Sättigungswerte der Sorption (Tab. 2) mit den Eigenschaften der Dispersionsflüssigkeiten, dann ergibt sich folgendes Bild (31):

Bei einer intensiven Bindung des Lösungsmittels an die SiO_2-Oberfläche beobachtet man eine Verdrängung der Tensidmolekel durch Konkurrenz um die Sorptionsstellen. Dies

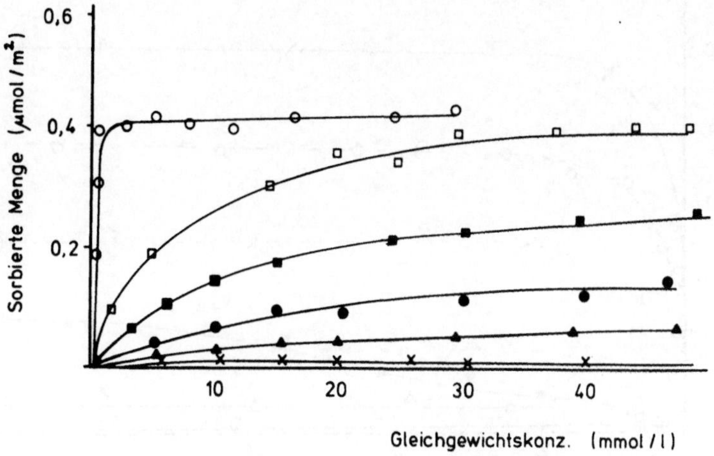

Abb. 1. Sorption von PÄG 8,5-Nonylphenol an hydrophile Kieselsäure in verschiedenen organischen Dispersionsmitteln. ○——○ Dichlormethan, □——□ *n*-Butanol, ■——■ *n*-Propanol, ●——● Äthanol, ▼——▼ 1,4 Dioxan, ×——× DMSO

trifft vor allem für polare Lösungsmittel wie Alkohole, DMSO oder Dioxan zu.

Eine starke Solvatation der gelösten Tensidmolekel, die sich, wie z. B. in Chloroform, durch eine hohe negative Lösungswärme ausdrückt (Tab. 2), verhindert ebenfalls den Aufbau dichtgepackter Sorptionsschichten an der Kieselsäuregrenzfläche. Die Adsorption aus einer Reihe von chlorierten Kohlenwasserstoffen liefert hierfür einen deutlichen Beweis. Die dichteste Belegung in einer Monoschicht, in welcher die Tensidmolekel flach aufliegen, wird aus Tetrachlorkohlenstoff erreicht, welches weder eine ausgeprägte Bindung zur Grenzfläche (32) noch eine starke Solvatation des Tensides zeigt.

Über die Art der zur Bindung beitragenden Kräfte geben IR-spektroskopische Untersuchungen Auskunft (33, 34).

Im Bereich der Valenzschwingungen der

Tab. 2. Sättigungssorptionswerte von PÄG 3,5-Nonylphenol aus verschiedenen organischen Lösungsmitteln an kolloider, hydrophiler Kieselsäure und Lösungswärmen in den entsprechenden Lösungsmitteln

Lösungsmittel	Sättigungssorption nmol / m²	Lösungswärme KJ / mol
Tetrachlorkohlenst.	900	+ 2,3
Chloroform	290	- 58,6
Dichlormethan	410	- 35,0
Methanol	0	+ 4,7
Äthanol	170	+ 8,1
n-Propanol	290	+ 18,3
n-Butanol	450	+ 15,6
Dimethylsulfoxid	0	+ 1,8

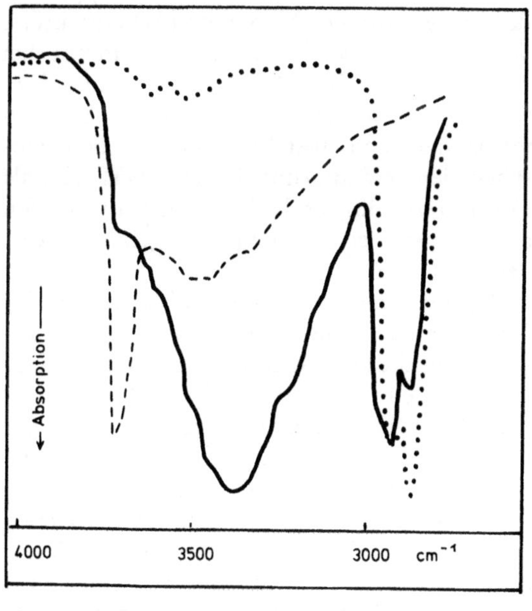

Abb. 2. IR-Spektrum eines Kieselsäure-PÄG-Nonylphenolsorbates in CCl_4
- - - - - Kolloides SiO_2 in CCl_4, getrocknet bei 200 °C 4 h
. . . . PÄG 8,5-Nonylphenol in CCl_4
——— Sorbat PÄG 8,5-Nonylphenol-SiO_2 in CCl_4

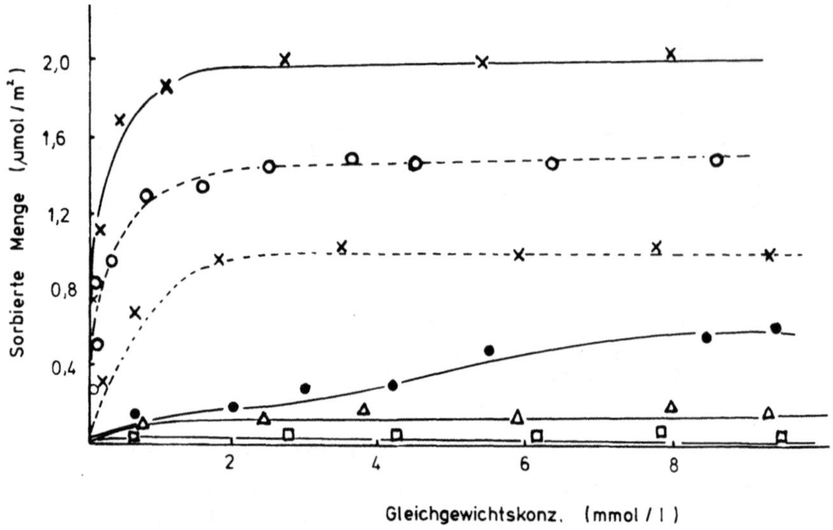

Abb. 3. Sorption ionogener Tenside an kolloide, hydrophile Kieselsäure aus organischen Flüssigkeiten

×——× CCl_4, ×- - -× $CHCl_3$, △——△ Butanol } Natrium-Dioctylsulfosuccinat
○- - -○ $CHCl_3$, ●——● *i*-Propanol, □——□ DMSO, Äthanol } Tetradecylpyridinium-Chlorid

OH-Gruppen sind dabei typische Veränderungen im IR-Spektrum zu erkennen (Abb. 2) (35, 36). Im Spektrum eines Sorbates von Polyäthylenglykolnonylphenolen an Kieselsäureoberflächen tritt an Stelle der scharfen Absorptionsbande der freien Silanolgruppen an der Kieselsäure bei 3705 cm^{-1} (37) eine breite Wasserstoffbrückenbande mit Maximum bei 3350 cm^{-1} auf. Diese Bande läßt darauf schließen, daß im Sorbat starke Wasserstoffbrücken vorhanden sind, welche wahrscheinlich zwischen den Silanolgruppen der Oberfläche als Donatoren (38) und den Äthersauerstoffen des Polyäthylenglykoltensides gebildet werden.

Aus dem durchschnittlichen Platzbedarf der Moleküle in einer gesättigten Sorptionsschicht und aus Kernresonanzmessungen läßt sich ableiten, daß nur der PÄG-Rest fest an der Oberfläche gehalten wird, während der unpolare KW-Anteil wahrscheinlich noch eine gewisse Bewegungsfreiheit beibehält (39).

Eine starke Sorption an polaren Oberflächen aus unpolaren Flüssigkeiten zeigen auch ionogene Tenside (Abb. 3). Die Sorption ihrer Ionenpaare nimmt dabei ebenfalls mit zunehmender Bindung des Lösungsmittels an die Grenzfläche – bei den Alkoholen und bei DMSO – oder bei starker Solvatation – wie bei Chloroform – ab (40, 41).

Der Aufbau der Sorptionsschichten im Falle der Alkylpyridiniumhomologen scheint komplizierter abzulaufen, als dies etwa bei Polyglykoltensiden der Fall ist: Mit steigender Kettenlänge des hydrophoben Anteils erhöht sich der durchschnittliche Platzbedarf an der Grenzfläche nur bis 10 CH_2-Gruppen und bleibt dann aber bei längeren KW-Ketten konstant (Abb. 4). Man könnte dies so erklären, daß bei der Sorption langkettiger Homologen eine senkrechte Anordnung der gebundenen Tensidionen wahrscheinlicher wird, als dies bei den kurzkettigen Derivaten der Fall ist. Wechsel zwischen flach- oder senkrecht absorbierten Molekülen, bzw. ein Aufbiegen der Kohlenwasserstoffkette, sind ebenfalls in Betracht zu ziehen.

An der hydrophobierten, mit Methylgruppen belegten Kieselsäureoberfläche erreicht die Bindung der Tenside maximale Werte, die mit den noch vorhandenen Silanolgruppen korrelieren (40, 42).

3.2 Wäßriges Milieu

Fragen der Bindung aus wäßrigen Dispersionen nehmen im Bereich der Arzneiformung eine zentrale Stellung ein. Sie betreffen nicht nur die große Zahl wasserhaltiger Arzneimittel, sondern stellen sich generell bei der Wirkstofffreisetzung aus festen Arzneimitteln, z. B. im Gastro-Intestinal-Trakt, sowie der

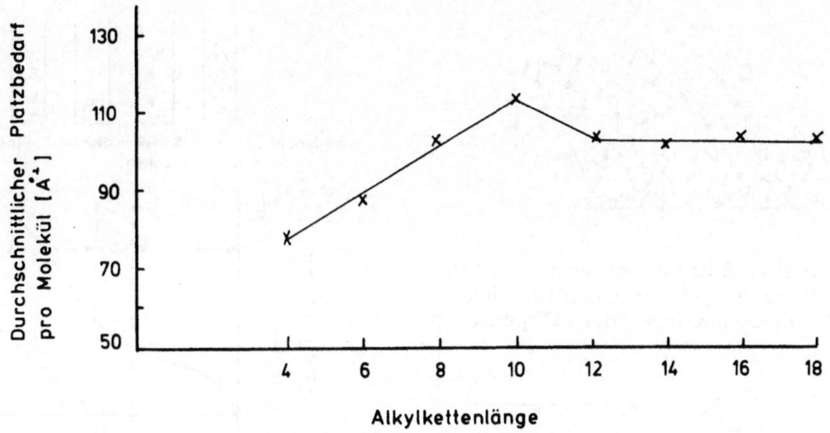

Abb. 4. Platzbedarf von Alkylpyridiniumhomologen in gesättigten Sorptionsschichten an kolloider, hydrophiler Kieselsäure in $CHCl_3$-Dispersionen

Resorption der Pharmaka durch die Biomembranen des Körpers (43). Hierbei erweist es sich als zweckmäßig, die entsprechenden Bindungsvorgänge nach dem Verhalten der Reaktionspartner einzuteilen.

3.2.1 Nichtionogene Tenside

Nichtionogene Tenside vom Typ der Polyäthylenglykolnonylphenole, der Polyäthylenglykolsorbitanfettsäureester oder der Polyäthylenglykoläther bzw. der PÄG-Fettsäureester werden aus wäßrigen Lösungen an unpolaren Oberflächen in stärkerem Ausmaß gebunden als an polare Grenzflächen (Abb. 5) (44). Dies geht aus dem Verlauf der Sorptionsisothermen an hydrophilen und hydrophoben Kieselsäuren hervor. Die Bedeutung des hydrophoben Molekülanteils zeigt der Vergleich mit dem Sorptionswert eines kettengleichen reinen Polyäthylenglykols. Die bei Sättigung maximal sorbierte Menge nimmt mit Verlängerung des PÄG-Anteils ab, da der Platzbedarf in der Sorptionsschicht offensichtlich vom Polyglykolrest entscheidend bestimmt wird.

Im Falle hydrophiler Kieselsäure baut sich wahrscheinlich eine Sorptionsschicht auf, bei welcher der Polyäthylenglykolrest über Wasserstoffbrücken mit der Kieselsäureoberfläche in Verbindung steht, während über hydrophobe Bindung eine zweite Schicht Polyglykoltensid aus der Wasserphase angelagert wird (Abb. 6). Am hydrophoben Festkörper dagegen dürften die Kohlenwasserstoffketten unmittelbar an der Grenzfläche aufliegen. Für diese Unterschiede im Aufbau der Sorptionsschicht sprechen neben der Netzwirkung der Tenside an der hydrophoben Kieselsäure auch die verschiedenen Belegungsdichten in den gesättigten Sorptionsschichten.

3.2.2 Ionogene Tenside

Der Sorption ionogener Tenside an polare Oberflächen aus wäßrigem Milieu liegen offen-

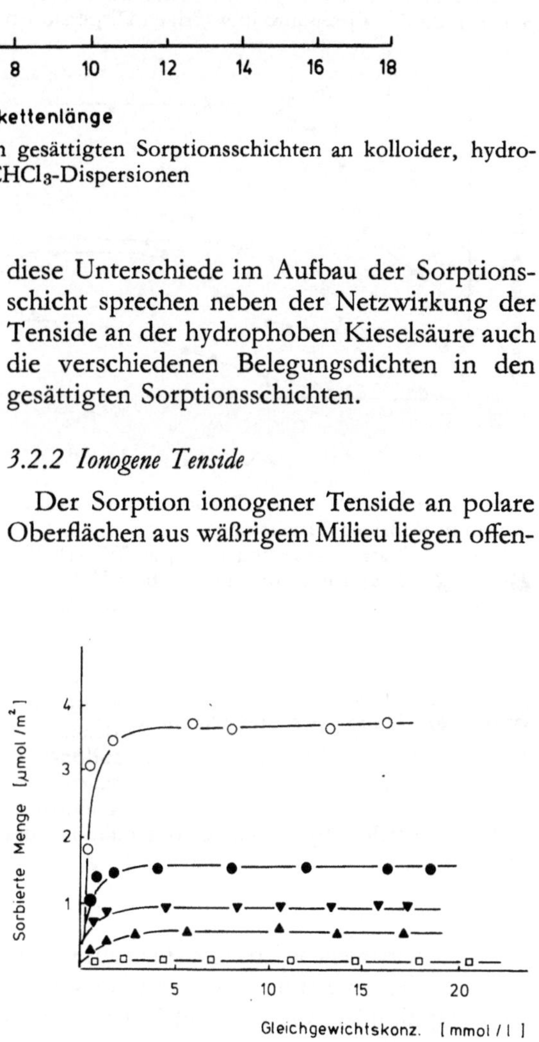

Abb. 5. Sorption von PÄG-Nonylphenolen an modifizierte kolloide Kieselsäure aus wäßrigem Milieu

○——○ Hydrophobe Kieselsäure (R 972*)
●——● Hydrophile Kieselsäure (A 200*)
PÄG 12-Nonylphenol
▼——▼ Hydrophobe Kieselsäure (R 972*)
▲——▲ Hydrophile Kieselsäure (A 200*)
PÄG 30-Nonylphenol
□——□ Hydrophile Kieselsäure (A 200*)
PÄG 400

*) Handelsprodukte der Fa. DEGUSSA

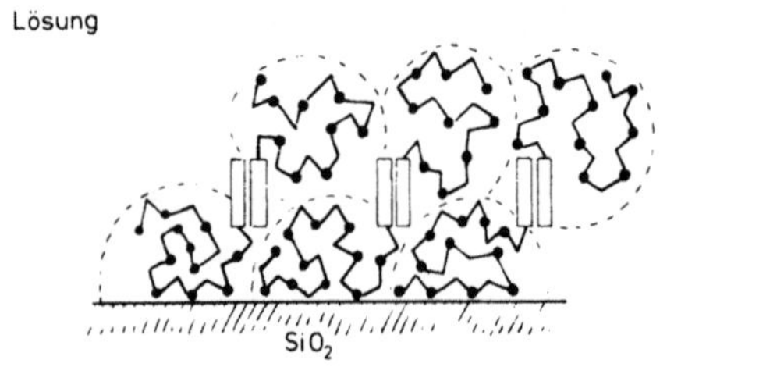

Abb. 6. Modell einer Adsorptionsschicht von PÄG-Nonylphenol-Molekülen an der Oberfläche hydrophiler kolloider Kieselsäure in wäßrigen Dispersionen

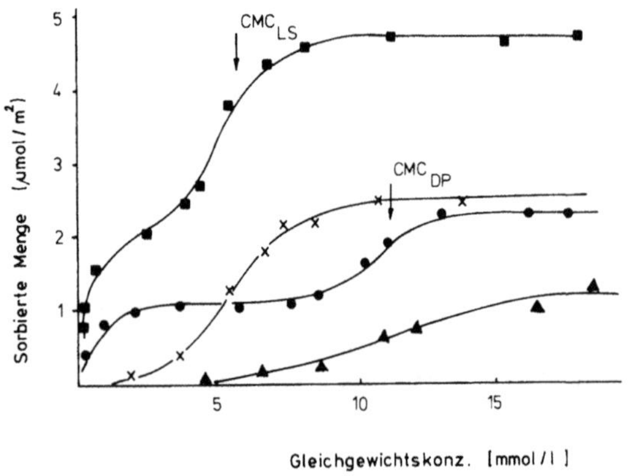

Abb. 7. Bindung ionogener Tenside an polare Oberflächen in wäßrigen Dispersionen

×——× Natriumgegenionen } an TiO_2 (P 25*)
■——■ Laurylsulfatanionen } bei pH 4

▲——▲ Chloridgegenionen } an Kieselsäure mit oberflächenständigen
●——● Dodecylpyridiniumkationen } Benzylsulfonsäuregruppen

CMC = Kritische Micellbildungskonzentration des Tensides

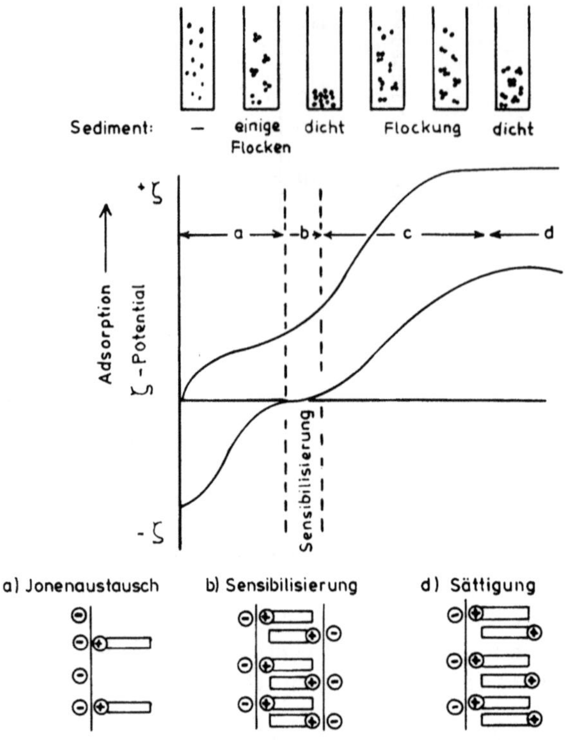

Abb. 8. Flockung, Sedimentation, ζ-Potential und Adsorption im System Kationtensid-Kolloide, hydrophile Kieselsäure in Wasser

sichtlich verschiedene Mechanismen zugrunde, wie aus dem Verlauf von Sorptionsisothermen amphiphiler Anionen und Kationen und ihrer jeweiligen anorganischen Gegenionen hervorgeht (Abb. 7) (21, 45, 46, 47).

Die Sorptionsisothermen zeigen zwei deutliche Stufen, die mit dem Aggregationsverhalten in unmittelbarem Zusammenhang stehen. Unter Einbeziehung weiterer Informationen über den Ablauf der Sorption durch Bestimmung des Zetapotentials und die Beobachtung des kolloidchemischen Verhaltens der Dispersionen gewinnt man einen Einblick in die Tensidsorption an polaren Grenzflächen. Dies sei am Beispiel der Kationtensidsorption an SiO_2 erläutert: (Abb. 8) (48).

Unterhalb der kritischen Mizellbildungskonzentration reagieren danach die Tensidionen über Ionenaustausch mit der festen Oberfläche, wobei sich ihre unpolaren Kohlenwasserstoffketten zur Wasserphase hin orientieren und die Oberfläche zunehmend hydrophobieren. Das Zetapotential geht dabei gegen Null und die Dispersionen flocken rasch aus.

Bei weiterer Erhöhung der Tensidkonzentration folgt die Sorption wahrscheinlich an der über Ionenaustausch primär sorbierten Schicht durch hydrophobe Wechselwirkung, wobei die neu hinzukommenden Tensidionen ihre polaren Gruppen nun zur Wasserphase ausrichten. Die zunächst hydrophobierte Oberfläche wird wieder hydrophil, und die Dispersionen zeigen nur noch eine geringe Flokkungsneigung (49). Das Zetapotential steigt mit umgekehrten Vorzeichen an, wobei die

*) Handelsprodukt der Fa. DEGUSSA

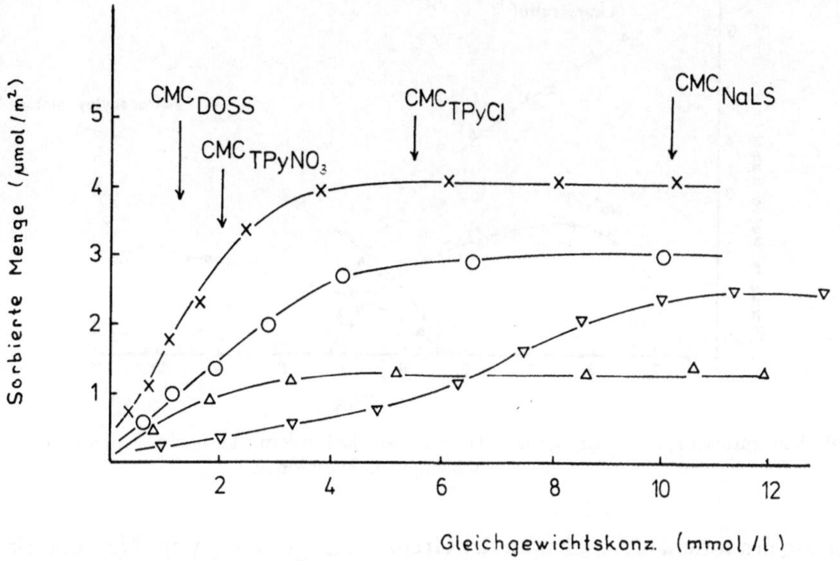

Abb. 9. Sorption ionogener Tenside an hydrophobe, mit Methylgruppen belegte, kolloide Kieselsäure aus wäßrigem Milieu

×——× Tetradecylpyridiniumnitrat ($TPyNO_3$) △——△ Natrium-Dioctylsulfosuccinat (NaDOSS)
●——● Tetradecylpyridiniumchlorid (TPyCl) ▼——▼ Natrium-Laurylsulfat (NaLS)
CMC = Kritische Micellbildungskonzentration der Tenside

Tensidgegenionenbindung darauf schließen läßt, daß ein Teil der Gegenionen fest in der Sternschicht sorbiert ist und der Rest sich im diffusen Teil der elektrischen Doppelschicht an der Grenzfläche befindet.

Vergleichbare Bindungsmechanismen liegen auch an den Oberflächen mit stark sauren Ionenaustauschergruppen und – mit vertauschten Vorzeichen – an Grenzflächen mit basischen Eigenschaften vor (13, 45). Eine Wechselwirkung der Tenside mit gleichnamig geladenen Oberflächen bleibt aus wäßrigem Milieu dagegen auf Mengen im Bereich der analytischen Nachweisgrenze beschränkt!

An hydrophoben Oberflächen läuft die Sorption dagegen anders ab (Abb. 9):

So adsorbiert z. B. die mit Methylgruppen belegte Kieselsäure R 972 sowohl anionische als auch kationische Tenside, wobei stets die jeweiligen Gegenionen mitgebunden werden (50). Mit zunehmender Belegung am Tensid steigt die Benetzbarkeit des hydrophoben Materials an, das Tensid wirkt als Netzer.

Hieraus kann man den Schluß ziehen, daß die Bindung der Tensidionen unmittelbar durch Anlagerung der Kohlenwasserstoffketten an die Grenzflächen erfolgt und die polaren Gruppen des Tensides zur Wasserphase orientiert sind.

4. Milieubedingungen

4.1 pH-Wert

Die Wasserstoffionenkonzentration wirkt sich insbesondere auf die Reaktion zwischen ionogenen Tensiden und polaren Oberflächen mit austauschfähigen Gruppen, wie sie z. B. bei anorganischen Oxiden vorliegen, aus (16). Die Sorptionsgleichgewichte werden dabei einmal vom Verhalten der oberflächenständigen Gruppen, zum anderen vom Tensid bestimmt.

Dies geht besonders deutlich aus den Sättigungssorptionswerten ionogener Tenside an der amphoteren Oberfläche des Titandioxids hervor (Abb. 10) (51). Unterhalb des isoelektrischen Punktes (pH 6,3) (17) der festen Grenzfläche nimmt mit steigender Wasserstoffionenkonzentration die Sorption anionischer Tenside zu, während oberhalb des isoelektrischen Punktes im neutral bis alkalischen Bereich eine Erhöhung des pH-Wertes zu einer Steigerung des Kationenaustausches führt.

Ein ähnliches Austauschverhalten zeigt auch kolloides Aluminiumoxid (52), während an der Kieselsäure lediglich eine Bindung von kationischen Tensiden an den sauren Silanolgruppen festgestellt werden kann (53). Mit einer

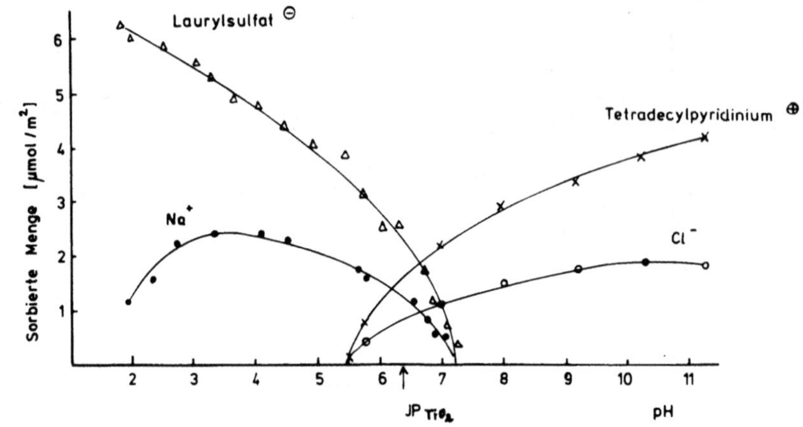

Abb. 10. Sättigungssorption ionogener Tenside an kolloidem TiO_2 in Abhängigkeit vom pH-Wert in wäßrigen Dispersionen

Steigerung des Ionenaustausches an der Grenzfläche erhöht sich dabei auch jeweils das Ausmaß der Gegenionenbindung im gleichen Verhältnis, d.h. Einbau von Ionenpaaren in der 2. Stufe der Sorption.

4.2 Neutralelektrolyte

Neutralelektrolyte, bzw. ihre Ionen, greifen in recht unterschiedlicher Weise in die Sorption der Tenside an festen Grenzflächen ein, wie das Beispiel der Sorption eines Kationtensides an TiO_2 zeigt. (Abb. 11).

Die Sättigungssorptionswerte steigen in

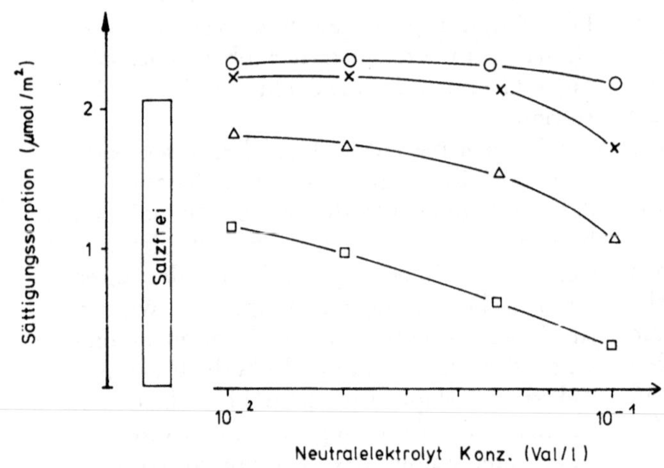

Abb. 11. Sättigungssorption von Tetradecylpyridiniumkationen an kolloidem TiO_2 bei pH 7 in Gegenwart verschiedener anorganischer Kationen

○——○ NaCl, LiCl
×——× KCl
△——△ NH_4Cl
□——□ $MgCl_2$

Gegenwart von Neutralelektrolyten, wie Lithiumchlorid, Natriumchlorid oder Kaliumchlorid, nur leicht an, wobei kein Unterschied hinsichtlich der verschiedenen Alkaliionen festzustellen ist. (45). Entsprechend dem Konzept der elektrischen Doppelschicht wird also die Konzentration an potentialbestimmenden Tensidionen mit steigender Neutralelektrolytkonzentration an der Grenzfläche erhöht (54, 55). Der Rückgang der Sorption bei höheren Konzentrationen an Salzen – besonders ausgeprägt bei den an TiO_2 stark adsorbierenden Ammonium- und Magnesiumionen (56) – ist auf Konkurrenz dieser Ionen um Sorptionsstellen am TiO_2 zurückzuführen.

Im Gegensatz zu den Kationen zeigen äquivalente Mengen anorganischer Anionen einen sehr differenzierten Einfluß auf die Tensidbindung (Abb. 12) (45). Die Steigerung der Sorption erreicht beim strukturbrechenden Nitrat die höchsten Werte, gefolgt von Bromid und Chlorid, entsprechend der lyotropen Reihe der Anionen (57, 58). Das zweiwertige Sulfat als strukturbildendes Gegenion (10) vermag dagegen nur bei niedrigen Konzentrationen eine Steigerung hervorzurufen, während bei höheren Konzentrationswerten die Sorption wieder absinkt. An der negativ geladenen Oberfläche der kolloiden Kieselsäure bestätigen sich diese Befunde in vollem Umfang (54).

Ähnliche Verhältnisse liegen vor, wenn im sauren Bereich Aniontenside wie z.B. Na-Laurylsulfat in Gegenwart von Neutralsalzen an Titandioxid adsorbieren (Abb. 13): Nun sind es die Kationen, welche als Gegenionen

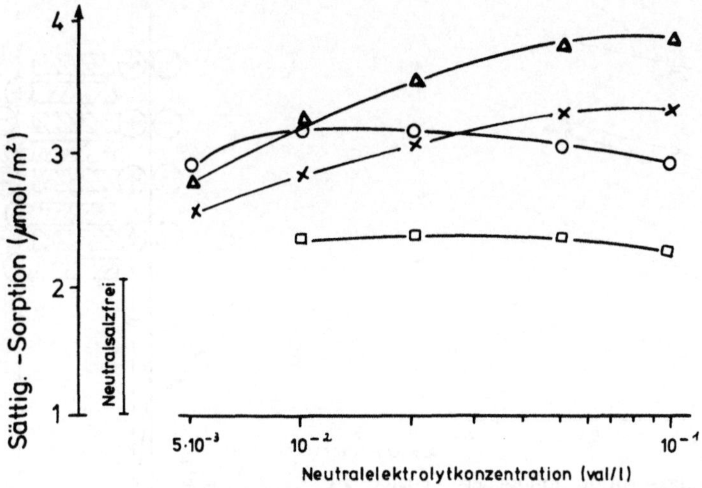

Abb. 12. Sättigungssorption von Tetradecylpyridiniumkationen an kolloidem TiO_2 bei pH 7 in Gegenwart verschiedener anorganischer Anionen
△——△ $NaNO_3$ ×——× NaBr □——□ NaCl ○——○ Na_2SO_4

zum Tensid die Sättigungswerte – wiederum folgend der lyotropen Reihe (58) – unterschiedlich beeinflussen: Strukturbrechende Ammoniumionen steigern die Sorption am stärksten, während Lithiumionen als Strukturbildner keinen Einfluß mehr auszuüben vermögen. Sulfat und Acetat dagegen verdrängen als stark sorbierende Koionen wiederum das Tensid von den Sorptionsstellen (60).

Der Verlauf der Sorption an unpolaren Oberflächen, wie er etwa im Zusammenhang

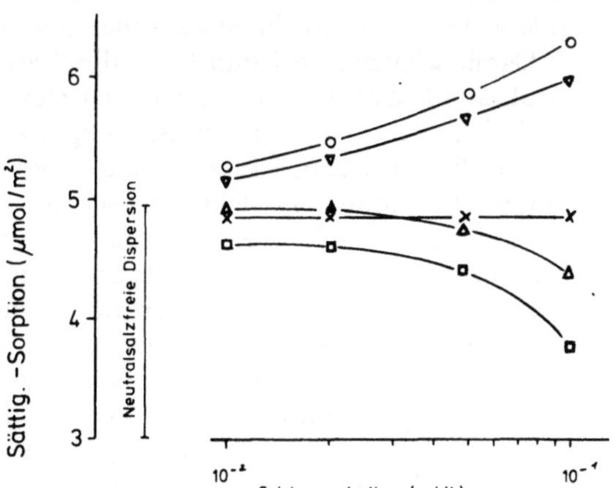

Abb. 13. Sättigungssorption von Laurylsulfatanionen an kolloidem TiO_2 bei pH 4 in Gegenwart verschiedener Neutralsalze
○——○ NH_4Cl
△——△ $NaNO_3$, NaCl
×——× LiCl
△——△ Na_2SO_4
□——□ Acetatpuffer

mit Fragen der Benetzung von größtem Interesse ist, geht aus Abbildung 14 hervor. Hierbei ergeben sich zusammengefaßt drei wesentliche Gesichtspunkte (50):

a) Im Gegensatz zu hydrophilen Oberflächen (Kieselsäure) werden sowohl amphiphile Kationen als auch Anionen unter gleichen Bedingungen gebunden.
b) In neutralelektrolytfreien Ansätzen binden hydrophobe Oberflächen die Tenside stärker als das hydrophile Material. Bei Zunahme der Neutralelektrolytkonzentration steigen allerdings die Sorptionswerte an hydrophoben Grenzflächen nicht so stark an, wie dies an den hydrophilen Grenzflächen beobachtet wird. Bei hohem Elektrolytgehalt werden schließlich die Sorptionswerte an hydrophilen Grenzflächen größer.
c) Die unterschiedliche Sorptionssteigerung durch strukturbrechende und strukturbildende Gegenionen gilt auch an hydrophoben Grenzflächen.

Obwohl, wie bereits beschrieben, die Bindung von Tensidionen an hydrophile und hydrophobe Grenzflächen zunächst verschieden abläuft, folgt der Aufbau gesättigter Sorptionsschichten in Gegenwart von Neutralelektrolyten an unpolaren und polaren Grenzflächen offensichtlich ähnlichen Gesetzmäßigkeiten.

Die zugrunde liegenden Mechanismen seien am Beispiel einer negativ geladenen hydrophi-

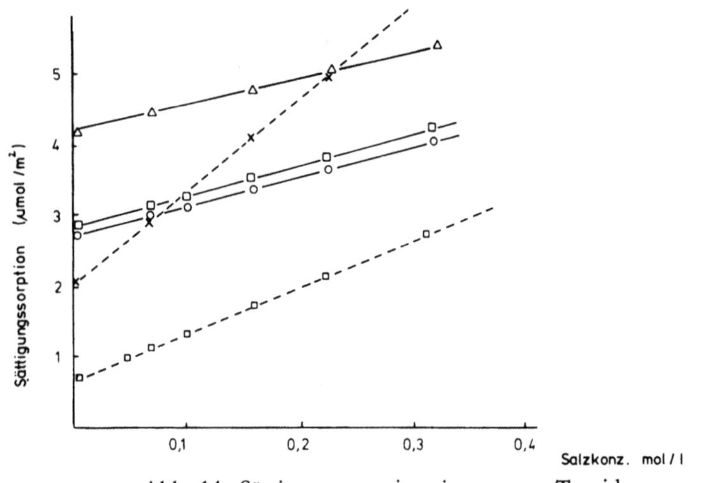

Abb. 14. Sättigungssorption ionogener Tenside an modifizierter, kolloider Kieselsäure in Gegenwart von Neutralsalzen in wäßrigem Milieu

△——△	Tetradecylpyridinium-kationen/$NaNO_3$	an hydrophober Kieselsäure
□——□	Tetradecylpyridinium-kationen/NaCl	
○——○	Laurylsulfatanionen/NaCl	
×-----×	Tetradecylpyridinium-kationen/$NaNO_3$	an hydrophiler Kieselsäure
□-----□	Tetradecylpyridinium-kationen/NaCl	

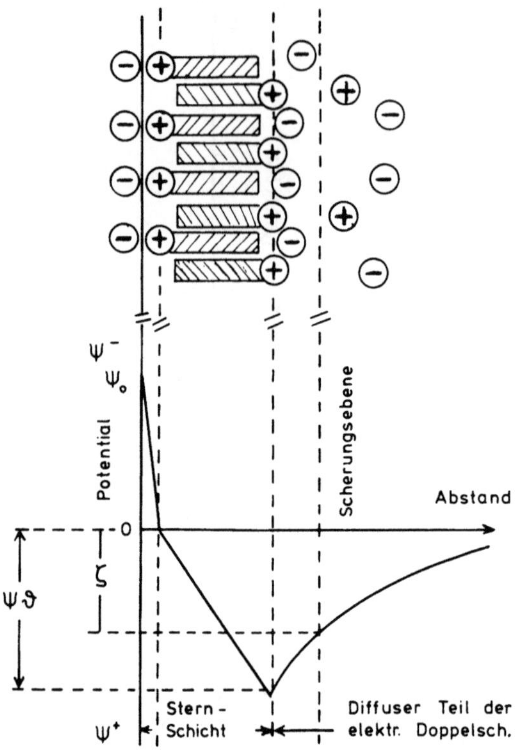

Abb. 15. Modell der Sorptionsschicht eines Kationtensids an einer negativ geladenen, hydrophilen Festkörperoberfläche in wäßriger Dispersion (Erläuterung siehe Text)

len Oberfläche unter Berücksichtigung der elektrostatischen Verhältnisse und der hydrophoben Wechselwirkung diskutiert (Abb. 15).

Der Einbau von Tensidionenpaaren im Bereich der kritischen Mizellbildungskonzentration verläuft als Alternative zur Mizellaggregation in der Lösungsphase (46). Die Packungsdichte in der Sorptionsschicht wird, ähnlich wie in Mizellen (61, 62), von elektrostatischen Anziehungs- und Abstoßungskräften, von den hydrophoben Wechselwirkungen und von der Hydratation der Gegenionen bestimmt.

Bei gleicher elektrischer Ladung können strukturbrechende Ionen wahrscheinlich enger an die in der Sorptionsschicht lokalisierten Tensidionen angelagert werden als strukturbildende Ionen und somit einen effektiveren Ladungsausgleich bewirken. Dies schafft dann die Voraussetzungen für eine dichtere Packung der Tensidionen in der Sorptionsschicht. Bei strukturbildenden Gegenionen behindern die starren Hydrathüllen – auch der Tensidionen – (63) einen entsprechenden Einbau in den Sternschen Teil der Sorptionsschicht. Entgegen den Erwartungen im Bezug auf die hydrophobe Bindung fördern also strukturbrechende Ionen die Sorption ionogener Tenside mehr als strukturbildende Ionen (64, 65).

Damit wirken sich Eingriffe in die Wasserstruktur offensichtlich mehr auf den elektrostatischen Anteil des Sorptionsgleichgewichts als auf die hydrophobe Bindung aus. Die vorrangige Bedeutung der elektrostatischen Kräfte bestätigt indirekt das Sorptionsverhalten nichtionogener Tenside, bei welchen ionogene Wechselwirkungen in den Hintergrund treten:

Neutralelektrolyte beeinflussen die Sorptionswerte von Polyglykoltensiden weitaus geringer als bei ionogenen Tensiden. Allerdings zeichnet sich nun eine Reihung der Anionen – folgend der lyotropen Serie – in der Weise ab, daß Strukturbildner die Sorptionswerte erhöhen (Chlorid), während die Strukturbrecher, wie Jodid, die Sorption vermindern (Abb. 16) (66).

Dies entspricht dem Konzept der hydrophoben Wechselwirkung und wird durch das Verhalten nichtionogener Strukturbrecher

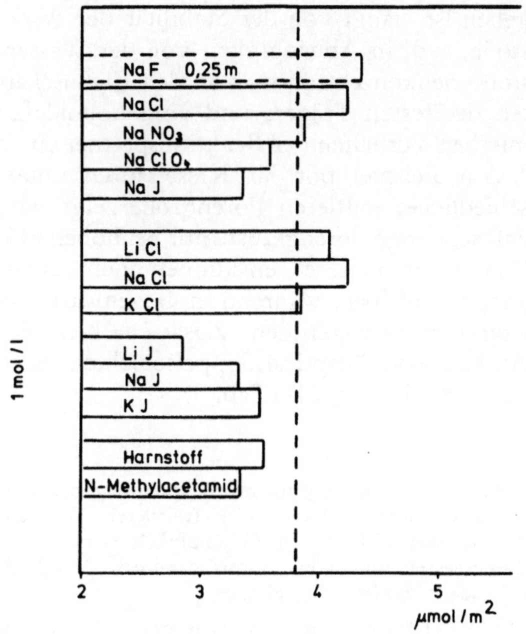

Abb. 16. Sättigungssorption von PÄG 8,5-Nonylphenol an kolloider hydrophiler Kieselsäure in Gegenwart Wasserstruktur beeinflussender Stoffe
- - - - - Sorptionswert in rein wäßrigen Ansätzen

wie z. B. Harnstoff oder n-Methylacetamid gestützt (67).

Bei den Kationen sind die Verhältnisse unübersichtlicher, da hier Konkurrenz um Sorptionsstellen an der Kieselsäureoberfläche und direkte Wechselwirkungen mit den Polyglykolketten zu diskutieren sind (68, 69).

Anorganische Ionen, die von der Festkörperoberfläche stark gebunden werden, können wie bereits erwähnt, die Tensidionen durch Konkurrenz verdrängen. Dies gilt einschränkend für gleichnamig geladene Ionen (Co-Ionen).

Nichtionogene Polyglykoltenside werden ebenfalls von fest adsorbierenden anorganischen Ionen, wie z. B. von Chlorid an TiO_2-Oberflächen, verdrängt.

Bei entgegengesetztem Ladungssinn zwischen Tensidionen und mehrwertigen anorganischen Ionen beobachtet man dagegen häufig eine sorptionsvermittelnde Wirkung. Als Beispiel hierfür sei die Bindung eines Kationtensides unter Einfluß von Sulfat- und Phosphationen am TiO_2 gezeigt (70) (Abb. 17).

In Gegenwart dieser anorganischen Komplexionen findet auch im sauren Milieu eine starke Adsorption des Kationtensides statt. Das unterschiedliche Ausmaß der Sättigungssorptionswerte hängt dabei noch vom Dissoziationsverhalten der anorganischen Ionen ab (71).

Ein Bild über den Mechanismus der Anlagerung gibt Abbildung 18 schematisch wieder:

Das über äquimolaren Ionenaustausch (72) gebundene mehrwertige Sulfat-Ion verleiht der Oberfläche die Eigenschaften eines starken Kationenaustauschers. Tensidionen sorbieren zunächst über Ionenaustausch an diese anorganischen Ionen (73). Der weitere Aufbau der Sorptionsschicht erfolgt dann durch Einbau weiterer Tensidionen über hydrophobe Wech-

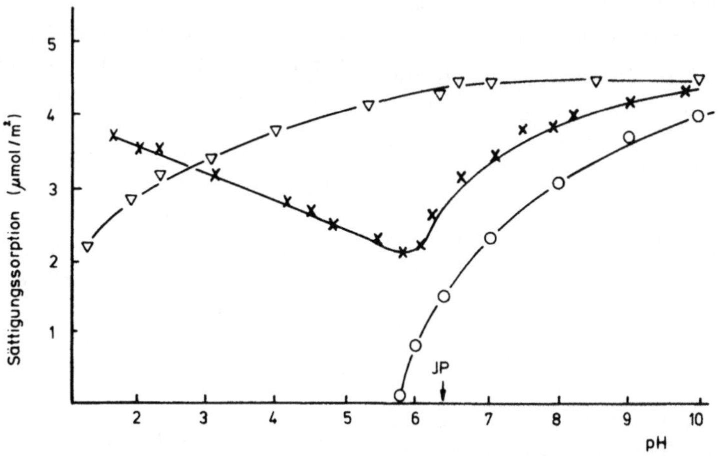

Abb. 17. Sorption von Tetradecylpyridinium-Kationen an kolloidem TiO_2 in Gegenwart von Sulfat und Phosphationen in wäßrigen Dispersionen in Abhängigkeit vom pH-Wert
○——○ in rein wäßrigen Ansätzen ×——× in Gegenwart von Sulfat
▽——▽ in Gegenwart von Phosphat

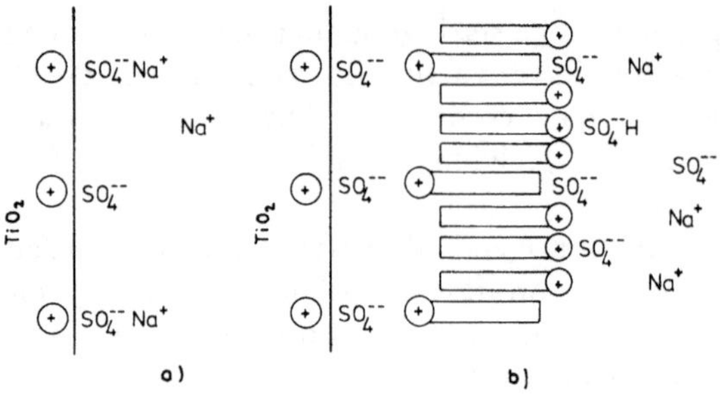

Abb. 18. Sorptionsvermittelnde Wirkung von Sulfationen bei der Bindung eines Kationtensides an TiO_2 in wäßrigem Milieu. a. Primäre Sulfationensorption; b. Sekundäre Tensidbindung

selwirkungen, so daß z. B. Sulfat als „Anker"-Ion und als Gegenion im diffusen Teil der elektrischen Doppelschicht an der Grenzfläche auftritt.

5. Konsequenzen für die Arzneiformung

Ausgehend von den erarbeiteten Gesetzmäßigkeiten der Tensidsorption an festen Grenzflächen wird eine gezielte Ausnutzung des besonderen kolloidchemischen Verhaltens im Bereich der Arzneiformung möglich. Darüber hinaus können, bei Kenntnis der Vorgänge während der Liberationsphase, Maßnahmen zur Optimierung der Freigabe aggregierenden Wirkstoffe aus Arzneistoffträgern getroffen werden. An einigen typischen Beispielen sei dies im folgenden erörtert.

5.1 Optimierung der Einlagerung aggregierender Wirkstoffe in poröse Trägermaterialien

Zur Steuerung der Freigabegeschwindigkeit oder zur Erhöhung ihrer Stabilität ist eine Einlagerung von Wirkstoffen in poröse Matrixsubstanzen möglich (43). Dabei strebt man generell an, die erforderlichen Hilfsstoffmengen möglichst klein zu halten, d. h. eine hohe Belegung des Trägermaterials mit Arzneistoffen zu erreichen.

Aufgrund der vorliegenden Befunde bieten sich drei Wege zur Optimierung der Einlagerung an:

Erhöhung der Wasserstoffionenkonzentration bei ionogenen Tensiden, Erhöhung der Neutralelektrolytkonzentration oder Wahl eines geeigneten organischen Lösungsmittels.

Welcher dieser Methoden der Vorzug zu geben ist, hängt von der Stabilität der Wirkstoffe, z. B. in Abhängigkeit von der Wasserstoffionenkonzentration, von den Eigenschaften des festen Trägers und vom kolloidchemischen Verhalten der Reaktionspartner ab.

Am Beispiel poröser Kieselsäuren unterschiedlicher mittleren Porengröße zeigt sich, daß sehr enge Porengerüste nur bei hohen pH-Werten für einzelne Tensidionen noch gut zugänglich bleiben, während in Gegenwart von aggregationssteigernden Zusätzen hier der Aufbau von Sorptionsdoppelschichten stark behindert ist (30, 74) (Tab. 3).

Tab. 3. Sättigungssorptionswerte von ionogenen Tensiden an poröser Kieselsäure (mittlerer Teilchendurchmesser 250 μm) in Abhängigkeit vom Porendurchmesser und vom Sorptionsmilieu; Vergleich kolloide, porenfreie Kieselsäure

	Kieselgele, mittlere Porengrösse (nm)				Aerosil 200
Tensid	3,0	$4{,}5_K$	6,0	10,0	
Tetradecyl-pyridiniumchlorid					
H_2O	0,25	0,3	0,4	0,35	0,25
pH 7,4	0,83	1,2	1,25	1,20	0,90
$NaNO_3$ (0,1 n)	0,5	2,3	2,4	4,50	5,5
Natriumdodecyl-benzolsulfonat					
H_2O	–	–	–	–	–
$CHCl_3$	0,45	0,75	1,05	1,5	1,3
CCl_4	0,9	< 0,1 !	1,85	3,05	3,4

Bei anionischen Wirkstoffen ist eine Beladung der Kieselgelmatrix durch Adsorption nur aus unpolaren, organischen Lösungsmitteln möglich. Dieses Milieu kann auch – etwa zur Erzielung einer besseren Stabilität – alternativ bei der Bindung von kationischen und nichtionischen Tensiden herangezogen werden.

Engere Poren oder eine besondere Schalenstruktur der Präparate (z. B. 45_k) behindern den Zugang zum Inneren des Porengerüsts durch die starke Sorption der Wirkstoffmolekel an diskrete Sorptionsstellen der porösen Matrix. Durch stärkere Solvatation der Tenside, z. B. in Chloroform (41), kann dieser Effekt unterdrückt werden.

5.2 Rheologische Eigenschaften

In Suspensionen strebt man eine gleichmäßige Verteilung der festen Teilchen im Volumen der flüssigen Phase an.

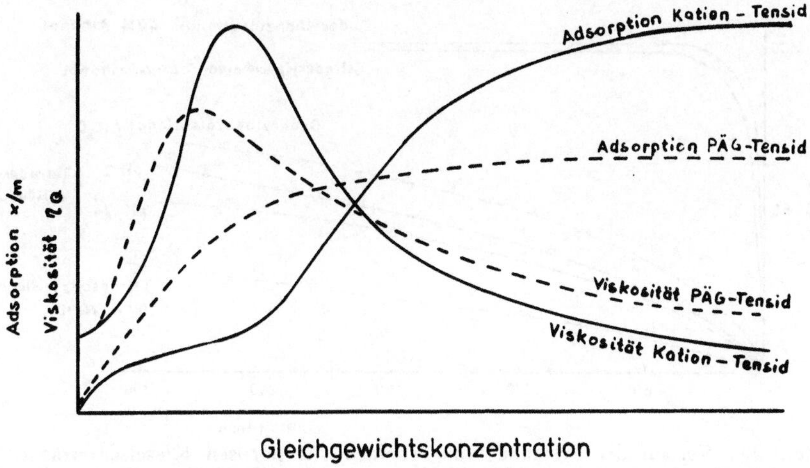

Abb. 19. Einfluß sorbierter Tenside auf die Viskosität wäßriger Dispersionen kolloider, hydrophiler Kieselsäure

In der Praxis läßt sich dies nur mit thixotropen Systemen verwirklichen. Diese immobilisieren während der Lagerung die festen Teilchen, sind aber bei der Applikation nach Aufschütteln gießfähig und können so einwandfrei dosiert werden (75, 76, 77). Während organische, makromolekulare Gelbildner sich hierfür weniger eignen, erfüllen vor allem quellfähige Schichtsilikate diese Anforderungen an ein thixotropes System. Leider ist die Anwendung dieser Hilfsstoffe durch die hohe Adsorptionsfähigkeit beschränkt, welche die Bioverfügbarkeit vor allem von kationischen Wirkstoffen in Frage stellt (77, 78, 79).

Durch Kombination kolloider Kieselsäure mit Tensiden entstehen thixotrope Systeme mit günstigeren technologischen Eigenschaften, wobei sowohl Kationtenside als auch nichtionogene Tenside ausreichende Effekte erzielen (Abb. 19) (28, 80). Innerhalb eines engen Konzentrationsbereichs steigt die Viskosität bereits bei etwa 4%igen Kieselsäuredispersionen so stark an, daß sich thixotrope Suspensionen bilden. Selbst bei längerer Lagerung (3 Jahre) bleibt die volle Redispergierbarkeit eines solchen Ansatzes erhalten.

Auch in Dispersionen mit unpolaren Flüssigkeiten sind ausgeprägte Viskositätseffekte durch Tenside zu erzielen:

So läßt sich z. B. die Viskosität in Kieselsäuredispersionen bei einer Sorption, die etwa $\theta/2$*) entspricht, drastisch absenken. Dieser Effekt kann z. B. zur Verbesserung der Fließfähigkeit öliger Suspensionen bei Abfüllvorgängen ausgenutzt werden (28).

*) θ = Monoschichtkapazität entspr. vollständige Bedeckung der Oberfläche.

5.3 Freigabesteuerung

Die vollständige Verfügbarkeit aggregierender Wirkstoffe ist bei Retardpräparaten auf der Basis organischer oder anorganischer Matrixsubstanzen häufig nicht gegeben (81). Eine intensive Bindung an die Matrixsubstanz, vor allem durch hydrophobe Wechselwirkung, behindert die Desorption unter jenen Bedingungen, die in den Verdauungssäften vorliegen (43).

Am Beispiel von Tetradecylpyridiniumchlorid zeigt sich, wie empfindlich die Wirkstoffliberation auf Veränderungen der Milieubedingungen reagiert (30, 74). In Abbildung 20 ist der Freigabeverlauf aggregierender Wirkstoffe in Abhängigkeit von der Zeit dargestellt. Eine Abnahme der Wasserstoffionenkonzentration im Freigabemilieu retardiert den an sich langsam verlaufenden Freigabeprozeß durch Verschiebung des Austauschgleichgewichts noch stärker. In ähnlicher Weise wirkt sich die Erhöhung der Neutralelektrolytkonzentration aus, welche die Aggregation fördert.

Der Zusammenhang zwischen Freigabeverhalten und hydrophober Bindung geht auch daraus hervor, daß die Halbwertszeit der Freigabe linear mit Verlängerung der Kohlenwasserstoffketten und damit auch der hydrophoben Bindung zunimmt (Abb. 21). Aus der Temperaturabhängigkeit des Freigabeverlaufs ist dabei eine Berechnung der Aktivierungs-

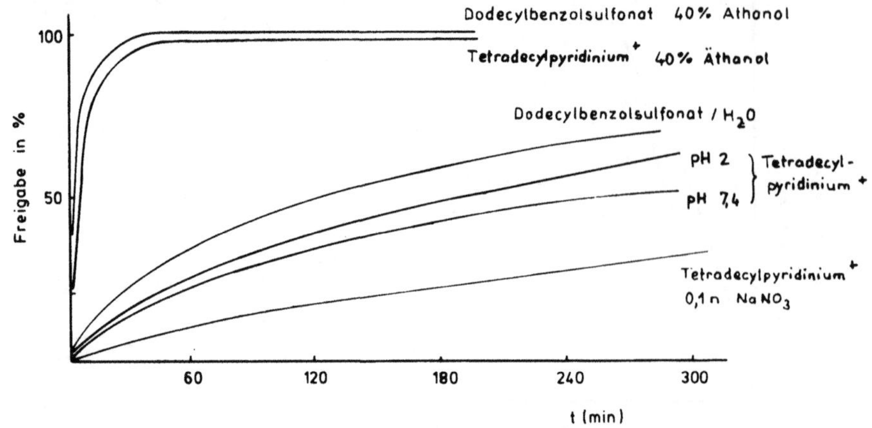

Abb. 20. Zeitlicher Verlauf der Freigabe von Tensiden aus porösen Kieselsäureträgern in wäßrigem Milieu. (Kieselsäure: mittlerer Teilchendurchmesser 300 μm, mittlerer Porendurchmesser 3nm)

energie für den Desorptionsprozeß möglich (82, 83). Hierbei ergibt sich, daß die Aggregierungsenergie mit etwa 4 kJ/CH_2-Gruppe in der Größenordnung der hydrophoben Wechselwirkung an einem solchen Kohlenwasserstoffrest liegt (84).

Ein weiterer Zusammenhang mit dem Aggregationsvermögen geht aus der Abhängigkeit vom Alkoholgehalt des Desorptionsmediums hervor. Nach *Bijsterbosch* unterbleibt in Gegenwart von Alkoholen der Aufbau der sekundären Sorptionsschicht (85). Offensichtlich behindern alkoholhaltige Dispersionsflüssigkeiten die Aggregation der Tenside an der Grenzfläche. Dies erklärt, warum die Freigabe von Tensiden in Gegenwart von Alkohol wesentlich rascher verläuft, als dies in rein wäßrigem Milieu der Fall ist. (Damit wäre z. B. die Sicherheit eines Retardpräparates auf dieser Basis in Frage gestellt).

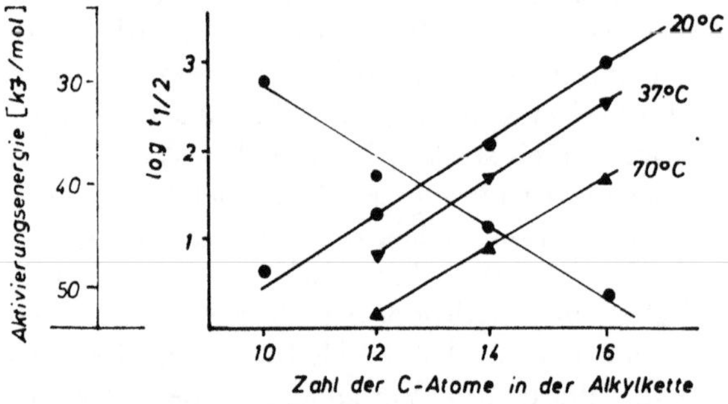

Abb. 21. Halbwertszeit $t_{1/2}$ der Freigabe von Alkylpyridiniumhomologen aus porösen Kieselsäuren (Mittlerer Teilchendurchmesser 250 μm, mittlerer Porendurchmesser 3,8 nm) in Abhängigkeit von der Alkylkettenlänge. Freigabemilieu Wasser

Schlußbetrachtung

Die angesprochenen Probleme zeigen auf, daß noch viele Fragen bei der Optimierung von Arzneizubereitungen unter kolloidchemischen Aspekten der Tensidsorption an feste Grenzflächen zu lösen sind.

Sedimentation, Flotation hydrophober Wirkstoffe in Suspensionen, die Partikelhaftung an Behälterwänden, Flockungserscheinungen, Fragen der gleichmäßigen Farbstoffverteilung in Dispersionen, die chemische Stabilität der Wirkstoffe in Sorptionsschichten und schließlich ihre Verfügbarkeit seien hier beispielhaft aufgeführt. Eine Bewältigung der Probleme ist nur dann möglich, wenn die zugrunde liegenden Mechanismen und ihre Gesetzmäßigkeiten unter kolloidchemischem Aspekt abgeklärt sind.

Summary

The adsorption of surfactants at the solid liquid interface and their consequences in drug preparation.

In dispersions of organic solvents the adsorption of surfactants at solid interfaces (i. e. SiO_2) is influenced by the interactions with the functional groups at the surface, the adsorption of the solvent and by solvation. Strong polar solvents (alcohols, DMSO) reduce the adsorption of surfactants, which is due hydrogen bonds, by displacement from adsorption sites, while in solvents like $CHCl_3$ strong solvation reduce the interactions with the solid surface.

At the solid water interface the adsorption of nonionic surfactants (PEG-nonylphenols) is decreased by water structure breaking anions while structure making anions increase it.

The adsorption of ionogenic surfactants onto solid surfaces from aqueous solutions is increased by neutral salts, if there is no competitive adsorption concerning the salt ions. At equivalent salt concentrations the amount of adsorption depends on the water structure effects of the surfactant counter ions. Structure breaking ions increase adsorption values more than structure making ions. The co-ions show no different effect in this respect. Strongly adsorbed inorganic polyvalent ions like sulphate or phosphate can change the adsorption behaviour of solid substances: They react as secondary adsorption sides for oppositely charged surfactant ions.

Rheological properties of suspensions, lotions, ointments are as well influenced as drug availability from solid and semi-solid dosage forms by the adsorption of surfactants.

Zusammenfassung

Grenzflächenaktive Wirk- und Hilfsstoffe (Tenside) beeinflussen in vielfältiger Weise die Qualität von Arzneimitteln. Dies gilt insbesondere dann, wenn bei feindisperser bis kolloider Verteilung fester Substanzen große spezifische Oberflächen zu Grenzflächenreaktionen zur Verfügung stehen. An anorganischen Kolloiden mit unterschiedlich polaren Grenzflächen können Gesetzmäßigkeiten solcher Reaktionen erfaßt werden:

In organischen Dispersionsflüssigkeiten erfolgt die Bindung der Tenside meist über H-Brücken und wird von der Solvatation im Lösungsmittel und der Konkurrenz des Lösungsmittels um Sorptionsstellen behindert.

In wäßrigem Milieu beherrschen Ionenaustausch und hydrophobe Wechselwirkungen die Adsorption der Tenside, wobei Änderungen des pH-Wertes und Neutralelektrolyte das Ausmaß der Bindung entscheidend beeinflussen. Während die Sorptionswerte nichtionischer PÄG-Tenside von strukturbrechenden anorganischen Anionen erniedrigt werden, fördern bei ionogenen Tensiden strukturbildende Ionen die Sorptionsvorgänge an polaren und unpolaren Grenzflächen.

Die Sorption der Tenside hat unmittelbare Konsequenzen für rheologisches Verhalten, Flockung und Sedimentation in den entsprechenden Arzneimitteln. Ebenso können die Einlagerung in Wirkstoffträger und die Wirkstoffliberation gezielt optimiert werden, wenn die gefundenen Gesetzmäßigkeiten Berücksichtigung finden.

Literatur

1) *Florence, A. T.*, Advanc. Colloid Interf. Sci. **2**, 115 (1968).

2) *Hagers* Handbuch der Pharmazeutischen Praxis, 4. Neuaufl., Bd. VII, Arzneiformen und Hilfsstoffe, Teil B, Hilfsstoffe 474 (Berlin–Heidelberg–New York 1977).

3) Arzneimittelgesetz der BRD vom 24. 8. 1976.

4) *Boehm, H. P.*, Angew. Chem. **78**, 617 (1966).

5) *Boehm, H. P.*, Kolloid Z. u. Z. Polymere **227**, 17, (1968).

6) *Götte, E.*, Fette, Seifen, Anstrichm. **62**, 789 (1960).

7) *Frank, H. S., M. W. Evans*, J. Chem. Phys. **13**, 507, (1945).

8) *Powell, R. E., W. M. Latimer*, J. Chem. Phys. **19**, 1139 (1951).

9) *Hagler, A. T., H. A. Scheraga, G. Nemethy*, J. Phys. Chem. **76**, 3229 (1972).

10) *Luck, W. A. P.*, Structure of Water and Aqueous Solutions, Weinheim (1974).

11) *Hermann, R. B.*, J. Phys. Chem. **75**, 363 (1971) ibid. **76**, 2759 (1972).

12) *Hermann, R. B.*, J. Phys. Chem. **79**, 163 (1975)

13) *Nemethy, G.*, Angew. Chem. **79**, 261 (1967).

14) *Rupprecht, H.*, Mitt. Dtsch. Pharmaz. Ges. **40**, 3 (1970).

15) *Boehm, H. P.*, Discuss. Faraday Soc. **52**, 264 (1971).

16) *Allen, L H., E. Matijevic*, J. Colloid Interf. Sci. **31**, 287 (1969).

17) *Schindler, P. W., H. Gamsjäger*, Kolloid Z. u. Z. Polymere **250**, 759 (1972).

18) *Unger, K., W. Thomas, P. Adrian*, Kolloid Z. u. Z. Polymere **251**, 45 (1973).

19) *Unger, K.*, Angew. Chem. **84**, 331 (1972).

20) *Unger, K., K. Berg, E. Gallei, G. Erdel*, Fortschr. Kolloide u. Polymere **55**, 34 (1971).

21) *Rupprecht, H., G. Kindl*, Progr. Colloid Polymer Sci. **60**, 194 (1976).

22) *Brünner, H., D. Schutte*, Chem. Ztg. **89**, 437 (1965).

23) *Gstirner, F., W. Freisel*, Pharm. Ind. **34**, 493 (1973).

24) *Ferch, H.*, Pharm. Ind. **32**, 478 (1970).

25) *Kipling, J. J.*, Adsorption from Solution of Non-Electrolytes, London/New York (1965).

26) *Richter, E., H. A. Schneider*, Freiberger Forsch.-hefte A **564**, 31 (1977).

27) *Hagers* Handbuch der Pharmazeutischen Praxis, 4. Neuaufl., Bd. *VII*, Arzneiformen und Hilfsstoffe Teil A. Arzneiformen (Berlin–Heidelberg–New York 1971).

28) *Rupprecht, H., H. Liebl*, Kolloid Z. u. Z. Polymere **250**, 719 (1972).

29) *Liebl, H., A. Haggag, H. Rupprecht*, Pharmazie **32**, 354 (1977).

30) *Rupprecht, H., K. Unger, M. J. Biersack*, Colloid Polymer Sci. **255**, 276 (1977).

31) *Rupprecht, H., H. Liebl*, Arch. Pharmaz. **307**, 817 (1974).

32) *Peri, J. B.*, J. Phys. Chem. **70**, 2937 (1966).

33) *Wedler, G.*, Adsorption, Weinheim (1970).

34) *Hair, M. L.*, Infrared Spectroscopy in Surface Chemistry, New York (1967).

35) *Rupprecht, H., H. Liebl*, Kolloid Z. u. Z. Polymere **239**, 685 (1970).

36) *Rupprecht, H.*, Arch. Pharmaz. **305**, 149 (1972).

37) *White, T. E.*, Proc. Anniv. Techn. Conf. SPJ, Reinforced Plastics Div. 20th Chicago 1965, 3-B/15 (1965).

38) *Jeziorowski, H., H. Knözinger, W. Meye, H. D. Müller*, J.C.S. Trans. Faraday Soc. I. **69**, 1744 (1973).

39) *Rupprecht, H., M. J. Biersack, G. Kindl, H. Liebl*, Pharm. Ind. **38**, 1009 (1976).

40) *Rupprecht, H.*, J. Pharm. Sci. **61**, 700 (1972).

41) *Kato, T., T. Fujiyama*, J. Phys. Chem. **81**, 1566 (1977).

(42) *Liebl, H.*, Dissertation, (München 1973).

43) *Ritschel, W. A.*, Angewandte Biopharmazie, Stuttgart (1973).

44) *Rupprecht H., H. Liebl, E. Ullmann*, Pharmazie, **28**, 759 (1973).

45) *Rupprecht, H., M. Biedermann*, Pharm. Ind. **35**, 215, 353 (1973).

46) *Fuerstenau, D. W.*, Chemistry of Biosurfaces, Vol. 1, *M. L. Hair* Ed., 376, (New York 1971).

47) Beiträge zur Adsorption grenzflächenaktiver Stoffe an Festkörperoberflächen in Lösungen, Freiberger Forschungshefte **A 564** (Autorenkollektiv) (1977).
48) *Rupprecht, H.*, Acta Pharmaz. Technol. **22**, 37 (1976).
49) *Biernat, J.*, Freiberger Forschungshefte **A 326**, 67 (1967).
50) *Rupprecht, H.*, Kolloid Z. u. Z. Polymere **249**, 1127 (1971).
51) *Rupprecht, H., M. Biedermann*, Pharm. Ind. **35**, 640 (1973).
52) *Rupprecht, H., J. Hofer*, in Vorbereitung.
53) *Ullmann, E., K. Thoma, H. Rupprecht*, Arch. Pharmaz. **301**, 357 (1968).
54) *v. Olphen, H.*, An Introduction to Clay Colloid Chemistry, 30ff., (London–New York–Sydney–Toronto 1977).
55) *Rosen, M. J.*, J. Amer. Oil Chem. Soc. **52**, 431 (1975).
56) *Schiewer, W.*, Dissertation, (TU Berlin 1967).
57) *Freundlich, H.*, Colloid and Capillary Chemistry 576, Methusa-London (1926).
58) *Shaw, D. J.*, Introduction to Colloid and Surface Chemistry, 150, London (1966).
59) *Rupprecht, H., E. Ullmann, K. Thoma*, Fortschr. Kolloide u. Polymere **55**, 45 (1971).
60) *Flaig-Baumann, R., H. Herrmann, H. P. Boehm*, Z. anorg. allg. Chem. **352**, 156 (1967).
61) *Stigter, D.*, J. Phys. Chem. **68**, 3603 (1964).
62) *Stigter, D.*, J. Colloid Interf. Sci. **47**, 473 (1974).
63) *Steinbach, H.*, Colloid Polymer Sci. **253**, 937 (1975).
64) *Robb, J. D.*, J. Colloid Interf. Sci. **37**, 521 (1971).
65) *Kay, R. L.*, Advanc. Chem. Soc. **73**, 1 (1968).
66) *Rupprecht, H., H. Liebl*, Pharmazie **29**, 101 (1974).
67) *Schwuger, M. J.*, Ber. Bunsenges. **75**, 167 (1971).
68) *Erlander, S. R.*, J. Colloid Interf. Sci. **34**, 53 (1970).
69) *Napper, D. H.*, J. Colloid Interf. Sci. **43**, 217 (1973).
70) *Rupprecht, H., M. Biedermann*, Colloid Polymer Sci. **252**, 558 (1974).
71) *Seel, F.*, Grundlagen der analytischen Chemie, Weinheim (1963).
72) *Weiss, Armin*, Z. anorg. allg. Chem. **299**, 92 (1959).
73) *Ney, P.*, Zeta-Potentiale und Flotierbarkeit von Mineralen, 58ff., New York (1973).
74) *Rupprecht, H., M. J. Biersack*, Pharm. Ind. **36**, 260 (1974).
75) *Martin, A. N., J. Swarbrick, A. Cammarata*, Physikalische Pharmazie, Stuttgart (1975).
76) *Rupprecht, H.*, Pharm. Ztg. **120**, 1265 (1975).
77) *Trandafilov, T., L. Tomassini*, Pharmazie **22**, 109 (1967).
78) *Thoma, K., E. Ullmann, E. Wolferseder*, Arch. Pharmaz. **295**, 548 (1962).
79) *Rupprecht, H., F. Stanislaus*, Pharm. Ind. **35**, 497 (1973); ibid **36**, 797 (1974).
80) *Rupprecht, H., J. Hofer*, Acta Pharm. Technolog. **23**, 1 (1977).
81) *Schiefer, G.*, Dissertation, Frankfurt (1970).
82) *Rupprecht, H., M. J. Biersack, G. Kindl*, Pharm. Ind. **38**, 196 (1976).
83) *Timofejew, D. P.*, Adsorptionskinetik, Leipzig (1967).
84) *Davis, S. S., T. Higuchi, J. Rytting*, Advances in Pharmaceutical Sciences, *H. S. Bean, A. H. Beckett, J. E. Carless*, Ed. (London–New York–San Francisco 73, 1974).
85) *Bijsterbosch, B. H.*, J. Colloid Interf. Sci. **47**, 186 (1974).

Anschrift des Verfassers:

Prof. Dr. *Herbert Rupprecht*
Lehrstuhl für Pharmazeutische Technologie
Universität Regensburg
Universitätsstraße 31
8400 Regensburg

Progr. Colloid & Polymer Sci. **65**, 45–52 (1978)

ISSN 0340-255 X

Western Regional Research Center, Agricultural Research Service, U.S. Department of Agriculture, Albany, California

On the invariance of the charge of electrical double layers under dilution of the equilibrium electrolyte solution

D. Stigter

With 7 figures and 1 table

(Received October 3, 1977)

Introduction

In many applications of the theory of the electrical double layer (1) the potential is chosen as the primary variable rather than the surface charge. One of the good reasons is that the potential, or its change, is often more directly derivable from experiments than the charge. This is so for the mercury/water interface with an externally applied potential. It is true also for reversible systems in which ions occurring in both phases determine the double layer potential. For instance, for solid AgI in contact with an $AgNO_3$ solution Ag^+ is the potential determining ion: Changes in the Ag^+ concentration in the solution are reflected in changes of the double layer potential at the interface because there is ionic equilibrium throughout both phases and *Nernst*'s law applies.

The situation is quite different in hydrophilic colloidal systems such as monolayers, ionic micelles and polyelectrolyte solutions. In these cases the ionic equilibrium does not reach beyond the surface in contact with the aqueous solution. At this interface the double layer charge originates from the ionization of well defined chemical groups and this native charge is, at least in principle, determinable by titration. So here the surface charge, and not the potential, is the primary experimental variable. In fact, we consider double layers in systems without a conducting second phase. In such systems *Nernst*'s law and the concept of potential determining ions do not apply.

There is of course no fundamental difference between double layer theories based on potential or on charge as the independent variable. But choosing the charge is not only more practical in many experiments, it also brings out some theoretical aspects that remain obscure in the usual potential representation of double layer functions. In this paper we consider in particular the adsorption of small ions at the charged interface.

Monolayers

The main result in this paper is derived from the potential field generated by a uniformly charged flat surface, in contact with an aqueous solution of symmetrical electrolytes, each with molaritiy c_i and the same valency z. The surface charge is neutralized by a *Gouy-Chapman* ionic atmosphere in the adjacent solution where the potential ψ obeys the *Poisson-Boltzmann* equation

$$\Delta\left(\frac{ze\psi}{kT}\right) = \varkappa^2 \sinh\left(\frac{ze\psi}{kT}\right). \qquad [1]$$

The *Debye* length $1/\varkappa$ is related to the total molarity Σc_i of the electrolyte in the bulk solution

$$\varkappa^2 = \frac{8\pi N z^2 e^2}{1000\, DkT}\, \Sigma c_i\,. \qquad [2]$$

Setting $|ze\psi/kT| = y$ and with the reference point $\psi = y = 0$ in the bulk solution, the local concentration of the counter ions deriving from electrolyte i is given by the *Boltzmann* distribution $e^y c_i$, increasing from c_i in the bulk to $e^{y_0} c_i$ at the charged surface where

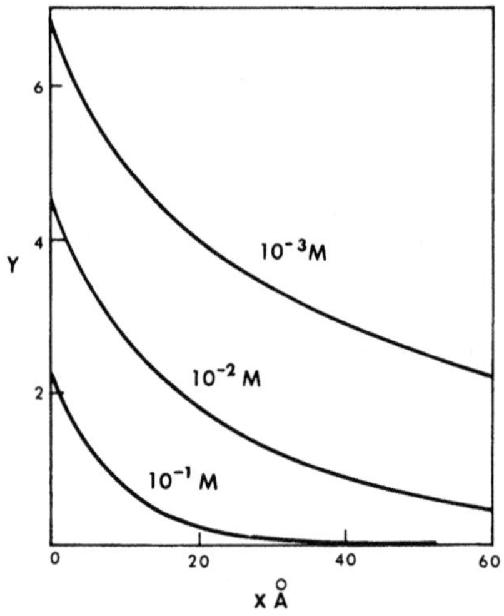

Fig. 1. Potential-distance curve of flat, Gouy type, electrical double layers in equilibrium with bulk salt concentrations c = 0.1, 0.01, 0.001 mol/l in water. The concentration of counter ions at the charged surface is ce^{y0} = 1 mol/l in all cases. Potential is zero in bulk solution

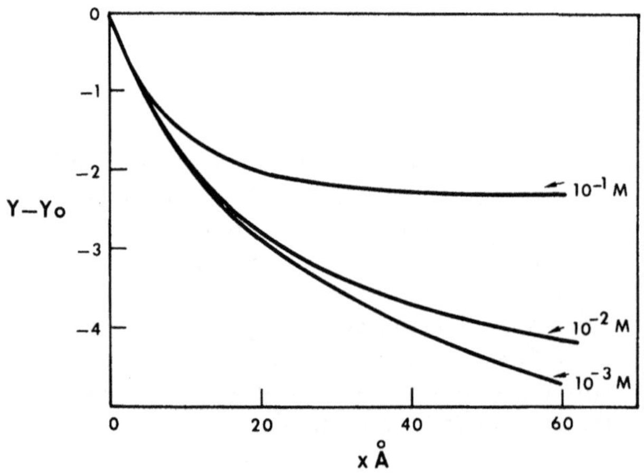

Fig. 2. Potential-distance curves of Fig. 1, replotted with reference zero at charged interface

the potential is y_0. We note that the ratio between the local concentrations of different counter ions is everywhere the same as in the bulk solution.

It is instructive to compare potential and counter ion distributions for different total bulk molarities $c = \Sigma c_i$, but with the same total surface concentration ce^{y0}. Figure 1 shows three potential-distance curves, with y_0 adjusted such that ce^{y0} = 1M in each case. When c = 0.1M y_0 is fairly low. For c = 0.01

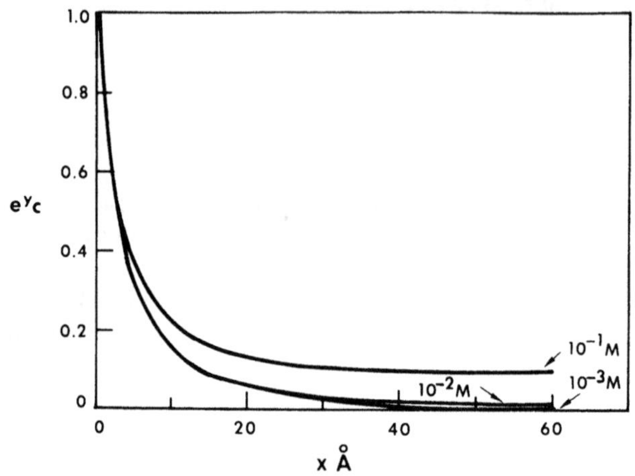

Fig. 3. Distribution of counter ions in double layers corresponding to potential-distance curves in Figs. 1 and 2

and 0.001M y_0 is high. The great similarity between the two high potential curves is brought out clearly in figure 2 where the potential difference $y - y_0$ is plotted versus the distance x from the surface. Figure 3 gives the corresponding distribution function ce^{y0} of the counter ions. Figures 2 and 3 illlustrate the rule that *for double layers with a high surface potential, in equilibrium with an electrolyte solution in which all ions have the same valency, the structure of the inner part of the double layer remains nearly unchanged upon dilution of the bulk electrolyte solution.* It is emphasized that this rule does not refer to experiments at constant ionic strength or at constant potential; dilution (with water) means that the ratio between all ionic concentrations in the bulk solution remains constant. The rest of the paper presents further justification, elaboration, and application of the invariance rule. We first show that it is consistent with the charge-potential relation of the flat Gouy double layer.

The charge density of the interface, $\sigma = -(D/4\pi)\,(d\psi/dx)_{x=0}$ obtained from eq. [1] by integration, is related to the surface potential y_0 by

$$\sigma = \left(\frac{2DRTc}{1000\pi}\right)^{1/2} \sinh\left(\frac{y_0}{2}\right). \qquad [3]$$

For high potentials the approximation sinh $(y_0/2) = (1/2)\exp(y_0/2)$ is accurate, and eq. [3] becomes

$$\sigma = \left(\frac{DRT}{2000\pi}\right)^{1/2} (ce^{y_0})^{1/2} \quad y_0 \gg 1 . \qquad [4]$$

It follows from eq. [4] that for high potentials the surface charge is constant as long as the surface concentration of the counter ions ce^{y_0} is constant, irrespective of variations of c and y_0. Now, if the surface charge density is constant, the limiting slope of the potential-distance curve is constant and, hence, the limiting slope of the counter ion distribution ce^{y} is also constant, in agreement with the graphic demonstration in figures 2 and 3.

We now illustrate the invariance rule with the example of a monolayer of a long chain fatty acid at the interface between air or oil and an aqueous HCl–NaCl solution. Such partially ionized monolayers were studied extensively by *Payens* (2) who combined the Gouy double layer theory with the *Langmuir* adsorption treatment as follows.

The density σ of the surface charge is given by the degree of ionization α of the fatty acid and the surface area A per chain. This connects α with the surface potential y_0 of the Gouy theory in eq. [3]

$$\alpha = \frac{A}{e}\left(\frac{2DRTc}{1000\pi}\right)^{1/2} \sinh\left(\frac{y_0}{2}\right) \qquad [5]$$

where $c = c_{NaCl} + c_{HCl}$. A second relation between α and y_0 follows from the ionization equilibrium of the acid groups with the H^+ ions whose local concentration at the surface is $c_{HCl}e^{y_0}$. Each acid group acts as a specific adsorption site for H^+ with intrinsic binding constant $K = 10^{pK}$ l/mol. The result of the *Langmuir* adsorption treatment for the fraction of unoccupied adsorption sites is

$$\alpha = \frac{1}{1 + Kc_{HCl}e^{y_0}} \, . \qquad [6]$$

As expected, eq. [6] shows that $\alpha = 1/2$ when the surface concentration of the adsorbing species is $c_{HCl}e^{y_0} = 1/K = 10^{-pK}$ mol/l, that is, when "surface pH" equals the pK of the acid. In the calculations below we choose pK = 4.6, as for fatty acids in aqueous solutions.

For given values of A, c_{NaCl} and c_{HCl}, eqs. [5] and [6] suffice to determine α and y_0. For high potentials the approximation $\sinh(y_0/2) = (1/2)\exp(y_0/2)$ may be used in eq. [5] and, after eliminating $c_{HCl}e^{y_0}$ from eqs. [5] and [6], the relation for α is

$$\frac{1}{\alpha} = 1 + \frac{2000\pi e^2}{DRT}\,\frac{K\alpha^2}{A^2\,(1 + c_{NaCl}/c_{HCl})} \quad y_0 \gg 1. \qquad [7]$$

This shows that for high potentials α does not depend on c_{HCl} but on the ratio c_{NaCl}/c_{HCl}.

More detailed results have been derived from eqs. [5] and [6] with the help of a computer, assuming $A = 75$ Å^2 for the density of

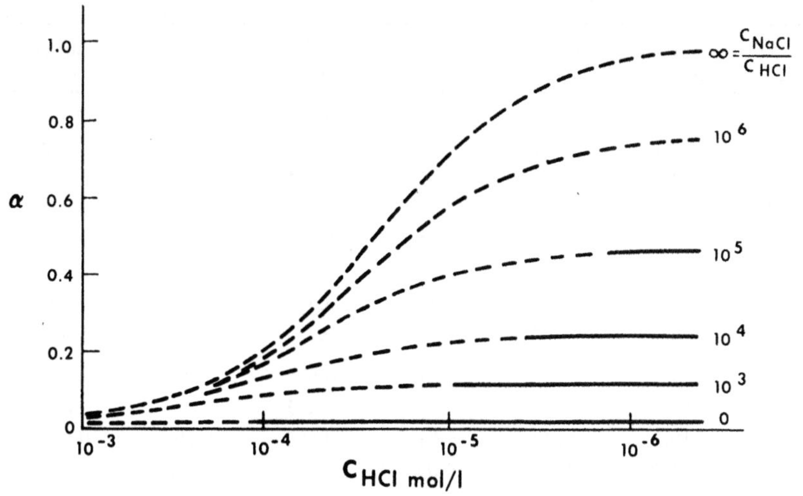

Fig. 4. Degree of ionization α of monolayer of fatty acid with intrinsic pK = 4.6, in contact with aqueous HCl/NaCl solutions. Curves are for fixed ratios c_{NaCl}/c_{HCl}, as indicated. Solid lines for high surface potential, $y_0 > 3$, broken lines for $y_0 < 3$. Surface area per fatty acid molecule is $A = 75$ Å^2

the monolayer. The results for α in several dilution series are displayed in figure 4. The upper curve is the traditional sigmoid titration plot of fatty acids with pK = 4.6. The surface potential $y_0 = 0$ for the entire curve, because the ionic strength in the solution is infinitely high. For the broken parts of the other curves the surface potential is not high, $y_0 < 3$, and α varies significantly with c_{HCl}. On the other hand, in the more dilute systems $y_0 > 3$ and the solid parts of the curves indicate that for such high double layer potentials $\alpha \approx$ constant in each dilution series, in agreement with equation [7] and with the invariance rule formulated above.

The set of curves in figure 4 shows also that at constant c_{HCl} a decrease of c_{NaCl} raises y_0, that is, the electrostatic interaction between the ionizing groups increases, and as a result the degree of ionization α is decreased. The lowest curve shows that in systems without any supporting salt. $c_{NaCl} = 0$, the monolayer has a very low degree of ionization, $\alpha = 0.012$. The reason is the strong binding of H^+ in the monolayer, as measured by the large value $K = 10^{4.6} = 39{,}600$ l/mol. In the next section we discuss data for much weaker binding of counter ions, with $K = 1$ and $K = 0.1$. For such low binding constants appreciable ionization occurs even without the presence of supporting (non-adsorbing) salt, see table 1.

So far we have dealt with systems in which all ions have the same valency. For high potentials the valency of the co-ions is not very important, and is not expected to influence the inner part of the double layer. However, for a mixture of counter ions with different valencies the factor ce^{y_0} cannot be eliminated between equations [5] and [6], and the invariance rule has to be reconsidered.

Spheres and cylinders

We compare the binding of counter ions at flat, cylindrical, and spherical interfaces, all with the same intrinsic surface charge density. The exact charge-potential relation is known in analytical form only for the flat double layer. But the equivalent of this relation, equation [3], has been obtained in numerical form for spheres [3] and for cylinders [4], and these numerical results can be used together with equation [6] which is independent of geometry.

In the systems discussed in this section the equilibrium solution contains only one electrolyte, with bulk molarity c, and K is the binding

Table 1. Influence of geometry on Gouy-Langmuir electrical double layer at 25 °C. Surface area per native charge is 75 Å² in all cases, radius of cylinder is 12.5 Å, radius of sphere is 25 Å, intrinsic binding constant of counter ions is K l/mol, bulk concentration of aqueous monovalent salt solution is c mol/l. Fraction of site bound counter ions is $1-\alpha$, surface potential is y_0

K l/mol	c mol/l	$1/\varkappa$ Å	plane α	y_0	cylinder α	y_0	sphere α	y_0
1.0	0.1	9.6	0.352	2.91	0.393	2.74	0.397	2.72
	0.05	13.6	0.358	3.58	0.405	3.38	0.412	3.35
	0.025	19.2	0.361	4.26	0.414	4.04	0.423	4.00
	0.0125	27.2	0.362	4.95	0.420	4.70	0.432	4.66
	0.00625	38.5	0.363	5.64	0.425	5.38	0.439	5.32
	0.00312	54.4	0.363	6.33	0.428	6.06	0.446	5.98
	0.00156	77.0	0.363	7.02	0.430	6.74	0.452	6.65
	0.00078	108.9	0.364	7.71	0.432	7.43	0.458	7.32
0.1	0.1	9.6	0.640	4.03	0.679	3.86	0.683	3.84
	0.05	13.6	0.643	4.71	0.685	4.52	0.690	4.50
	0.025	19.2	0.644	5.40	0.689	5.20	0.695	5.17
	0.0125	27.2	0.644	6.09	0.692	5.88	0.699	5.84
	0.00625	38,5	0.645	6.78	0.694	6.56	0.703	6.52
	0.00312	54.4	0.645	7.47	0.695	7.25	0.706	7.20
	0.00156	77.0	0.645	8.17	0.696	7.94	0.709	7.88

constant of the counter ion. As before, α is the degree of ionization of the surface groups or, in other words, $1-\alpha$ measures the extent of site binding of the counter ions at the completely ionized surface.

Table 1 gives results of α and of y_0 for a flat surface, a cylinder with a radius of 12.5 Å, and for a sphere with radius 25 Å, all surfaces with one intrinsic charge per 75 Å². There is a great similarity of the ion binding at the three different surfaces. The variation of α with the electrolyte concentration increases in the sequence plane-cylinder-sphere. In additional computations it was found that this variation is smaller for surfaces with a higher intrinsic charge density and with a smaller curvature. For the cylinder it can be derived (5, 6) that for high potentials α is a function of ce^{y_0}, as for the charged plane in equation [5] when $y_0 \gg 1$. This proves that the limiting high potential binding isotherm of the charged cylinder is $1 - \alpha =$ constant, as it is for the charged plane. The numerical results in table 1 suggest that the same is true for the charged sphere, although a rigorous analytical proof has not been found in this case.

In table 1 the cylindrical and the spherical surfaces have the same average curvature, and it is of interest to compare the results. The differences between cylinder and sphere are small, indicating that for the charge-potential relation the average radius of curvature of the interface is of paramount importance, rather than the exact geometry. This is true in particular for relatively thin double layers. When the double layer becomes more extended, that is, $1/\varkappa$ large compared with the average radius of curvature of the interface, the results for the cylinder and the sphere diverge.

It is well known that the *Poisson-Boltzmann* relation needs corrections for the discreteness and the size of the ionic charges, and for the topography of the interface (1). Such corrections are most important in the high potential region where the magnitude of the corrections depends on the structure of the inner part of the double layer and, hence, should be independent of dilution of the bulk electrolyte solution. Consequently, the invariance rule should hold true also for double layers obeying a corrected *Poisson-Boltzmann* equation.

As stated above, the errors in the Gouy model of the double layer are maximal close

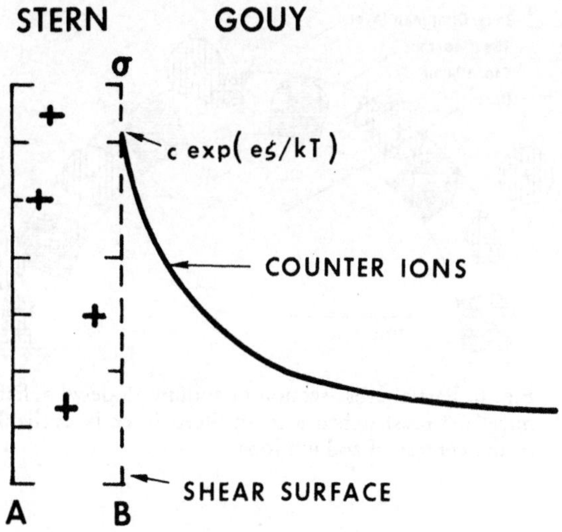

Fig. 5. Schematic ionic charge distribution in Stern-Gouy electrical double layer

to the charged surface. This region may be treated separately as a Stern layer which is in equilibrium with the diffuse Gouy ionic atmosphere, as discussed further in the next section.

Stern layer

So far we have considered only a Gouy ionic atmosphere delineated by a surface with native charges and bound counter ions. We now replace this charged surface by a Stern layer, as pictured in figure 5, between surfaces *A* and *B*. The Stern layer is an interfacial region of a certain thickness which comprises the native charges, the specifically bound ions, and also the non-specifically adsorbed counter ions present in the confines of this high potential layer as a result of *Boltzmann*'s law. The rest of the counter charge is in the adjacent Gouy diffuse ionic atmosphere. A Gouy-Stern double layer model has been worked out in considerable detail for the Hg/water interface (1), for ionic detergent micelles (7) and, in less detail, for DNA (6). For micelles and for DNA the hydrodynamic shear surface has been taken as a convenient separation between Stern and Gouy layer. As explained already in the introduction, the present binding or adsorption approach is particularly appropriate for systems like micelles and DNA, but less so for the Hg/water

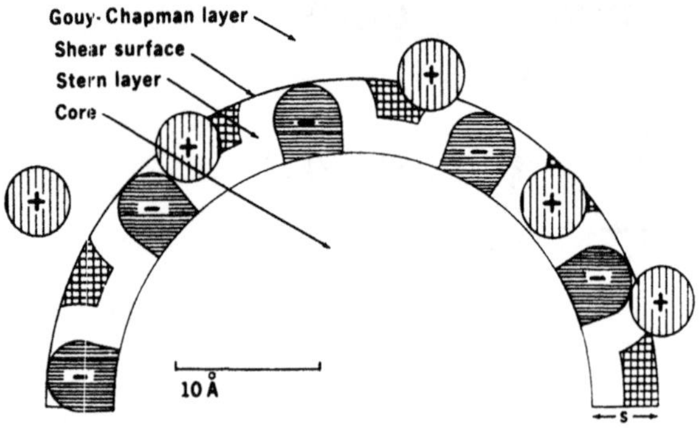

Fig. 6. Partial cross-section of sodium dodecyl sulfate micelle. Crosshatched area in Stern layer is available to the centers of sodium ions

interface where the potential, rather than the native surface charge, is the experimental determinant of the double layer.

For micelles of sodium dodecyl sulfate figures 6 and 7 show a model of the Stern layer in two schematic cross-sections. A fraction $1-\alpha$ of the Na^+ ions is in the Stern layer, the remaining fraction α is in the Gouy layer. The foregoing derivations are now modified to show that also for the present model α is independent of the electrolyte concentration, provided that the surface potential is high.

The Gouy layer is bounded by the shear surface in which the average potential is ζ. So we have $y_0 = e\zeta/kT$ in the charge-potential relation of the spherical micelle, the numerical equivalent of equation [5]. We divide the Stern layer into adsorption cells, one cell per native charge. In equation [6] y_0 now stands for the average reduced potential of a Na^+ ion in a cell. The substitution $y_0 = e\zeta/kT$ is allowed also in equation [6], provided that the factor $\exp(y_0 - e\zeta/kT)$ is absorbed in the binding constant K. For constant α this factor is determined entirely by the properties of the Stern layer, and is independent of the electrolyte concentration. Therefore equation [6] can be rewritten as

$$c \exp(e\zeta/kT) = f(K, \alpha) \qquad [8]$$

where $f(K, \alpha) = (1-\alpha)/K\alpha$ for the *Langmuir* isotherm of equation [6]. In a more general adsorption treatment with a different function $f(K, \alpha)$ we can still eliminate the factor $c \exp(e\zeta/kT)$ between equation [8] and the numerical equivalent of equation [5] for the sphere. This is sufficient to show that α is independent of the electrolyte concentration c. This conclusion holds also for flat and for cylindrical Stern-Gouy double layers, always in the limit of high surface potentials.

The charge density and dimensions in table 1 are in the range of those for a cylindrical model of the DNA double helix and for spherical micelles. These computations suggest that in such systems experimental adsorption data of counter ions may deviate by not more than a few per cent from a constant α isotherm, as derived for high potentials.

Applications and discussion

Romsted (8) has used the micelle model of figures 6 and 7 for a study of the enhancement

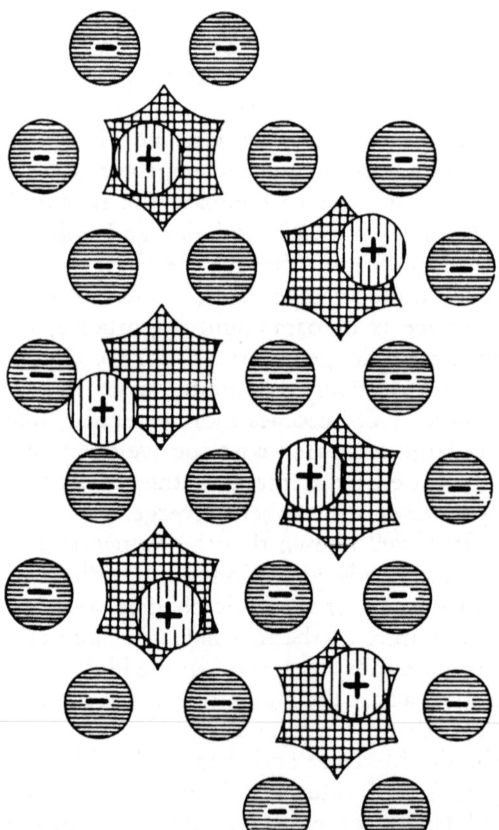

Fig. 7. Top view of Stern layer of sodium dodecyl sulfate micelle at the level of the centers of fixed sulfate groups. Crosshatched sections are available to the centers of sodium ions

of reaction rates in micellar systems. Under favorable conditions, with counter ions reacting in the Stern layer only, changes of α would be reflected in experimental reaction rates. Two of *Romsted*'s key assumptions are that "... α is independent of added salt and surfactant concentration ..." and "... the potential drop across the Stern layer is independent of salt concentration". These two related assumptions are supported by preliminary kinetic results obtained by *Romsted* (9). They are also substantiated by the invariance rule derived in this paper, albeit with minor reservations. The main difficulty with micellar solutions is the increase of the micelle size upon the addition of salt. This decreases the area A per native charge, decreases K and, hence, increases α. On the other hand, larger micelles have a smaller surface curvature and this tends to decrease α, compare table 1. The total effect of micelle size on α is probably quite small. It could be avoided altogether in experiments at elevated temperatures where according to recent work by *Mazer* et al. (10) the micelle size is virtually independent of the ionic strength.

Experimentally α may be determined also by electrophoresis and/or conductance. Results for micelles of sodium dodecyl sulfate do not show a great variation of α with salt concentration (11). However, these data are not very accurate and, in addition, subject to the disadvantage of changing micelle size. It seems that at present the adsorption theory is well ahead of electrophoretic theory, and that the prediction of (nearly) constant α will be very helpful in further electrophoretic work. This is particularly true for DNA where the double helical form is stable and unchanged over a wide range of salt concentrations. At high ionic strength approximately constant electrophoretic DNA charges have been found (6). It is certainly worth while to extend such charge determinations of DNA to lower salt concentrations and test the predicted adsorption isotherms.

Further applications and extensions of the invariance rule would be to potentiometric titrations of polyelectrolytes such as polymethacrylic acid, and to amphoteric substances such as metal oxides and silver iodide. In the latter cases the invariance rule should apply provided that the systems are far enough removed from the isoelectric point.

Finally it is noted that the significance of any experimental results for the binding constant K depends on the accuracy of the adsorption theory. One might modify the random distribution of the adsorbed counter ions in the *Langmuir* treatment by introducing nearest neighbor interactions, as done by *Rice* and *Harris* for polyelectrolytes (12), and by this author for ionic detergent micelles (7). In the cell model of the Stern layer (7) a correction might also be necessary for the communal entropy of the adsorbed ions (13).

Acknowledgement

The author is indebted to Drs. *Laurence Romsted* and *Clayton J. Radke* for comments on an earlier version of this paper.

Summary

Electrical double layers are discussed in which the interfacial charge arises from the adsorption equilibrium between the interface and an electrolyte solution. A Gouy ionic atmosphere extends from the interfacial region into the solution. It is shown that for high potentials the interfacial charge is invariant under dilution of the electrolyte solution, provided that all counter ions have the same valency. This invariance rule applies to site binding of counter ions, and is demonstrated for a partially ionized fatty acid monolayer on the basis of a Gouy-Langmuir model. Similarly, for high potentials the adsorption of counter ions in an interfacial solution region (Stern layer) is invariant under dilution. The effects of geometry (plane, cylinder, sphere) are investigated, and applications to detergent micelles and to DNA are briefly discussed.

Zusammenfassung

Elektrische Doppelschichten werden betrachtet, deren Grenzflächenladung von dem Adsorptionsgleichgewicht zwischen Grenzfläche und Elektrolytlösung abhängt. Eine diffuse Gouy-Ionenatmosphäre reicht von der Grenzfläche in die Lösung. Es wird gezeigt, daß sich für hohe Potentiale die Grenzflächenladung nicht mit der Verdünnung der Elektrolytlösung ändert, vorausgesetzt daß alle Gegenionen gleichwertig sind. Dieser Invarianzsatz gilt für spezifische Bindung von Gegenionen und wird beispielsweise für eine unvollständig ionisierte Fettsäuremonomolekularschicht mit einem Gouy-Langmuir-Modell illustriert. Ähnliches gilt für die Adsorption der Gegenionen in einer Grenzflächenschicht (*Stern*-Schicht) bei hohen Potentialen. Der Einfluß der Geometrie (Fläche, Zylinder, Kugel) wird untersucht, Anwendungen auf Detergentien, Miszellen und DNA werden kurz diskutiert.

References

1) *Sparnaay, M. J.*, The Electrical Double Layer (Pergamon, New York, 1972).

2) *Payens, Th. A. J.*, Ionized Monolayers (Thesis, Utrecht, 1955); Philips Research Repts., **10**, 425 (1955); Koninkl. Ned. Akad. Wetensch., Proc., **57 B**, 529 (1954).

3) *Loeb, A. L., P. H. Wiersema* and *J. Th. G. Overbeek*, The Electrical Double Layer around a Spherical Colloid Particle, (M. I. T. Press, Cambridge, 1961).

4) *Stigter, D. J.*, Colloid Interface Sci., **53**, 296 (1975).

5) *Fuoss, R. M., A. Katchalsky* and *S. Lifson*, Proc. Natl. Acad. Sci., **37**, 579 (1951).

6) *Schellman, J. A.* and *D. Stigter*, Biopolymers, **16**, 1415 (1977).

7) *Stigter, D. J.*, Phys. Chem., **79**, 1008 (1975); **68**, 3603 (1964).

8) *Romsted, L.*, Rate Enhancements in Micellar Systems (Thesis, Indiana University, Bloomington, 1975).

9) *Romsted, L.*, private communication (1976).

10) *Mazer, N. A., G. B. Benedek* and *M. C. Carey*, J. Phys. Chem., **80**, 1075 (1976).

11) *Stigter, D. J.*, Colloid Interf. Sci., **23**, 379 (1967).

12) *Rice, S. A.* and *F. A. Harris*, J. Phys. Chem., **58**, 733 (1954).

13) *Jensen, E. J., W. D. Kristensen* and *R. M. J. Cotterill*, J. C. S. Faraday II, **6**, 737 (1977).

Author's address:

Dirk Stigter
Western Regional Research Center
Agricultural Research Service, U.S. Department of Agriculture
Albany, California 94710

Progr. Colloid & Polymer Sci. 65, 53–59 (1978)

ISSN 0340-255 X

Fachbereich Physikalische Chemie der Universität Marburg, D-3550 Marburg, Germany

Einfluß der Wasserstruktur auf gespreitete Filme von äthoxylierten Octadecanolen

W. A. P. Luck und *S. S. Shah*

Mit 7 Abbildungen

(Eingegangen am 3. März 1978)

Einführung

Unsere Untersuchungen suchten Antwort auf folgende Fragen: Kann ein Einfluß der Wasserstruktur auf Schub-Flächendiagramme von auf Wasser gespreiteten Monofilmen nachgewiesen werden? Kann mit Hilfe der Monofilmtechnik der Einfluß des Wassers auf die Grenzflächenstruktur studiert werden? Ordnen sich entsprechende Erfahrungen in die gegenwärtigen Modelle (1) für wäßrige Systeme ein?

Aufgabe unserer Arbeit was das Studium von Schub-Flächendiagrammen (F–A-Diagramme) bei Variation der Wasserstruktur. Letztere kann durch Temperaturwechsel verändert werden. Ein T-Wechsel wirkt aber ähnlich wie im dreidimensionalen van der Waals-Gas auf die Volumenarbeit pv über kT, und zweitens werden die Wechselwirkungen Monoschicht-Subphase geändert. Spektroskopische Untersuchungen (2, 3, 4) haben gezeigt, daß die Wasserstruktur auch durch Salzzusätze geändert wird. *Bernal* und *Fowler* (5) hatten qualitativ den Ioneneinfluß gedeutet, einige (genannt structure maker) verstärken die Wasserstruktur ähnlich wie eine T-Erniedrigung beim reinen Wasser, und andere (genannt structure breaker) lockern sie ähnlich wie eine T-Erhöhung. Beide Autoren schlugen den Ausdruck Strukturtemperatur T_{str} vor, sie gibt für eine Lösung die T an, die reines Wasser bei gleicher H-Brückenbilanz haben würde. Vor einiger Zeit konnte der eine von uns nachweisen (3), daß T_{str} sich quantitativ mit Hilfe der Oberton I.R. Spektroskopie abschätzen läßt. Diese I.R. Methode konnte erstmalig zeigen, daß die Hoffmeister-Ionenreihe der Kolloidchemie auf der Reihenfolge der Änderung der Wasserstruktur beruht. Eine Reihe verschiedener Elektrolytlösungen entsprechend der Hoffmeister-Ionenreihe gibt also eine Reihe veränderter Wasserstrukturen. Wir versuchten unsere Fragestellungen daher mit Hilfe dieser Reihe zu lösen. Um einen direkten Einfluß der Ionen auf die Monoschicht zu reduzieren, beschränkten wir uns auf Schichten nichtionogener äthoxylierter Octadecanole (PEO)

$$C_{18}H_{37} - (O\text{–}CH_2\text{–}CH_2)_n - OH.$$

Um den Einfluß der Hydrophil-Hydrophob-Bilanz (HHB) auf die F–A-Diagramme zu studieren, haben wir eine Reihe mit verschiedener Äthergruppenzahl n ausgewählt: Diese Reihe wird wie folgt abgekürzt:

$n = 0$	OD	$n = 3$	TEO
$n = 1$	MEO	$n = 4$	QEO
$n = 2$	DEO	$n = 9$	NEO

Im Vergleich zu ionogenen Monoschichten ist sehr wenig über die Ioneneinflüsse der Ionen auf nichtionogene Monoschichten bekannt. *Lange* (6) untersuchte lösliche äthoxylierte Dodecanol-Monoschichten auf 95% $NaNO_3$-Lösungen. *Ralston* und *Healy* (7) zeigten die Kationeneffekte auf Octadecanol-Monoschichten.

Resultate

1. Abbildung 1 zeigt F–A-Diagramme bei 24 °C in Abhängigkeit von n. Entsprechend der von *Harkins* (8) vorgeschlagenen Nomenklatur zeigt OD und MEO „solid“ und „liquid-condensed“ Bereiche mit einem Über-

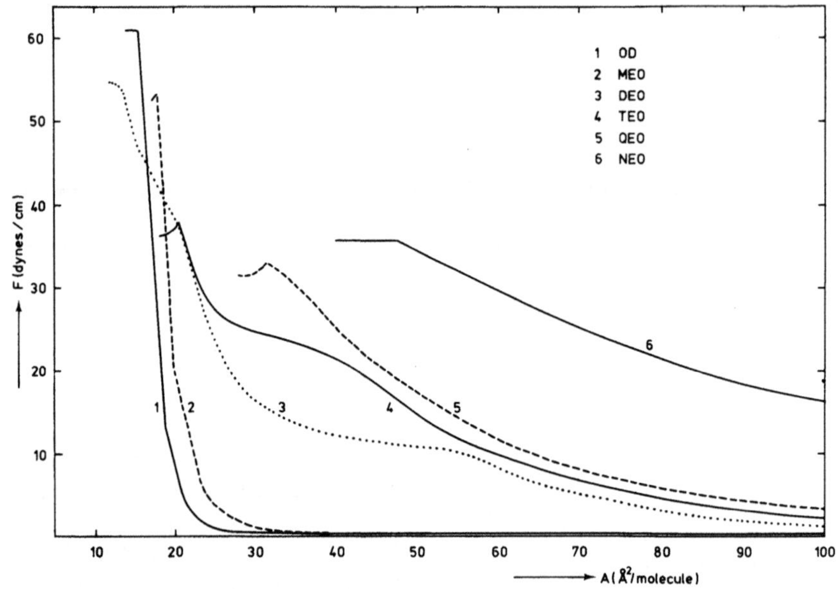

Abb. 1. Schub-Flächendiagramme von äthoxylierten Octadecanolderivaten bei 24 °C auf bidest. Wasser

gang um 20 Å^2; während steigender Gehalt an Äthergruppen mehr und mehr F–A-Diagramme vom „expanded" Typ erzeugt.

Derartige F–A-Diagramme wurden häufig als zweidimensionale van der Waals-Diagramme diskutiert (9, 10). Beim Vergleich der Isothermen verschiedener PEO-Derivate mit verschiedenem n könnte man in diesem Modell die Ergebnisse mit derartigen van der Waals-Gleichungen mit verschiedenen reduzierten Temperaturen T/T_k vergleichen. Bei isothermen Messungen würde dann nicht T, sondern T_k mit n verändert. Im van der Waals-Modell gilt:

$$T_k = \frac{8\,a}{27\,b\,R},$$

wobei a ein Maß für die anziehenden Kräfte und b für die Abstoßung ist. Steigendes n in Abbildung 1 könnte mit einem Fallen der effektiven kritischen Temperatur T_k diskutiert werden. Wobei die steigende Hydrophilie infolge der steigenden Hydration sowohl das Eigenvolumen b vergrößern kann als auch den Einfluß der Anziehungskräfte a innerhalb der Monoschicht in der Bilanz durch steigende Anziehungskräfte zwischen Wasser und den Äthergruppen verkleinert, was mit einer Reduktion des „effektiven" a-Wertes angesetzt wird. In dem Modell eines zweidimensionalen van der Waals-Gases für Monoschichten müssen also die Wechselwirkungen mit der Subphase (in der dritten Dimension) durch veränderte „effektive" van der Waals-Konstanten a und b berücksichtigt werden. Diese Interpretation, daß die van der Waals-Konstanten a und b durch die Wasserwechselwirkungen zu modifizieren sind, wobei diese Effekte die Anziehung innerhalb der Monoschichten in der Summenbilanz abschwächen, steht mit der Erfahrung im Einklang, daß Moleküle Monoschichten vom Liquid-Typ bilden können unterhalb ihres eigentlichen Schmelzpunktes.

2. Der Einfluß der Temperatur

Abbildung 2 zeigt ein Beispiel für die untersuchte T-Abhängigkeit der F–A-Diagramme. Die obige Diskussion kann hierfür fortgesetzt werden. Bei diesen Versuchen wird quasi T/T_k durch Änderung von T geändert. Man kann direkt T/T_k Werte bei Variation von T und von n bei $T = \text{const}$ vergleichen. Eine T-Erhöhung von etwa 10° ändert die F–A-Diagramme bei den von uns untersuchten Substanzen (DEO, TEO ...) ähnlich wie die Erhöhung der Äthergruppenzahl n um eins (Abb. 3). Damit kann man abschätzen, daß die Anhebung von n um eins die effektiven

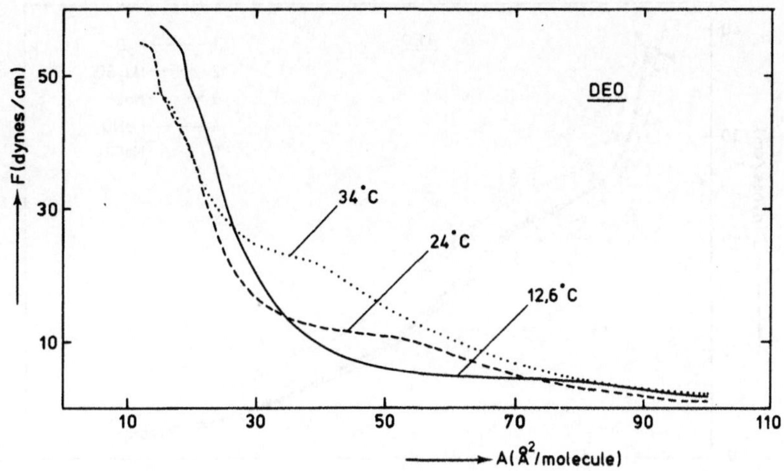

Abb. 2. Schub-Flächendiagramme von zweifachäthoxyliertem Octadecanol (DEO) bei verschiedenen Temperaturen auf aqua bidest.

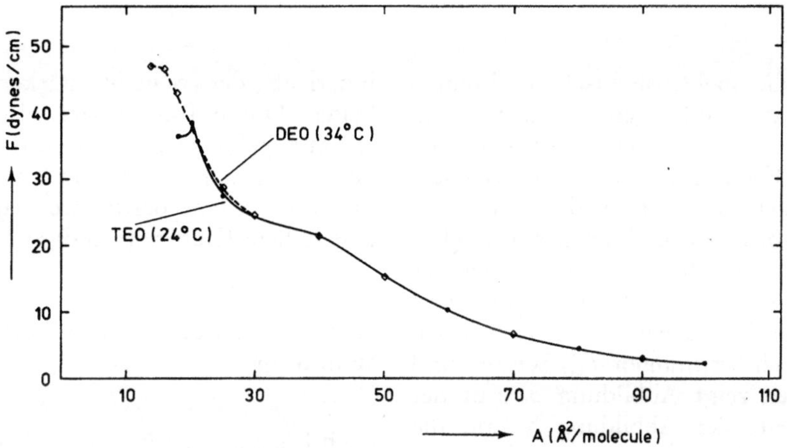

Abb. 3. Parallelität der Änderung der Temperatur oder des HHB-Wertes auf Schub-Flächendiagramme von äthoxylierten Octadecanolen

T_k-Werte um etwa 3 % ändert. *Shukla, Gharpurey* und *Bisiwas* (11) untersuchten die Monoschichten von zwei- und dreifachäthoxylierten Octadecanolderivaten bei verschiedenen Temperaturen. Zum größten Teil stimmen unsere Ergebnisse (12) mit ihnen überein.

3. Einfluß der Jonen

Zur Subphase zugefügte Ionen wirken auf die F–A-Diagramme grob wie eine T-Erhöhung (Abb. 4). Hierbei ist die Intensität der Ioneneinwirkung parallel zur Hoffmeister-Ionenreihe:

$$NaClO_4 > NaNO_3 > NaCl > Na_2SO_4 .$$

Alle getesteten Ionen wirken ähnlich wie eine T-Erhöhung, daß heißt, ihre mit F–A-Diagrammen abgeschätzte T_{str} wäre immer größer als die Meßtemperatur. Wobei allerdings der exakte Wert von T_{str} in 2. Näherung etwas davon abhängen würde, bei welchem Flächenwert A man sie bestimmen würde;

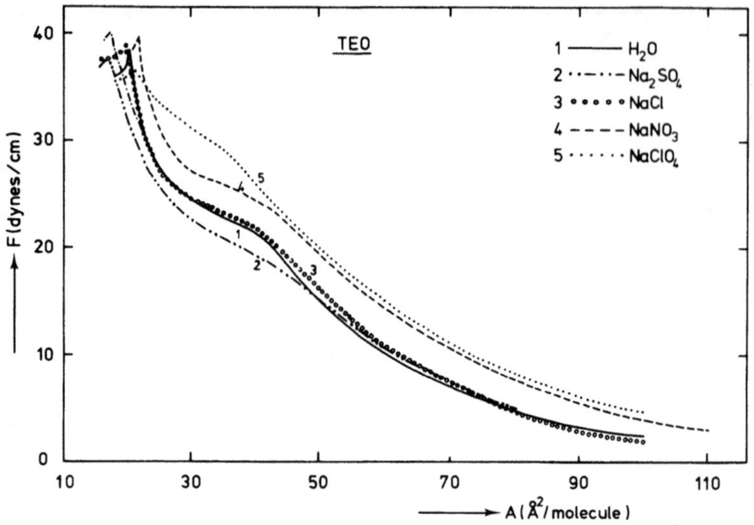

Abb. 4. Änderung der Schub-Flächendiagramme von dreifach äthoxyliertem Octadecanol (TEO) bei 24 °C bei veränderter Subphase. Elektrolyte ändern Subphaseneinfluß in Reihenfolge der Hoffmeister-Ionenreihe

ähnlich wie die spektroskopisch bestimmten T_{str} Werte davon abhängen, ob man sie im Frequenzbereich der nicht H-brückengebundenen OH-Gruppen oder in welchem Frequenzbereich der verschieden stark gebundenen H-Brücken bestimmen würde (13). Alle untersuchten Ionen haben jedenfalls auch spektroskopisch bei Raumtemperaturen $T_{str} > T$. Eine direkte Parallele zwischen den spektroskopisch bestimmten T_{str}-Werten und F–A-Resultaten zeigt Abbildung 5. Auf der linken Halbseite der Abbildung 5 sind die Kräfte F angegeben, die über verschiedenen Lösungen zum Erreichen von Flächen $A = 40$ A² notwendig sind. Auf der rechten Seite sind die Flächen angegeben, die bei der gleichen Kraft von $F = 30$ dyn/cm erreicht werden. Der Ioneneinfluß ist auf MEO größer als für OD, entsprechend der stärkeren Hydratation, so daß sich Änderungen der Wasserstruktur stärker auf den stärker hydratisierten Monofilm auswirken. Höhere T_{str}-Werte bedeuten einen höheren Gehalt an nicht H-brückengebundenen OH-Gruppen im Wasser und damit eine stärkere Hydratisierungsmöglichkeit für Äthergruppen. In oben diskutierten Modellvorstellungen wird quasi T_k mit steigendem Gehalt an freien OH-Gruppen erniedrigt, weil die stärkeren Wasser-Äther-Wechselwirkungen den Anziehungskräften innerhalb der Schicht stärker entgegenarbeiten. Durch Ionenzusatz wird die Wasserstruktur gelockert, hierdurch die Hydratation der Äthergruppen verstärkt, so daß zur Kompression auf eine bestimmte Fläche A immer eine höhere Kraft notwendig ist.

Der Einfluß der Wasser-Oberflächenspannung

Für genaue quantitative Auswertungen ist noch folgendes zu beachten: Die gemessenen Schubkräfte F werden allgemein diskutiert als:

$$F(T) = \sigma(T) - \sigma_F(T) \text{ oder}$$

$$F(\text{ion}) = \sigma(\text{ion}) - \sigma_F(\text{ion})$$

σ: Oberflächenspannung der filmfreien Oberfläche

σ_F: Grenzflächenspannung der Grenzschicht

Bei allen unseren Versuchen wurde die Apparatur auf $F = 0$ einjustiert bei filmfreier Oberfläche mit dem entsprechenden Substrat. Bei Versuchen mit T-Änderungen oder Wechsel des Substrates können σ und σ_F verschieden beeinflußt werden. Will man den Einfluß des variierten Parameters auf die Monofilme allein diskutieren, so wäre es zweckmäßig, folgende Differenzen zu vergleichen:

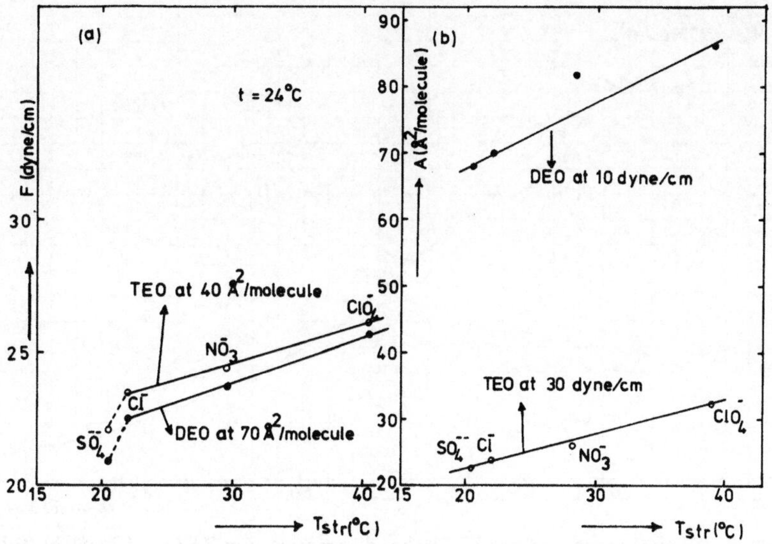

Abb. 5. Der Schub (F) und Molekülfläche (A) von TEO in Abhängigkeit von der Strukturtemperatur (T_{str}) der verschiedenen Salzlösungen (1 m)

$$F(T) = \sigma(T_{standard}) - \sigma_F(T) \text{ mit}$$
$$F(T_{stand}) = \sigma(T_{stand}) - \sigma_F(T_{stand})$$

$$F(\text{ion}) = \sigma(\text{water}) - \sigma_F(\text{ion}) \text{ mit}$$
$$F(\text{water}) = \sigma(\text{water}) - \sigma_F(\text{water})$$

Die hierbei einzuführenden Korrekturen mit den veränderten σ-Werten der filmfreien Subphase sind in dem von uns untersuchten Meßbereich nur klein, aber deutlich größer als die Fehlergrenze. Bei den so korrigierten Kurven fällt in der Regel das Schneiden der F–A-Diagramme, wie sie in den Abbildungen 2 und 4 auftreten, weg (12). Dies zeigt, daß die von uns vorgeschlagene Korrektur sinnvoll ist. Die Details dieser Auswertung werden in einer weiteren Arbeit gezeigt werden.

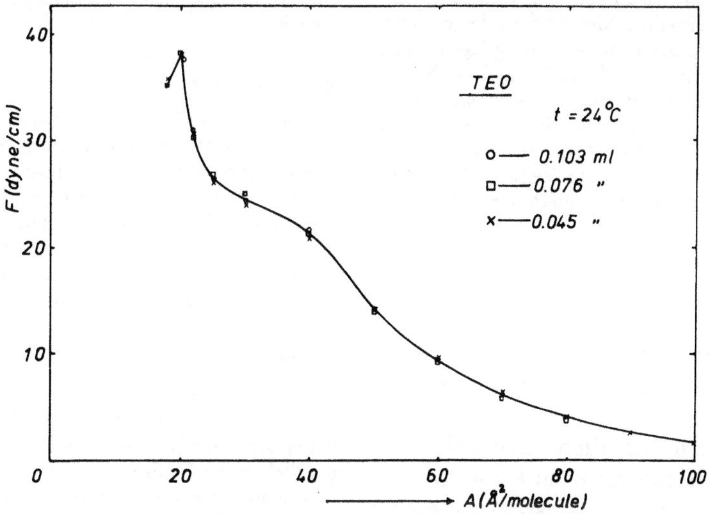

Abb. 6. Die Reproduzierbarkeit der Schub-Flächendiagramme von TEO auf bidest. Wasser (drei verschiedene Messungen mit verschiedenen Substanzmengen in ml)

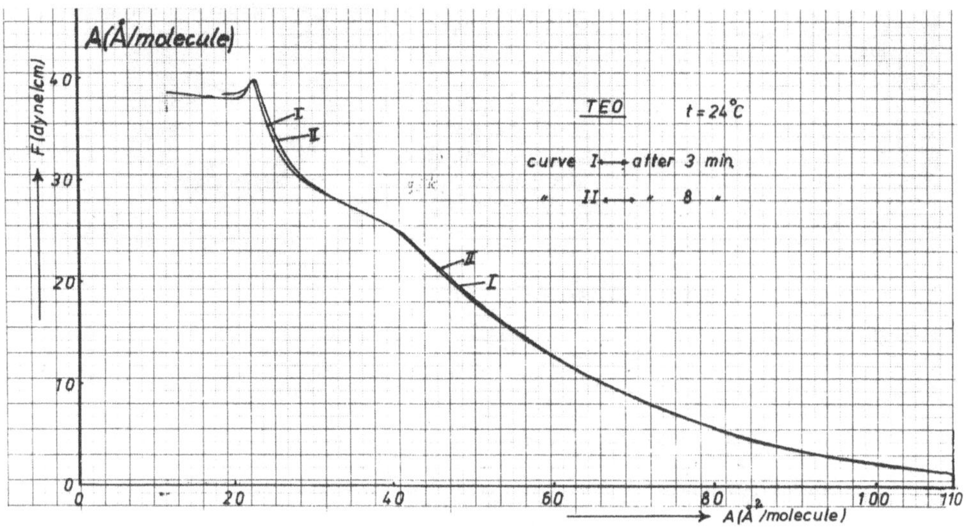

Abb. 7. Wiederholung der Schub-Flächendiagramme von TEO auf NaSCN (0,1 m)

Experimentelles

Die gespreiteten Substanzen, Herkunft BASF, Ludwigshafen, wurden mit Hilfe der präparativen Dünnschicht-Chromatographie gereinigt. Die verwandten Salze waren p. A. Fa. Merck.

Die F–A-Daten wurden mit einem Langmuir-Trog (30 × 20 × 1 cm) aufgenommen (12). Der Trog und der abgedeckte Luftraum darüber wurden thermostatisiert (±0,5 °C). Die Kraft wurde mit einer registrierenden Wilhelmy-Waage gemessen mit Blaubandfilterpapier (Schleicher & Schüll). Sämtliche dargestellten Meßdiagramme sind Mittelwerte aus 3 bis 5 Meßreihen. Abbildung 6 zeigt die Reproduzierbarkeit bei nacheinander ausgeführten verschiedenen Messungen. Die F–A-Diagramme der kaum löslichen Monofilme waren beim Erhöhen und Zurücknehmen der Kraft weitgehend reversibel. Die nächste Abbildung 7 zeigt die zweimalige Messung an der gleichen Schicht. Die mittlere Standardabweichung lag bei allen Messungen bei höchsten ±1 dyn/cm. Die Monoschichten sind immer mit derselben Geschwindigkeit komprimiert, d. h. 5 cm/min. Alle diskutierten Ergebnisse bei *T*-Änderungen oder Ionenzusätzen wurden ähnlich für die ganze untersuchte Reihe (OD, MEO, DEO, TEO, QEO, NEO) verschiedener Äthergruppenzahl *n* erhalten (9).

Diskussion

Die mit unseren Experimenten an die Natur gestellten Fragen wurden von ihr wie folgt beantwortet:

Es existiert ein deutlich beobachtbarer Einfluß der Wasserstruktur auf die Monofilme. Ein Wechsel der Wasserstruktur ändert die F–A-Isothermen.

Ein Wechsel der Wasserstruktur durch Ionen ändert die Struktur der Wechselwirkung Wasser/Grenzflächen ähnlich wie der bekannte Ioneneinfluß auf Löslichkeiten oder andere Eigenschaften wäßriger Systeme (1, 14). Die wichtige Rolle der Hoffmeister-Ionenreihe symbolisiert den Einfluß der Ionen auf die Wasserstruktur im mittleren Konzentrationsbereich, diese Reihe bestimmt ebenfalls die Wechselwirkung des Wassers an Grenzschichten.

Danksagung

Der eine von uns (*S. S. S.*) dankt dem Deutschen Akademischen Austauschdienst für die Gewährung eines Stipendiums zur Durchführung der vorliegenden Arbeit.

Zusammenfassung

Die Schub-Flächen-Diagramme von äthoxilierten Octadecanolderivaten werden durch Änderungen der Wassersubphasen-Struktur durch zugesetzte Salze beeinflußt. Der Salzeinfluß ist parallel zur Hoffmeister-Ionenreihe, die parallel geht zur spektroskopisch bestimmten Änderung der Wasserstruktur. Die Experimente zeigen, daß Grenzflächen am Wasser sich einordnen in ein allgemeines Modell wäßriger Systeme.

Summary

The force-area diagrams of polyoxyethylene-octadecanol on water are influenced by changing the water structure by added salts. The salt influence is parallel to the Hoffmeister ions serie, which is parallel to the spectroscopic determined change of the water structure. The experiments show that water/boundary layers can be discussed from the point of a general view of aqueous systems.

Literatur

1) *Luck, W. A. P.*, Koll. Ztschr. dieses Heft.

2) *Luck, W. A. P.*, Fortsch. chem. Forschung **4**, 653 (1964).

3) *Luck, W. A. P.*, Ber. Bunsenges. **69**, 626 (1965).

4) *Luck, W. A. P.*, Ztschr. Naturforsch. **24**b, 482 (1969); *Luck, W. A. P.*, „Structure of Water and Aqueous Solutions", Verlag Chemie, Weinheim 1974.

5) *Bernal, J. D., R. H. Fowler*, J. Chem. Phys. **1**, 515 (1933).

6) *Lange, H.*, In: Nonionic Surfactants, Ed. *M. J. Schick*, (Marcel Dekker, New York 1967) p. 443.

7) *Ralston, J., T. W. Healy*, J. Coll. Interf. Sci. **42**, 629 (1973).

8) *Harkins, W. D.*, Phys. Chem. of Surface Phys. (Reinhold Pub. Corp. New York 1952).

9) *Gaines, jr. G. L.*, Insolute monolayers at liq.-air interface, (Interscience Publ. New York 1965).

10) *Langmuir, I.*, J. Chem. Phys. **1**, 756 (1933).

11) *Shukla, R. N., M. K. Gharpurey, A. B. Biswas*, J. Coll. Interf. Sci. **23**, 1 (1967).

12) *Shah, S. S.*, Ph. D. Dissertation, (Universität Marburg 1977).

13) *Luck, W. A. P., A. Zukovskij*, Molecular Physics and Biophysics, Vol. II, (Leningrad 1974), p. 130.

14) *Luck, W. A. P.*, Topics Current Chemistry **64**, 116 (1976).

Anschrift der Verfasser:

Prof. Dr. *W. A. P. Luck*, Dr. *S. S. Shah*
Fachbereich Physikalische Chemie
der Universität Marburg
D-3550 Marburg

Progr. Colloid & Polymer Sci. 65, 60–67 (1978)

ISSN 0340-255 X

Institut für Polymere der Universität Marburg/L.

Über den Einfluß von Wasserstruktur und elektrostatischen Wechselwirkungen auf die Konformationsumwandlung von Polypeptiden und Proteinen

G. Ebert, Ch. Ebert, L. Paudjojo

Mit 4 Abbildungen

(Eingegangen am 7. November 1977)

Die Konformation von Polypeptiden und Proteinen wird durch eine Vielzahl von Faktoren bestimmt (vgl. (1)). Neben den sterischen Gegebenheiten des Polypeptidkettengerüsts (Planarität der —CO—NH-Gruppe, Prolinringe von Iminosäuren) und der Seitengruppen verschiedenen Raumbedarfs sind hier einmal zu nennen die Wasserstoffbrückenbindungen (HBB) zwischen den Carbonamidgruppen des Gerüstes.

Andererseits sind die verschiedenartigen zwischenmolekularen Wechselwirkungen der Seitenketten untereinander von sehr großem Einfluß auf die Konformation dieser Biopolymeren. Hierzu gehören wiederum HBB, ionogene Wechselwirkungen (Salzbrücken), Ion-Dipol- sowie Dipol-Dipol- und Dispersionswechselwirkungen. In Lösung oder im gequollenen Zustand – in dem Polypeptide und Proteine zum großen Teil in der Natur vorliegen – sind die eben genannten Wechselwirkungen mit dem Lösungs- bzw. Quellungsmittel, ebenso wie die Wechselwirkungen dieser Lösungsmittelmoleküle untereinander, von entscheidender Bedeutung für die Konformation der hier diskutierten Biopolymeren. Dazu gehören aber nicht nur die oben genannten energetischen Wechselwirkungen zwischen Polymermolekül und Milieu, sondern ebenso die als hydro- bzw. lyophob bezeichneten entropischen Wechselwirkungen.

An dieser Stelle soll im Zusammenhang mit eigenen Untersuchungen besonders auf einige Aspekte hydrophober und elektrostatischer Wechselwirkungen im Hinblick auf die Konformation und deren Stabilität eingegangen werden. Beide spielen hierfür neben den Wasserstoffbrücken eine bedeutende Rolle.

Ausgangspunkt der vorliegenden Überlegungen und Arbeiten waren die Resultate unserer Untersuchungen der Superkontraktion von Keratinfasern in konzentrierten Elektrolytlösungen (2–5). Kurz zusammengefaßt hatte sich dabei ergeben, daß die thermische Stabilität der geordneten Struktur mit dem strukturbrechenden Charakter der Anionen gegenüber dem Wasser abnimmt – bei jeweils konstantem Kation. Umgekehrt wird diese thermische Stabilität durch strukturbildende Anionen erhöht. Daraus wurde gefolgert, daß diese Effekte durch eine Schwächung bzw. Verstärkung der hydrophoben Wechselwirkungen infolge der Änderung der Wasserstruktur unter dem Einfluß der Anionen zustande kommt (1–5). Entsprechende Resultate sind von *v. Hippel* et al. an dem löslichen Protein Ribonuclease erhalten worden (6).

Da nun die obigen Überlegungen aufgrund von Meßergebnissen an recht komplizierten Proteinen erhalten wurden, ist es zweckmäßig, sie durch Untersuchungen an Modellsystemen zu überprüfen. Hierfür kommen – da man die verschiedenen Wechselwirkungsarten möglichst allein untersuchen möchte – zunächst offenbar Homo-Poly-α-aminosäuren in Betracht. Dies ist aber nicht so einfach möglich, da etwa Poly-α-aminosäuren mit apolaren Seitenketten wie das Poly-L-alanin nur in sehr wenigen Lösungsmitteln, wie Hexafluorisopropanol, Trifluor- und Dichloressigsäure, löslich sind. Dies ist offenkundig eine Folge der hydro- bzw. lyophoben Wechselwirkungen der apolaren Seitengruppen, denn die relativ geringe sterische Abschirmung der –CO–NH-Gruppen des Gerüstes durch die kleinen CH_3-Seitengruppen sollte eine hinreichende Zugänglichkeit für die Lösungsmittelmoleküle gewährleisten. Trotzdem liegt Poly-L-alanin selbst in reiner Dichloressigsäurelösung noch zu ca. 50% als α-Helix vor (7–9).

Aus diesem Grunde lassen sich nur Copolymere des L-Alanins mit hydrophilen Aminosäuren in wäßrige Lösungen bringen (10, 11), so daß bei entsprechenden Untersuchungen über die Beiträge verschiedener Wechselwirkungstypen der Seitenketten zur Stabilisierung der Konformation praktisch stets mehrere Arten auch in solchen Modellsubstanzen vorliegen.

Auch die Einflüsse der ionogenen und polaren Wechselwirkungen auf die Stabilität der Konformation und deren Abhängigkeit von äußeren Parametern kann man natürlich nicht in isolierter Form untersuchen, da sich die betreffenden Endgruppen stets an einer mehr oder weniger langen apolaren Kette befinden. Durch Untersuchungen an ionogenen Poly-α-aminosäuren mit unterschiedlicher Länge der Seitenketten kann man jedoch die Einflüsse der polaren bzw. ionischen und der hydrophoben Wechselwirkungen auf die Konformation recht gut studieren.

Man hat bei derartigen Untersuchungen folgendes gefunden:

Substituiert man ein H der CH_3-Seitengruppe des L-Alanins durch eine polare Gruppe wie –COOH oder $–NH_2$, so wird zunächst deutlich, daß dadurch die Stabilität der α-helicalen Konformation gegenüber der des nichtsubstituierten Polymeren drastisch herabgesetzt bzw. sogar aufgehoben wird. Weiter findet man, daß auch die Art der in die Seitenkette eingeführten polaren Gruppe von erheblicher Bedeutung ist. So bildet die aus dem Poly-L-alanin durch Ersatz eines H-Atoms der CH_3-Seitengruppe durch COOH entstehende Poly-L-asparaginsäure nur eine sehr instabile rechtsgängige α-Helix, so daß bei pH 4,3 der α-Helixanteil nur 20% beträgt (12, 13), der beim Zusatz von Dimethylsulfoxid auf 80% steigt (13). Das entsprechende aminosubstituierte Poly-L-alanin, Pdie oly-α, β-diamonopropionsäure, hat aber überhaupt keine α-helicale Struktur (14). Wie aus der

Tab. 1. Helixanteil von $\left[NH_2-(CH_2)_n-CH\begin{matrix} \diagup CO \\ \diagdown NH \end{matrix} \right]_n$ mit $n = 1-6$ bei protonierter und nicht protonierter ω-Aminogruppe nach *Tsen* und *Yang* (19)

n	Substanz	Helixanteil in % ωNH_3^+ (50%)	Helixanteil in % ωNH_2 (100%)
1	Poly-[α, β-Diaminopropionsre.]	0	0
2	Poly-[α, γ-Diaminobuttersre.]	0	10
3	Poly-[L-ornithin]	0	20
4	Poly-[L-lysin]	0	100
5	Poly-[α, ω-diaminoheptansre.]	50	100
6	Poly-[α, ω-diaminooctansre.]	100	100

Tabelle 1 hervorgeht, liegt bei den nächst höheren Homologen zwar die Poly-L-glutaminsäure im nichtionisierten Zustand bei pH $\leq 4{,}7$ als vollständige α-Helix vor (15–17), die Poly-α, γ-diaminobuttersäure aber nur zu 10% (14). Erst das Poly-L-lysin mit vier CH_2-Gruppen in der Seitenkette hat bei pH-Werten $> 10{,}1$ einen Helixanteil von 100%. Möglicherweise ist dieses unterschiedliche Verhalten der amino- und carboxysubstituierten Poly-α-aminosäuren auf den verschiedenartigen Einfluß dieser Gruppen auf die Wasserstruktur zurückzuführen. Dadurch könnte im Fall der strukturbrechenden Aminogruppen infolge der in ihrer Nähe erhöhten Beweglichkeit der Wassermoleküle deren Wechselwirkung mit den Carbonamidgruppen des Gerüstes sehr stark begünstigt werden. Hierdurch könnten dann infolge der konkurrierenden Wasserstoffbrücken zwischen dem Wasser und den Carbonamidgruppen nicht mehr die die α-Helix stabilisierenden interchenaren Wasserstoffbrücken längs des Gerüstes gebildet werden. Im Unterschied dazu wäre es möglich, daß bei der Poly-L-asparaginsäure und deren Homologen die strukturbildende, die Fluidität der Wassermolekeln herabsetzende Wirkung der –COOH-Gruppen eine Abschirmung der Gerüst-Carbonamidgruppen gegenüber der Wechselwirkung mit dem Wasser bewirken. Fest steht aber, daß die polaren Substituenten, ganz besonders aber die $\omega-NH_2$-Gruppe, die Fähigkeit der betreffenden Poly-α-aminosäuremoleküle zur α-Helixbildung in wäßrigem Milieu sehr stark herabsetzen bzw. aufheben. Man kann deshalb nicht davon sprechen, daß die α-Helix in erster Linie durch die intrachenaren Wasserstoffbrücken zwischen den —CO —NH-Gruppen des Gerüstes und erst in zweiter Linie durch die Seitenkettenwechselwirkungen stabilisiert wird. Wie aus den oben genannten Tatsachen hervorgeht, ist es eher umgekehrt*).

Die hydrophoben Wechselwirkungen der CH_2-Gruppen der Seitengruppen tragen nach dem oben Gesagten ganz wesentlich zur Stabilisierung der α-Helix bei. Nur wenn die endständige Gruppe durch Ionisierung infolge einer entsprechenden pH-Änderung des Milieus eine elektrische Ladung erhält, so tritt infolge der gegenseitigen elektrostatischen Abstoßung dieser Gruppen eine pH-induzierte Ordnungsumwandlung ein. In diesem Falle reichen auch beim Poly-L-lysin die hydrophoben Wechselwirkungen zwischen den apolaren Teilen der Seitenketten nicht mehr aus, um die sehr starken elektrostatischen Abstoßungskräfte der ionischen Endgruppen zu kompensieren. Bei den höheren, in der Natur bisher nicht festgestellten Homologen des L-Lysins mit fünf und sechs CH_2-Gruppen, liegen nach *Tsen* und *Yang* (19) die zugehörigen Polymeren bei 50%iger Protonierung der Aminoendgruppe noch 50 bzw. 100% α-Helixanteil vor (siehe Tab. 1). Vollständige Protonierung bewirkt allerdings auch hier einen Rückgang des α-Helixanteils auf Null.

Wie wir bereits berichtet haben (1, 20, 21), kann jedoch die α-Helix von Poly-L-lysin ebenso wie die von Poly-L-ornithin durch Zugabe von Perchlorationen in bestimmten Konzentrations- und Temperaturbereichen im gesamten pH-Gebiet bis pH 1 stabilisiert werden. Wie *Sugai* et al. inzwischen gezeigt haben (22), ist dies bei basischen Poly-α-aminosäuren auch mit anderen Anionen, insbesondere Bromid, Jodid, Thiocyanat, möglich. Dieser Effekt ist zunächst überraschend, da Perchlorationen und ebenso die anderen oben genannten Anionen – wie eingangs erwähnt – als stark denaturierende Ionen im allgemeinen die geordnete Konformation von Proteinen aufheben. Er wird aber bei basischen Poly-α-aminosäuren dann leicht verständlich, wenn man bedenkt, daß bei diesen Polykationen die α-Helix durch eine Abschirmung der sich gegenseitig abstoßenden positiv geladenen Gruppen stabilisiert werden kann.

Wie von uns bereits früher dargelegt, kann dies durch den Einbau von einwertig negativen Anionen zwischen die kationischen Gruppen erreicht werden (20, 21). Dies gilt auch für den von *Sugai* et al. an einer Poly-α-aminosäure mit einem ganz anderen Kation in der Seitenkette, den Poly-L-methionin-S-methylsulfoniumsalzen, festgestellten stabilisierenden Einfluß der o.a. Anionen auf die α-Helix dieser Polymeren (23). Durch Leitfähigkeitsmessungen konnten die Autoren auch zeigen, daß offenbar eine spezifische Sorption der Anionen durch die Polykationen erfolgt (22, 23).

Einen gegenteiligen Effekt beobachteten wir nun in Sulfatlösungen. Während die Konformation von Proteinen durch SO_4^{2-} üblicherweise stabilisiert wird, findet bei Poly-L-lysin und bei Poly-L-ornithin keine Stabilisierung der α-Helix bei pH-Werten $< 10{,}1$ statt. Dies wurde von uns zunächst so gedeutet, daß bei der elektrostatischen Bindung des Sulfations an die kationischen Gruppen längs des Polymermoleküls eine negative Überschußladung infolge der doppelt negativen Ladung des Sulfations auftritt, was wiederum mit der Existenz der α-Helix nicht verträglich sei (1, 20, 21). Demnach sollte also sowohl in Perchloratlösungen als auch in Sulfatlösungen das Anion relativ fest den Polymerkationen zugeordnet sein. In Perchloratlösungen – und ebenso denen anderer die α-Helix stabilisierenden Anionen – sollte die Abhängigkeit der Konformationsumwandlung von der Konzentration dieser Anionen und der Temperatur durch die Dissoziation des $PLL^{n+}\,X_n^-$ bzw. $PLO^{n+}\,X_n^-$, im Extremfall also, z. B. die Lage des Gleichgewichts

$$PLL^{n+}\,X_n^- \rightleftharpoons PLL^{n+} + X_n^- \qquad [1]$$

bestimmt werden.

Wenn tatsächlich eine entsprechende feste Ionenbeziehung zwischen Polymerkation und Anion besteht, dann müßte damit eine Molekulargewichtszunahme verbunden sein, die man u.a. auch an der Zunahme des Sedimentationskoeffizienten S_0 in der analytischen Ultrazentrifuge erkennen sollte. Bekanntlich

*) Darauf weisen auch die Resultate von *Hatano* und *Yoneyama* über die Stabilität der α-Helix von Poly-N, ω-carbobenzoxy-α, ω-diaminocarbonsäuren in Dichloressigsäure/Chloroform-Lösungen hin, wonach – im Gegensatz zu den nicht in N, ω- substituierten Poly-α, ω-diaminocarbonsäuren – die mit kürzeren Seitenketten stabiler als die mit längeren sind (18).

ist S_0 der auf die Polymerkonzentration Null extrapolierte Sedimentationskoeffizient mit dem Molekulargewicht M_2 des Polymeren durch die Beziehung

$$M_2 = \frac{S_0 \cdot f_s \cdot N_L}{1 - {}^*V_2\, \varrho_1} \qquad [2]$$

verbunden. Dabei ist f_s der molekulare Reibungskoeffizient, $^*V_2$ das partielle spezifische Volumen des Gelösten, ϱ_1 die Dichte des Lösungsmittels und N_L die Loschmidtsche Zahl.

Weiter sollte der Temperaturkoeffizient des Sedimentationskoeffizienten negativ sein, weil infolge der Dissoziation des Polymerkation-Anion-„Komplexes" das Molekulargewicht abnehmen müßte.

Es wurden daher zunächst die Sedimentationskoeffizienten S von Poly-L-lysin (0,75%) in Lösungen von Lithiumperchlorat und Lithiumsulfat im Konzentrationsbereich von 0,1–2,0 Mol/l bei +10, 20, 30 und 40 °C mit der Schlierenmethode ermittelt*). Da sich Viskosität und Dichte der Lösungen dabei sehr beträchtlich ändern, wurden die S-Werte mit Hilfe der folgenden Formel auf Standardbedingungen korrigiert (24, 25):

$$(S_{20,\,w})_c = (S_{t,\,Lm}) \cdot \frac{\eta_{t,\,w}}{\eta_{20,\,w}} \cdot \frac{\eta_{t,\,Lsg}}{\eta_{t,\,w}} \cdot \frac{(1 - {}^*V_{20,\,w} \cdot \varrho_{20,\,w})}{1 - {}^*V_{t,\,Lm} \cdot \varrho_{t,\,Lsg}} \qquad [3]$$

$(S_{20,\,w})_c$ = Sedimentationskoeffizient unter Standardbedingungen in Wasser
$S_{t,\,Lm}$ = Sedimentationskoeffizient unter Meßbedingungen (t °C, Lösungsmittel Lm, Konz. c)
$\eta_{t,\,w}$ = Viskosität des Wassers bei t °C
$\eta_{20,\,w}$ = Viskosität des Wassers bei 20 °C
$\eta_{t,\,Lsg}$ = Viskosität der Lösung bei t °C
$^*V_{20,\,w}$ = partielles spezifisches Volumen des Gelösten bei 20 °C in Wasser
$^*V_{t,\,Lm}$ = partielles spezifisches Volumen des Gelösten bei t °C im Lösungsmittel
$\varrho_{20,\,w}$ = Dichte des Wassers bei 20 °C
$\varrho_{t,\,Lsg}$ = Dichte der Lösung bei t °C

*) Verwendet wurde eine analytische Ultrazentrifuge der Fa. Beckman, Typ E.

Bei der Diskussion der hiermit erhaltenen korrigierten Sedimentationskoeffizienten ist zu beachten, daß nur die Änderung von Dichte und makroskopischer Viskosität der Elektrolytlösungen berücksichtigt werden, nicht aber z. B. die Polymer-Polymer-Wechselwirkungen, die Polymer-Elektrolytwechselwirkungen außer der spezifischen Ionenadsorption, die Änderung der Mikroviskosität usw. Andererseits ist bei diesen Messungen von $(S_{20,\,w})_c$ nur das Verhalten von PLL in Perchloratlösungen mit dem in Sulfatlösungen verglichen worden. Dabei wurden also alle anderen Parameter – außer der Art des Anions – konstant gehalten. Unterschiedliche Meßergebnisse sind also allein durch den Einfluß des Anions auf das Sedimentationsverhalten des PLL bedingt. Unter diesem Aspekt erscheint somit eine Diskussion des qualitativen Verhaltens der $(S_{20,\,w})_c$-Werte zulässig. Dies wird durch einige inzwischen durchgeführte Messungen der auf die PLL-Konzentration Null extrapolierten $(S_{20,\,w})_0$-Werte bestätigt.

Wie die Abbildung 1 zeigt, nehmen die

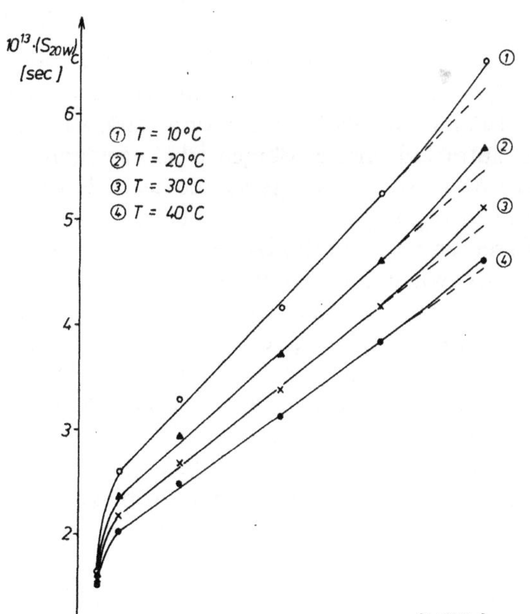

Abb. 1. Korrigierter Sedimentationskoeffizient $(S_{20,\,w})_c$ von Poly-L-lysin (PLL) in $LiClO_4$-Lösungen in Abhängigkeit von deren Konzentration. Kurve 1: bei T = 10 °C, Kurve 2: T = 20 °C, Kurve 3: T = 30 °C, Kurve 4: T = 40 °C. Konzentration an PLL: 0,75%. Al-Doppelsektorzelle, 60000 U/min, Schlierenoptik.

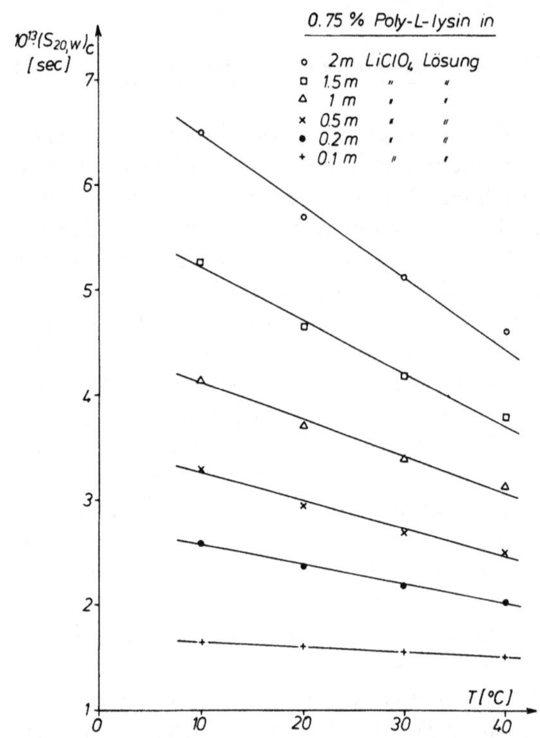

Abb. 2. Korrigierter Sedimentationskoeffizient $(S_{20,w})_c$ von PLL in 0,1; 0,2; 0,5; 1,0; 1,5 und 2,0 molaren $LiClO_4$-Lösungen in Abhängigkeit von der Temperatur (sonst wie Abb. 1).

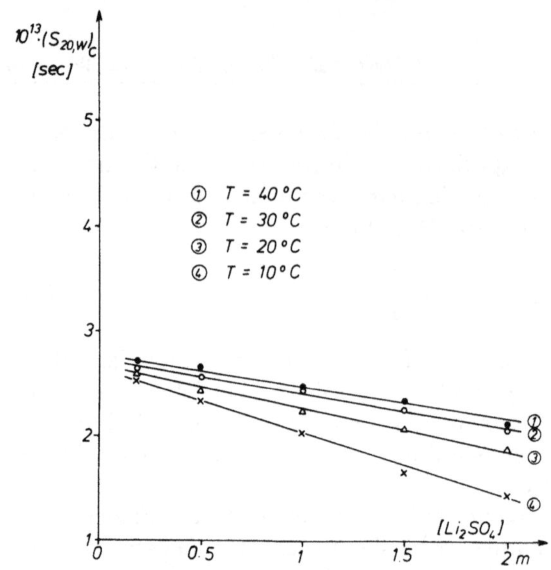

Abb. 3. Korrigierter Sedimentationskoeffizient $(S_{20,w})_c$ von PLL in Li_2SO_4-Lösungen in Abhängigkeit von deren Konzentration. Kurve 1: T = 40 °C, Kurve 2: T = 30 °C, Kurve 3: T = 20 °C, Kurve 4: T = 10 °C (sonst wie Abb. 1).

korrigierten Sedimentationskoeffizienten des Poly-L-lysins in Lithiumperchlorat-Lösungen mit der Elektrolytkonzentration stark zu, wie es aufgrund unserer obigen Überlegungen zu erwarten ist. Allerdings sollten diese Kurven eine Sättigungscharakteristik haben, da nach Besetzung aller verfügbaren Plätze das Molekulargewicht und damit der Sedimentationskoeffizient konstant werden sollte. Dieses Verhalten könnte durch Polymer-Polymer-Wechselwirkungen zustande kommen, worauf auch die von der Linearität abweichende Zunahme von $(S_{20,w})$ oberhalb 1,5 m und deren deutliche Temperaturabhängigkeit hinzudeuten scheint. Das starke Abbiegen der Kurven unterhalb 0,2 m ist wohl einmal darauf zurückzuführen, daß dort die Polymermolekeln nicht mehr als α-Helix vorliegen und außerdem die bei Polyelektrolyten bekannten Effekte infolge zu niedriger Ionenkonzentration die Sedimentation verzögern.

In Übereinstimmung mit unseren Vorstellungen ist auch der aus Abbildung 2 ersichtliche negative Temperaturkoeffizient des Sedimentationskoeffizienten. Dieses Verhalten weist somit auf die postulierte Dissoziation des Polymerkation-ClO-Komplexes hin. Wie Abb. 5 zeigt, wird auch bei den auf die Polymerkonzentration extrapolierten Werten $(S_{20,w})_0$ diese Temperaturabhängigkeit gefunden. Die Abnahme von $(S_{20,w})_0$ mit T ist in 1,5 m $LiClO_4$ Lösung wesentlich geringer als in 0,1 m Lösung. Dies ist verständlich, da bei der sehr hohen $LiClO_4$-Konzentration von 1,5 m das Gleichgewicht (1) sehr stark nach links auf die Seite des nicht dissoziierten Komplexes verschoben wird.

Ein ganz anderes Verhalten zeigt sich jedoch in Lithiumsulfatlösungen. Hier nimmt nach Abbildung 3 der korrigierte Sedimentationskoeffizient sogar mit der Elektrolytkonzentration ab, und zwar um so mehr, je höher die Temperatur ist. Daß die auf die Elektrolytkonzentration Null extrapolierten S_C-Werte in Abb. 3 nicht ganz identisch sind, ist u.a. dadurch bedingt, daß nicht die auf die Polymerkonzentration Null extrapolierten S_0-Werte aufgetragen worden sind. Die Abweichungen liegen jedoch in erträglichen Grenzen. Die Abnahme der S_C-Werte mit der Li_2SO_4-Konzentration kann durch Änderung der

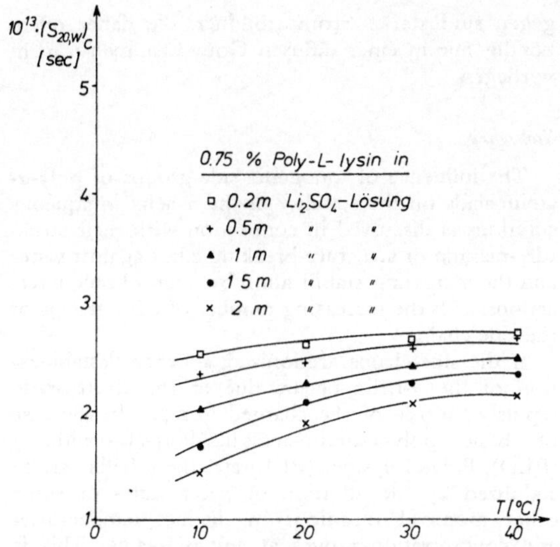

Abb. 4. Korrigierter Sedimentationskoeffizient von PLL in 0,2; 0,5; 1,0; 1,5 und 2,0 molaren Li_2SO_4-Lösungen als Funktion der Temperatur (sonst wie Abb. 1).

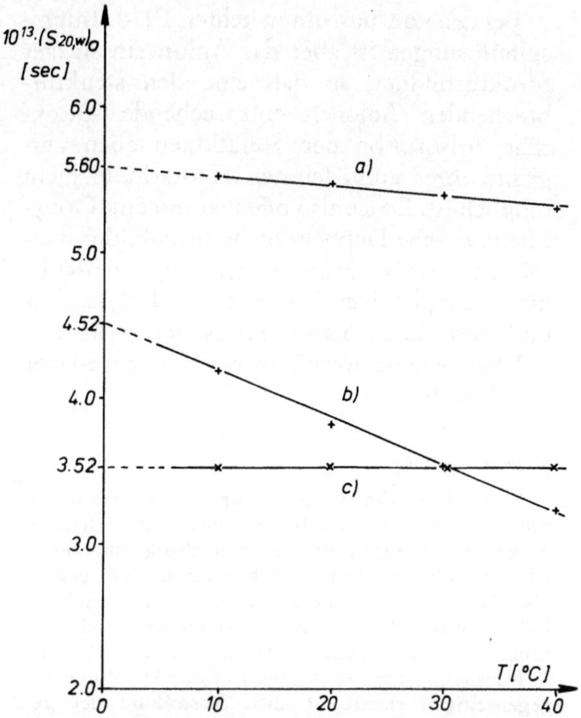

Abb. 5. Nach *Svedberg* und *Pedersen* korrigiert und auf die Polymerkonzentration Null extrapolierte Sedimentationskoeffizienten $(S_{20,w})_0$ von Poly-L-lysin a) in 1,5 m und b) in 0,1 m $LiClO_4$-Lösung sowie c) in 1,5 m $LiSO_4$-Lösung in Abhängigkeit von der Temperatur (sonst wie Abb. 1). Jeder Wert wurde aus fünf Meßpunkten zwischen 0,75% und 0,1% PLL (0,1; 0,2; 0,3; 0,5 und 0,75%) durch Extrapolieren auf $C_{PLL} = 0$ erhalten.

Mikroviskosität und die starke Strukturbildung in den recht konzentrierten Li_2SO_4-Lösungen zustande kommen. In den 2-molaren Lösungen liegt praktisch das gesamte Wasser in den Hydrathüllen der Ionen vor.

Der positive Temperaturkoeffizient von S_C zeigt ebenso ein gegensätzliches Verhalten gegenüber dem in Lithiumperchloratlösungen (Abb. 4). Diese – wenn auch verhältnismäßig geringe Zunahme der $(S_{20,w})_c$-Werte mit steigender Temperatur in Lithiumsulfatlösungen ist ganz offensichtlich auf Polymer-Polymer-Wechselwirkungen zurückzuführen. Dies geht daraus hervor, daß die auf die Polymerkonzentration Null extrapolierten $(S_{20,w})_0$-Werte in 1,5 m Li_2SO_4-Lösung mit $3{,}52 \cdot 10^{-13}$ sec zwischen +10 und +40 °C temperaturunabhängig sind.

Damit ergibt sich einmal, daß unsere früher entwickelten Vorstellungen über den Einbau von Anionen beim Perchlorat anscheinend zutreffen. Dies gilt aber offenbar nicht in Sulfatlösungen. Hier findet anscheinend keine entsprechende spezifische Ionenadsorption statt, die zu einer gemeinsamen Sedimentation von Polykation und Anionen führt.

In diesem Zusammenhang sind die bereits erwähnten Untersuchungen von *Sugai* et al. über die Konformation von Poly-L-lysin und Poly-L-homoarginin (PLHA), die beide je vier CH_2-Gruppen im apolaren Teil der Seitenkette enthalten, in konzentrierten Elektrolytlösungen von Interesse (22). Diese Autoren fanden nicht nur, daß $Cl^- < Br^- < J^- < SCN^{-\prime} \approx ClO_4^{\prime}$ die α-Helix der beiden oben genannten Polykationen stabilisieren, sondern daß die Stabilisierung beim PLHA wesentlich stärker ist als beim PLL, und sie deuten dies folgendermaßen: Die Stabilisierung der α-Helix dieser kationischen Poly-α-aminosäuren ist um so stärker, je mehr strukturbrechend Anion *und* Kation der Polymerseitengruppe sind. Denn es nimmt nicht nur der strukturbrechende Charakter der Anionen in der o.a. Reihenfolge zu, sondern die Guanidiniumgruppe ist auch ein stärkerer Strukturbrecher als die NH_3^+-Gruppe. Je stärker strukturbrechend beide sind, um so stärker ist die Bindung des Anions an das Polykation.

Bei den von uns untersuchten PL-Lithiumsulfatlösungen ist aber das Anion ein starker Strukturbildner, so daß eine den strukturbrechenden Anionen entsprechende spezifische Adsorption der Sulfationen eben aufgrund ihrer ausgedehnten Hydrathülle nicht möglich ist. Da sie also offenbar nur eine Gouy-Chapmansche Doppelschicht auszubilden vermögen, erfolgt keine gegenseitige Abschirmung der positiven Ladungen des Polykations und damit keine Stabilisierung der α-Helix.

Über weitere Resultate wird zu gegebener Zeit berichtet.

Zusammenfassung

Es wird der Einfluß ionogener Seitengruppen von Poly-α-aminosäuren auf die Stabilität der α-Helix in wäßrigen Lösungen in Zusammenhang mit deren strukturbildendem bzw. -brechendem Einfluß gegenüber Wasser sowie der mit zunehmender Zahl vor CH_2-Gruppen der Seitenketten steigenden Stabilisierung durch hydrophobe Wechselwirkungen diskutiert.

Ionisierung der Seitengruppen bewirkt infolge der gegenseitigen elektrostatischen Abstoßung der geladenen Gruppen eine starke Destabilisierung der α-Helix. Im Fall der basischen Poly-α-aminosäuren Poly-(L-ornithin), Poly-(L-lysin) etc. kann die α-Helix durch Zugabe von Perchlorationen sowie einiger anderer einwertiger Anionen in bestimmten Temperatur- und Konzentrationsgebieten im gesamten pH-Bereich stabilisiert werden. Dies kann auf einen elektrostatischen Abschirmeffekt der von den Polykationen relativ fest sorbierten Anionen zurückgeführt werden. Demgegenüber wirken die zweiwertigen Sulfationen nicht stabilisierend auf die α-Helix protonierter basischer Poly-α-aminosäuren. Dies könnte dadurch bedingt sein, daß bei einer analog zum Perchlorat erfolgenden festen Zuordnung zum Polykation eine negative Überschußladung längs des Polymermoleküls auftritt, die wiederum der α-Helixbildung entgegenwirkt. Andererseits ist es möglich, daß Sulfationen nicht spezifisch adsorbiert werden.

Zur Klärung dieser Fragen wurden Sedimentationsuntersuchungen in der analytischen Ultrazentrifuge durchgeführt. Da nämlich durch eine spezifische Anionenadsorption das Molekulargewicht des Polykations zunehmen sollte, müßte auch eine Zunahme des korrigierten Sedimentationskoeffizienten $(S_{w,20})_c$ mit der Anionenkonzentration zu beobachten sein. Außerdem sollte $(S_{w,20})_c$ bzw. $(S_{20,w})_0$ mit steigender Temperatur aufgrund der Anionendesorption abnehmen. Beides wird in $LiClO_4$-Lösungen tatsächlich festgestellt, nicht jedoch in Li_2SO_4-Lösungen. Hieraus kann man schließen, daß zwar die Perchlorationen, nicht aber die Sulfationen von den Poly-(L-lysin)-Kationen spezifisch adsorbiert werden. Dieses unterschiedliche Verhalten ist anscheinend darauf zurückzuführen, daß die Anionen um so besser spezifisch adsorbiert werden, je stärker ihr strukturbrechender Charakter gegenüber Wasser ist (22). Sulfationen hingegen sind starke Strukturbildner, die daher offenkundig nur in einer diffusen Gouy-Chapman-Schicht vorliegen.

Summary

The influence of ionogenic side-groups of poly-α-aminoacids on the stability of the α-helix in aqueous solutions is discussed in connection with their structure-making or structure-breaking effect against water and the increasing stabilization by hydrophobic interactions with the increasing number of CH_2 groups of the side chain.

If the side-chains are ionized, a strong destabilization of the α-helix occurs due to the electrostatic repulsive forces of the charged groups. In the case of basic poly-α-amino-acids like Poly-(L-ornithine) (PLO), Poly-(L-lysine) (PLL) etc. the α-helix can be stabilized by the addition of perchlorate- or some other monovalent anions in distinct temperature- and concentration ranges at any pH-value. This is obviously due to an electrostatic screening effect caused by the anions adsorbed specifically by the polycation. On the other hand the bivalent sulfate anions don't stabilize the α-helix of protonated basic poly-α-amino-acids at all. This may be explained in two ways: a) the sulfate anions are adsorbed by the polycation like perchlorate a negative excess charge arises along the polymer molecule which prevents the α-helix formation like in the case without such an electrolyte; b) the sulfate anions are not firmly bound to the polycation but in a Gouy-Chapman layer only. Also in this case no stabilization of the α-helix should take place. To decide on these possibilities sedimentation experiments by an analytical ultracentrifuge were carried out because the specific adsorption of the anions should increase the molecular weight of the polymer and the sedimentation coefficient as well. Furthermore both should decrease with increasing temperature because of the desorption of the anions. These effects were observed in the case of perchlorate containing poly-(L-lysine) solutions indeed but not at all in sulfate solutions of PLL. This may be explained by the results of *Sugai* et al. (22) that with increasing structure breaking effect against water the specific adsorption of the anions by the polycation increases too. Sulfate anions however are strong structure makers which are obviously not specifically adsorbed but are forming a Gouy-Chapman layer only.

Literatur

1) *Ebert, Ch., G. Ebert,* Colloid and Polym. Sci. **255**, 1041 (1977).

2) *Ebert, G.,* Habilitationsschrift, (Marburg/L. 1968).

3) *Wendorff, J.,* Dissertation, (Marburg/L. 1968).

4) *Ebert, G., Ch. Ebert, J. Wendorff,* Kolloid-Z. Z. Polym. **237**, 229 (1970).

5) *Ebert, G., J. Wendorff,* Appl. Polymer Symp. **18**, 873 (1971).

6) *von Hippel, P. H., T. Schleich,* In: Structure and Stability of Biological Macromolecules, Hrsg. *S. N. Timasheff* und *G. D. Fasman,* (New York 1969).

7) *Fasman, G. D.*, In: Polyamino Acids, Univ. Wisconsin Press, S. 221ff. (1962).

8) *Nakajima, A., M. Murakami*, Biopolymers **11**, 1295 (1972).

9) *Werner, W.*, Dissertation, (Marburg 1976).

10) *Gratzer, W. B., P. Doty*, J. Am. Chem. Soc. **85**, 1193 (1963).

11) *Yaron, A., N. Tal* (Turkeltaub), *A. Berger*, Biopolymers **11**, 2461 (1972).

12) *Brahms, J., G. Spach*, Nature **200**, 72 (1963).

13) *Fasman, G. D.*, in: Poly-α-amino Acids, Hrsg. *G. D. Fasman, M. Dekker*, S. 551ff. (1967).

14) *Kubota, S.*, cit. in Tsen, Yu-Wan und Yen Tsi Yan, Biopolymers **16**, 921 (1977).

15) *Wada, A.*, Mol. Phys. **3**, 409 (1960).

16) *Nagasawa, M., A. Holtzer*, J. Am. Chem. Soc. **86**, 538 (1964).

17) *Fasman, G. D.*, in: Poly-α-amino Acids, Hrsg. *G. D. Fasman, M. Dekker*, S. 539ff. (1967).

18) *Hatano, M., M. Yoneyama*, J. Am. Chem. Soc. **92**, 1392 (1970).

19) *Tsen, Y.-W., Y.-T. Yang*, Biopolymers **16**, 921 (1977).

20) *Ebert, Ch., G. Ebert, W. Werner*, Kolloid-Z. Z. Polym. **251**, 504 (1973).

21) *Ebert, Ch., G. Ebert*, Progr. Colloid & Polym. **57**, 100 (1975).

22) *Murai, N., M. Miyazaki, Sh. Sugai*, Nippon Kagaku Kaishi (Kagakuto Kogyo Kagaku) (4), 659 (1976).

23) *Makino, Sh. K. Wakabayashi, Sh. Sugai*, Biopolymers **6**, 551 (1968).

24) *Svedberg, Th., K. O. Pedersen*: „Die Ultrazentrifuge", Th. Steinkopff (1940).

25) *Elias, H. G.*, Ultrazentrifugen-Methoden, Beckman Instruments GmbH., 3. Aufl., S. 81 (München 1969).

Anschriften der Verfasser:

Prof. Dr. *G. Ebert*, Dipl.-Ing. *L. Paudjojo*
Institut für Polymere der Universität Marburg (L).
Auf den Lahnbergen, Geb. H
3550 Marburg (L)

Dr. *Ch. Ebert*
Gerinnungslabor der Universitäts-Frauen-Klinik
Münster, Westring 11,
4400 Münster

Progr. Colloid & Polymer Sci. 65, 68–76 (1978)

ISSN 0340-255 X

Laboratorien der Henkel KGaA, Düsseldorf

Adsorptionskinetik nichtionogener Tenside an der Grenzfläche Wasser/Luft

M. J. Schwuger und *W. D. Hell*

Mit 8 Abbildungen und 2 Tabellen

(Eingegangen am 10. September 1977)

1. Einleitung

Über die Adsorption von Tensiden an der Grenzfläche Wasser/Luft liegen hinsichtlich des Gleichgewichtszustandes umfangreiche theoretische und experimentelle Ergebnisse vor (siehe z. B. 1, 2). Im Gegensatz dazu ist die Kinetik des Adsorptionsvorganges weitgehend noch nicht aufgeklärt, obwohl sie für eine Reihe von technischen Prozessen, die nur kurze Zeit beanspruchen (z. B. Benetzung, Klarspülung, manuelles Spülen etc.) von großer Bedeutung ist. Die wesentlichen Gründe für die bestehenden Lücken liegen einmal in der meßtechnischen Problematik im Bereich sehr kurzer Zeiten und zum anderen in den komplizierten theoretischen Voraussetzungen für die Erfassung des Vorganges. Das Problem der ausreichenden Meßgenauigkeit wurde inzwischen gelöst (3, 4). Eine exakte mathematische Beschreibung der Adsorptionskinetik liegt zwar schon seit langem vor (5), sie ist aber erst durch den Einsatz einer Datenverarbeitungsanlage mit hinreichender Genauigkeit auswertbar. Während die bisher gemachten Vereinfachungen nur qualitative Aussagen gestatten (6, 7), sollte mit den erweiterten Möglichkeiten in der vorliegenden Arbeit geklärt werden, ob die Adsorptionskinetik nichtionogener Tenside an der Grenzfläche Wasser/Luft durch Diffusion der Tensidmoleküle an die Grenzfläche oder auch deren Eintritt in den Adsorptionsfilm, d.h. durch eine Energiebarriere, bestimmt wird. Außerdem sollte der Einfluß wichtiger physikalischer Parameter auf die Adsorptionskinetik am Beispiel von p,n-Octylphenolpolyglycoläthern überprüft werden.

2. Experimenteller Teil

2.1 *Verwendete Substanzen*

Untersucht wurden fünf kettenlängenreine p, n-Octylphenolpolyglycoläther (OPn) mit definierter Zahl *n* der Äthylenoxidgruppen im Molekül der allgemeinen Formel:

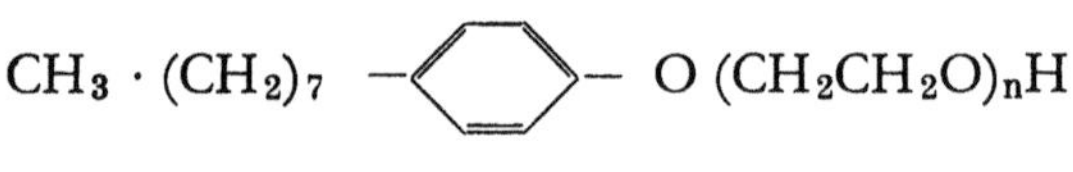

$n = 7, 8, 9, 10$ und 12

Der Gehalt des jeweiligen Individuums war größer als 98%, wobei als Begleitsubstanz für die restlichen 1–2% nur höher und niedriger äthoxylierte Homologe nachgewiesen werden konnten.

2.2 *Meßmethode*

Die kontinuierliche Messung und Aufzeichnung der Oberflächenspannung während des Adsorptionsvorganges erfolgte mit einer hierfür entwickelten automatischen Apparatur nach *Wilhelmy* (8). Diese Apparatur ermöglichte das Absaugen der alten Oberfläche, wodurch sich der theoretische Oberflächenspannungswert für Wasser einstellte, die Oberfläche also tensidfrei wurde. Aufbau und Leistungsfähigkeit der Apparatur wurden schon ausführlich beschrieben (3, 4).

Die automatisch aufgezeichneten Meßkurven wurden anschließend für die Auswertung an der EDV-Anlage mit einem automatisch arbeitenden Kurvenauswerter digitalisiert. Die Computerprogramme sind im Appendix beschrieben.

3. Theoretische Grundlagen

Grundsätzlich kann während des Adsorptionsvorganges sowohl die Diffusion der

Tensidmoleküle zur Grenzfläche als auch deren Eintritt in den Adsorptionsfilm geschwindigkeitsbestimmend sein (9). Welcher der beiden Prozesse jeweils die Kinetik tatsächlich bestimmt, ließe sich an der Konzentration der Tensidmoleküle direkt unterhalb des sich ausbildenden Oberflächenfilms, d.h. in der sog. „Subsurface" erkennen.

Treten die Tensidmoleküle nämlich schneller in den Oberflächenfilm ein, als durch Diffusion neue Tensidmoleküle aus der Lösung nachgeliefert werden können, so wird diese „Subsurface"-Konzentration klein werden und Werte annehmen, die einem Gleichgewichtszustand mit dem Oberflächenfilm entsprechen. Die Diffusion ist dann der langsamste Schritt und geschwindigkeitsbestimmend. Andernfalls stauen sich die Moleküle in der „Subsurface", so daß sich dort die Konzentration der in der Lösung annähert.

Die „Subsurface"-Konzentration läßt sich jedoch meßtechnisch nicht bestimmen, man ist auf deren Berechnung nach der Gleichung von *Ward* und *Tordai* (5) angewiesen:

$$\Gamma(t) = 2\sqrt{D/\pi}\ \{C_o t^{\frac{1}{2}} - \int_{\tau=0}^{\tau=t} C_s (t-\tau)\, d\tau^{\frac{1}{2}}\} \qquad [1a]$$

C_o – Konzentration der Tensidlösung
C_s – „Subsurface"-Konzentration
Γ – Adsorbierte Tensidmenge
D – Diffusionskoeffizient
t – Zeit

Nach der „Subsurface"-Konzentration C_s aufgelöst geht Gleichung [1a] in [1b] über (9):

$$C_s(t) = C_o - \frac{2}{\sqrt{\pi D}} \int_{\tau=0}^{\tau=t} \frac{d\Gamma}{dt} (t-\tau)\, d\tau \qquad [1b]$$

Der zeitliche Verlauf der Belegung $\Gamma(t)$ der Oberfläche sowie der für die Beurteilung der berechneten „Subsurface"-Konzentration erforderlichen Gleichgewichtskonzentration läßt sich aus dem zeitlichen Verlauf der meßbaren Oberflächenspannung der Tensidlösung nach Schaffung einer neuen tensidfreien Oberfläche berechnen. Hierzu müssen die Gleichgewichtsbeziehungen zwischen Lösung und Adsorptionsfilm ermittelt werden.

Dabei wurde gefunden, daß bei den hier untersuchten homologen p,n-Octylphenolpolyglycoläthern die von Szyskowski-Gleichung [2] als Gleichgewichtsbeziehung zwischen der Oberflächenspannung γ und der Tensidkonzentration C gut wiedergegeben wird:

$$\gamma_o - \gamma = a \ln \left(1 + \frac{C}{b}\right) \qquad [2]$$

γ_o – Oberflächenspannung des Wassers
a, b – Stoffkonstanten

Danach errechnet sich die Belegung des Adsorptionsfilms über die Langmuirsche Isotherme (2)

$$\Gamma = \frac{a}{RT} \cdot \frac{C}{b+C} \qquad [3]$$

mit dem Sättigungswert Γ_∞ für die Belegung:

$$\Gamma_\infty = \frac{a}{RT} \qquad [4]$$

Nachdem die Stoffkonstanten a und b mit dem Computerprogramm *A* entsprechend Gleichung [2] aus Wertepaaren (γ, C) berechnet wurden, können die digitalisierten Oberflächenspannungs-Zeit-Kurven mit Computerprogrammen auf der Basis der Gleichungen [1], [2] und [3] untersucht werden, wobei als unbekannte Größen der Diffusionskoeffizient D und die „Subsurface"-Konzentration C_s noch verbleiben.

4. Prinzipielle Ergebnisse zur Adsorptionskinetik von nichtionogenen Tensiden

Berechnet wurde der theoretische Verlauf der Oberflächenspannung bei ausschließlich diffusionskontrollierter Kinetik, also der Bedingung, daß die „Subsurface"-Konzentration der Gleichgewichtskonzentration zum Adsorptionsfilm entspricht (Computerprogramm *C*). Man erhält hierbei eine Kurvenschar in Abhängigkeit vom Diffusionskoeffizient. In Abbildung 1 ist der erste Teil der mit einem Diffusionskoeffizient von 0.9×10^{-5} cm²/s berechneten Kurve für das Tensid OP9 dargestellt. Charakteristisch ist der sehr steile Abfall der Oberflächenspannung zu Beginn

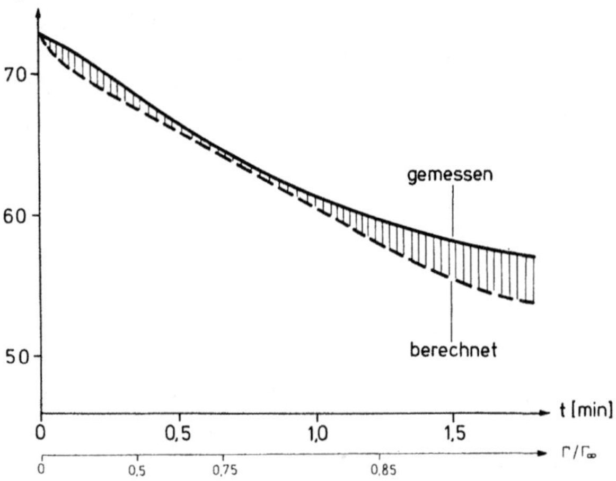

Abb. 1. Vergleich einer gemessenen mit einer berechneten Oberflächenspannungs-Zeit-Kurve. Bedingungen: Tensid OP9, Tensidkonzentration 1×10^{-5} mol/l, Temperatur 18 °C, Gleichgewichtsoberflächenspannung 48 mN/m, Diffusionskoeffizient für die Berechnung $0{,}9 \times 10^{-5}$ cm²/s

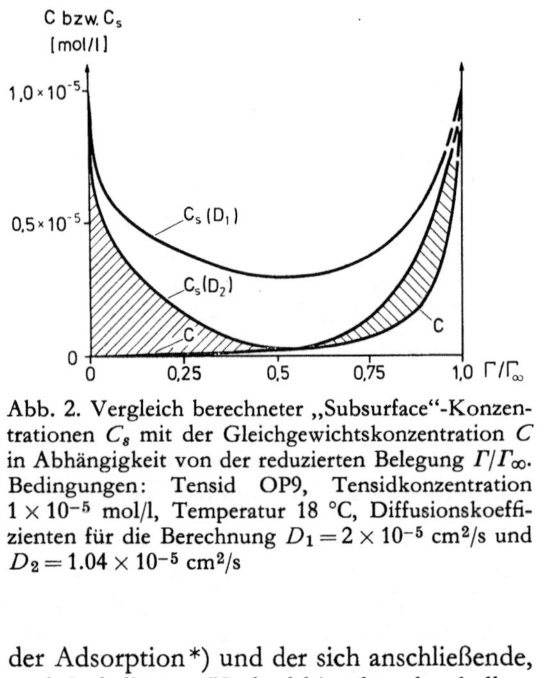

Abb. 2. Vergleich berechneter „Subsurface"-Konzentrationen C_s mit der Gleichgewichtskonzentration C in Abhängigkeit von der reduzierten Belegung Γ/Γ_∞. Bedingungen: Tensid OP9, Tensidkonzentration 1×10^{-5} mol/l, Temperatur 18 °C, Diffusionskoeffizienten für die Berechnung $D_1 = 2 \times 10^{-5}$ cm²/s und $D_2 = 1.04 \times 10^{-5}$ cm²/s

der Adsorption*) und der sich anschließende, praktisch lineare Verlauf bis über den halben Endwert der Gleichgewichtsoberflächenspannung hinaus.

Die Meßkurven der untersuchten Tenside, wie die in Abbildung 1 dargestellte, unterscheiden sich von der berechneten Kurve sehr wesentlich, und zwar sowohl zu Beginn der Adsorption als auch ab etwa 0,75 der maximalen Belegung Γ_∞ des Films.

Es liegt nahe, diese Abweichungen von der Idealkurve einer diffusionskontrollierten Kinetik auf Energiebarrieren zurückzuführen, welche die Einstellung des Gleichgewichts zwischen der „Subsurface" und dem Adsorptionsfilm verzögern. Auf der Basis der Meßkurve wurde daher der Verlauf der „Subsurface"-Konzentration entsprechend Gleichung [1] für verschiedene Diffusionskoeffizienten berechnet*) sowie nach der Gleichung [2] die zugehörige Gleichgewichtskonzentration als vergleichbarer Idealwert einer diffusionskontrollierten Kinetik. Die Ergebnisse sind in Abbildung 2 gegen die reduzierte Belegung Γ/Γ_∞ aufgetragen. Man erkennt, daß bei kleiner sowie auch bei einer sehr großen Belegung des Adsorptionsfilms die Konzentration in der „Subsurface" wesentlich höher ist als die Gleichgewichtskonzentration. Dies bedeutet, daß die herandiffundierenden Tensidmoleküle zu Beginn und gegen Ende der Adsorption tatsächlich nicht schnell genug in den Adsorptionsfilm eintreten.

Im Belegungsbereich von ca. 0.35 bis 0.75 Γ_∞ kommt die „Subsurface"-Konzentration jedoch nahe an die Gleichgewichtskonzentration, wenn man für den Diffusionskoeffizient einen Wert unterhalb 2×10^{-5} cm²/s ansetzt, was realistisch sein düfte, sich also zwischen den beiden in Abbildung 2 gezeigten Grenzkurven für die „Subsurface"-Konzentration bewegt. Demnach sollte im Bereich mittlerer Belegung die Kinetik überwiegend diffusionskontrolliert sein.

Bei den untersuchten Substanzen fand man, daß diese Änderung in der Adsorptionskinetik durch die Belegung der Oberfläche bestimmt wird, jedoch unabhängig ist von der jeweiligen Tensidkonzentration in der Lösung. Das führte zur Annahme, daß die festgestellte

*) $\lim_{t \to 0} \frac{d\gamma}{dt} = -\infty$, vgl. (9, 10)

*) Um hierbei gegenüber möglichen Ungenauigkeiten, verursacht durch Digitalisierung und numerische Näherungen, sicher zu sein, wurde die „Subsurface"-Konzentration sowohl nach Gleichung [1b] mit dem Computerprogramm E als auch nach der äquivalenten Gleichung [1a] mit dem Computerprogramm D berechnet; man erhielt erwartungsgemäß annähernd gleiche Ergebnisse.

Verzögerung bei der Ausbildung eines Oberflächenfilms zu Beginn der Adsorption in der Oberflächenstruktur des Lösungsmittels Wasser zu sehen ist, die zerstört werden muß.

Diese Annahme wurde durch Messungen der Adsorptionskinetik in Anwesenheit von Strukturbildern wie Xylose (11) oder von Strukturbrechern wie N-Methylacetamid (12) überprüft. In der Tat erwies sich der in Abbildung 1 erkennbare Wendepunkt der Oberflächenspannungs-Zeit-Meßkurve bei Zusatz von Xylose als wesentlich stärker ausgeprägt, während er bei Zusatz von N-Methylacetamid verschwindet, d.h. die Kurve linear beginnt.

5. Bestimmungsmethode für den Diffusionskoeffizient

Die Gleichung von *Ward* und *Tordai* [1a] wird im allgemeinen zur Berechnung des Diffusionskoeffizienten aus Messungen der Adsorptionskinetik herangezogen. Die hier eingehende „Subsurface"-Konzentration ist jedoch experimentell nicht zugänglich, man verwendet daher hierfür Näherungen wie z.B. Werte für die Gleichgewichtskonzentration oder eine Konstante (7), meist Null (9). Um die Fehler dieser Näherungen zu verdeutlichen, wurden hiermit Diffusionskoeffizienten aus den Oberflächenspannungs-Zeit-Meßkurven mit dem Computerprogramm *B* berechnet.

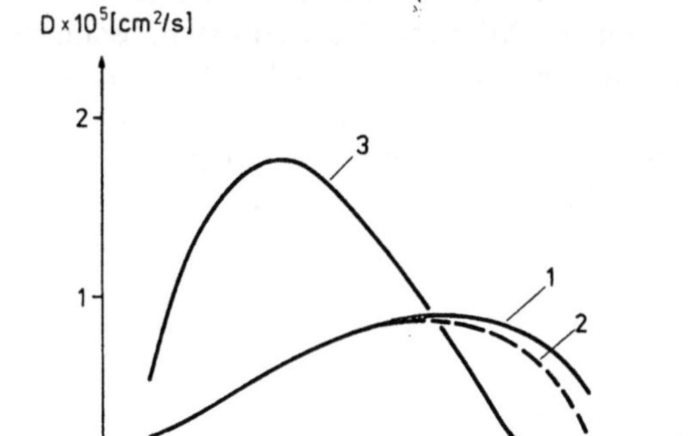

Abb. 3. Vergleich der nach verschiedenen Näherungen berechneten Diffusionskoeffizienten in Abhängigkeit von der reduzierten Belegung Γ/Γ_∞. Kurve 1: Nach Gleichung [1a] mit Gleichgewichtskonzentrationen für die „Subsurface", Kurve 2: Nach Gleichung [1a] mit Konzentration Null für die „Subsurface", Kurve 3: Nach Gleichung [5]. Bedingungen: Tensid OP9, Tensidkonzentration 1×10^{-5} mol/l, Temperatur 18 °C

In Abbildung 3 sind nach verschiedenen Näherungen berechnete Werte für den Diffusionskoeffizient gegen die reduzierte Belegung Γ/Γ_∞ des Adsorptionsfilms aufgetragen; die Kurven erweisen sich dadurch als unabhängig von der Tensidkonzentration der Lösung. Da in den Näherungsansätzen die anfänglich sehr hohe „Subsurface"-Konzentration (vgl. Abb. 2) nicht berücksichtigt ist, ändern sich die damit berechneten Werte des Diffusionskoeffizienten entsprechend dem Wechsel der Kinetik im Verlauf des Adsorptionsvorganges sehr stark. Bei Kurve 1, die auf der Basis der anfänglich sehr niedrigen Gleichgewichtskonzentration berechnet wurde, wirkt sich dieser Fehler aufgrund des Integrals der Gleichung von *Ward* und *Tordai* auch auf die Werte im Bereich der mittleren Belegung noch stark aus; das Maximum bei ca. 0.75 Γ_∞ liegt somit unterhalb des wahren Diffusionskoeffizienten. Kurve 2 zeigt, daß das Integral bei Verwendung von Gleichgewichtswerten für die „Subsurface"-Konzentration nur wenig beiträgt. Demnach stellt das Maximum der Kurve 1 bzw. 2 die unterste Grenze für den Diffusionskoeffizient dar.

Zur Berechnung des Diffusionskoeffizienten kann man auch die zeitliche Ableitung der Gleichung von *Ward* und *Tordai* [1a] heranziehen (5). Sie lautet bei Vernachlässigung der „Subsurface"-Konzentration:

$$D(t) = \frac{\pi}{C_o^2}\, t \left(\frac{d\Gamma}{dt}(t)\right)^2 \qquad [5]$$

Die Auswertung der Meßkurve auf der Basis dieser Gleichung mit dem Computerprogramm *F* ergibt die in Abbildung 3 dargestellte Kurve 3. Die berechneten Werte für den Diffusionskoeffizient sind wesentlich stärker abhängig vom Wechsel der Adsorptionskinetik, da die „momentane" Zunahme der Belegung zu Grunde gelegt wird an Stelle der „integralen Größe" Belegung bei den ersten beiden Näherungen. Zu Beginn des diffusionskontrollierten Bereichs führt der anfängliche „Stau" der Tensidmoleküle in der „Subsurface" zu einer besonders starken Zunahme der Belegung, so daß hier die nach Gleichung [5] berechneten Werte für den Koeffizient maximal werden und größer sein dürften als der wahre Diffusionskoeffizient.

Im Rahmen dieser Modellvorstellung über

die Kinetik grenzen die Maxima der Näherungskurven 1 und 3 den Diffusionskoeffizient ein. Ein Vergleich der Rechenergebnisse an den homologen p,n-Octylphenolpolyglycoläthern zeigt, daß sich diese Grenzwerte stets um einen Faktor von etwa 2 unterscheiden. In Anbetracht der bekannten Problematik einer exakten Bestimmung des Diffusionskoeffizienten ist die Genauigkeit dieser Bestimmung vergleichsweise hoch.

Um die Bestimmung des Diffusionskoeffizienten zu vereinfachen, wurde eine grafische Auswertung der Oberflächenspannungs-Zeit-Meßkurven entwickelt. Die Meßkurve wird hierbei linear angenähert (vgl. Abb. 1 und Abb. 4):

$$\gamma_o - \gamma(t) = \alpha t - \beta \qquad [6]$$

α – Betrag der Steigung des linearen Teils der Meßkurve

β – Differenz des Ordinatenabschnitts zum Wasserwert γ_o

Mit den Gleichgewichtsbedingungen [2] und [3] erhält man daraus die Belegung des Adsorptionsfilms als:

$$\Gamma(t) = \frac{a}{RT}\left(1 - e^{-\frac{\alpha t - \beta}{a}}\right) \qquad [7]$$

Der Fluß der Tensidmoleküle durch die „Subsurface" ergibt sich daraus als Ableitung:

$$\frac{d\Gamma}{dt}(t) = \frac{\alpha}{RT} e^{-\frac{\alpha t - \beta}{a}} \qquad [8]$$

Aus dem Näherungsansatz [5], dessen Maximum $D_{\max}$ als obere Grenze für den Diffusionskoeffizient angesehen wird, erhält man:

$$D_{\max} = \max_t D(t) = \frac{\pi}{2e} \frac{\alpha a}{C_o^2 (RT)^2} e^{\frac{2\beta}{a}} \qquad [9]$$

Das Maximum liegt bei einer Zeit $t = \frac{a}{2\alpha}$, d.h. nach den Gleichungen [7] und [4] bei einer Belegung:

$$\Gamma = \Gamma_\infty \left(1 - e^{-\frac{1}{2} + \frac{\beta}{a}}\right)$$

Im Normalfall ist $\beta \ll a$, d.h. man bestimmt den Diffusionskoeffizient – in Übereinstimmung mit den Computerergebnissen, vgl. Abbildung 3 – bei einer Belegung von ca. 0,4 Γ_∞, also im diffusionskontrollierten Bereich der Adsorption.

Generell zeigte sich, daß die nach Gleichung [9] grafisch bestimmten Koeffizienten $D_{\max}$ im Rahmen der Ablesegenauigkeit sehr gut mit den aus den digitalisierten Meßkurven berechneten Maxima übereinstimmen.

Die Bestimmungsgleichung [9] enthält die Proportionalität:

$$\alpha \sim \frac{D_{\max}}{\Gamma_\infty} C_o^2$$

Bemerkenswert daran ist, daß im Gültigkeitsbereich mittlerer Belegung der zeitliche Abfall α der Oberflächenspannung sowohl von der Materialkonstante maximale Belegung Γ_∞ des Adsorptionsfilms – einer Art „Kapazität" des Films – als auch von der Größe $D_{\max}$ abhängt. Daß sich auch die Näherung des Diffusionskoeffizienten $D_{\max}$ als konzentrationsunabhängig, also als Materialkonstante erweist, wird im nächsten Abschnitt experimentell bestätigt.

6. Ergebnisse mit homologen p,n-Octylphenolpolyglycoläthern

6.1 Bestimmung des Diffusionskoeffizienten

Die Bestimmung des Diffusionskoeffizienten $D_{\max}$ aus den Oberflächenspannungs-Zeit-Meßkurven erfolgte grafisch nach der im vorigen Abschnitt beschriebenen Methode. Charakteristisch für die Meßkurven ist die sehr kleine Differenz des Ordinatenabschnitts zum Wasserwert von $\beta = 0{,}3 \pm 0{,}2$ mN/m. Die Materialkonstanten a liegen hingegen zwischen 6 und 9 mN/m*), so daß $e^{2\beta/a} \approx 1$ wird. Die Bestimmungsgleichung [9] vereinfacht sich damit zu:

$$D_{\max} = 0.831 \cdot \frac{\alpha a}{C_o^2 T^2} \cdot 10^{-10}\,(\mathrm{cm}^2/\mathrm{s}) \qquad [11]$$

a – Materialkonstante in mN/m

α – Betrag der Steigung der Oberflächenspannungs-Zeit-Kurve in $\frac{\mathrm{mN}}{\mathrm{m.s}}$

C_o – Tensidkonzentration der Lösung in mol/l

T – Temperatur in K

*) Die Materialkonstanten a und b der von Szyskowski-Gleichung sind im Appendix tabellarisch aufgeführt.

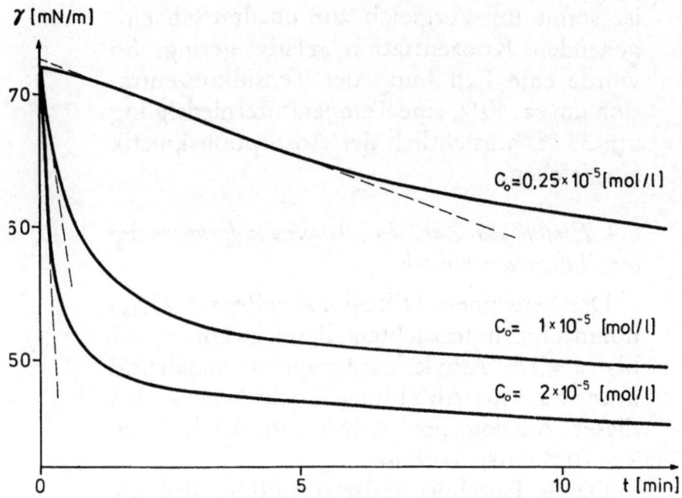

Abb. 4. Oberflächenspannungs-Zeit-Kurven in Abhängigkeit von der Tensidkonzentration. Bedingung: Tensid OP12, Temperatur 25 °C

6.2 Einfluß der Tensidkonzentration auf die Adsorptionskinetik

In Abbildung 4 ist die starke Abhängigkeit der Adsorptionsgeschwindigkeit von der Tensidkonzentration am Beispiel des Tensids OP 12 zu erkennen. Aus den Meßkurven entnimmt man die Steigung α der linearen Näherung am Wendepunkt. Die Steigung α kann somit als Maß für die Adsorptionsgeschwindigkeit angesehen werden und sollte nach der theoretisch hergeleiteten Gleichung [11] dem Quadrat der Tensidkonzentration C_o der Lösung proportional sein. In Abbildung 5 ist $\sqrt{\alpha}$ in Abhängigkeit von der Tensidkonzentration für verschieden äthoxylierte p, n-Octylphenolpolyglycoläther aufgetragen. Es ergibt sich ein linearer Zusammenhang, wodurch die theoretischen Voraussagen verifiziert wären. Das bedeutet, daß in verdünnten Tensidlösungen unterhalb der kritischen Mizellbildungskonzentration eine Verdopplung der Tensidkonzentration die Adsorptionsgeschwindigkeit und damit auch die Netzgeschwindigkeit vervierfacht.

Die Werte für den Diffusionskoeffizient D_{max} in Gleichung [11] erweisen sich somit als konzentrationsunabhängig, ein wichtiger Hinweis dafür, daß diese Bestimmungsmethode eine echte Stoffkonstante liefert.

6.3 Einfluß der Temperatur auf die Adsorptionskinetik

Die Temperaturabhängigkeit des Diffusionskoeffizienten D_{max} wurde im Bereich von 8 °C bis 35 °C untersucht. In Abbildung 6 sind die Werte für D_{max} aus mehreren Messungen im halblogarithmischen Maßstab gegen $1/T$ aufgetragen. Nach der Beziehung [12]

$$\log D_{max} = \text{const} - \frac{1}{2.303} \cdot \frac{E_A}{R} \cdot \frac{1}{T} \quad [12]$$

erhält man – unter Berücksichtigung der Meßungenauigkeiten – eine Aktivierungsenergie

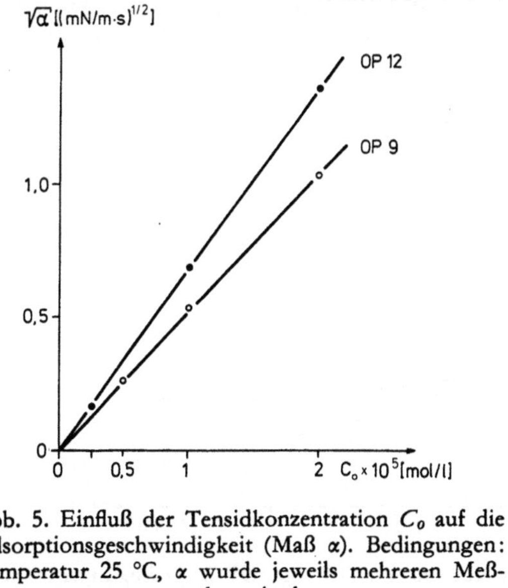

Abb. 5. Einfluß der Tensidkonzentration C_o auf die Adsorptionsgeschwindigkeit (Maß α). Bedingungen: Temperatur 25 °C, α wurde jeweils mehreren Meßkurven entnommen und gemittelt

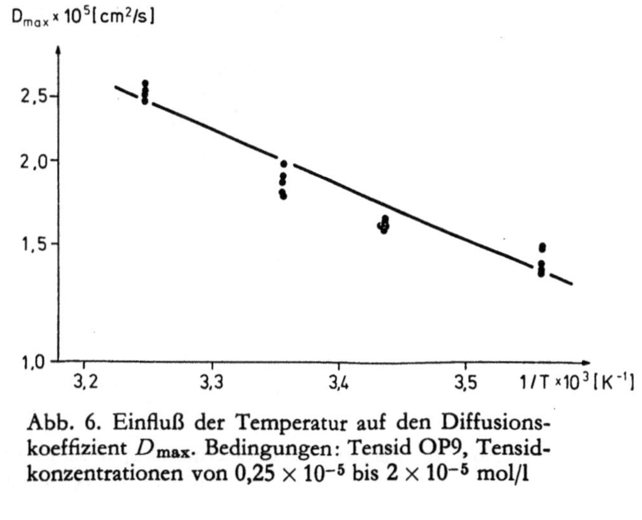

Abb. 6. Einfluß der Temperatur auf den Diffusionskoeffizient D_{max}. Bedingungen: Tensid OP9, Tensidkonzentrationen von $0{,}25 \times 10^{-5}$ bis 2×10^{-5} mol/l

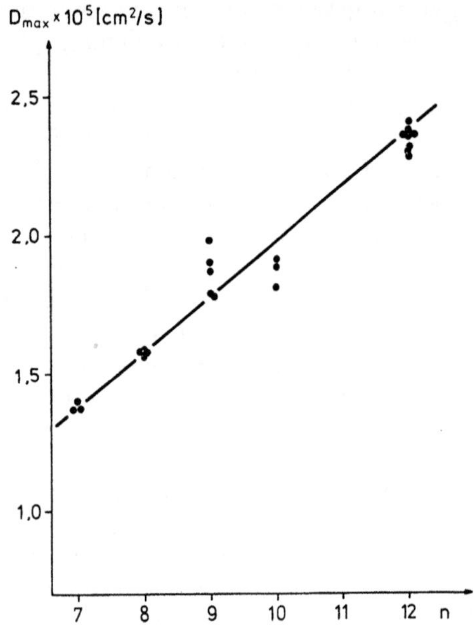

Abb. 7. Einfluß der Zahl n der Äthylenoxidgruppen auf den Diffusionskoeffizient D_{max}. Bedingungen: Temperatur 25 °C, Tensidkonzentrationen von $0{,}25 \times 10^{-5}$ bis 2×10^{-5} mol/l

E_A von 14 bis 17 J/mol. Dieser auffallend niedrige Wert entspricht gut der Aktivierungsenergie für die freie Diffusion der Tensidmoleküle und ist eine weitere Bestätigung für das Modell einer diffusionskontrollierten Kinetik im Bereich mittlerer Belegung des Adsorptionsfilms.

Der Einfluß der Temperatur auf die Kinetik ist somit im Vergleich zur quadratisch eingehenden Konzentration relativ gering. So würde eine Erhöhung der Tensidkonzentration um ca. 40 % eine Temperaturerniedrigung um 35 °C hinsichtlich der Adsorptionskinetik ausgleichen.

6.4 Einfluß der Zahl der Äthylenoxidgruppen auf die Adsorptionskinetik

Der berechnete Diffusionskoeffizient D_{max} nimmt im untersuchten Bereich von $n = 7$ bis $n = 12$ Äthylenoxidgruppen annähernd linear zu. Aus Abbildung 7 geht hervor, daß dieser Anstieg pro Äthylenoxid-Einheit ca. 2×10^{-6} cm²/s beträgt.

Dieses Ergebnis weist daraufhin, daß die bereits beobachtete (13, 14) Zunahme der Adsorptionsgeschwindigkeit mit steigender Zahl der Äthylenoxidgruppen im Molekül auf die Änderung des Diffusionskoeffizienten zurückzuführen ist. Besonders bemerkenswert ist, daß die zwei wesentlichen Kriterien für die Beurteilung von Tensiden, nämlich die Gleichgewichtsadsorption und die Adsorptionsgeschwindigkeit, sich in Abhängigkeit von der Zahl der Äthylenoxid-Einheiten gegenläufig verhalten (Abb. 8).

Appendix

Beschreibung der Computerprogramme

Die Computerprogramme wurden in der Sprache PL/I geschrieben und an einer IBM 370 gerechnet.

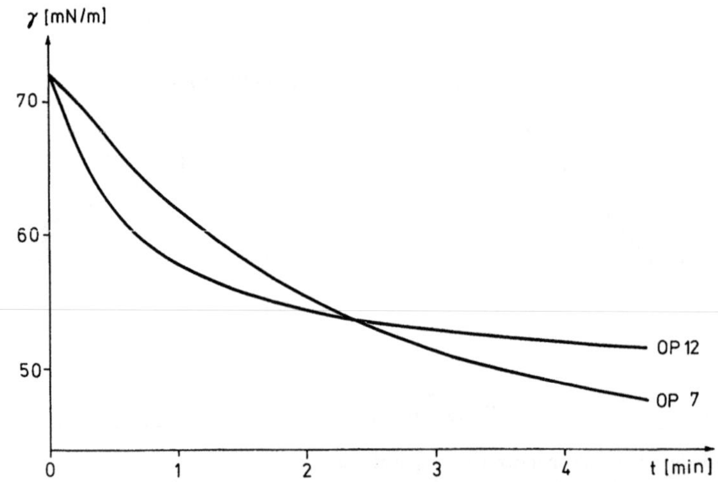

Abb. 8. Vergleich der Oberflächenspannungs-Zeit-Kurven von OP7 mit OP12. Bedingungen: Temperatur 25 °C, Tensidkonzentration 1×10^{-5} mol/l

Berechnete Stoffkonstanten a und b der von Szyskowski-Gleichung [2] für p,n-Octylphenolpolyglycoläther

Tab. 1. Bei 25 °C in Abhängigkeit der Zahl der Äthylenoxidgruppen n im Molekül

n	$b \times 10^7$ mol/l	a mN/m
7	2.91	8.12
8	2.54	7.38
9	2.78	7.44
10	1.76	6.54
12	1.56	5.93

Tab. 2. Für p,n-Octylphenolnonaglycoläther bei verschiedenen Temperaturen

Temperatur °C	$b \times 10^7$ mol/l	a mN/m
8	2.20	6.61
18	2.54	7.08
25	2.78	7.44
35	3.13	7.89

Programm A

Das Programm sucht iterativ diejenigen Konstanten a und b der von Szyskowski-Gleichung, für die die Summe der quadratischen Abweichungen der danach berechneten Punkte von den eingegebenen Meßpunkten (γ, C) minimal ist. Die Linearisierung des Suchproblems erfolgt durch eine Taylor-Entwicklung der Gleichung [2] unter Weglassen der quadratischen und höheren Glieder (GAUSS-NEWTON-Methode).

Die hiernach berechneten Stoffkonstanten a und b sind in den Tabellen 1 und 2 angegeben.

Digitalisierung der Meßkurven

Bei der Aufnahme der $\gamma(t)$-Kurven mit einem Schreiber wurde jeweils mit zwei verschiedenen Vorschubgeschwindigkeiten gearbeitet, da $\gamma(t)$ anfangs sehr steil abfällt, sich aber gegen Ende des Adsorptionsvorgangs nur noch wenig ändert. Die so erhaltenen Kurven wurden mit dem automatisch arbeitenden Kurvenauswerter KA 101 (VARIAN MAT) digitalisiert und auf Lochstreifen ausgegeben. Alle sich darauf beziehenden Rechenprogramme arbeiten daher mit zwei Zeitintervallen (zwischen den Meßpunkten) pro Kurve entsprechend der Geschwindigkeit des Papiervorschubs bei der Aufnahme und Digitalisierung. Für beide Kurventeile wurden jeweils etwa 500–1.000 zeitlich äquidistante Oberflächenspannungswerte erfaßt.

Da bei diesem Verfahren die Oberflächenspannung zum Zeitpunkt $t=0$ nicht genau getroffen wird, wurde diese durch lineare Interpolation berechnet.

Programm B

Für jeden Meßpunkt $\gamma(t)$ wird nach den Gleichungen [2] und [3] die entsprechende Gleichgewichtskonzentration $C(t)$ und Belegung $\Gamma(t)$ berechnet. Aus der durch Transformation der Integrationsvariablen umgeformten Gleichung nach *Ward* und *Tordai*

$$\Gamma(t) = \frac{a}{RT}\,\frac{C(t)}{b+C(t)} = \sqrt{\frac{D(t)}{\pi}}\,\left\{2\,C_0\sqrt{t} - 2\int_{\iota=t}^{\iota=0} C(\iota)\,d\sqrt{t-\iota}\right\}$$

wird dann für jeden Zeitpunkt $t=N\cdot\Delta t$ ($N=1$ bis Zahl der Meßpunkte mit Zeitintervall Δt) mit $\iota=I\cdot\Delta t$ ($I=0$ bis N) der Diffusionkoeffizient D (t) berechnet, wobei das Integral numerisch (Trapezregel) bestimmt wird:

$$\begin{aligned}\Gamma(N) &= \frac{a}{RT}\,\frac{C(N)}{b+C(N)}\\ &= \sqrt{\frac{D(N)}{\pi}}\cdot\Delta t\,\{2\,C_0\sqrt{N} - C(N)\\ &\quad - C(0)/(\sqrt{N}+\sqrt{N-1})\\ &\quad - 2\sum_{I=1}^{N-1} C(I)/(\sqrt{N-I+1}\\ &\quad + \sqrt{N-I-1})\}\end{aligned} \qquad [13]$$

Bei dem zweiten Teil der digitalisierten Meßkurve mit größerem Δt wird analog vorgegangen. Außerdem wird noch D (N) unter Vernachlässigung des Integrals berechnet.

Programm C

Unter Vorgabe von $D(N)=D=\text{const.}$ wird mit der Anfangsbedingung $C(0)=0$ nach [13] rekursiv $C(1)$, $C(2)$, usw. berechnet.

Aus den Konzentrationen wird nach [2] der theoretische Verlauf der $\gamma(t)$-Kurve errechnet.

Programm D

Programm D unterscheidet sich von Programm C darin, daß die Belegungen $\Gamma(N)$ aus den Meßwerten $\gamma(N)$ wie in Programm B berechnet und in [13] verwendet werden (der mittlere Teil der Beziehung [13] entfällt). Anfangsbedingung ist $C(0) = C_0$, wodurch die Werte $C(N)$ anfangs etwas alternieren.

Programm E

Die aus der digitalisierten $\gamma(t)$-Kurve nach Gleichung [2] berechneten Konzentrationen $C(t)$ werden geglättet und hierbei gleichzeitig die Ableitungen dC/dt in den einzelnen Punkten berechnet. Das Glättungsverfahren arbeitet mit Parabeln zweiten Grades als Näherungskurven.

Mit den Ableitungen dC/dt (t) berechnet das Programm E nach Gleichung [3] $d\Gamma/dt$ (t) und wertet Gleichung [1b] analog Programm B numerisch aus.

Für $d\Gamma/dt$ $(t=0)$ wurde jeweils der durch lineare Extrapolation erhaltene Wert verwendet.

Programm F

In Programm F wird unter Verwendung der in Programm E erhaltenen Ableitungen $d\Gamma/dt$ (t) der Diffusionskoeffizient $D(t)$ nach Gleichung [5] berechnet.

Danksagung

Herrn Ing. *M. Bartmuß* danken wir für die wertvolle Mitarbeit am experimentellen Teil dieser Arbeit.

Zusammenfassung

Mit homologen, p,n-Octylphenolpolyglycoläthern wurde festgestellt, daß die Kinetik im Bereich mittlerer Belegung des Adsorptionsfilms weitgehend diffusionskontrolliert ist, während sie im Bereich geringer und sehr hoher Belegung durch Energiebarrieren bestimmt wird. Die Barriere zu Beginn der Adsorption wird auf die Wasserstruktur im Nahbereich der Grenzfläche zurückgeführt. Zur Bestimmung des Diffusionskoeffizienten aus gemessenen Oberflächenspannungs-Zeit-Kurven wird ein neuer Näherungsansatz entwickelt. Anhand der untersuchten Tenside wird die Gültigkeit dieses Ansatzes experimentell bestätigt, insbesondere die darin geforderte Abhängigkeit der Kinetik vom Quadrat der Tensidkonzentration der Lösung. Im Gegensatz zur Gleichgewichtsadsorption nimmt der Diffusionskoeffizient mit steigender Zahl der Äthylenoxid-Einheiten im Tensidmolekül zu.

Summary

With homologous series of p,n-octylphenol-polyglycolethers it was found, that the adsorption kinetics in the middle range of coverage is practically diffusion controlled, whereas at lower and very high coverage it is limited by energy barriers. The barrier at the beginning of adsorption is assumed to be caused by the structure of water in the narrow region at the interface. For the determination of diffusion coefficients from measured surface tension–time–curves a new approximation has been proposed. The applicability of this approximation was shown experimentally by means of the surfactants investigated, especially the dependence of the kinetics with square of the surfactant concentration in solution. Contrary to the equilibrium adsorption the diffusion coefficient increases with increasing number of ethylene oxide units in the surfactant molecule.

Literaturverzeichnis

1) *Padday, J. F.*, in Surface and Colloid Science, edited by *E. Matijevic*, Wiley-Interscience New York (1969).

2) *Lange, H.*, in Nonionic Surfactants, edited by *M. J. Schick* (Marcel Dekker, New York 1967).

3) *Schwuger, M. J., H. M. Rostek*, Chem. Ing. Techn. **43**, 1075 (1971).

4) *Rostek, H. M., M. J. Schwuger*, Fette, Seifen, Anstrichmittel **75**, 183 (1973).

5) *Ward, A. F. H., L. Tordai*, J. Chem. Phys. **14**, 453 (1946).

6) *Batholomè, E., K. Schäfer*, Melliand Textilberichte **31**, 489 (1950).

7) *Schäfer, K.*, Z. Elektroch. **59**, 273 (1955).

8) *Wilhelmy, L.*, Ann. Physik **119**, 177 (1864).

9) *Hansen, R. S.*, J. Colloid Sci. **16**, 549 (1961).

10) *Hansen, R. S.*, J. Phys. Chem. **64**, 637 (1960).

11) *Uedaira, H., H. Uedaira*, J. Phys. Chem. **74**, 1931 (1970).

12) *Schwuger, M. J.*, Kolloid-Z., Z. Polymere **232**, 775 (1969).

13) *Lange, H.*, 3. Intern. Kongr. f. Grenzflächenaktive Stoffe, Köln Bd. 1, 279 (1960).

14) *Schick, M. J.*, J. Coll. Sci. **18**, 378 (1963).

Anschrift der Verfasser:

M. J. Schwuger und *W. D. Hell*
Laboratorium der Henkel KGaA, Düsseldorf
D-4000 Düsseldorf

Progr. Colloid & Polymer Sci. 65, 77–82 (1978)

ISSN 0340-255 X

Bayer AG, Leverkusen

Coadsorbate und Wasserstrukturen an der Oberfläche wässeriger Tensidlösungen

H. Steinbach

Mit 8 Abbildungen

(Eingegangen am 30. Oktober 1977)

An der Oberfläche wäßriger Tensidlösungen umgeben Wassermoleküle komplexartig die hydrophile Gruppe eines oberflächenaktiven Moleküls (1), so daß bei Kompression gespreiteter Tensidfilme auf der Langmuirschen Waage durch die Aufwendung eines seitlichen Filmdruckes Wassermoleküle aus definierten Hydratationskomplexen herausgedrängt werden (2). Dadurch bildet sich ein Gleichgewicht zwischen verschiedenen Hydratationskomplexen aus. Jeder in diesem Gleichgewicht befindliche Komplex hat nach Gl. [1] einen Flächenbedarf A_{J0}, der sich aus der Größe der hydrophilen Gruppe a und der Anzahl der Wassermoleküle x zusammensetzt, die mit einem Flächenbedarf von jeweils 7,3 Å² die hydrophile Gruppe umlagern.

$$A_{J0} = a + 7{,}3 \cdot x \qquad [1]$$

Daß es sich hierbei um Anlagerungskomplexe handelt, so wie sie bei Solvaten, Hydraten, Ammoniakaten und Alkoholaten in der Komplexchemie bekannt sind, ergibt sich nach *Eötvös* aus der Temperaturabhängigkeit der F/A-Isothermen. Hierüber wurde in einer früheren Arbeit bereits berichtet (2).

Bei Adsorption von in der Subphase löslichen Tensiden an der Grenzfläche entfällt ein solches Gleichgewicht zwischen verschiedenen Komplexarten (1), und die Grenzfläche wird – im allgemeinen in Abhängigkeit von der Volumenkonzentration – nur mit einer Komplexart belegt.

Von der mit solchen Komplexen besetzten Grenzfläche geht ein Orientierungsbefehl aus, der in die wäßrige Unterlage hineinreicht und dort eine meßbare Beeinflussung der Wasserstruktur hervorruft (8, 9, 10), die statistischen Gesetzen gehorcht. Außerhalb dieses Bereiches befindet sich normal strukturiertes Wasser („flickering clusters of hydrogen bonded molecules"). Diese Vorstellung ist von *Frank* und *Wen* (8) für Volumenlösungen hinlänglich beschrieben. Sie gilt in gleicher Weise für die Oberflächenlösung.

Wie sieht nun die Grenzfläche nach der Adsorption von in der Subphase löslichen Tensiden aus, wenn diese solch definierte Hydratationskomplexe ausbilden, die einen Flächenbedarf A_{J0} einnehmen, der nach Gleichung [2]

$$A_{J0} = \frac{f}{\bar{c}} \qquad [2]$$

umgekehrt proportional der Oberflächenkonzentration $\bar{c}$ ist?

Üblicherweise geht man zur Beantwortung dieser Frage von der Gibbs'schen Gleichung aus (Gleichung [3]), in der nun die Oberflächenkonzentration $\bar{c}$ durch A_{J0} ausgedrückt werden kann.

$$\bar{c} = -\frac{c}{RT} \cdot \frac{d\sigma}{dc} \qquad [3]$$

Dadurch ergibt sich nach Integration Gleichung [4]

$$\frac{\Delta\sigma}{\Delta \log c} = k \cdot \frac{RT}{a + 7{,}3x}, \qquad [4]$$

nach der zu erwarten ist, daß eine $\sigma/\log c$-Kurve aus geradlinigen, im Steigungsmaß definierten Kurvenabschnitten zusammengesetzt ist, nämlich aus den Geraden 1, 2 und 3, wie es in Abbildung 1 zum Ausdruck gebracht wird.

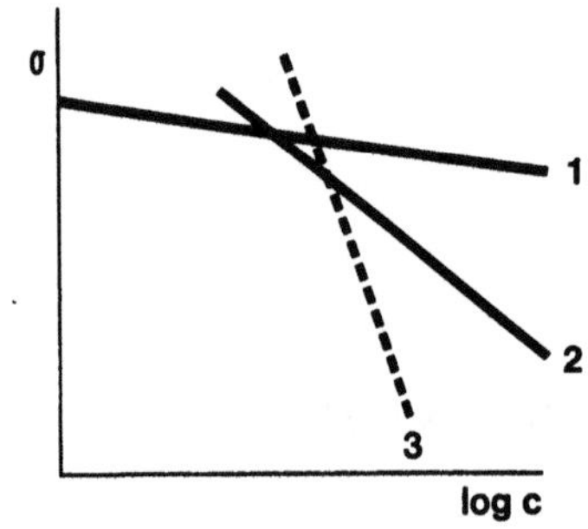

Abb. 1. Darstellung der geradlinigen Kurvenabschnitte 1, 2 und 3 in einem $\sigma/\log c$-Diagramm. Die Steigung der Geraden wird durch Hydratationskomplexe entsprechend Gl. [4] verursacht

Das Steigungsmaß dieser Geraden $\Delta\sigma/\Delta \log c$ wird nach Gleichung [4] von der Größe der hydrophilen Gruppe a und von der Anzahl der die hydrophile Gruppe umlagernden Wassermoleküle x bestimmt. Die gestrichelt eingezeichnete Gerade 3 wird normalerweise vom Vierer-Assoziat ausgebildet.

Achtet man bei den vielen in der Literatur bekannten Oberflächenspannungs-Konzentrationsmessungen einmal auf diese Gesetzmäßigkeit, dann wird man feststellen, daß die Tatsache an sich seit langem bekannt ist, daß bisher nur die geeignete Erklärung dafür fehlte.

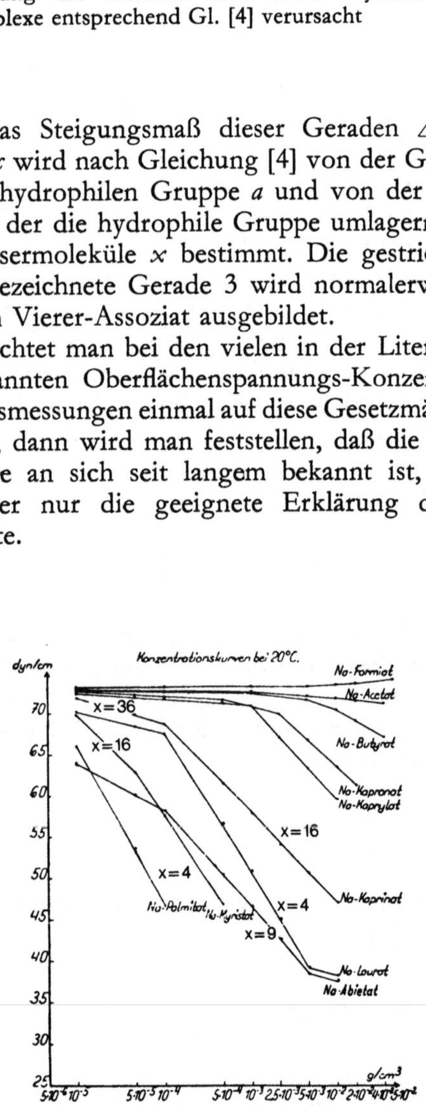

Abb. 2. Die Oberflächenspannung wäßriger Lösungen fettsaurer Natriumsalze nach *Lottermoser* und *Baumgürtel* (5) in Abhängigkeit vom Logarithmus der Konzentration mit nachträglich eingebrachten Koordinationszahlen x

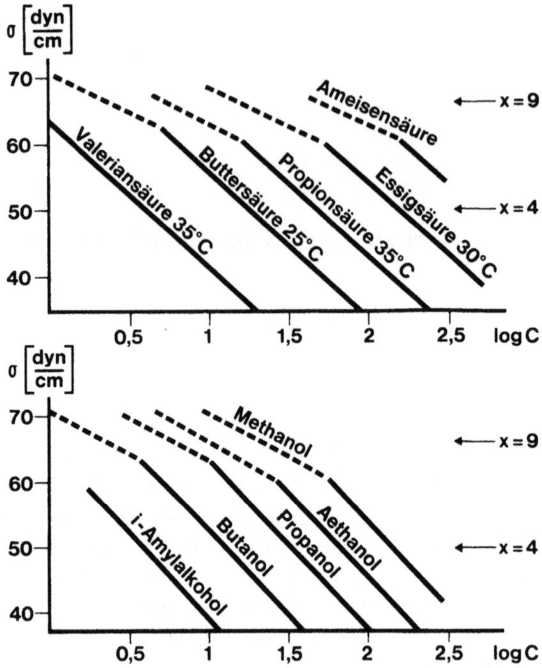

Abb. 3. Die Geraden im $\sigma/\log c$-Diagramm für Alkohole und Carbonsäuren

Lottermoser und *Baumgürtel* beispielsweise haben – wie die der Literatur (5) entnommene Abbildung 2 zeigt – sehr genaue Messungen der Oberflächenspannung an wäßrigen Lösungen fettsaurer Natriumsalze durchgeführt. Man sieht deutlich die geradlinigen Kurvenäste, die dadurch zustande kommen, daß 36, 25, 16, 9 oder 4 Wassermoleküle die hydrophile Gruppe komplexartig umlagern. Für das Auftreten der Knickpunkte – also für den Übergang von dem wasserreicheren in den wasserärmeren Komplex – sind definierbare Volumenkonzentrationen verantwortlich.

Trägt man nun die in der Literatur (7) bekannten σ/c-Messungen für die in Wasser löslichen Alkohole und Alkylcarbonsäuren in einem $\sigma/\log c$-Diagramm auf, so erhält man ein vergleichbares Bild (Abb. 3)

Ameisensäure, Essigsäure, Propionsäure, Buttersäure, Valeriansäure und die Alkohole Methanol, Äthanol, Propanol, Butanol und i-Amylalkohol bilden jeweils zwei geradlinige Kurvenäste mit verschiedener Steigung. Der obere gestrichelt eingezeichnete Kurvenast gilt für das Neuner-Assoziat, also für jenen Hydratationskomplex, in dem neun Wassermoleküle die hydrophile Gruppe umlagern,

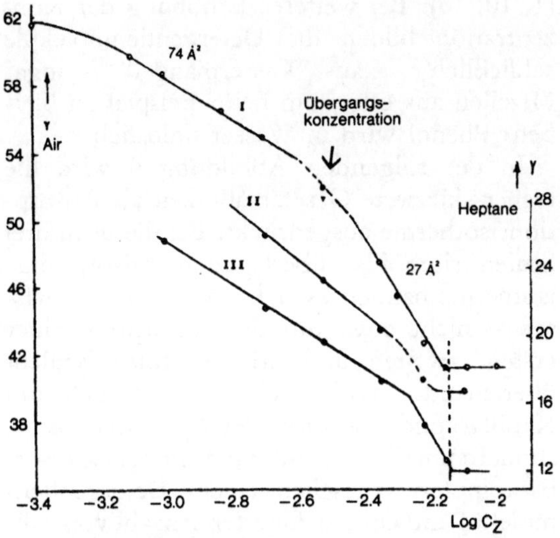

Abb. 4. Oberflächenspannungen des Na-5,8-dioxaoctadecylsulfonats bei 20 °C. I: gegen Luft $(Na^+) = 10^{-2}$ n, II: gegen Luft $(Na^+) = 3 \cdot 10^{-2}$ n, III: gegen Heptan $(Na^+) = 10^{-2}$ n, nach *Van Voorst Vader* (6) mit nachträglich eingezeichneten Erklärungen

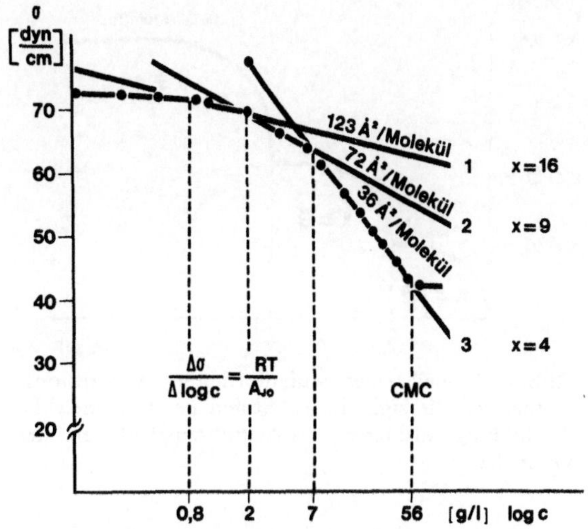

Abb. 5. σ/log c-Kurve für Phenol (7), man erkennt deutlich die geradlinigen Kurvenabschnitte

und der untere Kurvenast gilt für das Vierer-Assoziat. Das Auftreten der Knickpunkte – also der Übergang vom wasserreichen in den wasserärmeren Komplex – ist einerseits von der Art der hydrophilen Gruppe und andererseits vom Alkylrest abhängig.

Van Voorst Vader hat – wie die seiner Dissertation (6) entnommene Abbildung 4 zeigt – auf diese „Übergangskonzentration" aufmerksam gemacht und festgestellt, daß sich diese mit dem Elektrolytgehalt der Subphase und mit der Art der Grenzfläche verändert. Unterhalb dieser Übergangskonzentration nimmt Na-5,8-dioxaoctadecylsulfonat eine Fläche von 74 Å²/Molekül ein; stellt also einen wasserreicheren Hydratationskomplex dar als oberhalb dieser Übergangskonzentration, wo er eine Fläche von 27 Å²/Molekül einnimmt.

Abbildung 5 zeigt die σ/log c-Kurve für das Beispiel Phenol gelöst in Wasser bei 20 °C. Die σ/c-Werte sind ebenfalls der Literatur (7) entnommen. Man sieht drei geradlinige Kurvenabschnitte. Bei niedriger Konzentration (Gerade 1) umlagern 16 Wassermoleküle die OH-Gruppe. Dieser Komplex nimmt dabei eine Fläche von 123 Å²/Molekül ein. Erhöht man die Konzentration, so ändert sich erst bei einer Übergangskonzentration von 2 g/l die Oberflächenstrukturierung (Gerade 2). Dabei bilden sich Neuner-Assoziate mit einem Flächenbedarf von 72 Å² je Hydratationskomplex aus. Oberhalb 7 g/l bildet sich das Vierer-Assoziat mit 36 Å²/Molekül und bei 56 g/l deutet ein horizontales Abknicken der Kurve die kritische Mizellbildungskonzentration cmc – oder, um bei unserem Beispiel zu bleiben, die Unlöslichkeit des Phenols in Wasser – an. Das Steigungsmaß der Geraden 1, 2 und 3 steht mit der eingezeichneten Gleichung [4] im Einklang.

Will man die molekularkinetisch ablaufenden Vorgänge verdeutlichen, so muß man von der Vorstellung ausgehen, daß bei sehr geringer Konzentration an Phenol die Einzelmoleküle von einer Solvathülle umgeben sind, die komplexgebundenes Wasser und darüber hinausgehend eine Hülle von Schwarmwasser (1, 8) enthält. Die Moleküle dringen in die Oberfläche ein und verlieren dabei das um die Alkylkette orientierte Wasser. Die hydrophilen Gruppen bedecken die gesamte Oberfläche mit Komplexen, bei denen 16 Wassermoleküle die OH-Gruppe umlagern. Das unter den eng aneinandergedrängten Komplexen liegende Schwarmwasser reicht in die Subphase hinein (9, 10). Dabei entstehen – ausgehend von der obersten Molekülschicht – so starke Bindungskräfte, daß die solvatisierten Moleküle in der Subphase beim Anstoßen an diese Schicht wie von einer festen Wand abprallen (1). Erst beim Überschreiten einer Übergangskonzentration

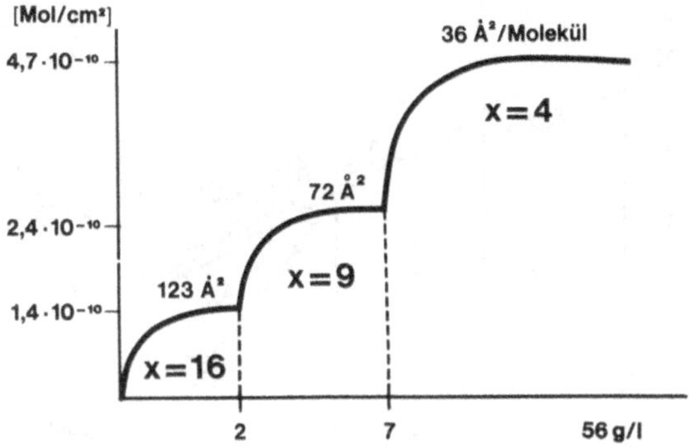

Abb. 6. Modell einer stufenförmigen Adsorptionsisotherme. Die sigmoidalen Stufen kennzeichnen die Ausbildung diskreter Assoziationszustände in der Grenzfläche

von 2 g/l sind energiereiche Moleküle, aus bisher noch unbekannten Gründen, befähigt, in die Oberfläche einzudringen. Durch Umstrukturierung bildet sich spontan eine mit Neuner-Assoziation eng besetzte Oberfläche aus, die wiederum verhindert, daß weitere in der Subphase gelöste Detergentienmoleküle in die Oberfläche eindringen können. Erst beim Erreichen der nächsten Übergangskonzentration von 7 g/l ereignet sich eine weitere Umstrukturierung, bei der die Oberfläche mit Vierer-Assoziaten besetzt wird. Die Schwarmwassertiefe ist verkleinert worden, weil in der Subphase nicht mehr genügend Wassermoleküle „frei" vorliegen und zur Bildung von Schwarmwasserwolken zur Verfügung stehen (1, 10, 16). Bei weiterer Erhöhung der Konzentration bilden die Detergentienmoleküle schließlich – „aus Wassermangel" – sogar Mizellen aus oder, um beim Beispiel zu bleiben: Phenol wird in Wasser unlöslich.

In der folgenden Abbildung 6 wird die bisher skizzierte Gesetzmäßigkeit als Adsorptionsisotherme ausgedrückt. Bei dieser in drei Stufen sigmoidal überlagerten Adsorptionsisotherme handelt es sich – wie wir jetzt wissen – nicht etwa um die Adsorption einer ersten, zweiten und dritten Molekülschicht übereinander. Es handelt sich auch nicht um Kapillarkondensation an der Wasseroberfläche, sondern um die Ausbildung diskreter Coadsorbatkomplexe zwischen einem Detergentienmolekül und einer definierten Anzahl von z. B. 16, 9 oder 4 Wassermolekülen, die die OH-Gruppe des Phenols umgeben.

Solche Adsorptionsisothermen findet man häufig in der Literatur (11, 12, 13, 14, 15), ohne dafür eine befriedigende Erklärung zu haben.

Sie wirken sich auf die verschiedensten Oberflächeneigenschaften, wie z. B. auf den Randwinkel aus, wie hier am Beispiel von Polydimethylsiloxan nachgewiesen wird (15).

In dieser Abbildung 7 ist der Randwinkel für verschiedene Coadsorbate und Orientierungen aufgeführt. Im Zustand A_1 sind zwei Wassermoleküle zwischen zwei benachbarten Polydimethylsiloxanketten eingelagert, und es wird ein Randwinkel von 15° gemessen. Ist

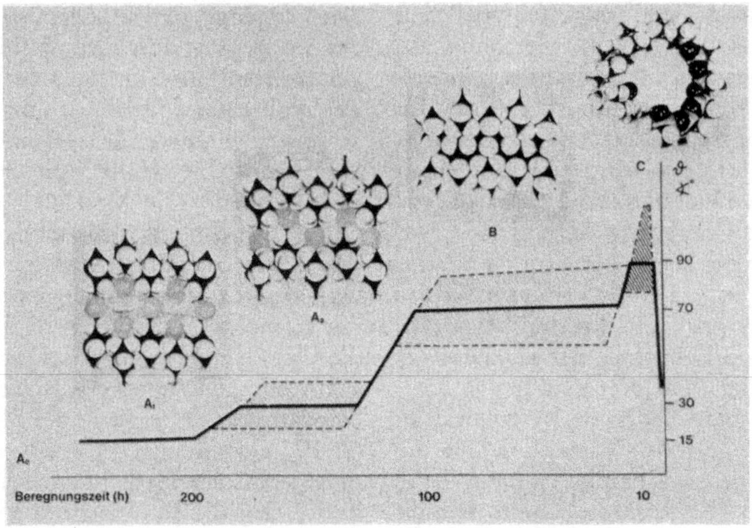

Abb. 7. Der Randwinkel ϑ an auf siliconisierten Glasscheiben liegenden Wassertropfen nimmt mit der Beregnungszeit stufenförmig ab. Den einzelnen Benetzungsstufen sind definierte Assoziationszustände zuzuordnen (15)

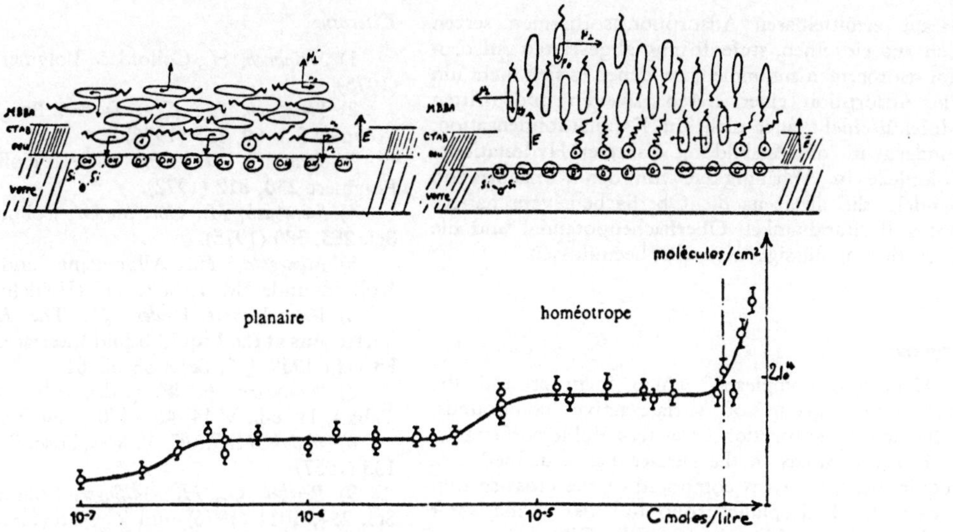

Variation de la densité superficielle du CTAB en fonction de la concentration en solution C. $C_1 = 6{,}5 \times 10^{-5}$ M

Abb. 8. Adsorptionsisotherme des Hexadecyltrimethyl-ammoniumbromids an Glas und ihr Einfluß auf die Orientierung flüssig kristalliner Substanzen nach *Proust* und *Ter-Minassian-Saraga* (12)

nur ein Wassermolekül dazwischen eingelagert (*Zustand* A_2), so ergibt sich ein Randwinkel von 30°. Ohne zwischengelagerte Wassermoleküle (*Zustand B*) mißt man 70°, und nimmt die Siloxankette im *Zustand C* Wendelstruktur an, so ergibt sich ein Randwinkel von 90°. In ähnlicher Weise wirken sich solche Strukturen auch auf das Voltapotential aus (12, 17).

Wie *Proust* und *Ter-Minassian-Saraga* nachgewiesen haben (11, 12), beeinflussen die bei der Adsorption von Hexadecyltrimethylammoniumbromid *CTAB* an Glasscheiben auftretenden Plateaus in der in Abbildung 8 wiedergegebenen Adsorptionsisotherme darüber hinaus sogar die Orientierung thermotroper flüssiger Kristalle. Bei niedriger Oberflächenkonzentration – d. h. bei wasserreichen Komplexen – zeigen sie planare und bei hoher Oberflächenkonzentration – d. h. bei wasserarmen Coadsorbaten und somit enggedrängten Alkylketten – homöotrope Orientierung.

In diesem Beispiel zeigt sich, daß auch bei der Adsorption an einer Festkörperoberfläche im nichtwässrigen System diskrete Komplexe zwischen geringen Spuren an Wasser oder OH-Gruppen und dem oberflächenaktiven Molekül eine wichtige Rolle spielen können.

Anhand der vorgestellten Beispiele konnte jedenfalls gezeigt werden, daß die an sich seit langem bekannten Knickpunkte in den σ/log c-Diagrammen und verschiedene mehrfach überlagerte Adsorptionsisothermen nach Anwendung der Assoziationstheorie in komplexartig aufgebauten Coadsorbaten und Wasserstrukturen eine plausible Erklärung finden. Sie weisen darauf hin, daß Adsorptionsmechanismen meistens sehr komplex sind und daß es noch großer Mühe bedarf, sie bis ins Detail aufzuklären.

Zusammenfassung

Hydratationskomplexe, die sich um die hydrophile Gruppe von grenzflächenaktiven Verbindungen ausbilden, beeinflussen die Adsorption von in Wasser löslichen Tensiden.

Jeder in der Oberfläche befindliche Komplex hat einen definierten Flächenbedarf, der sich aus der Querschnittsfläche der hydrophilen Gruppe und derjenigen der sie umgebenden Wassermoleküle zusammensetzt. Ersetzt man in der Gibbsschen Gleichung die Oberflächenkonzentration durch den Flächenbedarf der Hydratationskomplexe, so ergibt sich eine Gleichung, nach der zu erwarten ist, daß eine σ/log c-Kurve aus geradlinigen Kurvenabschnitten zusammengesetzt ist, von denen jeder geradlinige Bereich einem definierten Coadsorbat zwischen Wasser und Tensidmolekül zuzuordnen ist. Von einer mit solchen Komplexen besetzten Oberfläche geht ein Strukturbefehl auf das darunterliegende Lösungsmittel aus. Das davon betroffene Wasser wird als Schwarmwasser bezeichnet.

Es werden Beispiele der Literatur diskutiert, bei denen die zu erwartenden geradlinigen Kurvenabschnitte der σ/log c-Kurven deutlich sichtbar sind. Die daraus ermittelbaren Adsorptionsisothermen setzen sich aus einzelnen, stufenförmig abgesetzten Adsorptionsisothermen zusammen, bei denen es sich nicht um die Adsorption einer ersten, zweiten und dritten Molekülschicht, auch nicht um Kapillarkondensation, sondern um die Ausbildung diskreter Hydratationskomplexe in Abhängigkeit von der Konzentration handelt, die ihrerseits die Oberflächeneigenschaften, wie z. B. Randwinkel, Oberflächenpotential und die Orientierung flüssiger Kristalle, beeinflussen.

Summary

Hydration complexes, which form around the hydrophilic group of surface-active compounds, influence the adsorption of water-soluble surfactants.

Every complex in the surface has a defined area requirement, which is composed of the cross-section area of the hydrophilic group and that of the water molecules surrounding it. If, in the Gibbs' equation, we replace the surface concentration by the area requirement of the hydration complexes, we get an equation from which it is to be expected that a σ/log c curve is made up of straight-line sections, of which each straight-line section is assigned to a defined coadsorbate between the water and the surfactant molecule. The surface, which is covered with such complexes, gives an order of structure to the surrounding solvent. The water affected by this order is known as swarm-water.

Examples from literature are discussed, in which the expected straight-line sections of the σ/log c curves are clearly visible. The adsorption isotherms that can be determined from this are made up of individual, stepped adsorption isotherms, in which it is not a matter of the adsorption of a first, second and third molecule layer, not of capillary condensation, but of the formation of discrete hydration complexes in relation to the concentration. For their part, these hydration complexes influence the surface properties, such as the contact angle, surface potential and orientation of liquid crystals.

Literatur

1) *Steinbach, H.*, Colloid & Polymer Sci. **253**, 937 (1975).

2) *Steinbach, H., Chr. Sucker*, Progr. Colloid & Polymer Sci. **60**, 158 (1976).

3) *Steinbach, H., Chr. Sucker*, Kolloid-Z. u. Z. Polymere **250**, 812 (1972).

4) *Steinbach, H., Chr. Sucker*, Colloid & Polymer Sci. **253**, 380 (1975).

5) *Manegold, E.*, Allgemeine und angewandte Kolloidkunde Bd. 1, Seite 715 (Heidelberg 1956).

6) *Van Voorst Vader, F.*, The Adsorption of Surfactants at the Liquid-liquid Interface, Dissertation, Utrecht 1959, § 5, Seite 58 bis 61.

7) *Washburn, E. W.* (Ed.), International Critical Tables, 1 st ed., V **14**, 466–470 (New York 1928).

8) *Frank, H. S., W. Y. Wen*, Disc. Faraday Soc. **24**, 133 (1957).

9) *Peschel, G., H. Adlfinger*, Colloid & Polymer Sci. **254**, 1011 (1976) und Z. Naturforschg. **26a**, 707 (1971).

10) *Drost-Hansen, W.*, J. Colloid Interface Sci. **54**, 184 (1976).

11) *Proust, J. E., L. Ter-Minassian-Saraga*, C. R. Hebd. Séan. Acad. Sci. **C 276**, 1731 (1973).

12) *Proust, J. E., L. Ter-Minassian-Saraga*, Journal de Physique (Colloque C 1, Paris), **36**, 77 (1975).

13) *Dervichian, D. G.*, Kolloid Z. **146**, 96 (1956).

14) *Rupprecht, H.*, Acta Pharmaceutica Technologica **22** (1), 37 (1976); Progr. Colloid & Polymer Sci. **60**, 194 (1976).

15) *Steinbach, H., Chr. Sucker*, Colloid & Polymer Sci. **255**, 452 (1977).

16) *Tschapek, M., C. Wasowski*, J. Colloid Interface Sci. **60**, 205 (1977).

17) *Steinbach, H., Chr. Sucker*, Colloid & Polymer Sci. **252**, 306 (1974).

Adresse des Verfassers:

H. Steinbach
Bayer AG, Leverkusen
5090 Leverkusen

Nichtwässerige Systeme

Progr. Colloid & Polymer Sci. 65, 83–91 (1978)

ISSN 0340-255 X

Teilbereich Theoretische und Physikalische Chemie der Universität und Gesamthochschule Essen
und Institut für Physikalische Chemie der Universität Würzburg

Zur Adsorption von Phenolen aus wässeriger Elektrolytlösung an Aktivkohle

G. Peschel, P. Belouschek, B. Kress und R. Reinhard

Mit 7 Abbildungen

(Eingegangen am 8. November 1977)

Einführung

Die Adsorption von Phenol bzw. phenolischen Verbindungen aus wäßriger Lsöung an Kohle war wiederholt Gegenstand von Untersuchungen (1–11). Dabei standen in älteren Arbeiten mehr technologische Aspekte (z. B. Abwässerreinigung) im Vordergrund; die jüngeren Untersuchungen haben aber unsere Kenntnisse über den Zusammenhang zwischen chemischer Oberflächenbeschaffenheit der Kohle (insbesondere Aktivkohle) und ihrem adsorptiven Einfluß auf Phenole vertieft. Charakterisiert wird dieser Zusammenhang über die Adsorptionsisotherme (12–17), die im hier betrachteten Fall gewöhnlich einen S-förmigen Verlauf entsprechend dem Brunauer-II-Typ aufweist und daher auf multimolekulare Adsorptionseffekte schließen läßt. Eine Interpretation setzt genauere Kenntnisse über die Wechselwirkung des Phenolmoleküls mit der Kohleoberfläche voraus, doch herrschen hierüber noch kontroverse Ansichten.

In einem systematischen Beitrag zu diesem Problem verglich *Singh* (17) die Adsorption von Phenol und Anilin aus wäßriger Lösung an zwei verschiedenen Aktivkohlen. Letztere waren unterschiedlich vorbehandelt, die eine wies eine sauer, die andere eine alkalisch reagierende Oberfläche auf. Es war daher zu erwarten, daß die Reaktion mit Anilin unterschiedlich ausfällt. Hingegen fand *Singh* aber bis zu einer praktisch monomolekularen Bedeckung der Kohleoberfläche für beide Verbindungen hinreichend identische Adsorptionsisothermen, die die Existenz gleicher Adsorptionskräfte voraussetzen. Diese wurden der Wechselwirkung des aromatischen Kerns mit der Kohleoberfläche zugeschrieben, wobei die polare Gruppe jeweils zur wäßrigen Lösung hin gerichtet ist.

Ähnliche Befunde werden von *Mattson* et al. (16) und *Coughlin* et al. (11) mitgeteilt. Letztere Autoren geben eine Analyse des Isothermenverlaufs des adsorbierten Phenols und diskutieren einen Strukturübergang bezüglich der Phenolmolekülorientierung in der Adsorptionsschicht bei höheren Phenolkonzentrationen.

In der vorliegenden Arbeit soll versucht werden, den Einfluß der Wasserstruktur, insbesondere einer multimolekularen Hydratschicht auf der Kohleoberfläche, auf die Sorptionswerte der homologen Reihe Phenol, p-Kresol und 4-Äthylphenol zu erfassen.

Erste richtungsweisende Arbeiten auf diesem Gebiet – allerdings mit anderen Adsorbentien und Sorptiven – gehen auf *Rupprecht* et al. (18, 19) sowie auf *Blashchuk* et al. (20) zurück, die vornehmlich Polyäthylenglykol bzw. Derivate davon als Sorptiv untersuchten. Die Struktur des Wassers modifizierten sie durch Zugabe anorganischer Ionen entsprechend deren Stellung in der *Hofmeister*-Reihe. Ihre Ergebnisse lassen aber noch keinen Schluß über die eigentliche Rolle der Hydratschicht an der Adsorbens-Oberfläche zu.

Zur Reichweite der Hydratschicht auf Festkörperoberflächen

Über die Reichweite von Hydratschichten an Festkörperoberflächen liegt zwar eine Reihe von Untersuchungen hauptsächlich der russischen Schule um *Deryagin* (21) vor, doch fehlen weitgehend systematische Untersuchungen, insbesondere an der Grenzzone wäßrige NaCl-Lösung/Aktivkohle, die im Verlauf dieser Arbeit von Interesse ist.

Peschel und *Belouschek* (22, 23) gelang der quantitative Nachweis der Hydratschicht in der Grenzzone NaCl-Lösung/Quarzglas. Die Autoren brachten zwei in wäßrige NaCl-Lösung getauchte Quarzglasflächen – die eine plan, die andere sphärisch poliert – mittels eines speziellen Verfahrens in Kontakt miteinander. Bei Flächenabständen der Größenordnung einiger 10^{-6} cm machte sich eine Abstoßung auf Grund der sich überlappenden elektrolytischen Doppelschichten bemerkbar, bei hinreichend kleinen Abständen ($<5 \cdot 10^{-7}$ cm) kommt es zu einer stärkeren Abstoßung infolge gegenseitiger Durchdringung der Hydratschichten an beiden Grenzflächen (24).

Der Konzentrationsverlauf der mittleren Dicke der zwei wechselwirkenden Hydratschichten ist in Abbildung 1 dargestellt. Danach darf man 2–4 molekulare Schichten nennenswert immobilisierten Wassers pro Grenzfläche annehmen, was in vorzüglicher Übereinstimmung mit modernen theoretischen

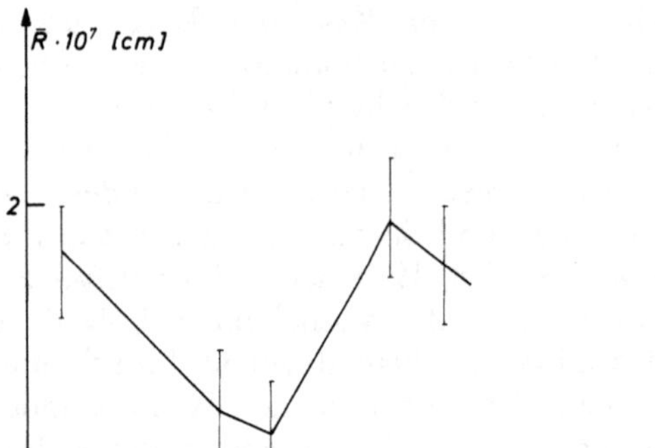

Abb. 1. Mittlere Reichweite strukturierten Wassers in einer dünnen Schicht wäßriger NaCl-Lösungen zwischen zwei Quarzglasoberflächen. $t = 20$ °C

Vorstellungen zur elektrolytischen Doppelschicht ist (25, 26).

Bemerkenswert ist das bei einer NaCl-Konzentration von etwa 10^{-2} M in Erscheinung tretende Maximum in der Reichweite der Hydratschicht. Zur möglichen Ursache dieses Effektes wurde früher (22, 23) einiges gesagt. Entsprechende Messungen bei höheren NaCl-Konzentrationen weisen auf ein weiteres Maximum bei etwa 0,5 M hin (22).

Die Lage des ersten Maximums ist im wesentlichen durch die absolute Größe der Oberflächenladung des Festkörpers festgelegt, die Gegenionen der Lösung in unmittelbarer Oberflächennähe zu konzentrieren imstande ist. Dabei ist eine kritische Konzentration denkbar, bei der sich die Hydratbereiche vornehmlich der Gegenionen gerade überlappen. Unter diesen Bedingungen sind praktisch alle Wassermoleküle im Grenzzonenbereich Bestandteile von Hydratsphären der Ionen und unterliegen zudem der immobilisierenden Wirkung der Oberfläche (z. B. über Oxid- bzw. Hydroxylgruppen). So dürften sie als eine Matrix für besonders weitreichende Strukturierungen der Grenzzone wirksam sein, was sich experimentell reproduzierbar belegen läßt (22–24). Bei weiterer Ionenkonzentrierung in der Grenzzone kommt es zu stärkerer Durchdringung und damit Zerstörung der sekundären Hydratbereiche der Ionen.

Quarzglasoberflächen weisen bei neutralem pH-Wert eine negative Oberflächenladung auf (27), konzentrieren also folglich Kationen. Die Oberflächenladung, die Aktivkohle in wäßriger Lösung annimmt, ist gewöhnlich von ihrer Vorbehandlung abhängig, die zu sauren oder auch basischen Oberflächengruppen führt (28). Bezüglich des Mechanismus der oben erläuterten Grenzflächenkonzentrierung der Gegenionen an der Oberfläche wäre auch an Aktivkohle ein der Abbildung 1 entsprechendes Konzentrationsprofil der Oberflächenladung zu erwarten, das allerdings nach Maßgabe der Größe der Oberflächenladung auf der Abszisse verschoben sein kann.

Bei der Bestimmung der Temperaturabhängigkeit der Reichweite der Hydratschicht in der Grenzzone wäßrige NaCl-Lösung/Quarzglas konnten *Peschel* und *Belouschek* (23) bei ca. 32 °C ein ausgeprägtes Maximum nachweisen.

Wird nun beispielsweise Phenol aus wäßriger Lösung variabler NaCl-Konzentration an einer Kohleoberfläche adsorbiert, dann sollte sich, falls die Hydratschicht irgendeinen Einfluß auf den Adsorptionsprozeß hat, ein der Abbildung 1 ähnelndes Konzentrationsprofil der Adsorption ergeben, falls die strukturierte Grenzzone die Sorption von Phenol fördert. Im anderen Falle träte ein inverses Profil auf.

Experimentelle Methode

Die Messung der Sorption von phenolischen Verbindungen aus wäßriger Elektrolytlösung an Aktivkohle geschah nach dem üblichen Schüttelverfahren. Dazu wurde eine bestimmte Menge der phenolischen Verbindung sowie der Aktivkohle einer wäßrigen NaCl-Lösung vorgegebener Konzentration zugefügt und über einen hinreichend langen Zeitraum geschüttelt (Schüttler der Firma Köttermann), bis sich das Adsorptionsgleichgewicht eingestellt hatte. Dafür reichte nachweislich eine Zeitspanne von 60 Minuten aus. Danach wurde ein Teil der im Gleichgewicht befindlichen Lösung bei externer Anwendung von Druck (reine Preßluft bei ca. 2 atü) über eine Filterplatte im Boden des Schüttelgefäßes nach außen gedrückt und auf den sich nunmehr eingestellten Phenolgehalt hin untersucht. Dies geschah auf kolorimetrischem Wege (Beckman Spektralphotometer DB-GT) unter direkter Verwendung der jeweiligen Adsorptionsbande im UV. Der Konzentrationsrückgang Δc_2 des Adsorptivs in der Lösung wurde insbesondere durch kolorimetrischen Vergleich mit der Ausgangslösung bestimmt.

Ein einfaches Trennen des Adsorbats von der Lösung durch Absaugen über einen Filter war insofern nicht möglich, als auf diese Weise unkontrollierbare Verdampfungseffekte die Phenolkonzentration der Lösung verändert hätten; zudem mußte während des Trennungsvorganges eine exakte Lösungstemperatur eingehalten werden. Die Temperierung des Schüttelgefäßes erfolgte über eine Tandem-Anordnung von Thermostaten, die Temperaturmessung mit einem Registriergerät (Firma Knauer).

Als Adsorptive wurden eingesetzt: Phenol, p-Kresol, 4-Äthylphenol.

Hier handelt es sich um den Beginn einer homologen Reihe, in der das Verhältnis vom unpolaren zum polaren Teil des Moleküls in der angegebenen Reihenfolge größer wird.

Verwendete Materialien:

1) Natriumchlorid, reinst, Firma Merck.
2) Phenol, zur Synthese, Firma Merck.
3) p-Kresol, zur Synthese, Firma Merck-Schuchardt.
4) 4-Äthylphenol, zur Synthese, Firma Merck-Schuchardt.
5) Aktivkohle, Art. 2184, reinst, Firma Merck. Die Oberfläche der Kohle wurde nach zwei Methoden bestimmt:

a) Einpunktmethode nach DIN 66132 bei $T = 77°$ K mit Stickstoff als Adsorptiv. Spez. Oberfläche 761 m^2/g.
b) Adsorptionsmethode mit Argon nach BET bei $T = 90$ °K. Spez. Oberfläche 846 m^2/g.

Im Rahmen der Toleranzen beider Methoden wurde die spezifische Oberfläche im Mittel zu 800 m^2/g angenommen. Das Mikroporenvolumen wurde zu 0,35 m^3/g gefunden; der mittlere Porendurchmesser belief sich auf $2{,}4 \cdot 10^{-7}$ cm. Zur Vorbehandlung war die Kohle gasaktiviert und mit Salpetersäure gewaschen worden (Firma Merck). Vor der Messung wurde sie fünf Stunden lang bei 120 °C entgast.

Saure Oberflächengruppen wurden im Mittel zu 6,57 mval/100 g, basische Oberflächengruppen zu 19,00 mval/100 g Kohle bestimmt (28). Wäßrige Suspensionen der Aktivkohle in Wasser reagierten dann auch entsprechend alkalisch.

Aus der an der Aktivkohle adsorbierten Molzahl $n_{2\,\mathrm{ads}}$ des Sorptivs sowie deren Temperaturabhängigkeit lassen sich thermodynamische Größen für die Adsorptionsschicht gewinnen (29), die mechanistische Deutungen unserer Ergebnisse zulassen.

Im folgenden soll dem Lösungsmittel Wasser der Index „1", der phenolischen Verbindung der Index „2" zugewiesen werden. Gibt man nun Aktivkohle zu einer mit Phenol versetzten wäßrigen Natriumchloridlösung, so wird der einsetzende Adsorptionsprozeß mit der Desorption einer dem Flächenbedarf des Sorptivmoleküls entsprechenden Zahl von Wassermolekülen verknüpft sein, in geringem Maße auch mit der Entfernung von Ionen in unmittelbarer Nähe der Oberfläche. Letzterer Vorgang spielt aber bei der Betrachtung von Ionen beider Vorzeichen energetisch keine Rolle und kann daher bei den weiteren Überlegungen außer acht gelassen werden*). Dann ist der Adsorptions-Desorptionsprozeß im wesentlichen z. B. für Phenol unter Einführung der Molenbrüche x_i zu formulieren:

$$\begin{array}{l} \text{Phenol (in Lösung, } x_2) \\ \qquad + H_2O \text{ (adsorbiert, } x_{1\,\mathrm{ads}}) \\ \qquad \rightleftharpoons \\ \text{Phenol (adsorbiert, } x_{2\,\mathrm{ads}}) \\ \qquad + H_2O \text{ (in Lösung, } x_1) \end{array}$$

Die zugehörige thermodynamische Gleichgewichtskonstante ist:

*) Eigene Versuche (30) zur Adsorption von NaCl aus wäßriger Lösung an Silikagel bzw. Aktivkohle ergaben – zumindest für Konzentrationen $> 3 \cdot 10^{-4}$ M – kaum deutliche Meßeffekte.

$$K_{\text{ads}} = \frac{x_1 \cdot x_{2\,\text{ads}}}{x_{1\,\text{ads}} \cdot x_2} \quad [1]$$

Geht man für die Lösungsphase näherungsweise vom Quotienten der Molenbrüche zu dem der entsprechenden Konzentrationen über, so kann man für Gl. [1] setzen

$$K_{\text{ads}} = \frac{c_1 \cdot n_{2\,\text{ads}}}{c_2 \cdot n_{1\,\text{ads}}} . \quad [2]$$

$n_{i\,\text{ads}}$ sind die Molenzahlen des jeweils adsorbierten Stoffes; dabei ist $n_{2\,\text{ads}}$ über die Beziehung

$$n_{2\,\text{ads}} = \frac{V_{\text{Lös}}}{m} \Delta c_2 \quad [3]$$

meßtechnisch leicht zugänglich. $V_{\text{Lös}}$ ist das vorgegebene Lösungsvolumen, m die eingewogene Menge an Aktivkohle. Für $n_{1\,\text{ads}}$ kann man auf der Grundlage eines vereinfachten geometrischen Bildes der adsorbierten Schicht den Ausdruck

$$n_{1\,\text{ads}} = \frac{A_{AK} - n_{2\,\text{ads}} \cdot N_L A_2}{A_1 \cdot N_L} \quad [4]$$

entwickeln. A_{AK} ist die spezifische Oberfläche der Aktivkohle, A_1 der Flächenbedarf des adsorbierten Wassermoleküls und A_2 derjenige des adsorbierten phenolischen Moleküls.

Aus Gl. [2] wird bei Berücksichtigung der Gln. [3] und [4]

$$K_{\text{ads}} = \frac{c_1 \Delta c_2 \, V_{\text{Lös}} \cdot A_1 \cdot N_L}{(c_{02} - \Delta c_2)\left(A_{AK} - \frac{V_{\text{Lös}}}{m} \Delta c_2 A_2 N_L\right) m} \quad [5]$$

wenn man für die Gleichgewichtskonzentration der Lösung $c_2 = c_{02} - \Delta c_2$ setzt; c_{02} ist die Ausgangskonzentration der phenolischen Verbindung vor seiner Adsorption.

Die molare freie Enthalpie des Adsorption-Desorptionsprozesses ist dann definiert zu

$$\Delta G_{\text{ads}} = -RT \ln K_{\text{ads}} \quad [6]$$

und die entsprechende Entropie zu

$$\Delta S_{\text{ads}} = -\frac{\delta \Delta G_{\text{ads}}}{\delta T} . \quad [7]$$

Schließlich ist die molare Enthalpie des Prozesses

$$\Delta H_{\text{ads}} = \Delta G_{\text{ads}} + T \Delta S_{\text{ads}} . \quad [8]$$

Ergebnisse

Die Adsorptionsmessungen wurden bei 20°, 26°, 32° und 38 °C durchgeführt. Für NaCl wurden – abgesehen von wenigen Ausnahmen – stets die Konzentrationen 0, 10^{-4}, $3 \cdot 10^{-4}$, 10^{-3}, $3 \cdot 10^{-3}$, 10^{-2}, $3 \cdot 10^{-2}$, 10^{-1}, $3 \cdot 10^{-1}$ und 1 M gewählt wie bereits bei unseren Untersuchungen zur Reichweite der Hydratschicht auf Quarzglasoberflächen (22, 23).

Zur Berechnung von K_{ads} nach Gl. [5] müssen Annahmen über den Flächenbedarf des Wasser- (A_1) wie des Phenolmoleküls (A_2) gemacht werden. *Steinbach* und *Sucker* (31) geben für das H_2O-Molekül in der Grenzfläche Lösung/Luft einen Platzbedarf von $7{,}2 \cdot 10^{-16}$ cm² an, während man speziell bei Quarzglas gewöhnlich von einem Wert von $1{,}6 \cdot 10^{-15}$ cm² ausgeht. Bei *Bikerman* (32) findet sich für Aktivkohle ein entsprechender Wert von $6 \cdot 10^{-16}$ cm². Es soll im Rahmen der Unsicherheiten für unser Problem ein Wert von $A_1 = 10^{-15}$ cm² angenommen werden.

Für das Phenolmolekül wird je nach Orientierung in der Grenzfläche ein unterschiedlicher Flächenbedarf angegeben. Bei *Boehm* und *Gromes* (13) findet sich ein Wert von $4 \cdot 10^{-15}$ cm², *Bykov* und *Presmyakeva* (14) sowie *Coughlin* et al. (11) referieren Werte von $3{,}06 \cdot 10^{-15}$ bzw. $3{,}698 \cdot 10^{-15}$ cm². *Singh* (17) berechnete Werte von 2,8 bzw. $3{,}3 \cdot 10^{-15}$ cm². Wir wollen in Anlehnung an seine Messungen für Phenol einen mittleren Wert von $3{,}0 \cdot 10^{-15}$ cm² annehmen. Über diesen Wert berechneten wir für p-Kresol sowie für 4-Äthylphenol die Flächenbedarfswerte 3,44 $\cdot 10^{-15}$ bzw. $3{,}70 \cdot 10^{-15}$ cm². Die vorliegende Arbeit läßt bezüglich der Annahme eines Flächenbedarfswertes durchaus Toleranzen zu, da nur das NaCl-Konzentrationsprofil der Phenoladsorption von Interesse sein soll.

In Gl. [5] ist ferner einzusetzen: $V_{\text{Lös}} = 0{,}075$ l, $m = 0{,}01$ g.

Die Abbildungen 2–4 geben die Werte $n_{2\,\text{ads}}$ für Phenol, p-Kresol und 4-Äthylphenol bei verschiedenen NaCl-Konzentrationen wieder, wobei die Sorptivkonzentration konstant

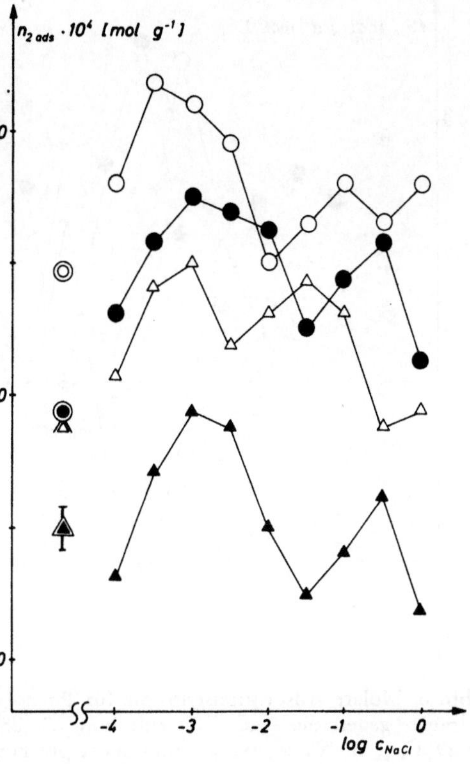

Abb. 2. Adsorbierte Molzahl Phenol pro Gramm Aktivkohle aufgetragen gegen die NaCl-Konzentration. ○ 20 °C, ● 26 °C, △ 32 °C, ▲ 38 °C. ◎ ◉ ▲ ▲ sind die entsprechenden Meßwerte in Abwesenheit von NaCl

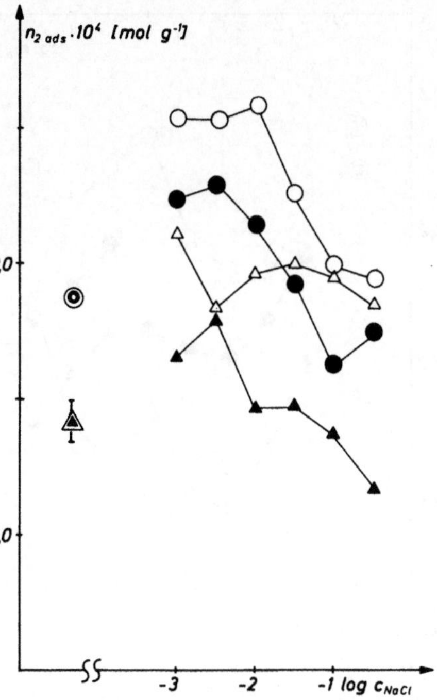

Abb. 3. Adsorbierte Molzahl p-Kresol pro Gramm Aktivkohle aufgetragen gegen die NaCl-Konzentration. ○ 20 °C, ● 26 °C, △ 32 °C, ▲ 38 °C. ◎ = ◉, ▲ ▲ sind die entsprechenden Meßwerte in Abwesenheit von NaCl

gehalten wird ($c_{02} = 2 \cdot 10^{-4}$ M). Die Werte in Abwesenheit von NaCl sind in den Diagrammen links separat aufgeführt. Für Phenol sind in den Abbildungen 5–7 die molaren freien Adsorptionsenthalpien, die molaren Adsorptionsentropien und die molaren Adsorptionsenthalpien für die vier gewählten Temperaturen aufgetragen. Diese thermodynamischen Funktionen zeigen für p-Kresol wie für 4-Äthylphenol analoge Profile; allerdings nehmen ihre Absolutwerte vom Phenol zum 4-Äthylphenol hin zu.

Es ist anzumerken, daß auch Schüttelversuche bei variabler NaCl-Konzentration in Abwesenheit von Aktivkohle vorgenommen wurden. Immerhin verursachte bereits die Gefäßwandung kleinere Adsorptionseffekte, die als Korrekturgröße bei den weiteren Rechnungen berücksichtigt wurden.

Der Fehler in den Werten n_{ads} der Fign. 3–4 liegt bei etwa $\pm$ 0,8%. In jeder der Fign. ist für je einen Meßwert der Fehlerbalken mit angegeben.

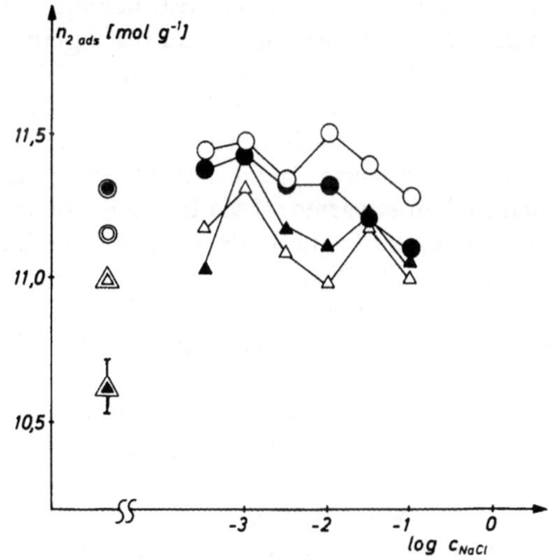

Abb. 4. Adsorbierte Molzahl 4-Äthylphenol pro Gramm Aktivkohle aufgetragen gegen die NaCl-Konzentration. ○ 20 °C, ● 26 °C, △ 32 °C, ▲ 38 °C. ◎, ◉, ▲, ▲ sind die entsprechenden Meßwerte in Abwesenheit von NaCl

Diskussion

Es ist generell festzustellen, daß die Sorption von Phenol zu 4-Äthylphenol hin, also

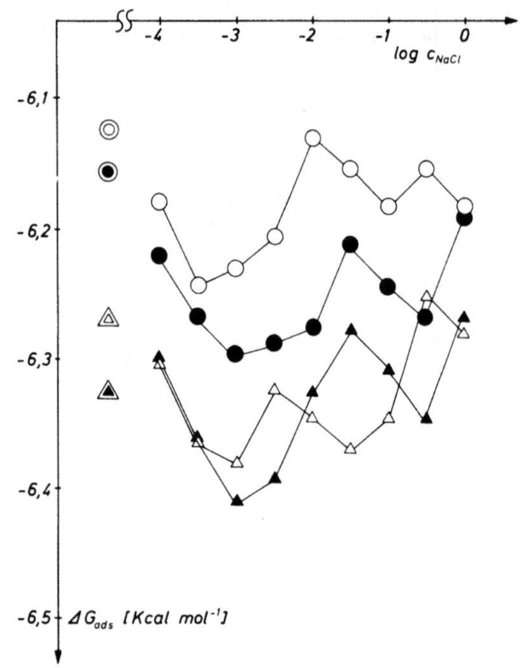

Abb. 5. Molare freie Adsorptionsenthalpie für Phenol aufgetragen gegen die NaCl-Konzentration. ○ 20 °C, ● 26 °C, △ 32 °C, ▲ 38 °C. ◎, ⊙, ◬, ◭ sind die entsprechenden Werte in Abwesenheit von NaCl

mit der Größe der Alkylsubstituenten, zunimmt. Die in Abwesenheit von NaCl gemessenen Sorptionswerte liegen zum größten Teil tiefer als diejenigen bei Gegenwart von NaCl. Bei hohen NaCl-Konzentrationen gehen die Sorptionswerte leicht zurück, was auf jeden Fall zu erwarten ist, da hier die Adsorption von Ionen (insbesondere spezifische Adsorption) und Phenol kompetitiv werden dürfte. Ebenso fallen – wenn auch nicht allgemein – die Sorptionswerte mit wachsender Temperatur.

Auffällige und für die Fragestellung dieser Arbeit relevante Effekte treten im mittleren NaCl-Konzentrationsbereich (z.B. um 10^{-2} M herum) auf, wo u.a. in der Grenzzone NaCl-Lösung/Quarzglas ein Hydratationsmaximum in Erscheinung tritt (22, 23). Für die Kohleoberfläche ist ein derartiges Phänomen zwar experimentell noch nicht nachgewiesen worden, doch ist seine Existenz, da die Kohleoberfläche in neutraler wäßriger Elektrolytlösung ebenfalls elektrisch geladen ist, als äußerst wahrscheinlich anzunehmen. Im vorliegenden Falle dürfte aber – abweichend vom System NaCl-Lösung/Quarzglas – das ver-

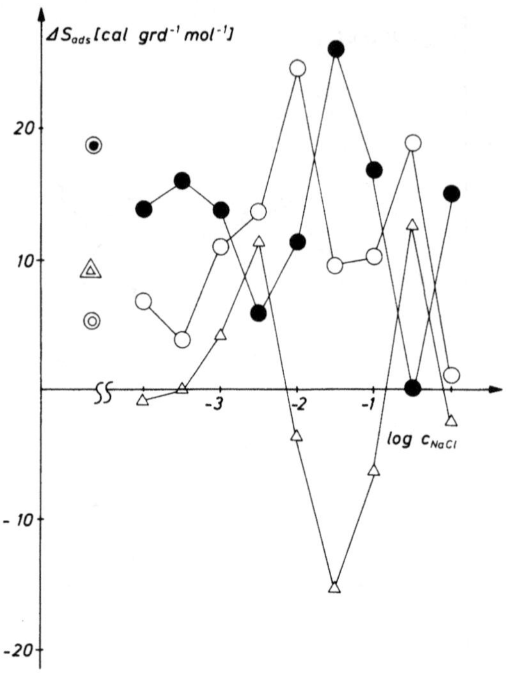

Abb. 6. Molare Adsorptionsentropie für Phenol aufgetragen gegen die NaCl-Konzentration. ○ 23 °C, ● 29 °C, △ 35 °C. ◎, ⊙, ◬ sind die entsprechenden Werte in Abwesenheit von NaCl

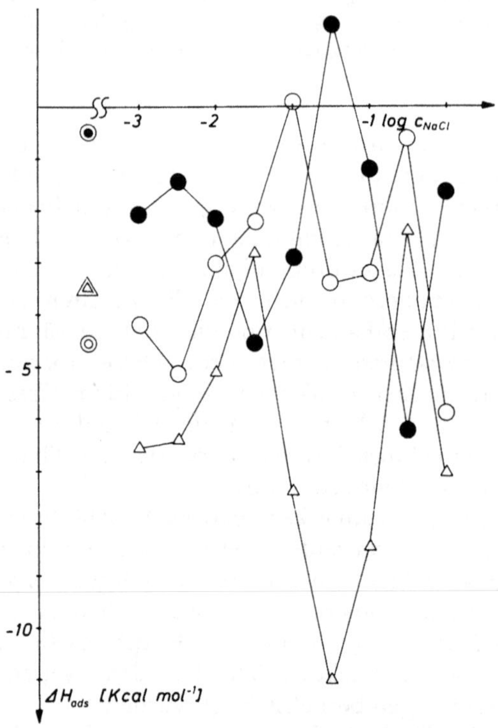

Abb. 7. Molare Adsorptionsenthalpie für Phenol aufgetragen gegen die NaCl-Konzentration. ○ 23 °C, ● 29 °C, △ 35 °C. ◎, ⊙, ◬ sind die entsprechenden Werte in Abwesenheit von NaCl

mutete Hydratationsmaximum durch die Konzentrierung von *Anionen* an der Kohleoberfläche zustandekommen.

Entscheidend für diesen Punkt ist nun, daß in den Abbildungen 2–4 tatsächlich im mittleren Konzentrationsbereich um 10^{-2} M herum dem allgemeinen Isothermenverlauf mehr oder weniger deutlich erkennbare Minima überlagert sind. Aus Gründen, die noch der Aufklärung harren, sind diese von Isotherme zu Isotherme monoton oder auch alternierend gegeneinander versetzt. Wesentlich erscheint uns aber die Aussage, daß eine strukturierte wäßrige Grenzzone, die in Sonderheit durch eine Ionenkonzentrierung in der Grenzzone verursacht wird (22, 23), offenbar die Adsorption phenolischer Verbindungen hemmt.

Die zugehörigen molaren freien Enthalpien (Abb. 5) zeigen ebenfalls kleinere Absolutwerte im fraglichen Konzentrationsbereich, generell nehmen sie aber mit der Temperatur zu, wenn man von begrenzt auftretenden Anomalien absieht. Dagegen machen sich in den Abbildungen 2–4 bei den Adsorptionswerten charakteristische Anomalien in der Temperaturabhängigkeit bemerkbar. Vor allem überschneiden sich im Konzentrationsbereich $10^{-2} - 10^{-1}$ M einige Isothermen und zeigen damit ein inverses Temperaturverhalten der Adsorption an, das, wie nach unseren früheren Untersuchungen (23) zu erwarten ist, gerade im Temperaturbereich um 30 °C herum deutlich wird. Hier hatten wir für wäßrige NaCl-Lösung ein starkes Maximum in der Reichweite der Grenzzonenstrukturierung entdeckt.

Bei genauerer Analyse der Abbildungen 2–4 gewinnt man den Eindruck, daß die Grenzzonenstrukturierung des Wassers um 30 °C herum der Adsorption von Phenol und p-Kresol förderlich, hingegen der von 4-Äthylphenol hinderlich ist.

Dieses Problem wurde bereits bei der Frage der Änderung von Konzentrationsverhältnissen in wäßrigen Elektrolytmischungen in Grenzflächennähe von *Wiggins* (33) aufgegriffen. Sie fand u.a., daß in wäßrigen KCl/NaCl-Gemischen Na^+-Ionen stets von einer Silikageloberfläche ferngehalten werden, während K^+-Ionen hier akkumuliert werden. So machte sich dieser übrigens im biologischen Bereich bedeutsame Effekt auch im Temperaturgebiet um 30 °C herum besonders intensiv bemerkbar.

Diese Befunde ließen sich so deuten, daß offenbar Ionen, die wie Na^+ bezüglich des Lösungswassers als strukturbildend bekannt sind, von der strukturierten Grenzzone partiell ferngehalten werden; strukturstörende Ionen wie K^+ werden hier demnach akkumuliert. Allgemein kann man sagen, daß die Lösungseigenschaften des Wassers in der Nähe einer Festkörperoberfläche nachweislich verändert sind. Ein ähnliches Postulat wird von *Ling* (34) vertreten.

Nach diesen Überlegungen sollte in der Reihenfolge Phenol, p-Kresol, 4-Äthylphenol eine zunehmende Strukturverfestigung im umgebenden Lösungswasser erfolgen, was aber noch anderweitig nachgewiesen werden müßte.

Die Entropiewerte der Adsorption (Abb. 6) sind nicht sonderlich charakteristisch, doch fanden wir eine effektive Zunahme vom Phenol zum 4-Äthylphenol. Dies überrascht nicht, wenn man bedenkt, daß bei der Adsorption größerer Moleküle mit höherem Flächenbedarf entsprechend mehr adsorbierte Wassermoleküle in Freiheit gesetzt werden. Superponiert ist wiederum im kritischen Konzentrationsbereich ein Rückgang der Entropie, der sich mit einer Zunahme der Strukturierung im Grenzzonenbereich interpretieren ließe. Ein derartiger Effekt ist vom Standpunkt des chemischen Potentials aus ungünstig und äußert sich auch gemäß Abbildung 5 entsprechend.

Unbefriedigend bleibt noch die Tatsache, daß die phenolischen Verbindungen zwar im Konzentrationsbereich um 10^{-2} M herum in ihrer Adsorption behindert, bei ausschließlicher Betrachtung der Temperaturabhängigkeit des Effektes aber immerhin im Bereich um 30 °C herum, wo die Grenzzonenstrukturierung ein Maximum durchläuft, zum Teil gefördert werden. Eine Interpretation dieses komplexen Phänomens wird an anderer Stelle versucht (35).

Schließlich soll noch vermerkt werden, daß in Abbildung 2 bei zwei Isothermen (20° und

32 °C) bei etwa 0,3 M ein weiteres sekundäres Adsorptionsminimum auftritt, das als Hydrationsmaximum an Quarzglasoberflächen schon früher von uns beschrieben worden war (22, 23).

Ein beträchtlicher Anteil der oben beschriebenen Exzeßeffekte leitet sich mit Sicherheit vom Wasser in den Poren der Aktivkohle ab. Hier dürften Grenzzonenstrukturierungseffekte durch die Nähe der Festkörperoberflächen verstärkt in Erscheinung treten. Einzelheiten zum Problemkreis des strukturierten Grenzzonenwassers finden sich bei *Drost-Hansen* (36).

Danksagung

Der Deutschen Forschungsgemeinschaft sowie dem Verband der Chemischen Industrie danken wir für die Unterstützung dieser Untersuchungen.

Zusammenfassung

Es wurde die Adsorption von Phenol, p-Kresol und 4-Äthylphenol aus verschieden konzentrierten wäßrigen Natriumchloridlösungen an Aktivkohle untersucht. Dabei zeigte sich, daß die Adsorption, die vom Phenol zum 4-Äthylphenol hin stärker wird, von einer multimolekularen Hydratschicht, die sich auf der Oberfläche der Aktivkohle befindet, beeinflußt wird. In früheren Arbeiten konnten wir nachweisen, daß eine wäßrige Natriumchloridlösung der Konzentration von etwa 10^{-2} M an Festkörperoberflächen eine besonders weitreichende Hydratschicht ausbildet. Die Adsorptionsversuche zeigten, daß dieses Hydratationsmaximum einem Adsorptionsminimum der phenolischen Verbindungen entspricht. Dies spricht dafür, daß die strukturierte wäßrige Grenzzone Lösungseigenschaften aufweist, die von denen der normalen Phase verschieden sind.

Summary

The uptake of phenol, p-cresol, and 4-ethyl phenol from differently concentrated aqueous solutions of sodium chloride by charcoal has been investigated. It could be shown that the sorption which becomes stronger from phenol to 4-ethyl phenol is influenced by a multimolecular hydrate layer existent on the surface of the charcoal. In former work we had established that aqueous sodium chloride solution at about 10^{-2} M exhibits a particularly extended hydration zone on a solid surface. Adsorption tests revealed that this surface hydration maximum corresponds to a lower uptake of the phenolic compounds. This supports the view that structured aqueous surface zones seem to have solvent properties different from those of the bulk.

Literatur

1) *Boutaric, A., P. Berthier*, Bull. soc. chim. **1**, 1549 (1934).

2) *Kleinert, Th.*, Brennstoff-Chemie **1**, 1 (1941).

3) *Gutzeit, G.*, Petroleum Processing **7**, 828 (1952).

4) *Eveson, G. F., S. G. Ward, F. Worthington*, J. Inst. Fuel **29**, 540 (1956).

5) *Dierichs, A., L. Jaehn*, Chem. Techn. **10**, 408, 576 (1958).

6) *Kiselev, V. F., K. G. Krasilnikov*, Dokl. Akad. Nauk SSSR **63**, 693 (1948); **86**, 111 (1952).

7) *Cummings, T., H. C. Graves, C. H. Giles, S. M. K. Rahman, J. G. Snedden, C. E. Stewart*, J. Chem. Soc. 535 (1959).

8) *Wheeler, O. H., E. M. Levy*, Can. J. Chem. **37**, 1235 (1959).

9) *Giles, C. H., T. H. MacEwan, S. N. Nakhwa, D. Smith*, J. Chem. Soc. 3973 (1960).

10) *Nose, K., T. Suzuki, K. Fukunaga*, J. Sci. Soil Manure, Tokyo, **35**, 47 (1964).

11) *Coughlin, R. W., F. S. Ezra, R. N. Tan*, J. Colloid Interf. Sci. **28**, 386 (1968).

12) *Kiselev, A. V., I. V. Shikalova*, Zav. Lab. **9**, 1074 (1958).

13) *Boehm, H. P., W. Gromes*, Angew. Chem. **71**, 65 (1959).

14) *Bykov, V. T., O. E. Presmyakova*, Kinet. Katal. **3**, 784 (1962).

15) *Giles, C. H., S. N. Nakhwa*, J. appl. Chem. **12**, 266 (1962).

16) *Mattson, J. S., H. B. Mark Jr., M. D. Malbin, W. J. Weber Jr., C. Crittenden*, J. Colloid Interf. Sci. **31**, 116 (1969).

17) *Singh, D. D.*, Indian J. Chem. **9**, 1369 (1971).

18) *Rupprecht, H., H. Liebl, E. Ullmann*, Pharmazie **28**, 759 (1973).

19) *Rupprecht, H., H. Liebl*, Pharmazie **30**, 102 (1975).

20) *Blashchuk, Zh. G., Yu. M. Glazman*, in „Research in Surface Forces" Vol. 4, ed. *B. V. Deryagin*, Consultants Bureau, New York 1975.

21) „Research in Surface Forces" Vol. 1–4, ed. *B. V. Deryagin*, Consultants Bureau, New York, 1963, 1966, 1971, and 1975, resp.

22) *Peschel, G., P. Belouschek*, Progr. Colloid Polym. Sci. **60**, 108 (1976).

23) *Peschel, G., P. Belouschek*, Sbornik dokladov VI. Konferenzii po poverkhnostnym silam. Izdatel' *B. V. Deryagin* (Izdatel'stvo „Nauka", Moskva 1976).

24) *Peschel, G., P. Belouschek*, Z. physik. Chem. (N.F.), im Druck.

25) *Lyklema, J.*, J. Colloid Interf. Sci. **58**, 242 (1977).

26) *Tadros, Th. F., J. Lyklema*, J. Electroanal. Chem. **17**, 267 (1968).

27) *Parks, G. A.*, Chem. Rev. **65**, 177 (1965).

28) *Boehm, H.-P.*, Angew. Chem. **78**, 617 (1966).

29) *Adamson, A. W.*, „Physical Chemistry of Surfaces" pp. 397–402, 2nd ed., (Interscience Publishers, New York–London–Sidney 1967).

30) *Peschel, G., P. Belouschek*, unveröffentlichte Messungen.

31) *Steinbach, H., Chr. Sucker*, Kolloid Z. Z. Polymere **250**, 812 (1972).
32). *Bikerman, J. J.*, „Surface Chemistry. Theory and Application", 2nd ed., Academic Press 1958.
33) *Wiggins, P. M.*, J. Theor. Biol. **32**, 131 (1971); **37**, 363 (1972); Biophys. J. **13**, 385 (1973); Clin. Exp. Pharmacol. Physiol. **2**, 171 (1975).
34) *Ling, G. N.*, Int. Rev. Cytology **26**, 1 (1969).
35) *Peschel, G., P. Belouschek*, in Vorbereitung.
36) *Drost-Hansen, W.*, In: Chemistry of the Cell Interface p. 1, ed. *H. D. Brown*, (Academic Press 1971).

Anschriften der Verfasser:

Prof. Dr. *G. Peschel*
Teilbereich Theoretische und Physikalische Chemie
der Universität und Gesamthochschule Essen,
Universitätsstraße 5–7, 4300 Essen

und

Dipl. Chem. *P. Belouschek, B. Kress* und *R. Reinhard*
Institut für Physikalische Chemie
der Universität Würzburg
Markusstraße 9–11, 8700 Würzburg

Progr. Colloid & Polymer Sci. **65**, 92–102 (1978)

ISSN 0340-255 X

Institut für Physikalische Chemie und Elektrochemie der Universität Karlsruhe

Struktur nicht-wässeriger Flüssigkeiten

H. G. Hertz

Mit 7 Abbildungen, 6 Skizzen und 1 Tabelle

(Eingegangen am 18. Februar 1978)

Einleitung

Die gegenwärtige Konferenz beschäftigt sich mit Lösungen und Adsorption. Verstehen wir Adsorption in geeignetem Sinne, dann kommt bei den betrachteten Systemen immer in gewisser Weise mindestens Zweiphasigkeit vor: Wir haben eine flüssige Phase und eine andere Phase, die entweder fest ist oder sich sonst deutlich von der flüssigen Phase absetzt.

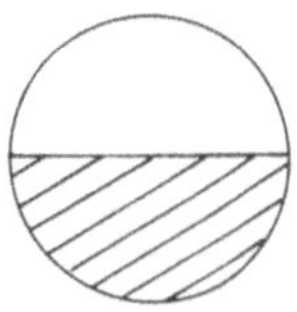

flüssig
fest oder verschieden von homogener flüssiger Phase

Dann verstehe ich meinen Auftrag Ihnen gegenüber so, daß ich Ihnen sagen soll: Was dürfen Sie bei der Behandlung und Beschreibung der flüssigen Phase in obiger Skizze als allgemein gesicherte und anerkannte Erkenntnisse bezüglich der Struktur dieser Phase, insbesondere bei nicht-wässerigen Flüssigkeiten, ansehen?

Um Ihnen die vorgelegte Frage zu beantworten, lassen Sie mich Sie sogleich an einen sehr wesentlichen Punkt heranführen. In der Abbildung 1 sehen Sie einen *Stapel* von Kugeln als Modell des festen Zustandes. Die erschöpfende Beschreibung der Struktur dieses festen Zustandes läßt sich rasch durch die Angabe einiger weniger Zahlen vollziehen. Lagen von Massenpunkten als Repräsentanten der Atome oder Moleküle sind nur für einige wenige Orte relativ zu einem herausgegriffenen Bezugsteilchen zu finden. Alle anderen Orte lassen sich durch wohldefinierte Periodizitätsregeln nacherzeugen, der restliche Raum ist leer. Die Struktur von sehr komplizierten kristallisierten festen Substanzen ist im Prinzip auf gleiche Weise zu erfassen. Bei der Flüssigkeit ist es anders. Sehen wir uns Abbildung 2 als Abbild einer Flüssigkeit an, so finden wir, daß diese am besten durch einen *Haufen* beschrieben wird (1). Dieser Vergleich der Flüssigkeit mit einem Haufen stammt von dem englischen Kristallographen *Bernal* (1). In Wirklichkeit bewegen sich die Teilchen natürlich dauernd, und wir müssen zunächst einmal

Abb. 1. Ein geordneter Stapel von Kugeln als Modell eines kristallinen Festkörpers (nach 1))

Abb. 2. Ein ungeordneter Haufen von Kugeln als Modell einer Flüssigkeit

von der molekularen Bewegung absehen. Diese Eigenschaft wird am Schluß des Vortrages kurz wieder aufgenommen. Somit ist die Momentaufnahme der Flüssigkeit zu einem beliebigen Zeitpunkt durch einen Haufen anschaulich abzubilden.

Ganz sicherlich ist schon der einfachste Haufen, nämlich ein solcher, der aus Kugeln gebildet wird, nicht durch einen einfachen Satz von wenigen Zahlen zu beschreiben. Nehmen wir einmal an, daß die Schwerkraft abgeschaltet ist. Es gibt dann sicher sehr viele mögliche Weisen, einen Haufen aufzubauen. Beschreiben heißt hier begrifflich Besitz nehmen von dem Objekt in dem Sinne, daß dieses in eindeutiger Weise nachvollzogen werden

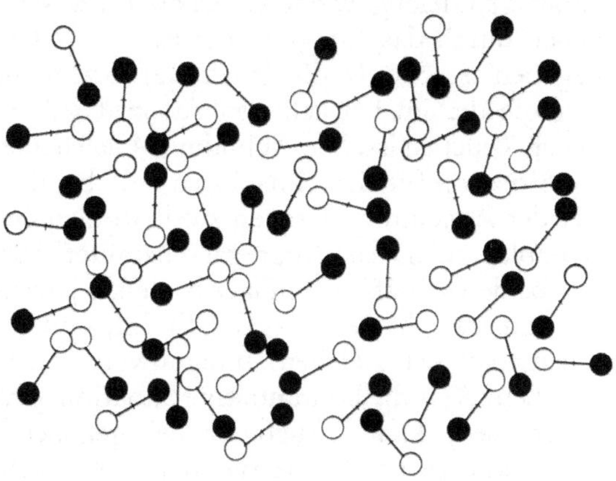

Abb. 3. Modell einer einfachen zweiatomigen Flüssigkeit

kann. Also stellen Sie sich vor, daß der Haufen in einem Raume aufgerichtet ist, Sie sind draußen, und ich muß Ihnen nun eine Beschreibung, d.h. Anweisung so geben, daß Sie in der Lage sind, genau den gleichen Haufen aus einer vorgegebenen Anzahl Kugeln aufzubauen. Damit Ihre Vorstellung aber nicht von vornherein bei einer atomaren Flüssigkeit – Haufen von Kugeln – haften bleibt, stelle ich Ihnen in Abbildung 3 sogleich einen Haufen von zweiatomigen Molekülen – oder besser einen Ausschnitt daraus – vor. Es gilt, dieses molekulare System so zu beschreiben, daß der Nachvollzug auf eindeutige Weise vom „Empfänger" der entsprechenden Vorschrift durchgeführt werden kann. Und stellen Sie sich jetzt bitte noch vor, wieviel schwieriger die Situation wird, wenn Moleküle von komplizierterer Form in Frage stehen.

Zur weiteren Behandlung des Problems wollen wir nun einfach eine Anzahl von Beschreibungsmöglichkeiten der Struktur von Flüssigkeiten, die sich in der Literatur finden, kritisch durchgehen. Schließlich werden wir dann da ankommen, wo nach heute allgemein gültiger Ansicht das wünschenswerte Ziel erreicht ist. Es sei hier schon darauf hingewiesen, daß sich dieses Ziel wohl formal angeben läßt, daß aber eine explizite Durchführung des Programms wegen der außerordentlichen Komplexität des Gegenstandes heute und sicher auch in naher Zukunft ausgeschlossen ist. Vielleicht beleuchtet noch ein anderer Aspekt die Situation ganz gut: Es ist unsere Aufgabe, das „Fast-Chaos" zu beschreiben. Definitionsgemäß ist das Chaos schlechthin unbeschreibbar in dem Sinne, daß es keine irgendwie angebbaren Ordnungs- oder Strukturmerkmale aufweist. In der Flüssigkeit gibt es jedoch gewisse Strukturmerkmale, sie sind aber in der Regel verborgen und damit schwer zugänglich.

Wenden wir uns jetzt jenen Erfassungsversuchen zu, die sich üblicherweise in der Literatur finden.

2. Freie und gebundene OH-Gruppen

Selbstverständlich handelt es sich hier um Flüssigkeiten, die H-Brücken ausbilden oder bei denen H-Brückenbindung vermutet wird. Betrachten wir die Sprache, die Herr *Luck* in seinem Vortrag benutzt hat. Er hat im wesentlichen eine Zwei-Worte-Beschreibung angegeben:

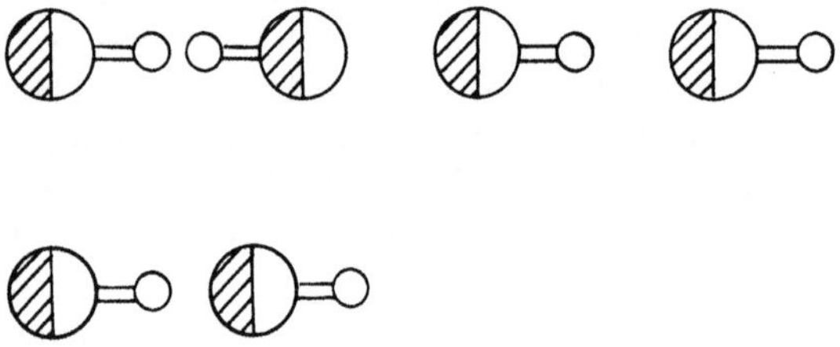

a) freie OH-Gruppen
(und natürlich auch)
b) gebundene OH-Gruppen

Die erste Spezies sei mit einer Zahl $n_{\rm frei}$, die zweite mit der Zahl $n_{\rm geb}$ vorhanden. Mit der Information $n_{\rm frei}$ und $n_{\rm geb}$ wollen wir jetzt einen Haufen aufbauen. Dabei tritt sofort das Problem auf, was mit folgenden Paarkonfigurationen zu tun ist

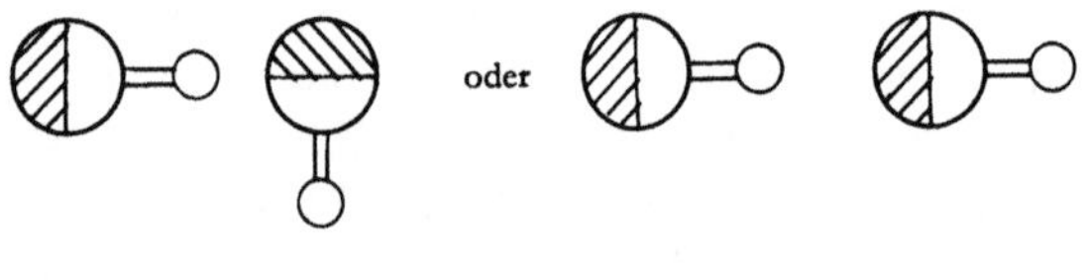

Sollen wir diese Konfiguration als frei oder gebunden zählen, also sind sie bei $n_{\rm frei}$ oder bei $n_{\rm geb}$ zu Buch zu nehmen? Wir sehen also, wollen wir nicht die unrealistische Annahme machen, daß die letzteren Konfigurationen ganz fehlen, so können wir nur feststellen, daß die Zwei-Wort-Beschreibung uns beim Aufbau des Haufens unzureichend führt, zum mindesten muß die Grenzziehung zwischen den beiden Klassen angegeben sein. In der Tat hatte Herr *Luck* uns noch ein drittes Wort angeboten, nämlich die Zahl der zyklischen Dimeren. Doch so weit ich sehe, spielen diese Bindungstypen bei seinem Gesamtkonzept eine geringe Rolle, auch hier fehlt übrigens die Anweisung, welchen Verzerrungsgrad dürfen wir noch als zyklisch zählen? Wir sehen bei dieser Strukturbeschreibung ganz ab von der Unbestimmtheit, die bezüglich der Lagen der unpolaren Molekülteile resultiert. Als praktische Beispiele, bei denen eine derartige Strukturbeschreibung benutzt wird, seien IR- und Ramanuntersuchungen an Alkoholen genannt (2). Hier gibt es bei ausreichender Verdünnung im inerten Lösungsmittel separate Schwingungsfrequenzen für freie und gebundene Spezies; unter Benutzung der jeweiligen Spektralintensitäten führt dies dann ganz naturgemäß zu der angedeuteten Zwei-Wort-Beschreibung — allerdings in einem binären Gemisch aus zwei verschiedenen Substanzen. Bei der NMR-chemischen Verschiebung der im H-Brückenbereich lokalisierten Kerne ist die Situation ganz entsprechend, nur führt die zeitliche Mittelung aufgrund des schnellen Austausches zu einer gewissen Reduktion der Information (3).

3. Angabe von thermodynamischen Gleichgewichtskonstanten, um Assoziations- oder Komplexgleichgewichte zu beschreiben

Hier denke ich besonders an solche Daten in der Literatur, die „stilrein“ sind, d.h., die wirklich aus thermodynamischen Messungen gewonnen wurden. Gegeben sei also ein Satz von Stabilitätskonstanten K_2, K_3, K_4, ..., es ist unsere Aufgabe, den Haufen, der die Flüssigkeit repräsentiert, mit dieser Kenntnis aufzubauen. Die Indices 2, 3, 4 mögen die Zahl der gebundenen Teilchen charakterisieren. Wir befinden uns nun bei unserem Bemühen sofort in äußerster Schwierigkeit: Wie sollen wir unsere Teilchen anordnen? Es ist klar, daß diese Schwierigkeit auftreten muß, denn die im Zahlensatz K_2, K_3, ... enthaltene Information kann nur thermodynamische Eigenschaften betreffen. Also die Information ist etwa von der Art: Es gibt in der betrachteten Flüssigkeit Bereiche, die durch eine gewisse Standard-Freie Energie und durch eine gewisse Masse charakterisiert sind (4). Mehr wissen wir nicht. Nun läßt sich zeigen (4), daß eine derartige Gleichgewichtskonstante im wesentlichen durch das Integral über exp $(-U/kT)$ gegeben ist, wo U die (effektive) potentielle Energie der im betrachteten Assoziat gebundenen Teilchen ist. Die Abbildung 4 beleuchtet die Situation für den einfachsten Fall, bei dem nur der Abstand r zwischen zwei Atomen den Komplex oder das Aggregat charakterisiert. Die beiden schraffierten Flächen stellen jeweils das Integral über exp $(-U/kT)$ dar, und Sie sehen, daß bei gleichem Integralwert – d.h. gleichem K_i – die konfigurative Situation ganz anders sein kann. Auch ist bei gegebener Potentialform das Wertepaar der beiden Abstände, welche den Integrationsbereich definieren, nicht bekannt. Je nachdem, ob die

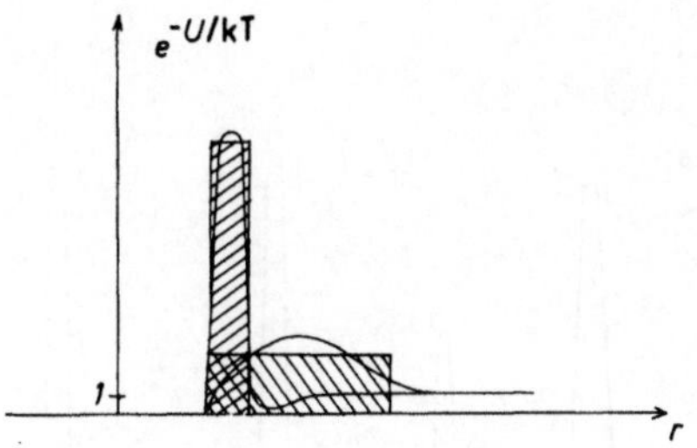

Abb. 4. Konfigurative Mehrdeutigkeit der Gleichgewichtskonstanten K. Schraffierte Flächen zeigen gleiches K an, der erfaßte Abstandsbereich ist ganz verschieden

Potentialform flach oder steil ist, haben wir Konfigurationen, die mit großem oder kleinem Abstand versehen sind, in der durch ein gewisses K_i charakterisierten Klasse mitzuzählen oder unter der Klasse „frei" zu buchen. Im allgemeinen ist die thermodynamische und die konfigurative Charakterisierung nicht kompatibel, man braucht weitere Aussagen. Oft steht neben dem Integral

$$\int_{\Delta \vec{r}} \exp(-U/kT) \cdot d\vec{r}$$

auch das Integral

$$\int_{\Delta \vec{r}} U \exp(-U/kT) \cdot d\vec{r}$$

zur Verfügung, welches durch den Energieinhalt des Systems gegeben ist. Weiterhin führt starre Bindung zu Schwingungen, nämlich genau dann, wenn die mittlere thermische Energie (kT) eine kleine Größe verglichen mit der Potentialtiefe ist (5). Wir mögen auch fordern, daß durch hinreichend steile Potentialabfälle der effektive Teilchenradius vergrößert wird, welches zur Verminderung der Fluidität und zur Verlangsamung der Brownschen Molekularbewegung führt (6, 7). Man wird also verlangen müssen, daß thermodynamisch gefundene „Komplexbildung" begleitet ist von weiteren mechanischen bzw. dynamischen Kriterien.

Typische Beispiele sind binäre Gemische (A, B), bei denen aus der freien Exzeßenthalpie auf Assoziation geschlossen wird. Hier kommt entweder Selbstassoziation (AA oder BB) oder Fremdassoziation (AB-Assoziation) in Frage (8–10). Nur allzu häufig sind Assoziationsstrukturen, die durch thermodynamische Gleichgewichtskonstanten beschrieben sind, durch keinerlei sonstige mechanische Kriterien nachweisbar (19). Auf der anderen Seite gibt es auch Systeme, wie etwa verdünnte Lösungen von Carbonsäuren in inerten Lösungsmitteln, bei denen intermolekulare im fernen IR liegende Schwingungen beobachtet wurden (5). Schließlich seien noch solche Systeme genannt, bei denen Komplexbildungskonstanten auf uneigentlichem nicht-thermischem Wege erhalten wurden, wie zum Beispiel die aus der NMR-Spektroskopie bekannten sog. aromatischen Komplexe („upfield shift" durch Anlagern nichtaromatischer Moleküle an aromatische, Ringstromeffekt) und gewisse charge-transfer Komplexe, bei denen auch Befunde, die auf feste mechanische Verkopplung durch tiefe und scharfe Potentiale hinweisen, fehlen (12).

4. Verschiedene Typen von Aggregaten

Gelegentlich findet man auch die Charakterisierung der Struktur einer Flüssigkeit durch die Angabe von Zahlen N_n, wo N_n die Zahl der Aggregate oder Cluster bedeutet, die aus n Einzelmolekülen zusammengesetzt sind. In ähnlicher Weise spricht man auch von Mono-

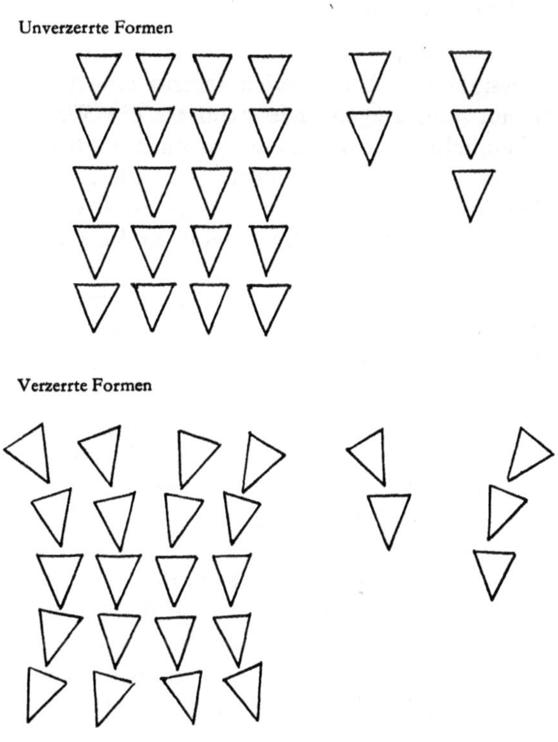

meren, Dimeren, Trimeren, usw. Aber auch hier ist sehr schnell klar, daß zur Nacherzeugung der so gegebenen Strukturinformation beim Aufbau des Haufens der Grad der Verzerrung der Aggregate, der noch zugelassen ist, nicht bekannt ist.
Was ist also noch als ein Aggregat von, sagen wir, 20 Teilchen zu zählen und was nicht mehr? Von Aggregaten, meist in Form von Dimeren, Trimeren usw. spricht man häufig bei der Beschreibung der Struktur von reinen oder verdünnten Alkoholen oder Carbonsäuren (3).

5. Verteilungen von Löchergeometrien

Eigentlich mehr um die mannigfaltigen Versuche, die Struktur der Flüssigkeiten begrifflich zu erfassen, zu demonstrieren, sei der Ansatz von *Bernal* (1) genannt, der darin besteht, Angaben von Häufigkeiten zu machen, mit denen gewisse Polyeder in Form von „kanonischen Löchern" als zwischenatomare Hohlräume vorkommen. Nach meinem Wissen hat dieses Verfahren aber keine praktische Bedeutung erlangt.

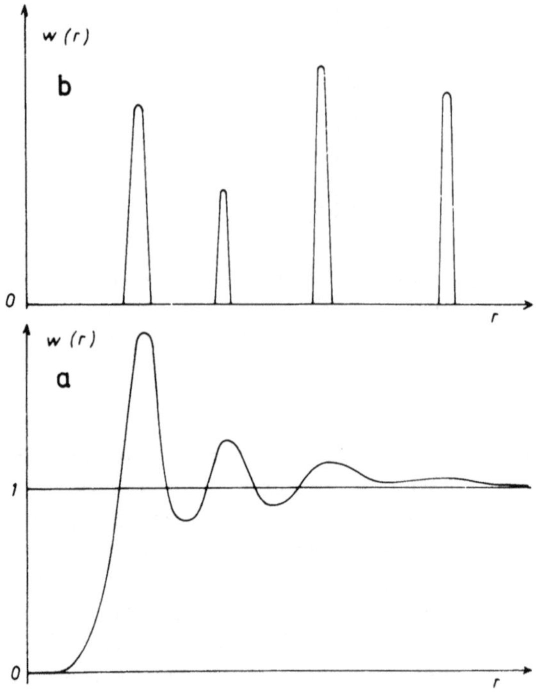

Abb. 5. Schematische Darstellung einer radialen Paarverteilungsfunktion. a: für die Flüssigkeit, b: für den Festkörper

6. Beschreibung der Struktur von Flüssigkeiten durch molekulare Verteilungsfunktionen

Wir betrachten zunächst nur einatomige Flüssigkeiten. Wir greifen irgend ein Atom heraus und fragen, wie groß ist die Wahrscheinlichkeit, ein anderes Atom am Orte $\vec{r}$ relativ zum Bezugsteilchen zu finden? Die Antwort auf diese Frage ist durch die Abbildung 5a dargestellt. Die abgebildete Funktion mit jenen typischen Maxima nennt man die Paarverteilungsfunktion (13, 14), da nur ein Paar von Atomen betrachtet wird. In unserer Abbildung ist die Funktion so normiert, daß sie für große Abstände den Wert 1 annimmt. Hier haben wir für alle Abstände totale Gleichverteilung (für alle Abstände ist die Wahrscheinlichkeit, hier ein Teilchen zu finden, gleich). Der Bedeutungsgehalt dieser Funktion wird besonders klar, wenn wir sie mit der entsprechenden Funktion für den kristallisierten Festkörper vergleichen, welche in Abbildung 5b abgebildet ist. Man erkennt, daß jetzt nur an ganz engbegrenzten Positionen Teilchen gefunden werden können, an allen anderen Abständen ist die Wahrscheinlichkeit, daß hier ein Atom sitzt, gleich Null. Man sieht auch, daß Abbildung 5a noch in großer Nähe des Aufteilchens Maxima gewissermaßen als Residuen der Kristallordnung enthält, man sagt, es existiert in der Flüssigkeit noch eine gewisse Nahordnung, die Fernordnung ist jedoch beim Schmelzen zusammengebrochen. Kehren wir zum Problem des Nachvollzuges des Haufens als Abbildung der Flüssigkeit zurück, so müssen wir nun also unseren Haufen so einrichten, daß jeweils Abstände zwischen zwei Teilchen mit der Häufigkeit auftreten, wie es durch die Verteilungsfunktion Abbildung 5a gegeben ist. Natürlich charakterisiert dies nicht völlig die wirkliche Situation: Alle Teilchen des Haufens befinden sich ja in der realen Flüssigkeit in dauernder Bewegung, und wir haben in zeitlich aufeinander folgenden Beobachtungen eine Kugel herauszugreifen und dafür zu sorgen, daß der Abstand zu irgend einem Partner mit der durch Abbildung 5a vorgeschriebenen relativen Häufigkeit vorkommt.

Es sei noch kurz darauf hingewiesen, daß bei Kenntnis der Paarverteilungsfunktion keineswegs eine erschöpfende Information über den „Haufen" Flüssigkeit vorliegt. Selbst, wenn wir die „Vorschrift" Abbildung 5a erfüllt haben, gibt es noch eine große Variabilität unseres Systems. Zur genaueren Fixierung des Systems müßte man auch eine Anweisung darüber erhalten, mit welcher Wahrscheinlichkeit gewisse drei, vier, usw. Teilchenkonfigurationen vorkommen sollen. Doch seien wir zunächst zufrieden mit der Strukturbeschreibung in niedrigster Hierarchie, d.h. derjenigen in der Sprache der Paarverteilungsfunktionen.

Paarverteilungsfunktionen von einatomigen Flüssigkeiten, wie sie durch Edelgase und flüssige Metalle repräsentiert werden, sind heute experimentell recht gut bekannt. Solche Informationen stammen aus Röntgen- und Neutronenbeugungsexperimenten, und aber auch aus Maschinenrechnungen und auch aus theoretischen Berechnungen auf dem Boden der eigentlichen statistischen Mechanik.

Wir müssen jetzt den Begriff der „radialen" Paarverteilungsfunktion (nur r-Abhängigkeit) zu einem solchen verallgemeinern, der auch Aussagen über Orientierungsverteilungen mitbeinhaltet. Damit werden wir in der Lage sein, den Haufen, der durch die Abbildung 3 dargestellt ist, zu beschreiben. Bezüglich der Mittelpunkte der Hanteln (Moleküle) wird die Verteilung der in Abbildung 5a dargestellten gleichen. Nehmen wir an, der wahrscheinlichste Abstand sei der in Abbildung 6a gezeichnete. Dann ist die Häufigkeit, mit der die auf ein Bezugsmolekül bezogene Orientierung der Molekülmittelpunkte auftritt, durch die Stärke der Zeichnung gegeben. In Abbildung 6b wurde die Orientierung der maximalen Wahrscheinlichkeit herausgegriffen und die relative Orientierung der Molekülachsen in gleicher Weise behandelt. Die Verteilungsfunktion Abbildung 5a wird also nunmehr zu einer dreidimensionalen Funktion, neben der Abstandsabhängigkeit enthält sie auch Aussagen über die beiden Winkel ϑ und β, also zum Beispiel

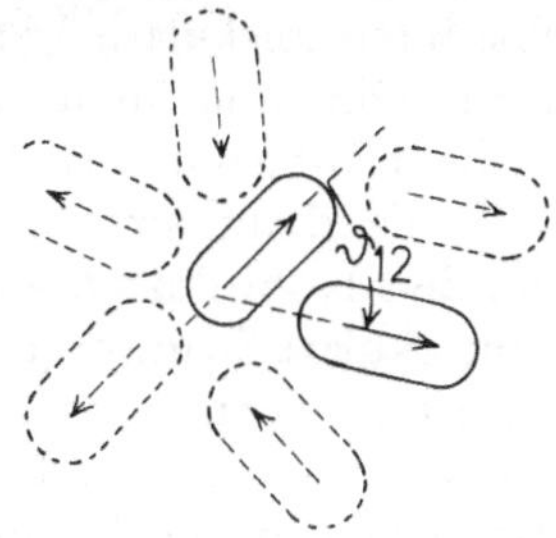

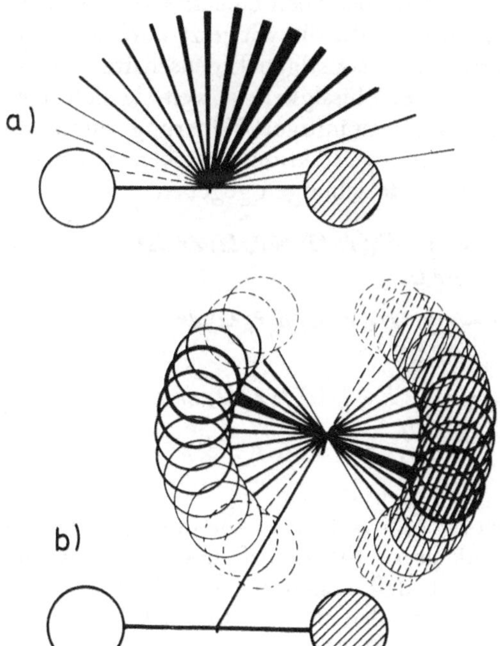

Abb. 6. Schematische Darstellung einer Orientierungspaarverteilungsfunktion. Stärke der Strichziehung entspricht Häufigkeit des Auftretens. a) für den Winkel ϑ bezüglich Mittelpunkt des Paarpartners, b) für den Winkel β die relative Achsenorientierung betreffend

Wenn die Moleküle starre Körper sind, so ist die molekulare Verteilungsfunktion 6-dimensional. Wir brauchen drei Winkel (abgekürzt Ω), um die Relativorientierung zu beschreiben, und einen Vektor $\vec{r}$, der vom Bezugsmolekül aus zum Paarpartner weist, um die Paarkonfiguration zu beschreiben.

Also unser bisheriges Ergebnis ist: Wir charakterisieren die Struktur einer molekularen Flüssigkeit durch Angabe der Funktion

$$p(\vec{r}, \Omega).$$

Um eine ganz ungefähre Anschauung von einer derartigen Verteilungsfunktion zu erhalten, kann man sich diese etwa wie

$$p \approx e^{U(\vec{r},\Omega)/kT}$$

vorstellen, wo U wieder die potentielle Energie des Paares darstellt, doch enthält $p(\vec{r}, \Omega)$ gewisse strukturelle Feinheiten, die in

$U(\vec{r}, \Omega)/kT$ nicht enthalten sind. Wir machen uns noch einmal (in etwas vereinfachender Weise) die Bedeutung dieser Funktion klar: Uns sei ein Haufen von gleichen starren Körpern gegeben, die Schwerkraft sei abgeschaltet. Dann haben wir alle die kleinen starren Körper, die Teilchen oder Moleküle also, so hinzurücken, daß die Häufigkeiten, mit denen die relevanten Abstände und Winkel zwischen Paaren vorkommen, genau der durch $p(\vec{r}, \Omega)$ gegebenen Erzeugungsvorschrift entsprechen. Dann sagen wir, der Haufen (d.h. die Flüssigkeit) ist in niedrigster Stufe der Hierarchie der Verteilungsfunktion durch die Paarverteilungsfunktion $p(\vec{r}, \Omega)$ charakterisiert. Doch meist ist die Situation noch verwickelter, denn die Moleküle brauchen keine starren Körper zu sein, sie können eine gewisse Flexibilität besitzen. Oder, wenn wir den Tatbestand in chemischer Sprache ausdrücken: Die betrachtete Verbindung kann in verschiedenen Konformationen vorkommen. Dann braucht man (in Strenge) intramolekulare Verteilungsfunktionen und eine intermolekulare Verteilungsfunktion, deren Dimensionalität weiterhin wächst, denn die Häufigkeit des Auftretens von bestimmten Paarkonfigurationen hängt auch noch von den Koordinaten ab, die die jeweilige intramolekulare Struktur (d.h. die jeweilige Konformation) kennzeichnen. Schließlich ist dann bei Gemischen, etwa bei solchen aus zwei Komponenten A und B, zur Charakterisierung der Gesamtflüssigkeitsstruktur der Satz von Paarverteilungsfunktionen

$$p_{AA}(\vec{r}, \Omega, \ldots), p_{BB}(\vec{r}, \Omega, \ldots), p_{AB}(\vec{r}, \Omega, \ldots)$$

erforderlich.

Wir kommen also zu dem Ergebnis: Die „richtige" Beschreibung der Struktur einer Flüssigkeit ist im allgemeinen praktisch nicht durchführbar. Wir können sagen: Um eine derartige Struktur zu beschreiben, braucht man eine sehr große Zahl von Worten, man braucht praktisch eine unendlich große Zahl von Worten. Wir sind in realen Fällen also *notwendig* auf Approximation angewiesen. Die beschriebene Weise, die Struktur der Flüssigkeit zu kennzeichnen, kann also nur als Ideal vor uns stehen, dieses ist aber selbst nicht erreichbar. Rationale Besitzbarkeit heißt: erfaßbar in endlicher Zeit, ein Gegenstand aber, dessen Nachvollzug unendlich viele Worte benötigt, kann nicht in endlicher Zeit nacherzeugt werden, somit kann es sich bei unserem Beschreibungsmodus nur um ein praktisch nicht erreichbares Ideal handeln, ein Ideal, an dem die notwendig zu machenden Approximationen zu messen sind. Wir sehen somit sofort, daß sich bei einer gemachten konkreten Aussage die Entscheidung: richtig oder unrichtig nicht rasch treffen läßt, da das „richtig" unendlich weit entfernt liegt.

Natürlich setzt hier die Behandlung des Problems mit Maschinenrechnungen ein, die Rechenmaschinen können Worte schneller vollziehen als der Mensch. Doch hier besteht das Problem und die Gefahr darin, daß der Mensch sich mit dem Rechner seine eigenen Objekte schafft, dann hat sich das Bemühen des Menschen, im Erkenntnisprozeß etwas außer ihm seiendes Objektives zu erfassen, ad absurdum geführt.

7. Die gemessenen makroskopischen Eigenschaften

Unsere strukturkennzeichnende Funktion $p(\vec{r}, \Omega)$ hat aber noch eine andere fundamentale Eigenschaft, die wir jetzt kurz skizzieren müssen. Alle sonstigen Eigenschaften F_1, F_2, F_3, ... der Flüssigkeit, soweit sie sich überhaupt in vernünftiger Näherung durch die Paarverteilungsfunktion darstellen lassen, sind durch die Beziehungen gegeben:

$$\bar{F}_1 \sim \int_{\Delta(\vec{r},\Omega)} F_1(\vec{r}, \Omega)\, p(\vec{r}, \Omega)\, d\vec{r}\, d\Omega$$

$$\bar{F}_2 \sim \int_{\Delta(\vec{r},\Omega)} F_2(\vec{r}, \Omega)\, p(\vec{r}, \Omega)\, d\vec{r}\, d\Omega$$

$$\bar{F}_3 \sim \int_{\bar{\Delta}(\vec{r},\Omega)} F_3(\vec{r}, \Omega)\, p(\vec{r}, \Omega)\, d\vec{r}\, d\Omega$$

....

Hier ist F_i, $i = 1, 2 \ldots$ die in Frage stehende physikalische Eigenschaft, und der Querstrich bedeutet, daß es sich um den Mittelwert handelt. Wir wollen nur zwei Beispiele betrachten: Wenn $F = e^{-U/kT} p(\vec{r}, \Omega)^{-1}$, so ist $\bar{F}$ die thermodynamische Gleichgewichtskonstante. Oder F ist die IR-Intensität an einer gegebenen Schwingungsfrequenz in der Konfiguration $\vec{r}$, Ω. $\bar{F}$ ist dann die von Herrn *Luck* beschriebene, wirklich beobachtete Intensität bei der Frequenz ν. In beiden Fällen allerdings ist die funktionelle Form von $F_i(\vec{r}, \Omega)$ nicht explizit bekannt. Wir sehen an obigen Beziehungen sogleich, daß sie die zunächst noch offenen Integrationsgrenzen $\Delta(\vec{r}, \Omega)$ enthalten. Somit muß also im allgemeinen F_i von einem Parameter abhängen, der durch die Integrationsgrenzen bestimmt ist. Bei den Gleichgewichtskonstanten K_i, $i = 1, 2 \ldots$ hatten wir das schon erwähnt. Wenn allerdings $F(\vec{r}, \Omega)$ für große $\vec{r}$ rasch genug verschwindet, so kann $\Delta(\vec{r}, \Omega) \to \infty$ gehen, wir haben nun eine Eigenschaft, die man in gewissem Sinne als selbstdefinitorisch bezeichnen kann. Ganz sicherlich ist dieses nicht der Fall bei der Eigenschaft, die die Zahl von Dimeren darstellt (oder bei Verteilungsfunktionen in höherer Teilchenzahl-Hierarchie die Zahl der Aggregate mit entsprechend höherer Anzahl von Molekülen), hier ist $F = 1$, und es muß stets angegeben werden, welche Integrationsgrenze gemeint ist. Dieses ist derselbe Sachverhalt, auf den bereits bei Besprechung des Strukturbegriffes „Aggregate" hingewiesen wurde.

Wir sehen also, daß die soeben angegebenen Beziehungen für F_i, $i = 1, 2 \ldots$ gleichsam die Konvergenzstellen sind, bei denen die Ergebnisse von verschiedenen Meßprozessen zusammenzulaufen haben, alle Daten müssen auf das gleiche $p(\vec{r}, \Omega)$ abbildbar sein. Die Transformationsbeziehungen $F_i \to p(\vec{r}, \Omega)$ in ihrer expliziten Form allerdings sind heute noch kaum bekannt. Dies liegt z. T. daran, daß meist Vielelektronenprobleme zwischengeschaltet sind. Es sei noch erwähnt, daß es auch sein kann, daß in die Mittelwertbildung dynamische Prozesse eingehen, dann ist auch der (verallgemeinerte) Impulsraum mit in die Betrachtung einzubeziehen. Wir sehen also abermals, daß der hier skizzierte Formalismus der Strukturbeschreibung in Form von Paarverteilungsfunktionen noch nicht allgemein zur Bewältigung des Problems gänzlich ausreichend ist.

8. Experimentelle Ergebnisse

Was liegen nun heute für Kenntnisse über Winkelkorrelationen bei nicht-kugelförmigen Molekülen vor? Wir sagten, daß unser Wissensstand über radiale Paarverteilungsfunktionen von einatomigen Flüssigkeiten (Edelgase, Metalle, oder auch „Gemische" wie Salzschmelzen und Metallegierungen) heute

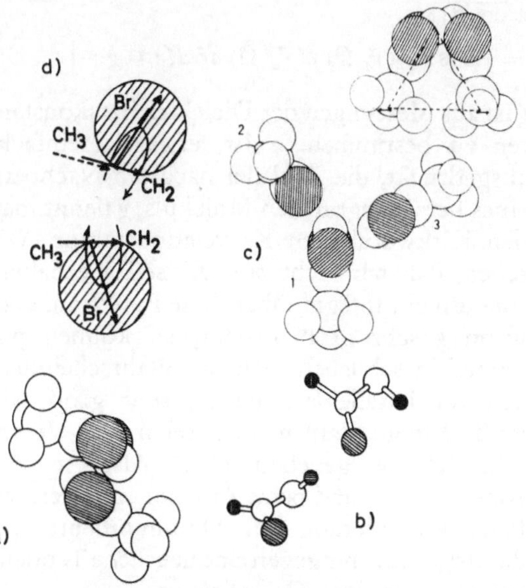

Abb. 7. Paarkonfigurationen maximaler Wahrscheinlichkeit in Flüssigkeiten. a) Essigsäure bei Molenbruch $X \approx 0.2$ in Lösungsmittel C_6H_{12} (23), b) Ameisensäure, reine Flüssigkeit (26), c) Essigsäure, reine Flüssigkeit (mit 1, 2, 3 gekennzeichnet) und in Verdünnung bei Molenbruch $X \approx 0.2$ in CCl_4 (22), d) Äthylbromid, reine Flüssigkeit (27)

schon beträchtlich ist. Um so bemerkenswerter ist es, daß uns die Forderung, daß nur ein kleiner Schritt weiter gegangen wird, nämlich daß auch Orientierungsverteilungen von einfachen Molekülen einbezogen werden, sogleich praktisch in den Zustand der völligen Unkenntnis versetzt. Lassen Sie mich kurz skizzieren, was bisher an Ansätzen in der Literatur zu finden ist. Betrachten wir ein Paar von gleichen Molekülen, die ein permanentes elektrisches Dipolmoment tragen. Die Dipolmomente sind in der Zeichnung durch einen Pfeil angedeutet. Andere Dipolmoleküle in der Flüssigkeit sind gestrichelt gezeichnet. Jeweils zwei Dipolmomente bilden den Winkel ϑ_{12} miteinander. Dann ist der Mittelwert von $\cos\vartheta_{12}$ über die ganze Flüssigkeit

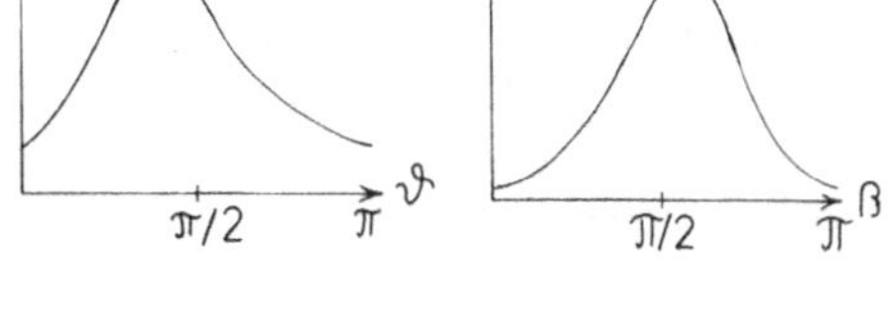

$$z\,\overline{\cos\vartheta_{12}} = \int \cos\vartheta_{12}(\vec{r}, \Omega)\, p(\vec{r}, \Omega)\, d\vec{r}\, d\Omega \equiv g-1.$$

g ist aus Messungen der Dielektrizitätskonstanten zu bestimmen. z ist, etwas vereinfacht ausgedrückt, die Zahl der nächsten Nachbarn eines herausgegriffenen Moleküls, g nennt man den Kirkwoodschen Korrelationsfaktor. Wir sehen, daß wir nicht $p(\vec{r}, \Omega)$ selbst erhalten, sondern ein Integral über diese Funktion, aber wenn g sehr groß ausfällt, so können wir immerhin schließen, daß die Wahrscheinlichkeit für Parallelorientierung sehr groß sein muß. Einige Zahlenwerte seien zur Veranschaulichung gegeben (15). Also in der Ameisensäure und beim Äthanol erwarten wir Parallelorientierung der Dipolmomente, bei der Essigsäure hingegen eine deutliche Tendenz zur gegensinnigen Orientierung.

	g
Wasser	2.67 (?)
Äthanol	3.1
Ameisensäure	3.7
Essigsäure	0.6
Formamid	1.5

Leider stößt die experimentelle Bestimmung von g gelegentlich auf Schwierigkeiten, nämlich stets dann, wenn durch elektronische oder andere Ladungsverschiebungen im Molekül nicht genau voraussagbare induzierte Dipolmomente entstehen. Dieses ist z. B. beim Wasser der Fall (15).

Eine weitere experimentelle Information über $p(\vec{r}, \Omega)$ erhält man, wenn neben dem Mittelwert von $\cos\vartheta_{12}$ auch derjenige von $\frac{1}{2}(3\cos^2\vartheta_{12}-1)$ bestimmt werden kann:

$$\frac{z}{2}\,\overline{(3\cos^2\vartheta_{12}-1)} = \frac{1}{2}\int (3\cos^2\vartheta_{12}-1)\, p(\vec{r}, \Omega)\, d\vec{r}\, d\Omega \equiv g^{(2)}-1$$

Im Laufe der letzten Jahre sind Resultate über diese Größe aus Intensitätsmessungen und dynamischen Studien an depolarisierter Rayleighstreuung in der Literatur erschienen (16–19). Nach Meinung des Verfassers scheint es aber so zu sein, daß die Ergebnisse dieser Methode aus verschiedenen Gründen noch nicht voll gesichert sind.

Ganz neu ist die direkte Bestimmung von Winkelkorrelationen durch kombinierte Anwendung von Röntgen- und Neutronenbeugungstechniken an Flüssigkeiten. Hier ist die gemessene Größe die Streuintensität S nach einem vorgegebenen Impulsübertrag $\vec{\varkappa}$. Der Zusammenhang zwischen Meßgröße und $p(\vec{r}, \Omega)$ ist durch die Beziehung

$$S(\vec{\varkappa}) = \int a(\vec{\varkappa}, \Omega)\,[p(\vec{r}, \Omega)-1]\,e^{-i\vec{\varkappa}\vec{r}}\, d\vec{r}\, d\Omega$$

gegeben, wo $a(\vec{\varkappa}, \Omega)$ den Streufaktor eines Molekülpaares in der Konfiguration $\vec{r}, \Omega$ bezeichnet. Allerdings vermag dieses Verfahren nur eine begrenzte Anzahl von Entwicklungskoeffizienten von $p(\vec{r}, \Omega)$ nach verallgemeinerten Kugelfunktionen zu geben. Die bisher einzigen vorhandenen Meßdaten (im Prozesse der Veröffentlichung oder Fertigstellung der Auswertung) betreffen die Flüssigkeiten Acetonitril und Chloroform (19, 20).

Schließlich sei noch der Beitrag des Autors zu dem hier diskutierten Problemkomplex genannt. Es handelt sich um die experimentelle Ermittlung des Integrals

$$\overline{\frac{1}{r_{ij}^6}} = \int \frac{1}{r_{ij}^6}\, p(\vec{r}, \Omega)\, d\vec{r}\, d\Omega\,.$$

Hier ist r_{ij} der Abstand zwischen je zwei Atomkernen i und j auf verschiedenen Molekülen. Der auf der linken Seite der Gleichung angegebene Mittelwert wird durch die Auswertung von kernmagnetischen Relaxationszeiten erhalten (21–26). Durch Kombination von Meßdaten, die verschiedene Sätze von Atompaaren ij betreffen, lassen sich orientierungsabhängige Modellpaarverteilungsfunktionen ermitteln. Um hier wirklich gesicherte Ergebnisse auch in z. Zt. noch zweifelhaften Fällen zu erzielen, muß durch rein apparatetechnische Entwicklung die Meßgenauigkeit verbessert werden. Die Abbildung 7 zeigt einige sogenannte Konfigurationen maximaler Wahrscheinlichkeit, die mit dieser Methode erhalten würden.

Wie bereits im vorherigen angedeutet, muß ich jetzt noch den Eindruck verwischen, daß es sich bei der Flüssigkeit in der Tat um einen Haufen handelt, bei dem die Moleküle relativ zueinander ruhen. Das ist natürlich durchaus nicht der Fall, ganz im Gegenteil, die Teilchen führen im Maßstab üblicher menschlicher Zeitabläufe eine außerordent-

Tab. 1

Substanz	Molekülteil	τ_c 10^{-12} s
CCl_4	Cl	1.72
CD_3CN	D	0.34
	N	1.1
$(CD_3)_2CO$	D	0.47
	O	1.1
C_6H_6	H	1.1
C_6H_{12}	H	1.2
CH_3OH	C	0.43
	O	4.3
C_2H_5OD	H	2.2
	D	10.0
CH_3COOD	H	3.0
	D	11

lich rasche Bewegung aus. Bei hochfluiden Flüssigkeiten wie etwa Aceton ist eine mittlere Verschiebung um eine Länge, die etwa dem Moleküldurchmesser entspricht, nach $\approx 2 \cdot 10^{-12}$ s erfolgt, bei H-Brücken-gebundenen Molekülen dauert dieses etwa 10^{-11} s. Für die Umorientierungsbewegungen sind einige Zahlen in der Tabelle angegeben (29). Die dort mitgeteilten Zahlen haben – etwas vereinfachend ausgedrückt – folgende Bedeutung: Wir legen einen festen Vektor in ein Molekül oder eine Molekülgruppe. Solch ein Vektor verbinde etwa zwei Atomkerne des Moleküls. Dann wird sich nach einer gewissen Zeit dieser Vektor als Folge der thermischen Bewegung um 180° gedreht haben. Aus gewissen, hier nicht zu erörternden Gründen ist in der Tabelle jeweils ein Drittel dieser Umorientierungszeit angegeben. Man erkennt, daß sich bei Molekülen mit H-Brücken die durch diese H-Brücken direkt verkoppelten Gruppen deutlich langsamer bewegen als die Alkylgruppen. Wir haben also innere Bewegung im Molekül, dieses ist in den betreffenden Fällen kein starrer Körper.

Zusammenfassung

Einige der bisher üblichen Methoden, um die Struktur von Flüssigkeiten zu beschreiben, werden kurz skizziert und kritisch diskutiert: Freie und gebundene OH-Gruppen, thermodynamische Stabilitätskonstanten, verschiedene Typen von Aggregatbildung, Verteilung von Löchergeometrien. Sodann wird die moderne Methode der molekularen Paarverteilungsfunktion eingeführt. Hier werden besonders die Aspekte der Orientierungsabhängigkeit diskutiert. Einige in jüngster Zeit erschienene Ergebnisse werden kurz referiert.

Summary

Some of the conventional methods to describe the structure of liquids are briefly outlined and critically discussed: Free and bonded OH groups, thermodynamic stability constants, various types of aggregates, distribution of hole geometries. Then the more modern method of the molecular pair distribution functions is introduced. Here particular aspects of orientation dependence are discussed. Some recent applications are reported.

Literatur

1) *Bernal, J. D.*, in: Liquids, Structure, Properties and Interactions, Herausgeber: *T. J. Hughel* (Elsevier Publ. Co. 25, 1965).

2) Siehe z. B. *W. A. P. Luck*, in: The Hydrogen Bond. Herausgeber: *P. Schuster, G. Zundel, C. Sandorfy* (North Holland Publ. Co. Bd. **2**, 527, 1976).

3) Siehe z. B. *E. E. Tucker, E. Lippert*, in: The Hydrogen Bond. Herausgeber: *P. Schuster, G. Zundel, C. Sandorfy* (North Holland Publ. Co. Bd. **2**, S. 791, 1976).

4) *Hertz, H. G.*, Ber. Bunsenges. physik. Chem. **80**, 941 (1976).

5) *Statz, G., E. Lippert*, Ber. Bunsenges. physik. Chem. **71**, 673 (1967).

6) *Hertz, H. G.*, Ber. Bunsenges. physik. Chem. **75**, 183 (1971).

7) *Grüner, M., H. G. Hertz*, Advances Mol. Relaxation Processes **3**, 75 (1972).

8) Siehe z. B. *I. Prigogine* and *R. Defay*, Chemical Thermodynamics.

9) *Sherry, A. D.*, in: The Hydrogen Bond. Herausgeber: *P. Schuster, G. Zundel, C. Sandorfy* (North Holland Publ. Co. Bd. **3**, 1199, 1976).

10) *Wolff, H.*, in: The Hydrogen Bond, Herausgeber: *P. Schuster, G. Zundel, C. Sandorfy* (North Holland Publ. Co. Bd. **3**, 1225, 1976).

11) *Capparelli, A. L., H. G. Hertz, B. Kwatra, R. Tutsch*, Z. physik. Chem. N. F., **103**, 279 (1976).

12) *Hertz, H. G., B. Kwatra, R. Tutsch*, Z. physik. Chem. N. F. **103**, 259 (1976).

13) Siehe z. B. *F. Kohler*, The Liquid State (Verlag Chemie 1972).
oder

14) *Croxton, C.*, Introduction to Liquid State Physics (J. Wiley & Sons, New York 1974).

15) *Böttcher, C. J. F.*, Theory of Electric Polarization, Vol. 1 (Elsevier, Amsterdam 1973).

16) Siehe z. B. *B. J. Berne, R. Pecora*, Dynamic Light Scattering (J. Wiley & Sons, New York 1976).

17) *Bauer, D. R., J. I. Brauman, R. Pecora*, Ann. Rev. phys. Chem. **27**, 443 (1976).

18) *Versmold, H.*, Ber. Bunsenges. physik. Chem., zur Veröffentlichung eingereicht.

19) *Bertagnolli, H., M. D. Zeidler*, Molecular Physics **35**, 117 (1978).

20) *Bertagnolli, H., D. O. Leicht, M. D. Zeidler*, Molecular Physics **35**, 193 (1978) und im Druck.

21) *Hertz, H. G.*, Ber. Bunsenges. physik. Chem. **80**, 950 (1976).

22) *Berg, V., H. G. Hertz, R. Tutsch*, Ber. Bunsenges. physik. Chem. **80**, 1278 (1976).

23) *Capparelli, A. L., H. G. Hertz, R. Tutsch*, zur Veröffentlichung eingereicht bei J. physic. Chem.

24) *Bender, H. J., H. G. Hertz*, Ber. Bunsenges. physik. Chem. **81**, 469 (1977).

25) *Hertz, H. G., H. Weingärtner, B. M. Rode*, Ber. Bunsenges. physik. Chem. **79**, 1190 (1975).

26) *Kratochwill, A., H. G. Hertz*, J. Chim. Physique **74**, 814 (1977).

27) Daten nach *K. Engelsmann, H. G. Hertz, M. D. Zeidler*, Z. physik. Chem. N. F. **89**, 134–153 (1974). Veröffentlichung einer Unformulierung der Darstellung erfolgt demnächst in gleicher Zeitschrift durch den Autor.

28) *Hertz, H. G., M. D. Zeidler*, in: The Hydrogen Bond, Herausgeber: *P. Schuster, G. Zundel, C. Sandorfy* (North Holland Publ. Co. 1976) Bd. **3**, 1029.

Adresse des Verfassers:

H. G. Hertz
Institut für Physikalische Chemie
und Elektrochemie
der Universität Karlsruhe
7500 Karlsruhe

Progr. Colloid & Polymer Sci. **65**, 103-117 (1978)

ISSN 0340-255 X

Department of Physical Chemistry, School of Chemistry, University of Bristol, Bristol BS8 1TS

Thermodynamics of adsorption from non-aqueous solutions

D. H. Everett

With 18 figures and 1 table

(Received December 27, 1977)

Abstract

This paper presents a review of some recent theoretical and experimental work on adsorption from organic liquid mixtures by graphitised carbon blacks. Several relatively simple systems conform reasonably well to approximate theoretical models, but for systems involving higher alkanes and alkanols adsorbed from solution in a lower alkane, complex phenomena are observed which indicate molecular structuring of the higher molecular weight component near the surface. Some preliminary data on very dilute solutions are also reported which again show strong co-operative adsorption at low temperatures.

Introduction

The phenomenon of adsorption from solution is important both in its own right, and because of the fundamental role it plays in determining the properties of colloidal dispersions. Processes in colloidal systems can be classified into those in which the surface excess free energy, $G^\sigma = \sigma A_s$, changes as a result of variations of surface area, of surface tension or of both simultaneously. Changes in the surface tension associated with the surfaces of colloidal particles in a dispersion medium can arise from two sources, namely changes in the separation between the surfaces, and changes in the adsorption at these surfaces. Thus an understanding of adsorption, and ultimately of the dependence of adsorption on the surface separation must be one of the fundamental objectives in further progress towards a more complete theory of colloidal stability (1).

However, we are still far from understanding adsorption from solution in the case of isolated surfaces and simple mixtures, so that the present review is concerned mainly with adsorption from relatively simple non-aqueous systems by graphitised carbon surfaces.

Thermodynamic considerations

It is now generally accepted (2, 3) that adsorption is most conveniently measured by the *surface excess amount*, $n_i^{\sigma(n)}$, defined as the excess amount of i present in the system, over and above that in a hypothetical reference system containing the same total amount of substance (n^0) in which the bulk solution concentration (x_2^l) is constant up to the solid surface. The experimental quantity is the change, from x_2^0 to x_2^l, in the mole fraction of a chosen component, 2, in the liquid phase which results from equilibration of a mass m of solid with a sample of liquid containing an amount n^0 of substance. It follows that

$$n_2^{\sigma(n)} = n^0 x_2^0 - n^0 x_2^l = n^0 \Delta x_2^l \qquad [1]$$

where $\Delta x_2^l = x_2^0 - x_2^l$. This may be expressed as the *specific surface excess*, $n^0 \Delta x_2^l / m$, or the *areal surface excess*[1], $\Gamma_2^{(n)} = n^0 \Delta x_2^l / m a_s$, if the specific surface area, a_s, of the solid is known. The relative adsorption of component 2 with respect to component 1, $n_2^{\sigma(1)}$ is, for a binary mixture, equal to $n_2^{\sigma(n)}/(1 - x_2^l)$.

The most general thermodynamic equation relating the surface free energy with adsorp-

[1] The term *areal* has been recommended provisionally by IUPAC to indicate divided by surface area (4).

tion, and which involves no assumptions about the nature of the adsorption process is the Gibbs adsorption isotherm which in its integrated form may be written:

$$(\overset{*}{\sigma}_2 - \sigma)A_s = RT \int_{x_2^l=1}^{x_2^l} \frac{n_2^{\sigma(n)}}{(1-x_2^l)} \, d \ln x_2^l \gamma_2^l . \quad [2]$$

Here σ is the surface tension of the solution/solid interface, and $\overset{*}{\sigma}_2$ that of the pure liquid 2/solid interface; γ_2^l is the activity coefficient of 2 in the bulk solution. If the integral is taken across the whole composition range from $x_2^l = 1$ to $x_2^l = 0$, we obtain

$$(\overset{*}{\sigma}_2 - \overset{*}{\sigma}_1)A_s = RT \int_{x_2^l=1}^{x_2^l=0} \frac{n_2^{\sigma(n)}}{(1-x_2^l)} \, d \ln x_2^l \gamma_2^l . \quad [3]$$

For three binary mixtures derived from components 1, 2 and 3, thermodynamic consistency of measurements of adsorption from these mixtures by the same solid surface requires that

$$(\overset{*}{\sigma}_2 - \overset{*}{\sigma}_1) + (\overset{*}{\sigma}_1 - \overset{*}{\sigma}_3) + (\overset{*}{\sigma}_3 - \overset{*}{\sigma}_2) = 0 . \quad [4]$$

Alternatively, if experimental data for two systems are available, then equation (4) provides a means of calculating the surface tension difference for the third.

It has also been argued (5) that the surface tension of a pure liquid/solid interface, $\overset{*}{\sigma}_i(SL)$, relative to that of the clean solid in contact with a vacuum (σ_s^0), can be calculated from the adsorption isotherm of the vapour of the liquid:

$$(\sigma_s^0 - \overset{*}{\sigma}_i(SL))A_s = RT \int_{p/p^*=0}^{p/p^*=1} n^a d \ln p/p^* , \quad [5]$$

where n^a is the amount adsorbed and p^* the saturation vapour pressure of the liquid, and data are given to support this (6). On the other hand, it has been claimed (7) that the left-hand-side of equation [5] is equal to $\sigma_s^0 - \{\overset{*}{\sigma}_i(SL)/ + \overset{*}{\sigma}_i(LV)\}$ where $\overset{*}{\sigma}_i(LV)$ is the surface tension of the liquid/vapour interface; plausible arguments can be adduced for both points of view and the experimental evidence so far available does not provide a clear resolution of the problem (8).

The complete thermodynamic characterisation of adsorption systems requires enthalpy and entropy data in addition to free energy data. These may be obtained either by measuring the temperature dependence of the free energy quantities or by direct calorimetry.

It follows from equation [3] that

$$\frac{\partial}{\partial(1/T)}\left(\frac{\overset{*}{\sigma}_2 - \overset{*}{\sigma}_1}{T}\right) = \hat{h}_2^{\sigma(n)} - \hat{h}_1^{\sigma(n)}, \quad [6]$$

where $\hat{h}_i^{\sigma(n)}$ is the areal excess surface enthalpy of solid in contact with pure i. The enthalpy of wetting of unit area of solid by pure i is

$$\Delta_w \hat{h}_i = (\hat{h}_i^{\sigma(n)} - \hat{h}_s^0) \quad [7]$$

where $\hat{h}_s^0$ is the areal surface enthalpy of the clean solid, so that the right-hand-side of equation [6] is also equal to $(\Delta_w \hat{h}_2 - \Delta_w \hat{h}_1)$, both of which can be measured calorimetrically.

If immersion measurements are made using mixtures rather than pure liquids, then (subject to corrections relating to the enthalpy change accompanying the change in the solution composition (9)), $(\Delta_w \hat{h} - \Delta_w \hat{h}_1)$ is obtained, where $\Delta_w \hat{h}$ is the areal enthalpy of immersion in the mixture; this difference can also be calculated from the temperature coefficient of equation [2].

Models of adsorption

Adsorption is directly related to the way in which the local concentration, x_2, in an element of liquid near the surface differs from that in the bulk. If x_2 is a function only of the distance z of the element of liquid from a plane homogeneous surface, then it is readily shown that

$$n_2^{\sigma(n)} = \int_{z_0}^{\infty} \frac{x_2 - x_2^l}{x_1 + r x_2} \, dz , \quad [8]$$

where r is the ratio of the sizes of the two molecules, conveniently taken as equal to the ratio v_2/v_1 of the two molar volumes.

A general theory of adsorption would provide an explicit form for the concentration profile $x_2(z)$. Most theories so far developed have been in terms of multilayer models in which the profile is approximated by a series of steps. However, a widely adopted very approximate model invokes the concept of a 'surface phase' within which a constant mole fraction, x^σ, can be defined. For microporous solids the space occupied by the surface phase may be identified with the pore volume, while for non-porous materials it has been customary, in the crudest treatments, to identify the surface phase with a monomolecular layer. This is a satisfactory approximation only in special cases, and it has become increasingly apparent that in many instances this model is not only thermodynamically inconsistent, but also incompatible with experimental data.

Despite these shortcomings, it is nevertheless still useful to employ a simple model for the correlation of data (10). Thus we consider adsorption equilibrium between the bulk phase and the adsorption regions in terms of the exchange reaction:

$$(1)^\sigma + \frac{1}{r}(2)^l \rightleftharpoons (1)^l + \frac{1}{r}(2)^\sigma . \qquad [9]$$

The equilibrium constant for this exchange can be written

$$K = \left(\frac{\gamma_1^l x_1^l}{\gamma_1^\sigma x_1^\sigma}\right)\left(\frac{\gamma_2^\sigma x_2^\sigma}{\gamma_2^l x_2^l}\right)^{1/r}, \qquad [10]$$

and is related to the surface tension difference of equation [3] by

$$\ln K = -(\sigma_2^* - \sigma_1^*)a_1/RT , \qquad [11]$$

where a_1 is the molar area of component 1 in the surface, and the γ's are appropriately defined activity coefficients. To make use of equation [10] a model must be used to calculate the surface mole fractions. Thus (3) if the adsorbed layer is assumed to consist of t layers, and the surface area of the solid is known

$$x_2^\sigma = \frac{x_2^l + \dfrac{a_2^0}{t}\Gamma_2^{(n)}}{1 - \dfrac{1}{t}(a_2^0 - a_1^0)/\Gamma_2^{(n)}}, \qquad [12]$$

where a_1^0 and a_2^0 are the areas occupied by the respective molecules in a monolayer, so that the molar surface area is $a_i = a_i^0/t$.

Since x_2^σ must never exceed unity, and, more restrictively, dx_2^σ/dx_2^l must always be positive for stability of the adsorption system, one can check the thermodynamic consistency of a model in which t layers are assumed and physically realistic values of a_1^0 and a_2^0 are chosen (11). In this way a minimum thickness $t_{\min}$ of the adsorbed layer can be found below which unacceptable values of x_2^σ are obtained. For some simple systems $t_{\min} = 1$, although for others much larger values are required.

When t has been chosen x_2^σ can be calculated as a function of x_2^l, and the activity coefficients $\gamma_2^\sigma(x_2^\sigma)$ can be found using the equation (12):

$$\ln \gamma_2^\sigma = \ln \frac{x_2^l \gamma_2^l}{x_2^\sigma} + a_2 \int_{x_2^l}^{x_2^l = 1} \frac{\Gamma_2^{(n)}}{1 - x_2^l}\, d \ln x_2^l \gamma_2^l . \qquad [13]$$

The behaviour of bulk and surface phase activity coefficients can thus be compared between themselves and with those calculated on the basis of simple adsorption models.

A major problem arises here because the adsorbed layer is not (except in the case of ideal systems) autonomous in the sense that interactions between the bulk phase and adsorbed layer mean that the properties of the surface are controlled not only by the composition of the layer, but also by that of the bulk phase[2]. This difficulty is particularly acute for monolayer models which may be shown to be thermodynamically inconsistent (13), and is resolved only if a transition zone of varying composition between that of the first layer, and the bulk is introduced (14). Nevertheless, the errors introduced are expected not to be serious if the systems deviate only slightly from ideality.

For molecules of equal size forming a bulk regular solution, the equilibrium constant for adsorption to form a regular adsorbed monolayer is, according to a simple lattice model, given by (12):

$$\ln \frac{x_2^\sigma x_1^l}{x_2^l x_1^\sigma} = \ln K_0 + RT\alpha/\{(l+m)(x_1^l - x_2^l) + l(x_2^\sigma - x_1^\sigma)\} \qquad [14]$$

[2] This consideration means that the 'surface phase' is not a phase in the accepted physico-chemical sense.

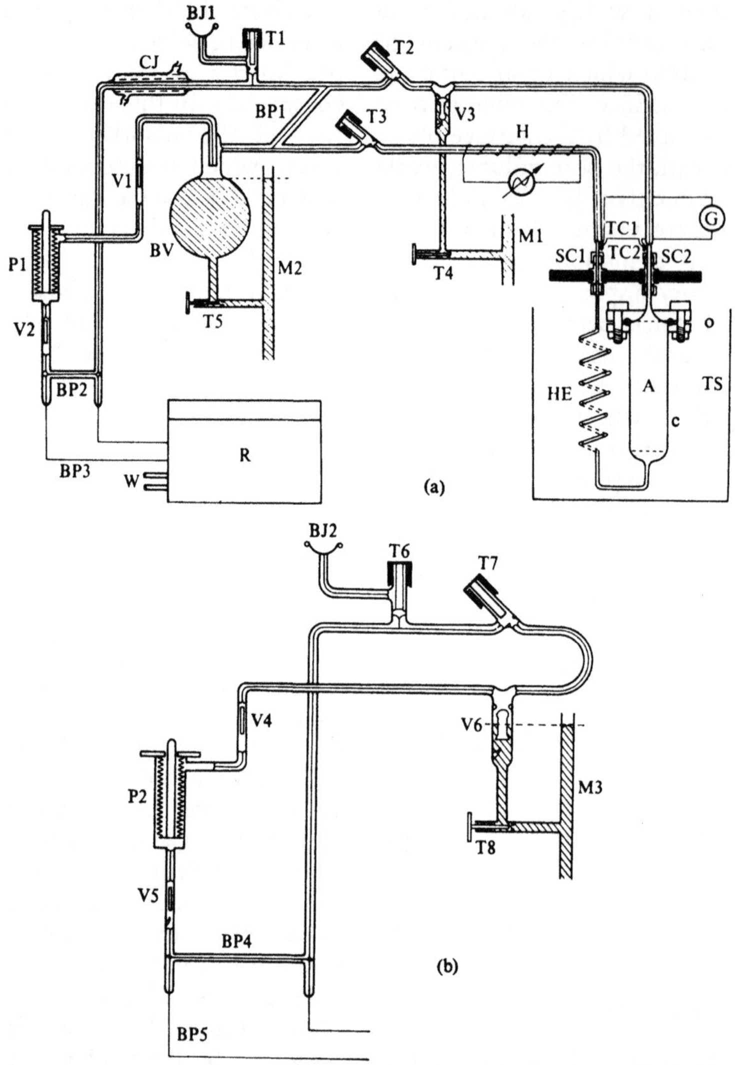

Fig. 1. Differential adsorption apparatus; a, adsorption system; b, reference system. The adsorbent A is immersed in the thermostat IS and liquid is circulated by pumps P. The refractive index difference is recorded using the differential refractometer R. See ref. 17 for further details (reproduced from ref. 17 by permission).

where α is the regular solution interaction parameter, l is the fraction of the nearest neighbours of a given molecule which lie in the same lattice plane, and m the fractions in each of the two adjacent planes, so that $l + 2m = 1$. For mixtures of molecules of different size, the application of *Flory-Huggins* statistics leads to

$$\ln \frac{\phi_1^l}{\phi_1^\sigma}\left(\frac{\phi_2^\sigma}{\phi_2^l}\right)^{1/r} = \ln K_0 + \frac{\alpha}{RT} \{(l + m)(\phi_1^l - \phi_2^l) + l(\phi_2^\sigma - \phi_1^\sigma)\}\,. \qquad [15]$$

The exact form of the last term on the right-hand-side of equations [14] and [15] is subject to some uncertainty so that it is convenient to write [15] in the form:

$$\ln \frac{\phi_1^l}{\phi_1^\sigma}\left(\frac{\phi_2^\sigma}{\phi_2^l}\right)^{1/r} = \ln K_0 + \frac{\alpha}{RT} f(\phi_2^l, \phi_2^\sigma)\,, \qquad [16]$$

where the function $f(\phi_2^l, \phi_2^\sigma)$ may be derivable from experimental data.

Experimental considerations

The experimental methods employed for the determination of adsorption from solution have remained extraordinarily crude and virtually unchanged for over a century. One simply added a sample of liquid of known composition to a weighed sample of solid, sealed the tube, shook or tumbled it in a thermostat for several hours, opened the tube and removed some liquid for analysis. Not only was this a very slow procedure, but it was subject to many experimental uncertainties. Attempts have been made, for example by *Parfitt* (15) and by *Kiselev* (16) and their co-workers to refine the method by taking special care in outgassing of the solid, protecting the liquid mixture from contamination by air and moisture, and in devising means for separating the solid adsorbent from the supernatant at the same temperature as that at which equilibration has taken place. But at their best, these methods are tedious and the effort needed to map out a series of isotherms over a range of temperature is enormous.

To overcome these difficulties, and to increase the precision of measurement and the speed at which data can be acquired, *Ash* and then *Bown* undertook the development of a radically new method. The final form of their apparatus is shown in figure 1 (17). It consists of two closed circuits which enable solution of known initial composition to be circulated by simple bellows pumps through the two arms of a differential refractometer. Initially the two circuits (with taps $T2$ and $T3$ closed) are essentially identical so that the zero of the refractometer can be checked. Taps $T2$ and $T3$ are then opened, and by raising the mercury level in the bulb BV the liquid is circulated over the solid sample in A. The change in liquid concentration brought about by adsorption is measured from the refractive index change. Equilibrium is achieved in about half an hour with most systems; thereafter the thermostat temperature is changed and the temperature dependence of adsorption measured over any desired temperature range. In the original design used by *Ash*, a Rayleigh interferometer was used to compare the refractive indices, but this was cumbersome and its prolonged use led to considerable eyestrain. The technique was revolutionised by the commercial availability of automatic recording differential refractometers such as the Waters instrument.

The temperature range which can be covered is limited only by the freezing point of the solution, and by its boiling point. This upper limit could be extended by redesign of the apparatus to withstand pressures greater than atmospheric. Re-equilibration after a change in temperature is usually very fast, and at the end of a run repeat measurement at the initial temperature confirms both the reproducibility of the system and the absence of thermal hysteresis in the adsorption. Thus one filling of the apparatus with outgassed solution enables a complete temperature survey to be carried out: measurements can be made at as many closely spaced temperatures as desired.

In early forms of the apparatus the adsorbent was sealed in a glass bulb and the liquid mixture was removed by distillation at the end of a run. The use of a stainless steel detachable adsorbent container enables the apparatus to be used with systems involving a non-volatile component: the adsorbent can be removed, washed, outgassed and returned to the container. For use with slightly corrosive components (such as aliphatic acids) which corrode the phosphor bronze bellows pumps, *Podoll* has devised a simple electromagnetic circulating pump. This improved technique, while giving excellent data over most of the concentration range is less precise when used with dilute solutions ($x_2 < 10^{-2}$). We have therefore built a precision liquid chromatograph for use in continuous-flow frontal analysis; this is based on the design of *Fort* and *Sharma* (18), but incorporates a number of refinements. This apparatus has been used more particularly for studying the adsorption of sparingly soluble components.

Survey of experimental data

Table 1 summarises the systems which have been studied using the technique described above. Some typical experimental data are discussed below.

(I) *Simple organic mixtures:* figure 2 illustrates the precision obtainable with the new technique, while the thermodynamic consistency is shown in figure 3, where $(\sigma_2^* - \sigma_1^*)a_s/RT$ for

Tab. 1.
Adsorption from solution
Systems studied at Bristol 1970–1977
Adsorption by Graphon graphitised carbon black: 84 m^2g^{-1}

Simple organic mixtures		
benzene + cyclohexane	298–328 K	Ash
benzene + *n*-heptane	283–343 K	Bown
cyclohexane + *n*-heptane	283–343 K	Bown
benzene + *n*-pentane	273–308 K	Patterson
1.2 dichloroethane + benzene	273–333 K	Podoll
chlorobenzene + bromobenzene	273–323 K	Podoll
Mixtures of alkanes of different size		
n-pentane + *n*-decane	264–313 K	Bown
n-hexane + *n*-hexadecane	293–313 K	Bown
Alkane + alcohol mixtures		
ethanol + benzene	283–303 K	Morgan
ethanol + heptane	283–333 K	Brown
n-butanol + heptane	253–333 K	Smith
n-hexanol + heptane	253–333 K	Smith
n-octanol + heptane	273–333 K	Brown
r-sec-octanol + heptane	253–333 K	Brown
(+)-sec-octanol + heptane (one concentration)	253–333 K	Brown and Powell
n-dodecanol + heptane	293–353 K	Podoll
n-propanol + octadecane	293–341 K	Podoll
Alkane + alkanoic acid mixtures		
n-octanoic acid + *n*-heptane	298–333 K	Podoll
stearic acid + benzene	298–333 K	Podoll
Adsorption by spheron 6 ungraphitised carbon black		
ethanol + benzene	283–333 K	Smith
cyclohexane + benzene	283–333 K	Smith
n-octanol + heptane	253–333 K	Smith

the system (benzene + *n*-heptane)/Graphon is shown as a function of temperature, and is compared with values calculated from measurements on the systems (ethanol + benzene)/Graphon and (*n*-heptane + ethanol)/Graphon (19). For these systems $(\sigma_2^* - \sigma_1^*)/T$ was a linear function of $1/T$ (fig. 4) and the differences $\Delta_w\hat{h}_2^* - \Delta_w\hat{h}_1^*$ calculated from the slopes were in satisfactory agreement with the directly measured enthalpies of immersion (19). Furthermore, the data are not inconsistent with a monolayer model (dx^σ/dx^l is always positive when $t = 1$ in equation [12]), so that one can calculate activity coefficients in the surface layer. These are shown for the (benzene + cyclohexane)/Graphon system in figure 5, where they are compared with the activity coefficients in the bulk phase (which are fitted by regular solution theory with

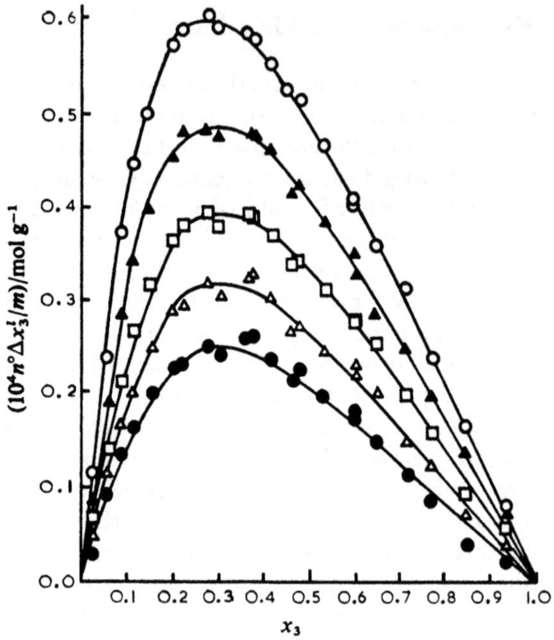

Fig. 2. Adsorption isotherms at various temperatures for the system {cyclohexane (2) + *n*-heptane (3)}/Graphon. ○, 283 K; ▲, 298 K; □, 323 K; △, 328 K; ●, 343 K (reproduced from ref. 19a by permission).

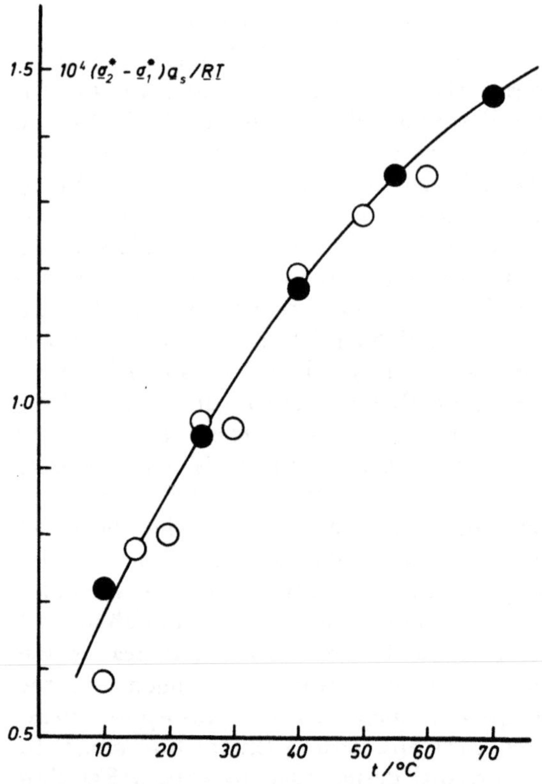

Fig. 3. $(\sigma_2^* - \sigma_1^*)a_s/RT$ for the system (benzene + *n*-heptane)/Graphon as a function of temperature, ●, direct measurement (ref. 19a); ○, calculated from data on the systems (ethanol + benzene) and (*n*-heptane + ethanol)/Graphon (ref. 19b).

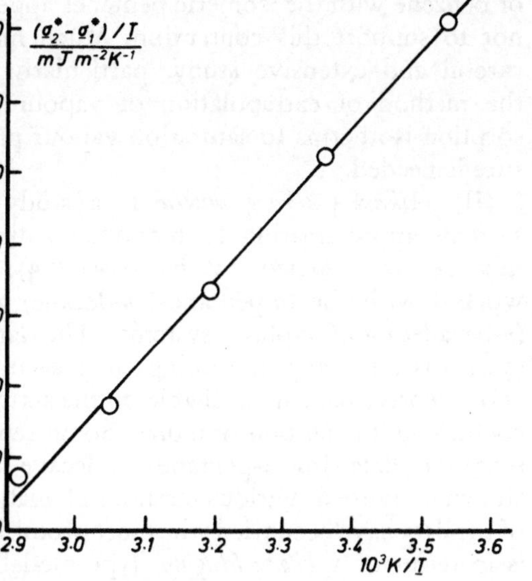

Fig. 4. $(\sigma_2^* - \sigma_1^*)/T$ as a function of $1/T$ for the system {cyclohexane(1) + heptane(2)}/Graphon (data from ref. 19a).

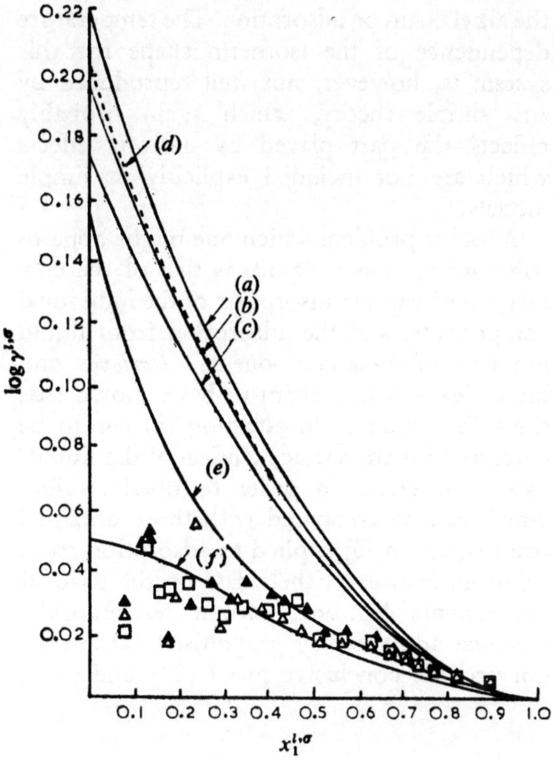

Fig. 5. Comparison of bulk and surface activity coefficients for the system benzene(1) + cyclohexane(2)/ Graphon. Curves (a), (b), (c) bulk activity coefficients in liquid phase at 298, 313, 328 K; (d) calculated at 313 K from regular solution theory with $\alpha^l/2.303\,RT = 0.206$. Experimental points: ▲, 298 K; □, 313 K; △, 328 K. Curve (e) calculated for adsorption from regular solution (equation 14) with $\alpha^l = \alpha^\sigma$; curve (f) as (e) but with $\alpha^\sigma = 0$. (reproduced from ref. 19a by permission).

$\alpha/2.3RT = 0.206$) and with the surface activity coefficients calculated on the basis of the regular solution monolayer adsorption model using the same value of α for both surface and bulk interactions. The experimental surface activity coefficients are lower than those calculated in this way and are fitted much more closely by the theoretical curve obtained by putting $\alpha = 0$ for surface interactions. The same general conclusion is reached for the (benzene + *n*-heptane)/Graphon system, although here one has to use equation [16] to take account of the size difference between the molecules ($r = 1.5$). The parameter α is a measure of the difference between the energy of interaction between benzene-cyclohexane pairs, and the mean of the benzene-benzene and cyclohexane-cyclohexane interaction energies. There is some evidence from vapour phase adsorption on graphite (20) that the interaction between adsorbed benzene molecules is less than that between benzene molecules at the same separation in the gas phase. It has been suggested that benzene is adsorbed in a flat orientation on the surface and that this eliminates 'face-to-face' interactions between the π-electrons. In the same way one might expect interactions between adsorbed benzene and cyclohexane to be less than in the liquid. The various interaction energies will tend to be equalised leading to a lower value of α for the adsorbed layer than in the liquid. It has been suggested that in general surface phases are more nearly ideal than the bulk phase, and these results suggest that this is true in this case. However, as will be seen, it is certainly not a general phenomenon.

One particularly interesting feature of the (benzene + heptane)/Graphon system is that on the basis of enthalpies of wetting one would expect *n*-heptane to be more strongly adsorbed, yet over most of the composition range benzene is preferentially adsorbed. This arises because the exchange of benzene by heptane on the surface involves a decrease in entropy, presumably because of the loss of entropy of the alkyl chain on adsorption. The temperature dependence of the isotherm shape for this system is, however, not well reproduced by any simple theory, which again probably reflects the part played by entropy effects which are not included explicitly in simple models.

Another problem which one might hope to solve using simple liquids is that of the correlation of vapour adsorption of the individual components, and the adsorption from liquid mixtures of these components. *Larionov* and his colleagues (21) claim to have shown that the Gibbs integral in equation (5) has to be corrected for the surface tension of the liquid/vapour interface in order to obtain values which can be compared with those obtained from equation [3] applied to adsorption from solution. However, their data on the triad of components benzene, carbon tetrachloride, *n*-octane adsorbed by graphitised carbon do not provide conclusive proof (22), and some preliminary work in Bristol (23) on mixtures of benzene with the isomeric pentanes appears not to support this contention. Much more careful and extensive study, particularly on the method of extrapolation of vapour adsorption isotherms to saturation vapour pressure is needed.

(II) *Alkane + alkane mixtures:* a study of systems approximating to monomer + dimer mixtures was carried out by *Bown* (24): he worked with the (*n*-pentane + *n*-decane) and (*n*-hexadecane)/Graphon systems. The latter system is especially interesting since accurate and extensive data are available on the activity coefficients in the bulk mixture. Some representative data for *n*-pentane + *n*-decane are shown in figure 6. Various methods of analysis of the data have been tried: the most promising is in terms of a *Flory-Huggins* type model of both the bulk and adsorbed phases, using equation [16]. A full analysis will require the optimisation of the parameters $n_1^{\sigma(0)}$ (the amount of component 1 which can be accommodated in the adsorption space), r, ln K and α at each temperature using more sophisticated computer techniques than those so far employed. In a preliminary analysis, with fixed

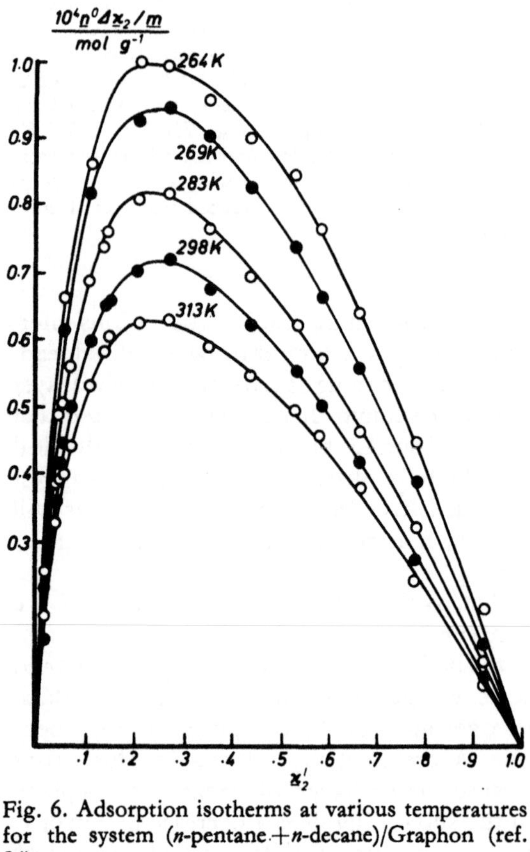

Fig. 6. Adsorption isotherms at various temperatures for the system (*n*-pentane + *n*-decane)/Graphon (ref. 24).

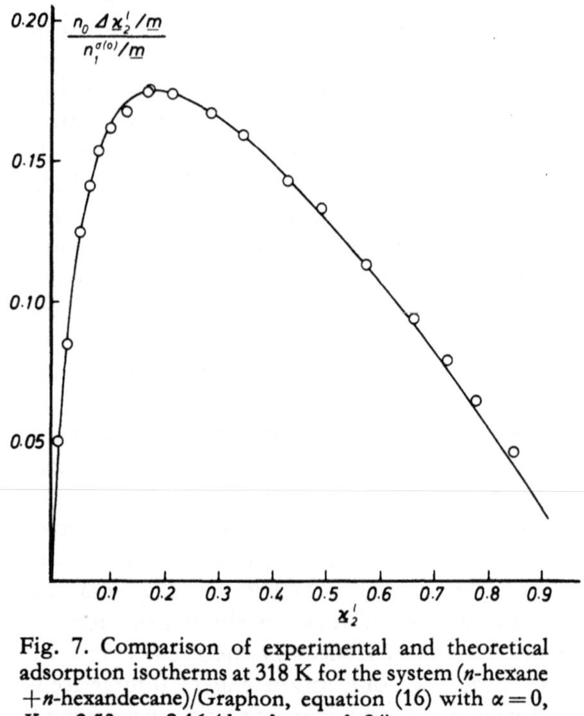

Fig. 7. Comparison of experimental and theoretical adsorption isotherms at 318 K for the system (*n*-hexane + *n*-hexandecane)/Graphon, equation (16) with $\alpha = 0$, $K_0 = 2.53$, $r = 2.16$ (data from ref. 24).

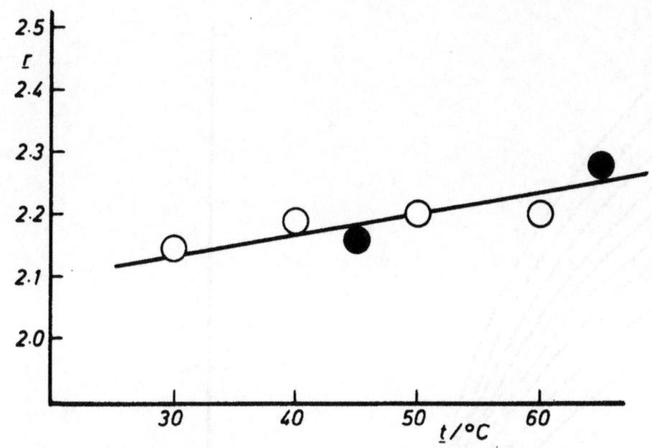

Fig. 8. Comparison of the molecular size ratios, r, needed to fit a Flory-Huggins model to bulk activity coefficients, and to adsorption by Graphon from n-hexane + n-hexadecane mixtures, at various temperatures; ○, bulk solution; ●, adsorption data.

$n_1^{\sigma(0)}$ and $\alpha = 0$ it is possible to obtain an excellent fit by choosing $r = 2.16$ at 318 K and 2.28 at 338 K (fig. 7). Moreover the value of ln K which gives this fit is in close agreement with that obtained by direct integration using equation [3]. It is relevant that the values of r which provide the best fit to the adsorption data are close to those which *Everett* and *Munn* (25) found to give best fit to the bulk solution properties (fig. 8).

Additional checks on the adsorption data are provided by comparing the slope of the curve of $(\sigma_2^* - \sigma_1^*)/T$ against $1/T$ with direct measurements of $\Delta_w h_2 - \Delta_w h_1$. As figure 9 shows, there is close agreement. By carrying the integration of equation [2] up to x_2^l, and considering the temperature coefficient of $(\sigma - \sigma_1^*)/T$, comparison can be made with the enthalpy of immersion of Graphon in a mixture of mole fraction x_2^l: again there is good agreement (26).

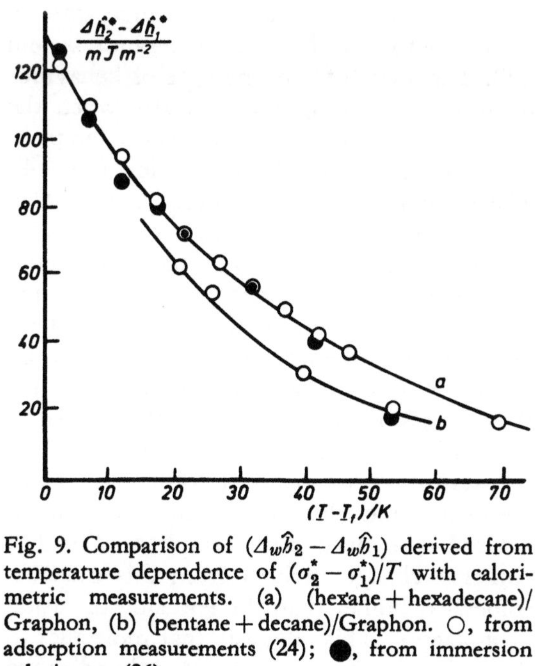

Fig. 9. Comparison of $(\Delta_w \hat{h}_2 - \Delta_w \hat{h}_1)$ derived from temperature dependence of $(\sigma_2^* - \sigma_1^*)/T$ with calorimetric measurements. (a) (hexane + hexadecane)/Graphon, (b) (pentane + decane)/Graphon. ○, from adsorption measurements (24); ●, from immersion calorimetry (26).

More detailed interpretation of the behaviour of this system must await a fuller analysis, but it appears that the structuring of alkanes at a graphite surface deduced from enthalpies of immersion of the pure alkanes, is also important in adsorption from alkane mixtures (27).

(III) *Alkane + alkanol mixtures:* some of the most interesting and significant phenomena are those exhibited by alkane + alkanol mixtures adsorbed by Graphon (27, 28, 29). First

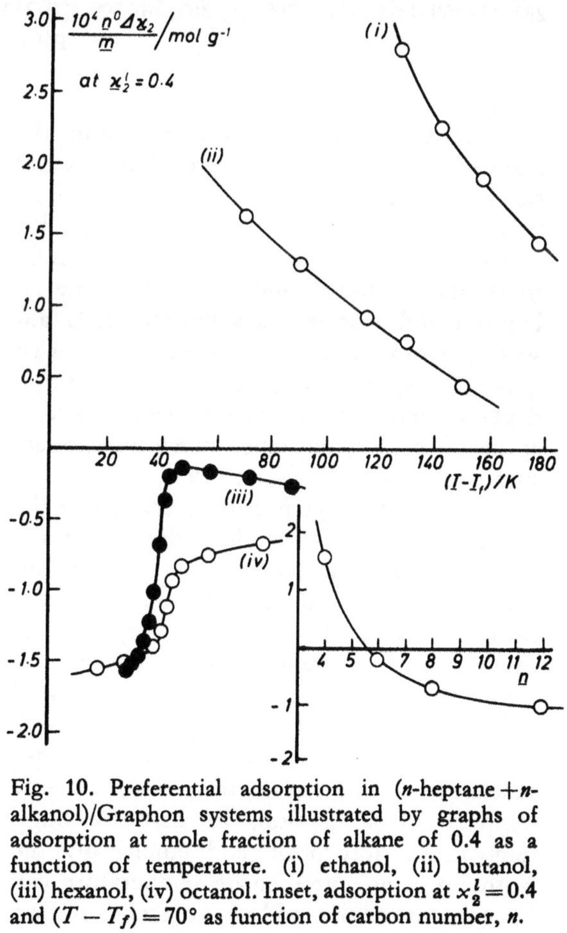

Fig. 10. Preferential adsorption in (n-heptane + n-alkanol)/Graphon systems illustrated by graphs of adsorption at mole fraction of alkane of 0.4 as a function of temperature. (i) ethanol, (ii) butanol, (iii) hexanol, (iv) octanol. Inset, adsorption at $x_2^l = 0.4$ and $(T - T_f) = 70°$ as function of carbon number, n.

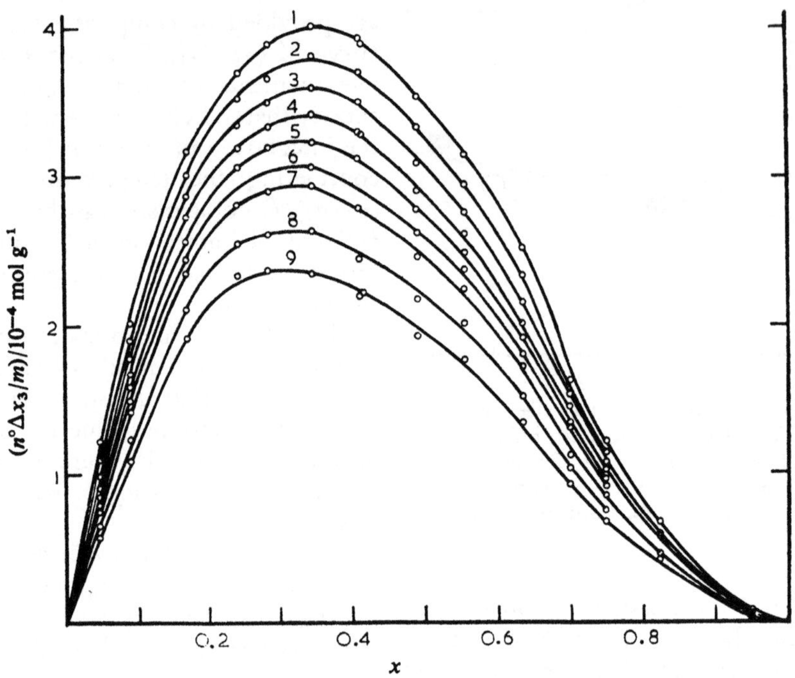

Fig. 11. Adsorption isotherms at various temperatures for the system (n-heptane + ethanol)/Graphon: (1) 283, (2) 288, (3) 293, (4) 298, (5) 303, (6) 308, (7) 313, (8) 323, (9) 333 K (reproduced from ref. 19b by permission).

the preferential adsorption shifts from the alkane to the alkanol as the size of the alkanol relative to the alkane increases. This is illustrated for mixtures with n-heptane in figure 10: heptane is preferentially adsorbed from mixtures with ethanol and butanol, while n-hexanol and n-octanol are preferentially adsorbed from heptane. It appears, at least qualitatively, that the preferential adsorption depends on the ratio of the number of C and O atoms in the two molecules which can interact simultaneously with the surface.

A further striking feature is change in the shapes and temperature dependencies of the isotherms as the preferential adsorption changes from alkane to alkanol. Thus the isotherm for hexane + ethanol (19b) (fig. 11) can be contrasted with that for hexane + n-hexanol (29) (fig. 12) or hexane + n-octanol (27, 28). For alkanol adsorption, as the temperature is raised the isotherm shape changes drastically from that characteristic of low temperature adsorption, to that for high temperature adsorption and empirically the isotherm at an intermediate temperature can be constructed by adding at each solution mole fraction a fraction α of the low temperature isotherm to a fraction $(1-\alpha)$ of the high temperature isotherm (28, 29). The values of α deduced in this way are shown, as a function of solution mole fraction and temperature in figure 13 for the hexane + n-hexanol system (29). The switch from one type of behaviour to another is brought out clearly when the amount adsorbed is plotted against temperature at constant liquid composition (fig. 14). The system appears to undergo a transition over a short temperature range, the mid-point of this range being a function of the bulk phase composition. In the more concentrated range, the variation of this 'transition temperature' with the activity of the equilibrium liquid follows the same equation as that for the depression of freezing point, and extrapolates in the case of n-octanol at $x_2^l \rightarrow 1$ to the transition temperature observed calorimetrically and dilatometrically for pure n-octanol in contact with Graphon (27). The enthalpy change derived from this graph is somewhat higher than the enthalpy of fusion of n-octanol. This suggests that molecules in the ordered state are more strongly adsorbed

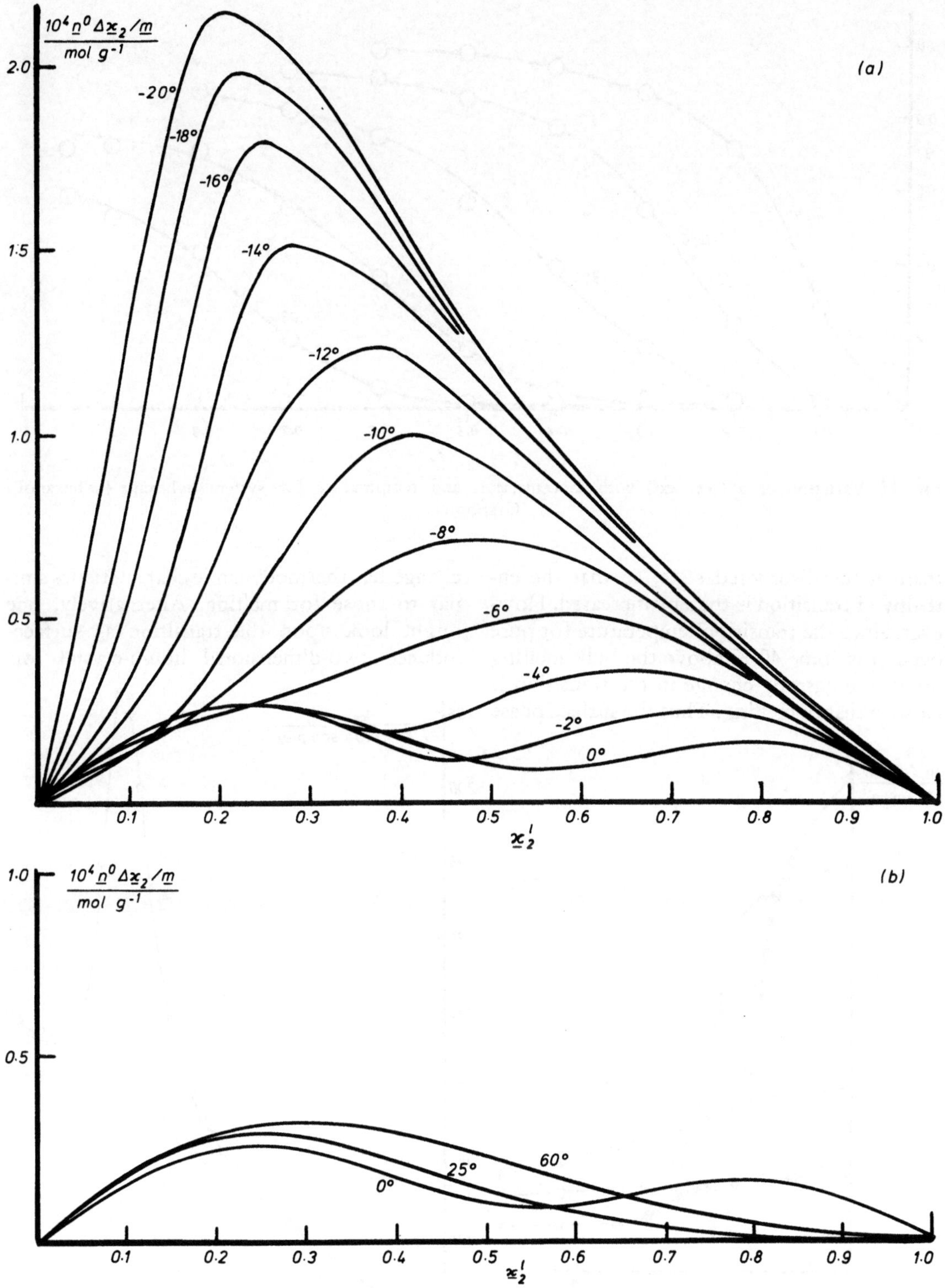

Fig. 12. Adsorption isotherms at various temperatures for the system (*n*-heptane + *n*-hexanol)/Graphon, (a) from −20 °C to 0 °C, (b) from 0 °C to 60 °C (data from ref. 28).

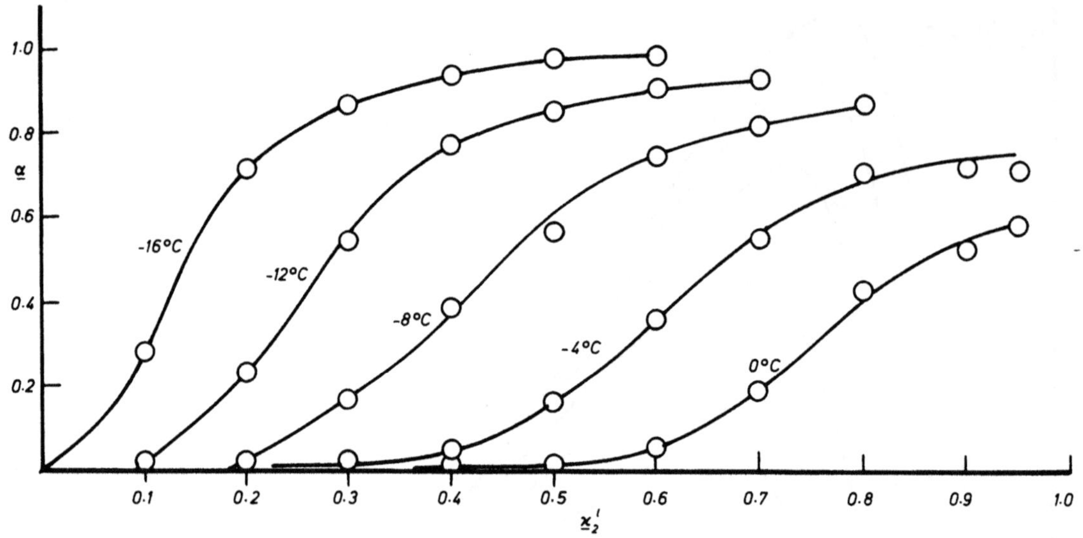

Fig. 13. Variation of α (see text) with concentration and temperature for system (*n*-hexane + *n*-hexanol)/Graphon.

than in the disordered state, so that the enthalpy of transition is thereby increased. However, since the transition temperature for pure octanol is some 40 K above the bulk melting point, the entropy change in the transition is close to that of melting. Thus the surface phase change has thermodynamic characteristics similar to those for melting. Alternatively, one might look upon the transition as surface-induced two-dimensional liquid-crystal for-

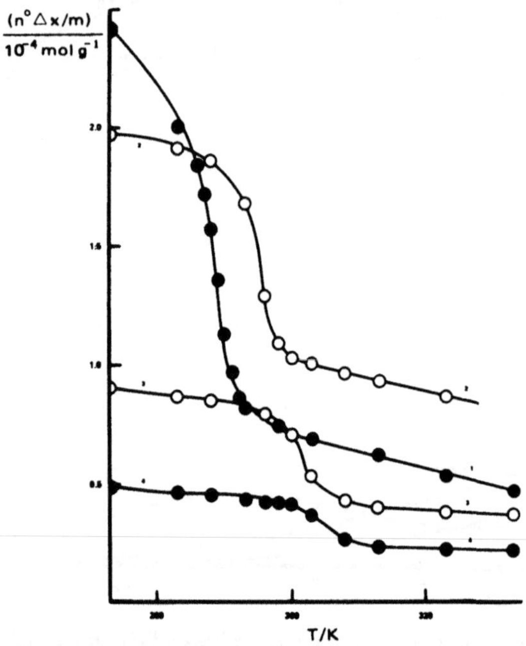

Fig. 14. Adsorption as a function of temperature at constant liquid mole fractions for system (*n*-heptane + *n*-octanol)/Graphon: (1) $x_2^l = 0.068$, (2) 0.232, (3) 0.614, (4) 0.860 (reproduced from Israel J. Chem., 1975, **14**, 267, by permission).

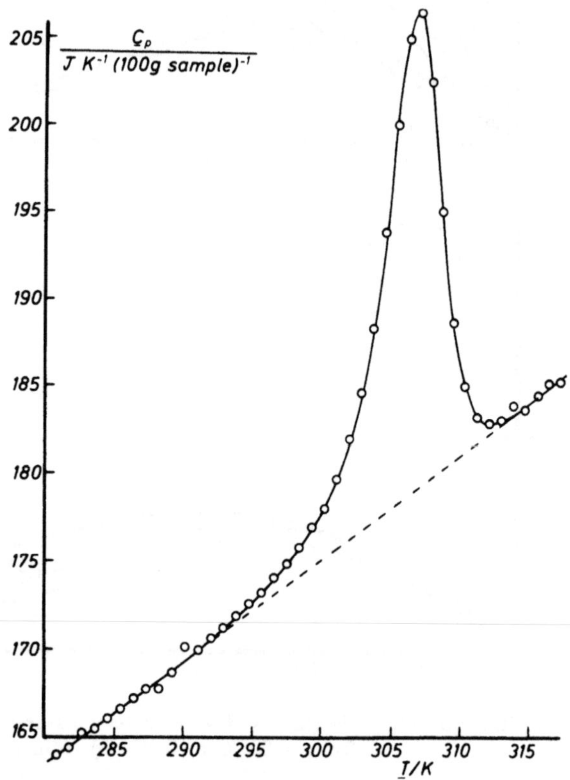

Fig. 15. Heat capacity of a slurry of Graphon in *n*-octanol as function of temperature (ref. 27) 61.1% *n*-octanol, 38.9% Graphon.

mation, or a surface induced micellisation. Any detailed quantitative theory must also account for the fact that these transitions are not first order, but show a clear lambda-transition character. This is shown most clearly by measurements of the heat capacity of a slurry of Graphon in *n*-octanol (30) (fig. 15); the integrated area under the peak is equal to the change in the enthalpy of immersion on going through the transition region (27).

That these structuring effects are confined to straight chain compounds is shown by the fact that octan-2-ol(sec-octanol) shows no such behaviour, $\Delta_w\hat{h}_2$ being independent of temperature (fig. 16) (27). That a well-defined crystal surface is needed is shown by experiments using non-graphitised carbons, which show no enhanced enthalpy of immersion, or adsorption at lower temperatures (26).

(IV) *Dilute solutions:* work on the temperature dependence of the adsorption from very dilute solutions is still at an early stage, but here too evidence for transitions in the adsorbed layer is building up, as reported also by *Findenegg* (31).

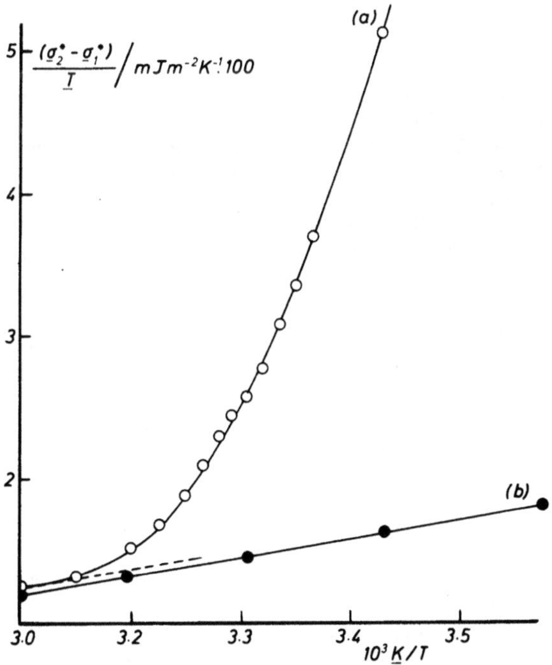

Fig. 16. $(\sigma_2^* - \sigma_1^*)/T$ as function of $1/T$ for systems (a) *n*-heptane + *n*-octanol)/Graphon and (b) (*n*-heptane + sec-octanol)/Graphon (ref. 27).

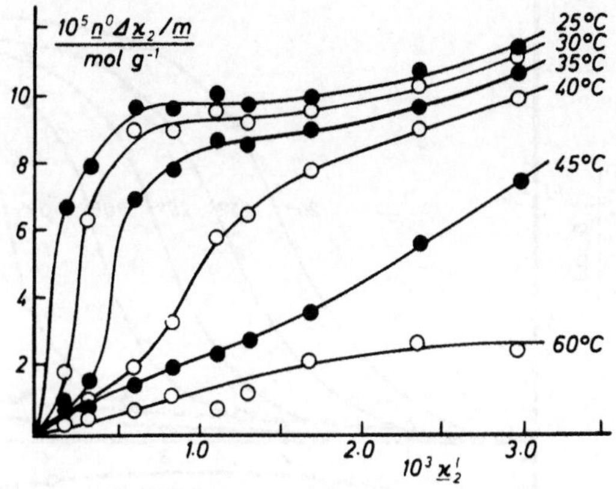

Fig. 17. Adsorption isotherms at high dilution for system (stearic acid + benzene)/Graphon at various temperatures.

For example, for the adsorption of stearic acid from benzene solution at mole fractions below 3×10^{-3} an apparent transition is observed, leading to a step in the adsorption isotherm, the sharpness of which decreases as the temperature is raised (fig. 17) (32). Somewhat similar behaviour is shown by the (heptane + dodecanol)/Graphon system which has been studied up to a mole fraction of 0.9×10^{-3} using the chromatographic method, and up to 0.15 by the differential method (fig. 18) (32).

Behaviour of this kind can be interpreted theoretically in various ways. Thus *Findenegg* (31) has analysed his data in terms of a Flory-Huggins-regular solution type model (equation 15). Alternatively one can use a nonideal two-dimensional equation of state approach which is capable of describing the (stearic acid + benzene)/Graphon system.

Further experimental work and more thorough analysis of the results is needed before the transitions observed in dilute solutions can be fully characterised and compared with those in more concentrated solutions.

Summary

The last decade has seen renewed interest in the phenomenon of adsorption from solution by solids and a body of data adequate for a rigorous thermodynamic analysis and comparison with more sophisticated theories is becoming available. Evidence for structuring in adsorbed layers is now strong and a fuller understanding of these effects has to be developed by further experimental study and by more detailed theoretical work.

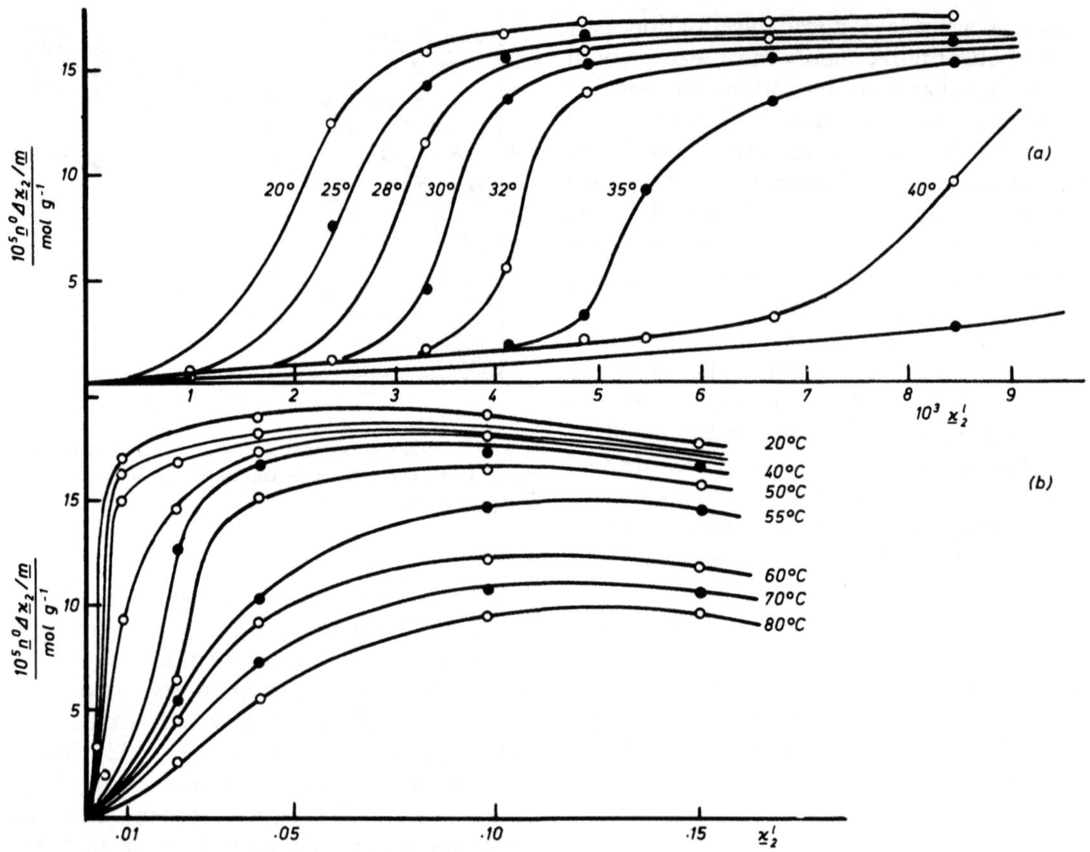

Fig. 18. Adsorption isotherms for system (*n*-heptane +*n*-dodecanol)/Graphon (a) at high dilution from chromatographic technique, (b) at higher concentrations using differential technique.

Zusammenfassung

In der vorliegenden Übersichtsarbeit werden neuere theoretische und experimentelle Arbeiten über die Adsorption aus Mischungen organischer Flüssigkeiten an Graphiten beschrieben. Mehrere relativ einfache Systeme lassen sich durch theoretische Modelle gut erfassen. Wenn höhere Alkane und Alkanole aus Lösungen kürzerkettiger Alkane adsorbiert werden, treten komplexe Phänomene auf, die auf die Strukturierung der höhermolekularen Verbindungen an der Grenzfläche zurückgehen. Es werden ferner einige Daten über die Adsorption aus sehr verdünnten Lösungen angegeben, die ebenfalls hohe Kooperativität bei niedriger Temperatur anzeigen.

References

1) *Ash, S. G., D. H. Everett, C. J. Radke*, J. C. S. Faraday II, **69**, 1256 (1973); *D. H. Everett, C. J. Radke*, A. C. S. Symposium Series no. 8, chapter 1, p. 1, (1975); *D. H. Everett*, Israel J. Chem., **14**, 267 (1975); *D. G. Hall*, J. C. S. Faraday II, **68** (1972).

2) IUPAC, Manual of Symbols and Terminology for Physico-chemical Quantities and Units, Appendix II, Part I, Definitions, Terminology and Symbols in Colloid and Surface Chemistry; Pure and Applied Chemistry, **31**, 579 (1972).

3) *Everett, D. H.* in Specialist Periodical Reports: Colloid Science (Chemical Society, London) Vol. **1**, chapter 2 (1973).

4) IUPAC, Manual of Symbols and Terminology for Physico-chemical Quantities and Units, Appendix II, Part II, Heterogeneous Catalysis; Pure and Applied Chemistry, **46**, 73 (1976).

5) Ref. 3, p. 65; *A. L. Myers* and *S. Sircar*, J. Phys. Chem., **76**, 3412 (1972).

6) *Sircar, S.* and *A. L. Myers*, A. I. Ch. E. Journal, **19**, 159 (1973).

7) *Larionov, O. G., K. V. Chmutov* and *M. D. Yudelevich*, Zhur. fiz. Khim., **41**, 2616 (1967), (Russ. J. Phys. Chem., **41**, 1417 (1967).

8) *Everett, D. H.* and *R. T. Podoll* in Specialist Periodical Reports: Colloid Science (Chemical Society, London) to appear 1978.

9) *Brown, C. J.* and *D. H. Everett* in Specialist Periodical Reports: Colloid Science (Chemical Society, London) Vol. **2**, chapter 2 (1975).

10) *Everett, D. H.*, Trans. Faraday Soc., **60**, 1803 (1964).

11) *Rusanov, A. I.*,Phase Equilibrium and Surface Phenomena (in Russian), chapter VI (Chimia, Leningrad 1967).

12) *Everett, D. H.*, Trans. Faraday Soc., **61**, 2478 (1965).

13) *Defay, R.* and *I. Prigogine*, Trans. Faraday Soc., **46**, 199 (1950).

14) see *S. Ono* and *S. Kondo*, Encyclopaedia of Physics, ed. *Flügge*, Vol. **X**, p. 159 (Springer, Berlin, 1960); *J. E. Lane*, Austral. J. Chem., **21**, 827 (1968).

15) *Parfitt, G. D.* and *E. Willis*, J. Phys. Chem., **63**, 1780 (1964); *G. D. Parfitt* and *P. C. Thompson*, Trans. Faraday Soc., **67**, 3372 (1971).

16) *Kiselev, A. V.*, *V. V. Khopina* and *Yu. A. Eltekov*, Zhur. fiz. Khim., **48**, 760 (1974) (Russ. J. Phys. Chem., **48**, 440 (1974).

17) *Ash, S. G.*, Ph. D. thesis, Bristol (1970); *S. G. Ash*, *R. Bown*, and *D. H. Everett*, J. Chemical Thermodynamics, **5**, 239 (1973) (a somewhat similar design of apparatus was described by *E. Kurbanbekov*, *O. G. Larionov*, *K. V. Chmutov*, and *M. D. Yudelevich*, Zhur. fiz. Khim., **43**, 1630 (1969) (Russ. J. Phys. Chem., **43**, 916) (1969).

18) *Sharma, S. C.* and *T. Fort*, J. Colloid and Interface Sci., **43**, 36 (1973).

19) (a) *Ash, S. G.*, *R. Bown*, and *D. H. Everett*, J. C. S. Faraday I, **71**, 123 (1975); (b) *Brown, C. E.*, *D. H. Everett*, and *C. J. Morgan*, ibid., **71**, 883 (1975).

20) e.g., *G. I. Berezin*, *A. V. Kiselev*, and *V. A. Sinitsyn*, Zhur. fiz. Khim., **44**, 734 (1970) (Russ. J. Phys. Chem., **44**, 408) (1970); *A. V. Kiselev*, J. Colloid and Interface Sci., **28**, 430 (1968).

21) *Kurbanbekov, E.*, *O. G. Larionov*, *K. V. Chmutov*, and *M. D. Yudelevich*, Zhur. fiz. Khim., **47**, 1617, 1618 (1973) (Russ. J. Phys. Chem., **47**, 919, 920 (1973)); *S. A. Kazaryan*, *O. G. Larionov*, *K. V. Chmutov*, and *M. D. Yudelevich*, ibid, **47**, 1619, 2171 (ibid, 920, 921, 1231) (1973).

22) see ref. 8.

23) *Patterson, I.*, unpublished.

24) *Bown, R.*, Ph. D. thesis, Bristol (1973); to be published.

25) *Everett, D. H.* and *R. J. Munn*, Trans. Faraday Soc., **60**, 1951 (1964).

26) *Thorne, P. E.*, Ph. D. thesis, Bristol (1974); to be published.

27) *Brown, C. E.*, *D. H. Everett*, *A. V. Powell*, and *P. E. Thorne*, Faraday Dicussions, Chemical Society, **59**, 97 (1975).

28) *Brown, C. E.* and *D. H. Everett*, in preparation.

29) *Smith, R. W.*, Ph. D. thesis, Bristol, in preparation.

30) *Martin, J.*, unpublished data obtained at NPL Teddington.

31) *Findenegg, G. H.*, this Discussion.

32) *Podoll, R. T.*, unpublished.

Author's address:
Prof. Dr. *D. H. Everett*
Dep. of Physicalchemistry
School of Chemistry
University of Bristol
Bristol BS8 1TS (England)

Progr. Colloid & Polymer Sci. **65**, 118–124 (1978)

ISSN 0340-255 X

Physikalische Chemie II, Ruhr-Universität Bochum

Adsorption from solution of chain molecules onto graphite: Evidence for lateral interactions in ordered monolayers

H. E. Kern, A. Piechocki, U. Brauer, and *G. H. Findenegg*

With 7 figures and 1 table

(Received February 2, 1978)

Introduction

Adsorption from solution is commonly treated as a phase exchange equilibrium between the bulk solution and the adsorbed layer (1). The condition of equilibrium for a displacement of solvent (component 1) by solute (component 2) in the adsorbed layer is that

$$\nu_1\mu_1^a + \nu_2\mu_2^l = \nu_1\mu_1^l + \nu_2\mu_2^a. \qquad [1]$$

Here, μ_i is the chemical potential of component i; superscripts a and l refer to the adsorbed layer and bulk solution. If the adsorbed layer consists of a single monolayer of molecules the stoichiometric coefficients ν_i are related to the areas a_i occupied by one mole of solvent and solute, respectively, by

$$\nu_1/\nu_2 = a_2/a_1 = r.$$

Adsorption from solutions of chain molecules has been treated on the basis of lattice models (2–4). If solvent and chain molecules occupy one and r lattice sites, respectively, of the quasi-lattice and if in both phases deviations from ideal mixing are caused by a configurational entropy term only (athermal mixtures) the adsorption equilibrium can be expressed by

$$\left(\frac{\phi_2^a}{\phi_2^l}\right)^{\frac{1}{r}}\left(\frac{1-\phi_2^l}{1-\phi_2^a}\right) = K, \qquad [2]$$

where ϕ_2^l is the volume fraction of solute in the bulk solution and ϕ_2^a the corresponding fraction of area in the adsorbed layer covered by solute. The equilibrium constant K is related to the standard chemical potential change of adsorption $\Delta_a\mu_i^o$ of the two pure components by

$$RT\ln K = -\Delta G^\circ = -\left(\frac{1}{r}\,\Delta_a\mu_2^o - \Delta_a\mu_1^o\right). \qquad [3]$$

For dilute solutions eq. [2] represents a Langmuir-type adsorption isotherm. The Langmuir equation was applied to a number of adsorption from solution systems (5–7), and the thermodynamic quantities ΔG°, ΔS°, and ΔH° for the displacement reaction were derived on the basis of eqs. [2] and [3].

Solutions of higher *n*-alkanes are of interest as model systems for polymer adsorption. *Groszek* (5) studied the adsorption of *n*-dotriacontane (n-$C_{32}H_{66}$) from heptane onto graphite and graphitized carbon black and observed a very strong preferential adsorption of the long-chain paraffin. This result was attributed by *Groszek* to a lattice fit between the graphite basal plane and the chain molecules in their extended *trans*-conformation, which would cause strong attractive interactions of the paraffin molecules with the surface. In such a case one should expect a Langmuir-type adsorption isotherm for dilute solutions. However, in *Groszek*'s work only the plateau of the isotherm (surface covered by a complete monolayer of the long-chain paraffin) could be observed, even at very low concentrations of *n*-dotriacontane.

In the present work we report surface excess isotherms and enthalpy of displacement isotherms of the adsorption of *n*-docosane (n-$C_{22}H_{46}$) from heptane onto graphitized carbon black (g.c.b.). For this system it was possible to perform accurate measurements at concentrations below a complete monolayer. We observed marked deviations from Langmuir-type isotherms which give evidence that the strong preferential adsorption of the higher *n*-paraffins by g.c.b. is caused essentially by *lateral* interactions within the close-packed monolayer. Isotherms for these systems can be described quantitatively by an extension of eq. [2] by including interaction energies between segments of like and unlike molecules on neighboring lattice sites.

Experimental

Surface excess isotherms

The specific surface excess amount of the dissolved component, n_2^σ/m, was measured by the change in mole fraction from x_2^0 to x_2^l ($\Delta x_2^l = x_2^0 - x_2^l$) in the liquid phase which results from the equilibration of a mass m of graphitized carbon black with n° moles of the solution (1):

$$n_2^\sigma/m = n^\circ \cdot \Delta x_2^l/m.$$

About 7 cm³ of a solution of known concentration x_2^0 and 1 g of g.c.b. were weighed into Pyrex adsorption tubes, sealed by Teflon taps and rotated in a liquid thermostat for several hours. Part of the supernatant solution was then removed for analysis, by forcing it through a sinter glass plug and capillary. In this way errors due to evaporation could be kept small. Equilibrium concentrations x_2^l were determined by a vibrating tube densimeter DMA 02 by A. Paar, Graz. The temperature of this instrument was kept constant to within ± 0.003 K by circulating liquid from a large thermostat controlled by a Tronac PTC 40 precision temperature controller. The temperature of the densimeter cell was measured by a quartz digital thermometer Hewlett-Packard 2801. The concentration of the solutions was calibrated against the quantity $T_x^2 - T_o^2$, where T_x and T_0 are the measured periods of time for $4 \cdot 10^4$ vibrations of the tube loaded with solution and pure solvent, respectively. In this way concentrations could be determined to $\pm 3 \cdot 10^{-5}$ in mole fraction for x_2^l up to 10^{-2}. The error in $n^\circ \Delta x_2^l/m$ was less than $\pm 0.25 \cdot 10^{-5}$ mol g^{-1} which corresponds to a relative error of about $\pm 3\%$ near the plateau of the isotherms.

Enthalpies of adsorption from solution

Enthalpies of displacement $\Delta_d H$ were determined by flow calorimetry using the flow system of a LKB 2107 sorption microcalorimeter (8). The reaction vessel was loaded with about 0.2 g of g.c.b. and solvent was circulated through the system with a constant flow rate between 10 and 20 ml/h. After equilibration (stable base line) solvent was replaced by a solution of known concentration. The displacement reaction in the reaction vessel gives rise to a transient deflection of the recorder. The peak area proportional to the enthalpy of displacement was obtained by a digital integrator and printer. The calibration constant ε of the thermopiles was determined for each experimental temperature and liquid flow rate. For given conditions ε was reproducible to within $\pm 0.5\%$. Enthalpy of displacement isotherms were determined either by displacement of solvent by solutions of concentration x_2^l, or by the cumulative method, i.e., displacement of a solution of concentration x_2^0 by a solution of concentration x_2^l, etc., starting with $x_2^0 = 0$. The same sample of graphitized carbon black could be used for a series of measurements, as adsorption of *n*-docosane from heptane onto g.c.b. was found to be completely reversible at the experimental temperatures. Corrections for enthalpy of solution of the bulk solution in the reaction vessel were negligible. Changes in the base line of the recorder due to changes in viscosity of the solutions (causing frictional work in the narrow tubings of the inner heat exchanger) were also negligible for the present work.

Materials

Two samples of graphitized carbon black were used: *Graphon* was the same material as used previously (9, 10); its BET (N_2) specific surface area was $a_s =$ 87 m² g^{-1}. A sample of *Vulcan 3* carbon black (code 5786) was supplied by Cabot Corp., Mass.; part of this sample was graphitized at 2800 °C for four hours under argon by Sigri Elektrographit GmbH., Meitingen. The product, *Vulcan 3 G*, had a BET (N_2) area of $a_s = 68$ m² g^{-1}. Both materials were outgassed at $< 10^{-4}$ Torr at temperatures gradually increasing to 400 °C.

n-Heptane (Baker Analysed), specified purity $> 99\%$, and *n*-Docosane (Fluka), *purum*, were used without outgassing or further purification.

Results and discussion

Surface excess isotherms of *n*-docosane adsorbed from dilute solutions in heptane onto

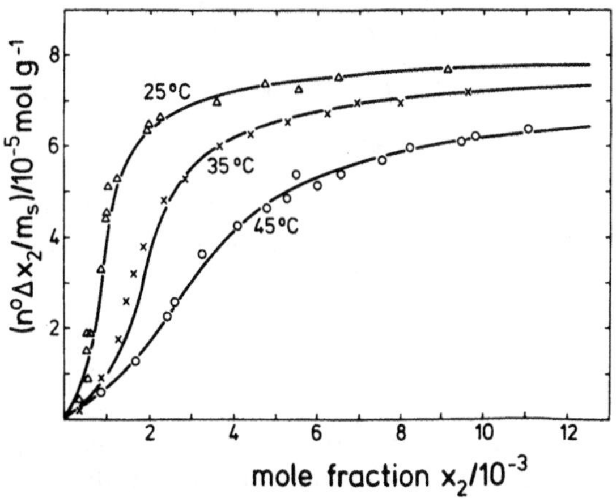

Fig. 1. Surface excess isotherms for adsorption of *n*-docosane from heptane solutions onto Vulcan 3 G graphitized carbon black. The curves represent isotherms calculated by eq. [4] with the parameters given in table 1 (a)

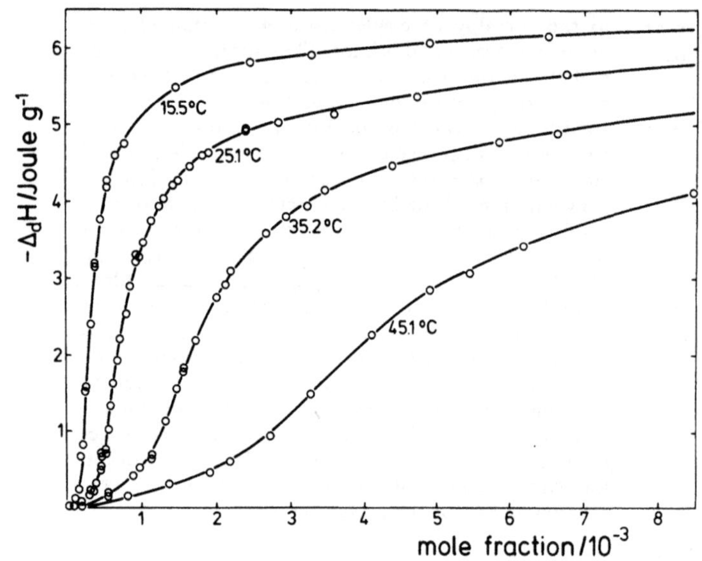

Fig. 2. Isotherms of the integral enthalpy of displacement for (*n*-docosane + heptane)/Graphon at 15.5, 25.1, 35.2, and 45.1 °C

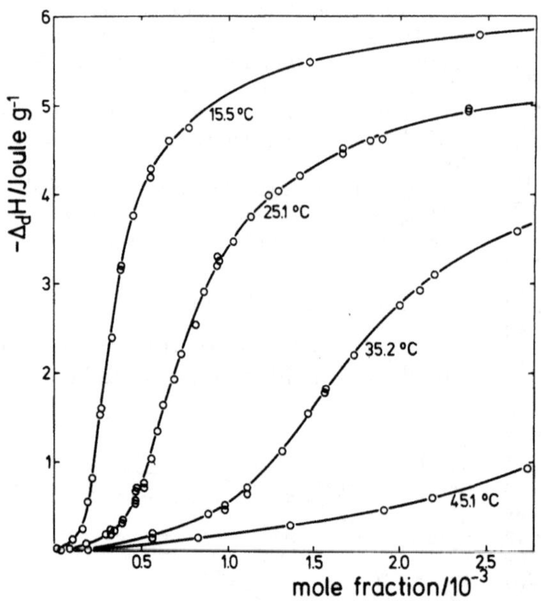

Fig. 3. Initial region of the enthalpy of displacement isotherms of figure 2

graphitized carbon black are shown in figure 1. Corresponding isotherms of the integral enthalpy of displacement are plotted in figures 2 and 3. Qualitatively, the following facts emerge from these results:

(i) Surface excess isotherms and enthalpy of displacement isotherms exhibit a similar dependence on bulk concentration x_2^l; a quantitative analysis of the relation between surface excess amount n_2^σ and $\Delta_d H$ is given below.

(ii) The isotherms deviate from *Langmuir* behaviour at low bulk concentrations. As shown most clearly in figure 3 the isotherms exhibit a positive initial curvature and a point of inflection before approaching a plateau at higher bulk concentrations. This deviation from ideal *Langmuir* behaviour is to be attributed to the adsorbed layer, since bulk mixtures of *n*-alkanes exhibit only small deviations from athermal solution behaviour (11). Furthermore, this type of isotherm is only observed on *graphitized* carbon black. Adsorption of *n*-docosane onto ungraphitized carbon black is rather weak and exhibits the usual *Langmuir* isotherm. The initial part of the enthalpy isotherms before and after graphitization of Vulcan are shown in figure 4.

Application of parallel layer model

The surface excess isotherms of figure 1 can be treated quantitatively by an extension of eq. [2] to include interaction terms for molecules (or segments of molecules) on adjacent lattice sites (4). This leads to the isotherm equation [4]:

$$\left(\frac{\phi_2^a}{\phi_2^l}\right)^{\frac{1}{r}}\left(\frac{1-\phi_2^l}{1-\phi_2^a}\right) \cdot \exp\left\{\frac{\alpha}{kT}\left[l(1-2\phi_2^a)-(l+m)(1-2\phi_2^l)\right]\right\} = K. \qquad [4]$$

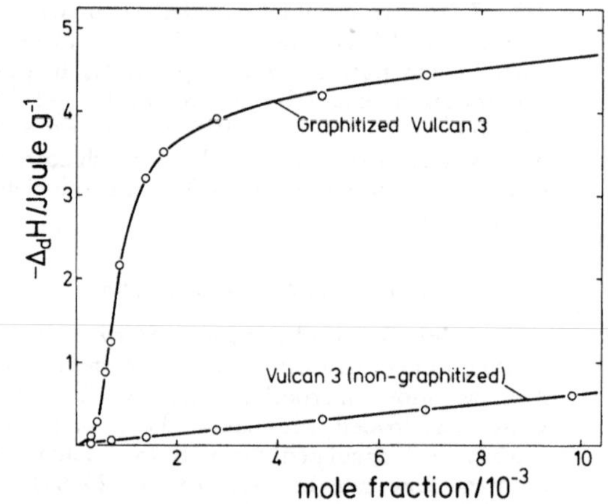

Fig. 4. Enthalpy of displacement isotherms for (*n*-docosane + heptane) onto non-graphitized and graphitized Vulcan 3 carbon black (25 °C)

Here, α is the interchange energy parameter per lattice site

$$\alpha \equiv z\left[\varepsilon_{12} - \frac{1}{2}(\varepsilon_{11} + \varepsilon_{22})\right], \qquad [5]$$

ε_{ik} is the energy of interaction between a pair ik on adjacent sites, z is the coordination number. Each site of the lattice layer next to the solid has lz neighbours in this layer and mz neighbours in the adjacent layer of the bulk phase.

In order to fit the experimental results by eq. [14] the volume fractions ϕ_2 of docosane in the two phases were calculated by the relations

$$\phi_2^l = rx_2^l/(x_1^l + rx_2^l),$$

$$\phi_2^a = \phi_2^l + \frac{n^\circ \Delta x_2^l}{ma_s}\frac{a_2}{x_1^l + rx_2^l},$$

where a_2 is the molar area of n-docosane, $a_2 = ma_s/n^\sigma_{m,2}$; a_s the specific surface area of the adsorbent, and $n^\sigma_{m,2}/m$ the maximum amount of docosane that can be accommodated per unit mass of the adsorbent. The latter quantity was estimated in two ways: (i) From the experimental surface excess isotherm at 25 °C, $n^\sigma_{m,2}/m = 8{,}1\cdot10^{-5}$ mol g^{-1} on Vulcan 3 G; this yields $a_2 = 8{,}4\cdot10^5$ m^2 mol^{-1} (1,39 nm^2 per n-docosane molecule). (ii) On the basis of *Groszek*'s model which implies that $-CH_2-$ and $-CH_3$ groups occupy one and two hexagons, respectively, of the graphite basal plane (5); this yields an area of 1,26 nm^2 per n-docosane molecule (i.e., 10% less than the experimental value at 25 °C). The mutual displacement factor r can also be taken from *Groszek*'s geometrical model, viz., $r = 24/9 = 2{,}67$. The same value also results if r is taken as the ratio of the molar volumes of the two pure liquids.

With chosen values of the parameters a_2, l, m, and r the isotherm equation [4] was fitted to the experimental surface excess results by the least square method. Calculated curves for 25, 35, and 45 °C are shown in figure 1. The corresponding best fit values of the parameters K and α/k are summarized in table 1. Unfortunately, these two parameters are strongly correlated and tend to compensate each other: e.g., figure 5 shows three sets of the parameters K and α/k which fit the experimental data at 25 °C nearly equally well. In order to obtain the temperature dependence of the equilibrium constant K a common value of α/k was adopted. Best fit values of K for this α/k are also given in table 1. By linear regression of $\ln K$ vs. $1/T$ the standard enthalpy of displacement is obtained, $\Delta_a H^\circ = -20.3 \pm 0.3$ kJ per mole monomer or $r\cdot\Delta_a H^\circ = -54{,}2$ kJ per mole n-docosane. The significance of this result is discussed below. The value of α/k needed to fit the experimental adsorption data is much higher than the value which fits the bulk solution properties of the system n-heptane + n-docosane, viz. $\alpha/k \approx 55$ K (using the parameters of ref. 11). A possible explanation for our large α value is a tendency of adsorbed long-chain molecules to align

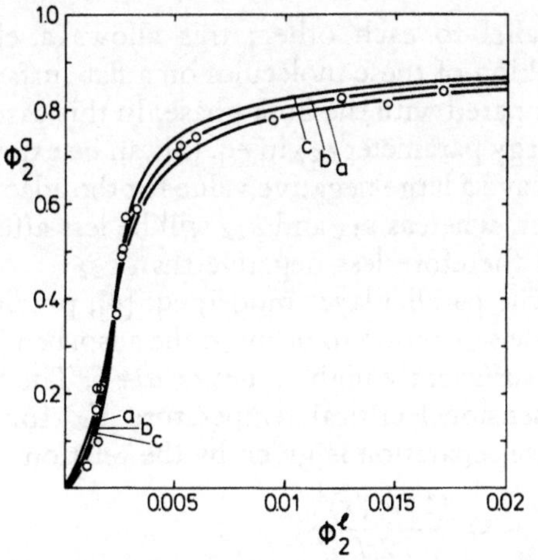

Fig. 5. (n-docosane + heptane)/Vulcan 3 G (25 °C): Fraction of surface covered by n-docosane, ϕ_2^a, vs. volume fraction in the bulk solution, ϕ_2^l. The three curves represent isotherms calculated by eq. [4] using different sets of the parameters K and α/k: a) 3.16, 593 K; b) 2.85, 641 K; c) 2.57, 689 K

Table 1. Parameters for isotherm equation, eq. [4], for (n-docosane + n-heptane)/Vulcan 3 G: (a) best fit values of K and α/k; (b) best fit values of K for fixed α/k. For both cases, a_s (Vulcan 3 G) = 68 m^2 g^{-1}; a_2(n-docosane) = 7,57·10^5 m^2 mol^{-1}; r = 2.67; l = 0.5; m = 0,25

	T/°C	K	(α/k)/Kelvin
(a)	25	2,71	650
	35	2,09	667
	45	2,15	578
(b)	25	2,768	666
	35	2,115	666
	45	1,655	666

parallel to each other; this allows a closer packing of these molecules on a flat surface as compared with the bulk phase. In this case the energy parameter ε_{22} in eq. [5] can be expected to have a large negative value for the adsorbed layer, whereas ε_{11} and ε_{12} will be less affected and therefore less negative than ε_{22}.

The parallel layer model, eq. [4], predicts a phase separation to occur in the adsorbed layer for sufficiently high values of α/kT. The two-dimensional critical temperature T_{2c} for this phase separation is given by the relation

$$\frac{\alpha}{kT_{2c}} = \frac{(1+\sqrt{r})^2}{2rl}$$

which gives $\alpha/kT_{2c} = 2.6$ or $T_{2c} = 256$ K for our system. The surface phase rich in component 2 can be considered to consist of ordered arrays of close-packed chain molecules, like a slice of solid paraffin. There is some indication for the existence of such two-dimensional solid-like arrays in our system at lower temperatures (see below).

Relation between n_2^σ and $\Delta_d H$

For the above model of adsorption from athermal bulk solution but non-athermal adsorbed monolayer the integral enthalpy of displacement is related to the amount of component 2 displacing solvent from the surface layer by

$$\Delta_d H = \Delta n_2^\sigma [\Delta_a H^*_{m,2} - r \cdot \Delta_a H^*_{m,1}] + n^a \cdot H_m^{E,a}(\phi^a) - n_0^a \cdot H_m^{E,a}(\phi_0^a), \quad [6]$$

where $\Delta_a H^*_{m,i}$ is the difference between the molar enthalpies of pure component i in the surface phase and in the bulk liquid; $H_m^{E,a}(\phi^a)$ is the molar excess enthalpy at composition ϕ^a of the adsorbed phase, n_0^a and n^a the total amount in the adsorbed layer before and after the displacement reaction[1]). Eq. [6] can be tested by plotting, for given x_2^l, the experimental enthalpies of displacement $\Delta_d H$ vs. the corresponding equilibrium surface excess n_2^σ. Such a plot is shown in figure 6. At 25 °C we find a linear relation within experimental accuracy[2]); at 45 °C significant deviations from linearity occur. The slope of this graph

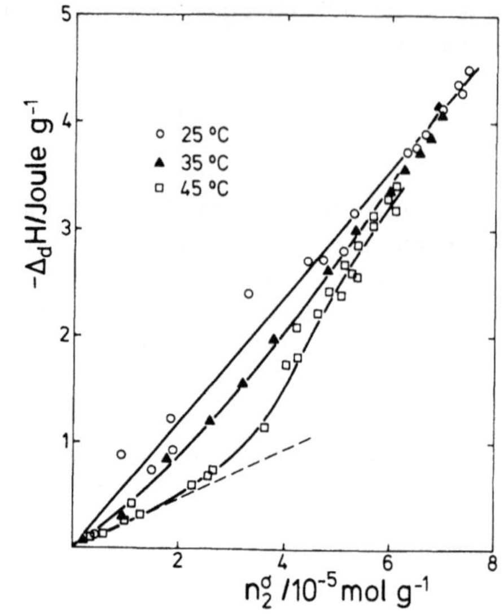

Fig. 6. Enthalpy of displacement $\Delta_d H$ as a function of surface excess amount n_2^σ of *n*-docosane. Points represent experimental surface excess amounts; $\Delta_d H$ values corresponding to the same bulk concentration x_2^l taken from interpolated enthalpy isotherms

represents the differential enthalpy of displacement per one mol of component 2,

$$\left(\frac{\partial \Delta_d H}{\partial n_2^\sigma}\right)_{T, A_s} = (H_2^a - H_2^l) - r(H_1^a - H_1^l) \equiv \Delta_d H_{(2)} \quad [7]$$

where H_i^a, H_i^l are partial molar enthalpies of component i in the adsorbed layer and bulk phase, respectively. The differential enthalpy of displacement is plotted vs. surface excess concentration n_2^σ/A_s in figure 7. At 25 °C $\Delta_d H_{(2)} = -(59 \pm 10)$ kJ mol^{-1} *n*-docosane, over a wide range of surface concentrations. At 45 °C the initial value of $\Delta_d H_{(2)}$ is only $-(27 \pm 5)$ kJ mol^{-1} but increases significantly with increasing surface concentration of *n*-docosane.

The differential enthalpy of displacement can also be obtained indirectly by the relation

$$\left(\frac{\partial \ln x_2^l}{\partial(1/T)}\right)_{n_2^\sigma, A_s} = -\frac{\Delta_d H_{(2)}}{R}. \quad [8]$$

To apply eq. [8], mole fractions x_2^l for given values of n_2^σ/A_s were taken from the surface

[1]) Below, $\Delta_d H$ will refer to the displacement of pure solvent by a given solution. In this case Δn_2^σ equals the final surface excess n_2^σ, and $H_m^{E,a}(\phi_0^a) = 0$.

[2]) The scattered points below $n_2^\sigma/m = 5 \cdot 10^{-5}$ mol g^{-1} correspond to the initial steep section of the 25 °C isotherms (see figs. 1–3) where this correlation is subject to large possible errors.

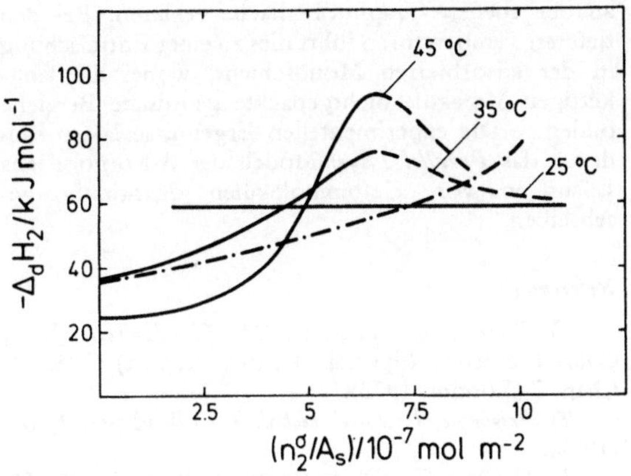

Fig. 7. Differential molar enthalpy of displacement $\overline{\Delta_d H}_{(2)}$ as a function of surface concentration of n-docosane, n_2^σ/A_s. Full curves: from the slope of the curves in figure 6. Dashed-dotted curve: $\overline{\Delta_d H}_{(2)}$ from the temperature dependence of the surface excess isotherms, using eq. [8]

excess isotherms at 25, 35, and 45 °C and the slope of $\ln x_2^l$ vs. $1/T$ was calculated by linear regression. The resulting quantity $\overline{\Delta_d H}_{(2)}$ amounts to $-(35 \pm 3)$ kJ mol^{-1} at $n_2^\sigma/A_s = 0$ and increases to above -70 kJ mol^{-1} at surface concentrations of $1 \cdot 10^{-6}$ mol m^{-2} (corresponding to a surface coverage ϕ_2^a of 0.76 or 0,84, depending on the chosen value of the area per n-docosane molecule). This determination of $\overline{\Delta_d H}_{(2)}$ of course implies that this quantity is independent of temperature in the experimental temperature range, which does not seem to be justified in view of the calorimetric results for $\Delta_d H_{(2)}$ shown in figure 7. The dependence of the quantity $\overline{\Delta_d H}_{(2)}$ on the surface concentration is also shown in figure 7.

The initial low value of the differential enthalpy $\Delta_d H_{(2)}$ at 45 °C corresponds to the displacement of solvent by isolated n-docosane molecules. When the surface is already partly covered by n-docosane a further replacement of solvent by solute molecules may cause an alignment of the long-chain molecules on the surface, as outlined above; the observed increase of $\Delta_d H_{(2)}$ with increasing surface concentration can then be explained by a contribution of the lateral interactions between neighbouring adsorbed chain molecules. The constant value of $\Delta_d H_{(2)}$ at 25 °C may be a consequence of a phase separation in the adsorbed layer, as predicted by the parallel layer model for low temperatures. If we assume, for simplicity, that the surface layer consists of batches of ordered pure n-docosane (2D solid) surrounded by pure solvent, all solute molecules displacing solvent from the surface are incorporated into the 2D solid phase. In eq. [6] then $\Delta_a H^*_{m,2}$ represents the difference in molar enthalpy of pure n-docosane in the 2D solid state and in the bulk liquid, and the excess enthalpy of mixing in the adsorbed layer $H_m^{E,a}$ is zero; for this case eq. [6] predicts a linear relation between $\Delta_d H$ and n_2^σ and the derivative $\partial(\Delta_d H)/\partial n_2^\sigma$ represents the *standard* molar enthalpy of displacement $\Delta_d H°$ (cf. eq. 7). The calorimetric value of $\Delta_d H_{(2)}$ at 25 °C is indeed of similar magnitude as the standard molar enthalpy of displacement obtained from the temperature dependence of the equilibrium constant K in eq. [4], $\Delta_d H° = -54{,}2$ kJ mol^{-1} n-docosane. Incidentally, the difference between the differential enthalpy at 25 °C, $\Delta_d H_{(2)} = -59$ kJ mol^{-1}, and the differential enthalpy of displacement for isolated n-docosane molecules ($\Delta_d H_{(2)} = -27$ kJ mol^{-1} at 45 °C) can be taken as the contribution caused by lateral interactions in the 2D solid phase of n-docosane, i.e., a molar enthalpy of two-dimensional ordering. The magnitude of this quantity (about -30 kJ mol^{-1}) amounts to roughly one half of the enthalpy of freezing of n-docosane (12).

Conclusion

The above discussion is based on surface excess isotherms and enthalpy of displacement measurements for dilute solutions of n-docosane in n-heptane at the solution/graphitized carbon interface. Similar measurements have been made by us recently for a number of similar systems, to study the influence of a variation of the chain length or of the solvent. The results of these studies will be published.

Acknowledgement

We are indebted to Dr. *A. I. Medalia* of Cabot Corp., Mass. (U.S.A.), for the gift of a sample of Vulcan 3, and to Dr. *A. Burmeister* of Sigri Elektrographit GmbH., Meitingen, for graphitizing samples of carbon blacks. Financial support by the Fonds der Chemischen Industrie is also gratefully acknowledged.

Summary

Isotherms of the specific surface excess and of the enthalpy of displacement (enthalpy of adsorption from solution) are reported for dilute solutions of *n*-docosane (n-$C_{22}H_{46}$) in heptane onto graphitized carbon black, for temperatures from 15 to 45 °C.

As already noted by previous authors long-chain *n*-alkanes are strongly preferentially adsorbed onto the graphite basal plane. The present work shows that the isotherms for such a system exhibit a positive initial curvature and a point of inflection before approaching a plateau corresponding to a complete adsorbed monolayer. This deviation from ideal Langmuir-type behaviour is attributed to strong lateral interactions between long-chain molecules adsorbed side-by-side on the flat graphite basal plane. There are indications for a phase separation in the adsorbed layer at the lower temperatures, involving the formation of close-packed ordered arrays of *n*-docosane molecules on the surface. – The experimental results can be accounted for quantitatively by the *parallel layer model* of adsorption from non-athermal solutions of chain molecules.

Zusammenfassung

Die Adsorption des Kohlenwasserstoffs *n*-Docosan (n-$C_{22}H_{46}$) aus Lösungen in Heptan an der Oberfläche von graphitiertem Ruß wird im Temperaturbereich 15–45 °C untersucht. Dazu wird einerseits der spezifische Grenzflächenüberschuß des gelösten Kohlenwasserstoffs als Funktion der Konzentration der Lösung bestimmt (Adsorptionsisothermen); außerdem wird die Adsorptionsenthalpie (d.h. die Enthalpieänderung der Verdrängungsreaktion an der Oberfläche) für verschiedene Konzentrationen und Temperaturen mittels eines Strömungskalorimeters gemessen.

Wie schon von anderen Autoren beobachtet wurde, werden langkettige *n*-Alkane an der Graphit-Basisfläche stark präferentiell adsorbiert. Unsere Untersuchungen zeigen nun, daß die Adsorptionsisothermen im Anfangsbereich eine positive Krümmung und einen Wendepunkt aufweisen, bevor bei höheren Konzentrationen eine komplette adsorbierte Monoschicht erreicht wird. Dieses vom idealen Langmuir-Typ abweichende Verhalten läßt sich durch starke laterale Wechselwirkungen zwischen langkettigen Molekülen an der ebenen Graphitoberfläche erklären. Bei den tieferen Temperaturen führt dies zu einer Entmischung in der adsorbierten Monoschicht, wobei die langkettigen Moleküle dichtgepackte geordnete Bereiche bilden. – Die experimentellen Ergebnisse lassen sich durch das *Parallel Layer*-Modell der Adsorption aus Lösungen von Kettenmolekülen quantitativ beschreiben.

References

1) *Everett, D. H.*, In: *D. H. Everett* (Ed.), Colloid Science (Special. Period. Report), Vol. 1, Chap. 2 (London 1973).

2) *Prigogine, I., I. Maréchal*, J. Colloid Sci. **7**, 122 (1952).

3) *Delmas, G., D. Patterson*, J. Phys. Chem. **64**, 1827 (1960).

4) *Everett, D. H.*, Trans. Faraday Soc. **61**, 2478 (1965); *S. G. Ash, D. H. Everett, G. H. Findenegg*, ibid. **64**, 2639 (1968).

5) *Groszek, A. J.*, Proc. Roy. Soc. (London) **A 314**, 473 (1970).

6) *Groszek, A. J.*, J.C.S. Faraday Discuss. **59**, 109 (1975).

7) *Allen, T., R. M. Patel*, J. Colloid Interface Sci. **35**, 647 (1971).

8) *Kern, H. E.*, Doktorarbeit, Bochum 1978.

9) *Findenegg, G. H.*, J. Colloid Interface Sci. **35**, 249 (1971).

10) *Kern, H. E., W. von Rybinski, G. H. Findenegg*, J. Colloid Interface Sci. **59**, 301 (1977).

11) *Young, C. L.*, Trans. Faraday Soc. **64**, 1537 (1968).

12) *Schaerer, A. A., C. J. Busso, E. A. Smith, L. B. Skinner*, J. Amer. Chem. Soc. **77**, 2017 (1955).

Author's address:

Prof. Dr. *G. H. Findenegg*
Lehrstuhl für Physikalische Chemie II
Ruhr-Universität Bochum
Postfach 102148
D-4630 Bochum 1

Progr. Colloid & Polymer Sci. 65, 125–132 (1978)

ISSN 0340-255 X

Department of Colloid Chemistry, József Attila University, Szeged (Hungary)

Selective adsorption of liquid mixtures on organophilic clay minerals*)

I. Dékány, *F. Szántó*, and *L. G. Nagy***)

With 8 figures and 1 table

(Received October 3, 1977)

Introduction

By ion-exchange reactions with cationic tensides organophilic products of apolar nature, which swell considerably in organic medium, can be prepared from clay minerals. Swelling and desaggregation of these organophilic derivatives in organic liquids or in liquid mixtures are determined fundamentally by liquid sorption, and the knowledge of the clay mineral-liquid interfacial properties are the basical requirements for understanding these processes.

The study of the selective adsorption of liquids on organophilic clay minerals essentially means the determination of the adsorption excess isotherms of binary mixtures. The excess isotherms determined on various adsorbents, can be analysed by the procedure developed by *Schay* and *Nagy* (1–3). We obtain informations on the magnitude of the internal surfaces exposed as consequence of swelling and desaggregation, the extent of organophilicity and the surface heterogeneity of the organocomplexes.

Complexes organophilized to various extents with hexadecylpyridinium chloride (HDPCl) were prepared from pure montmorillonite and kaolinite. Our aim was to determine the adsorption capacities of clay minerals and their organophilic derivatives in various liquid mixtures, and to characterize the mosaic structure of the surface of the organocomplex on the basis of the differences displayed in the shapes of the excess isotherms.

Materials and methods

The montmorillonite was prepared from calcium bentonite (from Mád, North Hungary) by a several-step peptization and sedimentation procedure with Na_2CO_3. A 1% aqueous solution of HDPCl was added in various amounts to a dilute (some tenths of a per cent) suspension of the montmorillonite, and in this way six products with different organophilicities were obtained (20–90 mequiv./100 g). Kaolinite complexes were produced in similar way from Zettlitz kaolin, products and three with different organophilicities (2.4–4.4 mequiv./100 g) were prepared. The organo complexes were washed by repeated decantation, dried in a vacuum desiccator at 80°, and ground. Next, the samples were extracted with a 1:1 water-isopropanol mixture in a Soxhlet apparatus for 50 hr, again dried and ground, and sieved to a fineness of 200 mesh. Extraction of the organocomplexes was necessary as the liquid is contaminated by the small amount of tenside desorbing from the adsorbent in the course of the adsorption measurement, and thus this measurement is disturbed (4). After the extraction, however, the organocomplexes no longer gave rise to contamination in the equilibrium liquid phase. The HDP cation content (mequiv./100 g clay mineral) of the organocomplexes after extraction is given in table 1.

The adsorption of liquid mixtures on montmorillonite and kaolinite was studied with methanol-benzene, ethanol-benzene, *n*-propanol-benzene, *n*-butanol-benzene and ethanol-cyclohexane mixtures of p.a. purity, the organocomplexes only with methanol-benzene mixtures, in every case at a temperature of $25 \pm 0.5°$. Prior to the adsorption measurement the samples were dried for 48 hr in a vacuum desiccator (10^{-2} torr) at 80°. After establishment of the adsorption equilibrium (in practice 48 hr was sufficient for this), the adsorbent was removed from the liquid mixture by centrifugation and the equilibrium composition x_1 was determined with a Zeiss liquid interferometer.

---

*) Vorgetragen auf der gemeinsamen Tagung der Arbeitsgruppe "Ionenaustausch" der Kolloid-Gesellschaft und der Deutschen Ton- und Tonmineral-Gesellschaft im Anschluß an die Hauptversammlung.

**) Department of Applied Chemistry, Budapest Technical University, Budapest (Hungary)

The specific excess adsorption of the liquid mixture (n_1^σ) was determined in accordance with eq. [1]. On average, the standard deviation of the n_1^σ values was ±6.2% for the montmorillonite derivatives, and ±8.3% for the kaolinite derivatives.

Analysis of the excess isotherms

The specific excess adsorption of the liquid mixture was calculated on the basis of the following well-known definition equation (5):

$$n_i^\sigma = n^0(x_i^0 - x_i) = n^0 \Delta x_i \qquad (i = 1, 2, \ldots) \qquad [1]$$

where n^0 is the total quantity of liquid mixture referred to unit mass of the adsorbent (e.g. mmole/g adsorbent), x_i^0 is the mole fraction of the i-th component before adsorption, and x_i is that in the equilibrium homogeneous liquid phase. The adsorption excess isotherms $n_i^\sigma = f(x_i)$ calculated in accordance with eqn. [1] can be classified into five basic types by the *Schay-Nagy* isotherm classification (5).

In the case of physical adsorption of binary mixtures, the physical content of the excess isotherm $n_i^\sigma = f(x_i)$ is illustrated by the following mass balance:

$$n^0 x_1^0 = n_1^s + (n^0 - n^s) x_1 \qquad [2]$$

The *Ostwald-de Izaguirre* equation is obtained free from any assumption from the mass balance:

$$n^0(x_1^0 - x_1) = n_1^\sigma = n_1^s - n^s x_1 = n^s(x_1^s - x_1) \qquad [3]$$

where $n^s = n_1^s + n_2^s$, the mass content of the interfacial phase (e.g. mmole/g), and $x_1^s = n_1^s / n^s$ is the mole fraction of the interfacial phase. According to eqn. [3], therefore, the excess isotherm $n_1^\sigma = f(x_1)$ arises from a combination of the "individual" isotherms $n_1^s = f(x_1)$ and $n_2^s = f(x_1)$ (see fig. 1).

The isotherms of types II, III and IV in the *Schay-Nagy* classification have the common characteristic that a fairly long section of the isotherm is practically linear. For the linear section, we may write

$$n_1^\sigma = a - bx_1 \qquad (= -n_2^\sigma). \qquad [4]$$

Combining eqns. [3] and [4]:

$$a - bx_1 = n_1^s - n^s x_1 = n_1^s - (n_1^s + n_2^s) x_1 \qquad [5]$$

Assuming that the intercepts of the linear sections are equal to the adsorption capacities of the components at the points $x_1 = 0$ and $x_2 = 1$ (6, 7), for the $x_1 = 0$ intercept

$$a = n_1^s \qquad [6]$$

and for the $x_2 = 1$ intercept

$$a - b = -n_2^s. \qquad [7]$$

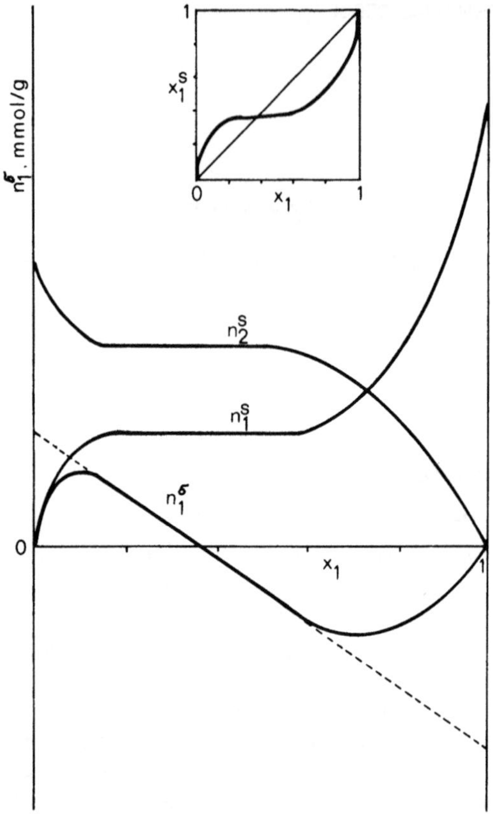

Fig. 1. The excess isotherm and the individual isotherms of an isotherm type IV

Application of the graphical extrapolation method for the isotherm of type IV can be seen in figure 1. Employment of the method assumes that in the linear section of the excess isotherm the composition of the interfacial phase is practically unchanged, i.e. in this section (8):

$n_1^s \simeq$ constant

$n_2^s \simeq$ constant.

Since the surface of the adsorbent is always completely covered in liquid sorption, after *Williams* the following equation can be written for the case of monomolecular surface coverage:

$$n_1^s a_{m,1} + n_2^s a_{m,2} = a_{equ}^s. \qquad [8]$$

where $a_{m,1}$ and $a_{m,2}$ are the cross-sectional areas of the components 1 and 2, which can be calculated from the molar volumes of the components, and $a^s_{equ.}$ is the equivalent specific surface area (1, 8).

Equation [8] can also be written in the following form:

$$n_1^s + \beta n_2^s = n_{1,0}^s \qquad [9]$$

where $n_{1,0}^s$ is the monomolecular adsorption capacity of pure component 1, and

$$a^s_{equ.} = n_{1,0}^s \cdot a_{m,1} \text{ and } \beta = \frac{a_{m,2}}{a_{m,1}}. \qquad [10]$$

According to eqns. [8] and [9], the specific surface area of the adsorbent can be calculated from the knowledge of the adsorption capacities and the cross-sectional areas. This method for determination of the specific surface area has been applied to many systems in the literature, and it has been found that the specific surface areas calculated with the *Schay-Nagy* extrapolation for non-swelling and desaggregating adsorbents agree very well with the values determined by B. E. T. (6–10).

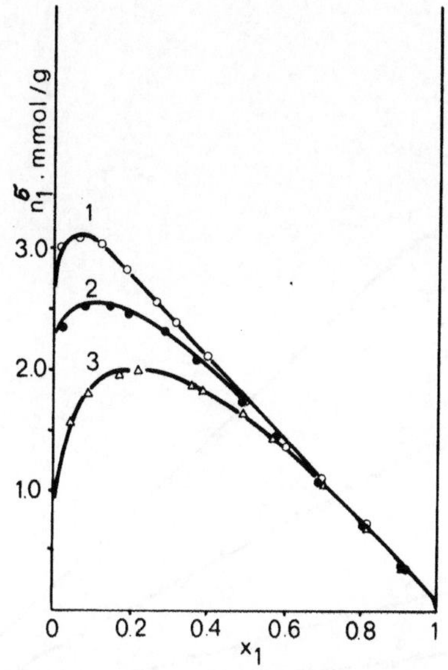

Fig. 2. Methanol(1)-benzene(2) excess isotherms on montmorillonites. 1. original, 2. montmorillonite treated with 1:1 water-isopropanol mixture, 3. montmorillonite treated with methanol

Results and discussion

Since montmorillonite is a layer-silicate with hydrophilic layers, the alcohols are preferentially adsorbed on its surface; adsorption of alcohol-benzene mixtures leads to excess isotherms of type II. In the case of the methanol-benzene adsorption, the equivalent specific surface area calculated from the adsorption capacity (table 1) is close to 50% of the basal plane surface area (752 m^2/g); thus, the methanol might be incorporated on an average between every second montmorillo-

Table 1. Results of analysis of adsorption excess isotherms. Liquid mixture: methanol(1)-benzene(2)

Adsorbent	HDP cation mequ./100 g	n_1^s	n_2^s mmole/g	$n_{1,0}^s$	$a^s_{equ.}$ m^2/g	x_1^s	Isotherm type
montmorillonite	0	3.44	–	3.44	327	–	II.
montm. (treated with methanol)	0	3.40	–	3.40	323	–	II.
HDP-montm. 1	20.0	3.20	0.80	4.72	448	0.80	IV.
HDP-montm. 2	39.7	2.39	1.74	5.69	541	0.59	IV.
HDP-montm. 3	55.5	2.21	2.37	6.69	635	0.47	IV.
HDP-montm. 4	68.3	2.13	2.95	7.72	733	0.42	IV.
HDP-montm. 5	81.2	1.98	3.20	8.04	764	0.37	IV.
HDP-montm. 6	90.0	1.53	3.51	8.19	778	0.30	IV.
kaolinite	0	0.81	0.13	1.05	100	–	II.
kaolinite (treated with methanol)	0	0.73	0.52	1.70	162	0.59	IV.
HDP-kaolinite 1	2.4	0.64	0.59	1.77	168	0.52	IV.
HDP-kaolinite 2	3.5	0.60	0.65	1.83	174	0.46	IV.
HDP-kaolinite 3	4.4	0.56	0.70	2.07	190	0.40	IV.

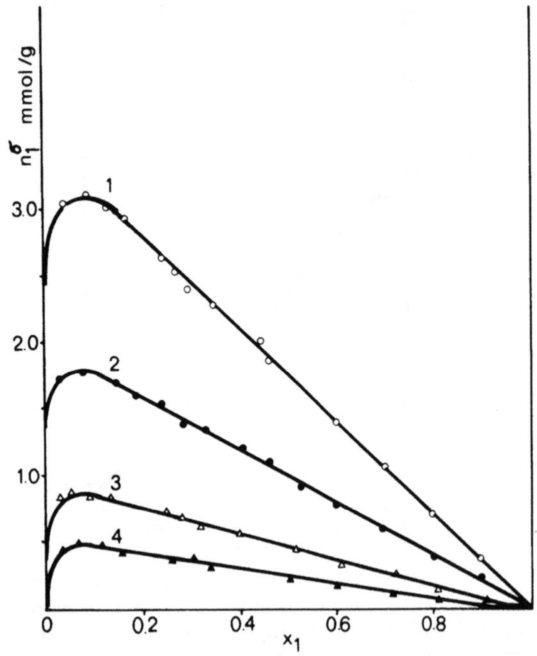

Fig. 3. Alcohol(1)-benzene(2) excess isotherms on montmorillonites. 1. methanol, 2. ethanol, 3. *n*-propanol, 4. *n*-butanol

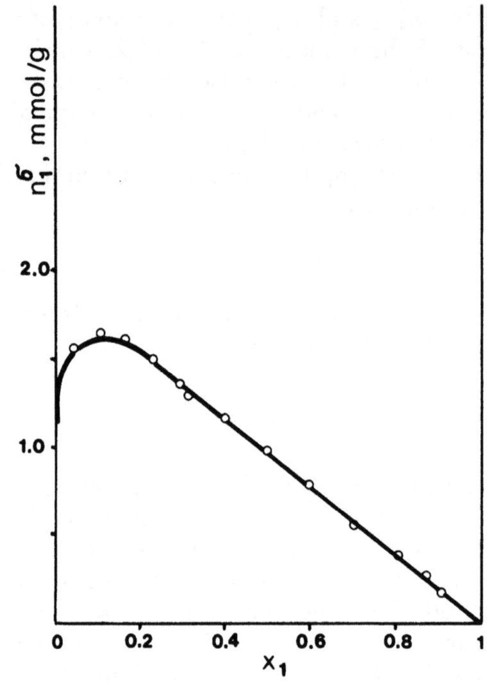

Fig. 4. Adsorption excess isotherm of ethanol(1)-cyclohexane(2) mixture on montmorillonite

nite layer. If the montmorillonite is preliminarily treated with alcohol in a Soxhlet apparatus for 50 hr, the shapes of the isotherms change: the slope of the initial part of the isotherm is lower (fig. 2). This change indicates that the most active adsorption centres are already covered as a consequence of the pretreatment with alcohol, and the adsorption is predominantly physical. The adsorption capacities calculated from the three isotherms (fig. 2) do not differ substantially from one another.

When the adsorptions of alcohols containing different numbers of carbon atoms are examined, the adsorption capacity decreases with increasing numbers of carbon atoms; hence, adsorption in the interlamellar space is depressed (fig. 3). Presumably for steric reasons, it is increasingly more difficult for the layer alcohol molecules (*n*-propanol and *n*-butanol) to penetrate between the montmorillonite sheets. From the excess isotherm of ethanol-cyclohexane mixtures (fig. 4), ethanol is similarly preferentially adsorbed on the silicate surface from cyclohexane, and the adsorption capacity ($n_{1,0}^s$) agrees well with the adsorption

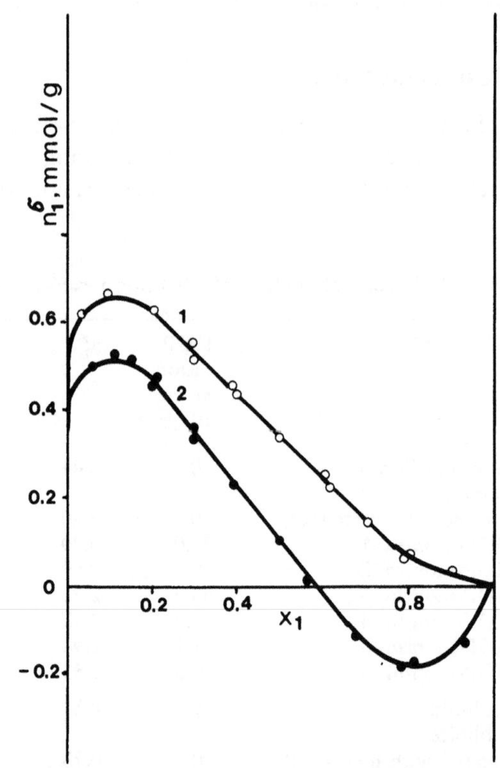

Fig. 5. Methanol(1)-benzene(2) excess isotherms on kaolinites. 1. original, 2. kaolinite treated with methanol

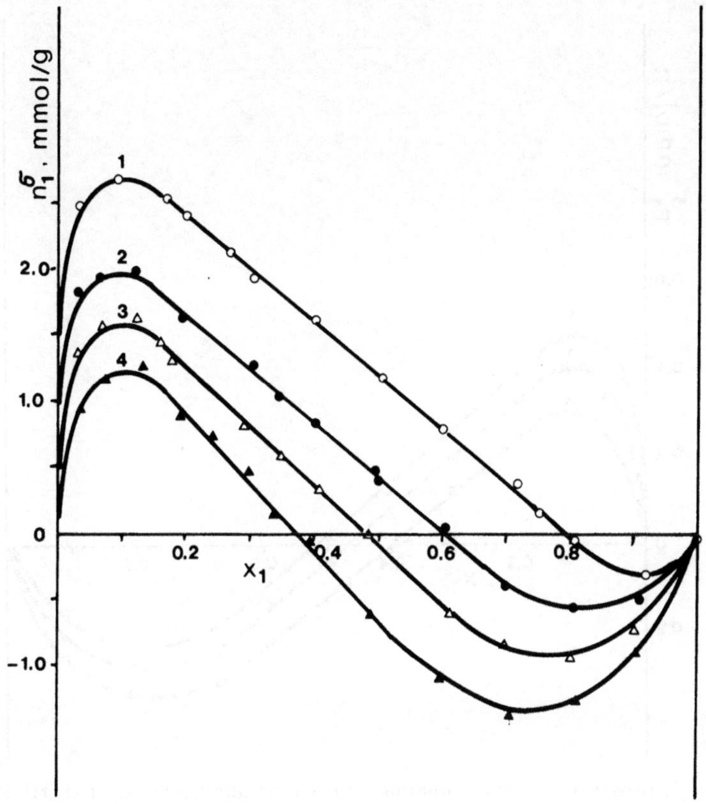

Fig. 6. Methanol(1)-benzene(2) excess isotherms on organophilic montmorillonites. 1–4. HDP-montmorillonites 1–4 according to table 1

capacity for ethanol-benzene mixtures. It may be stated definitely that independently of the apolar liquid component the polar alcohol molecules are selectively adsorbed between the montmorillonite layers.

The excess isotherms obtained for kaolinite and methanol-benzene mixtures can be seen in figure 5. The first essential difference is that the adsorption capacity is smaller than for montmorillonite (table 1), because the kaolinite layers are bound together by hydrogen-bonds, the methanol molecules are mainly adsorbed at external surfaces: the equivalent specific surface area is closed to 10% of the basal plane surface area (1070 m^2/g). The other difference is manifested in the fact that, an excess isotherm of type IV is obtained; in addition to the methanol, the benzene is also adsorbed to an appreciable extent. Kaolinite contains Al–OH groups, and some of these surface OH groups might be esterified during the 50-hr treatment with methanol (11).

The surfaces of montmorillonite and kaolinite can be modified to a significant extent if the inorganic cations are exchanged for HDP cations. The selective liquid sorption undergoes a substantial change, and excess isotherms of type IV are always obtained for methanol-benzene mixtures (figs. 6 and 7). With the increase of the organophilicity (surface coverage) of the HDP-montmorillonite, the positive adsorption of the methanol decreases, while at the same time the benzene is adsorbed to an ever greater extent (cp. of n_1^s and n_2^s, table 1). The azeotrope composition (x_1^a) is shifted towards smaller methanol fractions.

We assume that the methanol is adsorbed on the polar silicate surface parts not covered by HDP cations, while the benzene is bound on the organophilized apolar surface (12).

On HDP-montmorillonites the methanol-benzene excess isotherms can be regarded as practically linear in a very wide interval, and therefore the extrapolation method could be employed reliably in all cases. The data of table 1 reveal that the adsorption capacities

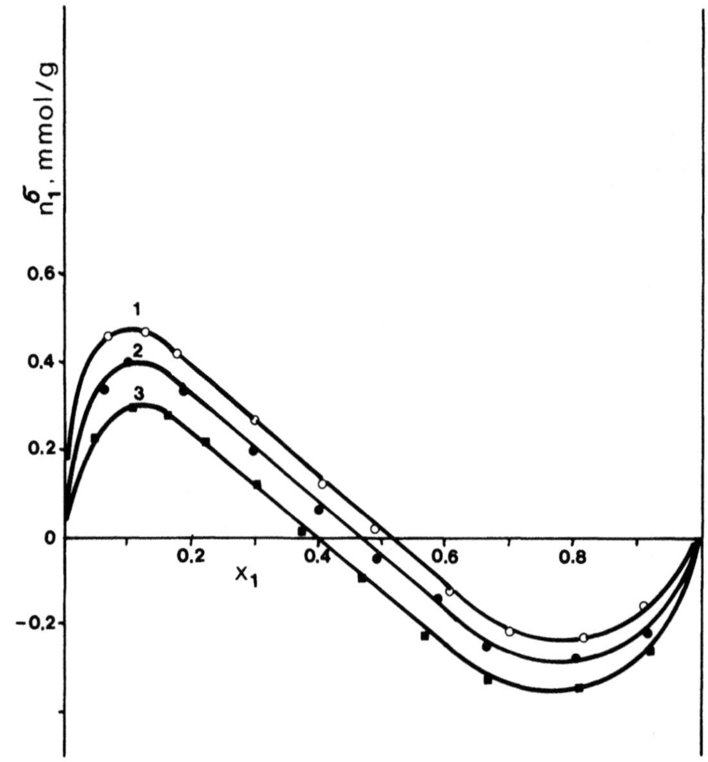

Fig. 7. Methanol(1)-benzene(2) excess isotherms on organophilic kaolinites. 1–3. HDP-kaolinites 1–3 according to table 1

increase with the extent of the organophilicity, and hence swelling and desaggregation are the more favored, the more the coverage of the silicate surface by HDP cations is increased. The equivalent specific surface areas of samples with higher organophilicity (HDP-montmorillonites 5 and 6) are 764–778 m²/g, which means that the lattia expansion is complete, since the equivalent specific surface area calculated from the adsorption capacity approximates well the geometric surface area.

Excess isotherms of type IV are similarly found on organophilic kaolinite derivatives, but the adsorption capacities are smaller than for the HDP-montmorillonites (fig. 7). The equivalent specific surface areas (168–190 m²/g) do not differ substantially from the value obtained for the kaolinite extracted with methanol, and therefore the slight degree of organophilization (2.4–4.4 mequiv./100 g) does not result in appreciable desaggregation. Nevertheless, the shapes of the excess isotherms and the shift of the azeotrope composition x_1^a indicate a similar change of the character of the selective liquid sorption as in case of HDP-montmorillonite.

The B.E.T. surface areas of some kaolinite samples were determined at 77 K by nitrogen adsorption: the values obtained were 16 m²/g for kaolinite, and 21 m²/g for HDP-kaolinite. Comparison of these results with the $a^s_{\mathrm{equiv.}}$ values (table 1), reveals that kaolinite and its organophilic derivatives are partially desaggregated in a methanol-benzene mixture. This partial desaggregation may be caused by the chemisorption and interlamellar adsorption of the methanol, and also by the organophilization in the suspended state. All these effects strongly suggest the partial splitting of the hydrogen-bonds holding together the kaolinite layers.

Examination of the excess isotherms permits the general finding that isotherms of type II are obtained in every case on the original untreated clay minerals; the polar component is preferentially adsorbed on the silicate surface. If the surfaces of the clay minerals are modified to a small extent by treatment with alcohol, or if they are covered with HDP cations, excess isotherms of type IV are obtained. The equilibrium diagram for adsorption of the liquid mixture, $x_1^s = f(x_1)$, which determines the shape and type of the excess isotherm, can be given by the following equation (5, 12, 13):

$$x_1^s = \frac{x_1}{\dfrac{1}{K'}\dfrac{f_2 f_1^s}{f_1 f_2^s}(1 - x_1) + x_1} \qquad [11]$$

where f_1 and f_2 are the activity coefficients of the homogeneous liquid phases, f_1^s and f_2^s are the activity coefficients of the interfacial phases, and $K' = e^{(\eta_2 - \eta_1)/RT}$ is a constant characteristic of the molar adsorption potential difference of the components. Equation [11] shows that the type of the isotherm for a given adsorbent is determined by the properties of the liquid mixture. In the following we shall examine how the equilibrium diagram is varied by the surface modification.

If activities are introduced ($a_1 = f_1 x_1$ and $a_2 = f_2 x_2$), and if the activity coefficients of the interfacial phase compensate one another, i.e. $f_1^s/f_2^s \approx 1$, from eqn. [11] we obtain the following equation for K':

$$K' = \frac{x_1^s x_2 f_2}{x_2^s x_1 f_1} = \frac{x_1^s a_2}{(1 - x_1^s) a_1}\,. \qquad [12]$$

Let us calculate the value of K' for the equilibrium composition x_1 where $a_2/a_1 = 1$. From the results in table 1 for methanol-benzene this composition is $x_1 = 0.68$. Since $x_1^s = n_1^s/n^s$ and $1 - x_1^s = n_2^s/n^s$, eqn. [12] can be rewritten:

$$K_{x_1 = 0.68} = \frac{x_1^s}{1 - x_1^s} = \frac{n_1^s}{n_2^s} = K^*\,. \qquad [13]$$

The apolar components (n_2^s) are adsorbed on the organophilized surface parts, and the polar components (n_1^s) are bound on the residual free parts (3, 9, 12). Accordingly, the first term of eqn. [8] means the magnitude of the surface

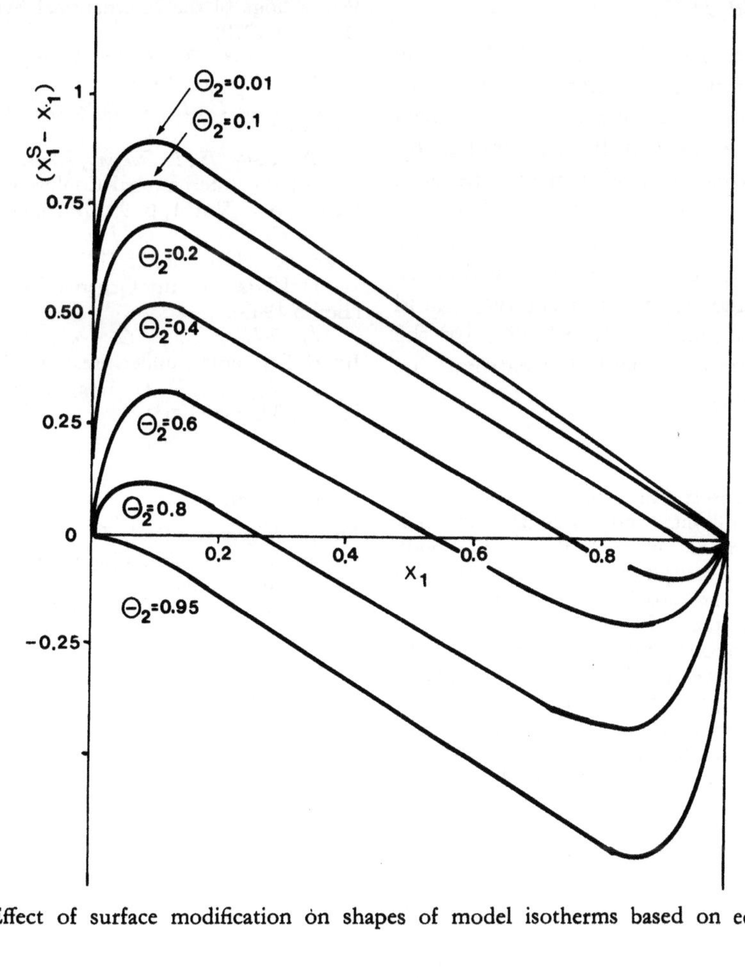

Fig. 8. Effect of surface modification on shapes of model isotherms based on eqn. [17]

part occupied by the polar component, and the second term the magnitude of the apolar part. If eqn. [8] is divided by $a^s_{equ.}$, we obtain

$$\frac{n^s_1 a_{m,1}}{a^s_{equ.}} = \theta_1 \text{ and } \frac{n^s_2 a_{m,2}}{a^s_{equ.}} = \theta_2 \qquad [14]$$

and

$$\theta_1 + \theta_2 = 1 \qquad [15]$$

where θ_1 and θ_2 are the proportions of the polar and apolar surface area. Then, from eqns. [13] and [14] we obtain

$$K^* = \frac{\theta_1 \beta}{1 - \theta_1} = \frac{(1 - \theta_2)\beta}{\theta_2}. \qquad [16]$$

If the value of K^* is substituted into eqn. [11], the equilibrium diagram may be calculated via the equation

$$x^s_1 = \frac{x_1}{\frac{\theta_2}{(1 - \theta_2)\beta} \frac{f_2}{f_1} (1 - x_1) + x_1}. \qquad [17]$$

The model isotherms (fig. 8) calculated by eqn. [17], definitely show that surface modifications influence the shape of the excess isotherms. Figure 8 reveals that with increasing apolar surface area the isotherm of type II is transformed to one of type IV. From a comparison of the model isotherms with the experimentally-determined excess isotherms, it may be stated that the selective liquid adsorption is fundamentally affected by the surface modification (alcohol treatment or organophilization).

Summary

The selective adsorption properties of the clay minerals montmorillonite and kaolinite and their organophilic derivatives were studied, for alcohol-benzene mixtures. Adsorption excess isotherms were determined, and the adsorption capacities were calculated by the method of *Schay-Nagy*. It was found that the desaggregation of the clay minerals and their organophilic derivatives can be characterized quantitatively by the adsorption capacity. It could be shown how the shapes of the excess isotherms are affected by modification of the surfaces, and, in this connection, a new model isotherm equation was introduced.

Zusammenfassung

Es wurden die selektiven Adsorptionseigenschaften der Tonminerale Montmorillonit und Kaolinit in Alkohol-Benzol-Gemischen untersucht. Die Adsorptionsüberschußisothermen wurden bestimmt; die Adsorptionskapazitäten wurden nach der Methode von *Schay* und *Nagy* berechnet. Es wurde festgestellt, daß die Desaggregation der Tonminerale und ihrer organophilen Derivate quantitativ durch die Adsorptionskapazität charakterisiert werden kann.

Es konnte gezeigt werden, wie der Verlauf der Überschußisothermen durch die Oberflächenmodifikation beeinflußt wird; in diesem Zusammenhang wurde eine neue Isothermengleichung vorgestellt.

References

1) *Dékány, I., F. Szántó, L. G. Nagy, G. Fóti,* J. Colloid Interf. Sci. **50**, 265 (1975).
2) *Dékány, I., F. Szántó, L. G. Nagy,* Magyar Kémiai Folyóirat **82**, 491 (1976).
3) *Dékány, I., F. Szántó, L. G. Nagy,* J. Colloid & Polymer Sci., **256**, 150 (1978).
4) *Slabaugh, W. H., D. B. Hanson,* J. Colloid Interf. Sci. **29**, 460 (1969).
5) *Kipling, J. J.,* In: Adsorption from Solutions of Non-Electrolytes p. 49–81, p. 248–257 (London 1965).
6) *Schay, G.,* In: Surface Area Determination, Proceedings of the International Symp. 1969, p. 273 (London 1970).
7) *Everett, D. H.,* In: Colloid Science, Vol. 1., p. 49–81 (London 1973).
8) *Schay, G., L. G. Nagy,* J. Colloid Interf. Sci. **38**, 302 (1972).
9) *Szántó, F., I. Dékány, L. G. Nagy,* In: Proceedings of the International Conference on Colloid and Surface Sci., Vol. 1, p. 99 (Budapest 1975).
10) *Fóti, G., L. G. Nagy, G. Schay,* Acta Chim. Acad. Sci. Hung. **80**, 25 (1974).
11) *Weiss, A.,* In: Organic Geochemistry, p. 738 (Berlin 1969).
12) *Dékány, I., L. G. Nagy, G. Schay,* J. Colloid Interf. Sci., notes, under press (1978).
13) *Nagy, L. G., G. Schay,* Acta Chim. Acad. Sci. Hung., **39**, 365 (1963).

Authors' addresses:

Dr. *I. Dékány* and Prof. Dr. *F. Szántó*
Department of Colloid Chemistry
József Attila University
H-6720 Szeged, Aradi vértanúk tere 1.
(Hungary)

Prof. Dr. *L. G. Nagy*
Department of Applied Chemistry
Technical University, Budapest
H-1521 Budapest, Egri József u. 20.
(Hungary)

Progr. Colloid & Polymer Sci. **65**, 133–139 (1978)

ISSN 0340-255 X

Fritz-Haber Institut der Max-Planck-Gesellschaft, Teilinstitut für Strukturforschung, 1 Berlin-Dahlem

Strukturuntersuchungen an realen und molekulardynamischen Flüssigkeiten

B. Steffen

Mit 6 Abbildungen

(Eingegangen am 1. November 1977)

Einleitung

Im Falle einer einatomigen Flüssigkeit sind alle Strukturdaten zu einem bestimmten Zeitpunkt in der Atomdichteverteilung $\varrho(\bar{x})$ enthalten:

$$\varrho(\bar{x}) = \sum_{\nu}^{N} P(\bar{x} - \bar{x}_\nu) \qquad [1]$$

$P(\bar{x} - \bar{x}_\nu)$ sind sogenannte Punktfunktionen (1), die im Grenzfall in Diracsche δ-Funktionen übergehen. Diese Funktionen haben den Integralwert 1, sind jedoch nur in einem beliebig kleinen Volumen um $\bar{x}_\nu$ von Null verschieden. Mit Hilfe von Beugungsexperimenten ist jedoch nur ein spezielles Mittel über $\varrho(\bar{x})$ bestimmbar, nämlich die sogenannte Paarverteilungsfunktion $g(\bar{x})$.

$$g(\bar{x}) = \frac{1}{N \cdot \varrho_0} \sum_{\mu}^{N} \sum_{\nu}^{N} P(\bar{x} - \bar{x}_{\mu\nu}) - \frac{1}{\varrho_0} P(\bar{x}) \qquad [2]$$

mit $\bar{x}_{\mu\nu} = \bar{x}_\nu - \bar{x}_\mu$
(N Anzahl der Atome, ϱ_0 mittlere Dichte)

Diese Funktion ist über die Fouriertransformation direkt mit der Streuintensität der Röntgen-, Neutronen- oder Elektronenstreuung verknüpft. Gleichung [2] läßt sich auch schreiben als:

$$g(\bar{x}) = \frac{1}{N \cdot \varrho_0} \sum_{\mu}^{N} G_\mu(\bar{x}) - \frac{1}{\varrho_0} P(\bar{x}) \qquad [3]$$

mit

$$G_\mu(\bar{x}) = \sum_{\nu}^{N} P(\bar{x} - \bar{x}_{\mu\nu}) \qquad [4]$$

Die Paarverteilungsfunktion ist also gegeben als das Mittel aller Dichteverteilungen, die man erhält, wenn man jeweils ein anderes Atom als Zentrum des Koordinatensystems wählt.

Die aus der statistischen Mechanik bekannten Mehrteilchenkorrelationsfunktionen lassen sich ebenfalls als Mittel der G_μ darstellen; allerdings werden diese dann vorher nach speziellen Eigenschaften sortiert. Dies sei am Beispiel der 3-Teilchenkorrelationsfunktion $g_3(\bar{x}, \bar{x}')$ erläutert.

Diese Funktion gibt, abgesehen von Normierungsfaktoren, die Wahrscheinlichkeit an, ein Teilchen am Ort $\bar{x}$ zu finden, wenn sich jeweils ein Teilchen am Ort Null und am Ort $\bar{x}'$ befindet. Man erhält $g_3(\bar{x}, \bar{x}')$ also als Mittel aus allen G_μ, die die Bedingung
$G_\mu(\bar{x})|\bar{x}' = P(\bar{x} - \bar{x}')|\bar{x}'$
erfüllen, d.h. die ein Teilchen am Ort $\bar{x}'$ enthalten.

Bei der Suche nach Gemeinsamkeiten, deren Ermittlung das Ziel einer Strukturuntersuchung sein sollte, wird ein Freiheitsgrad der G_μ leider etwas vernachlässigt: Die Rotation. Bei der Strukturanalyse von polykristallinen Festkörpern ist es eine Selbstverständlichkeit, der rotatorischen Unordnung des Systems Rechnung zu tragen. Mit rotatorischer Unordnung ist hier und im folgenden gemeint, daß die G_μ durch Drehung parallel orientiert werden können, wobei die Drehachsen natürlich jede beliebige Orientierung im Raum haben werden. Daß die Berücksichtigung dieser rotatorischen Unordnung auch bei der Flüssigkeitsstrukturanalyse zu zusätzlichen Informationen führt, soll im folgenden gezeigt werden.

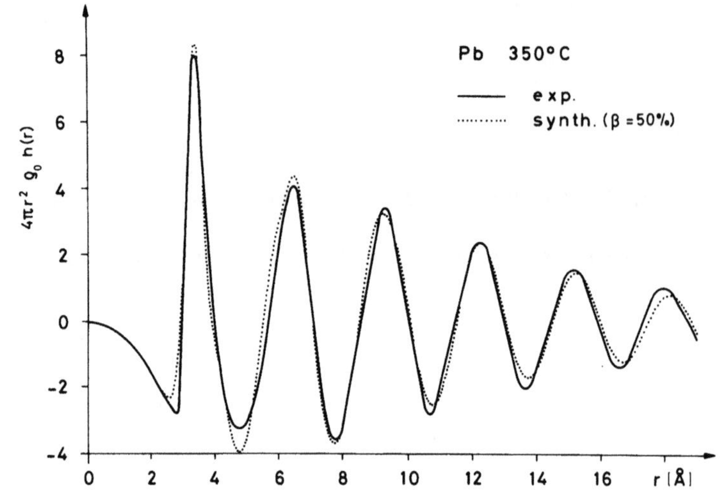

Abb. 1. Vergleich der experimentellen Paarverteilungsfunktion von flüssigem Blei mit der nach dem parakristallinen Modell berechneten Paarverteilungsfunktion

Strukturuntersuchung realer Flüssigkeiten

Ein Metallpulver besteht bekanntlich aus gegeneinander verdrehten Mikrodomänen, von denen jede durch die Angaben von Gittertyp und Gitterkonstante beschrieben werden kann.

Macht man den gleichen Ansatz für eine Flüssigkeit und nimmt man weiterhin an, daß die Nachbarn eines beliebig herausgegriffenen Atoms sich statistisch unabhängig voneinander anordnen können, so kommt man zwanglos zum parakristallinen Strukturmodell der Schmelze, wie es ursprünglich von *Hosemann* (1) entwickelt, von *Vogel* (2) erweitert und von *Steffen* und *Hosemann* (3) schließlich auf flüssiges Blei angewandt wurde. Für die Nahordnung der Schmelze wurde die stark verwackelte Nachbarschaft des kubisch flächenzentrierten Gitters zugrundegelegt, des Festkörpergitters von Pb. Nach Variation von sechs Parametern, die die Koordinationsstatistik nächster Nachbarn beschreiben, erhält man nach diesem Modell eine Übereinstimmung zwischen experimenteller und theoretischer Paarverteilungsfunktion, wie sie in Abbildung 1 mit r^2 multipliziert und dargestellt ist. Zur Zahl der variierten Parameter ist noch anzumerken, daß man für die Beschreibung der Koordinationsstatistik nächster Nachbarn im festen Zustand kurz unterhalb des Schmelzpunktes ebenfalls mindestens 6 Parameter benötigen würde. Die resultierende dreidimensionale Verteilungsfunktion für je-

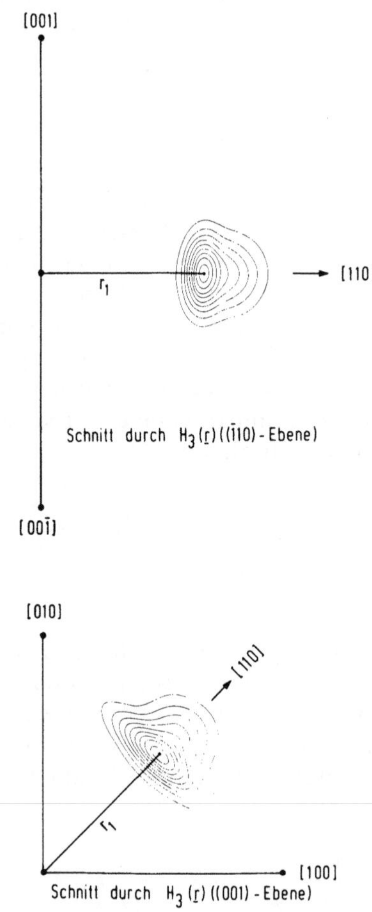

Abb. 2. Zwei zueinander senkrechte Schnitte durch die Aufenthaltswahrscheinlichkeitsverteilung eines nächsten Nachbarn in der Bleischmelze, erhalten aus der parakristallinen Analyse der Paarverteilungsfunktion

den nächsten Nachbarn ist in Abbildung 2 in zwei zueinander senkrechten Schnitten dargestellt.

Die Richtung der stärksten tangentiellen Abweichung von der Idealposition ist in Abbildung 3 skizziert. Richtung und Betrag dieser Auslenkung lassen sich, abgesehen von vielen anderen kooperativen Prozessen, auch durch die Tendenz der ersten Koordinationsschale erklären, sich in Form eines Ikosaeders anzuordnen.

Von den Ergebnissen dieser Analyse seien hier nur einige genannt:

1. Die Anzahl nächster Nachbarn ändert sich am Schmelzpunkt von 12 auf ca. 11,6.
2. Der *mittlere* Abstand nächster Nachbarn ändert sich am Schmelzpunkt nicht.
3. Der *häufigste* Abstand nächster Nachbarn ist oberhalb des Schmelzpunktes um ca. 4% kleiner als der mittlere Abstand nächster Nachbarn in festem Blei nahe dem absoluten Temperatur-Nullpunkt.
4. Eine grobe Abschätzung der Größe der oben erwähnten Mikrodomänen ergibt, daß in der Schmelze solch ein Gebilde im Mittel aus ca. 12–15 Atomen besteht.

Strukturbestimmung von Computer-simulierten Flüssigkeiten

Mit Hilfe der modernen Großcomputer ist es möglich, die Anordnung und die Bewegung von Atomen im schmelzflüssigen Zustand zu simulieren. Es seien hier die Monte Carlo Methode (4) sowie die molekulardynamischen Rechnungen (5) erwähnt. Beide Methoden liefern Momentaufnahmen der Atomdichteverteilung einer Schmelze, die nach entsprechender Mittelung gemäß Gl. [3] eine Paarverteilungsfunktion ergibt, die gut mit gemessenen Paarverteilungsfunktionen übereinstimmt. Aus diesen und anderen Gründen sind die Computerexperimente heute als brauchbare Simulation der Nahordnung in der Schmelze anerkannt.

Da diese Methoden direkt Atomdichteverteilungen liefern, hat man die Möglichkeit zu testen, inwieweit der Ansatz und die Ergebnisse von Strukturtheorien wirklichkeitsnah sind. Während die Beseitigung der rotatorischen Unordnung in Schmelzen, deren Bausteine nicht kugelsymmetrisch sind, auf einfache Weise bewerkstelligt werden kann, ist für kugelsymmetrische Bausteine die Definition einer „rotational ordered distribution" (ROD) etwas schwieriger. Ein Vorschlag für solche Definition ist in (6) gemacht, wo auch die Strukturanalyse einer Computer-simulierten KCl-Schmelze ausführlicher beschrieben ist.

Dieses Verfahren soll hier nur kurz skizziert werden:

Man wählt willkürlich ein Atom, z. B. Nr. μ, aus der gegebenen Atomdichteverteilung als Zentrum des Koordinatensystems und speichert in einem dreidimensionalen Feld in diejenigen Volumenelemente jeweils den Wert 1, die die Relativkoordinaten eines der Atome enthalten. Man speichert also praktisch $G_\mu(\vec{x})$. Sodann wählt man ein anderes Atom, z. B.

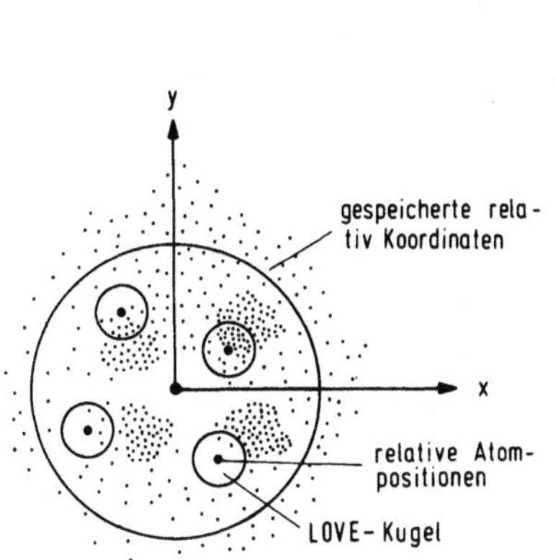

Abb. 3. Schematische Darstellung der Richtung der stärksten Auslenkung nächster Nachbarn in flüssigem Blei

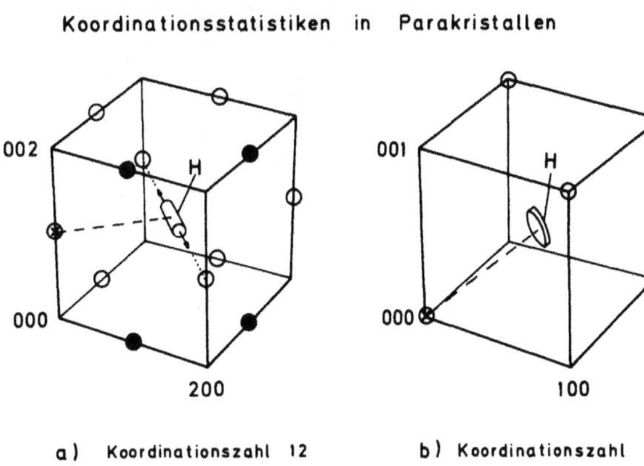

Abb. 4. Schematische 2-dimensionale Darstellung der angewandten Methode zur Bestimmung einer rotationsmäßig geordneten Dichteverteilung aus den Atompositionen einer Schmelze

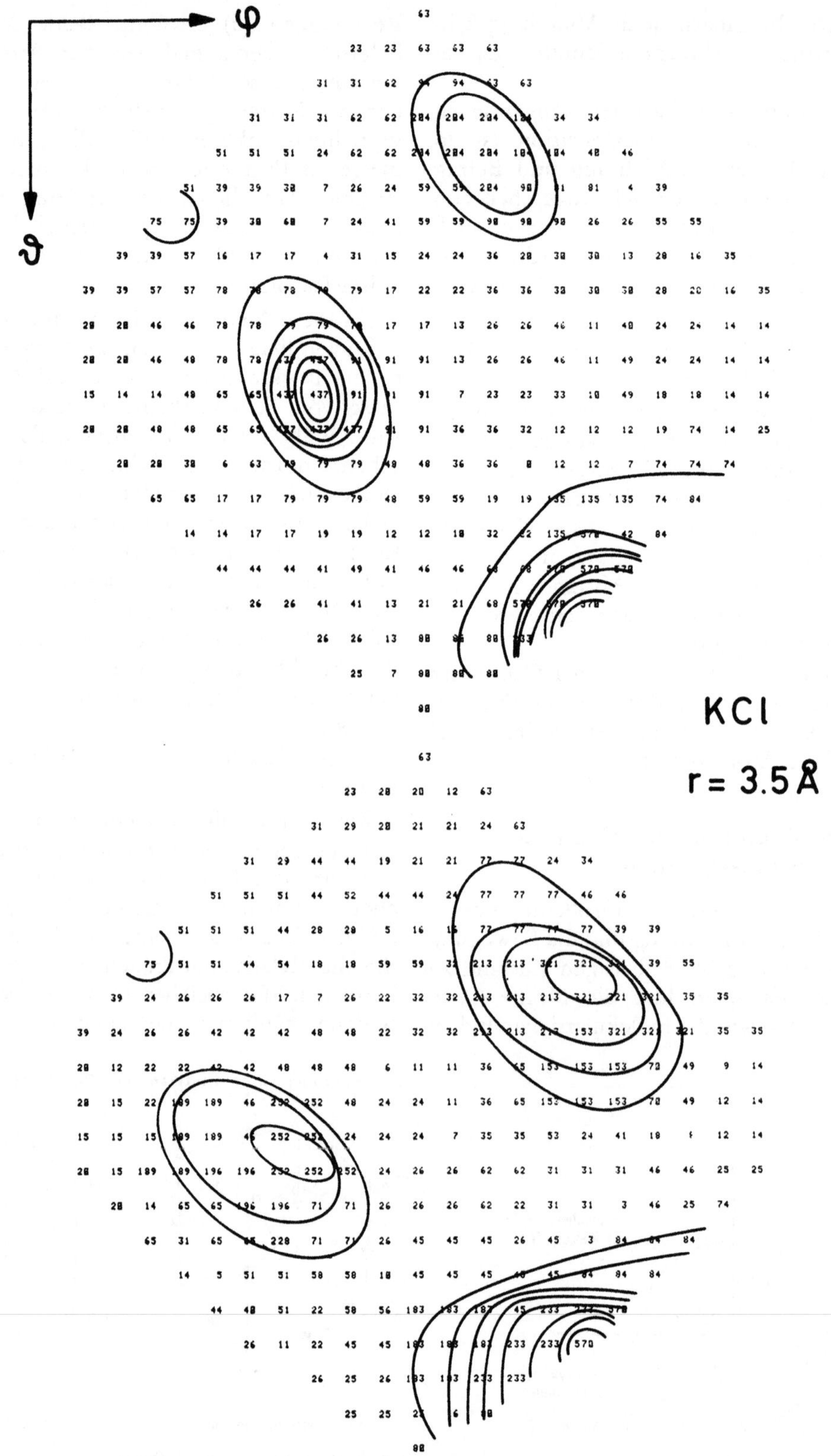

Abb. 5. Projektion der dreidimensionalen rotationsmäßig geordneten Dichteverteilung einer molekulardynamischen KCl-Schmelze auf einer Kugelschale um das Referenzatom. K- und Cl-Ionen wurden als gleich betrachtet

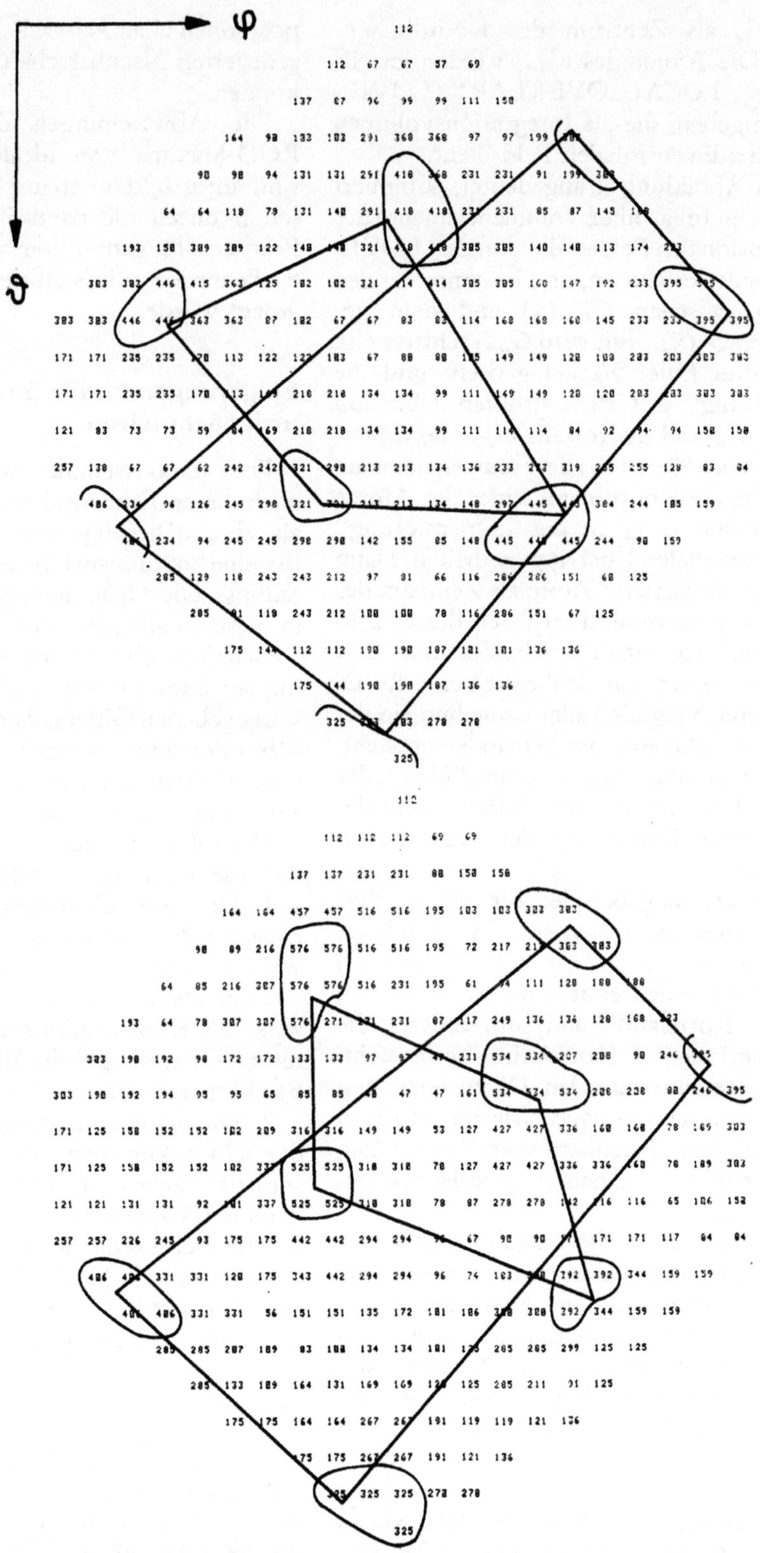

Abb. 6. Projektion der dreidimensionalen rotationsmäßig geordneten Dichteverteilung der KCl-Schmelze wie in Abbildung 5. Hier jedoch die Summe der K–K-Ionen und der Cl–Cl-Ionen-Korrelation

Nr. $\mu+1$, als Zentrum des Koordinatensystems. Die Atome des $G_{\mu+1}$ werden jeweils mit einer „LOCAL OVERLAP" (LOVE)-Kugel umgeben, die als Integrationsvolumen in dem dreidimensionalen Feld dient.

Wie in Abbildung 4 angedeutet, summiert man also den Inhalt aller Volumenelemente des dreidimensionalen Feldes, die von den LOVE-Kugeln bedeckt werden, und bestimmt so den Überlapp zwischen $G_{\mu+1}(\bar{x})$ und dem gespeicherten $G_{\mu}(\bar{x})$. Nun wird $G_{\mu+1}$ schrittweise um alle drei Euler-Winkel gedreht und die „Orientierung" mit dem größten Überlapp zwischen G_{μ} und gedrehtem $G_{\mu+1}$ bestimmt. Dann wird der Wert 1 in alle Volumenelemente addiert, die die Koordinaten eines der Atome des gedrehten $G_{\mu+1}$ in der „Orientierung" mit dem maximalen Überlapp enthalten. Dann wählt man ein weiteres Atom als Zentrum des Koordinatensystems und vergleicht dessen Umgebung mit dem Inhalt des Feldes usw. Auf diese Weise erhält man schließlich eine ROD, die nur durch Vergleich aller Umgebungen der Atome der Schmelze untereinander entsteht. Man erhält so näherungsweise ein Bild von der mittleren dreidimensionalen Nahordnung der Schmelze nach Entfernung der rotatorischen Unordnung.

Als Anwendungsbeispiel für dieses Verfahren wurden die Daten für eine simulierte KCl-Schmelze von *Schäfer* und *Klemm* (7) benutzt. Es wurden einmal die K^+-K^+ und $Cl^- - Cl^-$ Korrelation und zum anderen die totale interionische Korrelation untersucht. Aus der dreidimensionalen Dichteverteilung wurde sodann eine Kugelschale im mittleren Abstand nächster Nachbarn vom Zentral-Ion, herausgeschnitten und näherungsweise flächentreu projiziert.

Abbildung 5 zeigt die Kugelschalenhälften der ROD für die totale interionische Korrelation in dieser Projektion. Man sieht sechs Maxima, die durch Niveaulinien gekennzeichnet sind. Die Anordnung dieser Maxima kann als verwackelte kubisch primitive Nachbarschaft des in der Mitte der Kugelschale befindlichen Zentralatoms beschrieben werden.

Betrachtet man nun die K^+-K^+ und die Cl^--Cl^- Korrelation, so ergibt sich, wie in Abbildung 6 dargestellt, ein aus 12 Maxima bestehendes Gebilde. Durch Verbindungslinien in der ROD wurde angedeutet, in welcher Weise die Maxima der ROD den Atompositionen einer verwackelten kubisch flächenzentrierten Nachbarschaft zugeordnet werden können.

Die Abweichungen der Positionen der ROD-Maxima von idealen Gitterpositionen sind am größten entlang der Richtungen, die schon durch die parakristalline Analyse der Paarverteilungsfunktion von Pb für kubisch flächenzentriert kristallisierende Stoffe vorhergesagt wurde.

Folgerungen für die Strukturanalyse realer Schmelzen

Das parakristalline Strukturmodell kann nach diesen Erkenntnissen verstanden werden als eine näherungsweise Beschreibungsform für eine rotationsmäßig geordnete Dichteverteilung. Die Ordnungsvorschrift enthält aber in diesem Falle nicht den Vergleich der Nachbarschaften aller Atome *untereinander*, sondern mit den interatomaren Verbindungslinien eines vorgegebenen Gitters. Anders ausgedrückt, die Mikrodomänen werden in gleicher Weise parallel orientiert wie die Kristallite im parakristallinen Festkörper.

Die Informationen, die der parakristallinen Analyse entnommen werden können, sind:

1. Die Koordinationszahl (mittlere Zahl nächster Nachbarn), die für eine Schmelze sinnvoll nur definiert werden kann unter Angabe des zugrundegelegten Ordnungsprinzips. Die Koordinationszahl, wie sie hier definiert ist, hat die gleiche Bedeutung wie in der Festkörperphysik.

2. Die Schwerpunkte und die Hauptachsen der Schwankungstensoren für die Aufenthaltsstatistik nächster Nachbarn, aus denen sich dann auf kooperative Bewegungsvorgänge in der Schmelze schließen läßt.

Inwieweit das Modell die Angabe von Näherungsformeln für Mehrteilchenkorrelationsfunktionen erlaubt, ist noch ungeklärt.

Zusammenfassung

Die Analyse der Streuintensität von Kristallpulvern wird bekanntlich unter Zugrundelegung eines dreidimensionalen reziproken Gitters durchgeführt. In ähnlicher Weise konnte die Paarverteilungsfunktion von flüssigem Blei als Überlagerung parakristallin gestörter dreidimensionaler Mikrodomänen beschrieben werden. Man erhält u.a. dreidimensionale Informationen über das Fluktuationsvolumen der Atome. Die Gültigkeit des zugrundeliegenden Ansatzes wurde durch Untersuchungen der Atomanordnungen in molekulardynamisch gerechneten Salzschmelzen (*Schäfer, Heinzinger*) bestätigt. Hier ist die Bestimmung einer rotationsmäßig geordneten Dichteverteilung möglich, aus der Gittertyp und Fluktuation entnommen werden können, wenn auch vorläufig nur qualitativ. Die Ergebnisse dieser Untersuchungen decken sich mit den oben erwähnten Ergebnissen der Strukturuntersuchungen an realen Flüssigkeiten.

Summary

The analysis of the diffraction pattern of crystalline powder is performed usually on the basis of a threedimensional reciprocal lattice.

In a similar way the pair distribution function of liquid lead could be described as a superposition of paracrystalline distorted threedimensional microdomains. Among other physical parameters this description reveals threedimensional informations about the fluctuation volume of the atoms. The validity of the basic assumptions of this concept was confirmed by the investigation of the atomic arrangements in a molten salt simulated by molecular dynamics calculations (*Schäfer, Heinzinger*).

It is possible here to define a rotationally ordered density distribution, from which the lattice type and the fluctuation can be taken, although at the moment only qualitatively. The results of these investigations agree with the results of the structural investigation of real liquids described above.

Literatur

1) *Hosemann, R., S. N. Bagchi*, Direct Analysis of Diffraction by Matter, (North Holland Publ. Comp., Amsterdam 1962).

2) *Vogel, W.*, Dissertation, (FU-Berlin 1971).

3) *Steffen, B., R. Hosemann*, Phys. Rev. **B 13**, 3232 (1976).

4) *Wood, W. W.*, Physics of Simple Liquids, (North Holland Publ. Comp., Amsterdam 1968).

5) *Heinzinger, K., P. C. Vogel*, Z. Naturforsch. **29a**, 1164 (1974).

6) *Steffen, B., R. Hosemann, K. Heinzinger, L. Schäfer*, Z. Naturforschg. **32 a**, 1426 (1977).

7) *Schäfer, L., A. Klemm*, Z. Naturforschg. **31 a**, 1068 (1976).

Anschrift des Verfassers:

B. Steffen
Fritz-Haber-Institut der Max-Planck-Gesellschaft,
Teilinstitut für Strukturforschung
1000 Berlin-Dahlem
Faradayweg 16

Progr. Colloid & Polymer Sci. 65, 140–157 (1978)

ISSN 0340-255 X

Lehrstuhl für Physikalische Chemie der Universität Bayreuth

Das dynamische Verhalten von Micellen

H. Hoffmann

Mit 14 Abbildungen und 5 Tabellen

(Eingegangen am 7. November 1977)

An Lösungen von Tensiden stehen für Konzentrationen oberhalb der kritischen Micellbildungskonzentration Monomere und Micellen einer mittleren Aggregationszahl miteinander im thermodynamischen Gleichgewicht. Die Aggregationszahl einer Micelle schwankt dabei ständig um einen mittleren Wert, und im Zeitmittel kommt jedes Aggregat mit einer bestimmten Konzentration vor, die durch die Totalkonzentration und die stufenweisen Gleichgewichtskonstanten $K_s = \frac{A_s}{A_{s-1} A_1}$ im Aggregationsschema (1) festgelegt ist.

$$\begin{aligned} A_1 &+ A_1 \rightleftharpoons A_2;\ K_2 \\ A_2 &+ A_1 \rightleftharpoons A_3;\ K_3 \\ A_{s-1} &+ A_1 \rightleftharpoons A_s;\ K_s \end{aligned} \tag{1}$$

Trägt man die Konzentrationen der einzelnen Spezies gegen die Aggregationszahl auf, so erhält man oberhalb der cmc-Verteilungskurven der Form in Abbildung 1.

In solchen Verteilungsgleichgewichten variieren die einzelnen K_s-Werte dabei nur relativ wenig mit der Aggregationszahl s. Am Verteilungsmaximum und -Minimum sind die K_s-Werte sogar exakt gleich, denn für diese Bereiche ist $\frac{A_s}{A_{s-1}} = 1$ und damit $K_s = \frac{1}{A_1}$. Zwischen diesen Bereichen sind die K_s-Werte etwas größer als $\frac{1}{A_1}$; davor und dahinter kleiner als $\frac{1}{A_1}$. Obwohl die K_s-Werte sehr ähnlich sind, können sich die Konzentrationen am Maximum und Minimum um viele Größenordnungen unterscheiden, wenn sich die Verteilungskurve über einen breiten Aggregationsbereich erstreckt.

Ändert man an einem solchen System die Gleichgewichtsbedingungen wie z. B. den Druck, die Temperatur oder die Ionenstärke, so ändert man damit die K_s-Werte, und es stellt sich nach kurzer Zeit eine neue Gleichgewichtsverteilung ein. Die Experimente und theoretischen Überlegungen zeigen, daß die Einstellung zum Gleichgewicht in zwei Schritten mit deutlich voneinander getrennten Zeitkonstanten (1, 2) erfolgt. In einem schnellen Schritt stellen sich rasch die Monomeren mit den in wesentlicher Konzentration vorhandenen Aggregaten am Verteilungsmaximum ins Gleichgewicht. Dabei bleibt die Summe der Konzentrationen der A_s-Aggregate im Micellbereich konstant, denn diese können sich nur ändern, wenn neue Micellkeime gebildet werden, was aber wegen der sehr geringen Konzentration der Teilchen am Minimum nur relativ langsam möglich ist, denn es gilt für die Hinreaktion

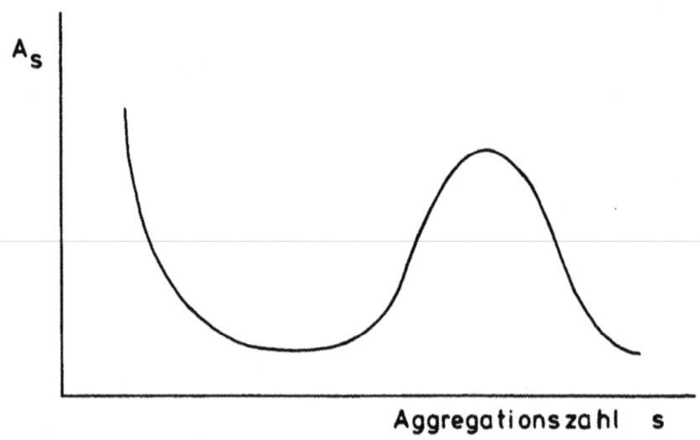

Abb. 1. Schematische Auftragung einer Micellverteilungskurve. Konzentration der Aggregate A_s gegen die Aggregationszahl s.

$$\frac{dA_{s+1}}{dt} = k_s^+ \cdot A_s \cdot A_1 .$$

Für die Gleichgewichts-Einstellung der Monomerenkonzentration muß gelten

$$\frac{dA_1}{dt} = -k_s^+ A_{s-1} A_1 + k_s^- \cdot A_s. \quad [1]$$

Werden in dieser Gleichung die Konzentrationen A_s durch die neuen Gleichgewichtskonzentrationen $\bar{A}_s$ und die relativen Abweichungen von $\bar{A}_s$ mit $\xi_s = \frac{A_s - \bar{A}_s}{\bar{A}_s}$ ausgedrückt, so läßt sich diese Gleichung umformen in

$$d\bar{A}_1 \frac{(1+\xi_1)}{dt} = k_s^- \cdot \bar{A}_s (1+\xi_s) - k_s^+ \bar{A}_{s-1} (1+\xi_{s-1}) \bar{A}_1 (1+\xi_1).$$

Mit der Gleichgewichtsbedingung

$$k_s^+ \cdot \bar{A}_{s-1} \cdot \bar{A}_1 = k_s^- \bar{A}_s$$

erhält man daraus

$$\frac{d\xi_1}{dt} = \frac{\bar{A}_s \cdot k_s^-}{\bar{A}_1} \xi_1 - \frac{\bar{A}_s \cdot k_s^-}{\bar{A}_1} (\xi_{s-1} - \xi_s). \quad [2]$$

Man sieht aus dieser Gleichung sofort, daß bei Vernachlässigung der beiden Glieder ξ_{s-1} und ξ_s das System zum Gleichgewicht einschwingt mit der reziproken Zeitkonstante

$$\frac{1}{\tau} = k_s^- \sum \frac{\bar{A}_s}{\bar{A}_1}. \quad [3]$$

G. Aniansson und *S. Wall* konnten als erste zeigen, daß man unter Berücksichtigung der Glieder ξ_s und ξ_{s-1} den Ausdruck (4) ableiten kann

$$\frac{1}{\tau} = \frac{k_s^-}{\sigma^2} + \frac{k_s^- \sum \bar{A}_s}{\bar{A}_1}. \quad [4]$$

Der schnelle Prozeß ist immer mit einer Änderung der Monomerenkonzentration verknüpft, was die Detektion dieses Prozesses mit Leitfähigkeitsindikation sehr erleichtert. Aus dem schnellen Relaxationswert lassen sich die Größen k^-/n, das ist die reziproke Verweilzeit eines Tensidmoleküls, die es in der Micelle verbringt, und k^-/σ^2 bestimmen. Bei bekannter Aggregationszahl lassen sich daher aus den kinetischen Daten auch Aussagen über die Breite der Verteilungskurve erhalten. Nach Beendigung dieses Prozesses sind die Konzentrationen c_i am Verteilungsminimum noch nicht im Gleichgewicht und damit auch noch nicht ganz die Konzentrationen der Micellen selbst, denn diese stehen mit den Teilchen am Minimum im Gleichgewicht. Für diesen langsamen Prozeß läßt sich folgende Beziehung herleiten:

$$\frac{1}{\tau_2} = \frac{1}{R \cdot c_3} \cdot \frac{A_1 + n^2 c_3}{A_1 + \sigma^2 c_3};$$

$$c_3 = (c_0 - \text{cmc})/n; \quad R = \sum \frac{1}{k_i \cdot c_i}. \quad [5]$$

Die Relaxationsgleichungen wurden für Neutraltenside abgeleitet. Unter der Voraussetzung, daß die Gleichgewichtseinstellung der Gegenionen wesentlich schneller erfolgt als die der Tensidionen, können sie aber auch zur Beschreibung der Relaxationsprozesse für ionogene Tenside verwendet werden. Bei der Herleitung für τ_2 wurde weiter vorausgesetzt, daß die Menge an Substanz im Verteilungsminimum vernachlässigbar klein ist gegenüber der Substanzmenge der Einwaage. Vor kurzem wurde von *M. Kahlweit* et al. (3) eine etwas andere Gleichung für τ_2 angegeben, in deren Herleitung sowohl die Substanzmenge im Minimum als auch die Gegenionen berücksichtigt wurden. Die Gleichung wurde mit der Annahme abgeleitet, daß für die Aggregate am Verteilungsminimum die relative Abweichung vom Gleichgewicht während des τ_2-Prozesses konstant bleibt. Eine solche Annahme erscheint physikalisch unrealistisch, denn während des Prozesses müssen die relativen Abweichungen vom Gleichgewicht abnehmen, bis sie im Gleichgewicht den Wert 0 erreichen. Deshalb soll die Gleichung hier nicht verwendet werden.

Aus Gleichung [5] können Aussagen über die Konzentrationen am Verteilungsminimum erhalten werden. Es ist dazu allerdings festzustellen, daß dieser Prozeß nur dann auftritt, wenn das Minimum in der Verteilungskurve eine ausreichende Tiefe aufweist. Ist diese Voraussetzung nicht mehr gegeben, so werden sich auch die Teilchen am Minimum während des schnellen Prozesses mit ins Gleichgewicht bringen. In diesem Fall wird dann nur noch eine Relaxationszeit auftreten. In der Herlei-

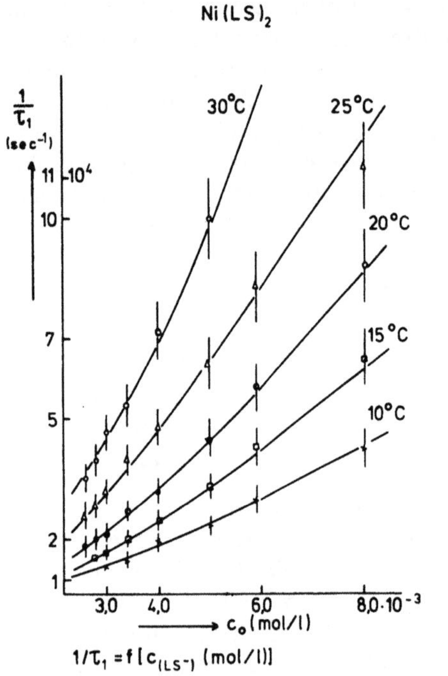

Abb. 2. Auftragung von $\frac{1}{\tau_1}$ gegen die Gesamtkonzentration c_0 an Tensid für das System Ni^{2+}-Dodecylsulfat.

tung der Relaxationsgleichung muß dann für diesen Prozeß die restriktive Bedingung der Konstanz der Micellenkonzentration fallengelassen werden, denn während des Prozesses ändert sich dann auch die Micellenkonzentration. In Gleichung [4] bleibt dann zwar der Konzentrationsterm erhalten, der Beginn der Kurve für $c_0 = \text{cmc}$ ist aber nicht mehr k^-/σ^2, sondern bekommt eine andere Bedeutung. Der größte Teil der an Micellgleichgewichten durchgeführten Untersuchungen hat gezeigt (4), daß sich bei den meisten Systemen tatsächlich zwei Relaxationszeiten beobachten lassen, aus denen sich eine Fülle von Informationen zur Dynamik, aber auch über thermodynamisch interessante Größen von Micellgleichgewichten erhalten lassen.

Die Kettenlängenabhängigkeit der Verweilzeit eines Tensids innerhalb der Micelle

Aus Gleichung [4] ist ersichtlich, daß die $1/\tau$-Werte von k^-/σ^2 von der cmc an linear mit der Totalkonzentration ansteigen. Typische Ergebnisse für ein System sind in Abbildung 2 aufgetragen. Oft macht sich in diesen Auftragungen allerdings eine geringe Krümmung bemerkbar, für die mehrere Ursachen in Frage kommen können. An dieser Stelle soll darauf aber nicht weiter eingegangen werden.

An einigen homologen Reihen liegen systematische Untersuchungen der Relaxationszeiten vor, und es können die Verweilzeiten der Tensidmoleküle in der Micelle als Funktion der Länge der Alkylkette angegeben werden (5). Die ersten Messungen wurden von *R. Zana* et al. (6) an den klassischen Seifenlösungen mit Hilfe von Ultraschallabsorptionsmessungen erhalten. Die Messungen stammen noch aus der Zeit, bevor eine detaillierte theoretische Formulierung der Relaxationsprozesse vorlag. Zu diesem Zeitpunkt wurde von anderen Autoren sogar noch versucht, den Relaxationsprozeß auf die Wechselwirkung der Gegenionen mit der Micelle zurückzuführen (7). *R. Zana* et al. (6) hatten aber klar erkannt, daß der im MHz-Bereich liegende Relaxationsprozeß mit dem Austausch der Tensidmoleküle zusammenhängen muß. Schallabsorptionsmessungen wurden dann auch von anderen Autoren an anderen Tensidsystemen durchgeführt (8). Insbesondere liegen zahlreiche Messungen von *Wyn Jones* et al. (9) an relativ kurzkettigen Alkylpyridiniumhalogeniden und Na-Alkylsulfaten vor. In letzter Zeit wurden zudem mit der Drucksprung-, Stoßwellen- und Temperatursprungmethode an den längeren Homologen Relaxationsmessungen durchgeführt, so daß wir heute für die vier homologen Reihen der K-Alkylcarbonate, Na-Alkylsulfate, Alkylpyridiniumhalogenide und Alkylammoniumhalogenide ausführliche Messungen vorliegen haben (5a, 5b, 6, 10). Diese Messungen wurden ohne Zusatz von Fremdsalz ausgeführt. Die den Messungen zugrundeliegende Ionenstärke ist also in jedem Fall die Ionenstärke, die bei den Lösungen der Tenside vorliegt. Bei den 1:1 Tensiden entspricht die Ionenstärke ungefähr der cmc, solange die verwendeten Konzentrationen nicht allzu sehr über der cmc liegen. In Abbildung 3 sind die reziproken Verweilzeiten der Monomeren in den Micellen gegen die Zahl der C-Atome in der Alkylkette aufgetragen. In der logarithmischen Auftragung erhält man für alle drei Systeme mehr oder weniger gute Geraden, die parallel etwas gegeneinander verschoben sind.

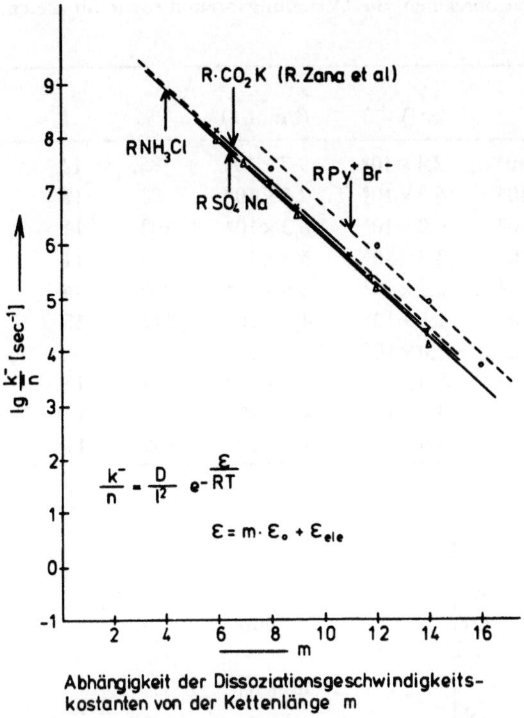

Abb. 3. Auftragung der $\frac{k^-}{n}$-Werte verschiedener homologer Tenside gegen die Zahl *m* der C-Atome in der Alkylkette.

Die Verweilzeit nimmt für homologe Monomere, die sich um zwei CH_2-Gruppen unterscheiden, etwa um den Faktor 10–12 zu. Interessanterweise ist das der Faktor, um den sich die cmc-Werte neutraler Tenside oder ionogener Tenside bei konstanter Ionenstärke unterscheiden. Dieses Ergebnis deutet darauf hin, daß der Beitrag der elektrostatischen Wechselwirkung zur Aktivierungsenergie für den Dissoziationsprozeß eines Monomeren aus der Micelle, unter den gegebenen experimentellen Bedingungen, unabhängig von der Kettenlänge des Tensids ist. Dieses Ergebnis kommt wahrscheinlich dadurch zustande, daß der Potentialabfall als Funktion der Entfernung von der Micelloberfläche für die verschiedenen Micellen verschieden schnell ist. Aus der Theorie von *Debye* und *Hückel* ist zu erwarten, daß die Ausdehnung der Ionenwolke mit zunehmender Ionenstärke abnimmt, d. h. für die kurzkettigen Micellen geringer ist als für die langkettigen. Da aber bei den langkettigen Tensiden das Monomere eine größere Strecke bis zur völligen Dissoziation zurücklegen muß, erscheint es durchaus denkbar, daß der Einfluß des Potentials auf die Dissoziation eines Tensids bei einer homologen Serie konstant bleibt. Dieses Ergebnis bedeutet allerdings, daß das Potential an der Oberfläche der Micelle mit der Länge der Tenside zunimmt. Damit in Einklang sind Ergebnisse über den Einbau von Monomeren in die Micelle, die zeigen, daß die Geschwindigkeitskonstante k^+ mit zunehmender Kettenlänge rascher abfällt, als es dem mit der Kettenlänge zunehmenden Diffusionskoeffizienten entspricht. Das Monomere muß bei längerkettigen Micellen gegen ein höheres elektrisches Potential anlaufen. Unter der Voraussetzung des konstanten elektrischen Potentials bei der Dissoziation sind die vorhandenen Ergebnisse in gutem Einklang mit den theoretischen Vorstellungen. Für die Dissoziationsgeschwindigkeit k^-/n eines Monomeren aus der Micelle haben *G. Aniansson* und *S. Wall* (2) die einfache Beziehung

$$k^-/n = \frac{D}{l^2} \cdot e^{\frac{-\varepsilon}{RT}} \qquad [6]$$

abgeleitet, wonach ε die gesamte freie Energie bedeutet, die notwendig ist, um das Monomere von seiner Gleichgewichtslage in der Micelle zu einer Position zu bringen, von der es abdiffundieren kann. Es wird dabei angenommen, daß sich in diesem Zustand die letzte CH_3-Gruppe noch in der Micelle befindet. Es ist wahrscheinlich, daß beim Austreten dieser letzten Gruppe die freie Energie abnimmt, denn die um diese Gruppe angeordneten Alkylketten können nun in engeren Kontakt treten. Umgekehrt muß beim Einbau wieder etwas Energie aufgewendet werden, um sozusagen ein Loch oder eine Fehlstelle auf der Oberfläche zu schaffen, in die das Monomere eintreten kann. Diese Energie muß allerdings sehr klein sein, denn es werden immer Geschwindigkeitskonstanten beobachtet, die im Bereich diffusionskontrollierter Reaktionen liegen. Diese Energie ist eigentlich nur daran zu erkennen, daß die Temperaturabhängigkeit von k^+ für eine rein diffusionskontrollierte Reaktion zu groß ist. Bei vielen Systemen wurden bis zu 8 kcal/mol beobachtet. In Tabelle I sind eine Reihe von Geschwindigkeitskonstanten zusammengestellt, die aus der schnellen Relaxationszeit erhalten wurden. In

Tab. 1. Werte für die kinetischen Parameter, die Aggregationszahlen, die Verteilungsbreiten sowie für die cmc für einige ionogene Tenside

Tensid	T (°C)	cmc (mol/l)	k^-/σ^2 (s^{-1})	k^-/n (s^{-1})	k^- (s^{-1})	k^+ (l/mol·s)	n	σ
TPCl	15	$4{,}1 \times 10^{-3}$	$5{,}4 \times 10^{4}$	$1{,}1 \times 10^{5}$	$2{,}4 \times 10^{9}$	$9{,}7 \times 10^{6}$	88	14
TPBr	25	$2{,}55 \times 10^{-3}$	$5{,}9 \times 10^{4}$	$7{,}8 \times 10^{4}$	$6{,}3 \times 10^{6}$	$2{,}5 \times 10^{9}$	80	12
HPCl	25	$9{,}0 \times 10^{-4}$	$5{,}1 \times 10^{3}$	$6{,}0 \times 10^{3}$	$6{,}0 \times 10^{5}$	$6{,}3 \times 10^{8}$	100	11
HPBr	25	$6{,}8 \times 10^{-4}$	$3{,}6 \times 10^{3}$	$3{,}3 \times 10^{3}$	$3{,}3 \times 10^{5}$	$5{,}5 \times 10^{8}$	100	11
DNH_3J	20	$1{,}1 \times 10^{-2}$	$1{,}4 \times 10^{4}$	$1{,}1 \times 10^{5}$	$2{,}7 \times 10^{7}$	$2{,}5 \times 10^{9}$	250	44
TNH_3Cl	25	$3{,}65 \times 10^{-3}$	$6{,}5 \times 10^{3}$	$1{,}3 \times 10^{4}$	$1{,}5 \times 10^{6}$	$4{,}0 \times 10^{8}$	112	15
NaOS	25	$1{,}3 \times 10^{-1}$	–	$3{,}7 \times 10^{6}$	$1{,}0 \times 10^{8}$	$7{,}7 \times 10^{8}$	27	–
NaDS	25	$8{,}2 \times 10^{-3}$	$6{,}0 \times 10^{4}$	$1{,}7 \times 10^{5}$	$1{,}0 \times 10^{7}$	$1{,}2 \times 10^{9}$	64	13
NaTS	25	$2{,}05 \times 10^{-3}$	$2{,}8 \times 10^{3}$	$1{,}2 \times 10^{4}$	$9{,}6 \times 10^{5}$	$4{,}7 \times 10^{8}$	80	17
NaHS	30	$4{,}5 \times 10^{-4}$	$5{,}5 \times 10^{2}$	$6{,}0 \times 10^{2}$	$6{,}0 \times 10^{4}$	$1{,}3 \times 10^{8}$	100	11

der Tabelle sind auch σ-Werte mit angegeben, die aus den experimentell ermittelten k^-/σ^2- und k^-/n-Werten mit Hilfe von aus Lichtstreumessungen bestimmten n-Werten (11, 12) erhalten wurden.

Die Abhängigkeit der Verweilzeit von der Ionenstärke

Für ein bestimmtes Tensid sollte die Verweilzeit mit der Ionenstärke zunehmen, denn mit zunehmender Ionenstärke werden mehr Gegenionen an die Micelloberfläche angelagert und damit die elektrostatische Abstoßung der Monomeren aus der Micelle verringert. Leider gibt es bis jetzt nur wenig Messungen, die am gleichen System bei verschiedener Ionenstärke ausgeführt wurden (13). Meistens wird beobachtet, daß sich die für den Austausch des Tensidmoleküls charakteristische Relaxationszeit τ_1 bei gegebener Tensid- und steigender Elektrolytkonzentration nur wenig ändert, sich allerdings bis zu kleineren Konzentrationen an Tensid beobachten läßt, da die cmc durch Salzzugabe zu kleineren Werten verschoben wird. Für das Dodecylpyridiniumjodid wurde beobachtet, daß mit zunehmender KJ-Konzentration die k^-/σ^2- und die k^-/n-Werte beträchtlich kleiner werden (4).

In Abbildung (4) sind die k^-/σ^2- und k^-/n-Werte in einem doppellogarithmischen Maßstab gegen die bei der jeweiligen Elektrolytkonzentration gemessene cmc aufgetragen.

Die Abbildung zeigt, daß die k^-/σ^2-Werte

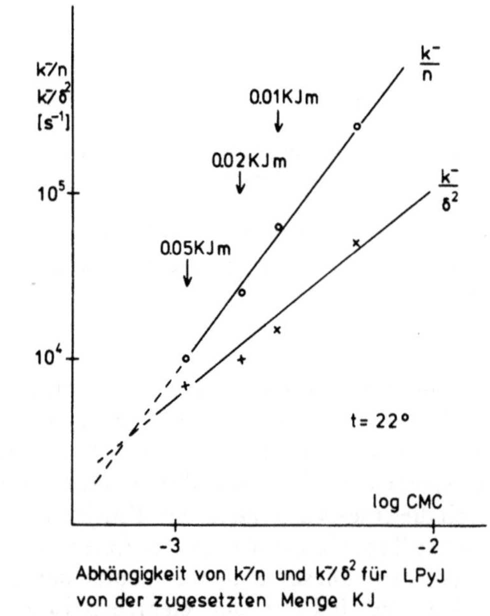

Abb. 4. Auftragung der $\frac{k^-}{n}$- und $\frac{k^-}{\sigma^{2-}}$-Werte gegen die cmc von Dodecylpyridiniumjodid bei verschiedenen Konzentrationen an zugesetztem KJ.

ungefähr gleichstark wie die cmc zu kleineren Werten verschoben werden. Dagegen nehmen die k^-/n-Werte wesentlich schneller ab als die k^-/σ^2-Werte. Das bedeutet, daß sich bei den Verteilungskurven σ^2/n mit der Elektrolytzugabe ändert, und zwar wird σ^2/n mit größer werdender KJ-Konzentration kleiner, die Verteilungskurven werden also monodisperser. Bei diesem System liegt insofern ein Sonderfall vor, da die Wechselwirkung zwischen Kopfgruppe und Jodid wegen der zusätzlichen charge-transfer-Wirkung (14, 15) besonders groß ist. Es ist aber zu vermuten, daß auch bei anderen ionogenen Tensiden die gleichen Effekte auftreten, nur bei entsprechend größeren Salzkonzentrationen. Das Verhalten von ionogenen Tensiden nähert sich sicher mit wachsender Elektrolytzugabe dem von Neutraltensiden.

Abhängigkeit der Verweilzeit von den Gegenionen

a) Hydrophobe Gegenionen

Bekanntlich läßt sich die cmc ionogener Micellen nicht nur durch Erhöhung der Ionenstärke zu kleineren Konzentrationen verschieben, sondern auch durch Verwendung von Gegenionen, die an der Oberfläche stark adsorbiert oder eingebaut werden. Aus cmc-Messungen ist seit langem bekannt, daß die cmc eines ionogenen Tensids durch Verwendung hydrophober Gegenionen um Größenordnungen verschoben werden kann (16). Bei einigen Untersuchungen wurde dabei der hydrophobe Charakter des Gegenions schrittweise durch Verlängerung der CH_2-Gruppe erhöht. Es zeigte sich, daß bei richtiger Kombination der Tensidionen auf diese Weise Neutraltenside erhalten werden können, die sich aus ionogenen Tensiden aufbauen. Allerdings sind nur relativ wenig Kombinationen von kationischen und anionischen Tensiden dazu geeignet, denn bei den meisten Verbindungen bildet sich sofort ein Niederschlag aus. An löslichen Systemen konnte gezeigt werden, daß sich die cmc auf diese Weise um mehr als 2 Größenordnungen verschieben läßt, wenn anstatt von einem hydrophilen Gegenion ein stark hydrophobes mit gleich langer Alkylkette eingesetzt wird (17). An solchen Systemen wurden nun vor kurzem kinetische Messungen durchgeführt. Als Systeme wurden die Alkylsulfonate von Dodecyl- und Tetradecylpyridinium verwendet (18). Leider konnte bei diesen Systemen die Alkylkette am Alkylsulfonat nur bis zu 8 CH_2-Gruppen gesteigert werden, da die Verbindungen mit den längerkettigen Gegenionen bei Normaltemperatur nicht löslich sind. Aber auch schon mit den vorhandenen Ergebnissen läßt sich zeigen, daß die Verweilzeit des Tensids mit jeder zusätz-

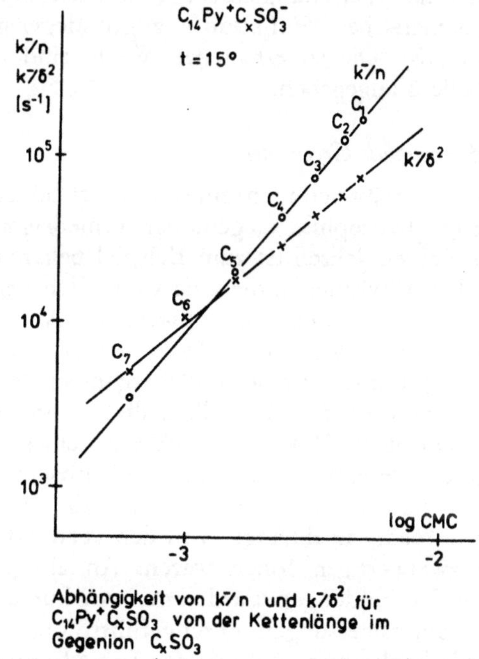

Abb. 5. Auftragung der $\frac{k^-}{n}$- und $\frac{k^-}{\sigma^2}$-Werte gegen die cmc der Tetradecylpyridinium-Alkylsulfonate. Die Alkylgruppe wurde vom Methyl bis zur *n*-Heptylgruppe variiert.

Tab. 2. Aus den beiden Relaxationszeiten berechnete Werte der thermodynamischen und kinetischen Parameter für Tetradecylpyridiniumtenside mit verschiedenen Gegenionen bei 15 °C

Gegenion	cmc (mol/l)	k^-/σ^2 (s^{-1})	k^-/n (s^{-1})	k^- (s^{-1})	k^+ (l/mol·s)	n	σ
$CH_3SO_3^-$	$4{,}6 \times 10^{-3}$	$7{,}8\times 10^4$	$1{,}7\times 10^5$	$6{,}5\times 10^6$	$1{,}4\times 10^9$	38	9,1
$C_2H_5SO_3^-$	$4{,}0 \times 10^{-3}$	$6{,}0\times 10^4$	$1{,}3\times 10^5$	$5{,}2\times 10^6$	$1{,}3\times 10^9$	40	9,0
$C_3H_7SO_3^-$	$3{,}05\times 10^{-3}$	$4{,}6\times 10^4$	$7{,}6\times 10^4$	$3{,}6\times 10^6$	$1{,}2\times 10^9$	48	8,8
$C_4H_9SO_3^-$	$2{,}3 \times 10^{-3}$	$3{,}0\times 10^4$	$4{,}4\times 10^4$	$2{,}3\times 10^6$	$1{,}1\times 10^9$	53	8,5
NH_2-φ-SO_3^-	$2{,}4 \times 10^{-3}$	$3{,}1\times 10^4$	$3{,}8\times 10^4$	$2{,}0\times 10^6$	$8{,}2\times 10^8$	53	8,0

lichen CH_2-Gruppe im Gegenion stufenweise zunimmt (Abb. 5). Auch hier wird wieder beobachtet, daß die k^-/n-Werte wesentlich schneller abnehmen als die k^-/σ^2-Werte, d.h. die Dispersität der Systeme muß sich wieder ändern. Leider liegen für die meisten der untersuchten Systeme keine zuverlässigen Aggregationszahlen aus Lichtstreumessungen vor, so daß nicht festgestellt werden kann, ob sich die Aggregationszahlen mit den verschiedenen Gegenionen ändern. Vor kurzem wurde darauf hingewiesen, daß sich Aggregationszahlen auch aus den beiden Relaxationszeiten berechnen lassen, wenn für die Form der Verteilungskurve eine bestimmte mathematische Funktion zugrundegelegt wird (18). Die so erhaltenen Werte sind in Tabelle 2 angegeben.

b) Hydrophile Gegenionen

Die cmc läßt sich auch sehr stark durch höherwertige hydrophile Gegenionen erniedrigen. Seit einigen Jahren ist zum Beispiel bekannt, daß bei Alkylsulfaten die cmc wesentlich verschoben wird, wenn die einwertigen Alkaliionen durch zweiwertige Ionen ersetzt werden (19). Für eine Reihe von Übergangsmetallionen wurden für die Alkylsulfate von *R. Matuura* et al. (20) die cmc-Werte gemessen und eine wesentliche Erniedrigung beobachtet. Die Untersuchungen ergaben, daß die cmc-Werte relativ unabhängig von den verwendeten zweiwertigen Ionen waren. An einigen dieser Verbindungen wurden nun vor kurzem Relaxationsmessungen durchgeführt, und es wurde beobachtet, daß mit der Erniedrigung der cmc auch eine Verlängerung der Verweilzeit der Monomeren einhergeht (21). Eine weitere cmc-Erniedrigung erfolgt, wenn die Übergangsmetall-Ionen mit hydrophoben Liganden koordiniert sind. So wurde z.B. beobachtet, daß Nibipy $(DS)_2$ eine achtmal niedrigere cmc aufweist als Na DS (22).

c) Die Neutraltenside

Einige Messungen liegen mittlerweile auch bei Neutraltensiden vor. Tatsächlich wurden Relaxationszeiten beobachtet, wie man sie aus der Extrapolation von Abbildung 5 für den Fall zu erwarten hat, wenn aus gleichlangen ionogenen Tensiden neutrale Micellen aufgebaut werden. Diese Messungen wurden an Tritonen unternommen. Bei den ersten Messungen an solchen Verbindungen konnten *Eyring* et al. (23) nur eine Relaxationszeit feststellen. Der Relaxationsprozeß konnte durch optische Absorptionsmessungen sichtbar gemacht werden, da im UV-Bereich eine kleine Extinktionsänderung bei der Micellbildung zu beobachten ist. Die Messungen wurden noch vor dem Zeitpunkt ausgeführt, zu dem die theoretischen Gleichungen entwickelt waren, die jetzt zur Interpretation der Ergebnisse herangezogen werden. Beobachtet wurde ein lineares Ansteigen von $1/\tau$ mit der Totalkonzentration. Geht man davon aus, daß es sich bei dem beobachteten Prozeß um die schnelle Relaxationszeit handelt, so lassen sich aus den Experimenten die Verweilzeiten bestimmen, wie sie in Tabelle 3 zusammengestellt sind. Für die Richtigkeit dieser Interpretation spricht die Tatsache, daß sich ähnliche Verweilzeiten aus den an ionogenen Tensiden erhaltenen Resultaten für Neutraltenside extrapolieren lassen, wenn z.B. aus Auftragungen wie in Abbildung 4 die cmc-Werte von Neutraltensiden mit gleichlangen Alkylketten eingesetzt werden. Aus Abbildung 5 erhält man

Tab. 3. Werte für die thermodynamischen und kinetischen Parameter für einige Tritone sowie für einige $C_nPyC_nSO_3$-Neutraltenside

Triton bzw. Tensid	T (°C)	cmc (mol/l)	k^-/n (s^{-1})	k^- (s^{-1})	k^+ (l/mol·s)	n	Literatur
X 100	20	$3{,}5\times10^{-4}$	$1{,}5\times10^{4}$	$2{,}1\times10^{6}$*	$6{,}0\times10^{9}$*	140	(3)
X 165	25	$4{,}6\times10^{-4}$	200	$9{,}6\times10^{3}$	$2{,}0\times10^{7}$	48	(23)
X 305	25	$9{,}8\times10^{-4}$	700	$7{,}7\times10^{3}$	$1{,}0\times10^{7}$	11	(23)
$C_{12}PyC_{12}SO_3$	15	ca 2×10^{-4}	500	–	–	–	
$C_{14}PyC_{14}SO_3$	15	ca 5×10^{-5}	50	–	–	–	

z. B. für ein C_{14}-Neutraltensid mit einer cmc von etwa $5 \cdot 10^{-5}$ mol/l einen Wert von $k^-/n = 50$, für ein C_{12}-Tensid von etwa 500. Diese Werte sind in Tabelle 3 den direkt an Neutraltensiden erhaltenen Resultaten gegenübergestellt. Die gute Übereinstimmung spricht zwar für die Richtigkeit der obigen Interpretation, doch sie mag auch rein zufälliger Natur sein. Hierfür spricht, daß *Kahlweit* et al. (3) vor kurzem an Triton X-100 zwei Relaxationszeiten nachgewiesen haben, die der Micellkinetik zugeschrieben wurden. Der schnellere der beiden Prozesse wurde für den Relaxationseffekt τ_1 gehalten. Danach ergeben sich k^-/n-Werte, die wesentlich größer sind als die aus den ionogenen Tensiden extrapolierten und an anderen Neutraltensiden erhaltenen Werte. Allerdings muß in diesem Zusammenhang darauf hingewiesen werden, daß die Resultate von *Kahlweit* et al. von Lösungen erhalten wurden, denen kleine Konzentrationen von Farbstoffen zugesetzt wurden, um die Relaxationsprozesse besser beobachten zu können. Bei diesem Verfahren können leicht Komplikationen auftreten, die die eindeutige Interpretation der Ergebnisse erheblich erschweren. Sorgfältige Untersuchungen an Systemen, die mit Hilfe von Farbindikatoren, aber auch gleichzeitig ohne Indikator mit Leitfähigkeitsdetektion durchgeführt wurden, haben folgendes Bild ergeben (24):

1. Die Änderung der Micellkonzentration läßt sich mit Farbindikatoren meistens leicht sichtbar machen. Allerdings muß dabei darauf geachtet werden, daß das Verhältnis Tensidkonzentration zu Farbindikator sehr groß (>200) ist, damit die Relaxationszeiten nicht beeinflußt werden.

2. Die schnelle Relaxationszeit, die für den Austausch der Monomeren charakteristisch ist und aus der die Verweilzeiten bestimmt werden, konnte in den untersuchten Systemen nicht beobachtet werden. Dieses Ergebnis ist sicher nicht allzusehr überraschend, denn während des schnellen Relaxationsprozesses ändert sich die Micellkonzentration ja praktisch nicht. Lediglich die Monomerenkonzentration stellt sich auf einen neuen Wert ein. Um auf den schnellen Prozeß anzusprechen, muß der Indikator daher bereits mit den Monomeren eine deutlich wahrnehmbare Anlagerungsverbindung eingehen, die aber kinetisch sehr labil sein muß. Die Einstellzeit dieses Gleichgewichts sollte kürzer sein als die schnelle Relaxationszeit. Bei dem Indikator, der für die Untersuchungen verwendet wurde, ist nicht klar, ob alle diese Bedingungen erfüllt waren.

3. Bei vielen Farbindikatoren treten noch zusätzliche Relaxationszeiten auf, die auf die direkte Wechselwirkung zwischen Indikator und Micelle zurückgehen. Es ist klar, daß diese Effekte immer auftreten müssen, wenn der Indikator für die Untersuchungen geeignet sein soll. Diese Effekte können leicht für die Relaxationseffekte in den reinen Micellösungen gehalten werden. Um diese Mehrdeutigkeit auszuschließen, sollten in solchen Fällen zum mindesten mehrere Indikatoren eingesetzt werden. Die Relaxationsprozesse für die Micellen sollten dann unabhängig vom verwendeten Indikator sein. Spezifische Wechselwirkungen können an unterschiedlichen Zeitkonstanten klar erkannt werden. Diese Gesichtspunkte machen deutlich, daß Ergebnisse, die mit Indikatoren erhalten wurden, sehr kritisch auf die richtige Interpretation hin überprüft werden müssen. Das gilt um so mehr, wenn sie mit Indikatoren durchgeführt werden, für die auf keine experimentelle Erfahrung aus früheren Messungen zurückgegriffen werden kann.

Für viele Neutraltenside müssen jedoch leider all diese Komplikationen in Kauf genommen werden, um Resultate zu erhalten. An diesem System müssen sicher noch viele Messungen durchgeführt werden, um widersprüchliche Ergebnisse in Einklang zu bringen.

Abhängigkeit der Verweilzeit von der Kopfgruppe

Aus den bisherigen Ausführungen wird ersichtlich, daß die Verweilzeit für ein ionogenes Tensid im wesentlichen durch die Länge der Alkylkette und die Art und Konzentration der Gegenionen bedingt ist. Aber auch bei gleicher Länge der Alkylkette ergeben sich doch charakteristische Unterschiede für die einzelnen Tenside, obwohl ihre cmc-Werte manchmal gleich sind. In Tabelle 1 sind einige Werte zusammengestellt. Es fällt auf, daß die Verweilzeiten für die Ammoniumhalogenide wesentlich länger sind als für die Alkylpyridiniumhalogenide, obwohl die cmc-Werte bei den Chloriden und Bromiden sehr ähnlich

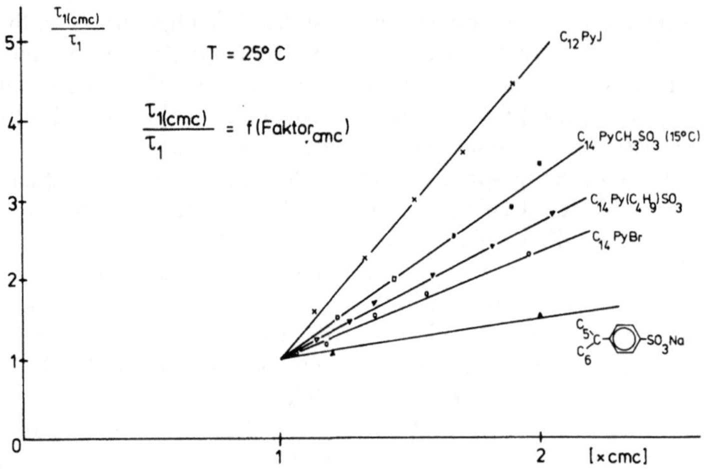

Abb. 6. Normierte Darstellung von $\frac{1}{\tau_1}\Big/\left(\frac{1}{\tau_1}\right)_{\text{cmc}}$ gegen Vielfachwerte X der cmc für verschiedene Tenside.

sind (10). Die Unterschiede sind wahrscheinlich durch die kleine Kopfgruppe bei den Ammoniumtensiden bedingt, die kein Hindernis für eine möglichst dichte Packung der Tenside in der Micelle darstellen. Die hydrophobe Wechselwirkung wird dadurch stark und die Verweilzeit lang. Damit hängt es wahrscheinlich auch zusammen, daß diese Tenside zu größeren nichtkugelsymmetrischen Micellen anwachsen können. Den Einfluß der Kopfgruppe auf die Verteilungskurve erkennt man am deutlichsten durch normierte Auftragungen von $1/\tau/(1/\tau)_{\text{cmc}}$ gegen vielfache Werte der cmc. Aus Abbildung 6 wird deutlich, daß die Unterschiede für die einzelnen Systeme beträchtlich sind.

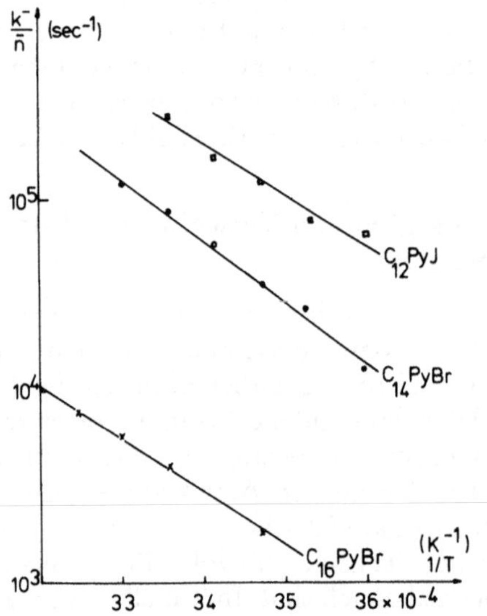

Abb. 7. Temperaturabhängigkeit der $\frac{k^-}{n}$-Werte. Darstellung von $\log\frac{k^-}{n}$ gegen $\frac{1}{T}$ für eine homologe Tensidreihe.

Die Verweilzeit in Abhängigkeit von der Temperatur

Die bisherigen Ergebnisse zeigen alle, daß die Aufenthaltsdauer der Monomeren mit steigender Temperatur abnimmt. Dabei scheint die Temperaturabhängigkeit mit der Länge der Alkylkette etwas zuzunehmen (Abb. 7). Es ist dabei zu beachten, daß die aus der Temperaturabhängigkeit von τ ermittelte Reaktionsenthalpie nicht identisch ist mit der thermodynamischen Reaktionsenthalpie für die Überführung eines Monomeren von der Lösung in die Micelle. Wie bereits darauf hingewiesen wurde, ist anzunehmen, daß für die Überführung eines Monomeren der höchste Punkt der freien Energie dann erreicht ist, wenn das Tensid noch mit seinem letzten Kettenglied in der Micelle verankert ist (2). Entsprechend erhält man aus der Temperaturabhängigkeit von k^-/n die Reaktionsenthalpie für die Überführung eines Monomeren vom mizellaren Zustand in diesen Übergangszustand. Aus der Temperaturabhängigkeit von k^+ erhält man die Reaktionsenthalpie für die

Überführung vom Übergangszustand in die Lösung. Die thermodynamische Reaktionsenthalpie für die Überführung eines Tensids vom monomeren Zustand in die Micelle erhält man schließlich aus der Differenz dieser beiden Größen. Für diese Prozesse erhält man relativ kleine Werte, die immer exotherm für den Einbau sind.

Die Bildungsgeschwindigkeit von Micellen

Zu Beginn der Ausführungen wurde bereits erwähnt, daß *G. Aniansson* und *S. Wall* (2) die Beziehung $\frac{1}{\tau_2} = \frac{1}{R \cdot c_3} \cdot \frac{A_1 + n^2 c_3}{A_1 + \sigma^2 c_3}$ für die Gleichgewichtseinstellung der Micellen abgeleitet haben. In dem Parameter R sind die Konzentrationen und dazugehörigen Geschwindigkeitskonstanten der Aggregate am Verteilungsminimum enthalten. Diesen Teilchen kommt deswegen die Bedeutung von Keimen bei der Micellbildung zu. Links vom Minimum ist die Wahrscheinlichkeit für den Zerfall eines Teilchens größer als für die Weiterreaktion, rechts davon ist es umgekehrt. Erst wenn ein Aggregat diese kritische Größe der Aggregationszahl am Minimum überwunden hat, ist es im thermodynamischen Sinn stabil.

Bei Konzentrationen nur wenig oberhalb der cmc läßt sich dieser Ausdruck vereinfachen zu

$$\frac{1}{\tau_2} = \frac{n^2}{R} \cdot \frac{1}{A_1 + \sigma^2 \cdot c_3} .$$

Aus der Gleichung ist ersichtlich, daß die Einstellung um so schneller abgeschlossen ist, je größer die Konzentration am Minimum und die dazugehörige Dissoziationsgeschwindigkeitskonstante ist, aber auch je größer n wird. Das ist darauf zurückzuführen, daß um so weniger Micellen gebildet werden müssen, um das Gleichgewicht einzustellen, je größer n ist. Im Gegensatz zu dem schnellen Prozeß nimmt $\frac{1}{\tau_2}$ mit Zunahme der Micellkonzentration c_3 ab, da mehr neue Micellen gebildet werden müssen, um bei einer gegebenen Abweichung vom Gleichgewicht (Δc_3) einen neuen Gleichgewichtszustand zu erreichen (Abb. 8). Bei bekannter Größe von n und σ läßt sich aus der Relaxationszeit die Größe R

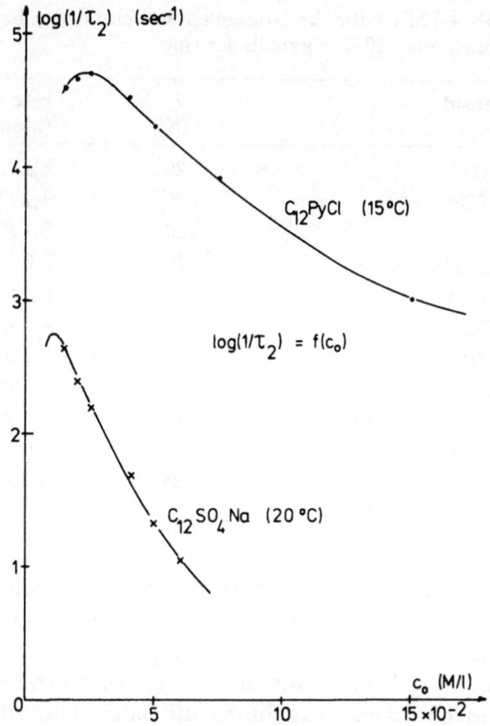

Abb. 8. Konzentrationsabhängigkeit der langsamen Relaxationszeit. Darstellung von $\frac{1}{\tau_2}$ gegen c_0 für Na-Dodecylsulfat.

ermitteln. Der reziproke Wert von R gibt die pro Zeiteinheit gebildete Molzahl der Micellrümpfe. Im Gleichgewicht zerfallen natürlich genau soviele Micellen, wie sich neue bilden. Von besonderer Bedeutung für die Weiterentwicklung der Kinetik auf dem Micellgebiet war die Beobachtung, daß die Relaxationszeit τ_2 von sehr kleinen Mengen an Verunreinigungen stark beeinflußt wurde (1). Rückblickend ist dieses Ergebnis nicht mehr überraschend, denn es ist klar, daß die ungewöhnlich kleinen Konzentrationen am Verteilungsminimum durch winzige Mengen von anderen oberflächenaktiven Verbindungen stark geändert werden können. Es ist sogar möglich, daß die Micellen sich ganz über andere Keime bilden, die zufällig in der Lösung vorhanden sind. Bei den ersten an Micellgleichgewichten durchgeführten Messungen wurde immer ein lineares Ansteigen von $1/\tau_2$ (25) mit der Totalkonzentration beobachtet. Dabei wichen die für das gleiche System und die gleichen Bedingungen von verschiedenen Autoren erhaltenen

Tab. 4. Mit Hilfe der langsamen Relaxationszeit berechnete R-Werte für einige Tenside bei Gesamtkonzentrationen etwa 20% oberhalb der cmc

Tensid	T (°C)	cmc (mol/l)	n	σ	R (s·l/mol)
NaDS	20	$8{,}2 \times 10^{-3}$	64	13	$6{,}3 \times 10^{2}$
DPBr	20	$1{,}2 \times 10^{-2}$	67	13	$1{,}2 \times 10^{2}$
DPJ	20	$5{,}1 \times 10^{-3}$	67	18	$6{,}9 \times 10^{4}$
$DPCH_3SO_3$	10	$2{,}0 \times 10^{-2}$	73	13	1,0
DPφ-COO	10	$5{,}6 \times 10^{-3}$	73	13	$4{,}9 \times 10^{4}$
TPCl	25	$4{,}0 \times 10^{-3}$	80	14	$4{,}0 \times 10^{2}$
TPBr	25	$2{,}5 \times 10^{-3}$	80	12	$7{,}0 \times 10^{4}$
$TPCH_3SO_3$	15	$4{,}6 \times 10^{-3}$	38	9	83
$TP(NH_2$-φ-$SO_3)$	15	$2{,}4 \times 10^{-3}$	56	9	$8{,}4 \times 10^{5}$
NaTS	25	$2{,}0 \times 10^{-3}$	80	17	$6{,}0 \times 10^{4}$
TNH_3Cl	25	$3{,}7 \times 10^{-3}$	112	15	$1{,}0 \times 10^{7}$

Absolutwerte meist beträchtlich voneinander ab. Erst Messungen an hochreinen ionogenen Tensiden zeigten (1), daß bei vielen Systemen die $1/\tau_2$-Werte mit der Totalkonzentration zunächst wenig zunehmen, um dann mehr oder weniger stark abzufallen. Diese Ergebnisse konnten in der Zwischenzeit von anderen Autoren bestätigt werden (3, 26). Auch die Absolutwerte von τ_2, die von verschiedenen Arbeitsgruppen erhalten wurden, stimmen meist gut überein. Aus den Absolutwerten von R und der Abhängigkeit von den verschiedenen Gleichgewichtsparametern wie Gegenionkonzentration, Temperatur, Monomerenkonzentration, Totalkonzentration lassen sich nun für die Micellgleichgewichte interessante Informationen gewinnen. Vergleicht man die R-Werte für verschiedene ionogene Micellen, so fällt auf, daß sie auch für Tenside von etwa gleicher cmc sehr unterschiedlich sein können. In Tabelle 4 sind einige R-Werte zusammengestellt. Sie wurden aus den an 20% oberhalb der cmc gemessenen τ_2-Werten erhalten. Extreme Unterschiede ergeben sich z. B. für die Alkylpyridinium- und Alkylammoniumhalogenide. Eine nähere Untersuchung hat ergeben, daß die großen Unterschiede dadurch bedingt sind, daß das Verteilungsminimum bei den Alkylammoniumhalogeniden bei größeren Aggregationszahlen, aber kleineren absoluten Konzentrationen liegt als bei den Alkylpyridiniumtensiden.

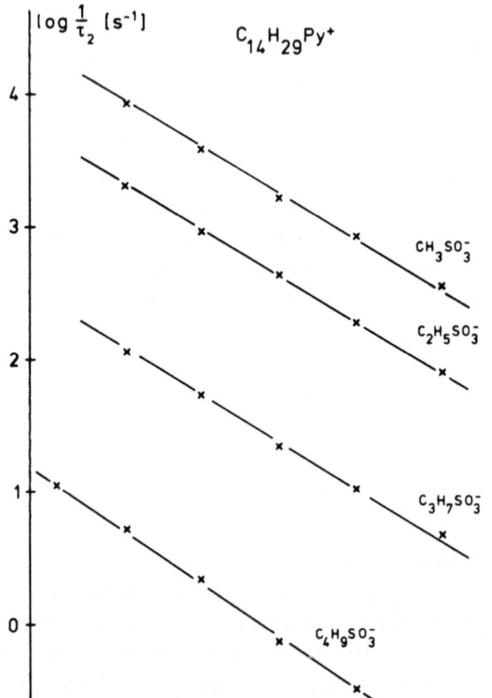

Abb. 9. Die Temperaturabhängigkeit von τ_2. Darstellung von $\log \frac{1}{\tau_2}$ gegen $\frac{1}{T}$.

Bemerkenswert ist die bei vielen Tensiden beobachtbare ungewöhnlich große Temperaturabhängigkeit von τ_2 und letztlich von R (Abb. 9). Berechnet man daraus unter Anwendung einer Arrheniusgleichung eine Aktivierungsenergie, so erhält man für manche

Systeme bis zu 40 kcal. Die Anwendung der Arrheniusgleichung ist aber nur sinnvoll, wenn der geschwindigkeitsbestimmende Schritt bei Änderung der Temperatur auch der gleiche bleibt. Auf unser System übertragen bedeutet das, daß sich die Aggregationszahl des Minimums nicht verschieben darf. Im anderen Fall sind bei jeder Temperatur andere Species im geschwindigkeitsbestimmenden Schritt enthalten. Die Aggregationszahl des Keimes läßt sich aus der Änderung von τ_2 mit der Monomerenkonzentration erhalten, was sich durch die Erhöhung der Gegenionenkonzentration oder durch Verwendung verschiedener Gegenionen erreichen läßt. Bei einigen Systemen liegen darüber detaillierte Untersuchungen vor, und es zeigt sich, daß innerhalb der Auswertegenauigkeit die Lage des Minimums bei Änderung der Temperatur nicht verschoben wird. Unter dieser Bedingung entspricht dann die scheinbare Aktivierungsenergie von R der Reaktionsenthalpie des Micellkeims.

Interessante Informationen bezüglich der Bildungsgeschwindigkeit werden erhalten, wenn für ein bestimmtes ionogenes Tensid das Gegenion mehr und mehr hydrophob gemacht wird. Die Wechselwirkung zwischen Micellen und Gegenionen wird dadurch immer stärker, und, wie bereits bei Abbildung 5 erwähnt, verschiebt sich damit die cmc sukzessive zu kleineren Werten, und gleichzeitig nimmt der Dissoziationsgrad der Micellen ab (27), was daraus geschlossen werden kann, daß die absolute Zunahme der Leitfähigkeit oberhalb der cmc für eine bestimmte Konzentrationsänderung immer kleiner wird. Wie bereits weiter oben gezeigt wurde, läßt sich parallel dazu eine Verschiebung der k^-/σ^2- und k^-/n-Werte feststellen. Für eine bestimmte Gesamtkonzentration an Tensid ändern sich die Relaxationszeiten τ_1 für die verschiedenen Gegenionen nur wenig. Ganz anders ist die Situation für die Relaxationszeit τ_2. In Abbildung 10 sind die erhaltenen $1/\tau_2$-Werte halblogarithmisch für die verschiedenen Systeme gegen die Totalkonzentration aufgetragen. Die Relaxationszeiten ändern sich um fast 4 Größenordnungen, wenn die Alkylkette im Gegenion vom Methyl zum Butyl verlängert wird. Bemerkenswerterweise bleibt allerdings die Form der Kurven für die ersten 4 Alkylsulfonate die gleiche. Bei der

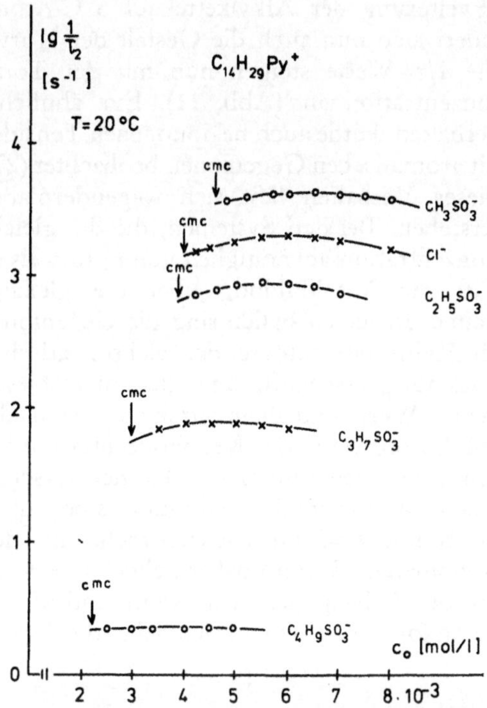

Abb. 10. Auftragung der $\frac{1}{\tau_2}$-Werte gegen die Totalkonzentration c_0 an Tensid für mehrere Tetradecylpyridiniumalkylsulfonate.

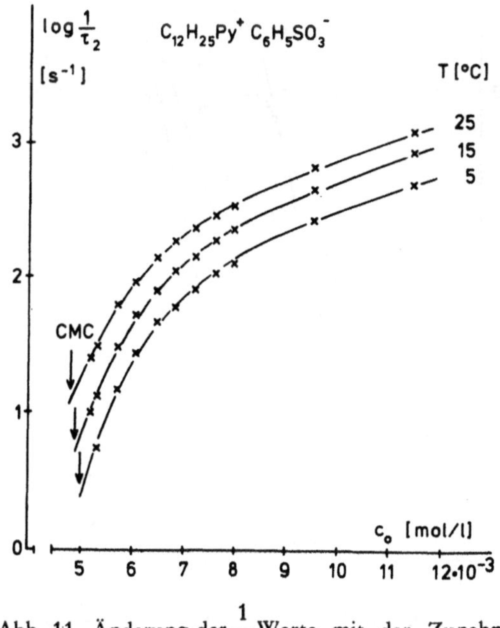

Abb. 11. Änderung der $\frac{1}{\tau_2}$-Werte mit der Zunahme der Totalkonzentration c_0 für Dodecylpyridiniumbenzolsulfonat.

Erweiterung der Alkylkette auf 5 C-Atome ändert sich nun auch die Gestalt der Kurve. Die $1/\tau_2$-Werte steigen nun mit der Totalkonzentration an (Abb. 11). Ein ähnliches Verhalten wurde auch bei ionogenen Tensiden mit aromatischen Gegenionen beobachtet (27). Dieses Verhalten läßt sich folgendermaßen verstehen. Bei den Systemen, die die gleiche Konzentrationsabhängigkeit von τ_2 aufweisen, läuft die Micellbildung über die gleichen Keime. In diesen Fällen sind die Gegenionen am Keim nur infolge der elektrostatischen Anziehung assoziiert, und die unterschiedlichen τ_2-Werte sind allein durch die verschiedenen Absolutwerte der Keimkonzentration bedingt, die wiederum eine Folge der verschiedenen Monomerenkonzentration sind, denn die Keime sind im Gleichgewicht mit den Monomeren. Es muß daher gelten $c_r = K \cdot c_1^r$. Aus der Abhängigkeit von Keim- und Monomerenkonzentration läßt sich daher die Aggregationszahl r des Keims bestimmen. In Abbildung 12 sind die log $1/\tau_2$-Werte gegen die log cmc-Werte aufgetragen. Die Aggregationszahl der Keime ergibt sich bei einer Auftragung direkt aus der Steigung der Geraden. Um den Einfluß der Ionenstärke auf k^- auszuschalten, sind auch die Geraden eingetragen, die sich ergeben, wenn die freie Gesamtionenkonzentration konstant gehalten wird (gestrichelt). Aus den Geraden ergeben sich für die C_{14}Py- und C_{12}Py-Alkylsulfonate r-Werte von 7 und 8. Es muß allerdings erwähnt werden, daß in der Bestimmung von r die Annahme enthalten ist, daß sich die Länge des Engpasses nicht mit den Gegenionen ändert. Sollte sich der Engpaß mit zunehmender Zahl an Kettengliedern in den Gegenionen erhöhen, so würden sich die r-Werte entsprechend erniedrigen. Aus Plausibilitätsbetrachtungen ist es wahrscheinlich, daß die Engstelle auf wenig Aggregate beschränkt ist. Sollten die Aggregate am Verteilungsminimum über einen größeren Bereich die gleichen Konzentrationen besitzen, so müßten auch die zugehörigen K_s-Werte konstant sein. Um die Verteilungskurve zu beschreiben, müßten die K_s-Werte zunächst mit der Aggregationszahl zunehmen, dann konstant bleiben, wieder anwachsen und schließlich abnehmen. Ein solcher Verlauf scheint unwahrscheinlich. Da der Gang der K_s-Werte durch zwei gegeneinander wirkende Faktoren bedingt ist, wäre eine kontinuierliche Zunahme zu einem Maximum mit folgender Abnahme wahrscheinlich. Die Zunahme von $1/\tau_2$ bei längerkettigen Alkylsulfonaten erklärt sich dann nach diesem Modell zwangsläufig über die Beteiligung von Gegenionen am Micellkeim. Da die Gegenionenkonzentration mit zunehmender Totalkonzentration auch oberhalb der cmc noch weiter ansteigt, müssen bei Beteiligung von Gegenionen im Keim auch dessen Konzentrationen mit ansteigen. Dabei ist es durchaus denkbar, daß dabei das Minimum der Verteilung zu kleineren Aggregationszahlen verschoben wird (36). Mit der Totalkonzentration ansteigende $1/\tau_2$-Werte werden auch bei anderen Systemen beobachtet, bei denen die Gegenionen eine ausgeprägte Tendenz besitzen, sich an die Micelloberfläche anzulagern, so z. B. bei Alkylpyridiniumjodid und bei Alkylsulfaten, deren Gegenionen aus zweiwertigen Metallionen bestehen.

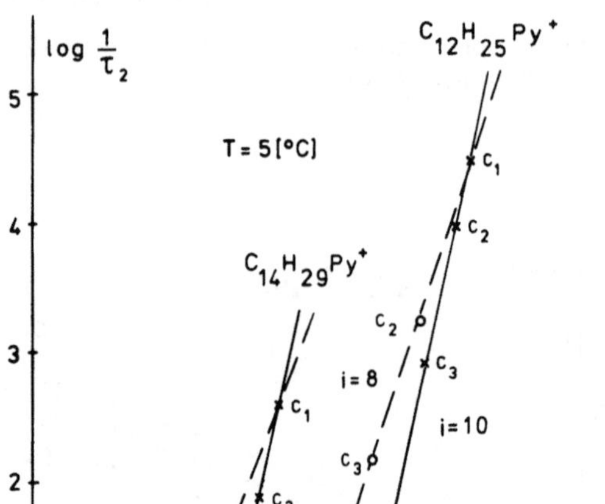

Abb. 12. Logarithmische Auftragung der $\frac{1}{\tau_2}$-Werte gegen die cmc-Werte von Dodecyl- und Tetradecylpyridiniumalkylsulfonate.

Kinetische Messungen an in Micellen solubilisierten Molekülen

Micellen werden vielfach dazu verwendet, um in Wasser schwer lösliche Verbindungen in Lösung zu bringen (28). Micellen können in diesen Fällen als kleine Öltröpfchen angesehen werden, in denen sich die Fremdmoleküle lösen. Im Fall, daß die zugesetzte Verbindung auch im Wasser eine gewisse Löslichkeit besitzt, findet dann ein ständiger dynamischer Austausch der Verbindung zwischen der micellaren und der wässerigen Phase statt. An einigen ausgewählten Systemen konnte mittlerweile der Austausch der Moleküle beobachtet und die Kinetik untersucht werden. So konnte z. B. der Austausch von kurzkettigen Alkoholen aus Hexadecyltrimethylammoniummicellen mit Hilfe von Schallabsorptionsmessungen untersucht werden (29). Ebenfalls beobachten ließ sich der Austausch von Benzol und kurzkettigen Alkylsulfonaten (30). In all diesen Fällen wurden Relaxationszeiten im MHz-Bereich gemessen, und es ergeben sich daher Verweilzeiten der Moleküle in den Micellen von unter einer μsec. In diesen relativ einfachen Systemen läßt sich die Verweilzeit der solubilisierten Teilchen in der Micelle aus bekannten Löslichkeitsdaten abschätzen. Dabei kann davon ausgegangen werden, daß die Einbaugeschwindigkeit diffusionskontrolliert, d. h. mit einer bimolekularen Geschwindigkeitskonstante von etwa 10^9 l/mol·s erfolgt. Dann muß analog bei den Micellen gelten $k^+/k^- = \frac{1}{c}$, wobei c die in Wasser vorliegende Konzentration der zu solubilisierenden Teilchen bedeutet und k^- die Geschwindigkeitskonstante dieses Teilchens für den Austritt aus der Micelle. Halten sich in der Micelle gleichzeitig mehrere Moleküle auf, so ergibt sich die Verweilzeit eines einzigen Moleküls wieder, indem man $1/k^-$ mit der Zahl der solubilisierten Moleküle multipliziert. Im konkreten Fall für Benzol ist z. B. die Sättigungskonzentration von Benzol in Wasser bekannt ($c_s \cong 10^{-2}$ mol/l) (31). Gleichzeitig wurde beobachtet, daß man pro Tensidmolekül in der Micelle etwa 1 Benzolmolekül solubilisieren kann (32). Unter der Annahme, daß $k^+ = 10^9$ l/mol·s, erhalten wir also für $k^- = k^+ \cdot c_s = 10^7\ s^{-1}$ und $k^-/n = 10^6\ s^{-1}$. Die Aufenthaltszeit wird also etwa 1 μs betragen, und es wird verständlich, wieso mit Hilfe von nmr-Messungen keine getrennten Peaks für Benzol in der wässerigen und in der Micellphase beobachtet werden können (33).

Vergrößert man die solubilisierten Moleküle, so müssen auch die Verweilzeiten länger werden. Sehr lange Verweilzeiten wurden für solubilisierte Gegentenside beobachtet, deren Alkylkette von gleicher Länge oder noch länger als die Alkylkette im mizellbildenden Tensid ist. Erstaunlicherweise konnte an Micellgleichgewichten, denen kleine Mengen an Gegentensid im Molverhältnis 1:1000 bis 1:100 beigegeben wurden, mit der Leitfähigkeitsdetektion noch eine dritte Relaxationszeit beobachtet werden (1). Diese Zeitkonstante war charakteristisch für das jeweilige zugegebene Tensid. In Abbildung 13 ist die reziproke Relaxationszeit τ_3 gegen die Konzentration an zugesetztem Gegentensid bei konstanter Haupttensidkonzentration aufgetragen. Die Zeitkonstante verschiebt sich mit 2 CH_2-Gruppen um den Faktor 12, was darauf hindeutet, daß die Dissoziation des Gegentensids aus der Micelle geschwindigkeitsbestimmend bei dem Prozeß ist, denn k^- ist der Größe exp

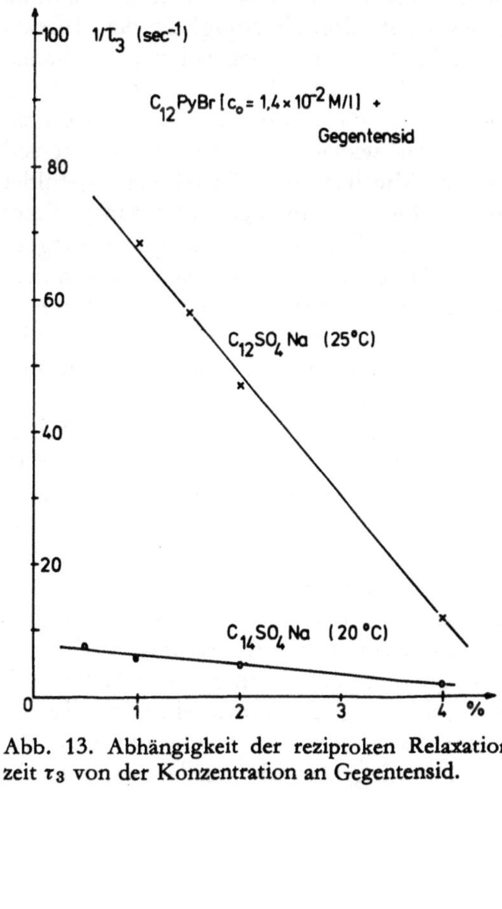

Abb. 13. Abhängigkeit der reziproken Relaxationszeit τ_3 von der Konzentration an Gegentensid.

$\left(-\frac{\Delta\varepsilon}{kT}\right)$ proportional. Mit einem Wert von 1,1 kT pro CH_2-Gruppe müssen sich die Geschwindigkeitskonstanten pro 2 CH_2-Gruppen jeweils um den Faktor 12 unterscheiden. Die Abnahme von $\frac{1}{\tau_3}$ mit zunehmender Konzentration an Gegentensid hat die gleiche Ursache wie die Abnahme von $\frac{1}{\tau_2}$ mit der Totalkonzentration. Sie folgt aus dem Ausdruck

$$\frac{1}{\tau} = \frac{1}{R \cdot c_3} \cdot \frac{c_1 + n^2 \cdot c_3}{c_1 + \sigma^2 \cdot c_3}.$$

Letztlich ist es die Folge davon, daß die Zahl der Micellen, die pro Zeiteinheit gebildet werden, unabhängig davon ist, wieviel Micellen vorhanden sind. Bei gleichgroßer Verschiebung der Verteilung dauert es daher bei hohen Micellkonzentrationen entsprechend länger, bis sich ein neues Gleichgewicht wieder eingestellt hat. Es ergibt sich die Frage, ob die beobachteten Zeitkonstanten nicht direkt den Dissoziationsvorgang des Gegentensids aus der Micelle darstellen. Die Antwort dazu ist nein, da die Konzentrationsabhängigkeit des Effekts nicht in Einklang mit einem solchen Mechanismus ist. Aus dem Relaxationsprozeß kann daher wieder die Größe R ermittelt werden. Sie gibt an, wieviel mit einem Gengentensid besetzte Micellen pro Zeiteinheit gebildet werden. Die regelmäßige Abstufung dieser Rate als Funktion der Kettenlänge des Gegentensids hängt wahrscheinlich damit zusammen, daß die Konzentration des geschwindigkeitsbestimmenden Aggregates für die verschiedenen Gegentenside etwa konstant ist. Zur Zeit ist nicht bekannt, bei welcher Aggregationszahl das Verteilungsminimum liegt. Da die Temperaturabhängigkeit von τ_3 kleiner ist als die von τ_2, ist zu vermuten, daß das Minimum zu kleineren Werten verschoben ist. Theoretisch könnten die Relaxationseffekte τ_3 dazu benutzt werden, Tenside in kleinen Konzentrationen im Bereich von 10^{-6}–10^{-4} m qualitativ und quantitativ zu bestimmen. In den Lösungen mit unbekannten oberflächenaktiven Verbindungen gibt man ein reines Tensid in einer Konzentration wenig oberhalb der cmc. Die Gegentenside werden dann in die sich bildende Micellen eingebaut, und die mit verschiedenen Gegentensiden besetzten Micellen lassen sich durch ihre verschiedenen Zeitkonstanten voneinander unterscheiden.

An dieser Stelle muß auch erwähnt werden, daß in den letzten Jahren kinetische Messungen zum Einbau von Farbstoffmolekülen in Micellen ausgeführt wurden (34). Meistens werden dazu Farbstoffe verwendet, die bereits im Lösungsmittel Wasser eine gewisse Löslichkeit aufweisen, was die Durchführung der Experimente erleichtert. In einer Strömungsapparatur werden dann die Farbstofflösungen mit micellhaltigen Lösungen gemischt und die Änderung der Extinktion zeitlich beobachtet. Bei vielen Systemen wurden dabei relativ lange Abklingzeiten beobachtet, was als Folge eines stark gehemmten Einbaus angesehen wird (34). Die Ergebnisse werden vielfach an dem einfachen Reaktionsmechanismus

$$M + F \overset{K_A}{\rightleftharpoons} MF_{\text{ads.}} \rightleftharpoons MF_{\text{eingeb.}}$$

interpretiert und die bei großen Konzentrationen beobachtbaren Zeitkonstanten mit k_1 und k_2 identifiziert. Auch hier muß wieder gewarnt werden, daß die Interpretation vielleicht zu einfach ist und daß der wirkliche Vorgang bei dem Prozeß wesentlich komplizierter ist. Zum Vergleich kann hier angeführt werden, daß der langsame Prozeß, der an reinen micellaren Lösungen festgestellt wird, ebenfalls nicht durch einen einzigen langsamen Schritt zustande kommt, sondern vielmehr die Konsequenz davon ist, daß das geschwindigkeitsbestimmende Teilchen in sehr geringer Konzentration vorliegt, das dann aber mit einer großen Geschwindigkeit weiterreagiert.

Es besteht der Verdacht, daß die Situation beim Einbau eines Farbstoffmoleküls in die Micelle sehr ähnlich ist. Bekanntermaßen ist die cmc bei Gegenwart von Farbstoffmolekülen erniedrigt. Das bedeutet, daß die Wechselwirkungsenergie zwischen Tensid und Farbstoff größer sein muß als zwischen Tensid und Tensid. Im umgekehrten Fall kann es nämlich nur zu einer cmc-Erhöhung kommen. Beide Situationen entsprechen dem Vorliegen gemischter Micellen, wobei einmal ein längerkettiges und das andere Mal ein kurzkettiges Homologe des reinen Tensids dazugegeben wird. Bei größerer Wechselwirkung zwischen Tensid und Farbstoffmolekül wird beim Zusammengeben der beiden Lösungen das Farbstoffmolekül sofort mit Tensidmolekülen aggregieren. Die Konzentration von Monomeren ist meistens wesentlich höher als die Micellkonzentration. Durch diese Anlagerung wird die freie Konzentration an Farbstoffmolekülen sehr stark reduziert, und es können für die weitere Reaktionsfolge entweder diese freien Moleküle noch reagieren oder es ist die freie Konzentration an Farbstoff so klein, daß diesem Reaktionsweg praktisch keine Bedeutung mehr zukommt; die Reaktion geht dann so weiter, daß mit Farbstoffmolekülen beladene Rümpfe auf Kosten vorhandener Micellen wachsen. In diesem Fall ist dann die Auflösung der Micellen der geschwindigkeitsbestimmende Schritt. Die Tatsache, daß die gefundenen Zeitkonstanten sehr oft im Bereich von τ_2 liegen, spricht deutlich für einen solchen Reaktionsweg. Theoretisch muß natürlich auch die Möglichkeit bestehen, daß das Substratmolekül mit der Micelle direkt reagiert. Die bisher untersuchten Fälle gehören aber wahrscheinlich meistens zu den besprochenen. Dafür spricht allein schon die kleine Konzentration, mit der die Farbstoffe eingesetzt werden.

Ergebnisse an perfluorierten Tensiden

An den bisher untersuchten Systemen mit perfluorierten Tensiden konnte in den meisten Fällen nur eine Relaxationszeit beobachtet werden (35). Das Verhalten dieser Relaxationszeit in Bezug auf die Konzentrationsabhängigkeit ähnelt dem von τ_1 bei den Normaltensiden. Typische Auftragungen von $1/\tau$ gegen die Totalkonzentration sind in Abbildung 14 für das System $C_8F_{17}SO_3N(C_2H_5)_4$ dargestellt. Für diese Systeme beginnen die $1/\tau$-Werte für verschiedene Temperaturen praktisch in einem Punkt in der Nähe der cmc. Da eine zweite Relaxationszeit nicht beobachtet wurde, erscheint es denkbar, daß bei diesem System τ_2 so langsam ist, daß es mit der Drucksprungmethode nicht mehr gemessen werden konnte. Während für dieses System die Konzentrationsabhängigkeit von τ besonders groß war, wurde an Lösungen von Perfluoroctansäure eine ungewöhnlich kleine Konzentrationsabhängigkeit festgestellt.

Bemerkenswerterweise schienen die in Lösung gebildeten Aggregate der Perfluoroctansäure völlig assoziiert zu sein, obwohl die Perfluoroctansäure eine starke Säure ist und somit im monomeren Zustand völlig dissoziiert ist. Für dieses System konnte in der Nähe der cmc ein zweiter langsamer Effekt beobachtet werden, bei dem es sich möglicherweise um den Relaxationseffekt für die Micellbildung handelt.

Die an den verschiedenen Systemen ermittelten Konstanten sind in Tabelle 5 zusammengestellt. Zur Interpretation wurde dabei angenommen, daß die Rekombinationsreaktion diffusionskontrolliert erfolgt. Mit einem k^+-Wert von 10^9 l/mol · s ergeben sich für die Systeme recht unterschiedliche Aggregationszahlen. Es ist daher wahrscheinlich, daß sich bei einem Teil der Systeme keine kugelsymmetrischen Micellen bilden (35).

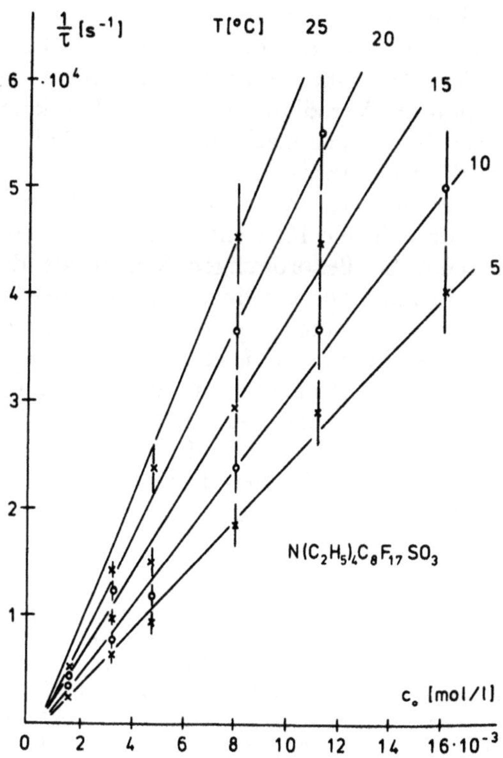

Abb. 14. Abhängigkeit von $\frac{1}{\tau_1}$ gegen die Gesamtkonzentration c_0 an Tensid für das System $C_8F_{17}SO_3N(C_2H_5)_4$.

Tab. 5. Werte für die thermodynamischen und kinetischen Parameter für einige perfluorierte Tenside bei verschiedenen Temperaturen

Tensid	T (°C)	cmc (mol/l)	k^-/σ^2 (s^{-1})	k^-/n (s^{-1})	k^- (s^{-1})	k^+ (l/mol·s)	n	σ
$C_8F_{17}SO_3N(C_2H_5)_4$	5	$9{,}2 \times 10^{-4}$	$6{,}7\times 10^2$	$2{,}2\times 10^3$	$4{,}6\times 10^5$	$4{,}8\times 10^8$	210	26
	15	$9{,}35\times 10^{-4}$	$8{,}0\times 10^2$	$2{,}8\times 10^3$	$6{,}8\times 10^5$	$7{,}3\times 10^8$	183	29
	25	$9{,}5 \times 10^{-4}$	$9{,}2\times 10^2$	$6{,}3\times 10^3$	$9{,}2\times 10^5$	$1{,}0\times 10^9$	140	32
$C_7F_{15}COOH$	30	$1{,}05\times 10^{-2}$	$5{,}7\times 10^3$	$1{,}1\times 10^3$	$1{,}3\times 10^7$	$1{,}2\times 10^9$	11000	48
$C_7F_{15}COO$	15	$1{,}4 \times 10^{-2}$	$5{,}3\times 10^3$	$1{,}0\times 10^3$	$1{,}0\times 10^7$	$7{,}3\times 10^8$	10000	43
(H:Na = 1:1)	25	$1{,}4 \times 10^{-2}$	$5{,}6\times 10^3$	$1{,}4\times 10^3$	$1{,}4\times 10^7$	$1{,}0\times 10^9$	10000	50
$C_7F_{15}COONa$	25	$3{,}2 \times 10^{-2}$	–	$2{,}8\times 10^6$	$3{,}2\times 10^7$	$1{,}0\times 10^9$	12	–

Erkenntnisse aus den kinetischen Ergebnissen, die über die kinetischen Aussagen hinausgehen

Die Ausführungen haben gezeigt, daß das dynamische Verhalten von Micellen qualitativ und quantitativ gut beschrieben werden kann. Die kinetischen Untersuchungen haben aber darüber hinaus zu Vorstellungen und Erkenntnissen an Micellgleichgewichten geführt, die weit über das hinausgehen, was aus anderen Untersuchungen bekannt war. Im einzelnen sind z. B. die Bestimmung der Breite der Verteilungskurve zu nennen sowie die Position des Verteilungsminimums. Die kinetischen Messungen machten es sogar möglich, die thermodynamischen Eigenschaften der Teilchen am Verteilungsminimum zu bestimmen, obwohl die Konzentration dieser Teilchen um Größenordnungen kleiner als die Monomeren-Konzentration oder Micellkonzentration ist. Gerade der Bestimmung dieser Parameter kommt wahrscheinlich auf lange Sicht größere Bedeutung für die Weiterentwicklung der Theorie zu. Hier ergeben sich sicher noch Ansatzpunkte für Theorie und Experimente, die in ihrer Entwicklung noch nicht voll abzusehen sind.

Zusammenfassung

In dem Übersichtsartikel werden kinetische Ergebnisse dargestellt und diskutiert, die mit Relaxationsverfahren an ionogenen Tensiden erhalten wurden. Es wird gezeigt, daß oberhalb der kritischen Micellbildungskonzentration an allen Systemen zwei Relaxationszeiten zu beobachten sind, die sich nach der Theorie der Micellbildung von *G. Aniansson* und *S. Wall* der Verschiebung der Micellverteilungskurve unter konstanter Micellkonzentration und der Verschiebung der Micellkonzentration–Monomerenkonzentration Gleichgewichte zuordnen lassen. Aus den Ergebnissen werden die Verweilzeiten von Tensidmolekülen in der Micelle, die Breite der Verteilungskurven sowie die Bildungsgeschwindigkeit von Micellen bestimmt. Die Abhängigkeit dieser Parameter von Ionenstärke, Temperatur, der Art der Gegenionen und der Kopfgruppe und der Länge der hydrophoben Alkylkette wird gezeigt. Aus der Bildungsgeschwindigkeit für die Micellen werden Informationen über die Micellkeime, wie z. B. ihre Größe und Reaktionsenthalpie, gewonnen. Am Schluß wird kurz auf das Aggregationsverhalten von Fluortensiden eingegangen.

Summary

The article summarizes and discusses results on ionic detergents that were obtained with relaxation methods.

It is shown that on surfactant solutions above the critical micelle concentration two relaxation times are detected which are according to the theory by *G. Aniansson* and *S. Wall* due to the shift of the micellar distribution curve and the change of the micellar-monomer dissolution equilibrium. The data are used to determine the residence times of detergent ions inside the micelles, the halfwidth of the distribution curve and the rate of micelle formation. The dependence of these parameters on the ionic strength, counter-ions, temperature, ionic head group and length of the hydrophobic chain length is determined. It is shown that all parameters that shift the CMC to smaller values increase the residence times. The rates for micelle formation are used to detract information on the micellar nuclei like their aggregation number and heat of reaction. At the end a few data on the aggregation behaviour of perfluorodetergents are discussed.

Literaturverzeichnis

1) *Folger, R., H. Hoffmann, W. Ulbricht,* Ber. Bunsenges. Phys. Chem. **78**, 986 (1974).

2a) *Aniansson, E. A. G., S. Wall,* J. Phys. Chem., **78**, 1024 (1974).

b) *Almgren, M., E. A. G. Aniansson, K. Holmåker,* Chemical Phys., **19**, 1 (1977).

3) *Chan, S. K., U. Hermann, W. Ostner, M. Kahlweit,* Ber. Bunsenges. Phys. Chem., **81**, 396 (1977).

4) *Lang, J., C. Tondre, R. Zana, R. Bauer, H. Hoffmann, W. Ulbricht*, J. Phys. Chem., **79**, 276 (1975).

5a) *Aniansson, E. A. G., S. Wall., M. Almgren, H. Hoffmann, J. Kielmann, W. Ulbricht, R. Zana, J. Lang, C. Tondre*, J. Phys. Chem., **80**, 905 (1976).

b) *Hoffmann, H., R. Nagel, G. Platz, W. Ulbricht*, Coll. Polymer Sci., **254**, 812 (1976).

6) *Graber, E., R. Zana*, Kolloid Z. Z. Polym., **238**, 470 (1970).

7) *Yasunaga, T., H. Oguri, M. Miura*, J. Colloid Interface Sci., **23**, 352 (1967).

8) *Reinsborough, V. C.*, in "Chemical and Biological Applications of Relaxation Spectrometry" *E. Wyn-Jones*, Ed., *D. Reidel* 159–162 (1975).

9) *Rassing, J., P. J. Sams, E. Wyn-Jones*, J. Chem. Soc., Faraday Trans. **2**, 70, 1247 (1974).

10) *Hoffmann, H., R. Lang, D. Pavlovic, W. Ulbricht*, 4th Yugoslav Symposium on surface active substances Dubrovnik, pp. 135–169, Vol. 1.

11) *Tartar, H.*, J. Colloid Sci., **14**, 115 (1959).

12) *Mysels, K. J., L. H. Princen*, J. Phys. Chem. **63**, 1696 (1959).

13) *Nüßlein, H.*, Dissertation, Erlangen–Nürnberg (1977).

14) *Mukerjee, P., A. Ray*, J. Phys. Chem. **70**, 2138 (1966).

15) *Mukerjee, P., A. Ray*, J. Phys. Chem. **70**, 2144 (1966).

16a) *Lange, H., M. J. Schwuger*, Kolloid Z. u. Z. Polym. **243**, 120 (1971).

b) *Mukerjee, P., K. J. Mysels, P. Kapauan*, J. Phys. Chem. **71**, 4166 (1967).

17) *Corkill, J. M., J. F. Goodman, S. P. Harrold, J. R. Tate*, Trans. Faraday Soc. 994 (1965).

18) *Hoffmann, H., H. Nüsslein, W. Ulbricht*, in Micellization, Solubilization and Microemulsion Vol. **1**, Ed. by *K. L. Mittal*, Plenum Press pp. 263–289.

19) *Mukerjee, P., K. J. Mysels*, Critical Micelle Concentrations of aqueous solutions, NSRDS-NBS 36, USA (1971).

20) *Satake, J., J. Iwamatsu, S. Hosakawa, R. Matuura*, Bull. Chan. Soc. Japan, Vol. **36**, 204 (1963).

21) *Baumüller, W., H. Hoffmann, W. Ulbricht, C. Tondre, R. Zana*, J. Colloid Interface Sci., **64**, 418 (1978).

22) *Hoffmann, H.*, (unveröffentlichte Ergebnisse).

23) *Lang, J., E. N. Eyring*, J. Polymer Science, **10**, 89 (1972).

24) *Tondre, C., J. Lang, R. Zana*, J. Colloid Interface Sci., **52**, 372 (1975).

25) *Bennion, B. C., E. M. Eyring*, J. Colloid Interface Sci., **32**, 286 (1970).

26) *Yasunaga, T.*, in Micellization, Solubilization and Microemulsions, Vol. 1 Ed. by K. L. Mittal, Plenum Press pp.

27) *Hoffmann, H., H. Nüßlein* (in Vorbereitung).

28) *Nakagawa, T., K. Shinoda*, "Colloidal Surfactants" *Hutchinson* and *van Rysselberghe* Eds., Academic Press, N. Y. (1963).

29) *Hall, D., P. L. Jobling, E. Wyn-Jones, J. Rassing*, J. Chem. Soc. Faraday Trans. II **73**, 1582 (1977).

30) *Zana, R.*, private Mitteilung.

31) *Beilstein, F. K.*, Handbuch der organischen Chemie 5, 183.

32) *Bauernschmitt, D., H. Hoffmann*, unveröffentlichte Ergebnisse.

33) *Nakagawa, T., K. Tori*, Kolloid Z. Z. Polym. **194**, 143 (1964).

34) *James, A. D., B. H. Robinson*, Advances in Molecular Relaxation Processes **8**, 287 (1976).

35) *Hoffmann, H., W. Ulbricht*, Z. physik. Chemie N. F. Bd. 106, S. 167 (1977).

36) *Ruckenstein, E., R. Nagarajan*, J. Phys. Chem. **79**, 2622 (1975).

Adresse des Verfassers:

H. Hoffmann
Lehrstuhl für Physikalische Chemie
der Universität Bayreuth
8580 Bayreuth

Progr. Colloid & Polymer Sci. **65**, 158–161 (1978)

ISSN 0340-255 X

Institut für Angewandte Physik der Universität Bern, 3000 Bern,
Institut für Physikalische Chemie der Universität Basel, 4056 Basel

Photon-Sampling-Technik zur Untersuchung des Einflußes solubilisierten Wassers auf invertierte micellare Aggregate

P. E. Zinsli und *H.-F. Eicke*

Mit 7 Abbildungen

(Eingegangen am 26. Januar 1978)

Im Gegensatz zu den bereits gut untersuchten Gleichgewichtseigenschaften mehrkomponentiger Mischphasen mesophasenbildender Tenside sind grundlegende molekulare Details des eigentlichen Solubilisationsprozesses noch wenig bekannt. Hier können Messungen der zeitabhängigen Fluoreszenzanisotropie an AOT (Na-di-2-äthylhexylsulfobernsteinsäureester)-Aggregaten, die mit geeigneten Fluoreszenzlabeln markiert sind, in H_2O/AOT/i-C_8H_{18}-Mikroemulsionen folgende Informationen liefern (Abb. 1):

BINDUNG DES LABELS AN TENSIDE IN W/O-GRENZSCHICHT

LOKALISATION INNERHALB MIZELLARER AGGREGATE

DIFFUSION IN MIZELLARE "MEMBRAN"

HINWEISE AUF AUSTAUSCHPROZESSE

Abb. 1.

Die verwendete Methode der Photon-Sampling-Technik (Nanosekundenfluoreszenzspektroskopie) ist ausführlich an anderer Stelle beschrieben (1, 2, 3). Sie erscheint besonders für die vorliegenden Untersuchungen geeignet, in denen ausschließlich W/O(Wasser in Oel)Mikroemulsionen betrachtet werden sollen, die gerade durch die Solubilisation großer Mengen polarer Komponenten (z.B. Wasser) charakterisiert sind.

Die Konzentration der Fluoreszenzlabel (z.B. Na-Fluorescein = Na-F) konnte wegen der hohen Empfindlichkeit der Apparatur (4) sehr niedrig gehalten werden (10^{-5} Mol dm^{-3}), so daß störende Effekte der Label, auf die sorgfältig geachtet wurde, leicht berücksichtigt werden konnten. Für höhere AOT- bzw. Wassereinwaagen wurden die wäßrigen Na-F Lösungen entsprechend verdünnt, um die Zahl der Farbstoffmoleküle konstant zu halten. Im Hinblick auf den Ausschluß von Langzeiteffekten und Messung des stationären Polarisationsgrades wird auf unsere ausführliche Diskussion verwiesen (5).

Model: "Spherical" label rotates in rotating micellar aggregate.

$$A(t) = A_{micelle}(t) \cdot A_{label}(t)$$

$$\left.\begin{aligned} A(t) &= A_0 \exp(-6Dt) \\ A_0 &= \frac{1}{5}\cdot(3\cos^2\alpha - 1) \end{aligned}\right\} \text{rotating sphere}$$

$$A(t) = A_0 \exp\{-6(D_m + D_l)t\}$$

$$\tau_{rot} = \Phi = \frac{1}{6(D_m + D_l)}$$

$$6D = \frac{kT}{(\eta V)_{eff}}$$

Abb. 2.

Die wesentlichen theoretischen Grundlagen der Methode sind in Abbildung 2 dargestellt, wobei im vorliegenden Experiment mit guter Näherung angenommen werden kann, daß der Label kugelförmige Gestalt besitzt (s. (5)). Unter dieser Bedingung kann die totale Anisotropie ($A(t)$) als Produkt der Anisotropie des micellaren Aggregats ($A(t)_{micelle}$) und derjenigen des Label ($A(t)_{\text{label}}$) dargestellt werden. Aus der experimentell bestimmten Polarisationsanisotropie $A(t)$ können D_m und D_l, die Rotationsdiffusionskoeffizienten des micellaren Aggregates und des Labels, bestimmt werden. Mit Hilfe der gleichen Messung ist auch der Winkel α zwischen dem Emissions- und Absorptionsdipol zugänglich (siehe Abb. 2 und (5)).

Schließlich sind D_m und D_l mit der Korrelationszeit τ_{rot} entsprechend Abbildung 2 verbunden, wobei D durch die Stokes-Einstein-Beziehung gegeben ist.

Die Resultate der Messungen sind in den folgenden Abbildungen dargestellt. Aus den Messungen wurde geschlossen, daß oberhalb $[H_2O]/[AOT] = w_0 = 5$ die mittlere Aggregationszahl (n) nicht wesentlich von derjenigen der unmarkierten micellaren Aggregate abweicht, da die Abhängigkeit des Radius der micellaren Aggregate (R_m) von w_0 derjenigen des wäßrigen (kugelförmigen) Pseudo-Phasenmodells (6) entspricht. Abbildung 3 zeigt darüberhinaus, daß unterhalb $w_0 = 4$ (= Zahl der H_2O-Moleküle in der primären Hydrathülle des Na^+) das Farbstoffmolekül (= Label) fest in der Wasser/Tensid-Grenzschicht verankert ist. Erhöhung der solubilisierten Wassermenge führt zu einer nahezu sprungartigen Abnahme von τ_{rot}, falls eine Stunde nach der Probenherstellung mit der Messung begonnen wird. Dieses Diagramm diente gleichzeitig zur Standardisierung der spektroskopischen Experimente, d. h. zur reproduzierbaren Lokalisation des Label in der micellaren „Membran". Die Bindung des Farbstoffs in der Grenzschicht bedingt ganz wesentlich seine Eignung als Label. Seine freie Bewegung im solubilisierten Wasser entspräche der gestrichelten Kurve in Abbildung 3. (Das dazugehörige Modell eines solubilisierten Labels mit verschiedenen Mengen solubilisierten Wassers ist in Abb. 4 dargestellt). Die obere Kurve der Abbildung 3 repräsentiert eine Messung 14 Tage nach der Solubilisation des Farbstoffs im micellaren Aggregat. Das langsame Abklingen von τ_{rot} für $w_0 > 5$ ist offenbar auf die Diffusion des Labels in Gebiete höherer (micro)-Viskosität, d. h. in geordneteren Tensidstrukturen = micellare „Membran" zurückzuführen. Dies steht mit der gleichzeitigen zeitlichen Abnahme der Fluoreszenzintensität in Übereinstimmung: Im apolaren Medium ist die Quantenausbeute erheblich geringer als im Wasser.

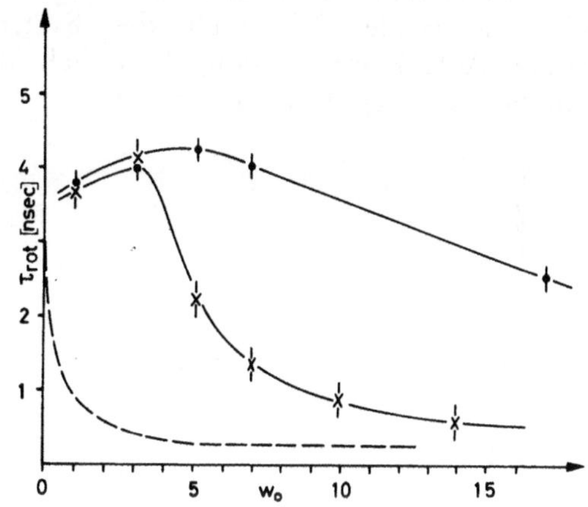

Abb. 3. Rotationskorrelationszeit τ_{rot} als Fkt. von $w_0 = [H_2O]/[AOT]$ mit Na-F als Label in $AOT/H_2O/$ i-C_8H_{18} w/o-Mikroemulsionen. (●) und (×) entsprechen Messungen 14 Tage bzw. eine Stunde nach der Probenherstellung ($[AOT] = 5\ 10^{-2}$ Mol dm^{-3} in i-C_8H_{18}). Gestrichelte Kurve entspricht dem Modell zweier konzentrischer Kugeln, von denen die äußere rotiert und welche durch eine Flüssigkeit der Viskosität 1cP bei 20 °C getrennt sind (5).

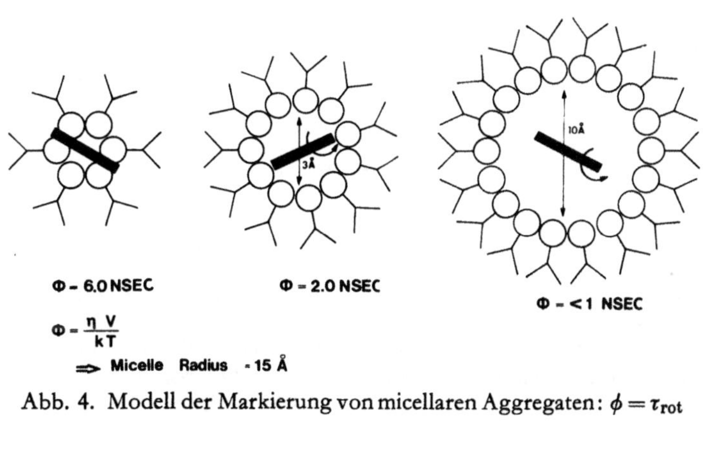

Abb. 4. Modell der Markierung von micellaren Aggregaten: $\phi = \tau_{\text{rot}}$

Für diese Abbildung wie auch für die folgenden Resultate ist es wichtig, sich zu vergegenwärtigen, daß τ_{rot} durch zwei Grenzfälle charakterisiert ist, die durch D_m bzw. D_l gegeben sind. Entsprechend der Stokes-Einsteinschen Beziehung $6D = kT/\eta V$ (η = Viskosität, V = Volumen) ist je nachdem, ob das Volumen des solubilisierten Wassers V_m oder die „Mikroviskosität" η_l, die die Bindung des Labels an die Grenzschicht beschreibt, variiert, eine gegenläufige Tendenz für D zu erwarten:

D_m nimmt ab, wenn V_m wächst, z.B. proportional zur Wassereinwaage. Gleichzeitig wird η_l abnehmen etwa wie $[H_2O]^{-1}$. Demgemäß ist zu erwarten, daß τ_{rot} bei kleinen Wasser- und AOT-Konzentrationen und/oder kleinen D_l durch D_m bestimmt wird, während bei zunehmender Viskosität des Systems (große AOT-Konzentration) bezüglich der Mobilität der Aggregate τ_l dominiert.

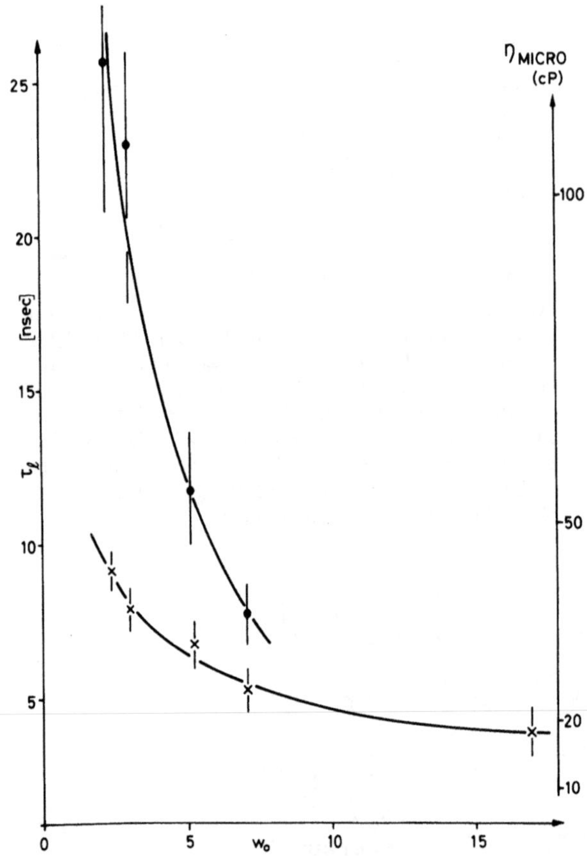

Abb. 5. Rotationskorrelationszeit τ_l des Farbstoffmoleküls (= Label) und der Mikroviskosität η_l als Fkt. von $w_0 = [H_2O]/[AOT]$; $\eta_l = (kT/V_l)\tau_l$, R_l = 5,9 Å, Temp. 20,0 °C (5).

Tatsächlich beobachtet man zwei Bereiche in einem τ_{rot}-[AOT]-Diagramm. Diese wurden für hohe und niedrige AOT-Konzentrationen in eine τ_l bzw. $\eta_{l=micro}$-w_0-Darstellung übertragen (Abb. 5): τ_l erreicht hohe Werte für kleine w_0-Werte (= Farbstoff fest gebunden) und fällt mit steigender Wassereinwaage steil ab. Dieser Verlauf entspräche der oben postulierten Proportionalität von η_l mit $[H_2O]^{-1}$. Bei hohen AOT-Einwaagen wird eine erheblich geringere Variation von τ_l mit w_0 beobachtet. Möglicherweise spielt hier bereits ein erleichterter Austausch von Tensidmolekülen und damit des Labels zwischen den Aggregaten oder bereits größeren Aggregatassoziaten eine Rolle. Derartige Austauschprozesse sind an Hand von wäßrigen $TbCl_3$ und anderen Elektrolytlösungen zwischen micellaren Aggregaten des AOT in apolaren Medien untersucht worden (7).

Für diese Annahme spricht auch die Tatsache, daß die Anpassung des theoretischen Modells an die experimentellen τ_{rot}-[AOT]-Kurven bei höheren Einwaagekonzentrationen an AOT größere R_m-Werte erforderte (Abb. 6). Dies kann wieder darauf hinweisen, daß sich der Label in ausgedehnteren Strukturen bzw. assoziierten Aggregaten befindet, wobei

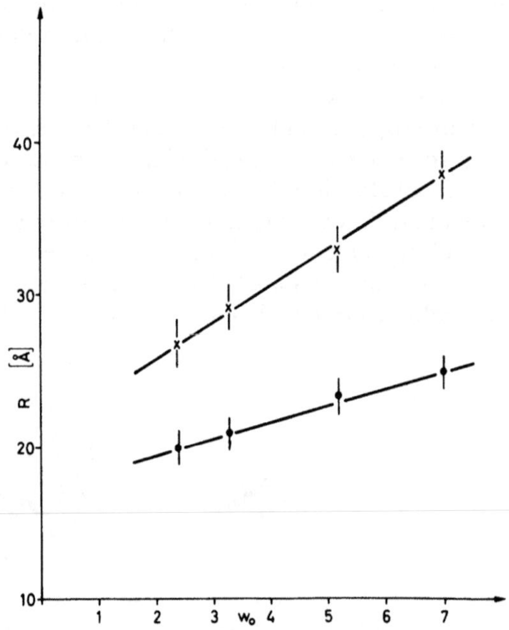

Abb. 6. Experimentelle Radien micellarer Aggregate als Fkt. von $w_0 = [H_2O]/[AOT]$. (●) entsprechen niedrigen ($\ll$ 0,1 Mol dm^{-3}), (×) hohen ($\gg$ 0,1 Mol dm^{-3}) AOT-Konzentrationen in $AOT/H_2O/i\text{-}C_8H_{18}$ Mikroemulsionen, Temp. 20,0 °C (5).

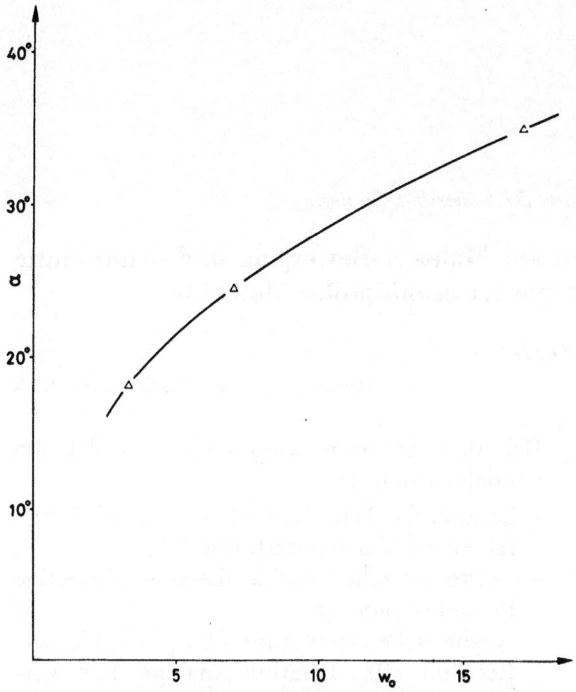

Abb. 7. Librationsbewegung des Labels in micellarer „Membran" als Fkt. von $w_0 = [H_2O]/[AOT]$. [AOT]-Bereich $\leq 0{,}1$ Mol dm^{-3}, innerhalb dessen sich der Winkel (α) zwischen Emissions- und Absorptionsdipol nicht ändert. Temp. 20,0 °C (5).

gleichzeitig auch seine Mobilität erhöht ist (Einzelheiten siehe (5)).

Auf Grund allgemeiner Überlegungen muß gefolgert werden, daß die Aggregate mit zunehmendem Gehalt an solubilisiertem Wasser instabiler werden. Dieser Vorgang wird von einer abnehmenden Packungsdichte der Tenside in der Grenzschicht begleitet (8). Infolgedessen sollte der Label innerhalb der micellaren „Membran" mit zunehmendem Wassergehalt der Aggregate beweglicher werden. Dies wird durch die beobachteten „Librationsbewegungen" (= unvollständige Rotationen) des Farbstoffmoleküls bestätigt, die als scheinbare Vergrößerung des Winkels α zwischen Emissions- und Absorptionsdipols gemessen wurden. Entsprechende Schlüsse wurden auf Grund von Beobachtungen mit Hilfe von C^{13}-NMR-Messungen an AOT Lösungen in C_6D_6 in Abhängigkeit vom Wassergehalt gezogen (5) bzw. (9).

Danksagung

Einer der Autoren (*P. E. Zinsli*) ist der Kommission zur Förderung der wissenschaftlichen Forschung des Eidgenössischen Volkswirtschaftsdepartements zu Dank verpflichtet. Der zweite Autor (*H.-F. Eicke*) dankt dem Schweizerischen Nationalfonds zur Förderung der wissenschaftlichen Forschung für finanzielle Unterstützung im Rahmen des Projekts No. 2.545-0.76 sowie den Firmen Ciba-Geigy AG, Hoffmann-La Roche & Cie. SA und Sandoz AG, Basel. Herrn Dr. *A. Steinemann*, Ciba-Geigy AG, sind wir für die Überlassung der Abbildung 4 dankbar.

Summary

The influence of different amounts of solubilized water on possible structural transformations in water-oil-microemulsions ($H_2O/AOT/i\text{–}C_8H_{18}$) has been investigated with the help of the Photon-Sampling-Technique (Nanosecondfluorescence Spectroscopy). Experimental findings could be related to the structure of the interfacial surfactant layer and its variation with the solubilized water. Also, information on the binding of the label to the surfactant layer (micellar „membrane") could be obtained from the rotational correlation times.

Zusammenfassung

Der Einfluß solubilisierten Wassers auf mögliche strukturelle Umwandlungen in Wasser-Öl-Mikroemulsionen ($H_2O/AOT/i\text{–}C_8H_{18}$) wurde mit Hilfe der Photon-Sampling-Technik (Nanosekundenfluoreszenz-Spektroskopie) untersucht. Experimentelle Resultate lieferten Hinweise auf die Struktur der Tensidgrenzschicht und deren Änderung mit zugesetztem Wasser. Darüberhinaus konnten auf Grund der gemessenen Rotationskorrelationszeiten Aussagen über die Bindung des verwendeten Fluoreszenzlabels an die micellare „Membran" gewonnen werden.

Literatur

1) *Ware, W. R.*, In: „Creation and Detection of the Excited State" (*A. Lamola* Herausgeber) (Marcel Dekker, New York 1971).

2) *Binkert, Th., H.-P. Tschanz, P. E. Zinsli*, J. Luminescence **5**, 187 (1972).

3) *Tschanz, H.-P., Th. Binkert*, J. Phys. E.: Sci. Instr. **9**, 1131 (1976).

4) *Zinsli, P. E.*, J. Chem. Phys. **20**, 299 (1977).

5) *Eicke, H.-F., P. E. Zinsli*, J. Colloid Interface Sci. **65**, 131 (1978).

6) *Eicke, H.-F.*, J. Colloid Interface Sci. **52**, 65 (1975).

7) *Eicke, H.-F., C. W. Shepherd, A. Steinemann*, J. Colloid Interface Sci. **56**, 168 (1976).

8) *Eicke, H.-F., J. Rehak*, Helv. Chim. Acta **59**, 2883 (1976).

9) *Denss, A.*, Diss. Univ. (Basel 1977).

Anschrift der Verfasser:

P. E. Zinsli
Institut für Angewandte Physik
der Universität Bern
CH-3000 Bern

H.-F. Eicke
Institut für Physikalische Chemie
der Universität Basel
CH-4056 Basel

Progr. Colloid & Polymer Sci. 65, 162–163 (1978)

ISSN 0340-255 X

Drittes Physikalisches Institut der Universität Göttingen

Dielektrische Relaxations-Untersuchungen zur Molekül-Bewegung und -Anordnung in wässerigen Lösungen aggregierter amphiphiler Moleküle

R. Pottel

(Eingegangen am 23. Oktober 1977)

An wäßrigen Lösungen von amphiphilen Molekülen, die zu Micellen oder Doppelschichten aggregiert sind, wurde das Frequenzspektrum der komplexen Dielektrizitätszahl in Teilen des Bereichs 100 kHz bis 60 GHz gemessen. Die Meßverfahren sind in (1), (2), (3) beschrieben. An die erhaltenen Relaxations-Spektren werden analytische Relaxationsfunktionen durch Parameteroptimalisierung angepaßt, die aus Beschreibungen der wäßrigen Lösungen durch Modelle hervorgehen. In diesen Modellen ist die Lösung in Teilbereiche (vom Gelösten unbeeinflußtes Wasser, vom Gelösten beeinflußtes Wasser, Aggregate der gelösten Moleküle) unterteilt, die als dielektrische Kontinua mit entsprechenden dielektrischen Teilbereichs-Spektren behandelt werden (4, 6). Eine geeignete Mischungsformel (5, 6) fügt die Teilbereichs-Spektren zum Modell-Gesamtspektrum zusammen.

Die an die gemessenen dielektrischen Spektren angepaßten Modellspektren enthalten folgende Information:

- Die Anzahl und die Dipol-Umorientierungskorrelationszeit (τ_h) der durch die gelösten Teilchen beeinflußten Wassermoleküle (Hydratmoleküle);
- die Verschiebungs-Korrelationszeit (τ_I) der beweglichen polaren Komponente der gelösten Moleküle (dissoziiertes Gegenion ionisch-amphiphiler Moleküle; endständiges Ion zwitterionisch-amphiphiler Moleküle);
- einen räumlichen Korrelationsfaktor der Bewegung dieser polaren Komponenten;
- einen Formfaktor der Aggregate der gelösten Moleküle (Achsenverhältnis ellipsoidförmiger Micellen; Wasserverteilung in Doppelschichtüberstrukturen).

Bei den gelösten amphiphilen Molekülen handelt es sich um

- kationische Tenside, auch mit solubilisierten reinen Kohlenwasserstoffen (7);
- zwitterionische Tenside (Betaine; einkettige Phospholipide) (8);
- synthetische zweikettige Phospholipide, wie Lecithin (9), Lecithin-Analoga mit verschieden langen zwitterionischen Kopfgruppen (10), und Lecithin mit solubilisiertem Cholesterol (11).

Einige typische Werte der Relaxationszeiten sind (25 °C):

τ_h = (2...3)·8,3 ps, (8,3 ps in reinem Wasser);
τ_I = 0,6...1 ns an kationischen Micellen (C_{10}, C_{16});
τ_I = 0,6...3 ns an zwitterionischen Micellen (Zwitterionen aus 1 bis 4 Kettengliedern);
τ_I = 10...100 ns an zwitterionischen Doppelschichten (Zwitterionen aus 3 bis 11 Kettengliedern).

Diese τ_I-Werte bedeuten im Fall der ionischen Micellen, daß die Beweglichkeit der Gegenionen mit der der entsprechenden freien Ionen übereinstimmt, und in den Fällen zwitterionischer Aggregate, daß die Beweglichkeit der Ketten-endständigen Ionen erheblich unter der der entsprechenden freien Ionen liegt.

Die Einzelergebnisse werden ausführlich in den in Vorbereitung befindlichen Veröffentlichungen (6, 8–11) behandelt.

Zusammenfassung

Aus gemessenen dielektrischen Relaxations-Spektren werden mittels Modellbeschreibungen der Lösungen Aussagen über die Umorientierung der Hydratwassermoleküle und über die Bewegung der ionischen Komponenten der Aggregate (Micellen bzw. Doppelschichten) gewonnen.

Summary

Using model descriptions of the solutions, from measured dielectric relaxation spectra statements are extracted on the reorientation of the hydration water molecules and on the motion of the ionic components of the aggregates (micelles or bilayers, resp.).

Literatur

1) *Kaatze, U.*, Adv. Molec. Relax. Proc. **7**, 71 (1975), sect. III.

2) *Kaatze, U.*, Appl. Phys. **2**, 241 (1973).

3) *Giese, K., R. Tiemann*, Adv. Molec. Relax. Proc. **7**, 45 (1975).

4) *Ballario, C., A. Bonincontro, C. Cametti*, J. Coll. Interf. Sci. **54**, 415 (1976).

5) *Polder, D., J. H. van Santen*, Physica **12**, 257 (1946).

6) *Kaatze, U., R. Pottel*, Veröff. in Vorbereitung.

7) *Lerch, I.*, Diplomarbeit, Math. Nat. Fak. Univ. Göttingen, 1977.

8) *Pottel, R., U. Kaatze, S. Müller*, Veröff. in Vorbereitung.

9) *Kaatze, U., R. Henze, R. Pottel*, Veröff. in Vorbereitung.

10) *Henze, R., U. Kaatze, H. Eibl*, Veröff. in Vorbereitung.

11) *Henze, R., U. Kaatze*, Veröff. in Vorbereitung.

Anschrift des Verfassers:

Reinhard Pottel
Drittes Physikalisches Institut der Universität Göttingen,
Bürgerstraße 42,
D-3400 Göttingen

Progr. Colloid & Polymer Sci. **65**, 164-171 (1978)

ISSN 0340-255 X

Chemistry Department, UMR, Rolla, Missouri, USA

Van der Waals interactions in three-phase emulsions

Kayrod Madani and *Stig Friberg**

With 8 figures

(Received December 16, 1977

The stability of two-phase emulsions is at present reasonably well understood (1–3). In such emulsions one liquid is dispersed in another in the form of macroscopic droplets and the flocculation and coalescence processes are treated as the colloid stability of particles and thin liquid films (4–10).

Three-phase emulsions exist in a number of practically important cases. The properties of the third phase have a crucial influence on the stability of the emulsion. One example is the behavior close to the HLB-temperature of emulsions stabilized by nonionic surfactants of the alkyl (aryl) polyethylene glycol ether type. When water and oil with this kind of emulsifier is kept at temperatures close to the HLB-value a third phase appears called the surfactant phase by *Shinoda* (11–16). The emulsions are highly unstable in the presence of this phase, although emulsification is facilitated to a high degree. A similar phase is also observed in the water/oil/surfactant mixtures (17–21) used for tertiary oil recovery when the electrolyte concentration reaches a certain value in the aqueous phase. The behavior of these systems is of outmost importance in the recovery process.

The third phase may also be a liquid crystalline phase; which presence causes a pronounced stabilization of the emulsions. The stabilization by liquid crystalline phases was first observed for a commercial emulsifier (22); their influence was later investigated for well defined chemical compounds (23–25) and the flocculation and coalescence process discussed in some detail (26). These liquid crystalline phases are common in food emulsions (27–28) and have been observed in pharmaceutical emulsions (29–31).

These facts call for an improved understanding of the basic factors for the stability of such three-phase systems. This article reports the influence of some of these factors.

Emulsions of three liquids close to the HLB-temperature

The cloud-point is the temperature at which the solubility in water ceases of a nonionic emulsifier. Above that temperature the solubility requires a minimum concentration of surfactant. The phenomenon is easily understood from the combination of packing conditions and thermodynamics of surfactants (31–32). The solubility region may be extended to 100% water at temperatures above this level with a combination of the surfactant and an aliphatic hydrocarbon. For that system we observe a solubility area sectorially extending from the water corner and limited within a range of the surfactant/hydrocarbon ratio. A diagram such as the one in Figure 1 (33) is experienced. Emulsions in the two-phase area (A) are still fairly stable, consisting of two liquids.

With further increase of the temperature the sectorial solubility area is broken and a three-phase area as B in Figure 2 is observed. The emulsions containing the three phases are extremely unstable. The factors causing this instability will be examined after an exploration of the structure of the emulsions.

*) To whom correspondence should be directed.

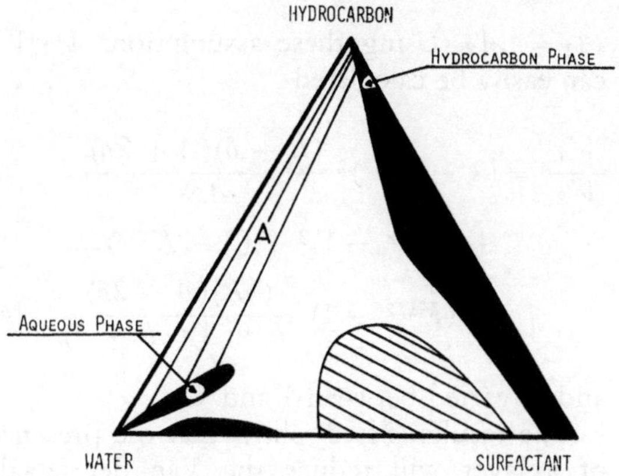

Fig. 1. At temperatures above the cloud point but below the HLB-temperature the oil phase of an emulsion (*A*) is in equilibrium with an aqueous phase sectorially reaching from the aqueous corner and constrained between two emulsifier/hydrocarbon ratios

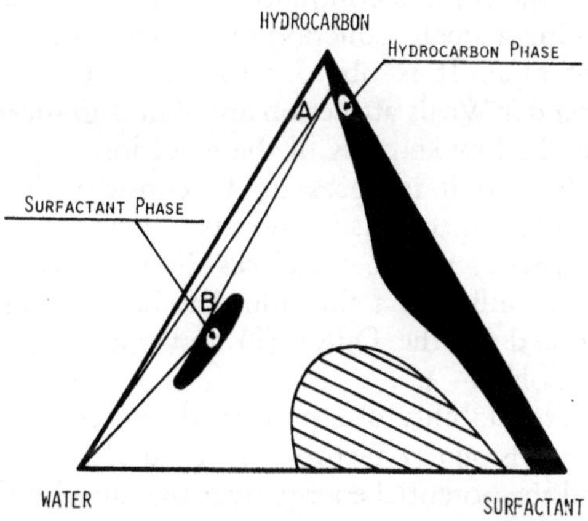

Fig. 2. At the HLB-temperature the emulsions contain three phases (*B*): an aqueous phase, the oil phase and a surfactant phase

Structure of the emulsion

Microscopy of these emulsions showed characteristic temperature dependence of the shape of the droplets. In the two-phase area (*A*, fig. 1) the droplets were spherical and at coalescence the new drops formed assumed spherical shape extremely fast. In the presence of the third phase (*B*, fig. 2) the shape of the drops was non-regular and changing. At coalescence the new drop continued to be non-regular. Shells of the third phase were observed between the drops of one phase in the other.

This behavior is based on the relative magnitude of the interfacial tensions in the system; the high mobility and the relatively long life of the droplets make a comparison of the interfacial free energies meaningful. The comparison is made between the following two systems.

A/ Individual droplets of phase 1 and 3 in a continuous medium 2, and

B/ Droplets of phase 1 surrounded by a layer of phase 3 and dispersed in phase 2.

Summarizing the surface free energies the condition for obtaining case *B* is immediately evident for the planar case.

$$\gamma_{1/3} < \gamma_{1/2}$$

For spherical droplets the geometry must be considered and the condition is

$$\gamma_{1/3} < \gamma_{1/2} + \gamma_{3/2}\,[\psi^2 - (\psi^3 + 1)^{2/3}]$$

with $\psi = r_3/r_1$. The *r*:*s* being radii of emulsion droplets of phase 1 and 3*).

The second term to the right may be visualized as a correction term for the geometrical constraints; it becomes zero for the planar case; $r_3 = \infty$. The value of the expression within brackets is in the range 0.9 – 0.1 for reasonable ratios of r_1 and r_3 and it is easily seen that a low interfacial tension between phase one and three favors case *B*.

This low interfacial free energy has been experimentally observed for these systems (17) and the observed structure with shells of the third phase between the two phases is expected and reasonable.

The interfacial free energies play an important role for these systems but in order to understand the instability the interaction between droplets must also be clarified. The early contribution by *Vold* (34) is useful in this respect.

Van der Waals potential between droplets covered with a layer

The original treatment by *Vold* (34) was in order to clarify the influence by an adsorbed layer of surfactant on the Van der Waals

*) These conditions have been treated by *S. Mason*: "Science" **163**, 813 (1969).

attraction potential between droplets. As was later demonstrated (35–36) the Vold effect due to a layer of surfactant is negligible. The present case with a layer of a third phase of dimensions of a different magnitude merits some further evaluation for a final decision.

The equation for the distance variation (37) of the Van der Waals potential is

$$-12V_1 = (A_2^{1/2} - A_3^{1/2})^2 \frac{R+\delta}{\Delta} + (A_3^{1/2} - A_1^{1/2})^2 \frac{R}{\Delta + 2\delta} + 2(A_2^{1/2} - A_3^{1/2})(A_3^{1/2} - A_1^{1/2}) \frac{2R^2}{(\delta+\Delta)(2R+\delta)} \quad [2]$$

in which A_ν is the Hamaker constant for each phase, R is the radius of the droplet, δ is the thickness of the covering layer and Δ is the interdroplet distance between outer surfaces of the covering layer.

For droplets of medium 1 in 2 the equation is simplified to

$$-12V_2 = (A_2^{1/2} - A_1^{1/2})^2 \cdot \frac{R}{\Delta + 2\delta}. \quad [3]$$

There is no knowledge available for the magnitude of A_3 but it is reasonable to assume a value between A_1 and A_2; $A_3 = K \cdot A_2$; furthermore it is reasonable to assume $A_1 = 4A_2$. Using these assumptions V_1/V_2 can easily be calculated

$$\frac{V_1}{V_2} = (2 - K^{1/2})^2 \frac{(R+\delta)(\Delta+2\delta)}{\Delta R} + (K^{1/2}-1)^2 + (2-K^{1/2})(K^{1/2}-1)\frac{(4R)(\Delta+2\delta)}{(\delta+\Delta)(2R+\delta)} \quad [4]$$

and K varied between 1 and 4.

The results (fig. 3) show that the presence of a layer will reduce the Van der Waals potential for a Hamaker constant close to that of the continuous medium ($K=1$, fig. 3) and enhance the potential with a constant close to that of the dispersed droplet ($K=4$, fig. 3).

In an actual case the Hamaker constant for the surfactant phase may be expected closer to the one for the continuous medium probably giving a small reduction of the Van der Waals potential. It is obvious that changes in the Van der Waals attraction are of no significance for the low stability of the emulsions.

Instead it is necessary to consider the instability mechanism and its relation to the properties of the interfaces. The problem of the stability of a thin film has been intensely studied by the Dutch (9) and the Bulgarian schools (6–7).

The stability of a perturbed film essentially depends on two factors: the surface free energy and the potential energy over the film. Letting

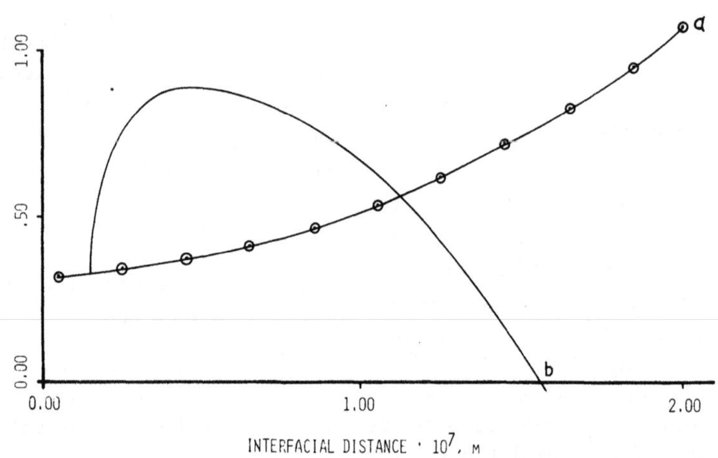

Fig. 3. An emulsion drop of radius 1 μm is surrounded by a layer ($\delta = 0.05$ μm) of a substance with a Hamaker constant varying between that of the solvent ($K=1$, left) to that of the drop ($K=4$, right). The distance between outer layers in 0.001 μm. V_1/V_2 is the ratio between the Van der Waals potential of such drops and drops with no layer at a distance of 0.001 μm

the coordinate perpendicularly across the film be called z, the potential energy V, the surface tension γ, the two Cartesian coordinates in these planes 1 and 2 the following expression is useful for the free energy change due to perturbation of the thin film.

$$\Delta G = \iint \left\{ \frac{1}{2}\gamma \sum_{ij=1}^{2} \left(\frac{\partial z_i}{\partial x_j} \right)^2 \right.$$

$$\left. + \frac{1}{2}\frac{d^2 V}{dh^2} \sum_{i=1}^{2} z_i^2 \right\}_{j=1}^{\frac{2}{11}} dx \,.$$

The second term is negative, when the repulsion potential ftom the compression of the electric double layer is less than the Van der Waals attraction potential. This means that the interfacial free energy in the first term will be the predominant factor for stability.

A simplified case of two static emulsion droplets is illustrative of the importance of surface tension. Assume two droplets having approached each other and the thin film to obey the approximate expression for the Van der Waals pressure

$$\Delta P = \frac{A}{6\pi} \left\{ \frac{1}{d^3} - \frac{2}{(d+2R)^3} + \frac{1}{(d+4R)^3} \right\}.$$

It is obvious that the two last terms are of less significance for real cases when $R > d$.

$$\Delta P = \frac{A}{6\pi d^3}$$

This pressure corresponds to a change of the droplet radius by ΔR; the initial pressure being P_0. Distortion gives

$$P_0 + \Delta P = 2\gamma \,/\, (R + \Delta R)$$

or

$$\frac{\Delta R}{R} = -\, R\Delta P \,/\, (R\Delta P + 2\gamma)\,.$$

Introducing the expression for ΔP

$$\frac{\Delta R}{R} = -\, RA/(RA + 12\pi d^3 \gamma)\,.$$

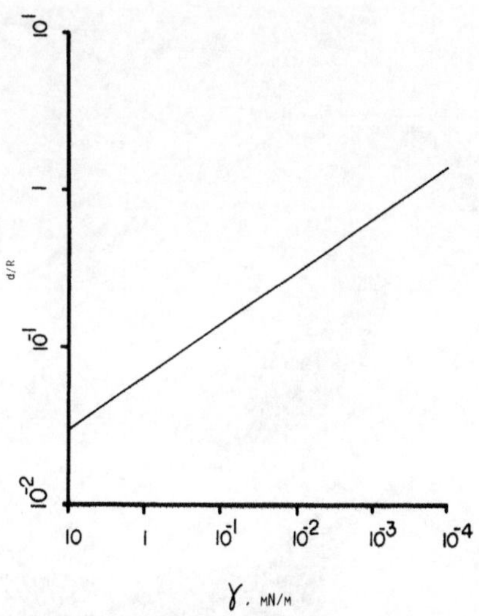

Fig. 4. Reduced interfacial tension means increased distortion of droplets approaching each other. The graph shows the relation between the interfacial tension and the distance d at which the radius of a spherical droplet is changed by 1% at static conditions

This expression allows a calculation of the relation between γ and d at which an "appreciable" distortion is found. Putting the limit for an appreciable distortion at $\Delta R/R = 0.01$ with $R = 10^{-4}$ cm and $A = 10^{-12}$ eg the following relation is obtained.

$$\log d = -\frac{1}{3}\log \gamma - 1.19\,.$$

The results are shown in figure 4. An interfacial tension of 10^{-2} mN/m means that the distortion to 1% of the emulsion droplet takes place at a distance of 0.30 times the radius and at the tension 10^{-3} mN/m the corresponding value is 0.66 times the radius. The values were obtained after severe approximations and are at best qualitative but they clearly demonstrate the low interfacial tensions experienced in these systems to be of decisive importance for the instability phenomena. This is contrary to the case for emulsions with liquid crystals, which will be treated in the following section.

Emulsions of two liquids and one liquid crystalline phase

The enhanced stability of emulsions where a third phase of liquid crystalline character

Fig. 5. Electron microscopy of a flocculated drop of flocculated emulsion drops, with a liquid crystalline layer. (By courtesy of Academic Press)

is present has been amply demonstrated (22–28) and electron microscopy photos of the emulsions clearly showing the layered structure have been published (fig. 5).

The influence on the Van der Waals constant may be evaluated using the Vold approach (34) adapted to a multilayer structure. The expression for the potential is somewhat lengthy. in which the A_{ji}'s are the Hamaker interaction constants, $H(\quad)$ is the geometrical condition (34), Δ is the distance between outer surfaces, i and j summation variables, d_v:s the thickness of the oil and water layer, R the droplet radius and n the number of water or oil layers.

The results (fig. 6) show the influence of a layered structure between two coalescing droplets. The potential drop is fast during the last stages of flocculation and the removal of the initial layers during coalescence is accompanied by an extremely small reduction of the Van der Waals potential. For the present geometrical conditions a slight *increase* of the Van der Waals potential is actually noted. Layers are removed when this increase is a consequence of the model and should not be considered significant. The results are similar to the case of parallel layers (26).

Replacing the layered structure with one layer with average properties of the layered structure gave different results. Figure 7 shows the potential ratio for layered and non-layered structure. The ratio is greater than unity which shows the layered structure having a larger negative potential during the coalescence.

The ratio between the slopes of potentials is a sign of the driving force for coalescence. The increase of the Van der Waals potential was not experienced for the one layer model with average properties and the ratio was negative

$$
\begin{aligned}
V = & -\frac{1}{12}\sum_{i=1}^{2n+1}\sum_{j=1}^{2n+1} a_i a_j H_{ij} = -\frac{1}{12}(A_w^{1/2} - A_o^{1/2})^2 \Bigg\{ \sum_{i=0}^{n-1} \Bigg[H\left(\frac{\Delta + 2i(d_w + d_0)}{2[R + (n-i)(d_w + d_0)]}, 1\right) \\
& + H\left(\frac{\Delta + 2i(d_w + d_0) + 2d_w}{2[R + (n-i)(d_w + d_0)]}, 1\right) + H\left(\frac{\Delta + 2i(d_w + d_0) + 2d_w}{2[R + (n-i)(d_w + d_0) - d_w]}, 1\right) \\
& + H\left(\frac{\Delta + 2n(d_w + d_0)}{2R}, 1\right)\Bigg] + 2\Bigg[\sum_{i=1}^{n-1}\sum_{j=i-1}^{n} H\Bigg(\frac{\Delta + (i+j)(d_w + d_0) - 2d_0}{2[R + (n-j)(d_w + d_0) + d_0]}, \\
& \qquad \frac{R + (n-i)(d_w + d_0) + d_0}{R + (n-j)(d_w + d_0) + d_0}\Bigg) \\
& + \sum_{i=1}^{n}\sum_{j=i+1}^{n+1}\Bigg[H\left(\frac{\Delta + (i+j-2)(d_w + d_0)}{2[R + (n-j+1)(d_w + d_0)]}, \frac{R + (n-i+1)(d_w + d_0)}{R + (n-j+1)(d_w + d_0)}\right) \\
& - H\left(\frac{\Delta + (i+j-1)(d_w + d_0) - d_0}{2[R + (n-j+1)(d_w + d_0)]}, \frac{R + (n-i)(d_w + d_0) + d_0}{R + (n-j+1)(d_w + d_0)}\right) \\
& - H\left(\frac{\Delta + (i+j-2)(d_w + d_0) - d_0}{2[R + (n-j+1)(d_w + d_0) + d_0]}, \frac{R + (n-i+1)(d_w + d_0)}{R + (n-j+1)(d_w + d_0) + d_0}\right)\Bigg]\Bigg]\Bigg\}
\end{aligned}
\qquad [6]
$$

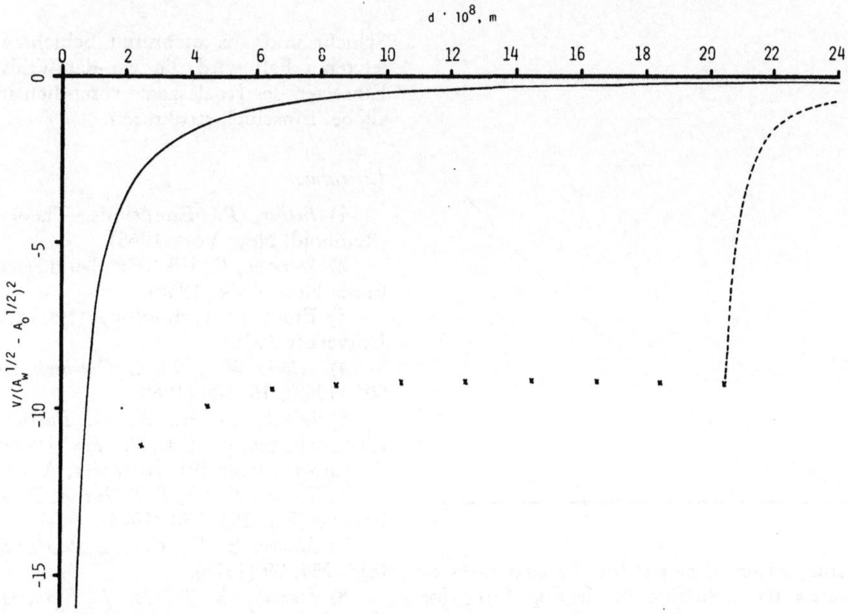

Fig. 6. The Van der Waals potential for "uncovered" droplets follows a simple pattern (upper curve). Droplets covered with a layered structure experience a first sharp reduction at the end of flocculation (lower curve, right) followed by a greatly reduced slope for the initial stages of coalescence

for the initial stages of the coalescence. After removal of a few layers the ratio of slopes was not significally different.

The results clearly show the layered structure per se to have an influence on the Van der Waals attraction between droplets; a homogeneous structure with average properties does not give the strong reduction of the distance dependence of the Van der Waals potential. A more detailed description of the influence of layer thickness are different geometric arrangements will be published.

A complete treatment of the influence of a liquid crystalline phase will also include the rheological properties of the phase. These in turn depend on the dislocation pattern of the lamellar structure. Studies of these phenomena are at present being made in our group.

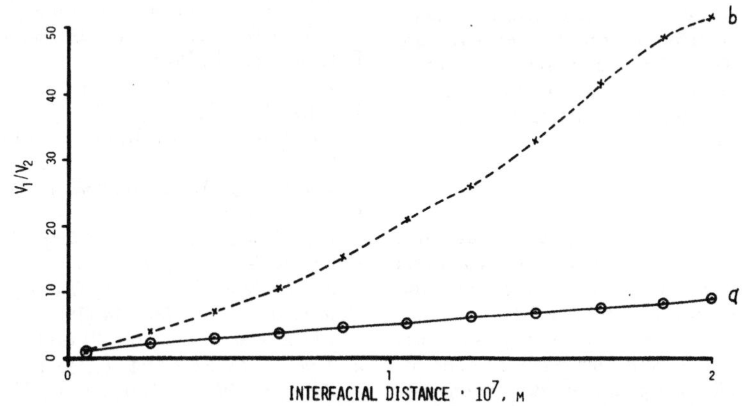

Fig. 7. The ratio (V_1/V_2) between the Van der Waals potential during coalescence for an uncovered droplet and one covered with a layered liquid crystalline structure (*b*) is greater than the corresponding ratio for a droplet covered with one layer of the same thickness and with *average* Hamaker constant (*a*) equal to the one for the layered structure (2) showing a greater reduction of the Van der Waals potential for a layered structure

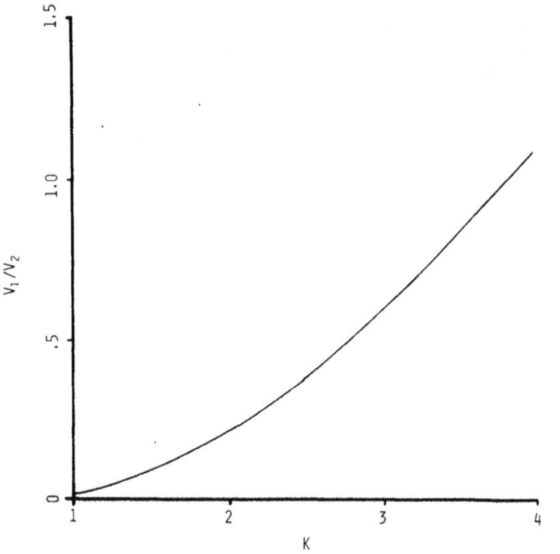

Fig. 8. A comparison of slopes for the two cases of figure 6 shows the reduction of driving force for coalescence mainly taking place for the removal of the first layers (curve 6)

Acknowledgements

Support funded by NSF grant DMR 76-23569.

Summary

The stability of three-phase emulsions has been treated and the difference between the case of three liquids and two liquids and a liquid crystalline phase has been pointed out.

For the well known three liquid emulsions which remain close to the HLB-temperature the extremely low interfacial tension is a main factor for the instability. The enhanced interfacial free energy at an undulated thin film is insufficient to counteract the enhanced Van der Waals potential.

The specific influence of a layered structure on the Van der Waals attraction potential was demonstrated by a comparison between potentials from a many-layered structure and from a mono-layered structure with average properties. The many-layered structure causes a far more pronounced reduction of the Van der Waals forces at the onset of coalescence than the mono-layered structure.

Zusammenfassung

Es werden die Stabilität von Dreiphasenemulsionen und die Unterschiede zwischen einem System aus drei Flüssigkeiten und einem aus zwei Flüssigkeiten und einer flüssig-kristallinen Phase untersucht.

Bei den gut bekannten Emulsionen aus drei flüssigen Phasen ist in der Nähe der HLB-Temperatur die geringe Grenzflächenspannung der wichtigste Faktor für die Instabilität. Die erhöhte freie Grenzflächenenergie an einem wellenförmigen dünnen Film reicht nicht aus, die erhöhte Van-der-Waals-Energie zu überspielen.

Der Einfluß schichtartiger Strukturen auf die van-der-Waals-Anziehung wurde für Strukturen mit einer Schicht und aus mehreren Schichten ermittelt. Im letzteren Fall wird die van-der-Waals-Energie beim Einsetzen der Koaleszenz wesentlich stärker reduziert als bei Einschichtstrukturen.

Literature

1) *Becher, P.*, Emulsions. Theory and Practice (Reinhold, New York 1965).

2) *Sherman, P.*, Ed. "Emulsion Science." Academic Press, New York (1968).

3) Emulsion Technology, (Ed. *A. Smith*) (Brussel University 1975).

4) *Albers, W., J. Th. G. Overbeek*, J. Colloid Sci. 14, 501 (1959), **15**, 489 (1960).

5) *Woods, D. R., K. A. Burril*, in: Interfacial Electrochemistry, (Eds. *R. H. Ottewill, J. Lyklema, R. Parsons*), Page 191, (Elsevier, Amsterdam 1972).

6) *Toshev, B. V., I. B. Ivanov*, Progr. Colloid and Polymer Sci. **253**, 558 (1975).

7) *Manev, E. D., Chr. St. Vassilieff, I. B. Ivanov*, Ibid. **254**, 99 (1976).

8) *Hansen, R. S., E. J. Derderian*, in: Foams, (Ed. *R. J. Akers*), (Academic Press, 1 1976).

9) *Vrij, A.*, et al., Ibid. 91.

10) *Friberg, S., G. Gillberg-La Force*, Recent Advances in Emulsion Technology, Reports on the Progress of Applied Chemistry 715 (1975).

11) *Arai, H., K. Shinoda*, J. Colloid Interface Sci. **25**, 396 (1967).

12) *Shinoda, K.*, Ibid. **24**, 4 (1967).

13) *Shinoda, K., H. Saito*, Ibid. **30**, 2 (1969).

14) *Friberg, S., I. Lapczynoka*, Progr. Colloid & Polymer Sci. **56**, 16 (1975).

15) *Malsumato, S., P. Sherman*, J. Colloid Interface Sci. **33**, 294 (1970).

16) *Parkinson, C., P. Sherman*, Ibid. **41**, 328 (1972).

17) *Shinoda, K., S. Friberg*, Advances in Colloid and Interface Sci. **4**, 281–300 (1975).

18) *Healy, R. N., R. L. Reed*, Soc. Petr. Eng. J. **14**, 491 (1974).

19) *Miller, C. A., R. N. Hwan, W. J. Burton, T. Jr. Fort*, J. Colloid Interface Sci.

20) *Shah, D.*, Personal Communication.

21) *Friberg, S., I. Buraczewska*, Progr. Colloid & Polymer Sci., In Press.

22) *Friberg, S., L. Mandell, M. Larsson*, J. Colloid Interface Sci. **29**, 155 (1969).

23) *Friberg, S., L. Mandell*, J. Pharm. Sci. **59**, 1001 (1970).

24) *Friberg, S., L. Mandell*, J. Am. Oil Chem. Soc. **47**, 149 (1970).

25) *Friberg, S., L. Rydhag*, Kolloid-Z. u. Z Polymere **244**, 233 (1971).

26) *Friberg, S., P. O. Jansson, E. Cederberg*, J. Colloid Interf. Sci. **55**, 614 (1976).

27) *Larsson, K.*, in: "Food Emulsions," (Ed. *S. Friberg*), (Marcel Dekker, 39 1976).

28) *Krog, N., A. Borup*, J. Sci. Food Agric. **24**, 691 (1973).

29) *Swarbrick, J.*, J. Soc. Cosmetic Chemists **19**, 187 (1968).

30) *Frank, S.*, Personal Communication.

31) *Ruckenstein, E., R. Nagarajan*, J. Phys. Chem. **79**, 2622 (1975).

32) *Israelachvili, J. N., D. J. Mitchell, B. W. Ninham*, J. Chem. Soc. Faraday Trans II **72**, 525 (1976).

33) *Friberg, S., L. Rydhag, T. Doi*, in: Lyotropic Liquid Crystals, (Ed. *S. Friberg*) ACS Advances in Chemistry Series, No. 152, 182 (1976).

34) *Vold, M.*, J. Colloid Interface Sci. **16**, 1 (1961).

35) *Becher, P.*, Ibid. **42**, 645 (1973).

36) *Osmond, D. W., B. Vincent, F. A. Waite*, Ibid. **42**, 262 (1973).

37) *Friberg, S.*, Ibid. **37**, 291 (1971).

38) *de Gennes, P. G.*, Phys. Fluids **17**, 1645 (1974).

39) Orsay Liquid Crystals Group, J. Physique **36**, C1-305 (1975).

40) *Cladis, P., O. Johnson, S. Taudien*, Mol. Crystals and Liquid Crystals **16**, 472 (1977).

Author's address:

Stig Friberg
Chemistry Department, UMR
Rolla, Missouri 65401 U.S.A.

Progr. Colloid & Polymer Sci. 65, 172-179 (1978)

ISSN 0340-255 X

Department of Biophysical Chemistry, Biocenter of the University of Basel, CH-4056 Basel, Switzerland

The organization of lipids in membranes. Nuclear magnetic resonance and neutron diffraction studies

Joachim Seelig

With 8 figures

(Received November 19, 1977)

Abstract

The principal features of deuterium and phosphorus-31 nuclear magnetic resonance and neutron scattering as applied to the study of biomembranes are described. An obvious advantage in these experiments is the use of selectively deuterated lipids allowing an unambiguous assignment and straightforward quantitative evaluation of the spectra. Our results show that zwitterionic lipids (phosphatidylcholine, phosphatidylethanolamine) are characterized by very similar conformations in the membrane. In particular, the zwitterionic dipole groups are aligned parallel to the membrane surface, the glycerol backbone is perpendicular to this plane, and the hydrocarbon chains are out of step by 1.5 to 3 carbon-carbon bonds. The shift between the two fatty acyl chains is explained by the fact that one hydrocarbon chain is in straight conformation while the other is bent. The conformational state and the packing of saturated as well as *cis*-unsaturated hydrocarbon chains in lipid bilayers are discussed.

Introduction

This review summarizes our efforts during the last 3–4 years in investigating phospholipid membranes by means of spectroscopic techniques, notably deuterium and phosphorus-31 nuclear magnetic resonance (nmr) and neutron diffraction. As a result of these studies it is possible for the first time to present a detailed picture of the average conformation of phospholipids in biomembranes, free of the perturbing influence of probe molecules.

Spectroscopic methods

Deuterium magnetic resonance (^2H-nmr). Lipid bilayers are highly organized systems which are nevertheless fluid enough to allow considerable translational, rotational and flexing movements of the constituent phospholipid molecules. The fluid (liquid crystalline) membranes behave like optically uniaxial crystals with the optical axis being perpendicular to the surface of the membrane. This means that the rotational and flexing movements are characterized, on the average, by cylindrical symmetry, with the bilayer normal as the axis of motional averaging. Compared to an isotropic solution the movements of phospholipid molecules in membranes are thus anisotropic. Furthermore, the motional restrictions which are conveniently measured in terms of *order parameters* (1) vary with the position in the membrane, e.g. they are different for the hydrocarbon region than for the polar region. ^{2}H-nmr is ideally suited to quantitatively measure the motional restrictions and to provide a detailed picture of the phospholipid conformations in biomembranes. The principles of the method can be described as follows: By means of appropriate chemical synthesis some protons in a lipid molecule are replaced by deuterons. Since the *van-der-Waals* radii of the two isotopes are identical this substitution leaves the membrane virtually unchanged. Other methods like spin label electron spin resonance or fluorescence spectroscopy require the incorporation of bulky reporter groups into the membrane which leads to a distortion of the membrane. ^{2}H-nmr of selectively deuterated lipids thus offers the advantage of providing a nonperturbing probe technique. A second convenient feature of ^{2}H-nmr is the straightforward assignment of the signals. The natural abundance of deuterium in biological materials is negligibly low so that the ^{2}H-nmr signal of the selectively deuterated segment is the only resonance signal in the spectrum. This may be compared with proton and carbon-13 nmr of biomembranes and derived liposomes where a manifold of partially overlapping resonances is encountered. However, the most important advantage in the use of ^{2}H-nmr in the elucidation of membrane structures is the measurement of the segmental anisotropies which can be derived from the so-called deuterium quadrupole splittings (for a detailed review cf. ref. (2)). In brief, the deuteron has a nuclear spin $I=1$ which in an external magnetic field has three allowed orientations $m=+1, 0, -1$. The magnetic energy levels are equally spaced and, in the absence of quadrupole effects, the two allowed transitions $m=-1 \leftrightarrow m=0$ and $m=0 \leftrightarrow m=+1$ give rise to the same nmr signal. However, in addition to the magnetic moment the deuteron nucleus also possesses an electrical quadrupole moment as is indicated schematically in figure 1. The interaction of the electric quadrupole with the electric field gradient of the surrounding bond electrons modifies the magnetic energy levels and removes the degeneracy of the two allowed quantum transition. In particular, the $m=+1$ and $m=-1$ energy levels are shifted to exactly the same extent, while the $m=0$ level is affected differently. Consequently, the deuterium signal splits into two resonances since the two allowed transitions are now characterized by different energies (cf. fig. 1). The frequency separation between the two signals is the residual deuterium quadrupole splitting, $\Delta\nu_Q$. For a C–D bond in a perfectly ordered environment, as e.g. in a single crystal, the quadrupole splitting may reach a limiting value of 170 kHz (3), while in fluid membranes $|\Delta\nu_Q|$ is usually found to be in the range of 1 kHz $\leqslant |\Delta\nu_Q| \leqslant$ 60 kHz. It should be noted that in isotropic solution the quadrupolar effects are averaged out due to the rapid tumbling of the molecules through all angles of space so that the ^{2}H-nmr spectrum then consists of a single line. On the other hand, the quadrupole separation is the larger the more restricted the angular excursions of the labelled segment.

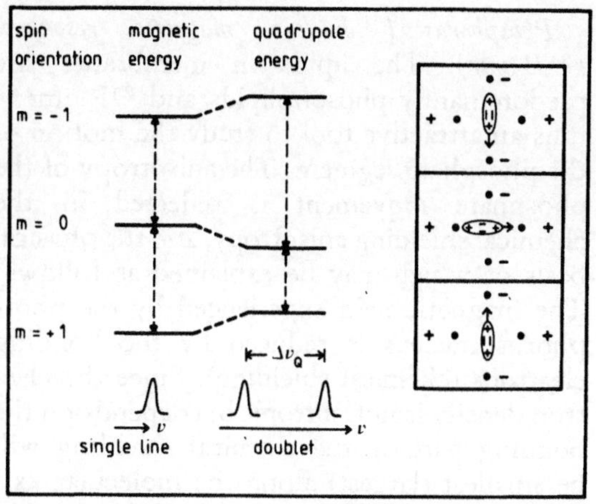

Fig. 1. The left part of the figure contains the energy levels for a spin $I=1$ system with and without quadrupole interactions. The insert describes schematically the interaction of an electric quadrupole with an array of four point charges. The orientation of the quadrupolar nucleus is determined by the orientation of its magnetic moment as indicated by the arrow. The figure illustrates that the orientations $m=+1$ and $m=-1$ experience identical electrical forces, while the interactions for $m=0$ are different

A typical ^{2}H-nmr spectrum of a selectively deuterated phospholipid bilayer is reproduced in figure 2 (4). Due to instrumental limitations the two transitions appear to have different intensities. The separation between the two peaks is $|\Delta\nu_Q| = 23.1$ kHz. Labelling the other segments of the membrane in an analogous fashion then yields a complete set of quadrupole splittings which provide a firm experimental basis for the statistical-mechanical interpretation of bilayer structures. Quadrupole effects are unique to nuclear spins with $I \geqslant 1$ and are not observed in more commonly employed nmr techniques like proton-, carbon-13 or phosphorus-31 nmr since for these nuclei $I = \frac{1}{2}$.

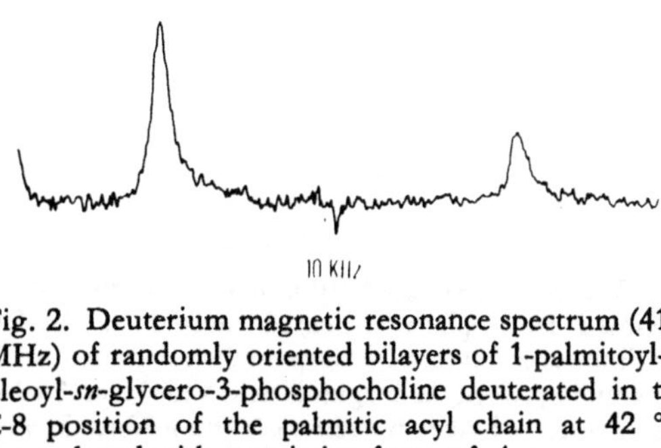

Fig. 2. Deuterium magnetic resonance spectrum (41.4 MHz) of randomly oriented bilayers of 1-palmitoyl-2-oleoyl-*sn*-glycero-3-phosphocholine deuterated in the C-8 position of the palmitic acyl chain at 42 °C. Reproduced with permission from ref. 4

Phosphorus-31 nuclear magnetic resonance (^{31}P-nmr). The lipids in membranes are predominantly phospholipids and ^{31}P-nmr is thus an attractive tool to study the motion of the phosphate segment. The anisotropy of the phosphate movement is reflected in the chemical shielding anisotropy, $\Delta\sigma$, the physical basis of which may be explained as follows: The magnetic field experienced by the phosphorus nucleus is reduced by the bonding electrons (chemical shielding). Since the electron density is not isotropic but depends on the bonding pattern, the chemical shielding will be smallest (largest) along the molecular axis with the lowest (highest) electron density and the ^{31}P-nmr frequency will vary with the orientation of the phosphate segment with respect to the magnetic field. The chemical shielding anisotropy is most pronounced in the crystalline state where the resonance frequency for phospholipids may shift between -100 and $+100$ ppm (5, 6) while this effect is completely averaged out in isotropic solutions. Biomembranes represent an intermediate situation. The movements of the phosphate segment are neither completely free nor perfectly anisotropic with the result that the static chemical shielding anisotropy is only partially averaged out. This is demonstrated in figure 3 which contains the rotation pattern for a planar oriented phospholipid bilayer (7). Depending on the orientation of the bilayer with respect to the magnetic field, indicated by the rotation angle δ, the resonance frequency varies between -23 ppm for $\delta = 0°$ (magnetic field parallel to the bilayer normal) and $+12$ ppm for $\delta = 90°$ (magnetic field perpendicular to the bilayer normal). The chemical shielding anisotropy, $\Delta\sigma$, is defined as the difference between these two extreme values and amounts to $\Delta\sigma = -35$ ppm. The measurement of $\Delta\sigma$ is not limited to planar oriented samples but can also be obtained readily from random dispersions of phospholipid bilayers (8).

The chemical shielding anisotropy in ^{31}P-nmr is comparable to the deuterium quadrupole splitting in ^{2}H-nmr. However, the quantitative interpretation of $\Delta\sigma$ is more complicated than the corresponding analysis of the deuterium quadrupole splitting, $\Delta\nu_Q$, since $\Delta\sigma$ is determined by two independent order parameters compared to only one in the case of $\Delta\nu_Q$ (8). This can be traced back to the fact that the static ^{31}P chemical shielding tensor is not axially symmetric. In spite of this theoretical difficulty the measurement of the chemical shielding anisotropy has been of central importance in the understanding of the head group structure of phospholipids in membranes. The pertinent literature has been reviewed recently (9).

Neutron diffraction. The principles of neutron diffraction are rather similar to those of X-ray

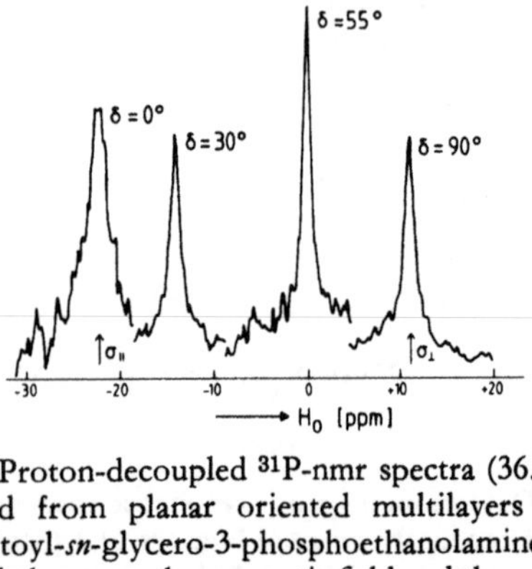

Fig. 3. Proton-decoupled ^{31}P-nmr spectra (36.5 MHz) obtained from planar oriented multilayers of 1,2-dipalmitoyl-*sn*-glycero-3-phosphoethanolamine. δ is the angle between the magnetic field and the normal to the planes of the membranes. Reproduced with permission from ref. 7

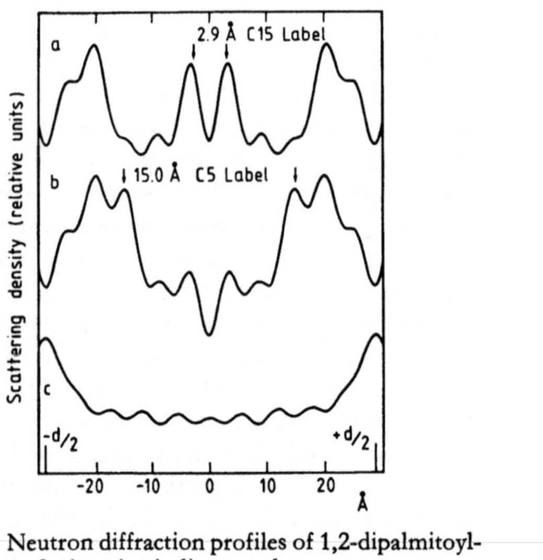

Fig. 4. Neutron diffraction profiles of 1,2-dipalmitoyl-*sn*-glycero-3-phosphocholine at low water content (5–6 wt %) and 20 °C.

a, deuterated at the C-15 position of both hydrocarbon chains;

b, at the C-5 position of both chains;

c, the water distribution as determined from a difference profile of C5 deuterated lipid in D_2O and H_2O.

The lamellar spacing was 57.4 Å. Reproduced with permission from ref. 12

diffraction but important differences exist due to the nature of the scattering centres. For X-rays, the scattering centres are the electrons of the atom while for neutrons the scattering centres are the nuclei. Each nucleus has a characteristic neutron coherent scattering amplitude which is different for different isotopes of the same element (10). The large difference between the coherent scattering length of hydrogen (−3.74 fermis) and deuterium (6. 67 fermis) is particularly useful for the study of membranes. Using selectively deuterated lipids the deuterated membrane segments give rise to intense peaks in the neutron density profile (11, 12). This is illustrated in figure 4 for bilayers of 1,2-dipalmitoyl-*sn*-glycero-3-phosphocholine (5–6 wt % H_2O, 20 °C) with the deuterium label attached to the C-15 segment (fig. 4a) and at the C-5 position (fig. 4b) (12). The position of the deuterated segment can thus be easily located within the membrane, with a precision of generally better than ±1 Å.

Conformation of the head group region

Water penetration. The polar head group region of a bilayer membrane constitutes the interface between the water-repellant hydrocarbon interior and the surrounding water. In addition to water it comprises the polar head group of the phospholipid (i.e. the zwitterionic or charged phosphoester groups; phosphocholine, phosphoethanolamine, etc.), the glycerol backbone, and the glycerol-fatty acid ester region. Neutron diffraction studies using the D_2O/H_2O exchange method reveal that the lipid-water boundary is diffuse and that water penetrates into the polar region up to a coordinate corresponding to the glycerol-fatty acid ester (11). A water distribution profile obtained for bilayers of 1,2-dipalmitoyl-*sn*-glycero-3-phosphocholine at low water content (5–6 wt %) is shown in figure 4c, indicating a smooth decrease in the amount of water as one approaches the hydrocarbon layer (12). The penetration depth of water remains almost unchanged in a concentration range of 5 to 25 wt % H_2O (11, 12). Furthermore, it has been demonstrated by means of ^2H-nmr that the aqueous layer is not homogeneous with respect to the physical state of

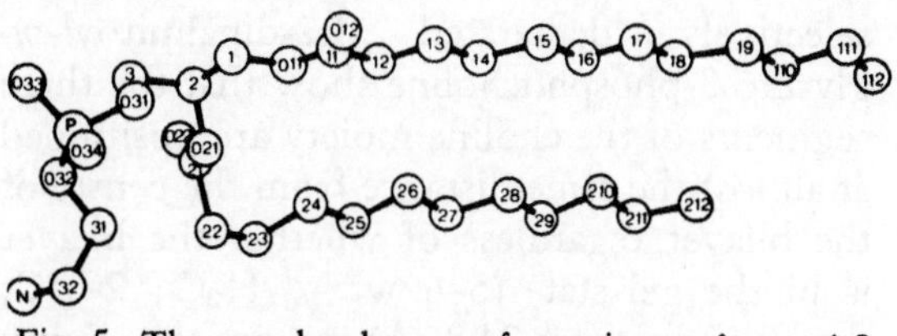

Fig. 5. The molecular conformation of rac-1,2-dilauroyl-glycero-3-phosphoethanolamine crystallized in bilayer form from acetic acid. Reproduced with permission from ref. 14

the water molecules but that one must distinguish between bound, trapped and free water (13). The site of attachment of the strongly bound water is not yet clear.

Phosphoethanolamine and phosphocholine head group orientation and conformation. Using acetic acid as a solvent it has been possible to crystallize rac-1,2-dilauroyl-glycerophosphoethanolamine in bilayer form and to determine the conformation of the lipid molecule in the bilayer crystal (14). This structure is shown in figure 5. The polar head group, i.e. the phosphoethanolamine dipole, is aligned parallel to the surface of the membrane, whereas the glycerol backbone is orientated perpendicular to it. Furthermore, the beginnings of the two hydrocarbon chains have different orientations. The first two segments of the 2 chain (attached at the glycerol C-2 atom) are extended parallel to the bilayer plane while all following segments, starting with the C_{23} segment, are perpendicular to this plane. The 1 chain (attached at the glycerol C-1 atom) is at all positions extended perpendicular to the membrane surface.

A crystalline bilayer containing phospholipid molecules solvated by acetic acid is certainly different from a biomembrane surrounded by cellular fluids and the relevance of a phospholipid structure such as shown in figure 5 for biomembranes seems rather questionable. However, deuterium nmr and neutron diffraction studies of aqueous phospholipid dispersions strongly suggest that the principal features of figure 5 are retained in biological membranes and that this conformation, with minor modifications, is characteristic of a wide variety of 3-*sn*-phosphatidylcholines and 3-*sn*-phosphatidylethanolamines. Let us briefly summarize the available evidence. Firstly, neutron diffraction experiments of selectively deuterated 1,2-dipalmitoyl-*sn*-glycero-3-phosphocholine show that the three segments of the choline moiety are positioned at almost the same distance from the centre of the bilayer regardless of whether the bilayer is in the gel state (5–6 wt % H_2O; 20 °C; average distance 24.8 Å) or in the liquid crystalline state (25 wt % H_2O; 50 °C; average distance 21.2 Å) (12). This constitutes a rather unambiguous proof for an orientation of the phosphocholine dipole parallel to the surface of the membrane. The same measurements also reveal that in the gel state the two hydrocarbon chains are out of step by about 1.5 carbon-carbon bonds. The C_{22} segment of the 2 chain is about 1.9 Å farther away from the centre of the bilayer than the corresponding C_{12} segment of the 1 chain, in agreement with figure 5. However, the displacement of the two fatty acyl chains with respect to each other is less pronounced in the gel state ($\sim$1.5 carbon-carbon bonds) than in the crystalline bilayer ($\sim$3 carbon-carbon bonds). Secondly, distinct conformational differences between the beginnings of the two chains are observed for fluid lipid bilayers and biomembranes above the phase transition temperature, using ^{2}H-nmr. This has first been shown for bilayers composed of 1,2-dipalmitoyl-*sn*-glycero-3-phosphocholine (15) and the experimental spectra are reproduced in figure 6. The quadrupole splitting of the deuterated C_{12} segment (fig. 6B) is almost twice as large as that of the C_{22} segment (fig. 6C). This can again be explained by assuming a bent conformation of the 2 chain so that the average orientation of the C_{22} segment is parallel to the membrane surface while that of the C_{12} segment is perpendicular to it. The same spectral pattern has been observed since then for 1,2-dipalmitoyl-*sn*-glycero-3-phosphocholine in the presence of cholesterol (16), for 1-palmitoyl-2-oleoyl-*sn*-glycero-3-phosphocholine and 1,2-dipalmitoyl-*sn*-glycero-3-phosphoethanolamine (17), and for membranes of Acholeplasma laidlawii (18), suggesting a very similar hydrocarbon chain organization, at least in the glycerol-fatty acid ester region, for all the different phospholipids investigated. Thirdly, the disposition and intrinsic flexibility of the phosphoethanolamine and phosphocholine group have been studied extensively by means of ^{2}H- and ^{31}P-nmr (7, 19, 20). For both systems the nmr parameters are consistent with an orientation of the zwitterionic dipoles parallel to the surface of the membrane. Both head groups are bent at the position of the phosphate group due to a *gauche-gauche* confirmation of the phosphodiester linkage. Furthermore, both head groups are characterized by a restricted flexibility. The experimental data converge to a model in which the head groups execute rapid jumps between two mirror-like confirmations. The torsion angles of these conformations are furthermore very close to those derived by means of X-ray diffraction from phospholipid model compounds. A completely rigid head group structure or a completely flexible head group with free rotation around the individual bonds are not in concord with the experimental observations and with certainty can be excluded. Taken together, the ^{2}H- and ^{31}-P-nmr and neutron diffraction studies clearly show that there is no fundamental difference between the average orientation and structure of the phosphoethanolamine and the phosphocholine dipole.

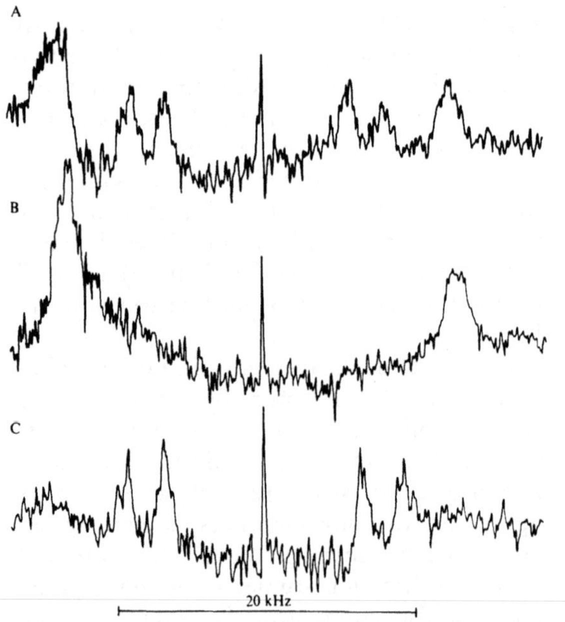

Fig. 6. Deuterium magnetic resonance spectra (41.4 MHz) of bilayers of 1,2-dipalmitoyl-*sn*-glycero-3-phosphocholine (DPPC) at 50 °C (50 wt % lipid, 50 wt % H_2O). A, Both chains deuterated at the C-2′ segment (C_{12}, C_{22} in figure 5). B, Chain 1 deuterated at the C-2′ position (C_{12} segment in figure 5). C, Chain 2 deuterated at the C-2′ position (C_{22} segment in figure 5). Reproduced with permission from ref. 15

Addition of cholesterol induces only minor changes in the torsion angles of both head groups (21). The cholesterol molecule is embedded deeply in the hydrocarbon interior so that the cholesterol OH is hydrogen bonded to the glyceryl-fatty acid ester region and does not directly affect the zwitterionic head group region (11). On the other hand, binding of trivalent ions leads to distinct changes in the nmr parameters which must be attributed to specific ion-induced changes in the head group conformation (22).

As a general conclusion it follows from our measurements that the head groups fluctuate between only a few well-defined minima in the conformational energy profile. The energetically most favourable states seem to be almost independent of the state of the bilayer. The conformations characteristic of the crystalline state are carried over into the fluid bilayer where rapid transitions between the various conformations become possible. The phospholipid crystal structure shown in figure 5, with appropriate dynamic modifications, seems also to be characteristic of biological membranes.

Structure of the hydrocarbon region

Synthetic phospholipids in excess water exhibit sharp phase transitions at a characteristic temperature T_c. In the gel-state ($T < T_c$) the hydrocarbon chains are in an extended and highly ordered conformation. At temperatures $T \geqslant T_c$ the membranes become fluid and the hydrocarbon chains assume a disordered, liquid-like conformation. This is illustrated schematically in figure 7 (23). In order to obtain a more detailed insight into the chain configuration and chain packing in the "fluid" or disordered state of the membrane, we have selectively deuterated the various chain segments of phospholipid molecules and recorded the ^{2}H-nmr spectra of the corresponding bilayer phases above the phase transition temperature (4, 23). The deuterium quadrupole splittings were interpreted in terms of the order parameter, S_{mol}, of the chain segments. In brief, an order parameter $S_{mol} = 1$ corresponds to a completely ordered, all-trans conformation while $S_{mol} = 0$ is characteristic of a completely disordered state of the hydrocarbon chains. In figure 8 the results obtained for a saturated bilayer, 1,2-dipalmitoyl-*sn*-glycero-3-phosphocholine (DPPC), are compared with those of an unsaturated phospholipid system, 1-palmitoyl-2-oleoyl-*sn*-glycero-3-phosphocholine (POPC). The gel-to-liquid crystal transition temperatures of DPPC and POPC in excess water are 41 and −5 °C, respectively. To a first approximation the shape of the curves drawn through the order parameters are rather similar. The order profiles are characterized by a rather constant order parameter for the first 8 chain segments, followed by a gradual decrease of the chain order towards the methyl terminal. Considering just the shape of the curves, the order profiles resemble those established for bilayers composed of soap-like molecules (24, 25). In all cases the average order parameters are about 0.5 or less indicating a considerable chain flexibility. The molecular origin of this chain flexibility is rapid isomerizations between trans and gauche conformations of the carbon-carbon bonds. In solution, the average conformation of a hydrocarbon chain is essentially determined by *intra*molecular forces, i.e. the bond rotation potential for trans-gauche isomerizations and steric interactions between adjacent chain segments. The segment interactions are cooperative and are normally described in terms of a linear Ising model (26). On the basis of this model the probabilities of trans and gauche states for a liquid polymethylene chain are found to be $p_t \approx 0.65$ and $p_g \approx 0.35$ at room temperature (cf. ref. 26, p. 82). In a bilayer the chain conformation is determined by *intra-*

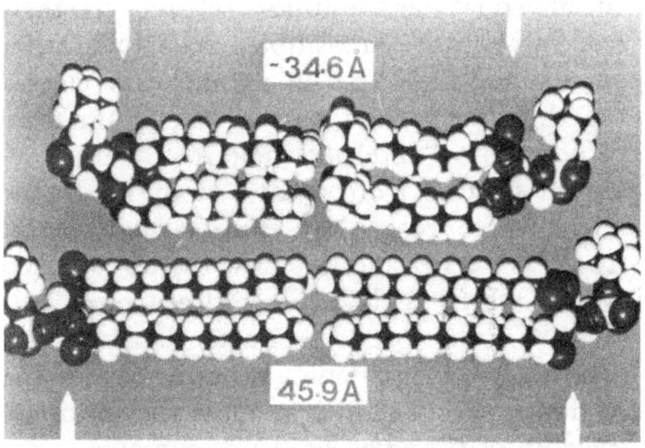

Fig. 7. Corey-Pauling-Koltun models of bilayers. The alltrans conformation of the fatty acyl chains in the gel-state is compared with the disordered chain conformation in the fluid (liquid crystalline) state. Reproduced with permission from ref. 23

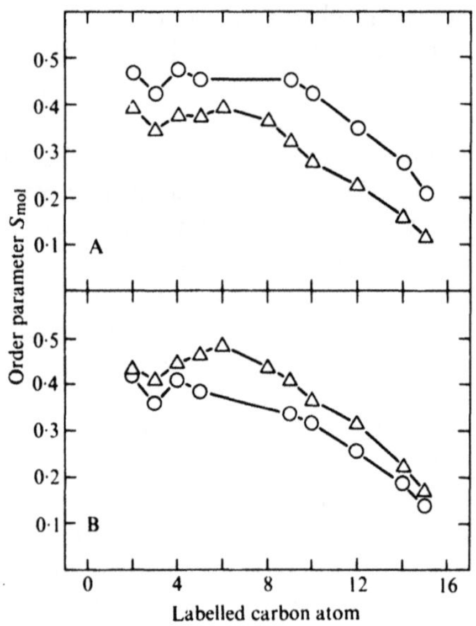

Fig. 8. Order parameter S_{mol} as a function of the labelled carbon atom. Bilayers composed of
(△) 1-palmitoyl-2-oleoyl-*sn*-glycero-3- phosphocholine (POPC), or
(○) 1,2-dipalmitoyl-*sn*-glycero-3-phosphocholine (DPPC).
(A) At the same temperature 42 °C,
(B) Both bilayers measured 19 °C above their respective phase transition temperature, POPC at 14 °C; DPPC at 60 °C.
Both systems deuterated in the palmitic acyl chains only. Reproduced with permission from ref. 4

molecular as well as *inter*molecular interactions. In this case the average chain conformation can be calculated on the basis of a model first proposed by *Marčelja* (27). We have employed the *Marčelja* model to analyze the deuterium order parameters in the DPPC bilayer (28). The probabilities of trans and gauche conformations were found to be $p_t = 0.69$ and $p_g = 0.31$ at 41 °C, which is not significantly different from the corresponding probabilities for the liquid paraffin chain. Therefore, on the average, 9.5 bonds of a palmitic acyl chain are in the trans state while 4.5 are in the gauche state, regardless of whether the molecule is incorporated into a bilayer or is dissolved in a paraffinic liquid (2). However, the chain configurations in the two systems are still not identical. In the liquid phase both ends of the chain are free to move, while in the bilayer one end is anchored in the lipid-water phase endowing the chain with a distinct polarity. Therefore, the probability of occurrence of gauche states becomes dependent on the position of the segment in the bilayer. Furthermore, coupled gauche rotations like kinks or jogs ($g^{\pm}tg^{\mp}$, $g^{\pm}tttg^{\mp}$) are favoured since they introduce a relatively small perturbation in the chain packing. Such conformational defects have been used to construct the disordered lipid bilayer model shown in figure 7. It is obvious from the figure that these kinds of conformational defects allow a relatively easy packing of the hydrocarbon chains within the bilayer, even though the individual chains appear as conformationally disordered. This is discussed in more detail in the original publications (2, 23, 25, 28).

Finally, let us briefly discuss the hydrocarbon chain ordering in the unsaturated POPC bilayer (4). The presence of the *cis* double bond at the 9–10 position of the oleic acid chain introduces a rigid element into the otherwise flexible hydrocarbon chains. The *cis* conformation, furthermore, disturbs the parallel packing of the hydrocarbon chains and reduces the *van-der-Waals* interactions between adjacent hydrocarbon chains. This is reflected in the much lower transition temperature of POPC (−5 °C) than that of DPPC (41 °C) and also in the segmental order parameters. If compared at the same temperature (fig. 8A), the POPC bilayer is always found to be more disordered than the DPPC bilayer. It should be noted that the incorporation of a *cis* double bond in a well-defined position in the hydrocarbon chain reduces the ordering in *all* parts of the hydrocarbon region. In figure 8B the saturated and unsaturated bilayers are compared at equal temperatures relative to their respective phase transitions. The two order profiles are seen to run parallel and closely together in the first part of the chain until carbon atom 4 and then again for the terminal region starting from carbon atom 10. In the intermediate region the two curves depart from each other and it is now the unsaturated system which is the more ordered one. This increase in the order parameter can be interpreted as a local stiffening effect caused by the *cis*-double bond, which reduces the motional freedom of the adjacent chain segments.

Acknowledgements

This work was supported by the Swiss National Science Foundation Grant No. 3.008.76.

Zusammenfassung

Der vorliegende Artikel gibt eine Übersicht über die Anwendung von Deuterium- und Phosphor-31 kernmagnetischer Resonanz und von Neutronenstreuverfahren auf biologische Membranen. In Kombination mit spezifisch deuterierten Lipidmolekülen erlauben diese Methoden eine eindeutige Zuordnung der Signale und eine einfache, quantitative Auswertung der Meßdaten. Unsere Ergebnisse zeigen, daß zwitterionische Lipide wie Phosphatidylcholin und Phosphatidyläthanolamin durch sehr ähnliche Molekülkonformationen in der Membran charakterisiert sind. Die zwitterionischen Dipolgruppen liegen parallel zur Membranoberfläche, das Glycerolgerüst steht senkrecht dazu, und die Kohlenwasserstoffketten sind um 1.5 bis 3 C-C Bindungen gegeneinander verschoben. Die Verschiebung zwischen den beiden Ketten erklärt sich durch die Tatsache, daß die eine Kette in einer gestreckten, die Nachbarkette dagegen in einer gewinkelten Konformation vorliegt. Die Konformationsgleichgewichte und die Packungsverhältnisse in gesättigten und *cis*-ungesättigten Phospholipidmembranen werden diskutiert.

References

1) *Saupe, A.*, Angew. Chem. **80**, 99–115 (1968).

2) *Seelig, J.*, Quart. Rev. Biophys. **10**, 353–418 (1977).

3) *Burnett, L. J., B. H. Muller*, J. Chem. Phys. **55**, 5829–5831 (1971).

4) *Seelig, A., J. Seelig*, Biochemistry **16**, 45–50 (1977).

5) *Kohler, S. J., M. P. Klein*, Biochemistry **15**, 967–973 (1976).

6) *Griffin, R. G.*, J. Amer. Chem. Soc. **98**, 851–853 (1976).

7) *Seelig, J., H. Gally*, Biochemistry **15**, 5199–5204 (1976).

8) *Niederberger, W., J. Seelig*, J. Amer. Chem. Soc. **98**, 3704–3706 (1976).

9) *Seelig, J.*, Biochim. Biophys. Acta, **515**, 105–140 (1978).

10) *Worcester, D. L.*, Biological Membranes, Vol. **3**, 1–44 (*D. Chapman, D. F. H. Wallach*, eds.) Academic Press, London (1976).

11) *Worcester, D. L., N. P. Franks*, J. Mol. Biol. **100**, 359–378 (1976).

12) *Büldt, G., H. U. Gally, A. Seelig, J. Seelig, G. Zaccai*, Nature, **271**, 182–184 (1978).

13) *Finer, E. G., A. Darke*, Chem. Phys. Lip. **12**, 1–16 (1974).

14) *Hitchcock, P. B., R. Mason, K. M. Thomas, G. G. Shipley*, Proc. Nat. Acad. Sci. USA **71**, 3036–3040 (1974).

15) *Seelig, A., J. Seelig*, Biochim. Biophys. Acta **406**, 1–5, (1975).

16) *Haberkorn, R. A., R. G. Griffin, M. D. Meadows, E. Oldfield*, J. Amer. Chem. Soc., **99**, 7353–7355 (1977).

17) *Seelig, J., N. Waespe-Šarčević*, Biochemistry, in press.

18) *Stockton, G. W., K. G. Johnson, K. Butler, A. P. Tulloch, Y. Boulanger, I. C. P. Smith, J. H. Davis, M. Bloom*, Nature **269**, 267–268 (1977).

19) *Gally, H. U., W. Niederberger, J. Seelig*, Biochemistry **14**, 3647–3652 (1975).

20) *Seelig, J., H. Gally, R. Wohlgemuth*, Biochim. Biophys. Acta **467**, 109–119 (1977).

21) *Brown, M. F., J. Seelig*, Biochemistry, **17**, 381–384 (1978).

22) *Brown, M. F., J. Seelig*, Nature, **269**, 721–723 (1977).

23) *Seelig, A., J. Seelig*, Biochemistry **13**, 4839–4845 (1974).

24) *Charvolin, J., P. Manneville, B. Deloche*, Chem. Phys. Lett. **23**, 345–348 (1973).

25) *Seelig, J., W. Niederberger*, Biochemistry **13**, 1585–1588 (1974).

26) *Flory, P. J.*, Statistical Mechanics of Chain Molecules, (Interscience, New York, N.Y. 1969).

27) *Marčelja, S.*, Biochim. Biophys. Acta **367**, 165–176 (1974).

28) *Schindler, H., J. Seelig*, Biochemistry **14**, 2283–2287 (1975).

Author's address:
Joachim Seelig
Department of Biophysical Chemistry
Biocenter of the University of Basel
Klingelbergstraße 70
CH–4056 Basel/Switzerland

Progr. Colloid & Polymer Sci. **65**, 180-186 (1978)

ISSN 0340-255 X

Nezu Chemical Institute, Musashi University, Tokyo (Japan)

Surface and interfacial tensions of systems involving lyotropic liquid crystals*)

Bun-ichi Tamamushi

With 13 figures and 1 table

(Received December 6, 1977)

Introduction

There are some experimental data for the surface tension of thermotropic liquid crystals (1), but only few are known concerning the surface or interfacial tension of the systems involving lyotropic liquid crystals (2).

This paper gives the data of surface and interfacial tensions obtained with the ternary systems: 1) cetyltrimethylammonium bromide (*CTAB*) + water + *n*-hexanol and 2) sodium dodecyl sulfate (*SDS*) + water + *n*-hexanol, in whose phase diagrams lyotropic liquid crystalline phases exist at ordinary temperatures. The experimental results will be described with a discussion.

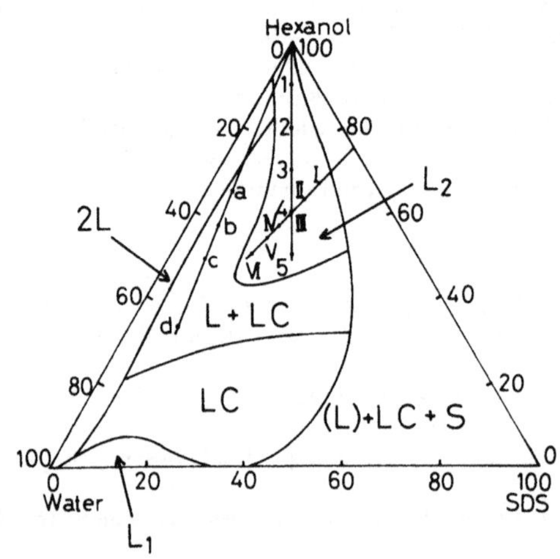

Fig. 1. Phase diagram for system: *SDS* + water + hexanol at 25 °C

Experimental

Phase diagrams: The above systems are of the type of ternary systems of ionic surfactant + water + co-surfactant, which have been studied by many investigators from various points of view. The system: *CTAB* + water + hexanol was particularly studied by *Ekwall* and his co-workers (3) intensively, with regard to its phase equilibria and the relation between chemical composition and structure of liquid crystals appearing in the system.

The phase diagram of the system: *SDS* + water + hexanol obtained in our laboratory is given in figure 1. The similar phase diagram for the system: *CTAB* + water + hexanol has been obtained by the above mentioned investigators as well as in our laboratory.

In figure 1 notations L_1 means aqueous micellar solution in which hexanol being solubilized; L_2 nonaqueous micellar solution or microemulsion in which water being solubilized, 2*L* two liquid mixture or emulsion, *LC* liquid crystal, *LC* + *L* liquid crystal in equilibrium with solution, (*L*) + *LC* + *S* mixture of liquid crystal with solid crystal or solution. The marks: 1, 2, 3, 4, 5; I, II, III, IV, V and *a*, *b*, *c*, *d* mean the local points in two phase regions, L_2 and *LC* + *L*, whose samples were taken for examination in this experiment. All the materials used were carefully purified ones.

The surface tension measurement: For the measurement of surface or interfacial tension we first applied *Wilhelmy*'s hanging glass or platinum plate method and then *du Noüy*'s platinum ring method. These two methods gave almost the same results as far as liquid crystal did not concern the measurement. However, for the object of measuring the surface or interfacial tension of the system involving liquid crystal it was found that the former method was not suitable because there would be some molecular orientation at the plate surface which might have caused a disturbing effect on the equilibrium condition. The latter ring method was more suitable because, if such a disturbing effect could not entirely be avoided, it should have been much smaller. The measurement by this method, if carefully carried out, gave reproducible results for the surface tension of liquid crystals. The experimental error in this method was not more than ±0.5% except for liquid crystals, for which it was about ±1%. The necessary calibrations were taken in consideration in evaluating the experimental data.

---

* Presented at Kolloid-Tagung of Kolloid-Gesellschaft in Kiel, October, 1977.

Table 1. Surface tension of pure solvents

Solvent	Surface tension (dyn/cm)	Temperature (°C)	Method
Water	70.8	25.5	Wilhelmy's
	72.4	20.0	du Noüy's
Hexanol	24.6	25.5	Wilhelmy's
	25.6	20.0	du Noüy's

Experimental result: Table 1 shows the result for the surface tension of water or hexanol as a pure solvent determined by the above two methods.

Figure 2 indicates the result for the surface tensions of two component systems: water + *CTAB* and hexanol + *CTAB*, while figure 3 gives the corresponding result for systems: water + *SDS* and hexanol + *SDS*.

These two figures illustrate the surface tension vs. concentration relations for the above four systems, respectively, where it is noticed that both surfactants *CTAB* and *SDS* are, as well known, distinctly surface active in aqueous solutions, whereas they are practically surface inactive in hexanol solutions. From figure 2 we find the critical micelle concentration for *CTAB* about 1.6 mM at 25 °C, while from figure 3 the critical micelle concentration for *SDS* is about 6.9 mM at 20 °C.

Figure 4 shows how the surface tension of water changes with the concentration of hexanol or *CTAB*, both being surface active. In the former case the change is slower than that of the latter but the final values are almost the same, nearly 31 dyn/cm in both cases.

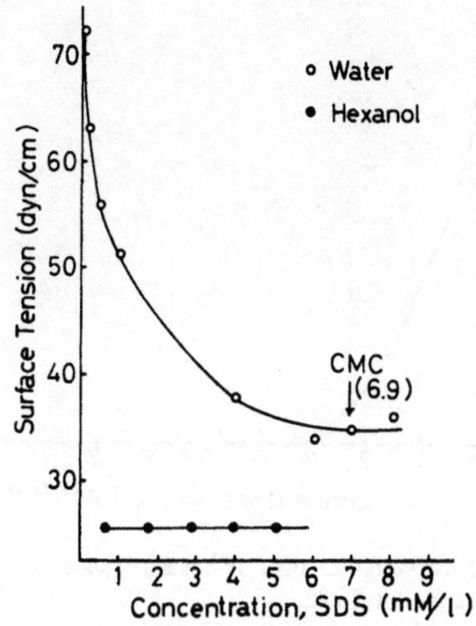

Fig. 3. Surface tension vs. *SDS* concentration for water and hexanol at 20 °C

We measured the interfacial tension of hexanol/water and its change by the addition of *CTAB*. As figure 5 indicates, the interfacial tension for hexanol/water was found 6.2 dyn/cm at 25 °C, both solvents being saturated by mutual solubilities with each other, which value however decreases rapidly with the addition of the surfactant and reaches nearly zero when the surfactant concentration becomes about 6 mM where a homogeneous stable emulsion appears.

We then measured the surface tension in the domain of L_2 i.e. microemulsion in the phase

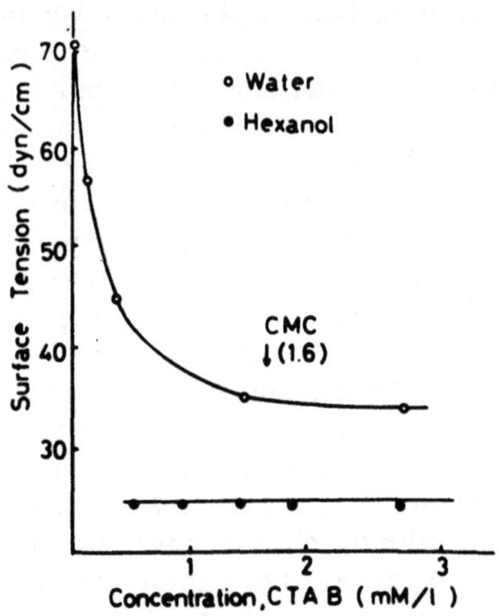

Fig. 2. Surface tension vs. *CTAB* concentration for water and hexanol at 25 °C

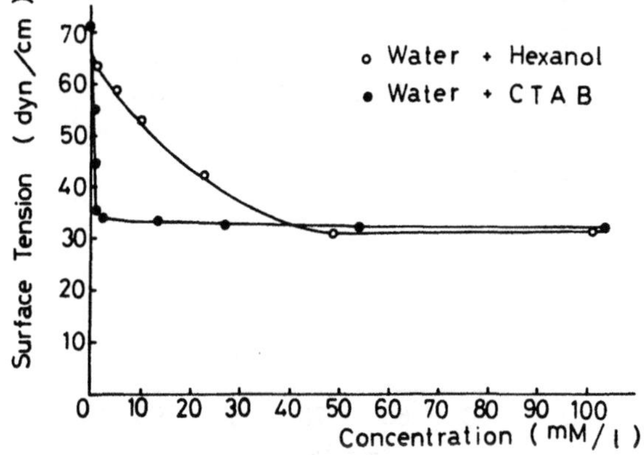

Fig. 4. Surface tension of water vs. hexanol and *CTAB* concentration at 25 °C

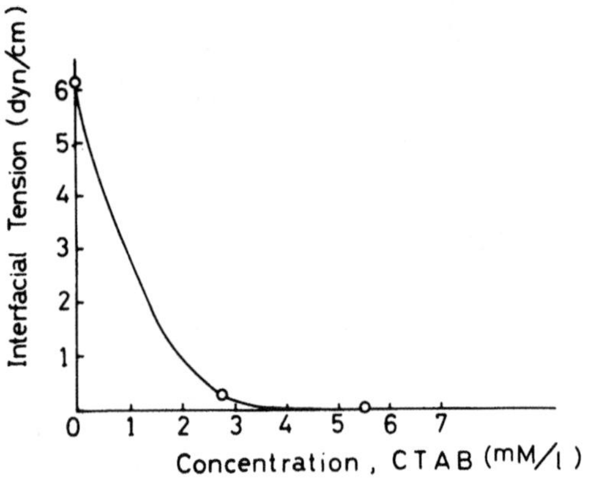

Fig. 5. Interfacial tension of hexanol/water vs. *CTAB* concentration at 25 °C

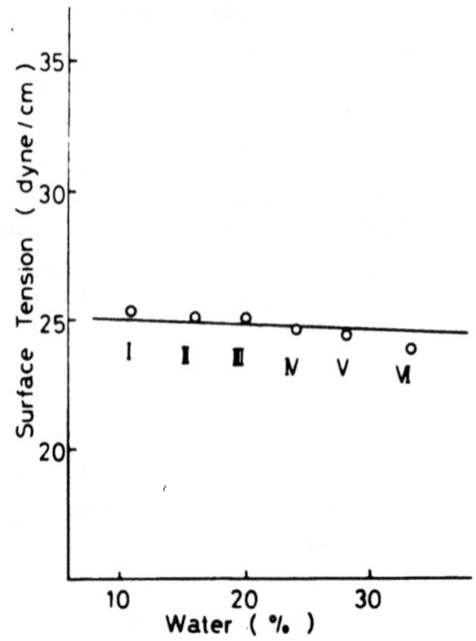

Fig. 7. Surface tension of microemulsion vs. water content at 20 °C in system: *SDS* + water + hexanol

diagram given in figure 1, with the samples corresponding to local points: 1, 2, 3, 4, 5 and I, II, III, IV, V. In the former series the content ratio of water: *SDS* was maintained constant (1:1 in wt%), the hexanol content being varied, whereas in the latter series the content ratio of hexanol: *SDS* was maintained constant (3:1 in wt%), the content of water being varied. The result is shown in figures 6 and 7, respectively.

From these two figures, it is noticed that the surface tension of microemulsions changes only slightly with the chemical composition,

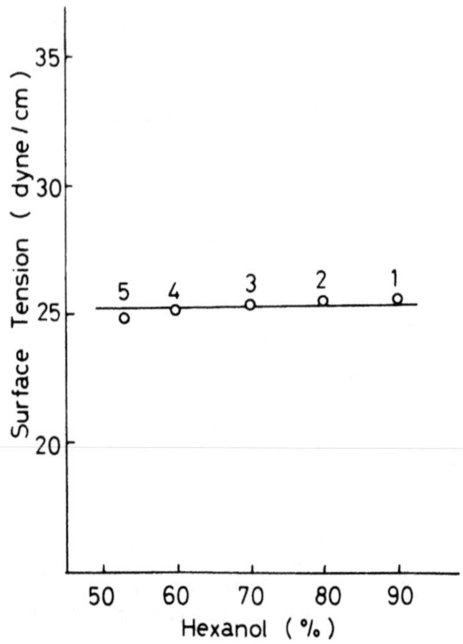

Fig. 6. Surface tension of microemulsion vs. hexanol content at 20 °C in system: *SDS* + water + hexanol

increasing with the content of hexanol and decreasing with the content of water.

We lastly tried to measure the surface and interfacial tensions of the samples in the region of *LC* + *L*. The samples so far examined are denoted by letters: *a*, *b*, *c*, *d*, whose composition being varied mainly in the content ratio of hexanol: water. These samples were separated into upper *L*- and lower *LC*-phases by centrifugal force of 3000 r/m at the distance of 7.7 cm from central axis for 60 m and they were kept in a thermostat for 24 h. After that, the samples were carefully taken out from the inner parts of both upper and lower phases. The content of water in each of those separated samples was determined by applying the *Karl-Fischer* reagents. Using these analytic data the relation between the surface tension of *L*- or *LC*-phase vs. water content is given in figure 8 and figure 9, respectively.

Figure 8 indicates that the surface tension of *L*-phase is nearly constant, being equal to 25 dyn/cm which is approximately identical with that of hexanol, independent on the water content. As figure 9 shows, the surface tension of *LC*-phase is also nearly constant, whose value being 31.5 dyn/cm in the mean, notwithstanding with the change of water content.

We also attempted to measure the interfacial tension between *L* and *LC* phases but it was found too small to be measured by the ring method.

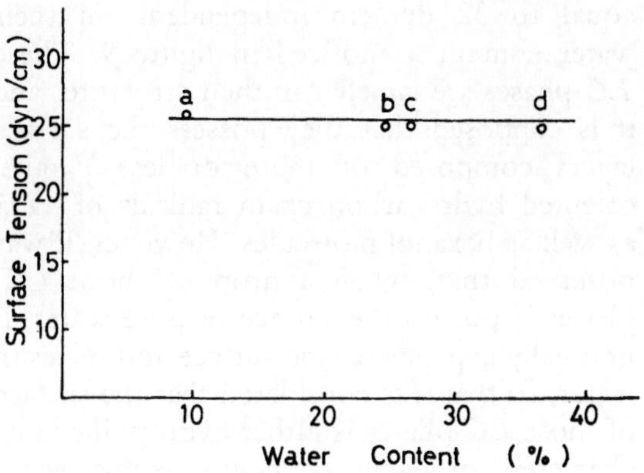

Fig. 8. Surface tension of L-phase in region $LC+L$ vs. water content at 20 °C in system: SDS + water + hexanol

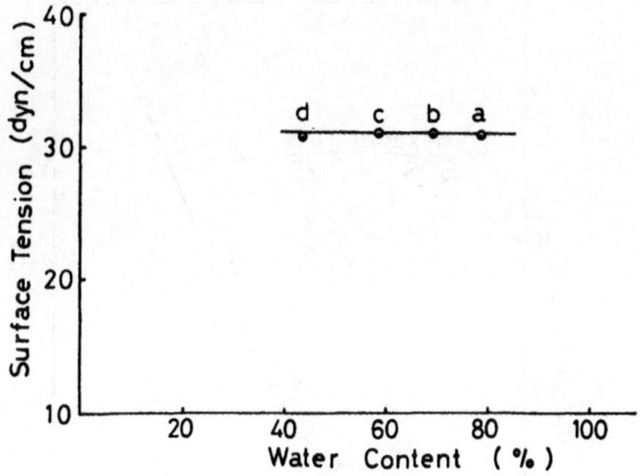

Fig. 9. Surface tension of LC-phase in region $LC+L$ vs. water content at 20 °C in system: SDS + water + hexanol

It would be interesting to compare the above obtained surface properties of microemulsions or liquid crystals with their bulk properties such as viscosity of those samples. Figure 10 and figure 11 indicate how the viscosity of microemulsions, whose flow-type is *Newtonian*, changes with the content of hexanol or water, respectively. The viscosity sharply decreases with the content of hexanol, while it increases also sharply with the content of water. Figure 12 indicates how the apparent viscosity of liquid crystals, whose flow is generally *Bingham*-type, changes with the content of water. The mean apparent viscosity value at various flow rates decreases with the content of water in this case.

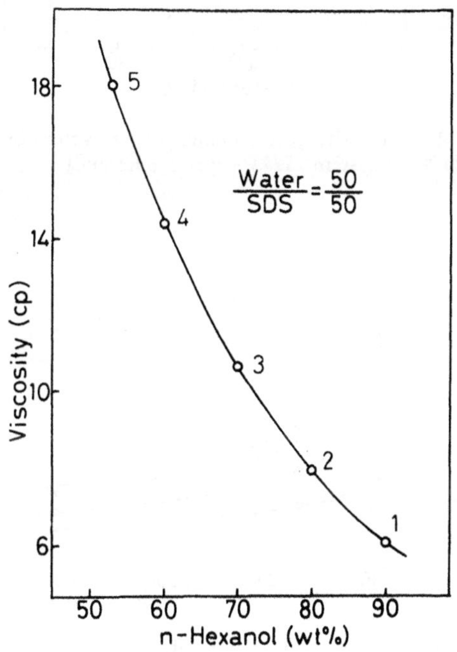

Fig. 10. Viscosity of microemulsion vs. hexanol content at 20 °C in system: SDS + water + hexanol

Discussion

The fact that the surface tension of hexanol does not change with the addition of surfactant, $CTAB$ or SDS, as shown in figures 2 and 3, may be due to the reason that the attraction forces between hydrophobic groups of solvent and surfactant molecules are so strong that no adsorption of surfactant can take place at the surface. The fact that the surface tension of water decreases by $CTAB$ or hexanol, more or less sharply and reaches almost the same value of about 31 dyn/cm as shown in figure 4, suggests that the water surface may be at least covered by the monomolecular layer of oriented molecules of $CTAB$ or hexanol.

As seen in figure 5 the interfacial tension between water and hexanol is so low as about 6 dyn/cm, which is considered to be due to the mutual solubilities, though they are not great, of these two solvents. This interfacial tension reduces rapidly to negligible values with the addition of the surfactant in water, which fact can be explained by the strong adsorption of the surfactant molecules at the interface. It is very probable that $2L$ mixtures form stable emulsions at the stage where the interfacial tension becomes negligibly small (2).

Now we proceed to discuss the experimental results obtained for $LC+L$ as well as L_2

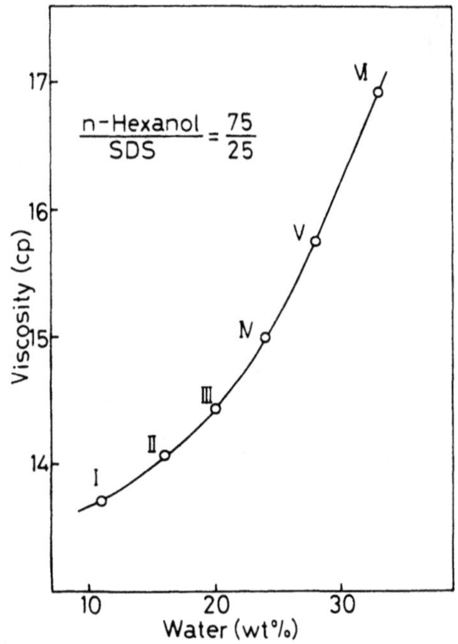

Fig. 11. Viscosity of microemulsion vs. water content at 20 °C in system: *SDS* + water + hexanol

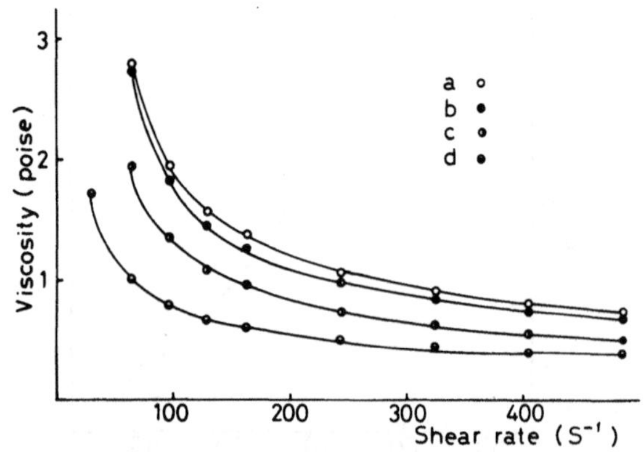

Fig. 12. Viscosity vs. shear rate for liquid crystals containing various amount of water at 25 °C in system: *SDS* + water + hexanol

regions. As noticed in figures 6 and 7 the surface tension of L_2 or microemulsions is only slightly dependent on its chemical composition, hexanol or water content. This fact suggests that water is mainly solubilized in reversed micelles and its adsorption at the surface, if it occurs, may be very small. The same is supposed to be held for *L*-phases separated from $LC + L$ samples, as shown in figure 8. The surface tension of *LC*-phases, which were separated from coexisting *L*-phases, is nearly equal to 32 dyn/cm independent on their water content as noticed in figure 9. These *LC*-phases are lamellar in their structures and it is supposed that they possess the surface layers composed of more or less parallel oriented hydrocarbon chain radicals of *SDS* as well as hexanol molecules. However, it was observed that, when a drop of those *LC*-phases is put on the surface of pure water, it gradually expands on the surface and mixes in water, so that it is considered that the surface of those *LC*-phases is rather hydrophilic in its character, probably containing some water molecules in the surface layer. A schematic model for such a surface structure in contrast with the ordered bulk structure is illustrated in figure 13.

It has been attempted by some investigators to calculate the surface free energy of pure hydrocarbons (4). In such calculations it was assumed that the surface free energy, or surface tension, γ is the function of the intermolecular potential energy, E, which can be evaluated by a summation process of London-van der Waals forces (5) among molecular aggregates at the surface. The result was simply expressed by the following relation:

$$\gamma = -0.6\ A/d_1^2$$

where A is *Hamaker*'s constant and d_1 the intermolecular distance. From this relation the surface tension of pure hydrocarbons was estimated to be about 20 dyn/cm, wherein it was assumed that hydrocarbon chains are disordered at the surface. In the case of

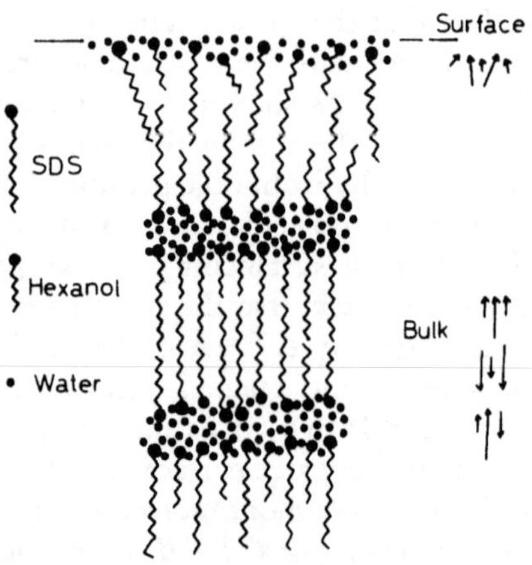

Fig. 13. Schematic model for the structure of the surface layer of liquid crystal of lamellar structure in system: *SDS* + water + hexanol

lyotropic liquid crystals it is supposed that molecules having hydrocarbon chains are more ordered in the surface layer than in the case of pure hydrocarbons, though they are less ordered than in the bulk. It is therefore considered in this case that the intermolecular potential energy due to dispersion forces, which may be the main factor in determining the surface tension, should be much greater than that of pure hydrocarbons. It seems, however, difficult to make a theoretical calculation for such mixed hydrocarbon radical aggregates as illustrated in figure 13. Moreover, there should be also electrostatic forces, attractive or repulsive, acting among polar groups of amphiphilic molecules as well as among water dipoles. In any way, the experimental values of nearly 32 dyn/cm here obtained for the surface tension of lyotropic liquid crystals can be considered probable ones.

It is however to be remembered that the data for the dependence of the surface tension of liquid crystals on the surfactant concentration and the data of the surface tension of liquid crystals of hexagonal structure are not included in this work, which should be supplemented in future.

It is also to be remarked that the experimental results for viscosities of microemulsions or liquid crystals above described suggest the independence of the surface properties of microemulsions or liquid crystals on their bulk properties. Concerning the viscosity behavior of microemulsions will be discussed in another place in connection with the data obtained by *Eicke* and his co-workers for the system: Aerosol OT + water + iso-octane (6).

Acknowledgements

The author's thanks are due to valuable criticism and kind suggestions given by Professor *Stig Friberg* (Missouri-Rolla). He also thanks Mr. *Y. Kodaira*, Misses *M. Mukai* and *Y. Suzuki* for their effort in establishing the phase diagram and in carrying out the surface tension measurement in this work.

Summary

It was attempted to determine the surface and interfacial tensions of lyotropic liquid crystals involved in the phase diagram of ternary system: sodium dodecyl sulfate + water + *n*-hexanol. For this purpose *du Noüy*'s platinum ring method was applied and comparatively reliable data have been obtained. Parallel with this measurement, the surface tension of microemulsions which also exist in the same diagram was determined. It was so far found that the surface tension of either liquid crystals or microemulsions is almost independent on their chemical composition (water content) or their bulk properties such as viscosity. These results were discussed on the basis of the intermolecular potential theory qualitatively. Some supplementary experimental data of surface and interfacial tensions concerning the main object are also included in the paper.

Zusammenfassung

Es wurde versucht, die Oberflächen- bzw. Grenzflächen-Spannungen der flüssigen Kristalle, die im Phasendiagramm des Dreikomponenten-Systems: Natriumdodecylsulfat + Wasser + *n*-Hexanol erscheinen, zu bestimmen. Für die Messungen wurde die Noüysche Platin-Ring-Methode angewandt, die ein verhältnismäßig gutes Resultat ergab. Neben diesem Versuch wurde die Oberflächenspannung der Mikroemulsionen, die auch im Phasendiagramm erscheinen, gemessen. Es wurde gefunden, daß die Oberflächenspannung der flüssigen Kristalle und der Mikroemulsionen von ihrer chemischen Komposition (Wassergehalt) und der Viskosität fast unabhängig ist. Diese Ergebnisse wurden auf Grund der intermolekularen Potentialtheorie qualitativ diskutiert. Einige ergänzende experimentelle Ergebnisse der Oberflächen- bzw. Grenzflächenspannungen sind mit angegeben.

References

1) *Brown, G. H., W. G. Shaw*, Chem. Rev. **57**, 1097 (1957); *G. W. Gray*, Molecular Structure and Properties of Liquid Crystals, Acad. Press, London (1962), p. 121; *B. Tamamushi*, Chemie, physikalische Chemie und Anwendungstechnik der grenzflächenaktiven Stoffe, Bd. II, 1, (Carl Hanser Verlag, München 1973), S. 431; *B. Tamamushi*, Colloid and Interface Science, Vol. V (1976) p. 458.

2) *Ahmed, S. I., K. Shinoda, S. Friberg*, J. Coll. Interf. Sci., **47**, 32 (1974); *K. Shinoda, S. Friberg*, Advances in Colloid and Interface Science **4**, 288 (1975).

3) *Mandell, L., K. Fontell, P. Ekwall*, Ordered Fluids and Liquid Crystals, Adv. Chem. Ser. **63**, Amer. Chem. Soc., p. 89, Washington, D.C. (1967).

4) *Hoernschemeyer, D.*, J. Phys. Chem., **70**, 2628 (1966); *F. M. Fowkes*, Hydrophobic Surfaces, Acad. Press, p. 156, New York (1969).

5) *London, F.*, Z. Physik **63**, 245 (1930); *H. Kallmann, M. Willstätter*, Naturwiss. **20**, 952 (1932).

6) *Christen, H., H. F. Eicke, J. Rehak*, Proc. Intern. Conf. Colloid and Surface Science, Vol. **1**, p. 481, Akad. Kiado, Budapest (1975); *J. Rehak*, Dissertation Thesis (Univ. Basel 1976).

Author's address:

Prof. Dr. *B. Tamamushi*
Nezu Chemical Institute, Musashi University
1–26 Toyotema-kami, Nerimaku,
176 Tokyo (Japan)

Progr. Colloid & Polymer Sci. **65**, 186–199 (1978)

ISSN 0340-255 X

Bayer AG Farbenforschung 4 (Tenside), 5090 Leverkusen

Flüssig-kristalline Strukturen von Polyglykoläthern in Lösung und Grenzfläche

Rudolf Heusch

Mit 34 Abbildungen

(Eingegangen am 21. November 1977)

1. Einleitung

Über die Existenz flüssig-kristalliner Phasen in Grenzflächenfilmen ist eine weltweite Diskussion im Gange. Da ein direkter Nachweis durch die geringe Dicke der Filme nicht möglich erscheint, wird ein indirekter Beweis über das Vorhandensein flüssig-kristalliner Strukturen in einen Oberflächenfilm vorgelegt. Dabei wird die Frage angeschnitten, ob die in dem geradlinigen Abfall einer Oberflächenspannungs/Konzentrations-Kurve angenommene, monomolekulare Schicht hydratisiert ist oder nicht.

2. Ergebnisse in Lösungen

Oberflächenaktive Substanzen wie z. B. die Umsetzungsprodukte des Äthylenoxid mit Alkoholen oder Phenolen bilden mit Wasser im Bereich höherer Tensidkonzentration viskose Lösungen oder Gele aus, die im Polarisationsmikroskop deutlich flüssig-kristalline Strukturen zeigen (1, 2, 3, 4, 5, 6).

Abbildung 1 zeigt die flüssigen Kristalle des Nonahydrates des Dodecyldimethylbenzolammoniumchlorids, die bei 12 °C auf dem Kühltisch unseres Polarisationsmikroskops auskristallisiert sind. Durch Viskositätsmessungen konnten wir schon 1958 an Polyglykoläthern nachweisen, daß solche Strukturen dadurch entstehen, daß eine bestimmte Zahl von Wassermolekeln an die Sauerstoffatome der hydrophilen Polyglykolätherkette angelagert wird (7).

Abb. 1. Dodecyldimethylbenzylammoniumchloridnonahydrat (67,5%ige Lösung) bei 12 °C Vergrößerung: 0,1 mm ⟶ |———|

Um nähere Auskunft über solche komplexen, flüssig-kristallinen Strukturen zu bekommen, haben wir Phasendiagramme von Tensid-Wasser-Gemischen aufgenommen und die auftretenden Phasen dann bei einer nach dem Phasendiagramm optimalen Temperatur photographiert (3, 4). Zwei Schmelzdiagramme von Polyglykoläther-Wasser-Gemischen möchte ich Ihnen zunächst zeigen.

Abbildung 2 zeigt Ergebnisse, die wir an *p*-Isononylphenoldekaglykoläther – Wasser-

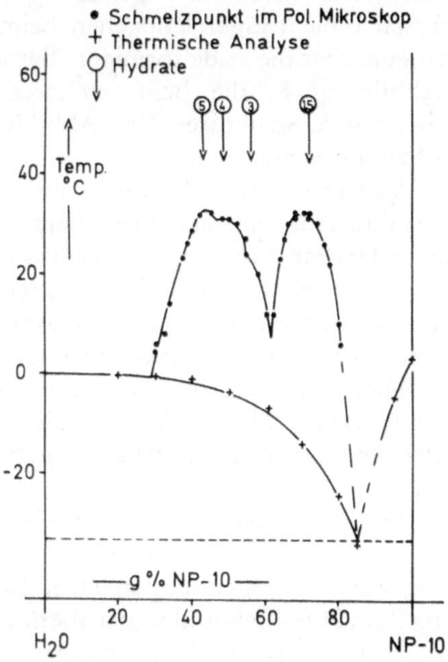

Abb. 2. Phasendiagramm NP-10/Wasser

Abb. 4. 50%ige NP-10-Lösung bei 20 °C in dünner Schicht nach dem Schmelzen
Vergrößerung: 0,1 mm ⟶ |——|

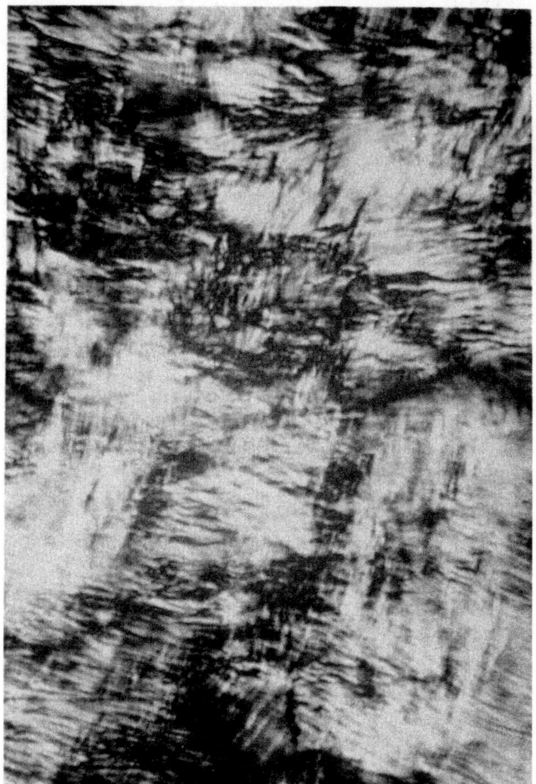

Abb. 3. 50%ige NP-10-Lösung bei 20 °C in dünner Schicht vor dem Aufschmelzen und Abkühlen
Vergrößerung: 0,1 mm ⟶ |——|

Abb. 5. 50%ige NP-10-Lösung bei 20 °C in dicker Schicht nach dem Aufschmelzen und Abkühlen
Vergrößerung: 0,1 mm ⟶ |——|

mischungen, also von NP-10 Lösungen, erhalten haben. Wir finden bei diesem großtechnisch hergestellten Produkt (8) zwei flüssig-kristalline Bereiche, die durch ein eutektisches Minimum scharf voneinander getrennt sind.

Das linke breitere Max. zeigt ausgebildete peritektische Stufen, die die Existenz eines Tri-, Tetra- und Pentahydrates anzeigen. Es existieren also Verbindungen, bei denen an jedem Sauerstoffatom der Polyglykolätherkette drei, vier und fünf Wassermolekel angelagert sind. Im Polarisationsmikroskop aber finden wir für diese Hydratstufe nur einen einzigen Strukturtyp, bei dem immer wieder Schichten oder Lamellen auftreten.

Abbildung 3 gibt eine Faserstruktur wieder, deren einzelne Elemente übereinander geschichtet sind. Die Mikroaufnahme dieser 50%igen NP-10 Lösung wurde bei 20 °C in dünner Schicht, ohne vorheriges Aufschmelzen, gemacht. Abbildung 4 wurde bei gleicher Schichtdicke nach kurzem Aufschmelzen und Abkühlen auf 20 °C aufgenommen. Sie sehen die bekannten Kompaktstrukturen, deren einzelne Elemente aus Platten oder Schichten zusammengesetzt sind. Die einzelnen Elemente dieser Struktur sind 2-achsig-negativ (9). Selbst beim Schmelzen einer dickeren Schicht sind die einzelnen Schichten noch deutlich zu erkennen (Abb. 5).

Wir glauben, daß bei diesen Platten oder Lamellen eine Schichtstruktur vorliegt, wie wir sie von Schichtsilikaten her kennen (10). Es werden Doppelschichten ausgebildet, die das Wasser zwischen den Schichtebenen einlagern können. Diese Annahme erklärt den stufenförmigen Aufbau des Max. und die schichtartigen flüssig-kristallinen Strukturen.

Das rechte, etwas schmälere Max. der Abbildung 2 zeigt keine peritektische Aufspaltung. Die Spitze des Max. liegt bei 33 °C und weist eine Verbindung aus, bei der 1,5 Molekeln Wasser an den Sauerstoffatomen der Polyglykolätherkette angelagert sind. In dünner Schicht finden wir im Polarisationsmikroskop bei einer 70% Probe bei 20 °C die Netzstruktur der Abbildung 6, die mit Sphärolithen und Kleeblattmustern durchsetzt ist. In dickeren Schichten bilden sich kompaktere Strukturen aus (Abb. 7) deren Elemente wir als einachsig negativ bestimmen konnten (9). Läßt man die flüssigen Kristalle des 1,5 Hydrates in einer dünnen Schicht aus der Schmelze auskristallisieren, erscheinen die Netze der gezeigten Abbildung 6. In dickeren Schichten, z. B. in einem kugelförmig ausgeschliffenen Objektträger, entstehen beim Abkühlen zunächst die nadelförmigen Bâtonnets der Abbildung 8, die beim weiteren Abkühlen zu den Strukturen der Abbildung 9 und 10 zusammenwachsen.

Das Auftreten dieser Texturen spricht für eine Struktur, bei der an einem bereits vorhandenen Hydrat Wasser angelagert ist, so daß zwei hydratisierte Polyglykolätherketten miteinander verbunden werden. Diese Annahme liefert eine Erklärung für das Auftreten eines gebrochenen Polyätherhydrates mit seinen charakteristischen Netzstrukturen, die immer bei den niederen Hydratstufen gefunden werden.

Um den flüssig-kristallinen Bereich gegen den kristallinen abzugrenzen, haben wir Abkühlungskurven aufgenommen (11). In Abbildung 2 sind die Meßpunkte der thermischen Analyse durch Kreuzchen markiert. Wir finden ein einfaches Eutektikum, sind aber nicht sicher, ob die langsame Kristallisation der Mischungen eine Verbindungsbildung unterdrückt.

Erhitzen wir die NP-10 Hydrate – wenn nötig im Bombenrohr – über ihren Schmelzpunkt hinaus (12), spalten sie Hydratwasser ab, ohne daß im Polarisationsmikroskop eine neue Struktur zu erkennen ist. Es entsteht das bekannte 2-Phasengebiet (13), das in Abbildung 11 durch Punkte mit nach oben gerichteten Pfeilen abgegrenzt ist, um anzuzeigen, daß die Trübung mit steigender Temperatur eintritt. Beim Abkühlen dieser Lösungen treten wieder Trübungen auf, die durch Punkte mit nach unten zeigenden Pfeilen in die Abbildung 11 eingezeichnet sind. Die Pfeilrichtung zeigt jetzt an, daß die Trübung beim Abkühlen eintritt. Im unteren Temperaturbereich liefern diese Trübungspunkte zwei Max. Das linke Max. deutet wiederum Stufen an und bestätigt die angenommene Schichtstruktur der höheren NP-10 Hydrate. Das rechte Max. zeigt ein 1,5 Hydrat und spricht für die Verbindung eines Polyglykolätherhydrates durch weiteres Wasser.

Das 2. Phasendiagramm wurde an Mischungen des großtechnisch hergestellten Emulgators PV-15 (14) mit Wasser aufgenommen

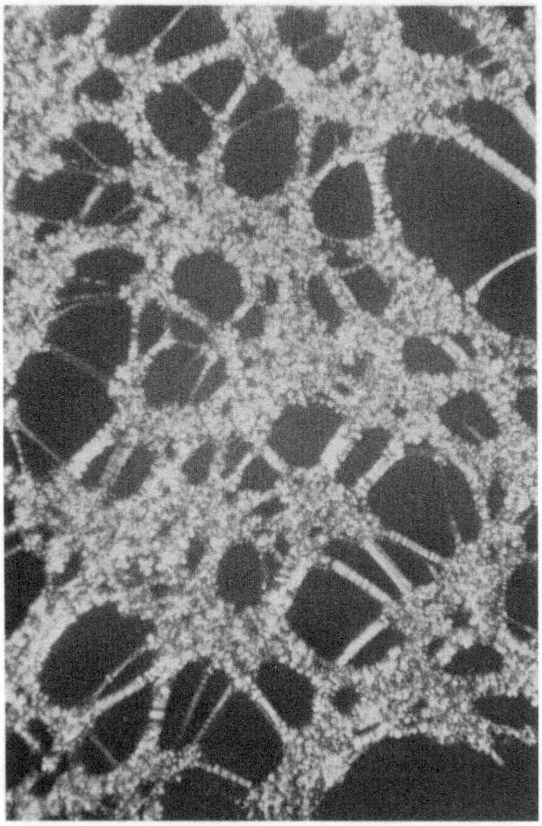

Abb. 6. 70%ige NP-10-Lösung bei 20 °C in dünner Schicht vor dem Schmelzen
Vergrößerung: 0,1 mm ⟶ |———|

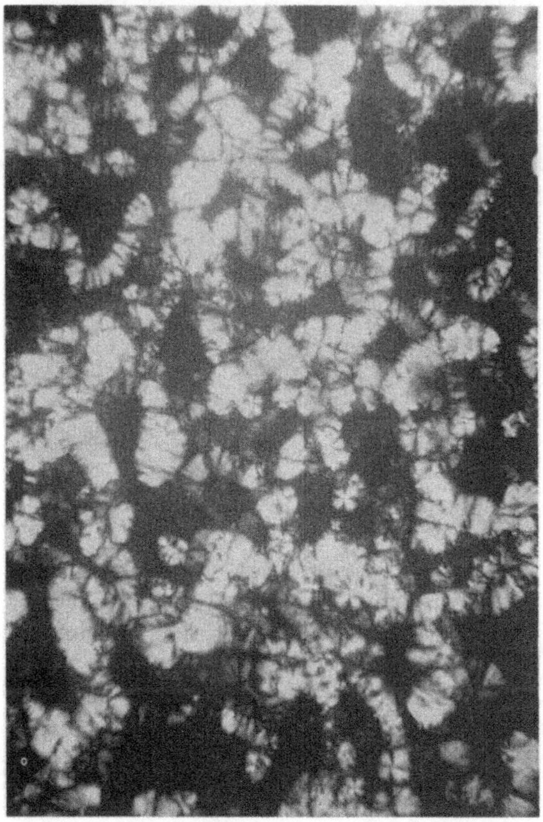

Abb. 7. 70%ige NP-10-Lösung bei 20 °C in dickerer Schicht vor dem Schmelzen
Vergrößerung: 0,1 mm ⟶ |—|

Abb. 8. 70%ige NP-10-Lösung in dicker Schicht nach dem Aufschmelzen und Abkühlen
Vergrößerung: 0,1 mm ⟶ |—|

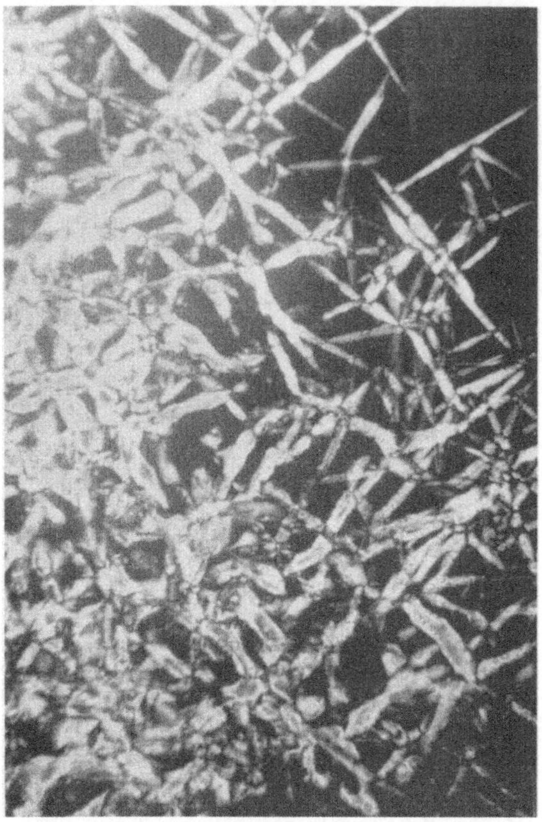

Abb. 9. 70%ige NP-10-Lösung in dicker Schicht nach dem Aufschmelzen und Abkühlen
Vergrößerung: 0,1 mm ⟶ |—|

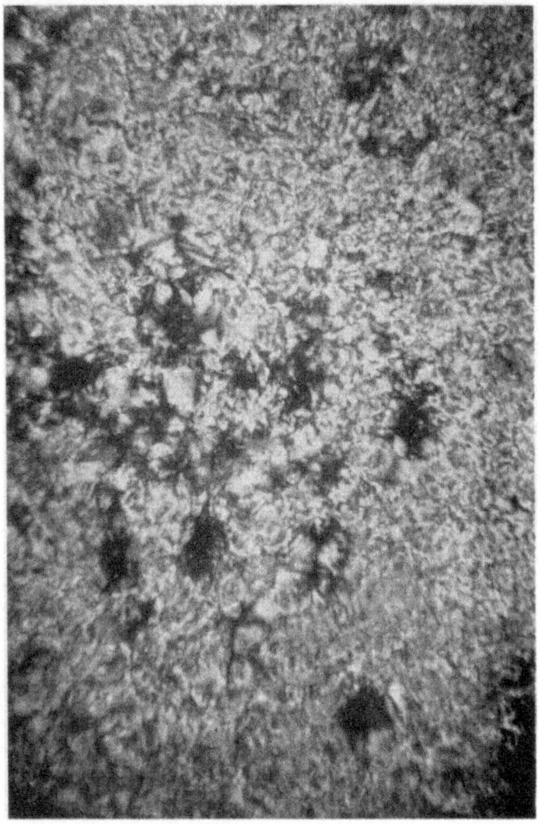

Abb. 10. 70%ige NP-10-Lösung in dicker Schicht nach dem Aufschmelzen und Abkühlen Vergrößerung: 0,1 mm ⟶ |—|

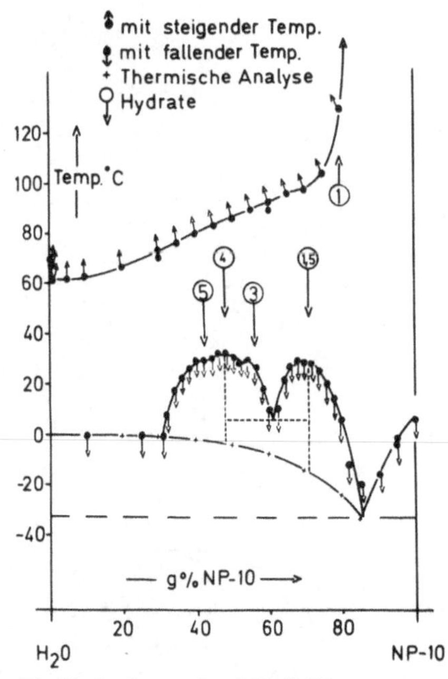

Abb. 11. Trübungspunkte NP-10/Wasser

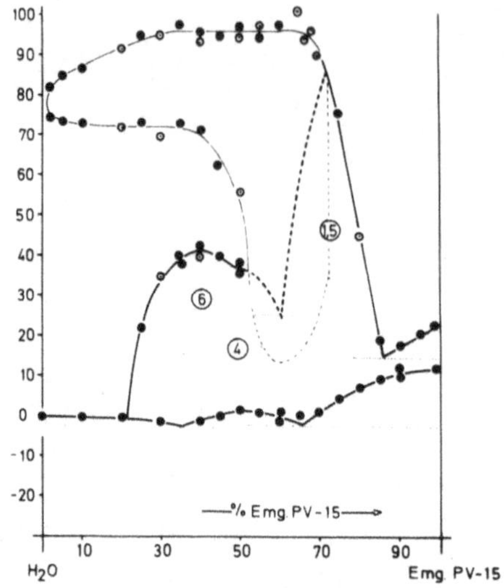

Abb. 12. Phasendiagramm Emulgator PV-15/Wasser

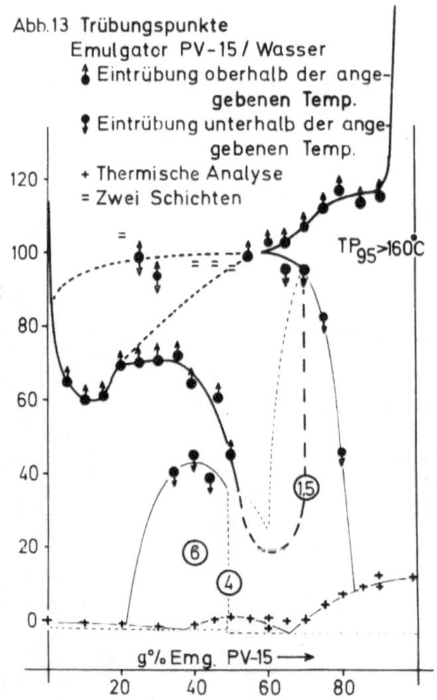

Abb. 13. Trübungspunkte Emulgator PV-15/Wasser

(4) (Abb. 8). Wir finden bei diesem nichtionischen Tensid wieder zwei flüssig-kristalline Bereiche. Ein Hexahydrat mit einem Schmelzpunkt von 41,5 °C, dem noch der Rest eines Peritektikums vorgelagert ist. Die niedere Hydratstufe ist im Schmelzdiagramm schwer zu charakterisieren, da sie von einer Mischungs-

lücke überlagert wird. Diese ist zu einem großen Teil im Polarisationsmikroskop gut abzugrenzen. Sie entsteht dadurch, daß die höheren Hydratstufen Wasser abspalten und in die niedere Hydratstufe übergehen, die deutliche Polarisationsfarben zeigt. Oberhalb von 95 °C verschwinden die flüssig-kristallinen Strukturen, da die niedere Hydratstufe schmilzt oder weiteres Wasser abspaltet.

Trübungspunktmessungen im Bombenrohr geben uns weitere Anhaltspunkte. In Abbildung 13 sind die Resultate zusammengefaßt. Die in der Abbildung eingezeichneten Pfeile zeigen wieder an, ob die Eintrübung mit steigender oder fallender Temperatur eintritt. So wird eine 30%ige Lösung bei 32,5 °C klar, trübt bei 62 °C ein, klart bei 94 °C noch einmal kurz auf, um dann gleich wieder trübe zu werden. Bei einer 80%igen Lösung finden wir einen klaren, homogenen Bereich zwischen 46 und 116 °C. Ohne auf Einzelheiten einzugehen, stellen wir fest, daß unsere Trübungspunktmessungen die Ergebnisse der optischen Schmelzpunktbestimmungen bestätigen.

Zu tiefen Temp. hin haben wir wieder versucht, das Phasendiagramm durch Erstarrungspunktmessungen abzugrenzen. Im kristallinen Bereich ist ein Tri- oder Tetrahydrat schwach angedeutet.

Die Mikroaufnahmen der Abbildungen 14 bis 23 zeigen die Strukturen der Emulgatorhydrate. Zunächst sehen Sie in Abbildung 14 das Hexahydrat mit 40% Emulgator. Das Photo wurde bei Zimmertemperatur aufgenommen. In dieser dünnen Schicht ist eine farblose Schicht- oder Plattenstruktur zu erkennen. In dickeren Schichten (Abb. 15) erscheinen kräftige Farben, ohne daß die Schichtstruktur ganz verloren geht. Läßt man die Phase aus der Schmelze auskristallisieren (Abb. 16), sind die einzelnen Platten meist kegelförmig zusammengefaßt. In dieser dünnen Schicht erscheinen keine Polarisationsfarben, aber die einzelnen Schichten oder Platten sind noch deutlich zu erkennen. Betrachtet man ein Präparat mit genügender Schichtdicke nach dem Auskristallisieren aus der Schmelze unter dem Polarisationsmikroskop, sieht man Abbildung 17. Die Schichten sind verlorengegangen. Wir finden dicke Blöcke mit schwachen Farben. Sphärolithbildung und Netzstrukturen wurden bei den höheren Hydratstufen in keinem Fall beobachtet. Die Texturen sprechen wieder für eine aufweitbare Schichtstruktur.

Das flüssig-kristalline Tetrahydrat ist nach unserem Phasendiagramm zwischen 2 und 37 °C beständig. Die folgenden drei Mikroaufnahmen geben Kristalle einer 50%igen Mischung bei 28 °C wieder. Abbildung 18 zeigt das Emulgator PV-15 Tetrahydrat in dünner Schicht ohne weitere Vorbehandlung. Abbildung 19 gibt das gleiche Präparat nach kurzem Aufschmelzen und Abkühlung auf Raumtemperatur wieder. Bei Abbildung 20 ist die Randzone dieser 50%igen Lösung in einem halbkugelförmig ausgeschliffenen Objektträger photographiert. Bei dieser Aufnahme nimmt die Schichtdicke von rechts unten nach links oben zu. Das Tetrahydrat war aufgeschmolzen und auf 28 °C abgekühlt.

Bei allen drei Aufnahmen finden wir flüssigkristalline Strukturen, die dem Emulgator Hexahydrat zumindest sehr ähnlich sind. Wir folgern daraus, daß auch bei den höheren Hydratstufen des Emulgator PV-15 eine quellbare Schichtstruktur vorliegt.

Die niedere Hydratstufe mit 70% Emulgator zeigt wie beim NP-10 bei 40 °C in dünner Schicht eine farblose Netzstruktur, die mit Sphärolithen und Kleeblattmustern durchsetzt ist (Abb. 21). In dickeren Schichten sind die Netze zu Fasern gebündelt, die intensivere Farben zeigen (Abb. 22). Läßt man eine dünne Schicht aus der Schmelze auskristallisieren, entstehen wieder flüssig-kristalline Netze in der gezeigten Form der Abbildung 21. Beim Abkühlen einer dicken Schicht entsteht eine schwach farbige Struktur, die noch mit einzelnen Strukturelementen durchsetzt ist (Abb. 13). Netzstrukturen und Sphärolithbildung deuten auf eine Struktur hin, in der Wasserbrücken auftreten.

Legen wir ein geschmolzenes Hexahydratpräparat auf einen auf 80 °C erhitzten Heiztisch, erscheint nach und nach die Struktur der niederen Hydratstufe (Abb. 24). Man kann beobachten, daß die zuletzt entstehenden Einzelelemente zu Bâtonnets oder Kleeblättern zusammenwachsen, wenn sich die dünnen Seiten der einzelnen Scheibchen berühren. Ordnen sich die Strukturelemente übereinander an, entstehen Bandstrukturen, die in dünner Schicht als Netze erscheinen.

Unsere Viskositätsmessungen (7, 15) an diesen Polyglykoläther-Wassergemischen be-

Abb. 14. 40%ige Emulgator PV-15-Lösung bei 20 °C in dünner Schicht vor dem Schmelzen
Vergrößerung: 0,1 mm ⟶ |———|

Abb. 16. 40%ige Emulgator PV-15-Lösung bei 20 °C nach dem Auskristallisieren aus der Schmelze in dünner Schicht
Vergrößerung: 0,1 mm ⟶ |———|

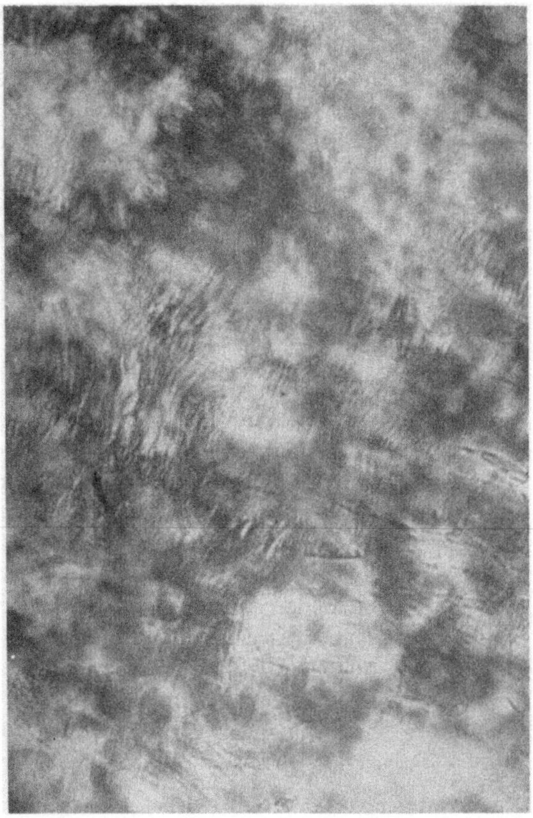

Abb. 15. 40%ige Emulgator PV-15-Lösung bei 20 °C in dicker Schicht vor dem Schmelzen
Vergrößerung: 0,1 mm ⟶ |———|

Abb. 17. 40%ige Emulgator PV-15-Lösung bei 20 °C nach dem Auskristallisieren aus der Schmelze in dicker Schicht
Vergrößerung: 0,1 mm ⟶ |———|

Abb. 18. 50% ige Emulgator PV-15-Lösung in dünner Schicht vor dem Schmelzen bei 28 °C
Vergrößerung: 0,1 mm ⟶ |——|

Abb. 20. 50% ige Emulgator PV-15-Lösung in dicker Schicht nach dem Aufschmelzen und Abkühlen
Vergrößerung: 0,1 mm ⟶ |——|

Abb. 19. 50% ige Emulgator PV-15-Lösung in dünner Schicht nach dem Schmelzen bei 28 °C
Vergrößerung: 0,1 mm ⟶ |——|

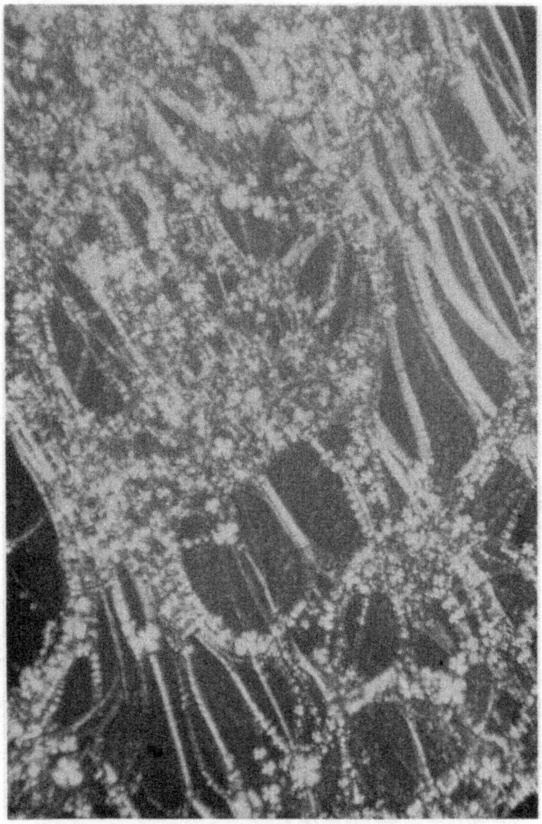

Abb. 21. 70% ige Emulgator PV-15-Lösung bei 40 °C in dünner Schicht ohne Vorbehandlung
Vergrößerung: 0,1 mm ⟶ |——|

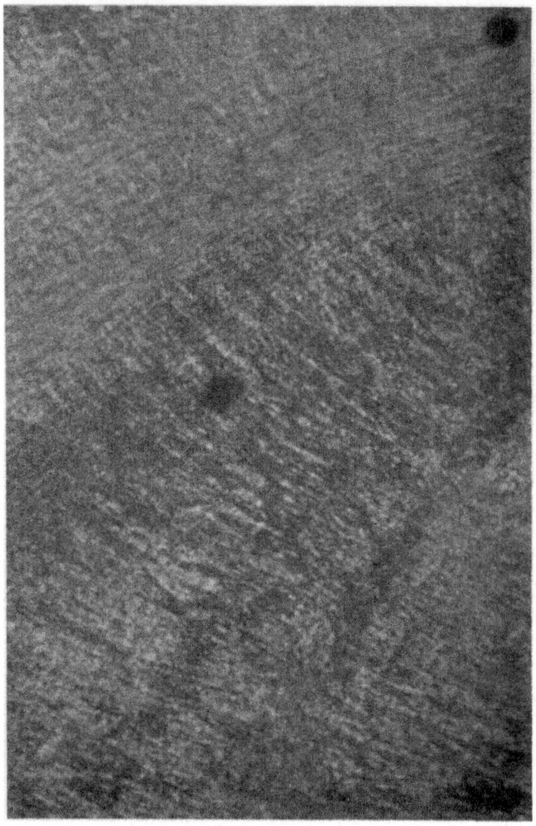

Abb. 22. 70%ige Emulgator PV-15-Lösung bei 40 °C in dicker Schicht vor dem Schmelzen
Vergrößerung: 0,1 mm ⟶ |———|

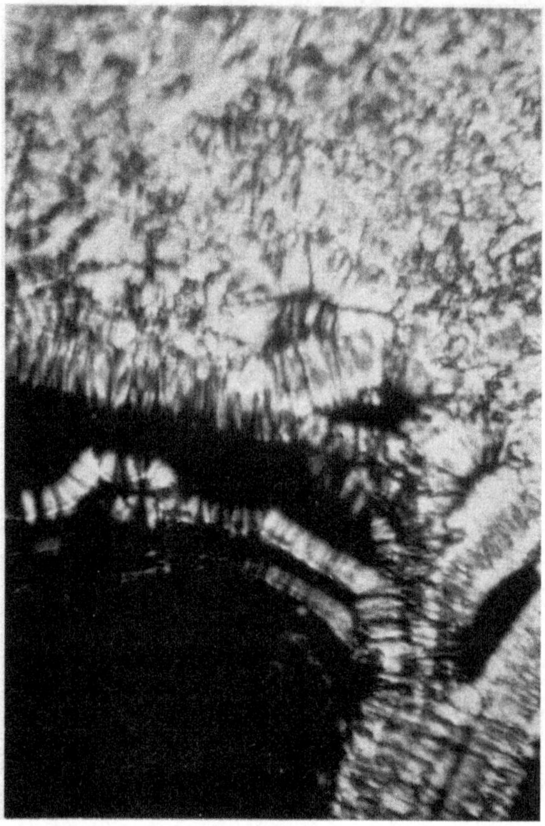

Abb. 24. Umwandlung eines Emulgator PV-15-Hexahydrates in das 1,5-Hydrat
Vergrößerung: 0,1 mm ⟶ |———|

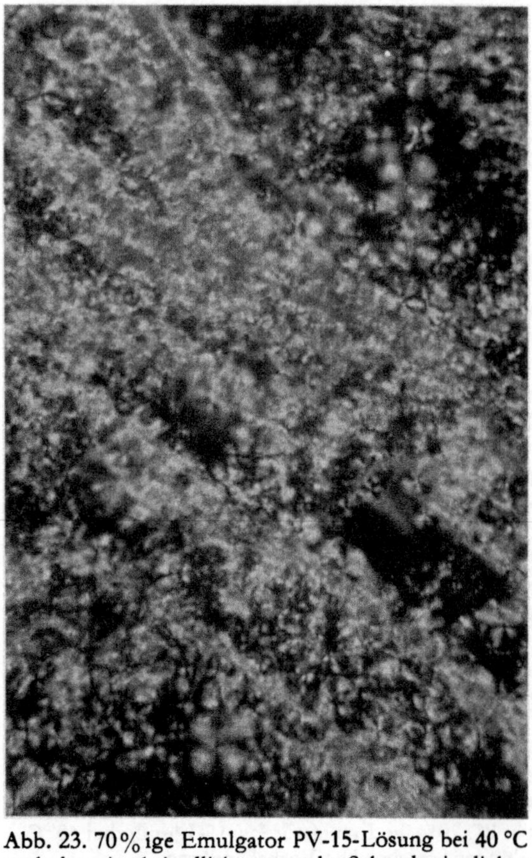

Abb. 23. 70%ige Emulgator PV-15-Lösung bei 40 °C nach dem Auskristallisieren aus der Schmelze in dicker Schicht
Vergrößerung: 0,1 mm ⟶ |———|

stätigen unsere bisherigen Aussagen. In Abbildung 25 ist die Viskosität der wäßrigen NP-10 Lösungen in Zentipoise (cp) gegen die Zusammensetzung der Lösungen in Gewichtsprozent aufgetragen. Wir finden bei 20 °C zwei ausgeprägte Maxima.

Das linke Max. zeigt ein NP-10-Tetrahydrat an, dessen Schichtstruktur die hohen Viskositäten dieser Gele verständlich macht. Das Max. ist so breit, daß in ihm bequem ein Tri- und Pentahydrat untergebracht werden können. Wichtig ist aber, daß diese drei Hydrate nur ein gemeinsames Max. ausbilden.

Das rechte Max. zeigt ein NP-10 Hydrat an, bei dem ziemlich genau 1,5 Wassermolekeln an jedem Sauerstoffatom der Polyglykolätherkette angelagert sind. Die Viskositätswerte und die gebrochene Hydratationszahl sprechen für die Wasserbrückenstruktur, die wir in diesem Bereich angenommen haben.

Unsere Viskositätsmessungen an Emulgator PV-15 Wassergemischen zeigt Abbildung 26 (4), in der Zentipoise (cp) jetzt logarithmisch gegen den Emulgatorgehalt aufgetragen sind. Wir finden bei 40 °C wieder zwei ausgeprägte

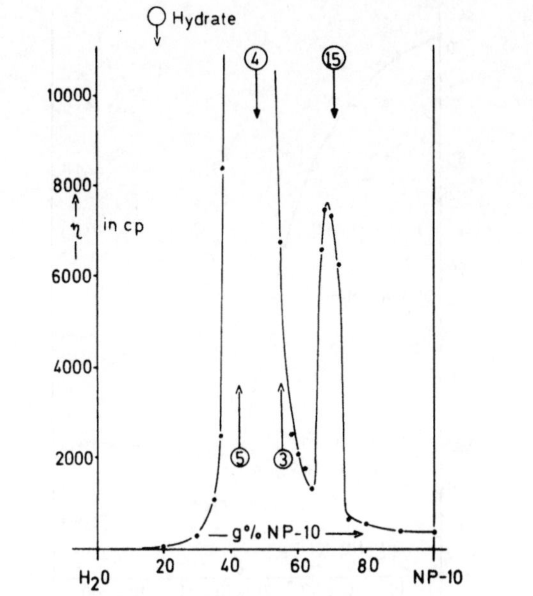

Abb. 25. Viskositäts/Konz.-Kurve des NP-10 mit Wasser bei 20 °C

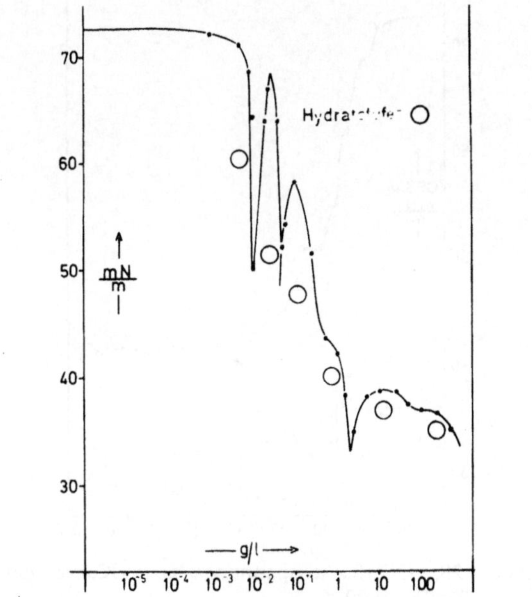

Abb. 27. Oberflächenspannungs/Konz.-Kurve des Dodecyldimethylbenzylammoniumchlorid bei 20 °C

Max., die zwei Hydratstrukturen anzeigen. Das linke Max. bestätigt die Schichtstruktur der höheren Hydratstufen, und das rechte Max. weist ein 1,5 Hydrat aus. Die Viskositätsmessungen zeigen, daß die niedere Hydratstufe

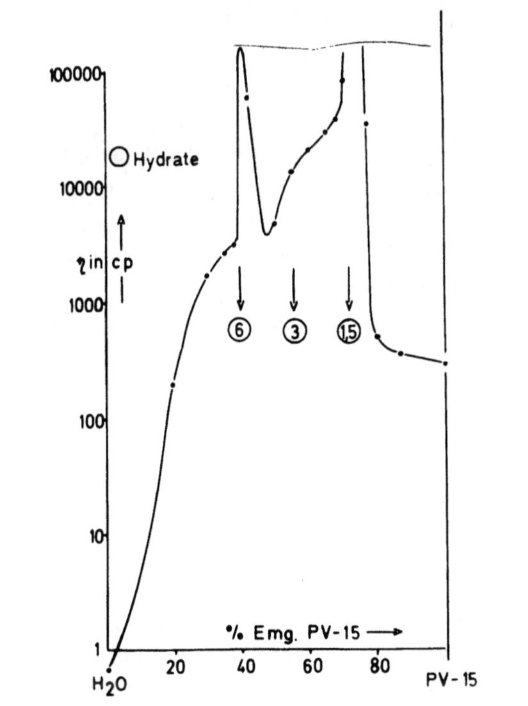

Abb. 26. Viskositäts/Konz.-Kurve des Emg. PV-15 bei 40 °C

des Emulgator PV-15 ebenfalls ein 1,5 Hydrat ist, für das die Verknüpfung einer hydratisierten Polyglykolätherkette durch weiteres Wasser eine Erklärung liefert.

Unsere Messungen deuten noch ein weiteres schwaches Max. an, das sehr temperaturbeständig ist (4). Es liegt an der Stelle eines Trihydrates. Da auch bei NP-10 das Trihydrat als einzige Hydratstufe noch bei 50 °C nachzuweisen ist (15), glauben wir, daß diese Hydratstufe die thermostabilste Endstufe der Schichtstrukturen der höheren Polyglykolätherhydrate ist.

3. Ergebnisse in der Lösungsoberfläche

Betrachten wir jetzt die Ergebnisse an der Oberfläche von Tensidlösungen. Wir haben an anderer Stelle gezeigt, daß man vor allem mit einem automatisch arbeitenden Oberflächenspannungsmeßgerät (16, 17) Tensidhydrate in einem Oberflächenfilm nachweisen kann (4, 6, 18).

Hierzu möchte ich zunächst ein charakteristisches Beispiel anführen. In Abbildung 27 ist die Oberflächenspannung nach genügend langen Meßzeiten in mN/m gegen den Logarithmus der Konzentration aufgetragen. Das Tensid, das wir untersucht haben, war ein geradkettiges Dodecyldimethylbenzylammoni-

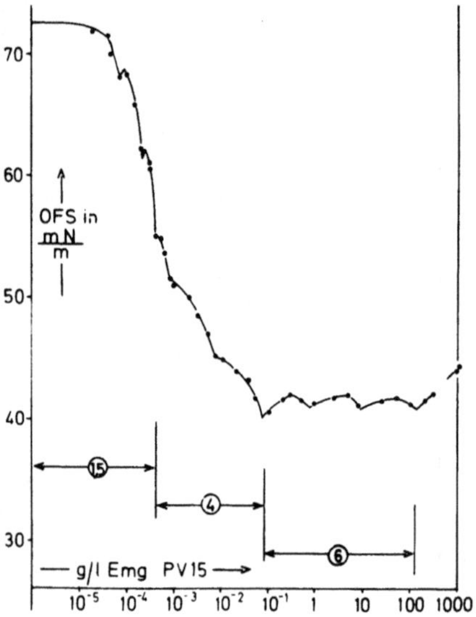

Abb. 28. Oberflächenspannungs/Konz.-Kurve des Emg. PV-15 bei 20 °C
○ Hydratstufen

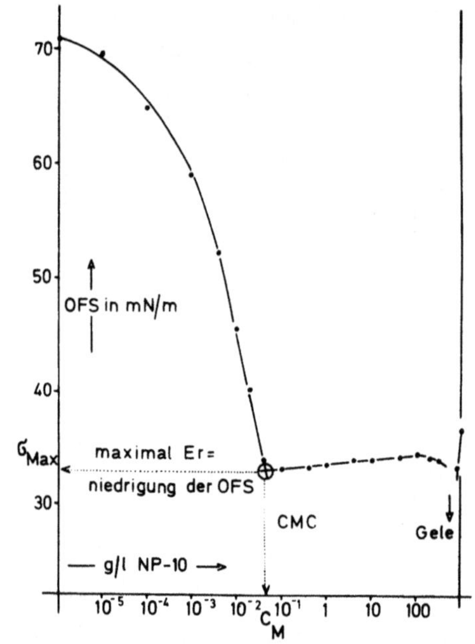

Abb. 29. Oberflächenspannungs/Konz.-Kurve des NP-10 bei 20 °C

umchlorid mit einheitlicher Kettenlänge des Dodecylrestes. Die Einheitlichkeit des eingesetzten, gut wasserlöslichen, kationischen Tensids ließ nur den Schluß zu, daß die flüssigkristallinen Hydratphasen des Alkylarylammoniumchlorids für diese Maxima verantwortlich sind. Die Eisblumenstruktur des Nonahydrates gibt Abbildung 1 wieder.

Eine Voraussetzung, daß Tensidhydrate durch Oberflächenspannungsmessungen erfaßt werden, ist eine ausreichende Wasserlöslichkeit des Tensids. Hydrophobe Tenside können nämlich einen so stabilen Oberflächenfilm aufbauen, daß nachfolgenden Verbindungen der Zutritt in die Oberfläche versperrt wird.

Sehen wir uns nach dieser Vorbemerkung die Oberflächenspannungsmessungen unserer Polyglykoläther an. Abbildung 28 zeigt die Oberflächenspannungs/Konzentrations-Kurve des Emulgator PV-15 (4). Es werden drei Verbindungen angezeigt, die dem 1,5-, dem Tetra- und Hexahydrat entsprechen dürften, die wir in Lösungen nachgewiesen haben. Alle 3 Phasen zeigen eine Dreiteilung, die durch den hydrophoben Molekelteil verursacht wird, denn bei der Polykondensation sind 3 hydrophobe Komponenten entstanden, die oxäthyliert mit verschiedener Geschwindigkeit in die Oberfläche diffundieren.

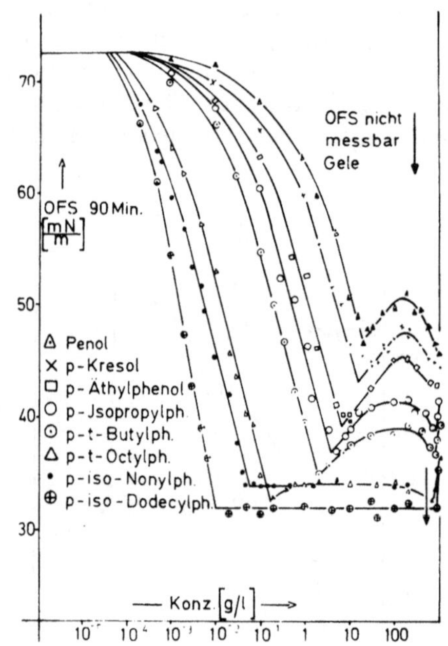

Abb. 30. Oberflächenspannungs/Konz.-Kurven der Alkylphenoldekaglykoläther bei 20 °C

Beim NP-10 finden wir fast eine ideale Oberflächenspannungs/Konzentrations-Kurve trotz der Verteilung der Kohlenwasserstoff- und Polyglykolätherketten (6) (Abb. 29). Es liegt der Fall vor, daß der Oberflächenfilm so

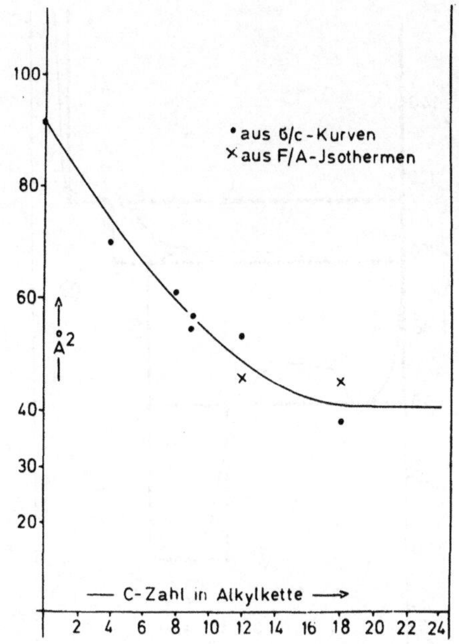

Abb. 31. Der Platzbedarf von Alkylphenoldekaglykoläthern als Funktion der Zahl der Kohlenstoffatome in der Alkylkette

fest in der Lösungsoberfläche liegt, daß Störungen durch höhere Hydratstufen unterdrückt werden. Machen wir den Alkylphenoldekaglykoläther aber hydrophiler, indem wir z. B. die Alkylkette verkürzen, dann wird das Maximum in den Oberflächenspannungs/Konzentrations-Kurven ausgeprägter, wie es in Abbildung 39 deutlich zu sehen ist (19).

Rechnen wir nun über die Gibbssche

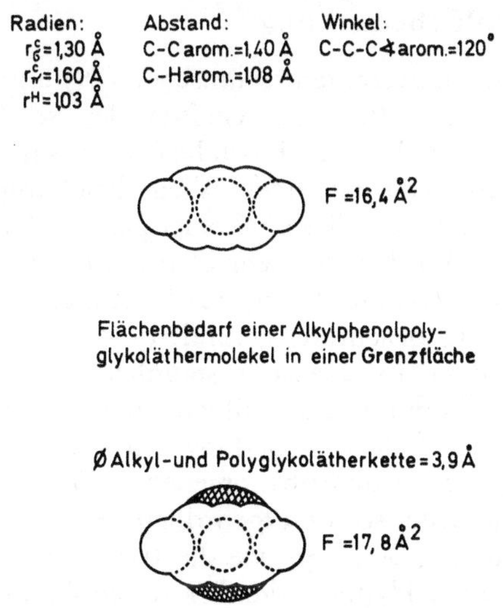

Abb. 32. Flächenbedarf eines Benzolringes in einer Grenzfläche

Gleichung aus der Steigung unterhalb der Mizellbildungskonzentration bei diesen Alkylphenoldekaglykoläthern den Platzbedarf einer Molekel in der Oberfläche der Lösung aus, kommen wir zu den Ergebnissen der Abbildung 31, in der der Platz in Å² gegen die Zahl der Kohlenstoffatome in der Alkylkette aufgetragen ist (6, 20).

Wir finden mit ansteigender Zahl der Kohlenstoffatome in der Alkylkette ein kontinuierliches Absinken des Platzbedarfes von über 90 Å² auf einen Grenzwert von 40,7 Å². Diese 40 Å² sind der Platzbedarf einer hydrophoben Alkylphenoldekaglykoläthermolekel in einer vollbesetzten Wasseroberfläche, wenn keine äußeren Kräfte wirken.

In einer solchen Grenzfläche liegen die Benzolringe idealisiert senkrecht aufgerichtet zur Wasseroberfläche, die Äthylenoxidkette ist gestreckt ins Wasser eingetaucht, und die Kohlenwasserstoffketten ragen in die Luft hinaus. Es stellt sich die Frage, ob bei einer solchen gestreckten Molekelanordnung die hydrophilen Gruppen noch hydratisiert sind.

Vergleichen wir dazu den Platzbedarf von 40 Å² in einer maximal besetzten Grenzfläche mit der Fläche, die eine gestreckte Alkylphenolpolyglykolätherkette an Hand von Stuart-Briegleb-Kalotten einnimmt. Dazu ist im oberen Teil der Abbildung 32 zunächst die Fläche abgeschätzt, die ein hochgestellter Benzolring in der Papierebene einnimmt. Wir finden 16,4 Å², wenn wir mit den in der Abbildung angegebenen Kernabständen *A* (21, 22), den dazugehörigen Winkeln (21, 22) und Atomradien arbeiten (23). Diese Fläche wird durch die KW- und Polyglykolätherkette auf 17,8 Å² vergrößert, wie es im unteren Teil der Abbildung 23 gezeigt ist. Unsere Fläche ist kleiner als die von *Adam* und von *Baranova* und Mitarbeitern (24) angegebenen Fläche von 24,0 Å² für einen vertikal orientierten Benzolring und andere einfache substituierte Benzolverbindungen (24, 25).

Subtrahieren wir von der experimentell gefundenen Fläche von rund 40 Å² die an Stuart-Briegleb-Kalotten abgegriffene Fläche von rund 20 Å² für eine Alkylphenolpolyglykolätherkette, so bleibt ein Rest von 20 Å², der eigentlich nur durch eine die Molekel umhüllende Hydrathülle ausgefüllt werden kann. Für eine Knäuelung der Polyglykolätherkette ist ein Platz von 40 Å² zu groß, denn an Hand

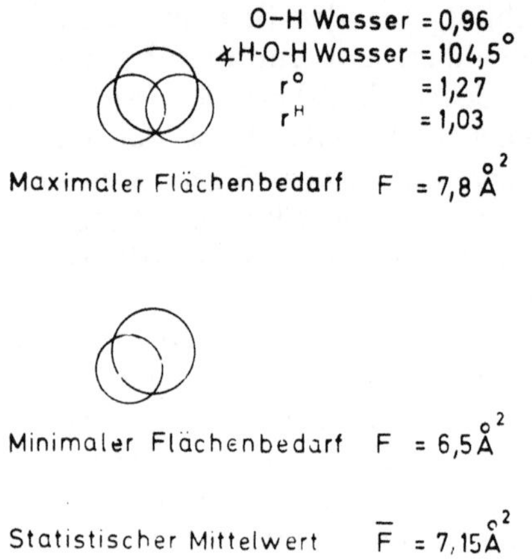

Abb. 33. Flächenbedarf einer Wassermolekel

von Stuart-Briegleb-Kalotten benötigt eine vollständig geknäuelte Polyglykolätherkette nur eine Fläche von etwa 30 Å².

Um nun abzuschätzen, wieviel Wassermolekel eine Polyglykolätherkette in einem besetzten hydrophoben OF-Film einhüllen, benötigen wir den Platzbedarf einer einzelnen Wassermolekel. Die Abschätzung an Hand von Stuart-Briegleb-Kalotten liefert einen statistischen Mittelwert von 7,2 Å² (Abb. 33), der mit den Werten von *Noll*, *Büchner*, *Steinbach* u. *Sucker*, die zwischen 7,0 u. 7,6 Å² liegen, gut übereinstimmt (26, 27). Der Wert ist kleiner als der von *Eötvös* angegebene Wert von 9,65 Å² (27).

Teilen wir die für eine Hydratation zur Verfügung stehende Fläche von rund 20 Å² durch den Flächenbedarf einer Wassermolekel von im Mittel 7,2 Å², so finden wir 2,8 Wassermolekel pro Molekülquerschnitt. Mit anderen Worten heißt das, die Abschätzungen an Stuart-Briegleb-Kalotten zeigen, daß bei maximaler Oberflächenbelegung das Wasser nicht völlig von einer Polyglykolätherkette abgestreift wird, sondern daß die niedrigste Hydratstufe erhalten bleibt. An Polyglykolätherketten würden also 1,5 Wassermolekeln pro Polyäthersauerstoffatom gebunden bleiben. Der Rest der Fläche wird durch die Molekelbewegung ausgefüllt.

Da Polyglykolätherhydrate in Lösung typisch flüssig-kristalline Strukturen besitzen, müssen sie in Oberflächenfilmen ebenfalls flüssig-kristallin sein. Solche strukturierten Grenzflächenfilme können vor allem in hydrophilen Systemen dicker sein, als es einer Monoschicht entsprechen würde. So fanden dann auch *Proust*, *Peres* und *Ter-Minassian-Saraga* beim Spreiten von 4,4'-Pentylcyanobiphenyl auf Wasser nematische Filme mit Dicken zwischen 0,5 und 10 μ, die polarisationsoptisch gut zu beobachten waren (28).

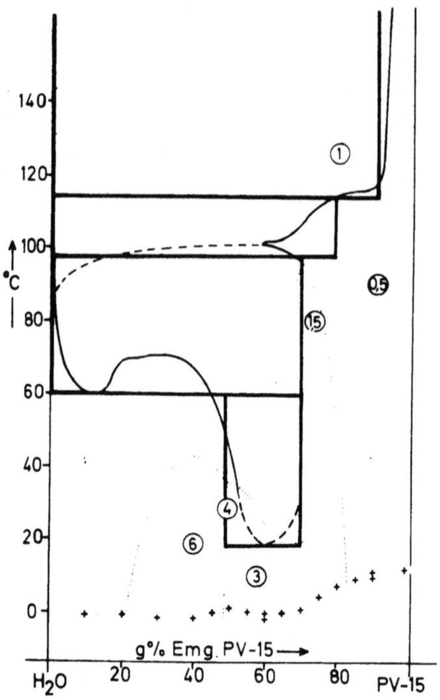

Abb. 34. Hydratstufen in der Mischungslücke Emulgator PV-15/Wasser

4. Schlußbemerkung

Die interessanten technischen (29) und biologischen (30) Eigenschaften der so lange bekannten flüssigen Kristalle (31) haben in der ganzen Welt zu einer Wiederbelebung der Forschung auf diesem Gebiet geführt (32, 33, 34, 35, 36). Um so mehr bleibt es erstaunlich, daß die Hydratbildung der lyotropen Phasen so wenig Beachtung gefunden hat.

Und es ist ebenso erstaunlich, daß diese Hydratbildung, oder allgemein ausgedrückt, daß eine Solubilisatbildung bei der Behandlung von Lösungsphänomenen in Theorie und Praxis eine so untergeordnete Rolle spielt. Abbildung 34 zeigt, wie die Existenzbereiche definierter Hydrate, die dick in die Abbildung eingezeichnet sind, das Auftreten der Mischungslücke erklären können.

Zusammenfassung

Polyglykoläther bilden in ihren wäßrigen Lösungen definierte Hydrate aus. Die Wassermolekel sind an die Sauerstoffatome der Polyglykolätherkette angelagert und zeigen charakteristische flüssig-kristalline Strukturen. Die niedere Hydratstufe mit 1,5 Wassermolekeln pro Äthersauerstoffatom besitzt Netz-, Kleeblatt- oder Sphärolithstruktur. Die höheren Hydrate mit 3 bis 6 Wassermolekeln pro Sauerstoffatom der Polyglykolätherkette zeigen einen schichtartigen Aufbau, bei dem Wasser zwischen den Schichten gespeichert werden kann.

Oberflächenspannungsmessungen zeigen, daß vor allem bei hydrophileren Tensiden in Oberflächenfilmen Stufen auftreten, die durch Tensidhydrate verursacht werden können. Diese Hydrate dürften die flüssig-kristallinen Strukturen besitzen, die wir in Lösungen nachgewiesen haben. Die klassische Oberflächenspannungs/Konzentrations-Kurve, mit dem geradlinigen Abfall der Oberflächenspannung unterhalb der Micellbildungskonzentration, wird von der niedrigsten Hydratstufe des Tensid gebildet.

Summary

In their aqueous solutions polyglycol ethers form defined hydrates. The water molecules are situated at the oxygen atoms of the polyglycol ether chain and have typical liquid crystal structures. The lower hydrate level with 1.5 water molecules per ether oxygen atom has a reticular, clover leaf or spherulite structure. The higher hydrates with 3 to 6 water molecules per oxygen atom of the polyglycol ether chain have a layered structure which enables water to be stored between the layers.

Measurements of surface tension show that especially in the case of more hydrophilic surfactants in surface films breaks occur, which may be caused by surfactant hydrates. These hydrates ought to have the liquid crystal structures which we have established in solutions. The classic surface tension/concentration curve, with the surface tension falling in a straight line below the critical concentration for micelle formation, is formed by the lowest hydrate level of the surfactant.

Literatur

1) *Winsor, P. A.*, In: Liquid Crystals and Plastic Crystals, Herausgeber *G. W. Gray, P. A. Winsor* (Verlag Wiley u. Sons Ltd. 1975).

2) *Ekwall, P. E.*, In: „Advances in Liquid Crystals", Herausgeber *G. H. Brown* (Academic Press 1975).

3) *Heusch, R., A. Stessel, H. Schwentke*, Fette-Seifen-Anstrichmittel **78**, 359 (1976).

4) *Heusch, R.*, VII. Intern. Kongreß für Grenzflächenaktive Stoffe, Moskau 1976, B/6 Nr. 59.

5) *Heusch, R.*, APV Informationsdienst, **18**, (1), 1972.

6) *Heusch, R.*, Tenside **12**, 81 (1975).

7) *Boehmke, G., R. Heusch*, Fette-Seifen-Anstrichmittel **62**, 87 (1960).

8) I.G.-Farbenindustrie EP 470 181 (1935).

9) *Heusch, R., A. Stessel*, unveröffentlicht.

10) siehe z.B. *Hollemann-Wiberg*, Lehrbuch der anorganischen Chemie, 57.–70. Auflage, S. 331 (Verlag De Gruyter, Berlin 1964).

11) *Eucken, A., R. Suhrmann*, Phys.-chem. Praktikumsaufgaben, 3. Auflage S. 112 (Akademische Verlagsgesellschaft, Leipzig 1952).

12) DIN 53 917 (1973).

13) *Lange, H.*, Fette-Seifen-Anstrichmittel **70**, 748 (1968).

14) Bayer AG, DT-Pat. 1 094 523 (1960).

15) *Heusch, R.*, Berichte des V. Intern. Kongreß für Grenzflächenaktive Stoffe, Bd. II S. 1007 (Barcelona 1968).

16) *Sucker, Ch., W. Meskat, R. Heusch.* DP 1 211 821 (1964).

17) Hersteller: Meßgeräte-Werke Lauda, 6970 Lauda, Postfach 350.

18) *Heusch, R.*, Berichte des VI. Intern. Kongreß für Grenzflächenaktive Stoffe, Bd. I, 437 (Zürich 1972).

19) *Heusch, R.*, Berichte des IV. Intern. Kongresses für Oberflächenaktive Stoffe, Bd. I, S. 105 (Brüssel 1964).

20) *Heusch, R.*, Fette-Seifen-Anstrichmittel **72**, 969 (1970).

21) *Landolt-Börnstein*, 6. Auflage, Bd. I, 2. Teil, S. 10.

22) Handbook of Chemistry and Physics, **52**, F 173 (1971–1972).

23) Atomkalotten nach *Stuart-Briegleb* zur Herstellung von Molekül-Modellen. Leybold Liste PH 17, S. 4.

24) *Baranova, V. J., M. V. Volkova, I. S. Lavrov, S. I. Pol'kina*, Coll. Journal USSR (engl.) **38**, 397 (1976).

25) *Adam, N. K.*, The Physics and Chemistry of Surface (Oxford University Press, London 1949, S. 50).

26) *Noll, W., W. Büchner, H. Steinbach, Ch. Sucker*, Kolloid-Z. u. Z. Polymere **250**, 17 (1972).

27) *Steinbach, H., Ch. Sucker*, Kolloid-Z. u. Z. Polymere **250**, 816 (1972).

28) *Proust, J. E., E. Peres, L. Ter-Minassian-Saraga*, Colloid and Polym. Sci. **254**, 672 (1976).

29) *Margerum, J. D., L. J. Miller*, J. Coll. Interf. Sci. **58**, 559 (1977).

30) *Small, D. M.*, J. Coll. Interface Sci. **58**, 581 (1977).

31) *Reinitzer, F.*, Monatshefte Chemie, **9**, 421 (1888).

32) *Brown, G. H.*, J. Coll. Interface Sci. **58**, 534 (1977).

33) *Saupe, A.*, J. Coll. Interface Sci. **58**, 549 (1977).

34) *Meier, G., E. Sackmann, J. G. Grabmaier*, Application of Liquid Crystals (Verlag Springer, Berlin 1975).

35) *Luckhurst, G. R., C. Zannoni*, Nature **267**, 412 (1977).

36) *Tamamushi, B.*, Progr. Colloid u. Polymer Sci. **60**, 152 (1976).

Anschrift des Verfassers:

Dr. *R. Heusch*
Bayer AG, Farbenforschung 4, HG
5090 Leverkusen

Progr. Colloid & Polymer Sci. **65**, 200–205 (1978)

ISSN 0340-255 X

Fachbereich Biologie der Universität Konstanz

Interfacial tension at plasma membranes of normal and virustransformed fibroblast cell cultures

G. Adam and *Ch. Schumann*

With 3 figures

(Received November 1, 1977)

1. Introduction

Numerous studies have shown that the plasma membrane of mammalian cells exhibits profound changes of its physical state upon processes of stimulation or inhibition of proliferation, and upon transformation of normal cells (1–7).

Considering the plasma membrane of the cells and its adjacent electrolyte environment as an interfacial system, it is clear that the surface tension of the outer cell membrane is a thermodynamic parameter most relevant for description of isothermal changes of its physical state during the regulation processes indicated above.

Measurements of interfacial tensions of biological membranes up to now have been restricted mainly to large suspended cells (8).

However, fairly recent developments in the thermodynamic theory of contact angle phenomena (9) appear to provide for a convenient approach to investigation of interfacial tensions of cell culture preparations (10). We have used, therefore, the method of contact angle measurement to investigate interfacial tensions of 3T3 mouse fibroblasts and its DNA-virus transformed derivatives SV40–3T3 and PY–3T3 cells in different states of cellular proliferation.

2. Experimental

In vitro cultures of Swiss 3T3, SV40–3T3 and PY–3T3 cells have been maintained antibiotica-free in Dulbecco-modified minimal essential medium (DMEM) containing 5% heat-inactivated newborn calf serum in a moisted atmosphere of air and 10% CO_2 at 37 °C. Media and supplements were obtained from Flow Laboratories (Bonn, BRD).

For measurement of the contact angle, the experimental or control cultures were rinsed twice with a Ringer solution (139 mM NaCl, 5 mM KCl, 10 mM triethanolamine, 1 mM $CaCl_2$) followed by a very brief rinse with distilled water. Thereafter, the fluid was sucked off carefully and the surface wetness of the cell sheet dried off by maintaining the plates in a thermostated incubator at a relative humidity of 30–50% for 30–45 minutes. As controlled by weighing of the plates, the cells lose less than 20% of their intracellular water during the drying process. This loss of cell water could be proven to be the same within experimental error both for experimental and for control cultures.

Thereafter, the advancing contact angle of a sessile 5 μl drop of Ringer solution on the cell sheet was measured 1 min after delivery using a goniometer eyepiece (Zeiß, Oberkochem, BRD) fitted to a telescope (Spindler & Hoyer, Göttingen, BRD). For measurement, the cells and the Ringer solution used were thermostated in an aluminium block with a plexiglass cover. Temperatures for the drying and measuring procedures were determined using temperature surface probe Pt84 and digital thermometer R40 from Meßgerätewerk Lauda, BRD. The temperature for the drying and measuring procedures was chosen as 20 ± 2 °C. In some experiments the temperature of drying was adjusted to 12 °C or to 15 °C. The latter modification did not produce any effect on the results exceeding the variation between different cell culture preparations.

Experimental and control incubation procedures are given in the legends to the figures.

Concanavalin A was obtained either from Boehringer, Mannheim (BRD) or Serva, Heidelberg (BRD), both preparations yielding the same results. The inhibitor α-methyl mannoside was purchased from Sigma, München (BRD).

3. Numerical evaluation of experimental results

The thermodynamic status of contact angles θ in conjunction with Young's equation

$$\gamma_{SV} - \gamma_{SL} = \gamma_{LV} \cos \theta \qquad [1]$$

has been worked out by *Neumann* and others (9) for smooth homogeneous and isotropic solids in contact with a single component liquid, showing that in addition to eq. [1] there exists a relation

$$\gamma_{SL} = \frac{(\sqrt{\gamma_{SV}} - \sqrt{\gamma_{LV}})^2}{1 - 0.015 \sqrt{\gamma_{SV}\,\gamma_{LV}}} \qquad [2]$$

which represents an equation of state for the interfacial system.

Thus, from eqs. [1] and [2] the quantity γ_{SL} may be derived, if θ and γ_{LV} are determined experimentally, provided the conditions of validity of these equations are fulfilled. If the solid phase in these relations is the outer plasma membrane of a sheet of cells on a petriplate, the condition of homogeneity of the solid surface may be checked by microscopic observation of the shape of the sessile drop and by considering the variance of contact angles at different cell densities on the plate. It was found that above a cell density of 5×10^3 cells/cm² the outline of the drop is fairly circular and completely smooth, indicating no irregularities at the location of the cells. Similarly the relative standard deviation of contact angles above a cell density of 5×10^3/cm² is in the range of 5 to 10% of the mean, without showing any obvious dependence on cell density. Thus surface heterogeneity of the size of cells does not appear to play a major role in the experiments discussed below. Assessment of the effect of surface roughness of cells on measured contact angles appears more difficult than the effect of heterogeneity and will not be attempted here. We shall nevertheless use eqs. [1] and [2] and present the data in terms of the interfacial tension γ_{SL} between outer cell membrane and extracellular fluid for the following reasons:

i) It is of interest to compare the order of magnitude of interfacial tensions obtained in the present study to those determined by different methods on other living cells (8).
ii) Although the primary aim of the present work is a comparison of differently treated cell preparations, it might be illuminating to get a feeling of the order to magnitude of the interfacial energy *changes* involved.
iii) Since equations [1] and [2] yield a unique relation between θ and γ_{SL} in the range pertinent here, there is no loss of information when the experimental results are given in terms of γ_{SL}, provided the reserves on the conditions of validity of eqs. [1] and [2] are kept in mind.

Thus the experimental results on θ are represented as γ_{SL} in the following, using eqs. [1] and [2] with $\gamma_{LV} = 72.8$ mN m^{-1}.

4. Results

Treatment of a proliferation-inhibited monolayer of 3T3 cells with medium containing about 50% calf serum leads to initiation of a surge of cell proliferation (11). One of the earliest consequences of this serum stimulation is a conspicuous drop of cellular content of cyclic adenosine monophosphate, occurring already a few minutes after onset of serum incubation and lasting for about an hour (12). In the same range of time serum stimulation of rat fibroblasts was shown to cause a drop of the electrical membrane potential (13). As the basic mechanism of these early membrane-bound regulation mechanism(s) might be reflected by the physical state of the plasma membrane, we have characterized the change of its interfacial tension γ_{SL} by measuring the contact angle of 3T3 monolayers after brief serum treatment at 37 °C. Within experimental error, treatments of 15 or 30 minutes duration lead to the same results. As is shown in Figure 1, serum treatment produces a decrease of γ_{SL}, the extent of which increases with the serum concentration applied.

As the proliferation rate of 3T3 cells drops drastically after the cells reach a density of 10^4 cells/cm², it was of interest to investigate the dependence of γ_{SL} and of its serum-induced decrease on cell density. The results for 3T3 cells are shown in Figure 2. Within the range of variation between data on different 3T3 cell preparations we do not observe any dependence on cellular density, for control cultures and for cultures treated with 50% calf serum. Different results are obtained for transformed cells. As is shown in Figure 2, both transformed cell lines exhibit a conspicuous decrease of γ_{SL} with increasing cell density, at high cell densities approaching the interfacial tensions typical for 3T3 cells.

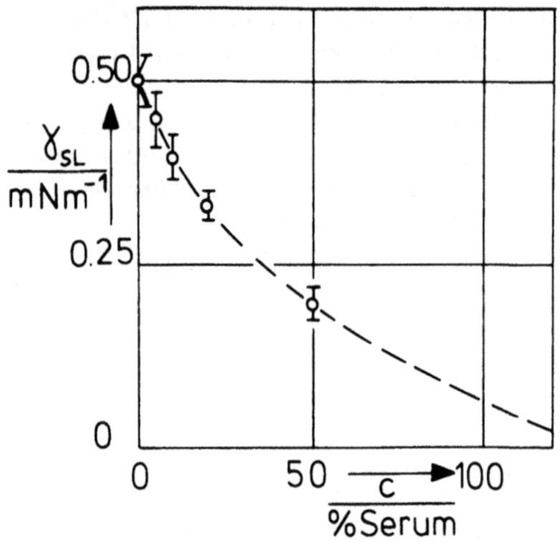

Fig. 1. Plot of γ_{SL} of 3T3 cells versus concentration of calf serum in the incubation medium.
The cells were incubated for 30 minutes at 37 °C in Dulbecco's modification of Eagle's medium containing the concentrations of newborn calf serum given at the abscissa and thereafter were processed for measurement as indicated in Section 2.
Error bars indicate standard error of the mean of five independent experiments using cell monolayers between 1.7×10^4 and 3.7×10^4 cells/cm². Theoretical curve was computed using eq. [3] with $\gamma_0 = 0.5$ mN m^{-1}, $\Gamma_\infty = 10^{-7}$ mol m^{-2} and $1/K = 20\%$ serum.

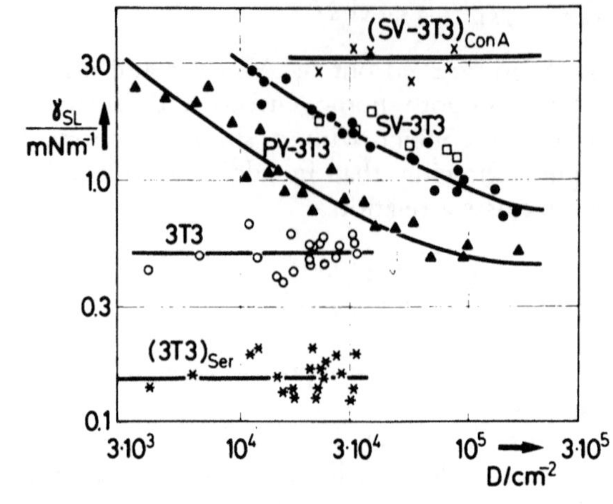

Fig. 2. Double-logarithmic plot of γ_{SL} for different cell preparations versus cell density on the petriplate.
Cell monolayers of SV–3T3 (●), PY–3T3 (▲) and 3T3 cells (○) have been treated for 30 minutes (in a few cases for 15 minutes) in Dulbecco's modification of Eagle medium without calf serum at 37 °C and then processed for measurement. Experimental plates of 3T3 cells (*) have been treated in the same way except that 50% newborn calf serum was included in the incubation medium.
SV–3T3 cells (×) have been incubated for 20 minutes at 25 °C with Ringer solution (see Section 2) containing in addition 50 μg/ml or 200 μg/ml concanavalin A. Control plates of SV–3T3 cells (□) have been incubated in the same way except that 30 mM α-methyl mannoside was included as an inhibitor of concanavalin A action.

When PY–3T3 are treated with 50% calf serum, the interfacial tension is lowered only at small and moderate cell densities (see fig. 3). In contrast to the result obtained for 3T3 cells, PY–3T3 cells at their upper limit of cell density do not exhibit a significant decrease of γ_{SL} by serum treatment when the same procedure is applied as for 3T3 cells (fig. 3).

Inhibition of DNA synthesis of normal and transformed chick embryo fibroblasts has been demonstrated upon treatment of the cells with 30 μg/ml concanavalin A (14). Similarly, proliferation of PY–3T3 cells was shown to be inhibited by trypsinized concanavalin A at concentrations of the order 25–75 μg/ml (15). We have, therefore, investigated the effect of concanavalin A on γ_{SL} of normal and transformed 3T3 cells. The effect of 50 or 200 μg/ml concanavalin A on SV40–3T3 cells is shown in figure 2. Controls have been treated with 50 or 200 μg/ml in the presence of 30 mM α-methylmannoside as inhibitor to concanavalin A and do not show

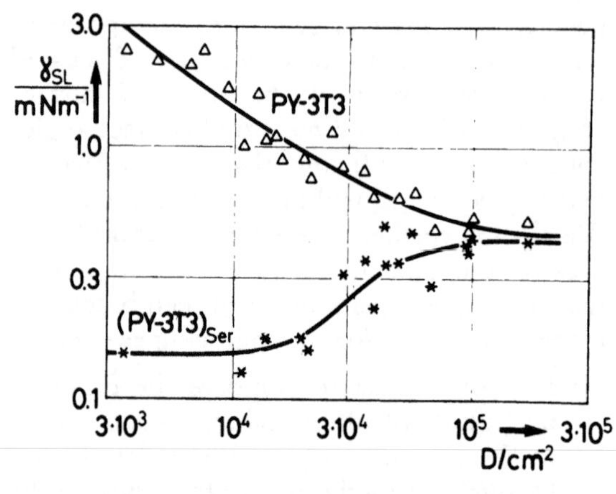

Fig. 3. Plot of γ_{SL} for PY–3T3 cells versus cell density on the culture plate.
Control plates of PY–3T3 cells (Δ) were incubated for 30 minutes at 37 °C with Dulbecco's modification of Eagle medium without serum.
Experimental plates of PY–3T3 cells (*) were incubated in the same way except that 50% newborn calf serum was included in the incubation medium.

any significant deviation from the untreated SV40–3T3 cells. Experimental plates, however, exhibit an increase of γ_{SL} by a factor of 2 to 3 due to concanavalin A.

A similar result was obtained for 3T3 cells where concanavalin A above 20 μg/ml raises γ_{SL} by a factor of 2 to 3 above the controls containing 30 mM α-methylmannoside (not shown in the figures).

5. Discussion

The interfacial tensions of normal and transformed fibroblast cell cultures derived in the present study turn out to be of the same order of magnitude as observed for other types of living cells (8). The effects of surface heterogeneity and/or of surface roughness of the cells, therefore, do not appear to lead to errors on γ_{SL} by order of magnitude. Nevertheless, a detailed description of these effects clearly is needed, as they might contribute to the observed changes of the contact angles after stimulator or inhibitor treatments. In the absence of this detailed knowledge, the interfacial tensions derived in the present study in a first step may be taken as equivalent in its physical content to the contact angles. Even within this restricted interpretation, the experimental results show that treatment of cells with serum, a stimulant for cell division of normal 3T3 cells, leads to an effect on the interfacial properties of the plasma membrane opposite to the effect of the inhibitor of cell replication concanavalin A.

In this context it is of considerable interest that increasing cell density of normal cells, which inhibits their cell proliferation, does not act in the same direction as concanavalin A, i.e. increasing γ_{SL}. This might indicate that inhibition of proliferation by cell density effects is implemented in a mode different from that by concanavalin A. Similarly, the effect of a transient stimulation of 3T3 cells by serum treatment, i.e. lowering of γ_{SL}, is opposite to the effect of tumorvirus-transformation (implying a permanent stimulation of the transformed cells), which leads to a rise of γ_{SL}. This again indicates quite different modes of action of the two agents leading to stimulation of cell proliferation. In this respect our present results are consistent with the results of previous work on the surface charge configuration of the outer plasma membrane, showing again a profound distinction between serum-stimulated normal cells and permanently stimulated cirustransformed counterparts (3–5).

If we tentatively accept the physical interpretation of our experimental γ_{SL} as interfacial tensions, a more detailed description of the results becomes possible, which might prove helpful for designing of further experiments.

The dependence of γ_{SL} of 3T3 cells on concentration c of serum, as shown in figure 1, may be described quantitatively by a Szyszkowski-type of equation:

$$\gamma = \gamma_0 - RT\Gamma_\infty \ln (1 + Kc) \qquad [3]$$

Here, γ_0 is the interfacial tension of control cultures treated with zero serum concentration, and $\Gamma_\infty = 10^{-7}$ mol m^{-2} and $K^{-1} = 20\%$ serum are two parameters fitted such that eq. [3] describes the curve shown in figure 1. Equation [3] with the parameters given above allows for two different interpretations:

i) The serum applied contains one or more factors which may be bound with a certain affinity K, or similar affinities, respectively, to the outer membrane according to a Langmuir adsorption isotherm. Then $\Gamma_\infty = 10^{-7}$ mol m^{-2} gives the limiting surface concentration of bound serum factor(s).

ii) There is a species of ligands in the medium which may be bound to sites of surface density Γ_∞ on the plasma membrane. The affinity of binding of this ligand is increased with serum concentration. The ligands, the affinity of which is increased by calf serum, might be Ca^{++}-ions in the medium which might be bound to negatively charged sites on the membrane.

Although possibility ii) certainly is not proven, we presently prefer it for the following reasons. The density of binding sites Γ_∞ derived above corresponds to an average area per binding site of 41×41 A^2, which corresponds well with the decrease in negative surface charge density of 3T3 cells upon increasing external Ca^{++}-concentration (16). Furthermore, negative surface charge density of 3T3 cells has been shown to be decreased by about the same amount following treatment with medium containing 50% calf serum (3, 4). Investigation of the effect of serum on γ_{SL} at different Ca^{++}-concentrations might provide for a critical test of the interpretation ii) proposed. Further support for the stimulation mechanism ii) stems from the observation of stimulation of 3T3 cells only by a rise in external Ca^{++}-concentration (17).

In our earlier work, effects of temperature or serum treatment of 3T3 cells on cellular surface charge configuration have been tentatively interpreted as a lateral phase separation involving the lipid matrix of the plasma membrane (3–5). Our present results adduce supporting evidence for this interpretation, as a decrease of the interfacial tension of a lamellar lipid phase adjacent to an aqueous phase according to monolayer studies is equivalent to imposing the tendency for lipid condensation or gel formation. As predicted from the results on surface charge configuration (3, 4), such a condensing effect on the outer cell membrane of 3T3 cells induced by serum treatment seems to be confirmed by our present observation of a decrease in γ_{SL}. The absence of this condensing effect of serum on transformed cells at high cell densities, as indicated both by contact angle measurements (see fig. 3) and by cell electrophoresis studies (3, 4) is of considerable interest for understanding the characteristic perturbation of growth regulation in tumorvirus-transformed cells.

Acknowledgement

We wish to thank *U. Steiner* for help in the numerical evaluation of data and *C. Seuwen* for his help in some of the experiments.

Summary

Interfacial tensions of the outer plasma membrane of normal and transformed in vitro cultures of mouse fibroblasts have been characterized by using the method of contact angles.

Contact angles of 3T3 cells are independent of cell density on the culture plate, whereas those of SV40–3T3 and PY–3T3 cells decrease with cell density. Treatment of 3T3 cells with calf serum as a stimulant of cell proliferation leads to a decrease of contact angle at all cell densities, whereas serum treatment of PY–3T3 cells does not lead to a decrease of contact angle at higher cell density. Treatment of 3T3 or SV40–3T3 cells with concananvalin A as an inhibitor of cell proliferation leads to an increase of the contact angles. When interfacial tensions are derived from contact angle data by using the thermodynamic theory of *Neumann* and coworkers, figures in the range of 0.1–3 mNm^{-1} are obtained.

These and earlier results are consistent with the hypothesis of a lateral phase separation in the plasma membrane of the cells, triggered by serum treatment and mediated by a variation of Ca^{++}-binding to negatively charged ligands in the membrane.

Zusammenfassung

Es wurde die Methode der Kontaktwinkelmessung an in vitro Kulturpräparationen von normalen und transformierten Mausfibroblasten zur Charakterisierung der Grenzflächenspannung der äußeren Plasmamembran mit folgenden Ergebnissen verwendet. Die Kontaktwinkel von 3T3 Zellen sind unabhängig von der Zelldichte in der Kulturschale, während diejenigen von SV40–3T3 und PY–3T3 Zellen monoton mit der Zelldichte abnehmen. Behandlung der Zellen mit Kalbserum als Stimulator der Zellteilung von 3T3 Zellen führt für diese bei allen Zelldichten zur Erniedrigung des Kontaktwinkels, während für PY–3T3 Zellen bei höheren Zelldichten keine Erniedrigung des Kontaktwinkels nach Serumbehandlung beobachtet wird. Behandlung von 3T3 und SV40–3T3 Zellen mit Concanavalin A, einem Inhibitor der Zellproliferation, führt zur Erhöhung des Kontaktwinkels. Berechnet man nach der thermodynamischen Theorie von *Neumann* und Mitarbeitern aus den gemessenen Werten der Kontaktwinkel die zugehörigen Grenzflächenspannungen, so ergeben sich Werte im Bereich von etwa 0.1–3 mNm^{-1}. Die gewonnenen Ergebnisse sind konsistent mit dem Konzept einer durch Serumbehandlung ausgelösten, unter Veränderung der Ca^{++}-Bindung an negativ geladenen Gruppen verlaufenden lateralen Phasentrennung in der Plasmamembran der Zellen.

Literature

1) *Nicolson, G. L.*, Nature **243**, 218 (1973).

2) *Burger, M. M.*, Current Topics in Cellular Regulation **3**, 135 (1971).

3) *Adam, G., G. Adam*, Exp. Cell Res. **93**, 71 (1975).

4) *Adam, G., U. Walz*, Biophysics Struct. Mechanism **1**, 329 (1975).

5) *Adam, G., H. Alpes, K. Blaser, B. Neubert*, Z. Naturforsch. **30c**, 638 (1975).

6) *Fuchs, P., A. Parola, P. W. Robbins, E. R. Blout*, Proc. Natl. Acad. Sci. USA **72**, 3351 (1975).

7) *Inbar, M., I. Yuli, A. Raz*, Exp. Cell Res. **105**, 325 (1977).

8) *Jones, M. N.*, Biological Interfaces, p. 27 (Amsterdam 1975).

9) *Neumann, A. W.*, Advances in Colloid and Interface Science **4**, 105 (1974).

10) *Van Oss, C. J., C. F. Gillman, A. W. Neumann*, Phagocytotic Engulfment and Cell Adhesiveness as Cellular Surface Phenomena (New York 1975).

11) *Bombik, B. M., M. M. Burger*, Exp. Cell Res. **80**, 88 (1973).

12) *Seifert, W. E., P. S. Rudland*, Nature **248**, 138 (1974).

13) *Hülser, D. F., W. Frank,* Z. Naturforsch. **26b**, 1045 (1971).

14) *McClain, D. A., P. D'Eustachio, G. M. Edelman,* Proc. Natl. Acad. Sci. USA **74**, 666 (1977).

15) *Burger, M. M., K. D. Noonan,* Nature **228**, 512 (1970)

16) *Adam, G.*, in: Synergetics – Cooperative Processis in Multicomponent Systems, *H. Haken*, Ed., p. 220 (Stuttgart 1973).

17) *Dulbecco, R., J. Elkington,* Proc. Natl. Acad. Sci. USA **72**, 1584 (1975).

Authors' address:

G. Adam and *Ch. Schumann*
Fachbereich Biologie der Universität Konstanz
D-7750 Konstanz

Polymere und deren Lösungen

Progr. Colloid & Polymer Sci. **65**, 206–213 (1978)

ISSN 0340-255 X

Institute für Textil- und Faserforschung Stuttgart
Institut für Chemiefasern
Ulmer Straße 227, D-7000 Stuttgart 60 (Wangen)

Adsorptionsuntersuchungen von ionischen Farbstoffen an Polymer-Wasser-Grenzflächen mit Hilfe der ζ-Potentialmethode

E. Schollmeyer und *W. Aichele*

Mit 7 Abbildungen

(Eingegangen am 15. November 1977)

1. Einleitung

Bei der Diffusion von Farbstoffen in Hochpolymermaterial besteht der erste Schritt in der Adsorption des Farbstoffs aus der Lösung an der Oberfläche. Die Adsorption zeigt sich durch eine Änderung des Strömungsstrom-Druck-Quotienten bei Strömungsstrom-Untersuchungen. Bislang existierten jedoch noch keine quantitativen Beziehungen zwischen der Änderung von elektrokinetischen Größen und der adsorbierten Menge. Dies ist zum einen auf die zur Berechnung des Zetapotentials verwendeten Kapillarbündelmodelle zurückzuführen, die, wie gezeigt wird, keine oberflächenspezifischen „Zetapotentiale" liefern. Zum anderen fehlen geeignete Grenzschichtmodelle für selektiv adsorbierende Ionen, wie sie z. B. Farbstoffionen darstellen. Vor der Behandlung dieser Probleme soll gezeigt werden, daß das phänomenologische Gleichungssystem für elektrokinetische Untersuchungen in sich konsistent ist: Da der in ihnen enthaltene „elektroviskose Effekt" auf die elektroosmotische Rückströmung zurückzuführen ist, sind Strömungspotential und Strömungsstrom trotz der bei beiden Untersuchungen unterschiedlichen Strömungsverhältnisse über den Ohmschen Widerstand des Systems verknüpft.

2. Phänomenologische Gleichungen

Formt man nichtleitende Feststoffpartikel beliebiger Form zu einem porösen Pfropfen und schließt diesen in einem Rohr aus nichtleitendem Material zwischen zwei perforierten, unpolarisierbaren Elektroden ein – d.h. es entsteht durch die Flüssigkeitsströmung ohne Feststoffmaterial kein Asymmetriepotential –, so erhält man eine Anordnung zur Messung des Strömungspotentials bzw. des Strömungsstroms.

Strömt nun eine Flüssigkeit durch diese Meßzelle, so besitzt das System Festkörper-Flüssigkeit einen Ohmschen Widerstand R und einen Strömungswiderstand K, welcher einen Druckabfall ΔP der strömenden Flüssigkeit innerhalb der Meßzelle verursacht. An den Elektroden kann dann wahlweise entweder mit Hilfe eines Voltmeters, dessen Eingangswiderstand $R_i \gg R$ ist, oder mit Hilfe eines Amperemeters, wobei $R_i \ll R$ sein muß, in Abhängigkeit vom Druckabfall ΔP der strömenden Flüssigkeit ein Strömungspotential E_s bzw. ein elektrischer Strömungsstrom J_e gemessen werden. Bedingt durch die am System verrichtete mechanische Arbeit muß sich beim Durchströmen der Meßzelle die Temperatur T_0 der Flüssigkeit am Eingang auf die Temperaturen $T|_{J_e=0}$ bzw. $T|_{\Delta E=0}$ am Ausgang erhöhen, wobei zunächst formal zwischen Strömungspotential- und Strömungsstrom-Bedingung ($J_e = 0$ oder $\Delta E = 0$) zu unterscheiden ist. Gekoppelt mit diesen Temperaturen ändern sich auch die Viskosität und die Dichte der Flüssigkeit. Das Schema einer solchen Anordnung ist in Abbildung 1 dargestellt.

Für beliebige Arbeitsbedingungen, also für $\Delta E = 0$ und gleichzeitig $J_e = 0$, wurde von *Prigogine* (1) für großporige Membranen (d.h.

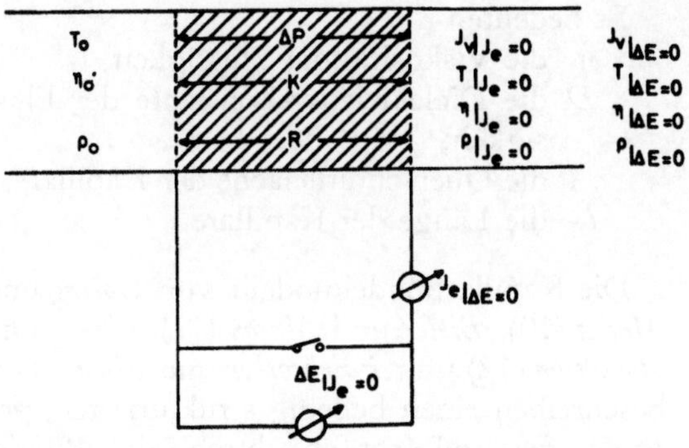

Abb. 1. Schema einer Strömungspotential- bzw. einer Strömungsstrom-Meßzelle.

mit Porendurchmesser ≫ Dicke der dielektrischen Grenzschicht) unter der Voraussetzung der ungestörten Überlagerung von Kräften ein phänomenologisches Gleichungssystem formuliert, welches den elektrischen Strom J_e und den Volumenstrom J_V mit dem elektrischen Potential ΔE und dem mechanischen Druck ΔP verknüpft:

$$J_V = L_{11}\,\Delta P + L_{12}\,\Delta E\,, \qquad [1]$$

$$J_e = L_{21}\,\Delta P + L_{22}\,\Delta E\,. \qquad [2]$$

Darin bedeuten

- L_{ik} die phänomenologischen Koeffizienten,
- J_V der Volumenstrom,
- J_e der elektrische Strom,
- ΔP der Druckabfall im Pfropfen,
- ΔE das an den Elektroden anliegende Potential.

Außerdem gilt bei Abwesenheit magnetischer Felder (2) die Onsager-Relation (3)

$$L_{21} = L_{12}\,. \qquad [3]$$

Aus diesem Gleichungssystem ergibt sich der reziproke Ohmsche Widerstand $1/R_0$

$$\left.\frac{J_e}{\Delta E}\right|_{\Delta P=0} = L_{22} = \frac{1}{R_0}\,, \qquad [4]$$

der Strömungspotential-Druck-Quotient $\left.\frac{\Delta E}{\Delta P}\right|_{J_e=0}$ zu

$$\left.\frac{\Delta E}{\Delta P}\right|_{J_e=0} = -\frac{L_{21}}{L_{22}} = -\frac{L_{12}}{L_{22}} \qquad [5]$$

und der Strömungsstrom-Druck-Quotient $\left.\frac{J_e}{\Delta P}\right|_{\Delta E=0}$ zu

$$\left.\frac{J_e}{\Delta P}\right|_{\Delta E=0} = L_{21} = L_{12}\,. \qquad [6]$$

Die Verknüpfung zwischen den letzten beiden Größen erfolgt über den Ohmschen Widerstand:

$$\left.\frac{\Delta E}{\Delta P}\right|_{J_e=0} \Big/ \left.\frac{J_e}{\Delta P}\right|_{\Delta E=0} = -\frac{1}{L_{22}} = -R_0\,. \qquad [7]$$

Die aus diesem Gleichungssystem resultierenden reziproken Strömungswiderstände $\frac{J_V}{\Delta P}$ hängen von den Elektrodenbedingungen ($\Delta E = 0$ oder $J_e = 0$) ab:

$$\left.\frac{J_V}{\Delta P}\right|_{\Delta E=0} = L_{11}\,, \qquad [8]$$

$$\left.\frac{J_V}{\Delta P}\right|_{J_e=0} = L_{11}\left(1 - \frac{L_{12}^2}{L_{11}\,L_{22}}\right). \qquad [9]$$

Dieses Phänomen ist unter der Bezeichnung „elektroviskoser Effekt" in der Literatur bekannt, und man unterscheidet somit zwischen der Viskosität $\eta|_{\Delta E=0}$ für den Strömungsstromfall und der Viskosität $\eta|_{J_e=0}$ im Strömungspotentialfall. Mit Hilfe der Beziehung

$$J_V = \frac{K}{\eta}\,\Delta P \qquad [10]$$

(K = reziproker Strömungswiderstand des Pfropfens, s. Abb. 1) läßt sich schließlich folgender Zusammenhang zwischen den beiden Viskositäten herleiten:

$$\frac{1}{\eta|_{\Delta E=0}} - \frac{1}{\eta|_{J_e=0}} = \frac{L_{12}^2}{L_{22}\,K}\,. \qquad [11]$$

Durch Anwendung des Energieerhaltungssatzes kann jedoch gezeigt werden (5), daß die Temperaturerhöhung ΔT einer inkompressiblen Flüssigkeit beim Verlassen der Meßzelle bei konstantem Druck ΔP nicht vom Volumenstrom J_V abhängt. Damit ist auch die Viskosität der Flüssigkeit unabhängig von den Elektrodenbedingungen, d. h.

$$\eta|_{\Delta E=0} = \eta|_{J_e=0}\,. \qquad [12]$$

Subtrahiert man Gl. [9] von Gl. [8] und erweitert beide Seiten mit ΔP^2, so erhält man nach Einsetzen des Ausdrucks

$$\dot{W} = J_V \cdot \Delta P$$

sowie der phänomenologischen Koeffizienten L_{ik} eine Beziehung zwischen den unter konstantem Druck am System verrichteten mechanischen Leistungen

$$\dot{W}|_{\Delta E=0} - \dot{W}|_{J_e=0} = J_e^2 R_0 \,. \qquad [13]$$

Nach Untersuchungen von *Miličević* und *McGregor* (6) beträgt der Quotient $\frac{L_{12}^2}{L_{11} L_{22}}$ für Pfropfen aus Fasermaterial lediglich 10^{-6} bis 10^{-4}. Deshalb lassen sich die durch die Gl. [8] und [9] angegebenen unterschiedlichen reziproken Strömungswiderstände in diesen Fällen nicht direkt beobachten. Da L_{11} und $L_{22} > 0$ ist, muß

$$\left.\frac{J_V}{\Delta P}\right|_{\Delta E=0} > \left.\frac{J_V}{\Delta P}\right|_{J_e=0} \qquad [14]$$

sein. Damit muß aber in Gl. [1] $L_{12} < 0$ sein, d.h. das von der Strömung erzeugte Strömungspotential ΔE wirkt seiner Ursache entgegen. Dieses Phänomen ist in den statistisch-mechanischen Modellen (7), welche Verfeinerungen des im folgenden beschriebenen Smoluchowski-Modells (8) darstellen, als elektroosmotische Rückströmung bekannt.

3. Pfropfmodelle

Smoluchowski (8) leitete unter der Voraussetzung, daß sich der Zusammenhang zwischen der Überschußladung ϱ und dem Potentialverlauf $\Psi(x)$ in der diffusen Grenzschicht durch die Poisson-Gleichung (9) beschreiben läßt, einen Zusammenhang zwischen dem an den Enden einer Einzelkapillare meßbaren Strömungsstrom J_e bzw. dem Strömungspotential E_s und der Potentialdifferenz Ψ_0 zwischen dem Flüssigkeitsinnern und der Grenzfläche fest-flüssig ab. Das mit Hilfe dieser Beziehung ermittelte Grenzschichtpotential sei im folgenden mit ζ_s bezeichnet:

$$\zeta_s = \frac{4\pi\eta l}{DA}\,\frac{J_e}{\Delta P} = -\,\frac{4\pi\eta l}{DAR}\,\frac{E_s}{\Delta P}\,. \qquad [15]$$

Es bedeuten

- η die Viskosität der Flüssigkeit,
- D die Dielektrizitätskonstante der Flüssigkeit,
- A die Querschnittsfläche der Kapillare,
- l die Länge der Kapillare.

Die Kapillarbündelmodelle von *Goring* und *Mason* (10), *Biefer* und *Mason* (11), *Chang* und *Robertson* (12) und *Fairbrother* und *Mastin* (13) beschreiben einen beliebig strukturierten, porösen Feststoffpfropfen durch ein Bündel von Einzelkapillaren. Diese Beziehungen stellen formal porositätskorrigierte Smoluchowski-Gleichungen der Form

$$\zeta = \frac{4\pi\eta l}{DA}\,\frac{J_e}{\Delta P} f(c_F) = \zeta_s f(c_F) \qquad [16]$$

dar. Hierbei bedeutet

- A die Elektrodenfläche,
- l der Elektrodenabstand (s. Abb. 1),
- c_F die Feststoffkonzentration des Pfropfens in g Feststoff/cm³ des Zellvolumens.

In allen Modellen gilt

$$\lim_{c_F \to 0} f(c_F) = 1 \text{ bzw. } \lim_{c_F \to 0} \zeta_s = \zeta\,. \qquad [17]$$

Einige Kapillarbündelmodelle setzen $f(c_F)$ mit der Dichte des Materials oder dem elektrischen Widerstand des Systems Pfropfen/Elektrolyt in Beziehung, andere geben rein empirische Korrekturterme an. In vielen Fällen läßt sich $f(c_F)$ jedoch in guter Näherung durch

$$f(c_F) = \frac{1}{1 - \alpha c_F} \qquad [18]$$

darstellen. Die Überprüfung der Kapillarbündelmodelle soll auf solche Fälle beschränkt bleiben, da hier die extrapolierten Werte für ζ nur wenig vom verwendeten Kapillarbündelmodell abhängen (14).

In Abbildung 2 sind die aus Strömungspotentialmessungen mit Hilfe der Smoluchowski-Gleichung (15) erhaltenen ζ_s-Potentiale für 3–4 mm lange Polyacrylnitril-Einzelfasern und das aus den Einzelfasern bestehende Endlosgarn über der Feststoffkonzentration c_F aufgetragen. Wie ersichtlich ist, lassen sich beide Kurven gut durch die

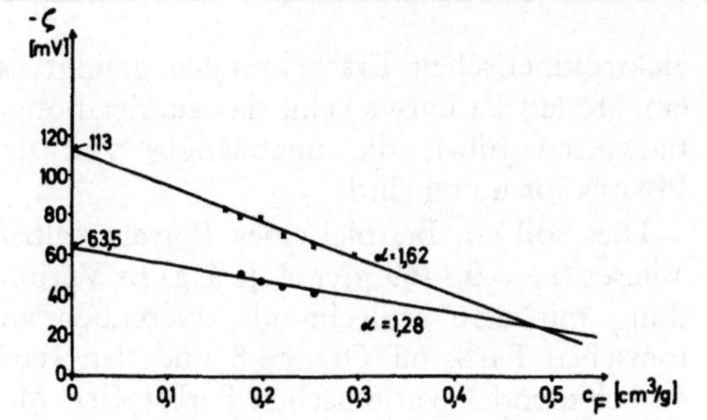

Abb. 2. Abhängigkeit der ζ_s-Potentiale eines Polyacrylnitril-Endlosgarns bzw. der entsprechenden 3–4 mm langen Einzelfasern (je 1 g) in Abhängigkeit von der Feststoffkonzentration c_F. Das Material stand mit einer wäßrigen 10^{-4} *n* KCl-Lösung im Gleichgewicht. Die graphische Extrapolation der Kurven auf $c_F = 0$ liefert verschiedene „Zetapotentiale" für Garn und Einzelfaser.

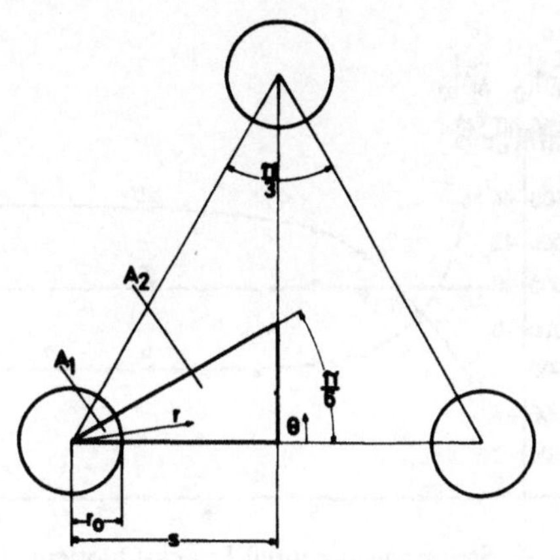

Abb. 3. Ausschnitt aus einem unendlichen hexagonalen Feld aus zur Strömungsrichtung parallel angeordneten zylindrischen Stäben nach *Sparrow* und *Loeffler*.

Beziehungen [16] und [18] darstellen, wobei der Parameter α zusätzlich von der Aufmachung des Materials abhängt und nicht mit der reziproken Feststoffdichte identisch ist.

Als wichtigstes Ergebnis ist aber festzuhalten, daß die durch Extrapolation auf $c_F = 0$ ermittelten Zetapotentiale, die bei annähernd linearem Verlauf von $\zeta_s\ (c_F)$ wenig vom verwendeten Kapillarbündelmodell abhängen, stark mit der Aufmachung des Feststoffes variieren. Dabei nehmen mit zunehmendem „Verteilungsgrad" des Feststoffes i. a. die ζ_s-Potentiale, die Zetapotentiale und der Strömungswiderstand des Pfropfens zu. Die Kapillarbündelmodelle sind daher nicht in der Lage, für unterschiedliche Festkörperformen vergleichbare Zetapotentiale zu liefern.

Um diese für ein Pfropfmodell notwendige Forderung zu erreichen, sollen zwei Vorschläge diskutiert werden.

4. Stabbündelmodell

Orientiert man lange zylindrische Fasern parallel zur Strömungsrichtung, so läßt sich bei quadratischer und hexagonaler Anordnung der Stäbe (s. Abb. 3) für ein unendliches Feld bei gleichmäßiger Anströmungsgeschwindigkeit eine analytische Strömungsstrom-Gleichung ableiten. Die Lösung der Navier-Stokes-Gleichung (15) von *Sparrow* und *Loeffler* (16) für die beschriebenen Randbedingungen liefert einen Ausdruck für das Feld der Strömungsgeschwindigkeit u im Stabbündel:

$$u = u\,(\eta, r_0, r, s, \theta)\,. \qquad [19]$$

Die dieser Beziehung zugrunde liegenden geometrischen Größen entnehme man für den Fall der hexagonalen Anordnung der Abbildung 3. Setzt man nun analog zur Ableitung der Smoluchowski-Beziehung die Poissonsche Gleichung für den Zusammenhang zwischen der Nettoladungsdichte ϱ und dem Potential Ψ in einem bestimmten Raumpunkt an, die für Polarkoordinaten die Form

$$\varrho = -\frac{D}{4\pi}\left(\frac{\partial^2\Psi}{\partial r^2} + \frac{1}{r}\,\frac{\partial\Psi}{\partial r} + \frac{1}{r^2}\,\frac{\partial^2\Psi}{\partial\theta^2}\right) \qquad [20]$$

besitzt, so kann man für die in Abbildung 3 angegebene Pfropfengeometrie die entsprechend anzusetzende Strömungsstrom-Gleichung

$$i = \int_0^{\theta} \int_{r_0}^{s/\cos\theta} u\varrho r dr d\theta \qquad [21]$$

lösen und erhält sowohl für die hexagonale als auch die quadratische Stabanordnung die Beziehung

$$\zeta = \frac{4\pi\eta l}{DA}\,\frac{J_e}{\Delta P}\,, \qquad [22]$$

welche mit dem nicht porositätskorrigierten Kapillarbündelmodell, Gl. [16], identisch ist. Da diese Beziehung auf analytischem Weg

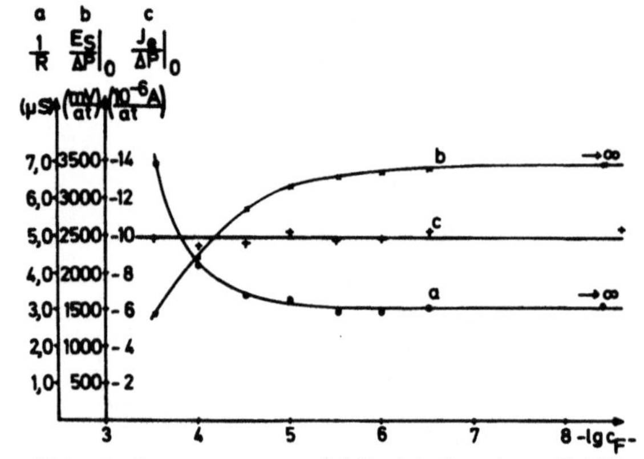

Abb. 4. Strömungspotential-Druck-Quotient $E_s/\Delta P$, Leitfähigkeit $1/R$ und Strömungsstrom-Druck-Quotient $J_e/\Delta P$ für ein Polyacrylnitril-Vlies mit 10^{-4} *n* KCl als Grundelektrolyt und verschiedenen Konzentrationen $c_{F^\ominus}$ an Orange-8 in der Lösung.

abgeleitet wurde, sollte bei Anwendbarkeit der Poisson-Gleichung und bei experimenteller Einhaltung der der Ableitung zugrunde gelegten Randbedingungen das Zetapotential von der Feststoffkonzentration c_F (d.h. von r_0 und s in Abb. 3) unabhängig sein.

5. Das Adsorptionsmodell

Aus der Deutung der bei der Adsorption von Farbstoffen an Fasermaterial auftretenden elektrokinetischen Erscheinungen gelingt es, ein Modell zu entwickeln, das zu Zetapotentialwerten führt, die unabhängig von der Pfropfanordnung sind.

Dies soll am Beispiel eines Polyacrylnitril-Vlieses ($c_F = 0{,}1769$ g/cm³, je 1 g) in Verbindung mit dem schlecht adsorbierenden anionischen Farbstoff Orange-8 und den stark adsorbierenden kationischen Farbstoffen Methylenblau (MB), Kristallviolett (KV) und Viktoriareinblau (VB) erläutert werden. Orange-8 lag als Kaliumsalz vor, die kationischen Farbstoffe in Form ihrer Chloride. Bei der verwendeten Lösung handelt es sich bei VB um eine $3 \cdot 10^{-4}$ n wässrige KCl-Lösung, der die angegebenen Mengen an VB zugesetzt wurden, und bei den anderen Farbstoffen um eine wäßrige 10^{-4} n KCl-Lösung.

Abbildung 4 zeigt die unter diesen Bedingungen erhaltenen Strömungspotential-Druck-Quotienten, die Ohmschen Widerstände des Systems Pfropfen/Lösung und die daraus errechneten Strömungsstrom-Druck-Quotienten bei verschiedenen Gleichgewichtskonzentrationen an Orange-8 in der 10^{-4} n KCl-Lösung. Bedingt durch die geringe Affinität dieses Farbstoffes auf PAN ist der Strömungsstrom-Druck-Quotient über weite Bereiche der Farbstoffkonzentration konstant.

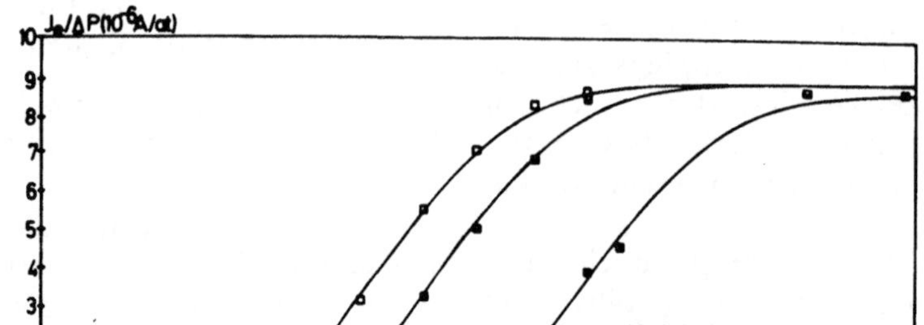

Abb. 5. Abhängigkeit der Strömungsstrom-Druck-Quotienten $J_e/\Delta P$ für das PAN-Vlies der Abb. 4 ($c_F = 0{,}1769$ g/cm³) vom negativen dekadischen Logarithmus der Konzentration folgender Farbstoffe: Methylenblau mit 10^{-4} *n* KCl, Kristallviolett mit 10^{-4} *n* KCl und Viktoriareinblau mit $3 \cdot 10^{-4}$ *n* KCl. Die aus der Abweichung der runden Punkte von der Geraden, welche durch die quadratischen Punkte gegeben ist, berechneten Kation-Kation-Assoziationskonstanten sind mit eingezeichnet

Abbildung 5 dagegen zeigt, daß bei den stark an PAN adsorbierenden kationischen Farbstoffen $F^{\oplus}$ der Strömungsstrom-Druck-Quotient schon bei Gleichgewichtskonzentrationen von $10^{-8} - 10^{-6}$ Mol/l Farbstoff stark beeinflußt wird und nach einem kleinen Übergangsbereich proportional zu $-\lg c_{F\oplus}$ abnimmt, bei stark negativen Werten von $J_e/\Delta P$ jedoch von dieser Geraden nach positiveren Werten hin abweicht.

Die Deutung dieser Befunde bietet sich über die Adsorptionsgleichgewichte der Kalium- und der Farbstoffionen an:

$$K^{\oplus}, \text{ads} \rightleftharpoons K^{\oplus} ,$$

$$F^{\oplus}, \text{ads} \rightleftharpoons F^{\oplus} .$$

Da bei Farbstoffzusatz die Chloridionenkonzentration praktisch konstant bleibt, wird die Änderung des Strömungsstrom-Druck-Quotienten bei Farbstoffzusatz nicht auf die Änderung der Chloridionenkonzentration zurückzuführen sein.

Eine thermodynamische Behandlung dieser Adsorptionsgleichgewichte liefert die freie Standardenthalpie der Adsorption

$$\Delta\,(\Delta G_0) = \Delta\mu_{0,\,K\oplus} + \Delta\mu_{0,\,F\oplus} , \qquad [23]$$

welche als elektrische Überführungsarbeit in der diffusen Doppelschicht gedeutet werden kann:

$$\Delta\,(\Delta G_0) = -\,zF\zeta\,. \qquad [24]$$

Legt man die in allen Pfropfmodellen enthaltene Relation

$$\frac{J_e}{\Delta P} \sim -\,\zeta \qquad [25]$$

zugrunde, so erhält man bei konstanter Aktivität von KCl und für $a_{KCl} > a_{FCl}$ die Beziehung

$$-\,\zeta = \bar{A} + \frac{2{,}303\,RT}{zF} \Big/ \log_{10}(a_{0,F\oplus,\,\text{ads}}/a_{F\oplus}) \qquad [26]$$

bzw.

$$\frac{J_e}{\Delta P} = A' + B/\log_{10}\,(a_{0,\,F\oplus,\,\text{ads}}/a_{F\oplus}) \qquad [27]$$

Hierbei bedeuten A' bzw. $\bar{A}$ Konstanten und $a_{0,\,F\oplus,\,\text{ads}}$ die Aktivität des adsorbierten Farbstoffes, die sich mit der Aktivität $a_{F\oplus}$ des Farbstoffes in der Lösung im Gleichgewicht befindet. Der Index 0 bei $a_{0,\,F\oplus,\,\text{ads}}$ soll andeuten, daß diese Größe in Abwesenheit des Grundelektrolyten KCl definiert ist.

Bei geringen Konzentrationen des Adsorbens in der Lösung gehen Adsorptionsisothermen in das Nernstsche Verteilungsgesetz über:

$$a_{0,\,F\oplus,\,\text{ads}}/a_{F\oplus} = \text{konstant.} \qquad [28]$$

Diesem Bereich der Farbstoffaktivität entspricht nach Gl. [27] die Beziehung

$$J_e/\Delta P = \text{konstant.} \qquad [29]$$

Damit ist das Verhalten des Strömungsstroms in den Abbildungen 4 und 5 bei geringen Konzentrationen an kationischen Farbstoffen bzw. über den gesamten Konzentrationsbereich des schlecht adsorbierenden anionischen Farbstoffes erklärbar.

Ist die Oberfläche an Farbstoff gesättigt ($a_{0,\,F\oplus,\,\text{ads}} = \text{konstant}$), so wird nach den Gl. [26] und [27]

$$\zeta \sim 0{,}059\,[V]/\log_{10} a_{F+} \qquad [30]$$

$$\text{bzw. } J_e/\Delta P \sim -\,B\,[V]/\log_{10} a_{F\oplus}\,. \qquad [31]$$

Dieses lineare Verhalten zeigen die $J_e/\Delta P$ vs $-\log_{10} c_{F\oplus}$-Kurven der Abbildung 5 bei höheren Gleichgewichtskonzentrationen der Farbstoffe in der Lösung. Die beobachteten Abweichungen bei noch höheren Farbstoffkonzentrationen sind aus mehreren Gründen zu erwarten, jedoch scheint der Beginn der Abweichung von der Geraden bei KV und VB auf die Dimerenbildung dieser Farbstoffe in Lösung zurückzuführen sein. Die aus der Abweichung der einzelnen Meßpunkte von der Geraden berechneten Assoziations-Gleichgewichtskonstanten (K) sind in Abbildung 5 mit eingezeichnet. Sie stimmen bei den ersten abweichenden Punkten in etwa mit Literaturwerten überein $\left(K_{KV} = 3{,}7 \cdot 10\ \frac{1}{\text{mol}}\ (17),\ K_{VB} = 2 \cdot 10^4\ \frac{1}{\text{mol}}\ (18)\right)$.

Mit Hilfe der in den Gleichungen [30] und [31] enthaltenen Beziehungen $B \triangleq 59$ mV kann die $J_e/\Delta P$-Skala auf ζ-Potentiale normiert

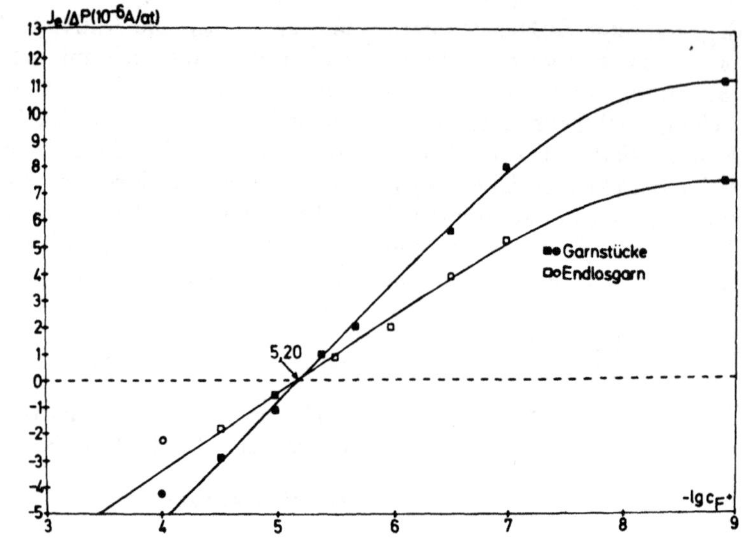

Abb. 6. $J_e/\Delta P$ vs. $-\log_{10} c_{F^\oplus}$ (Kristallviolett) für ein PET-Endlosgarn und die 3–4 mm langen Garnstücke c_F je 0,221 g/cm^3, 10^{-4} *n* (KCl als Grundelektrolyt). Die durch runde Symbole gekennzeichneten Werte weichen bei hohen Farbstoffkonzentrationen vom linearen Verlauf ab.

werden. Es läßt sich nun am selben Fasermaterial, das in verschiedener Aufmachung vorliegt (Garnstücke bzw. Endlosgarn) zeigen, daß das auf diese Weise ermittelte ζ_0-Potential in Abwesenheit des Farbstoffes, welches dem oberen Grenzwert für $J_e/\Delta P$ in Abbildung 6 entspricht, sich unabhängig von der Aufmachung zu ca. 152 mV ergibt.

Die mit Hilfe des Kapillarbündelmodells nach *Goring* und *Mason* ermittelten Zetapotentiale ergeben sich dagegen zu -90 mV für die Garnstücke und zu -55 mV für das Endlosgarn.

6. Zetapotential und Oberflächenleitfähigkeit

Bezeichnet man den von der Feststoffkonzentration abhängigen elektrischen Widerstand des Systems Faserpfropfen/Lösung mit $R(c_F)$ und den elektrischen Widerstand der nur mit der KCl-Farbstoff-Lösung gefüllten Meßzelle mit $\bar{R}$, so läßt sich empirisch sehr gut folgende Relation angeben:

$$\bar{R}/R(c_F) = 1 - \alpha_R c_F\,, \qquad [32]$$

$$\text{mit} \lim_{c_F \to 0} \bar{R}/R(c_F) = 1\,. \qquad [33]$$

Der Parameter α_R kann nicht quantitativ interpretiert werden. In Abbildung 5 wurde das Zetapotential eines PAN-Vlieses in 10^{-4} n KCl-Lösung durch Zusatz von Kristallviolett-Chlorid stark geändert, wobei die Leitfähigkeit der Lösung und somit auch $\bar{R}$ im Bereich $c_{KCl} > c_{Farbstoff}$ praktisch konstant blieb. Variiert man jedoch bei verschiedenen Gleichgewichtskonzentrationen an Farbstoff die Feststoffkonzentration c_F, so ändern sich die α_R-Werte derart mit dem Zetapotential, daß α_R bei $\zeta = 0$ ein Maximum besitzt (Abb. 6).

Dieses Verhalten läßt sich mit der Oberflächenfähigkeit deuten. Unter Oberflächen-

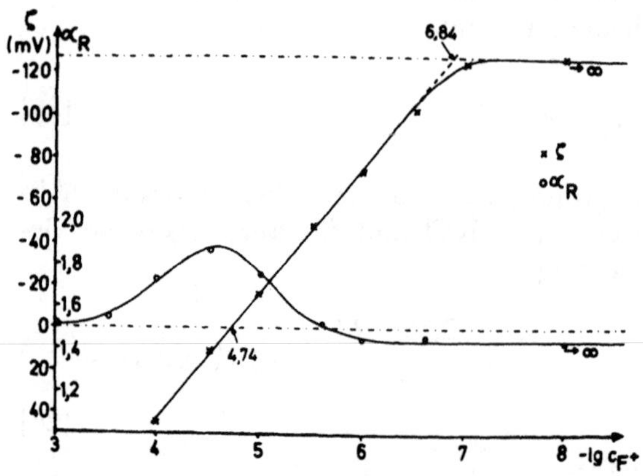

Abb. 7. Verlauf des Zetapotentials sowie des Parameters α_R der Beziehung [32] in Abhängigkeit vom negativen dekadischen Logarithmus der Kristallviolett-Konzentration bei 10^{-4} *n* KCl als Grundelektrolyt für das PAN-Vlies der Abb. 4 und 5.

leitfähigkeit versteht man eine gegenüber der verwendeten Lösung erhöhte Leitfähigkeit in der diffusen Grenzschicht fest–flüssig. Für $\zeta = 0$ verschwindet nach *Gouy-Chapman* (19) die diffuse Grenzschicht. Damit verbunden ist ein Maximum des elektrischen Widerstandes $R(c_F)$ des Systems Pfropfen-Lösung. Bei konstantem Widerstand $\bar{R}$ muß daher $1 - \alpha_R c_F$ ein Minimum und damit α_R ein Maximum besitzen.

Danksagung

Wir danken dem *Forschungskuratorium Gesamttextil* für die finanzielle Förderung dieses Forschungsvorhabens (AIF 3649), die aus Mitteln des *Bundeswirtschaftsministeriums* über einen Zuschuß der *Arbeitsgemeinschaft Industrieller Forschungsvereinigungen (AIF)* erfolgte.

Zusammenfassung

In dieser Arbeit sollen zunächst einige elektrokinetische Erscheinungen mit Hilfe der von *Prigogine* dafür eingeführten linearen Nichtgleichgewichtsthermodynamik diskutiert werden. Nach einer kritischen Beurteilung der zur Ermittlung der Zetapotentiale von Fasermaterial verwendeten Kapillarbündelmodelle sollen zwei Methoden vorgeschlagen werden, um an verschiedenen Fasern zu vergleichbaren Zetapotentialen zu gelangen: Ein analytisch abgeleitetes Pfropfmodell für die zur Strömungsrichtung parallele Anordnung von Fasern und ein bei selektiver Adsorption einer Ionenart thermodynamisch analog zur Nernstschen Gleichung abgeleitetes Adsorptionsmodell.

Summary

In the present paper at first some electrokinetic effects are discussed by means of linear nonequilibrium thermodynamics introduced for this purpose by *Prigogine*. After a critical examination of the capillary bundle models, which are used to determine the zetapotentials of fibres, two methods are proposed to yield comparable zeta-potential of different fibres: A plug model derived analytically for fibres arranged parallel to the streaming fluid and a model for selective adsorption of ionic species derived by means of thermodynamics in analogy to Nernst's equation.

Literatur

1) *de Groot, S. R.*, Thermodynamik irreversibler Prozesse. B.I.-Hochschultaschenbücher 18, S. 168. B.I.-Hochschultaschenbücher-Verlag, Mannheim.

2) *Casimir, H. B. G.*, Rev. mod. Physik **17**, 343 (1945).

3) *Onsager, L.*, Phys. Rev. **37**, 405 (1931); **38**, 2265 (1931).

4) *Prigogine, I.*, Introduction to Thermodynamics of Irreversible Processes, 2. Aufl. (Interscience, New York, 1961).

5) *Aichele, W., E. Schollmeyer, H. Herlinger*, Makromol. Chem. **178**, 2011 (1977), **179**, 773 (1978); **179**, 787 (1978).

6) *Miličevič, B., R. Mc Gregor*, Helv. Chim. Acta **49**, 2195 (1960).

7) *Reichard, E.*, Z. Phys. Chem. A **154**, 337 (1931).

8) *Smoluchowski, M.*, Phys. Ztschr. **6**, 530 (1905).

9) *Landau, L. D., E. M. Lifschitz*, Lehrbuch der theoretischen Physik, Band II, S. 97. 4. Aufl., (Akademie-Verlag, Berlin, 1967).

10) *Goring, D. A. T., S. G. Mason*, Can. J. Res. **28**, 3071 (1950).

11) *Biefer, G. J., S. G. Mason*, Trans. Faraday Soc. **55**, 1239 (1959).

12) *Chang, M. Y., A. A. Robertson*, Can. J. Engrng. **45**, 66 (1967).

13) *Fairbrother, F., H. Mastin*, J. Chem. Soc. **125**, 2319 (1924).

14) *Aichele, W., E. Schollmeyer, H. Herlinger*, Makromol. Chem. **178**, 2025 (1977).

15) *Huang, K.*, Statistische Mechanik I, B · I-Hochschultaschenbuch 68, Hochschultaschenbücher-Verlag, Mannheim, S. 139.

16) *Sparrow, E. M., A. L. Loeffler*, A. I. Ch. E. Journal **5**, 325 (1959).

17) *Förster, Th.*, Fluoreszenz organischer Verbindungen (Vandenhoeck und Ruprecht, Göttingen 1951).

18) *Feichtmayer, F., J. Schlag*, Ber. der Bunsenges. **68**, 95 (1964).

19) *Gouy, L.*, Journal de Physique Théoretique et Appliquée **9**, 457 (1910).

20) *Chapman, D. L.*, Phil. Mag. **25**, 475 (1913).

Anschrift der Verfasser:

E. Schollmeyer und *W. Aichele*
Institute für Textil- und Faserforschung Stuttgart
Institut für Chemiefasern
Ulmer Straße 227
D-7000 Stuttgart 60 (Wangen)

Progr. Colloid & Polymer Sci. 65, 214–224 (1978)

ISSN 0340-255 X

Drittes Physikalisches Institut, Universität Göttingen

Dielectric relaxation in aqueous solutions of polymers

Udo Kaatze

With 7 figures

(Received October 22, 1977)

1. Introduction

In recent years, there is a wide-spread interest towards aqueous solutions of polymers. Because of the increasing use of synthetic polymers in a great variety of applications and because of the prevalence of water and aqueous solutions in environment, the study of the interactions between water and polymer molecules has many practical aspects in technology. On the other hand, since water and macromolecules are essential constituents of biosystems, the knowledge of water/polymer interactions is also important for the understanding of molecular processes in living cells such as conformational changes of polypeptides. Moreover, there is an additional interest in polymer/water systems, since their hydration properties may cast some light upon the molecular structure and dynamics of aqueous solutions of organic molecules in general.

The solution behaviour of water-soluble organic molecules is largely determined by the combined action of inert parts of the molecules causing hydrophobic hydration and of polar groups causing hydrophilic interaction with the solvent. But besides the type of inert and polar groups and their relative number per molecule other factors are important for the hydration properties. Among these factors are the spatial arrangement of the different groups, size and shape of the solute and, possibly, its flexibility. So one may expect the hydration properties of macromolecules to characteristically differ from those of small organic molecules. In addition, it seems to be likely, that the hydration properties of polymers depend on the degree of polymerization and on the formation of special molecular conformations.

To get a first insight into the hydration properties of macromolecules, dielectric relaxation studies on aqueous solutions of synthetic hydrocarbon polymers have been performed at 25 °C. In this paper the results of measurements (1–3) on the simplest-structured water-soluble dipolar polymers are summarized. The solutes are in detail: poly(ethylene oxide), $[CH_2–CH_2–O]_n$, "PEO", its isomer poly (vinyl alcohol), $[CH_2–CH(OH)]_n$, "PVA", the methylated derivative of PVA, poly (vinyl methyl ether), $[CH_2–CH(OCH_3)]_n$, "PVME", and poly (ethylene imine), $[CH_2–CH_2–NH]$, "PEI", which is isoelectronic to PEO. Furtheron, results on poly(acrylamide), $[CH_2–CH(CO \cdot NH_2)]_n$, "PAAm", its methylated homologue poly(methylacrylamide), $[CH_2–(CH_3)C(CO \cdot NH_2)]_n$, "PMAAm", and on poly (vinyl pyrrolidone), $[CH_2–CH(N–CO–CH_2–CH_2–CH_2)]_n$, "PVP", are presented. For most of the polymers, measurements have been performed at different degrees of polymerization n. The molar weights of the samples altogether cover the range $M \approx 3 \cdot 10^3$ to $M \approx 4 \cdot 10^6$. The solute concentration c is around 1 monomol/l in the most cases. For some solutes, measurements were also carried out at higher solute content (up to 12 monomol/l) in order to see the concentration dependence.

From the dielectric relaxation measurements are derived the reorientation time of the water molecules, which are affected by the solute ("hydration water") and the number of these hydration water molecules per monomer unit. The values of these parameters are compared one with another and are also discussed in comparison to the corresponding data of PEO oligomers ($M = 200$ to $M = 600$) and of small and simple structured organic molecules.

In addition to the dielectric relaxation of the solvent water, a relaxation of the polymers is observed in some cases. On grounds of the parameter values found for this relaxation, statements are made on the reorientational motion of the polar groups, if these are rotatable, or on some thermally induced segmental modes of motion, if a polar heterogroup is incorporated in the chain backbone.

2. The method of dielectric relaxation measurements

The dependence of the complex relative permittivity

$$\varepsilon_{tot}(\nu) = \varepsilon'(\nu) - i\varepsilon''_{tot}(\nu) \quad [1]$$

of the solutions on the frequency ν has been determined between about 400 MHz and 70 GHz using frequency domain techniques. Five microwave interferometers were used to cover the frequency range. With some solutions, additional measurements have been performed at lower frequencies by means of commercial impedance bridges. The uncertainty of the measured values is smaller than 2% for the real part ε' and the imaginary part ε''_{tot} of the permittivity and is smaller than 0.1% for the frequency ν. A description of the methods of measurements and of the construction of the apparatus as well as a discussion of error sources is given in ref. 1.

In general the measured total imaginary part ε''_{tot} contains two different contributions. One reflects the dielectric relaxation processes, the other one is due to ion drift. Only the former part, denoted by $\varepsilon''(\nu)$, is of interest here. It has been calculated according to

$$\varepsilon''(\nu) = \varepsilon''_{tot}(\nu) - 2\sigma/\nu \quad [2]$$

where σ stands for the ionic dc conductivity. σ has been measured at 1 and 10 kHz in the usual manner. With most solutions the conductivity term $2\sigma/\nu$ reflects some ionic impurities only and is small as compared to $\varepsilon''(\nu)$. With the PEI solutions, however, as indicated by pH values at around 12, the polymer is partly protonated. Thus noticeable contributions of the conductivity term to $\varepsilon''_{tot}(\nu)$ are found at lower frequencies here.

The complex permittivity due to polarization processes, $\varepsilon(\nu)$, is directly related to the dielectric decay function $\psi(t)$ of the macroscopic polarization. $\psi(t)$ is identical with the normalized autocorrelation function of the thermally induced polarization fluctuations of the liquid as measured in a short-circuited capacitor. Following the fluctuation/dissipation theorem, $\psi(t)$ can be expressed by the measured $\varepsilon(\nu)$ data according to

$$\psi(t) = \frac{2/\pi}{\varepsilon(o) - 1} \int_0^\infty \frac{\varepsilon''(\omega)}{\omega} \cos(\omega t)\, d\omega \quad [3]$$

where $\omega = 2\pi\nu$ denotes the angular frequency. Measurements of $\varepsilon(\nu)$, however, are always performed in a limited frequency range. This range is usually too small to allow for a sufficiently accurate numerical evaluation of the integral on the right hand side of eq. [3]. So it is common practice to analyse the dependence of the complex permittivity on the frequency instead of the more intuitive dielectric decay function.

3. The model used to describe the aqueous solutions

The dielectric relaxation of pure water predominantly reflects the fluctuations of the molecular dipole orientations (4). The dielectric decay function $\psi(t)$ of the macroscopic polarization approximately equals the normalized autocorrelation function of the molecular orientational motion

$$\psi(t) \approx \langle \cos\theta(t) \rangle \quad [4]$$

where $\theta(t)$ denotes the angle through which the molecular dipole rotates during the time t.

It turns out that $\psi(t)$ is not a simple exponential in the case of water at 25 °C. So the decay function $\psi(t)$ is expressed by a relaxation time distribution function $g(\tau)$ according to

$$\psi(t) = \int_0^\infty g(\tau) e^{-t/\tau} d\tau \quad [5]$$

with

$$\int_0^\infty g(\tau) d\tau = 1. \quad [6]$$

Usually, $g(\tau)$ is assumed to be the continuous "Cole-Cole" relaxation time distribution function (5). In this case the dependence of the complex permittivity of water on the frequency is analytically represented by the relaxation function

$$R_w(\nu) = \varepsilon_w(\infty) + \frac{\varepsilon_w(0) - \varepsilon_w(\infty)}{1 + (i\omega\tau_w)^{(1-h_w)}} . \quad [7]$$

Here $\varepsilon_w(\infty) = 5.2 \pm 0.2$ is the extrapolated high frequency permittivity. $\varepsilon_w(0) = 78.5 \pm 0.2$ is the low frequency ("static") permittivity. $\tau_w = (8.25 \pm 0.02) ps$ is the principle dielectric relaxation time, which is defined by the frequency ν_w at which $\varepsilon''(\nu)$ adopts its maximum value: $\tau_w = (2\pi\nu_w)^{-1}$ if $d\varepsilon''(\nu_w)/d\nu = 0$ and $d^2\varepsilon''(\nu_w)/d\nu^2 < 0$. $h_w = 0.007 \pm 0.002$ is a measure for the width of the (when $\tau g(\tau)$ is plotted against $ln\tau/\tau_w$) symmetrically bell shaped relaxation time distribution function. $h_w = 0.007 \pm 0.002$ means, that this width is very small with water at 25 °C.

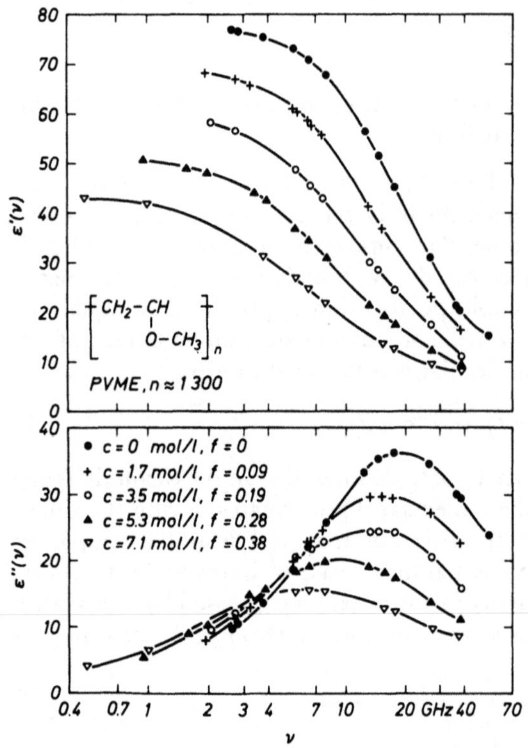

Fig. 1. Real part, $\varepsilon'(\nu)$, and imaginary part, $\varepsilon''(\nu)$, of the complex permittivity plotted vs. the frequency ν, for water and for aqueous solutions of poly (vinyl methyl ether) at 25 °C.

As shown by Figure 1, the dispersion ($d\varepsilon'(\nu)/d\nu < 0$) and loss ($\varepsilon''(\nu) > 0$) region of the dielectric relaxation of the solutions extends over a broader frequency band than with pure water. This broadening of the relaxation region, which indicates an increase in the distribution of relaxation times, in principle may be due to two effects. The water around the solute molecules will be affected and thus reorientate with a reorientation time τ_h different from that of the pure solvent τ_w. In addition to the reorientational motion of the affected ("hydration") water molecules and the unaffected ("free") water there may be a dielectric relaxation of the solutes which is due to the polar groups of the polymers.

To have regard to these effects, a sum of three relaxation functions defined by

$$R_1(\nu) = \varepsilon(\infty) + \frac{\varepsilon_{sw} - \varepsilon(\infty)}{c_w} \times \left[\frac{Z_h c}{1 + (i\omega\tau_h)^{(1-h)}} + \frac{c_w - Z_h c}{1 + (i\omega\tau_w)^{(1-h_w)}}\right] + \frac{\varepsilon(0) - \varepsilon_{sw}}{1 + (i\omega\tau_u)^{(1-h_u)}} \quad [8]$$

is appropriate to analytically describe the dependence of ε on the frequency ν with the less concentrated solutions. The first two relaxation terms on the right hand side of this equation represent the dielectric relaxation of the hydration water and of the free water, respectively. ε_{sw} denotes the contribution of both types of solvent to the static permittivity and c_w the molarity of solvent water. Z_h is the number of hydration water molecules per monomeric unit of the solute. The third relaxation term on the right hand side of eq. [8] stands for the contribution of the solute molecules to the complex permittivity. It turns out that this contribution is rather small with the most solutions. So any relaxation time distribution could be ignored with the solute term of these solutions ($h_u \equiv 0$) in order to restrict the number of unknown parameters. The division of the less concentrated solutions into different "subliquids" is sketched in Figure 2.

In solutions of very high solute concen-

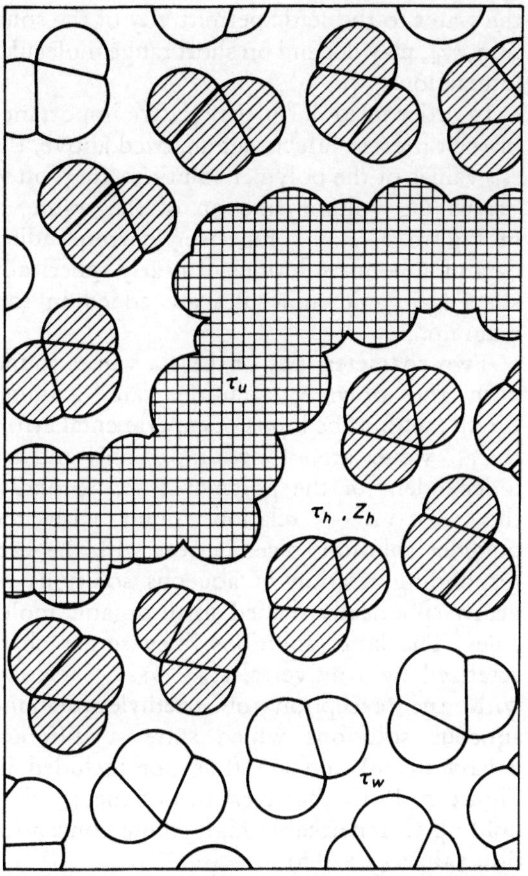

Fig. 2. Sketch of the molecular model used to describe the aqueous solutions. "*u*": solute molecule, "*h*": hydration water molecules, "*w*": unaffected water molecules.

tration there is no unaffected water left. Thus the free water term has to be omitted in the $R(\nu)$ function. So the relaxation function

$$R_2(\nu) = \varepsilon(\infty) + \frac{\varepsilon_{sw} - \varepsilon(\infty)}{1 + (i\omega\tau_h)^{(1-h)}} + \frac{\varepsilon(0) - \varepsilon_{sw}}{1 + (i\omega\tau_u)^{(1-h_u)}} \qquad [9]$$

was used in the case of sufficiently high concentrated solutions.

The treatment of data of the solutions using the two $R(\nu)$ functions may be questioned for the following reasons. (a) The sum of relaxation terms is only an approximation to the correct description of the mixture of different dielectrics. Unfortunately, however, it is not possible to derive the correct relaxation function for solutions of polymers since the solutes are rather complicated in shape. But it has been shown for simpler aqueous solutions of spherically shaped small molecules, that nearly the same values of the parameters Z_h and τ_h are found if the corresponding sum of relaxation terms is applied instead of the correct relaxation function (6). It may be justified to assign this result obtained with small molecules to polymer solutions, since it will be shown in the following, that the polymers appear as to be composed of differently orientated short segments. (b) Since the solute concentration is rather high, there will be some overlaps of hydration regions. Thus the Z_h and τ_h values, even if extracted from the data of 1 monomol/l solutions, should not be overemphasized with respect to the hydration properties of dilute solutions. But it seems to be of interest to discuss the hydration behaviour of the different polymers on the basis of the Z_h and τ_h values as extracted from the measured $\varepsilon(\nu)$ values by application of the $R(\nu)$ functions defined above. Moreover, these parameter values are appropriate for comparison with the respective data of aqueous solutions of small organic molecules as obtained at similar concentration values.

The individual parameter values obtained according to the model described above have already been published for PVP (1) and the oxygen containing linear polymers PEO, PVA, and PVME (2). The corresponding values for nitrogen containing polymers PEI, PAAm, and PMAAm (3) and for oligomers (7) will be published in detail elsewhere. So, in order to avoid unnecessary repetition, a summary of the most significant results will be given in the following rather than a detailed presentation of complete sets of data.

4. Discussion of the hydration properties of polymers

4.1 The Contribution of the Solvent to the Static Permittivity

Due to the decrease of the water molarity, the contribution of the solvent to the static permittivity of aqueous solutions, ε_{sw}, in general is smaller than the pure water permittivity at zero frequency, $\varepsilon_w(0)$. But besides a simple dilution effect, two other factors control the ε_{sw} values of nonionic solutions. (a) The static permittivity of a mixture of different dielectrics depends on depolarizing fields within the mixture and these fields on the other hand depend on the shape of the solute. Thus the ε_{sw} values of aqueous solutions are dependent upon the molecular shape of the solute particles. (b) Due to short range specific molecular interactions the amount and the orientation correlation of the molecular electric dipole moment of hydration water molecules can be altered with respect to pure water. In this case, a static permittivity different from that in free water has to be attributed to the hydration water. Thus the contribution of the water to the static permittivity of the solution, ε_{sw}, may depend on short range molecular interactions.

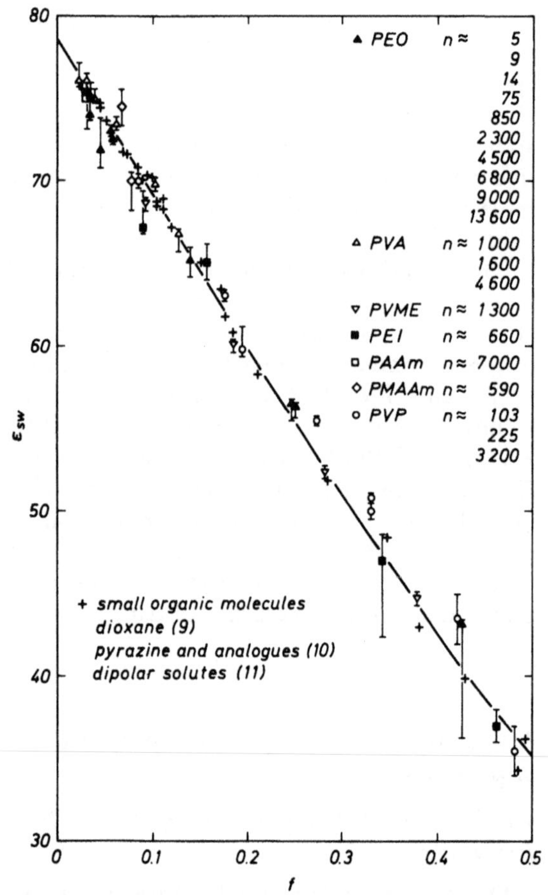

Fig. 3. The contribution of the solvent water to the static permittivity, ε_{sw}, plotted vs. the volume fraction of the solute, f, for solutions of polymers and of small organic molecules at 25 °C.

In order to look for the relative importance of the different effects summarized above, the ε_{sw} values of the polymer solutions are plotted versus the volume fraction of the solute, f, in Figure 3. For comparison corresponding data of aqueous solutions of nearly spherically shaped organic molecules are added in this diagram.

Two characteristics of the ε_{sw} values found with the polymer solutions are striking. Firstly, within the limits of experimental error, the ε_{sw} values are a function of f only and are independent of the polymer type. Secondly, the ε_{sw} – vs. – f relation found with the polymer solutions nicely agrees with the corresponding relation of aqueous solutions of nearly spherically shaped small organic molecules. The latter solutions likewise are characterized by a universal ε_{sw} – vs. – f relation with the exception of triethylenediamine aqueous solutions which show a different behaviour (8) and are thus not included in Figure 3. Both characteristics of the ε_{sw} data hold up to remarkably high solute concentration values ($f \approx 0.5$).

The fact, that the ε_{sw} values are found to be nearly independent of the solute type may be taken to indicate, that the amount and the orientation correlation of the molecular electric dipole moment of the hydration water is not seriously affected by short range specific interactions in these solutions. Otherwise one would expect the ε_{sw} values to reflect the chemical composition and other specific properties of the solute molecules. If this explanation is accepted, than it is justified to attribute the same factor $\varepsilon_{sw} - \varepsilon(\infty)$ to the hydration water term and to the free water term in the relaxation function $R_1(\nu)$ defined above.

On grounds of the finding, that the same ε_{sw} – vs. – f relation emerges with the solutions of polymers and of small, nearly spherically shaped molecules a statement on conformation properties of the macromolecules can be made. As may be expected intuitively, the polymers seem to be composed of differently orientated short segments rather than to adopt elongated shapes in aqueous solution.

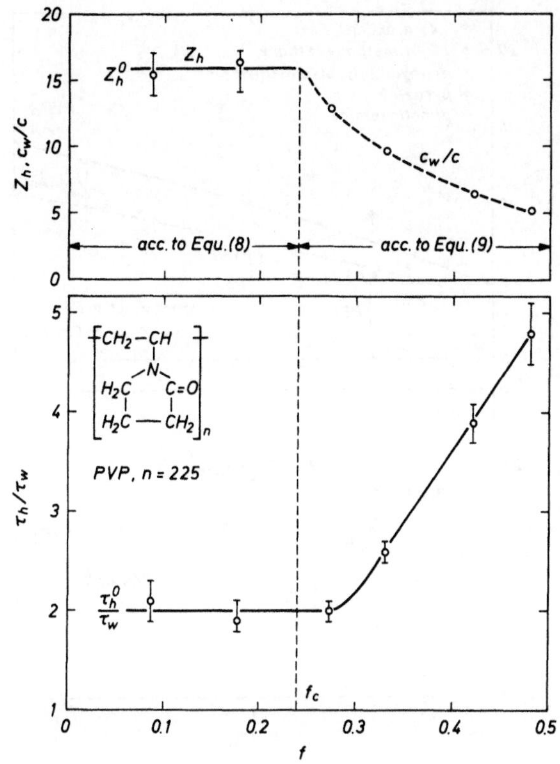

Fig. 4. Plot of the number of affected water molecules per monomer unit, Z_h, and of the hydration water/pure water reorientation time ratio, τ_h/τ_w, vs. the volume fraction of the solute, f, for solutions of poly (vinyl pyrrolidone) at 25 °C.

4.2 *The Amount and the Reorientation Time of the Hydration Water*

4.2.1 The Dependence on Concentration

In Figure 4, the number of influenced water molecules per monomeric unit, Z_h, and the reorientation time ratio τ_h/τ_w is displayed as a function of the volume fraction of the solute, f, for a PVP polymer. The same characteristics found with this polymer emerge in the Z_h – vs. – f and τ_h/τ_w – vs. – f relations of aqueous solutions of the other polymers (2) and of small organic molecules, as far as measurements have been performed in dependence of solute concentration.

The Z_h and τ_h/τ_w values are independent of f for the less concentrated solutions. τ_h/τ_w shows an appreciable increase with increasing f if f exceeds a certain critical value f_c which meets the condition

$$f_c + cZ_h\phi_w \approx 1. \qquad [10]$$

$\phi_w = 0.018$ l/mol denotes the molar volume of the water in this relation and $f_h \equiv cZ_h\phi_w$ the volume fraction of the hydration regions. $f = f_c \approx 1 - f_h$ means, that there is no free water left in the solutions. Consequently, the number of available water molecules per monomeric unit, c_w/c, is smaller than Z_h and decreases with increasing f if $f > f_c$ holds (Fig. 4).

The finding, that the number of perturbed water molecules per solute monomeric unit, Z_h, is independent of f for solutions of sufficiently low solute concentration, together with the fact, that the τ_h values are constant at $f \lesssim f_c$, can be taken as an indication that the hydration model used seems to be quite realistic if applied to the dielectric relaxation of aqueous solutions.

In the following comparison of the hydration properties of different solute molecules, mean values Z_h^0 and τ_h^0 are discussed, which have been extracted from the data of less concentrated solutions ($f \lesssim f_c$).

4.2.2 The Influence of the Degree of Polymerization

The mean values Z_h^0 and τ_h^0/τ_w of the number of influenced water molecules per monomeric unit and of the reorientation time ratio, respectively, are displayed in dependence of the degree of polymerization, n, for poly (ethylene oxide) solutions in Figure 5. For comparison, the corresponding data of the ethylene oxide dimer and trimer, 1,2-dimethoxy-ethane and diethyleneglycol-dimethylether, (7), respectively, of the cyclic dimer, 1,4-dioxane, and of some oligomers, $[CH_2–CH_2–O]_n$, $n \approx 4.5$, 9.1, and 13.6, are included in these plots. With these data the Z_h^0 values likewise refer to one ethylene oxide unit of the solute. The data for 1,4-dioxane were obtained by fitting to former experimental $\varepsilon(\nu)$ values the relaxation function $R_1(\nu)$ with the restriction $\varepsilon(0) = \varepsilon_{sw}$. Complex permittivity data as obtained at around 3.3 and 23.8 GHz by *Hasted* et al. (12) together with static permittivity values of *Akerlöf* et al. (9) were used in these calculations.

As can be seen from Figure 5, the number of influenced water molecules per monomeric unit as well as the reorientation time ratio do not depend on the degree of polymerization, n, of poly (ethylene oxide) for n

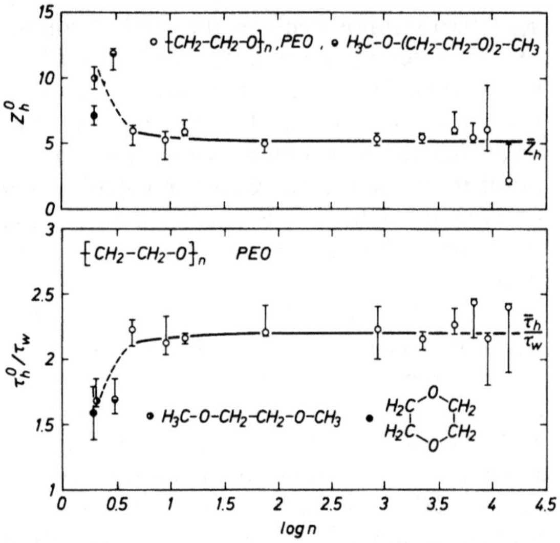

Fig. 5. Mean values of the number of affected water molecules per monomer unit, Z_h^o, and of the reorientation time ratio, τ_h^0/τ_w, vs. the logarithm of the degree of polymerization, n, for poly(ethylene oxide) and for 1,2-dimethoxy-ethane, diethyleneglycol-dimethylether, and 1,4-dioxane at 25 °C.

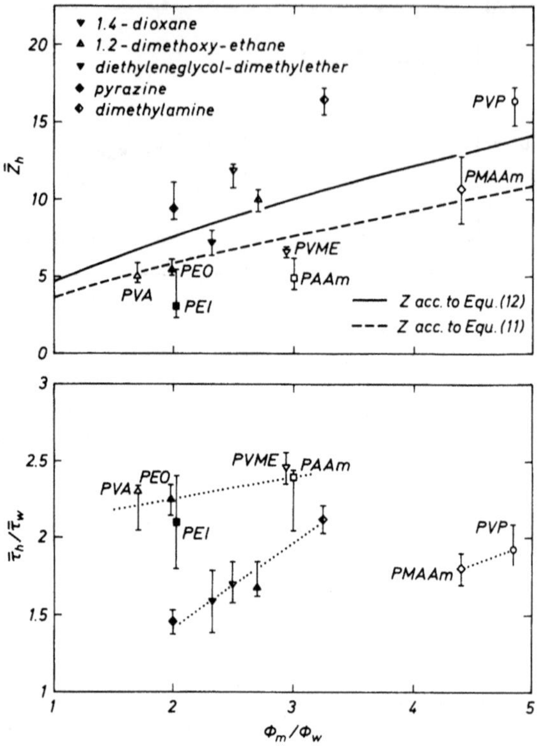

Fig. 6. Mean values of the number of affected water molecules per monomer unit, $\bar{Z}_h$, and of the reorientation time ratio, $\bar{\tau}_h/\tau_w$, vs. the ratio of the solute to solvent apparent molar volume, ϕ_m/ϕ_w, for the polymers and some small molecules at 25 °C. ϕ_m refers to one repeat unit.

values above 10. As far as measurements have been performed in dependence of n, the $\bar{Z}_h^o$ and τ_h^o values of the other polymers are also independent of n. Thus mean values $\bar{Z}_h$ and $\bar{\tau}_h/\tau_w$ can be attributed to each type of polymer by averaging the individual Z_h^o and τ_h^o/τ_w data, resp., as obtained at different degrees of polymerization.

But as is also demonstrated by Figure 5, the Z_h^o and τ_h^o/τ_w data of small organic molecules, which are likewise composed of ethylene oxide units, distinctly deviate from the $\bar{Z}_h$ value and the $\bar{\tau}_h/\tau_w$ ratio, resp., of the PEO solutions. This difference in the hydration behaviour of the small molecules on the one hand and of the polymers on the other hand, indicating that factors other than the chemical composition are important for the solution properties of the solutes, is discussed more detailed in the following section.

4.2.3 Interpretation of the Data of the Different Polymers and Comparison with the Data of Small Molecules

The mean values $\bar{Z}_h$ and $\bar{\tau}_h/\tau_w$ of the polymers are displayed in dependence of ϕ_m/ϕ_w in Fig. 6. ϕ_m and ϕ_w denote the solute and solvent apparent molar volume, resp. $\bar{Z}_h$ and ϕ_m refer to the monomer unit. For comparison, some data of small organic molecules are added to the Z_h – vs. – ϕ_m/ϕ_w and τ_h/τ_w – vs. – ϕ_m/ϕ_w plots. These data again include the values obtained for the ethylene oxide dimer and trimer, 1,2-dimethoxy-ethane and diethyleneglycol-dimethylether, resp., and for the cyclic dimer, 1,4-dioxane. In addition, the corresponding values for dimethylamine (3), the monomer of PEI, and for pyrazine (10) are given. The latter compound may be taken as the cyclic dimer of PEI, though pyrazine is an aromatic ring instead of an aliphatic molecule. Corresponding to the treatment of the polymers, the small molecules are likewise represented in Figure 6 by Z_h and ϕ_m data which refer to one monomer unit.

To begin with the number of influenced water molecules of PVA, PEO, PVME, and PMAAm, a tendency emerges in this series of $\bar{Z}_h$ values to increase with increasing ϕ_m.

This behaviour is to be expected since the number of water molecules adjacent to the solute monomer unit, Z, in general increases with increasing molar volume of the repeat unit. To get an estimate of this effect, Z values were calculated by division of surface areas assuming the solvent molecules to be cube shaped and the monomer units of the polymers to be circular cylindrically shaped. The number of water molecules in the first layer around the cylinder jacket is then given by

$$Z = (16\pi)^{1/3}(\phi_m/\phi_w)^{2/3} \qquad [11]$$

if the diameter of the cylinder is assumed to be equal to its height. This ratio of diameter to height seems to be reasonable for the polymers under consideration. The graph of function [11] is represented by the dashed line in Figure 6. As can be seen from this plot, the numbers of disturbed water molecules of PVA, PEO, PVME, and PMAAm nearly agree with the corresponding numbers of nearest neighboured water molecules.

In the case of PEI and PAAm the $\bar{Z}_h$ values seem to be smaller than the corresponding Z values as calculated according to eq. [11]. Several factors may be responsible for this finding. But since the experimental uncertainty is rather high with the $\bar{Z}_h$ values of PEI and PAAm, no clear-cut conclusion can be drawn on the relative importance of these different factors.

The $\bar{Z}_h$ value of the PVP monomer unit is distinctly greater than Z as estimated according to eq. [11]. With the PVP molecule, however, the nearly spherically shaped pyrrolidone ring is dominant. Thus the $\bar{Z}_h$ values should be rather comparable with Z values which are estimated according to

$$Z = (36\pi)^{1/3}(\phi_m/\phi_w)^{2/3}\,. \qquad [12]$$

Using this relation, the PVP repeat unit is assumed to be a sphere. The graph of eq. [12] is represented by the full line in Figure 6. Even if Z is calculated according to eq. [12], $\bar{Z}_h/Z > 1$ is found with the PVP solutions.

A number of affected water molecules equal to or a little greater than the number of nearest neighbours is characteristic of many small molecules (10, 11) and organic ions (13, 14). The same feature emerges with 1,2-dimethoxy-ethane, diethyleneglycol-dimethylether, pyrazine, and dimethylamine. With 1,4-dioxane, Z_h is rather small if compared to the Z_h values of the other small molecules plotted in this diagram. This result may be taken to indicate, that due to its four hydrogen bond accepting abilities together with its particular size and shape 1,4-dioxane seems to fit more easily into the water structure than the other small molecules.

The reorientation time ratios of the solutions presented in Figure 6 show a less predictable behaviour than the $\bar{Z}_h$ values. But there seem to appear three groups of solutes. Within each group the $\bar{\tau}_h/\tau_w$ values increase with increasing ϕ_m. One of these groups contains the small molecules, another one is formed by the series of polymers PVA, PEO, PEI, PVME and PAAm while PMAAm and PVP have to be regarded as a third group. There is a considerable difference between the reorientation time ratios of the former two groups if the $\bar{\tau}_h/\tau_w$ values are compared at the same ϕ_m/ϕ_w, resp. This difference clearly indicates, that there are factors other than the chemical composition and the size of the monomer unit which are important in influencing the reorientational motion of the hydration water. These factors may include a) the total size of the solute, b) the overall shape of the solute molecule with respect to the water arrangement around it, and c) the flexibility of the solute. The presence or absence of terminal methyl groups seems to be of minor importance here, since the reorientation time ratios of the heterocyclic 1,4-dioxane and pyrazine nicely fit to the data of the linear small molecules.

The assumption that the overall shape and/or the flexibility of solute particles may be important factors in influencing the hydration behaviour of them is supported by the τ_h/τ_w values of three series of organic ions (13, 14). If the reorientation time ratios of the n-alkylammonium ions, the tetraalkylammonium ions and the azoniaspiroalkane ions are compared at equal solute size an appreciable decrease of the τ_h/τ_w values emerges when going from the elongated and rather flexible n-alkylammonium cations to the nearly spherically shaped tetraalkylammonium ions with reduced flexibility of chains. Forming closed loops from the alkyl chains of the tetraalkylammonium ions and thus going to the nearly inflexible azoniaspiroalkane ions additionally decreases the reorientation time of the hydration water.

The $\bar{\tau}_h/\tau_w$ values of PMAAm and PVP fit into the picture outlined above. Due to its side groups and due to the pyrrolidone ring, resp., PMAAm and PVP are rather inflexible. Thus values of the reorientation time ratio are found which appear to be rather small if compared with the data of the other polymers.

5. Discussion of the dielectric relaxation of the solutes

5.1 The Relaxation Time

As already mentioned in Sect. 3. the polymers in principle contribute to the complex permittivity owing to their polar groups. But in the less concentrated solutions the relaxation strength $\varepsilon(0)-\varepsilon_{sw}$ of this contribution is very small as compared to that of the water process, $\varepsilon_{sw}-\varepsilon(\infty)$. Thus the uncertainty of the parameter values obtained for the dielectric relaxation of the solute is rather high in these cases. For this reason, the discussion will be restricted to PVA, PEO, PEI, PVME, and PVP in this section, since measurements have been performed with these polymers up to sufficiently high solute concentrations ($c \gtrsim 2$ monomol/l) to allow for definite statements on the dielectric relaxation of the solute.

A relaxation time τ_u at around 100 ps is found for the reorientational motion of the hydroxyl side group in the PVA solutions with solute concentrations $c \gtrsim 2$ monomol/l. With the PVME molecule, the reorientational motion of the polar side group seems to be hindered by the additional methyl groups so that no solute relaxation is found in the range of frequencies of measurements. Thus $\tau_u \gtrsim 300$ ps can be concluded for this polymer. In the PVP solutions the dielectric relaxation is characterized by a relaxation time larger than about 200 ps. Since this value is distinctly greater than the reorientation time $\tau_u = 133$ ps of 1-ethyl-2-pyrrolidone in a 5.5 molar aqueous solution (1) it may be taken to indicate that the orientational motions of the dipolar groups are prevented by steric reasons in PVP.

Due to the polar heteroatom in the chain, the PEO molecule has an electric dipole moment perpendicular to the chain direction. The dielectric relaxation of the solute reflects some segmental modes of motion of this polymer. It turns out that these motions are very fast (20 ps $\lesssim \tau_u \lesssim$ 120 ps if $c \gtrsim 2$ monomol/l). This result suggests that the PEO chain is very flexible in aqueous solution. A very short relaxation time of PEO in non-associating solvent ($\tau_u = 10$ ps at 20 °C) has already been observed by *Davies* et al. (15) who studied a series of PEO polymers in benzene solutions.

τ_u values at around 60 ps are found for the PEI solutions. But as indicated by pH values of about 12, PEI appears to be a weak polybase in aqueous solutions. Thus, as will be discussed below, the dielectric relaxation of the solute seems to reflect two molecular mechanisms with this polymer, the segmental modes of motion of the heterochain and the diffusive axial motions of OH^- counterions along the electrically charged PEI chains.

5.2 The Molar Dielectric Increment

As demonstrated in Figure 7 for the PVA solutions, the plot of the solute relaxation strength, $\varepsilon(0)-\varepsilon_{sw}$, vs. solute concentration, c, within the limits of experimental error is a straight line which can be extrapolated back to pass through zero for pure water. The slope of this line, $\Delta\varepsilon_{um} = (\varepsilon(0)-\varepsilon_{sw})/c$ is

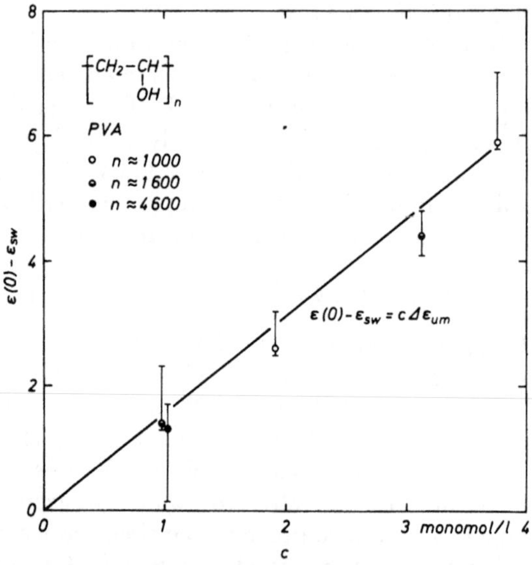

Fig. 7. The contribution of the solute to the static permittivity, $\varepsilon(o)-\varepsilon_{sw}$, vs. solute molarity, c, for solutions of poly (vinyl alcohol) at 25 °C.

found to be (1.6 ± 0.3) (monomol/l)$^{-1}$, (0.8 ± 0.15) (monomol/l)$^{-1}$, (0.8 ± 04) (monomol/l)$^{-1}$, and (1.85 ± 0.15) (monomol/l)$^{-1}$ for the PVA, PEO, PVP, and PEI solutions, resp.

The $\Delta\varepsilon_{um}$ values for PVA and PEO have been used to estimate the effective rms dipole moment μ_g which the polar units of these two polymers would have in the gaseous state (2). The effective dipole moment of a polymer repeat unit is usually expressed as

$$\mu_g = g^{1/2}\mu_0 \quad [13]$$

where μ_0 denotes the group dipole moment of the polar unit and g a factor depending on the degree of flexibility of the chain and on the nature of the monomeric unit. With μ_0 values taken from the literature (16) g-factors of 0.89 ± 0.2 and 0.77 ± 0.15 are calculated for PVA and PEO, resp. These values are close to but a little smaller than the predicted value 0.92 (16) which has been calculated for the g-factor of a [CH_2–CHR] type polymer and for poly (ethylene oxide), assuming free rotation within the chain backbone.

A direct comparison of the $\Delta\varepsilon_{um}$ values obtained for PVP and for 1-ethyl-2-pyrrolidone, resp., yields a small g-factor of 0.15 ± 0.08, which indicates the reduced flexibility of the PVP molecule.

The $\Delta\varepsilon_{um}$ value of PEI is more than twice the value found for the PEO solutions, while the dipole moments of the corresponding monomers are $\mu_0 = 1.02$D $(= 1.02 \cdot 10^{-18}$ esu) for dimethylamine and $\mu_0 = 1.29$D for dimethylether (17). Thus it seems to be unreasonable that the dielectric relaxation of the solute is only due to the segmental modes of motion of the PEI chain. As already mentioned above, PEI is weakly protonized in aqueous solutions. So in some respects this compound may be expected to behave like a polyelectrolyte. It seems to be likely for this reasons that diffusive motions of OH^- counterions along the polymer chains additionally contribute to the dielectric relaxation of poly (ethylene imine) solutions, since such contributions are usually found with polyelectrolytes.

6. Conclusions

One important result of the complex permittivity measurements on aqueous solutions of non-ionic linear heterohydrocarbon polymers is that the reorientational motion of the hydration water seems to be largely determined by the size of the solute repeat unit and by the flexibility of the polymer molecule. This finding is in so far striking since one would have expected intuitively the hydration behaviour to depend more sensitively on the chemical characteristics of the solute. These characteristics may include the ratio of the numbers of hydrophilic and hydrophobic groups, the number of hydrogen bond donating and accepting abilities per monomer unit, or the nature of the hydrophilic groups and its steric arrangement within the polymer chain.

As can be seen from the dielectric relaxation time of the solute relaxation, there is some rapid motion of the polar components in the PEO and PVA molecules, while the reorientational motion of the polar groups of PVME and PVP is slower. The strength of the solute relaxation can be analyzed to show that there is some hindrance to the motions within the polymers. This hindrance seems to be rather small with PEO and PVA. But a substantial restriction in the reorientational motion of the pyrrolidone ring is found with PVP.

With the PEI solutions the solute contribution to the complex permittivity is unexpectedly great. It is suggested that due to protonization of PEI this polymer behaves like a weak polyelectrolyte. Thus the diffusive axial motions of OH^- counterions along the electrically charged polymer chains may additionally contribute to the dielectric relaxation of aqueous PEI solutions.

Acknowledgements

Thanks are due to Professor *R. Pottel* for helpful discussions and to *R. Podbielski* and Dr. *W. Hasse-Wessel* for making their experimental results available to me before publication. Parts of the work have been financially supported by the Deutsche Forschungsgemeinschaft.

Summary

Complex permittivity measurements on aqueous solutions of non-ionic linear heterohydrocarbon polymers are summarized. The solutes include poly (ethylene oxide), poly (vinyl alcohol), poly (vinyl methyl ether), poly (ethylene imine), poly (acrylamide), poly (methacrylamide), and poly (vinyl pyrrolidone).

The measured dependence of the complex permittivity on frequency is discussed in terms of a model of the solutions to yield the hydration number and reorientation time of disturbed water molecules as well as the relaxation time and the molar dielectric increment of the solutes. The hydration water data are compared to those of oligomers and of small organic molecules for the purpose of gaining insight into the effect of molecular size, shape, and flexibility on the dynamics of the surrounding water. The molar dielectric increment of the solutes is analyzed to show that with the polymers there is some hindrance of the motions of polar components as compared to a free rotation within the chain backbone. With the poly (ethylene imine) solutions an additional contribution to the complex permittivity is suggested which seems to reflect the diffusive axial motions of OH^- counterions along the weakly protonated polymer chains.

Zusammenfassung

Es wird eine Übersicht über Messungen der komplexen Dielektrizitätszahl wäßriger Lösungen nichtionischer linearer polymerer Heterokohlenwasserstoffe gegeben. Die gelösten Substanzen sind Polyäthylenoxid, Polyvinylalkohol. Poly-(vinyl-methyläther), Polyäthylenimin, Polyacrylsäureamid, Polymethacrylsäureamid und Polyvinylpyrrolidon. Die gemesene Frequenzabhängigkeit der komplexen Dieelektrizitätszahl wird auf der Grundlage eines Lösungsmodells diskutiert, um einerseits die Zahl und Umorientierungszeit der durch das Gelöste beeinflußten Wassermoleküle zu erhalten und andererseits das molare dielektrische Inkrement und die Relaxationszeit der Polymere. Die Daten für das Hydratwasser werden mit entsprechenden Werten für Lösungen von Oligomeren und kleinen organischen Molekülen verglichen, um zu Aussagen über die Bedeutung von Größe, Form und Flexibilität gelöster Teilchen für die Mikrodynamik des benachbarten Wassers zu gelangen. Auf Grund der Werte für das molare dielektrische Inkrement des Gelösten wird gezeigt, daß die Bewegungen polarer Komponenten der Polymeren im Vergleich zu einer freien Rotation innerhalb der Kette behindert sind. Im Falle der Lösungen von Polyäthylenimin wird ein zusätzlicher Beitrag zur komplexen Dielektrizitätszahl vermutet, der durch die Diffusion von OH^- Gegenionen entlang schwach protonisierter Polymerketten hervorgerufen sein mag.

References

1) *Kaatze, U.*, Adv. Molec. Relaxation Processes **7**, 71 (1975).

2) *Kaatze, U., O. Göttmann, R. Podbielski, R. Pottel*, and *U. Terveer*, J. Phys. Chem., **82**, 112 (1978).

3) *Göttmann, O., U. Kaatze, R. Podbielski, R. Pottel*, to be published.

4) *Pottel, R., K. Giese*, and *U. Kaatze*, Dielectric Relaxation in Aqueous Solutions, in: Structure of Water and Aqueous Solutions, *W. A. P. Luck*, ed. (Weinheim, 1974).

5) *Cole, K. S.* and *R. H. Cole*, J. Chem. Phys. **9**, 341 (1941).

6) *Pottel, R.* and *U. Kaatze*, to be published.

7) *Kaatze, U.*, Ber. Bunsenges. physik. Chem., to be published 1978.

8) *Kaatze, U.* and *W.-Y. Wen*, J. Phys. Chem., **82**, 109 (1978).

9) *Akerlöf, G.* and *A. O. Short*, J. Am. Chem. Soc., **58**, 1241 (1936).

10) *Pottel, R.* and *U. Kaatze*, Ber. Bunsenges. physik. Chem. **73**, 437 (1969).

11) *Pottel, R., D. Adolph*, and *U. Kaatze*, Ber. Bunsenges. physik. Chem. **79**, 278 (1975).

12) *Hasted, J. B., G. H. Haggis*, and *P. Hutton*, Trans. Faraday Soc. **47**, 577 (1951).

13) *Kaatze, U., C. H. Limberg*, and *R. Pottel*, Ber. Bunsenges. physik. Chem. **78**, 555 (1974).

14) *Wen, W.-Y.* and *U. Kaatze*, J. Phys. Chem. **81**, 177 (1977).

15) *Davies, M., G. Williams*, and *G. D. Loveluck*, Z. Elektrochem. **64**, 575 (1960).

16) *Price, A. H.*, "The Permittivity of Liquids" in "Dielectric Properties and Molecular Behaviour", *N. E. Hill, W. E. Vaughan, A. H. Price, M. Davies*, eds. (London, 1969).

17) *D'Ans-Lax*, Taschenbuch für Chemiker und Physiker, *K. Schäfer* and *C. Synowietz*, eds. (Berlin, 1970), Vol. 3.

Author's address:

Dr. Udo Kaatze
Drittes Physikalisches Institut
Universität Göttingen
Bürgerstraße 42–44
D–3400 Göttingen

Progr. Colloid & Polymer Sci. 65, 225–232 (1978)

ISSN 0340-255 X

Institute für Textil- und Faserforschung Stuttgart
Institut für Chemiefasern
Ulmer Straße 227, D–7000 Stuttgart 60 (Wangen)

Zur Ermittlung ortsabhängiger Strukturparameter von Hochpolymeren durch interferometrische Messungen

G. Kühnle und *E. Schollmeyer*

Mit 13 Abbildungen

(Eingegangen am 15. November 1977)

1. Einleitung

Für das Auffinden der Zusammenhänge zwischen der Struktur. von Hochpolymeren und ihrem Eigenschaftsbild sind u.a. Ordnung und Orientierung wichtige physikalisch-chemische Parameter. Speziell für das Studium des Diffusionsverhaltens von Teilchen (z.B. von Farbstoffen) in einer Faser ist die Kenntnis dieser Strukturparameter längs des Faserradius (= Diffusionsweg) notwendig.

Die vorliegende Arbeit diskutiert die interferometrische Messung des radialen Verlaufs der Brechzahlen von Fasern mit Hilfe eines Zweistrahl-Durchlicht-Interferometers zur Charakterisierung der Faserstruktur. Als Beispiel dient das Studium der morphologischen Änderungen beim Thermofixieren von Polyäthylenterephthalat-Fasern mit und ohne Schrumpf.

2. Interpretation von Faserinterferogrammen

Im Interferogramm einer Faser zeigt sich der im Strahlengang des Interferenzmikroskops hervorgerufene Gangunterschied Γ zwischen Einbettung und Faser als Versetzung ΔX der Interferenzstreifen der Faser gegenüber den äquidistanten Grundstreifen der Einbettung mit dem Abstand X, wobei für die relative Versetzung η gilt

$$\eta = \frac{\Delta X}{X} = \frac{\Gamma}{\lambda},$$

mit λ = Wellenlänge des Meßlichtes.

Zur Auswertung des Interferogrammes werden folgende Voraussetzungen gemacht [1]:

1. Die untersuchte Faser sei in ihrem Strukturaufbau rotationssymmetrisch.
2. Der Lichtweg durch die Faser verläuft geradlinig und senkrecht zur Faserachse (vgl. Abb. 1).
3. Das Licht wird beim Eintritt in die Faser nicht gebrochen.

Legt man durch den Mittelpunkt des Faserquerschnittes ein rechtwinkliges X-Y-Koordinatensystem, wobei die Y-Achse Richtung und Länge und die X-Achse den Abstand des

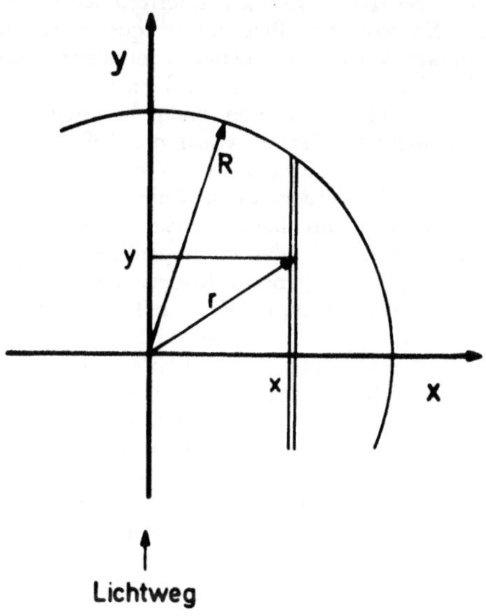

Abb. 1. Darstellung des Lichtweges durch die Faser zur Auswertung von Interferogrammen.

Lichtweges vom Mittelpunkt angeben (vgl. Abb. 1), so errechnet sich die relative Versetzung zu (2)

$$\eta(x) = \frac{[\bar{n}(x) - n_0]\, d(x)}{\lambda}, \quad [1]$$

wobei $\bar{n}(x)$ die mittlere Brechzahl entlang des Lichtweges $d(x)$ bedeutet. Mit

$$\bar{n}(x) = \frac{1}{\sqrt{R^2 - x^2}} \int_0^{+\sqrt{R^2-x^2}} n(r)\, dy \text{ und}$$

$$d(x) = 2\sqrt{R^2 - x^2}$$

ergibt sich für Gl. [1]

$$\eta(x) = \frac{2}{\lambda} \int_0^{+\sqrt{R^2-x^2}} [n(r) - n_0]\, dy\,. \quad [2]$$

Stellt man $n(r)$, mit $0 \leqq r \leqq R$ durch ein Polynom Grad m dar*),

$$n(r) = \sum_{i=0}^{m} \alpha_i \left(\frac{r}{R}\right)^i,$$

so ist Gl. [2] elementar lösbar (2), und die freien Parameter α_i lassen sich mit Hilfe einer Ausgleichsrechnung aus den Beobachtungen $(\eta_r^{\text{gem.}}, x_r^{\text{gem.}})_{r=1,2,\ldots,N}$ ermitteln.

3. Experimenteller Teil

Die interferometrischen Messungen erfolgten in einem Zweistrahl-Durchlicht-Interferometer der Fa. Leitz. Das von der Beleuchtungsquelle des Interferenzmikroskops kommende monochromatische Lichtbündel ($\lambda = 0{,}546\ \mu m$) wird nach dem Prinzip von *Mach* und *Zehnder* von einem Strahlenteiler T_1 in zwei intensitätsgleiche, kohärente Teilbündel zerlegt, die durch den Strahlenvereininger T_2 zur Interferenz gebracht werden. Beide Teilbündel (Meß- und Referenzstrahl) durchlaufen zwar getrennte, aber optisch identische Meßanordnungen (Kondensor K, Objektiv O), die bei genauer Justierung die Gleichheit der optischen Weglängen des Meß- und des Vergleichsstrahles garantieren (vgl. Abb. 2).

Die Durchstrahlung der optisch einachsig doppelbrechenden Faser senkrecht zur Faserachse (= optische Achse) bewirkt eine Zerlegung des vorher unpolarisierten Lichtes in Licht mit zwei senkrecht zueinander stehenden Polarisationsebenen. Ein Polarisationsfilter ermöglicht die getrennte Betrachtung der Schwingungsebene, der die jeweils interessierende Faserbrechzahl ($n_\perp$ und $n_\parallel$) zugeordnet ist.

*) Aus den in (2) genannten Gründen wird stets $m = 6$ gewählt.

Zur Einbettung der Fasern diente ein Satz von 96 Immersionsflüssigkeiten der Fa. Cargille, USA, deren Brechzahlen zwischen 1,4 und 1,8 abgestuft sind.

4. Radialer Verlauf der Brechzahlen von Polyäthylenterephthalat-Fasern*)

Zur Kennzeichnung der strukturellen Änderungen als Funktion des Faserradius beim Thermofixieren wurden handelsübliche Fasern vermessen. Die unfixierte Faser ist mit 1.0 gekennzeichnet, die Bezeichnung 1.1 wurde für die Faser, die 15 Minuten im Sattdampf bei 140 °C unter Konstanthaltung der Länge – d.h. ohne Schrumpf – thermofixiert wurde,

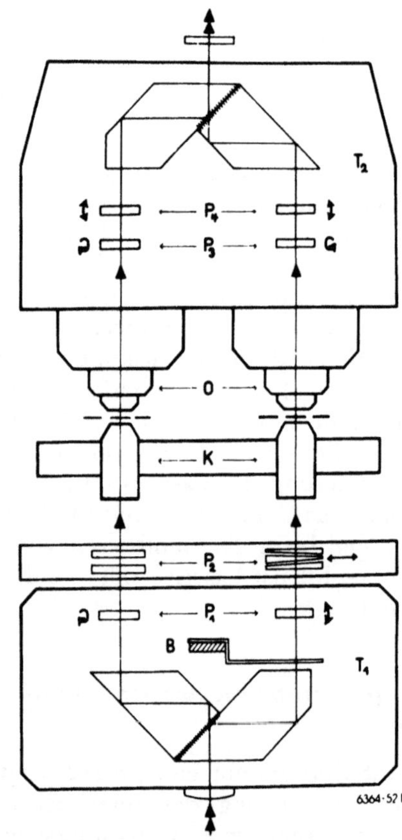

Abb. 2. Schematische Darstellung des Strahlenganges durch das Zweistrahl-Durchlicht-Interferometer (Photoarchiv der Fa. Leitz, Wetzlar).

*) Eine eingehende Diskussion des radialen Verlaufs der Brechzahlen $n_\perp$ und $n_\parallel$ sowie der daraus folgenden Strukturparameter Δn (Doppelbrechung) und n_{iso} (isomorphe Brechzahl) bei Polyäthylenterephthalat-Fasern mit extrem unterschiedlicher radialer Struktur findet man in (3).

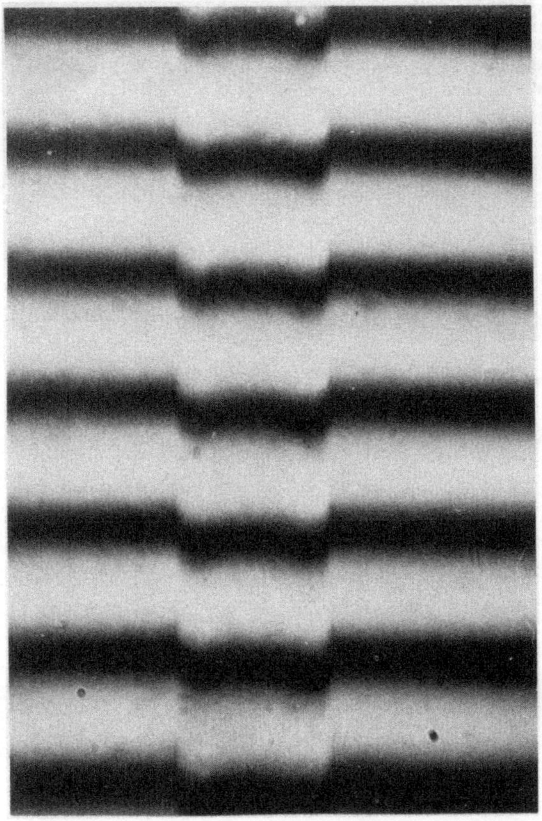

Abb. 3. Interferogramm einer Polyäthylenterephthalat-Faser (1.0) mit senkrecht zur Faserachse polarisiertem Licht (n_0 = 1,5444).

Abb. 4. Interferogramm einer Polyäthylenterephthalat-Faser (1.1) mit senkrecht zur Faserachse polarisiertem Licht (n_0 = 1,5448).

gewählt. Mit 1.2 ist eine Faser bezeichnet, die unter sonst gleichen Bedingungen wie die Faser 1.1 mit freiem Schrumpf thermofixiert wurde.

Die Abbildungen 3 bis 5 zeigen die gemessenen Interferogramme von $n_\perp$ der Fasertypen 1.0, 1.1 und 1.2, und die Abbildungen 6 bis 8 stellen die entsprechenden Interferogramme von $n_\parallel$ dar.

Die nach dem Modell (2) ermittelten radialen Verläufe der Brechzahlen der unfixierten im Vergleich zur mit und ohne Schrumpf fixierten Faser sind für $n_\perp$ in Abbildung 9 und für $n_\parallel$ in Abbildung 10 dargestellt.

Aus den Abbildungen 9 und 10 ist zu erkennen, daß sich beim Fixieren ohne Schrumpf die Größe der Faserbrechzahlen $n_\perp$ und $n_\parallel$ mit einer eindeutigen Tendenz zu höheren Werten nur geringfügig ändert, wobei ihr radialer Verlauf im wesentlichen erhalten bleibt. Beim Fixieren mit freiem Schrumpf erhöhen sich die Werte für $n_\perp$ weniger stark, als sie sich für $n_\parallel$ erniedrigen. Darüber hinaus werden starke radiale Unterschiede im Brechzahlverlauf bei $n_\parallel$ besser ausgeglichen als bei $n_\perp$.

5. Radialer Verlauf der Ordnung und der Orientierung von Polyäthylenterephthalat-Fasern

Aus den Brechzahlen $n_\perp$ und $n_\parallel$ lassen sich weitere Strukturparameter ableiten. Als Maß für die Orientierung kann die radiale Doppelbrechung $\Delta n(r)$ berechnet werden:

$$\Delta n(r) = n_\parallel(r) - n_\perp(r) .$$

In den folgenden Betrachtungen soll Δn stets als Maß für die Gesamtorientierung verstanden werden; da Δn nur dann als Maß für

Abb. 5. Interferogramm einer Polyäthylenterephthalat-Faser (1.2) mit senkrecht zur Faserachse polarisiertem Licht ($n_0 = 1{,}5444$).

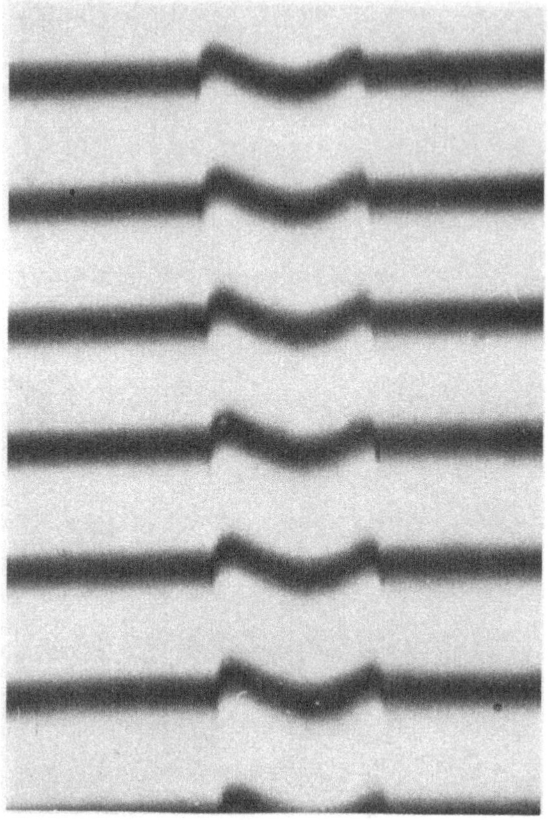

Abb. 6. Interferogramm einer Polyäthylenterephthalat-Faser (1.0) mit parallel zur Faserachse polarisiertem Licht ($n_0 = 1{,}7170$).

die Orientierung der Makromolekülketten angesehen werden kann, wenn bei einem Vergleich zwischen verschiedenen Fasern der Volumenanteil der kristallinen Phase und die Eigendoppelbrechung der Kristallite bei bekannter Formdoppelbrechung als konstant angenommen werden können (3).

In der Abbildung 11 ist der radiale Verlauf der Doppelbrechung für die untersuchten Fasern dargestellt. Man erkennt, daß beim thermischen Behandeln der Fasern mit freiem Schrumpf die Doppelbrechungsunterschiede zwischen Mitte und Rand geringfügig ausgeglichen werden, dagegen bleiben diese bei konstanter Faserlänge vollständig erhalten. Weiterhin ist ersichtlich, daß sich beim Fixieren ohne Schrumpf die mittlere Doppelbrechung und damit die mittlere Gesamtorientierung nur wenig ändert, wogegen beim Fixieren mit freiem Schrumpf diese Größe stark herabgesetzt wird.

Aus den Funktionen $n_\perp(r)$ und $n_\parallel(r)$ läßt sich nach *Hermans* (4) der radiale Verlauf der isomorphen Brechzahl n_{iso} berechnen,

$$n_{\text{iso}}(r) = \frac{1}{3}\,[2\,n_\perp(r) + n_\parallel(r)]\,.$$

Die isomorphe Brechzahl ist ein Ordnungsmaß; sie gibt die Brechzahl wieder, die ein Material nach Wegnahme der Orientierung unter Beibehaltung seiner Packungsdichte hätte*).

In der Abbildung 12 ist die isomorphe Brechzahl n_{iso} als Funktion des Faserradius

*) Es ist möglich, über die Lorentz-Lorenz-Gleichung (5)

$$\frac{n_{\text{iso}}^2(r) - 1}{n_{\text{iso}}^2(r) + 2} = c_{LL}\,\varrho(r)$$

eine direkte Beziehung zwischen dem radialen Verlauf der Dichte $\varrho(r)$ und der isomorphen Brechzahl herzustellen.

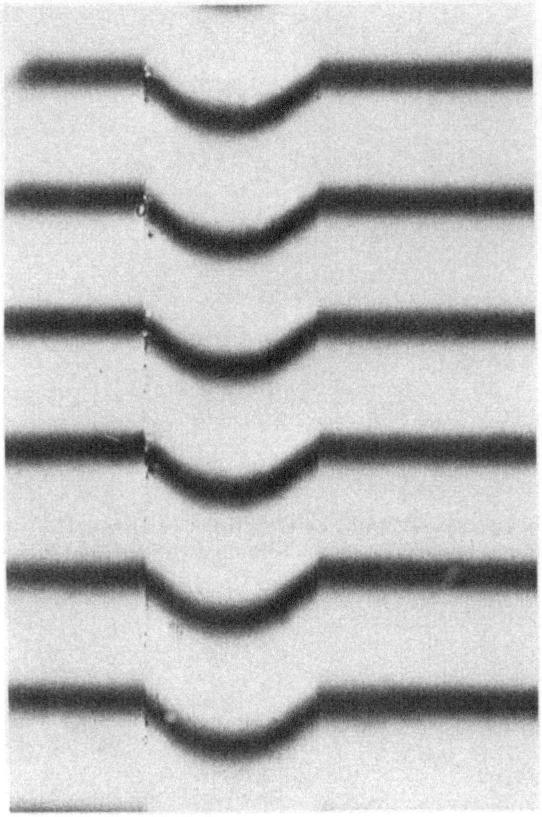

Abb. 7. Interferogramm einer Polyäthylenterephthalat-Faser (1.1) mit parallel zur Faserachse polarisiertem Licht ($n_0 = 1{,}7150$).

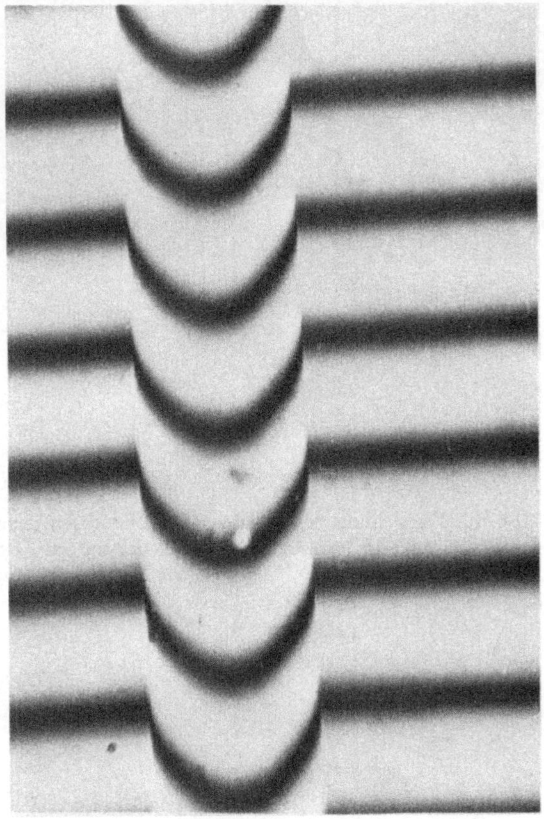

Abb. 8. Interferogramm einer Polyäthylenterephthalat-Faser (1.2) mit parallel zur Faserachse polarisiertem Licht ($n_0 = 1{,}7105$).

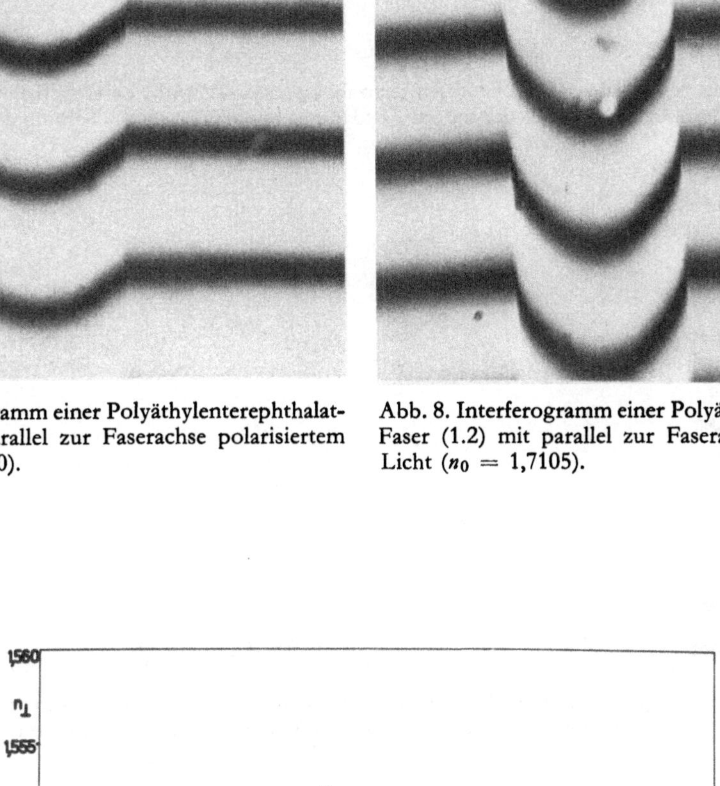

Abb. 9. Darstellung des radialen Verlaufes der Brechzahl $n_\perp$ einer Polyäthylenterephthalat-Faser vor (1.0) und nach einer 15 minütigen Thermofixierung im Sattdampf ohne (1.1) und mit Schrumpf (1.2) bei 140 °C.

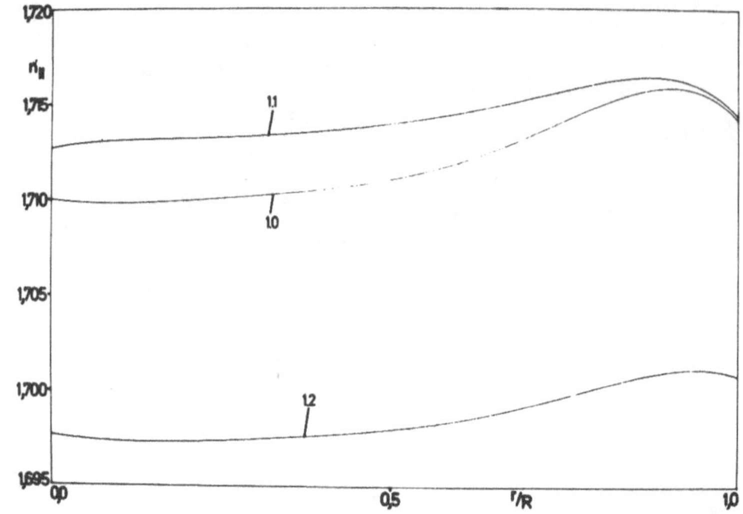

Abb. 10. Darstellung des radialen Verlaufes der Brechzahl $n_{\|}$ einer Polyäthylenterephthalat-Faser vor (1.0) und nach einer 15 minütigen Thermofixierung im Sattdampf ohne (1.1) und mit Schrumpf (1.2) bei 140 °C.

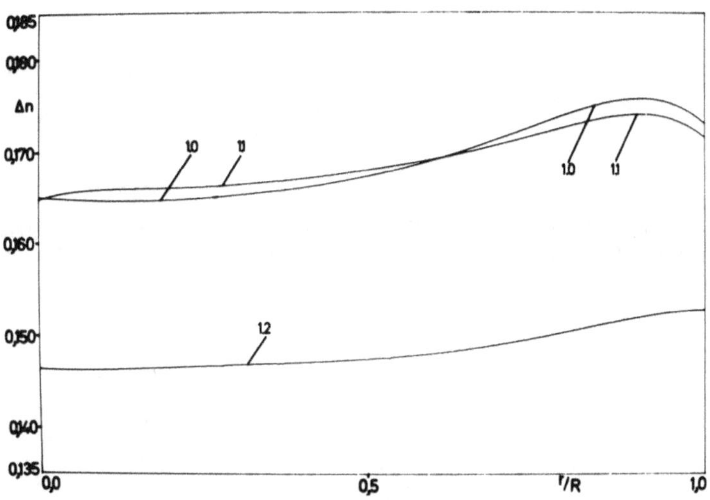

Abb. 11. Darstellung des radialen Verlaufes der Doppelbrechung Δn einer Polyäthylenterephthalat-Faser vor (1.0) und nach einer 15 minütigen Thermofixierung im Sattdampf ohne (1.1) und mit Schrumpf (1.2).

dargestellt. Es ist erkennbar, daß beim Fixieren ohne Schrumpf die isomorphe Brechzahl im Mittel stärker angehoben wird als beim Fixieren mit Schrumpf. Die radiale Verteilung der isomorphen Brechzahl wird beim Fixieren mit freiem Schrumpf stark homogenisiert.

Umschreibt man die Strukturverhältnisse in Polyäthylenterephthalat-Fasern durch die hier diskutierten Ordnungs- und Orientierungsparameter, so läßt sich ein Strukturdiagramm konstruieren, dessen rechtwinklige Koordinaten mit Δn und n_{iso} Orientierung und Ordnung beschreiben. Man kann somit den Einfluß des Schrumpfes beim Thermofixieren auf die Faserstruktur als Transformation in einem so definierten Strukturdiagramm darstellen. Man erkennt an Hand Abbildung 13, daß das Fixieren ohne Schrumpf eine Verschiebung der Faserstruktur in Richtung höherer Ordnung bei fast gleichbleibender oder nur gering ansteigender Orientierung bewirkt. Beim Fixieren mit Schrumpf dagegen erfolgt eine deutliche Verschiebung in Richtung niedrigerer Orientierung, wobei die Ordnung nur geringfügig erhöht wird. Aus

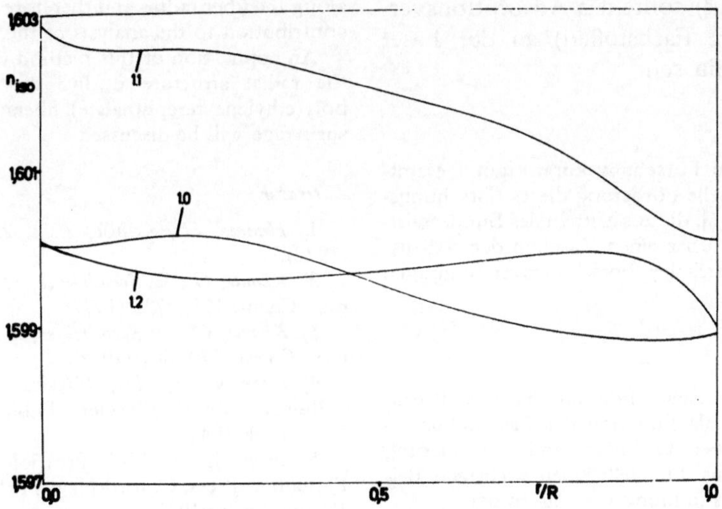

Abb. 12. Darstellung des radialen Verlaufs der isomorphen Brechzahl n_{iso} einer Polyäthylenterephthalat-Faser vor (1.0) und nach einer 15 minütigen Thermofixierung im Sattdampf ohne (1.1) und mit Schrumpf (1.2).

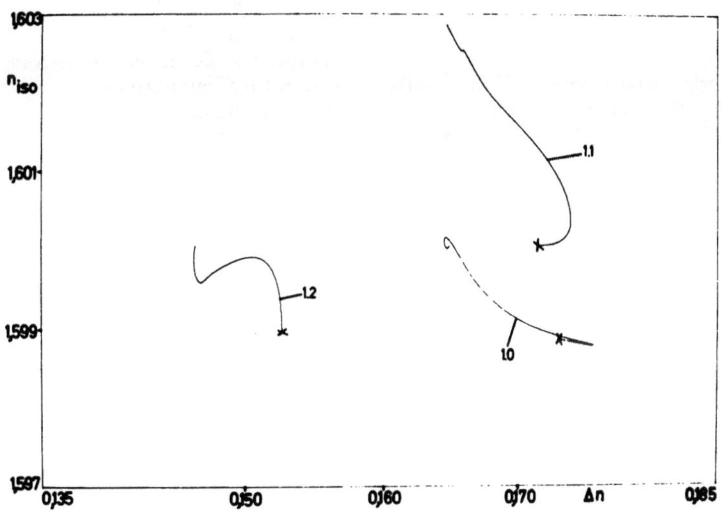

Abb. 13. Charakterisierung der radialen Struktur einer Polyäthylenterephthalat-Faser in einem Strukturdiagramm.

dem Linienzug der Faser im Strukturdiagramm erkennt man die Homogenisierung der radialen Ordnung und Orientierung bei der thermischen Behandlung mit Schrumpf*).

Extrapoliert man die radialen Verläufe von $\Delta n(r)$ und $n_{iso}(r)$ auf den Faserrand, so gestattet die hier diskutierte Meßmethode, Aussagen über die Struktur der Faser in der Nähe des Faserrandes R zu machen. Man findet (in Abb. 13 ist der Faserrand durch × gekennzeichnet):

Fasertyp	$\Delta n(R)$	$n_{iso}(R)$
1.0	0,1730	1,5989
1.1	0,1715	1,6001
1.2	0,1528	1,5989

*) Ohne Aussage über ihren radialen Verlauf hat *Berg* (6) durch mit anderen Methoden gemessene Ordnungs- und Orientierungsparameter die Strukturveränderungen von Polyäthylenterephthalat-Fasern beim Fixieren mit und ohne Schrumpf beschrieben. Seine Messungen stimmen mit den hier gefundenen Transformationen im Strukturdiagramm überein.

$n_{iso}(R)$ und $\Delta n(R)$ sollte das Adsorptionsverhalten (z. B. von Farbstoffen) an der Faser wesentlich beeinflussen.

Danksagung

Wir danken dem Forschungskuratorium Gesamttextil für die finanzielle Förderung dieses Forschungsvorhabens [AIF 3656], die aus Mitteln des Bundeswirtschaftsministeriums über einen Zuschuß der Arbeitsgemeinschaft Industrieller Forschungsvereinigungen [AIF] erfolgte.

Zusammenfassung

Die interferometrische Bestimmung der Brechzahlen von Fasern als Funktion des Faserradius erlaubt Aussagen über Ordnung und Orientierung längs des Faserradius. Sie stellt einen wichtigen Beitrag zur Strukturbestimmung von Fasern dar.

Es wird eine Anwendung dieser Methode auf das Studium der morphologischen Änderungen beim Thermofixieren von Polyäthylenterephthalat-Fasern mit und ohne Schrumpf diskutiert.

Summary

The interferometric determination of refractive indices of fibers as a function of the radius of the fiber allows statements about order and orientations along the fiber radius and therefore gives an important contribution to the analysis of the structure of fibers.

An application of this method upon the change of the radial structure during the thermofixation of poly(ethylene terephthalate) fibers with and without shrinkage will be discussed.

Literatur

1) *Hannes, H.*, Kolloid-Z. u. Z. Polym. **250**, 765 (1972).

2) *Kühnle, G., E. Schollmeyer, H. Herlinger*, Makromol. Chem. **178**, 2725 (1977).

3) *Kühnle, G., E. Schollmeyer, H. Herlinger*, Makromol. Chem. **179**, 661 (1978).

4) *Hermans, P. H.*, Physics and Chemistry of Cellulose Fibres. Elsevier, Publ. Co. Amsterdam, New York 1949.

5) *Born, M., E. Wolf*, Principles of Optics, p. 87. Pergamon-Press, Oxford-New York-Toronto-Sydney-Braunschweig 1975.

6) *Berg, H.*, Chemiefasern **22**, 215 (1972

Anschrift der Verfasser:

G. Kühnle und *E. Schollmeyer*
Institute für Textil- und Faserforschung Stuttgart
Institut für Chemiefasern
Ulmer Straße 227
D-7000 Stuttgart 60 (Wangen)

Reaktionen an Grenzflächen

Progr. Colloid & Polymer Sci. **65**, 233–244 (1978)

ISSN 0340-255 X

'Katholieke Universiteit Leuven' Centrum voor Oppervlaktescheikunde en Colloïdale Scheikunde Leuven (Heverlee), Belgium

Zeolites and their role in sorption and catalysis

Jan B. Uytterhoeven

With 7 figures and 4 tables

(Received May 22, 1978)

Introduction

In many textbooks on colloid chemistry zeolites are mentioned as colloids. However, their classification as colloidal material is not unambiguous. Zeolites are usually not in a state of ultra-high dispersion. Zeolites can easily grow into macroscopic single crystals. Aqueous suspensions of zeolites are usually not stable; they do not make gels; they have a low viscosity and besides turbidity they do not exhibit the typical light scattering properties of colloids. Zeolite suspensions are missing most of the properties usually attributed to colloidal material.

Zeolites, however, have a very open framework with ultra fine pores of molecular dimensions in which extremely high surface areas are developed, sometimes 1000 $m^2 g^{-1}$. Zeolites have an intrinsic negative charge which is at the origin of the important property of ion exchange. The well known use of permutite for softening of water is now only of historical value. However, by applying suitable combinations of ion exchange, chemical modifications and thermal activation procedures, zeolites have been taylored into suitable substrates for important industrial operations. Zeolites, after drying, are powerful adsorbents which can be made selective for particular compounds. Zeolites are made into very active catalysts for cracking of hydrocarbons and for other important large scale operations.

The growth of the industrial use of zeolites was very rapid. They started in the late nineteenfifties as drying agents. In the early sixties they invaded the petroleum industry as cracking catalysts while they were also used as selective sorbents in large scale separations. The use of zeolites as a component of detergent mixtures has been patented recently and this invention might turn the zeolites into one of the most important chemicals for daily use. The transformation of coal or organic waste into hydrocarbons over methanol, using a particular zeolite as catalyst is at present one of the hottest subjects in zeolite research. It is considered at present as one of the most promising routes to overcome the shortage of petroleum and to fulfill the growing demand for liquid fuels.

To summarize this introduction, zeolites are very important inorganic compounds which exhibit a very high surface activity inside a pore system of molecular dimensions. Zeolites have acquired a still growing industrial importance based on their high surface activity. For this reason the zeolites can be classified as colloids, although their suspensions are missing many of the characteristic properties of "classical" colloidal systems.

The structure of zeolites

The structure, the chemistry and the use of zeolites have been described by *Breck* in an excellent book to which we refer as a reference source for those that want to go into more details than a short review article can offer (1).

Zeolites are aluminosilicates. Their chemical composition corresponds to the formula

$$M^{+n}_{x/n}[(AlO_2)_x(SiO_2)_y]\, z\, H_2O$$

in which M^{+n} is a charge compensating cation, usually an alcali or an alcaline-earth cation. The zeolites belong to the class of tectosilicates. The elementary structural units are tetrahedra

Table 1. List of important zeolites with characteristics of pore system

	Unit cell composition	"void volume" ml/ml	apertures (nm)
Group 1 [S4R]			
Analcime	$Na_{16}[(AlO_2)_{16}(SiO_2)_{32}]16H_2O$	0.18	0.26
Harmotome	$Ba_2[(AlO_2)_4(SiO_2)_{12}]12H_2O$	0.31	0.42 × 0.44, 0.28 × 0.48 and 0.33
Phillipsite	$(Ca, K_2, Na_2)_5[(AlO_2)_{10}(SiO_2)_{22}]20H_2O$	0.31	0.42 × 0.44, 0.28 × 0.48 and 0.33
Group 2 [S6R]			
Erionite [AABAAC]	$(Ca, Mg, Na_2K_2)_{4.5}[(AlO_2)_9(SiO_2)_{27}]27H_2O$	0.35	0.36 × 0.52
Offretite [AABAAB]	$(K_2, Ca, Mg)_{2.5}[(AlO_2)_5(SiO_2)_{13}]15H_2O$	0.40	0.64, 0.36 × 0.52
Omega	$Na_{6.8}TMA_{1.2}[(AlO_2)_8(SiO_2)_{28}]21H_2O$	0.38	0.75
Group 3 [D4R]			
Zeolite A	$Na_{12}[(AlO_2)_{12}(SiO_2)_{12}]27H_2O$	0.47	0.22 and 0.42
ZK-4	$Na_8TMA[(AlO_2)_9(SiO_2)_{15}]28H_2O$	0.42	0.22 and 0.42
Group 4 [D6R]			
Faujasite	$Na_{13}Ca_{12}Mg_{11}[(AlO_2)_{59}(SiO_2)_{133}]235H_2O$	0.47	0.22 and 0.74
Zeolite Y	$Na_{56}[(AlO_2)_{56}(SiO_2)_{136}]250H_2O$	0.48	0.22 and 0.74
Zeolite X	$Na_{86}[(AlO_2)_{86}(SiO_2)_{100}]264H_2O$	0.50	0.22 and 0.74
Chabasite	$Ca_2[(AlO_2)_4(SiO_2)_8]13H_2O$	0.47	0.26 and 0.37 × 0.42
Zeolite L	$K_9[(AlO_2)_9(SiO_2)_{27}]22H_2O$	0.32	0.71
Group 5 [4–1 units]			
Natrolite	$Na_{16}[(AlO_2)_{16}(SiO_2)_{24}]16H_2O$	0.23	0.26 × 0.39
Edingtonite	$Ba_2[(AlO_2)_4(SiO_2)_6]8H_2O$	0.36	0.35 × 0.39
Group 6 [5–1 units]			
Mordenite	$Na_8[(AlO_2)_8(SiO_2)_{40}]24H_2O$	0.28	0.67 × 0.70
Ferrierite	$Na_{1.5}Mg_2[(AlO_2)_{5.5}(SiO_2)_{30.5}]18H_2O$	0.28	0.43 × 0.55 and 0.34 × 0.48
Group 7 [4–4–1 units]			
Clinoptilolite	$Na_6[(AlO_2)_6(SiO_2)_{30}]24H_2O$	0.34	?
Stilbite	$Na_2Ca_4[(AlO_2)_{10}(SiO_2)_{26}]28H_2O$	0.39	0.41 × 0.62 and 0.27 × 0.57

in which four oxygen ions are closely co-ordinated around the so-called (tetrahedrally coordinated) T atoms. As a general rule the T atoms are Si^{4+} and Al^{3+}, although the substitution of Si^{4+} by Ge^{4+} and of Al^{3+} by Ga^{3+} has been reported. The intrinsic negative charge of the zeolites is equal to the number of trivalent T atoms, and is neutralised by the charge compensating cations M^{+n}. In natural and also in synthetic zeolites the charge compensating cations are group I or group II elements, but these can be replaced by ion exchange with a variety of cations including noble metals and cations complexed with neutral ligands.

It is common knowledge in silicate chemistry that each oxygen ion is shared by two adjacent tetrahedra, and this results in the formation of a tridimensional network. Despite of this very simple chemistry there are many different zeolite structures. This is basically due to the fact that silica tetrahedra have a tendency to make rings: four membered rings (as in feldspars) or six membered rings (as in crystalline silicas and in micas and clays) but five rings and eight rings are also encountered as well as ten and twelve membered rings. While the earlier classifications of zeolites were based on morphology, it is general practice now to use a classification based on the framework topology. *Meier* (2) approached the systematics of zeolite structure by introducing the concept of secondary building units (SBU). This resulted in the classification of the zeolites into seven groups on the basis of seven SBU of which the single 4-ring (S4R), the single 6-ring (S6R), the double four ring (D4R) and the double six ring (D6R) are the most important.

It is impossible here to give an exhaustive description of all the zeolite structures, nor can we systematically describe the seven groups. It is equally impossible to enter into details of the nomenclature. A list with the most important zeolites is given in table 1, following the classification in seven groups. Zeolites which exist as natural minerals have received mineralogical names. The synthetic zeolites are indicated with letters of the Roman or Greek alphabet. Some of the synthetic zeolites have natural counterparts, but zeolites were synthetised which have no naturally occurring homologues. General rules for naming have not been established yet. In the existing practice confusion arises from the fact that different names were sometimes given to zeolites with identical structures on the basis of properties which could not always be expressed in accurate quantitative figures. Ambiguity also arises from a tendency of the inventors to secure proprietary rights on the composition or on the synthesis of compounds which were, at the time of patent filing, insufficiently characterised.

SBU like S4R, S6R, D4R and D6R can be arranged into tridimensional networks in several ways. For instance, *Smith* and *Rinaldi* (3) have shown that four different framework structures can be made with parallel 4- and 8-rings when the tetrahedra in the four-ring assume an up-down-up-down configuration. A wide variety of structures can also be built by arranging parallel 6-rings. If two six-rings are superimposed vertically, an hexagonal prism or D6R is formed. The S6R or the D6R can also be linked to adjacent 6-rings by tilted four rings. The centers of the 6-rings than take the same pattern as close packed spheres or circles. This results in a distinction between A, B and C positions. Various A B C sequences can be combined resulting in a large number of possible structures. Such procedures have been applied to predict possible zeolite structures (4, 5), but not all the structures obtained in those theoretical combinations have been found in practice.

A representation of the SBU according to *Meier* (2) and a schematic representation of the A B C positions of six rings are given in figure 1. Table 2 provides a list of zeolites resulting from different vertical sequences of parallel S6R. Figure 2 provides line drawings of a few typical cages resulting from these sequences. In these and other figures the lines represent the diameter of oxygen ions while the cross-points correspond to the positions of the *T* atoms. It can be seen on these drawings that S8R, also 10 and 12 rings result as a

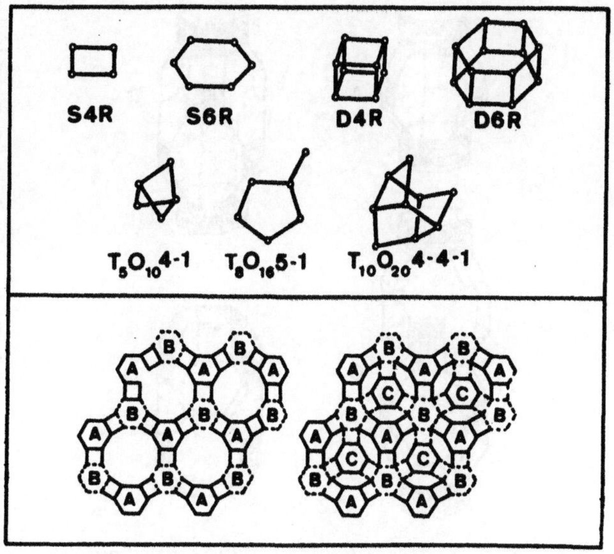

Fig. 1. Secondary building units after *Meier* (upper part) and "close packing" models of parallel six rings showing A, B and C positions (lower part)

Table 2. Zeolite structures derived from sequences of parallel 6-rings

Sequence	*c*-axis	zeolite
AB	5.0	cancrinite
ABC	7.5	sodalite
AAB	7.5	offretite
AABB	10.0	gmelinite
ABAC	10.5	losod
AABBCC	15.0	chabasite
AABAAC	15.1	erionite
AABBCCBB	20.0	unknown
AABCCABBC	22.5	levynite
AABBCCAACCBB	30	unknown

natural consequence from the mode of stacking of smaller building units.

An important cage, occurring in the industrially important zeolites A, X and Y is the truncated octahedron, also called the sodalite unit or cubo-octahedron. Such a cubo-octahedron consists of 24 tetrahedra and has eight S6R and six S4R. In the zeolite A the cubo-octahedra are connected to each other by means of D4R. This results in the formation of still larger cages with a largest diameter of 0.66 nm and an opening of 0.4 nm interconnecting adjacent super-cages. In the zeolites X and Y the cubo-octahedra are linked together by D6R elements, following a tetrahedral

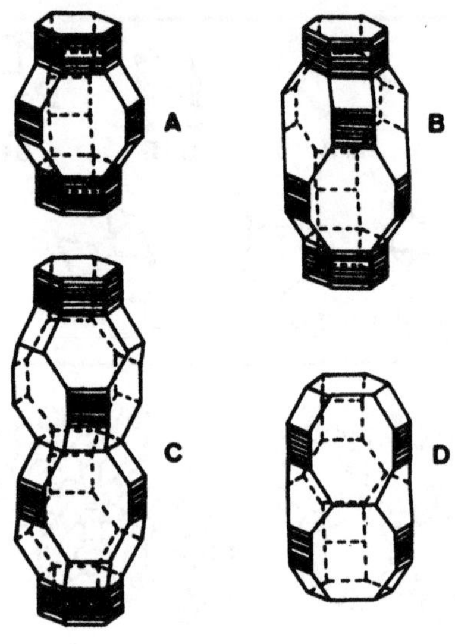

Fig. 2. A few typical cages resulting from different A B C sequences of parallel six rings. (a) gmelinite, (b) chabasite, (c) levynite, (d) erionite

configuration. This lattice is similar to that of carbon atoms in diamond. The resulting framework contains large cages (α cage) with a largest diameter of 1.3 nm. The interconnection between α cages is realised by twelve membered rings with a crystallographic free diameter of 0.8 nm. The structure of the zeolites A, and of X and Y are given in figure 3. The cubo-octahedra or sodalite units can be easily recognised in this figure. Note also the important difference in pore system produced by a slightly different arrangement of the SBU.

Note that the zeolites X and Y have the same structure. Both zeolites crystallize in the same lattice as the rare natural mineral faujasite. The unit cell of this zeolite structure contains 192 tetrahedra or 8 cubo-octahedra. According to *Breck* (1) the zeolite Y is characterised by an Al content between 48 and 76 ions per unit cell, while the zeolite X has between 77 and 96 Al ions per unit cell. The main argument for distinction between X and Y is in a difference between stability and catalytic activity for cracking which are both higher for Y than for X.

Zeolites used as selective sorbents

The sorptive properties of zeolites are influenced by three important factors: the pore size, the pore volume and the presence of cations along the walls of the zeolitic channels.

a. Pore volume

The pore volume determines of course the total amount of material which can be sorbed. To illustrate this it is sufficient to compare the density of the compact silicates quartz (2.655) and crystobalite (2.27) to that of some important zeolites used for sorption. The zeolite A has a framework density of 1.27 g/ml (real density in the hydrated state 1.99 g/ml): it is easy to calculate that a ml of zeolite A offers a void volume of 0.47 ml. The zeolites X and Y have a density of 1.93 and 1.92 g/ml^{-1} respec-

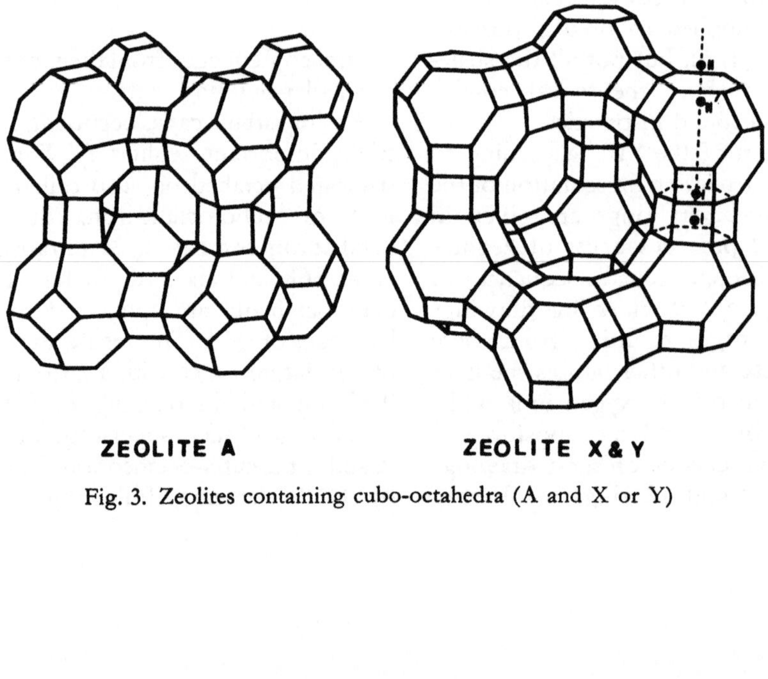

Fig. 3. Zeolites containing cubo-octahedra (A and X or Y)

tively, and a framework density of 1.31 and 1.25–1.29 g/ml. They offer a void volume around 0.50 ml/ml. The natural minerals chabasite and clinoptilolite have a void volume of 0.47 and 0.33 ml/ml respectively. To illustrate the importance of this property it is worthwhile to mention that these minerals, in the hydrated state, contain an amount of water close to 30% of their weight, and this hydration is realised at very low relative humidities. The total pore volume is of course a fixed property specific for the structure of each particular zeolite.

b. Pore dimensions

Access to the zeolitic channels is limited by the size of the pore openings. These dimensions are regulated by the number of silica tetrahedra in the rings forming the mouth of the zeolite pores. Table 3 providès a list of the crystallographic free diameter for rings with different numbers of tetrahedra. These diameters correspond to maximum values. An eighteen-membered ring has never been observed in zeolite minerals. The 4 and 5 rings are very small and offer no possibility for diffusion of molecules. Six membered rings are sufficiently large to permit passage of small molecules, such as water and ammonia: they permit also diffusion of cations, although in ion exchange experiments the six-rings are sometimes limiting the exchange of cations especially those with an high energy of hydration. In some structures these rings are distorted which results in a reduction of the free diameter.

Separation of molecules can be performed by adsorption on zeolites taking profit of the dimensions of the zeolite channels and the difference in size of the molecules. The possibility of separation on the basis of molecular size has resulted in the name Molecular Sieve, now often used as a synonyme for zeolite.

Table 3. Theoretical dimensions of pore openings in zeolites

No of tetrahedra in the rings	dimensions (nm)
4	0.16
5	0.15
6	0.28
8	0.43
10	0.63
12	0.80
18	1.50

The following examples illustrate these general remarks. The zeolite A has a channel system with pores of 0.42 nm (8 rings). It is of very common use for dehydration of gases and of organic solvents. These pores permit diffusion of *n*-paraffines, but are inaccessible for iso-paraffines. This molecular sieving property is used for instance in the ISOSIV process of Union Carbide and in the East German PAREX process. Both processes separate *n*-paraffines of high chain lengths, used to manufacture biodegradable detergents. In the Parex process regeneration of the adsorbent is done by displacement of the *n*-paraffines with ammonia at high pressure, and subsequent desorption of the ammonia using a "pressure swing". The process operates isothermally at temperatures above 200 °C. This is but one example of many other molecular sieving operations. Sometimes slight changes in pore diameter are provoked deliberately to improve the molecular sieving properties, p. ex. dehydration of unsaturated hydrocarbons is preferentially carried out on A zeolite ion-exchanged with potassium. In this form the zeolite A has an effective pore size of 0.3 nm which excludes all hydrocarbons, even ethylene, and prevents polymerisation of the olefines in the zeolitic channels.

The zeolite X and Y have pores with openings of 0.74–0.8 nm (12 rings). They can adsorb large molecules such as tributylamine with a kinetic diameter of 0.81 nm. The zeolite mordenite, the channels of which consist of distorted 12-rings, has free apertures of 0.67×0.70 nm: it can sorb benzene (kinetic diameter 0.62 nm) but produces serious diffusion limitations for larger molecules.

Chabasite, a natural zeolite with a large pore volume (0.47 ml/ml) has free apertures of 0.31×0.44 nm formed by distorted 8-rings. The extend of distortion can be influenced by the nature of the charge compensating cations. Chabasite can adsorb *n*-paraffins. Chabasite is used in practice for so-called "sweetening" of natural gas from which it removes CO_2, H_2S, H_2O and other small polar molecules. Erionite (10-rings, 0.32×0.53 nm, and 8-rings, 0.37×0.44 nm, pore volume 0.25 ml/ml) is also used to same extend for the same purpose.

Due to the small pore sizes, diffusion problems might limit the usefulness of some zeolites for adsorption. Zeolites with a tridimensional pore system (A, X & Y) are less easily affected by diffusion problems than zeolites with unidimensional pores such as mordenite. For the same reason, synthetic zeolites are usually preferred in sorption operations over natural zeolites. Natural zeolites often contain impurities or stacking faults which affect their sorption properties, and the cost of beneficiation of natural minerals is often of the same order of magnitude as the cost of manufacturing of synthetic zeolites.

c. Adsorption selectivity

The use of zeolites as adsorbents is not exclusively based on their molecular sieve properties. A few commercial separations of gases is based on differences in relative adsorption selectivities. With the charge compensating cations inside the zeolite cages is associated an electrostatic field which gives to the zeolite a typical affinity for polar sorbate molecules. The dehydrating properties of zeolites constitute an example of this. Removal of CO_2, water and CO from hydrogen produced by steam reforming is an application of the adsorption selectivity.

High adsorption selectivity is shown by zeolites for sulfur compounds. Hydrogen sulfide and mercaptanes can be removed from hydrocarbons, realising ppm levels of sulfur p.ex. in natural gas. Zeolite X has an adsorption selectivity for the aromatic compounds of mixtures containing aromatic and aliphatic hydrocarbons. This selectivity can be decreased upon replacing the exchangeable cations by protons.

The most spectacular example of a process based upon the selectivity is the production of oxygen (+90% purity) by selective adsorption of nitrogen from air. CaA is one of the preferred zeolites for this purpose, but other small port zeolites can be used as well. The process operates at ambient temperature and is based on the selectivity for nitrogen which is due to interaction of the cation with the quadrupole of the nitrogen. The book of *D. Breck* (1) gives a more exhaustive review on sorption. Recent advances on this subject were reviewed by *Lee* (6) and by *Sanderson* (7).

Zeolites used as ion exchangers

Zeolites have inherent negative charges, and the charge compensating cations can be exchanged by equilibration in solution with the desired cations. The ion exchange capacity is reflected in the Si/Al ratio. It is highest in zeolites A for which the Si/Al ratio is 1. The ion exchange capacity of A is around 8 $meq \cdot g^{-1}$.

Although zeolites offer remarkable selectivities for some ions, there has till recently only been limited application of zeolites in ion exchange processes. The reason for this is that organic ion exchange resins offer higher exchange capacities, more flexibilities for modifying the selectivity pattern and superior technological properties in operation and regeneration. Zeolites as ion exchangers were only considered for a few special applications. Natural clinoptilolite is used on large pilot plant scale for the removal of radioactive Cs^+ from nuclear waste (8). The main advantage of zeolites for this application is that zeolites are inorganic and offer more safety for long time storage since they are "fire proof". However, the relatively low ion exchange capacity and the resulting large volume still offer serious storage problems.

Very recently, the use of zeolite A as water softener in detergent formulations has been proposed and patented (9, 10). This invention came as a surprise for those acquainted with ion exchange in zeolites, because of the strong competition for the hardness ions between the detergent and "builder" components on one side and the zeolites on the other. The usefulness of this invention is based on a subtile interplay of exchange equilibria and exchange rate. A lot of additional investigations is needed before the phenomena intervening in this application will be fully understood.

Zeolites in catalysis

The real break-through of zeolites as industrial compounds resulted from their exquisite qualities as catalysts for the cracking of hydrocarbons. Catalytic cracking was introduced in the nineteenthirties and activated clays were then used as catalysts. The increasing needs for motor gasoline have stimulated the development of better catalysts: early 1940 synthetic but amorphous aluminosilicates have replaced the clays as catalysts. Since early 1960 the zeolite catalysts have gradually taken over the role of amorphous catalysts. It is estimated that, since 1960, the zeolites have made possible an increase in the yield of gasoline production of more than 10% starting from a given amount of crude.

This, of course, represents a tremendous contribution to the socio-economic problem of energy supply, more important than any other discovery in this area during the last decades. Very recently other applications of zeolite catalysts have been discovered and a multitude of new zeolite-based developments can be expected in the future. We will not, however, approach this review on zeolite catalysis from an industrial or economic point of view. We will rather try to focus on the structural and physico-chemical particularities of the zeolites which are the scientific basis for their catalytic activities.

Heterogeneous catalysis has once been characterised as "the chemistry of defect surface states", and this definition can indeed be applied to zeolite catalysts. As found in nature or as synthetised none of the zeolites has particular properties for catalysis. Catalytic activity requests the creation fo active sites. This is generally done by activation procedures consisting of a combination of ion exchange and thermal treatments. These activation procedures must result in the formation of active but also of stable forms of the zeolites so that they can resist high temperatures, hydrothermal circumstances and severe mechanical solicitations.

a. Acid zeolite catalysts

The following paragraphs will mainly deal with the synthetic zeolite Y, by far the most important zeolite for catalytic applications. Its structure is represented in figure 3. Proton acidity is introduced in zeolites by one of the following procedures.

- Ion exchange with NH_4^+ ions, followed by dehydration and thermal decomposition of the ammonium ions at temperatures usually exceeding 500 °C.
- Ion exchange with polyvalent cations, mostly a mixture of rare earth cations of which La^{3+} is the predominant representative, followed by drying and calcination. An additional exchange with NH_4^+ and deammoniation is increasing the acidity very drastically.

Infra-red spectroscopy is known to be a powerful tool for the study of hydroxyl groups in zeolites and has been extensively applied to acidic zeolites (11). Acid hydroxyls can be easily recognised in infra-red spectra using a combination of spectrometry and titration with bases such as ammonia and pyridines. The acidic hydroxyls in zeolite Y absorb at 3650 and 3550 cm^{-1}.

Straightforward correlations between intensity of infra-red spectra and catalytic activity have not been possible. Instead, it has been shown that maximum catalytic activity of acid zeolite Y is obtained after thermal treatments in such a way that dehydroxylation has occurred to some extend. Moreover, thermal treatments which are comparable to those applied in practical catalysis, produce zeolites having acidic and non-acidic hydroxyls. The very complex hydroxyl spectrum has been explained on the basis of location of hydroxyl groups at specific oxygen sites in the zeolite lattice and by the formation of hydroxide species with exchangeable polyvalent cations. Partial hydrolysis and the extraction of an aluminium-hydroxide species from the lattice is possibly at the origin of the formation of non-acidic hydroxyls. Whether or not hydroxyls at aluminium deficient sites in the zeolite lattice can show up in the hydroxyl spectrum as non-acidic groups has not received experimental proof. A generalised assignment of the different components in the infra-red spectrum of hydroxyls in zeolite Y has been proposed by *Jacobs* and *Uytterhoeven* (12, 13), and this is now quite generally accepted in the literature.

The different mechanisms for the creation and dehydroxylation of acidic hydroxyls in zeolites are schematically represented in figure 4. Examples of OH spectra of acidic zeolites derived from NH_4Y and from LaY are given in figures 5, 6 and 7.

Cracking of hydrocarbons requests severe conditions. The cracking is carried out at temperatures around 500 °C. Regeneration of the catalysts includes a treatment with overheated steam and a combustion of the coke

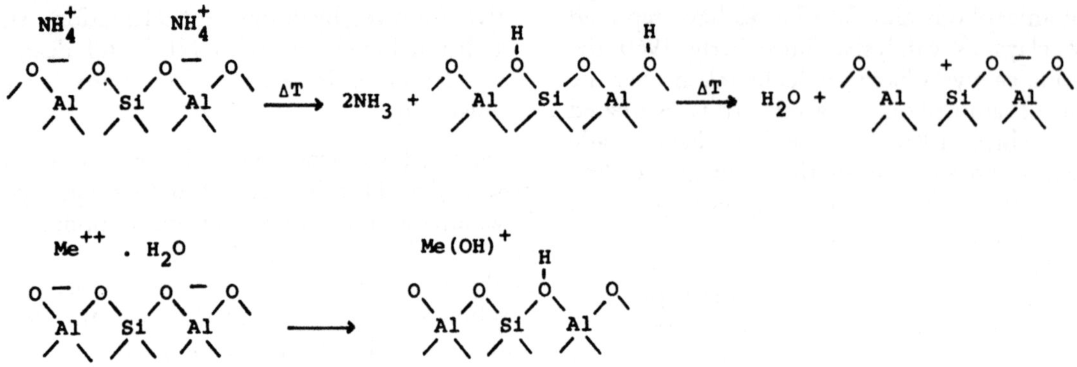

Fig. 4. Mechanisms of formation of acid sites in zeolites

deposit at or above 600 °C. The severity of these conditions request a stabilisation of the zeolite catalyst. Rare earth exchanged zeolites are known to be very stable. The stabilisation is probably due to the presence of oxide species created by the trivalent ions and "extra-lattice" oxygen ions resulting from an hydrolytic dissociation of water molecules or even extracted from the zeolite lattice. Reversible release of oxygen ions from the zeolite lattice upon thermal treatments of LaY zeolites has recently been demonstrated by means of X-ray diffraction and structure analysis (14, 15). Table 4 contains a list of the population of different sites in the zeolite cavities. Site I is inside a D6R and is supposed to offer optimum coordination for cations. Site I′ and II′ are inside the sodalite cages.

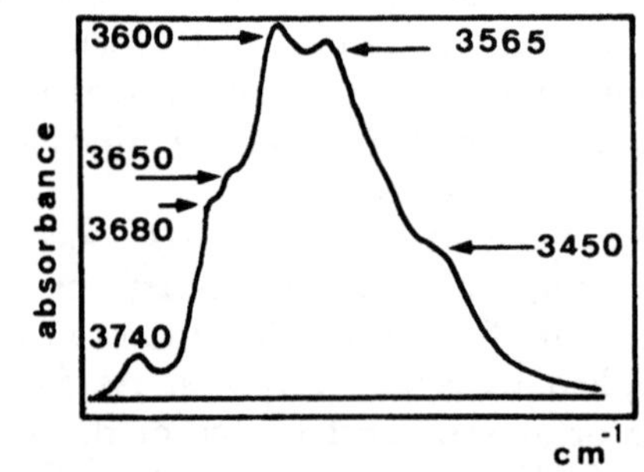

Fig. 6. IR spectrum of hydroxyls in NH_4Y deammoniated in hydrolyzing conditions

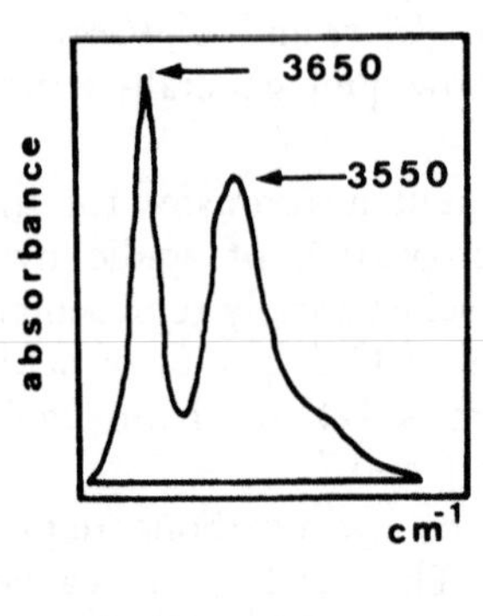

Fig. 5. IR spectrum of hydroxyls in NH_4Y deammoniated in vacuo

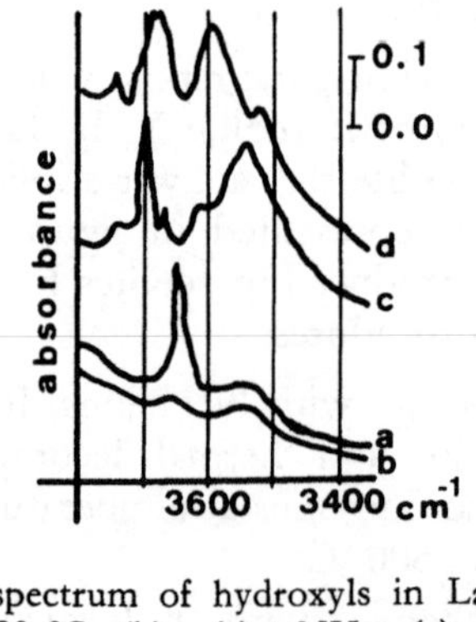

Fig. 7. IR spectrum of hydroxyls in LaY. (a) outgassed at 420 °C; (b) = (a) + NH_3; (c) = (a) + steam treatment; (d) LaY outgassed in hydrolyzing conditions

Table 4. Population of ion exchange sites (*N*°/unit cell) in LaY after different thermal treatments

Pretreatment	350 °C	700 °C	700 °C irradiated
SI	–	9.8 La^{3+}	6.4 Na^{+}
SI′	14.9 La^{3+}	5.8 La^{3+}	15.7 La^{3+}
SII′	23.2 O^{--}	–	29.4 O^{--}
SII	9.4 Na^{+}	7.5 Na^{+}	0
Residual water present	13	0	0

Site I′ is a normal cation location site. Electron density on site II′ cannot be attributed to cations but indicates the presence of an extra-lattice oxygen ion. Note that the relative population of sites I′ and II′ is in agreement with a stoichiometry La_2O_3. Note also that the number of oxygens at site II′ exceeds (at 350 °C) the number of residual water molecules present after high temperature dehydration. These extra oxygen must come from the zeolite lattice thus creating defect sites. It is an open question whether or not the oxygen deficiency is at the origin of the ultra-high acidity of LaY zeolites: indeed, oxygen deficient sites constitute electrophilic centres or Lewis acid sites. The La_2O_3 species built inside the cubo-octahedra on sites I′ and II′ are considered to be responsible for the high stability of the rare earth exchanged zeolites. Needless to stress that "surface acidity" in catalytic cracking is indeed the property of a defect solid surface.

In some catalytic applications use is made of shape selectivity imposed by the geometry of the zeolite pores. *Mobil* has used an acidic offretite to increase the octane number of gasoline. Offretite allows diffusion of *n*-paraffins inside its cavities. The normal C_6–C_8 fraction, which has an adverse influence on the octane number, is cracked selectively into gaseous products leaving a gasoline with increased octane number.

b. Metal loaded zeolites

Noble metals play an important role in heterogeneous catalysis. They are used, in a finely dispersed state, to catalyse hydrogenation, oxydation or in general all processes which request control of the electronic properties of the reacting molecules. For some reactions, p.ex. hydrocracking, a combination of acid centres and a metallic catalyst are requested.

Since their appearance as catalysts zeolites have been investigated and also used in practice as a support for noble metals. The state of this question has recently been reviewed by *Minachev* and *Isakov* in the book on zeolite catalysis edited by *Rabo* (11).

Particles of noble metals, and also of non-noble transition metals, are prepared in zeolites using a sequence of operations. The metal must be introduced by ion exchange. The zeolite is than dehydrated and the metallic ions are reduced using a suitable reducing agent, mostly hydrogen, at elevated temperatures. In using zeolites as a support for noble metals it was originally the intention to obtain extremely high degrees of dispersion, taking profit of the state of ionic dispersion of the metals in the zeolite. It was expected to obtain the highest possible surface area from a given amount of noble metals and thus to produce the highest possible catalytic activity. Atomically dispersed metals with "super activity" were the initial expectations. It turned out, however, that it was not so simple and that several phenomena must be taken into account. One of the most important side reaction is sintering of the metal phase. Reduction of all kinds of metals, using hydrogen, results quite generally in the formation of relatively large metallic particles (10 nm) outside the zeolite crystals, producing a „mechanical mixture", especially when the temperature exceeds 400 °C. Furthermore, the state of the metal phase can be influenced by side reactions occurring during the ion exchange and the thermal history of the sample prior to reduction. Also, since the charge of the ions ensures electrical neutrality of the zeolite lattice, it is not unexpected that changes in the oxidation state of the exchangeable cations entrain also changes in the zeolite framework. The complex phenomenon is not completely understood, and only a few typical facts will be briefly covered here.

Noble metals (Pt, Pd, Ru ...) are exchanged as complex ions, usually as amine complexes. Low exchange levels are usually realised. From the large number of works on Pt zeolite Y we can conclude that Pt as a tendency to migrate out of the zeolite at high temperature ($\pm$500 °C). The best dispersion is obtained when the amine cation is first destroyed by an oxidative treatment.

Non-noble transition metal ions can be exchanged as such or rather as aquo-complexes. In the experiments reported in the literature it is generally overlooked that these ions are amphoteric. The stoichiometry of the exchange of p.ex. Ni^{++}, Cu^{++} or Co^{++} with NaY or other zeolites can be very complex due to the tendency of these cations to form hydroxy-cations $Me(OH)_n^{(2-n)+}$. Since the zeolite suspensions have an alcaline reaction, it is not always possible to prevent precipitation of finely dispersed hydroxyde inside the zeolite (16). The reduction of such hydroxyde species is much easier than that of the real charge compensating cations.

We have investigated the mechanism of reduction of a wide variety of transition metal cations including Ag^+, Cu^{++}, Ni^{++}, Co^{++}, Mn^{++} and Zn^{++} in zeolite Y (17–21). Care was taken to work with clean samples, exchanged stoichiometrically in very dilute conditions. After vacuum dehydration the samples were cooled to room temperature and the consumption of H_2 was followed as a function of temperature. Reoxidation of the metal phase was also investigated. Let us summarize a few important observations:

A. There is a direct correlation between the redox potential and the reducibility of the cations: the reducibility is not related to the ionisation potential of the metal. The zeolite lattice behaves like if it were a solvent for the cations. The Ag^+ could be reduced slightly above room temperature. Cu^{++} goes to Cu^+ at low temperatures (<200 °C) and further to Cu° above 350 °C. Ni^{++} was only partially reduced to the Ni° state even at 450–500 °C. Co^{++}, and a fortiori Mn^{++} and Zn^{++} could not be reduced even not at high temperature (500 °C). This is conflicting with earlier reports in the literature, but the conflicts can be explained by the fact that hydroxide containing samples behave in a different way than stoichiometrically exchanged samples. These statements apply to zeolite Y.

B. The mechanism of reduction involves several steps including activation of the hydrogen at catalytic sites, presumably paramagnetic impurities in the zeolite. Regeneration of the catalytic site is often the rate determining step. During the reduction there is a progressive agglomeration of reduced material, into clusters which are still carrying a positive charge. For AgY zeolites the sequence of reactions can be written as follows:

$$H_2 + S^* \rightleftharpoons (HS^*) + H^+ \quad [1]$$

$$(HS^*) + Ag^+ \rightleftharpoons (AgS^*) + H^+ \quad [2]$$

$$(AgS^*) + Ag^+ \longrightarrow S^* + Ag_2 \quad [3]$$

$$Ag^+ + Ag_2 \longrightarrow Ag_3^+ \quad [4]$$

S* means a surface site for catalytic activation of H_2. Reaction [3] is rate determining.

The existence of Ag_3^+ clusters is derived from kinetic data (17), but it would be more appropriate and general to write Ag_n^+. For NiY zeolite a similar mechanism is probably operating with the formation of Ni_5^{++} clusters. n can have different average values for different type of ions and in different zeolites. We believe that the residual positive charge prevents real sintering. This is supported by the fact that large clusters appear more quickly at a given temperature (p.ex. 500 °C) when the sample is kept in contact with an atmosphere of hydrogen than when the hydrogen is pumped off at some lower reduction temperature.

C. Easily reducible cations such as Ag^+ and Cu^{++} *can be reduced with a weak reducing agent* such as CO. Reactions can be written as follows

$$Z\,O\,Ag^+ + CO \longrightarrow Ag^\circ + CO_2 + Z$$

in which Z represents the lattice of zeolite Y. We have experimentally detected that a molecule of CO_2 appears for each molecule of CO consumed. The zeolite lattice is the only source of oxygen. That the zeolite can participate in this redox reaction has been demonstrated by us in a phenomenon which we have called auto-reduction (19). It is expressed in the following sequence of reactions, in which again Z represents the zeolite lattice:

$$2(Z\,O\,Cu^{++}) \xrightarrow{\Delta t^\circ} (ZOZ)\cdot 2\,Cu^+ + \frac{1}{2}\,O_2\,.$$

The decrease in Cu^{++} ions was derived from diffuse reflectance electron spectra, the increase of Cu^+ was qualitatively demonstrated by fluorescence spectroscopy. The oxygen was measured by pressure readings and identified in the mass spectrometer. The existence of oxygen deficient sites was demonstrated by adsorption of pyridine combined with infra-red spectroscopy.

c. Participation of the zeolite lattice in surface reactions

Till very recently the lattice of the zeolite was not explicitly considered to take part in catalytic reactions. In acid catalysis the formation of carbonium ions takes place by proton transfer. The local geometry of the site might be responsible for the acidic strength of the hydroxyls, but a real participation of the zeolite lattice in this reaction must not explicitly be invoked.

The previously reported participation of lattice oxygens in the formation of extra-lattice oxides (14, 15) and their stabilizing effect gave a first example of the reactivity of the zeolite lattice. The participation of the zeolite lattice in the reduction of Cu^{++} and of Ag^{+} using CO, and in the auto-reduction $Cu^{++}Y$ encouraged us to look for possible participation of the zeolite lattice in catalytic reactions. The oxidation of CO into CO_2 over CuY and CuX zeolites was used as a test reaction (22, 23).

CuY becomes catalytically active for this reaction after partial reduction with H_2 or CO. The following sequence of reactions accounts for the kinetic behaviour

$$Cu^{+}Y + O_2 \longrightarrow Cu^{++}Y\,O_2^{-} \quad [1]$$

$$Cu^{++}Y\,O_2^{-} + CO \longrightarrow Cu^{++}Y\,CO_3^{-} \quad [2]$$

$$Cu^{++}Y\,CO_3^{-} + CO \longrightarrow Cu^{+}Y + 2\,CO_2 \quad [3]$$

Reaction [3] is rate determining.

In this sequence of reactions the exchangeable cations are the active species. After a previous reduction into a lower valency state they become able to activate the oxygen.

The mechanism is completely different on a zeolite CuX. CuX is active for oxidation of CO without a previous reduction. In fact, Cu^{++} in zeolite X is easily reduced to Cu^{+} with CO, resulting in oxygen defect sites. Therefore the reaction starts by interaction of CO with Cu^{++}, and the oxygen of the gas phase restores the vacancies in the zeolite lattice. The following reactions account for the observations:

$$2(Cu^{++}OX) + CO \longrightarrow CO_2 + (XOX)\cdot 2\,Cu^{+} \quad [1]$$

$$(XOX)\cdot 2\,Cu^{+} + \frac{1}{2}O_2 \longrightarrow 2(Cu^{++}OX) \quad [2]$$

This mechanism is strongly supported by the results of experiments with labelled oxygen. Mass spectrometric measurement of the gas phase have shown indeed that the CO_2 evolved in the beginning of the reaction contains oxygen coming from the zeolite lattice and not from the gas phase which is expressed by:

$$C^{16}O + \frac{1}{2}\,{}^{18}O_2 + 2({}^{16}OX\,Cu^{++}) \longrightarrow$$

$$C^{16}O_2 + {}^{18}OX\,Cu^{++} + {}^{16}OX\,Cu^{++}.$$

This comparison of CuX and CuY as catalyst for a simple test reaction reminds the difference between *p* type and *n* type semi-conductors used to catalyse the same reaction but following different mechanisms. It demonstrates that the zeolite lattices must not be considered as totally inert in redox reactions, and that their redox properties depend on the composition and on the nature of the exchangeable cations.

d. Modern trends in zeolite catalysis

A recent series of patents held by *Mobil* have stimulated renewed efforts in zeolite research. A zeolite named ZSM5, was reported to be an efficient catalyst for dehydration of methanol. The zeolite is characterised by a very low Al content but its structure has not been published yet. The stream of products produced in this dehydration is such that they can be used as a synthetic gasoline with a high content of aromatics. The technological development of this discovery might still require a very long effort and much more research and understanding. If this technology breaks through, it will result in a situation where the zeolites, after their remarkable activity in cracking of liquid hydrocarbons, will also solve the problem of transformation of coal into liquid energy products on which our economy relies.

Conclusions

Once considered as mineralogical curiosities, the zeolites have developed in less than three decades into a class of technologically very important compounds. Since they have shown to be useful in important economic areas we can expect a growing scientific and industrial interest in these products. They probably will, in the next decade, make their way into textbooks of chemistry and become part of the basic education of inorganic chemistry.

Summary

The present article gives a non-exhaustive review of the structure of zeolites, and of the fundamental properties which are the base for their use as adsorbend and as catalyst.

Zusammenfassung

Die vorliegende Arbeit ist ein Übersichtsbericht über Struktur von Zeoliten und deren Anwendungen als Adsorbentien und Katalysatoren.

References

1) *Breck, D. W.*, Zeolite Molecular Sieves, *John Wiley*, New York 1974, ISBN 0-471-09985-6.

2) *Meier, W. M.*, Molecular Sieves, Soc. of Chemical Industry, p. 10, London 1968.

3) *Smith, J. V., F. Rinaldi*, Mineral. Mag. **33**, 202 (1962).

4) *Smith, J. V.*, Mineral. Soc. Amer., Spec. Pap. no. 1 (1963).

5) *Kokotailo, G. T., S. I. Lawton*, Nature **203**, 621 (1964).

6) *Lee, H.*, Advances in Chemistry Series, A.C.S. Washington, 121, 311 (1973).

7) *Sanderson, R. A.*, A.C.S. Symposium Series, no. 40, 637 (Chicago 1977).

8) *Mercer, B. W., W. C. Schmidt*, A.E.C. Accession no. 14466, Rept. no. RL-SA-58.

9) Procter and Gamble Company, British Patent Specification no. 1.429.143.

10) Henkel and Cie, British Patent Specification no. 1.473.201.

11) Zeolite Chemistry and Catalysis, *J. A. Rabo*, Editor, A.C.S. Monograph 171 (1976).

12) *Jacobs, P. A., J. B. Uytterhoeven*, J.C.S. Faraday Trans. I, **69**, 359 (1973).

13) *Jacobs, P. A., J. B. Uytterhoeven*, J.C.S. Faraday Trans. I, **69**, 373 (1973).

14) *Costenoble, M. L., W. J. Mortier, J. B. Uytterhoeven*, J.C.S., Faraday Trans. I, **74**, 466 (1978).

15) *Costenoble, M. L., W. J. Mortier, J. B. Uytterhoeven*, J.C.S., Faraday Trans. I, **74**, 477 (1978).

16) *Schoonheydt, R. A., L. J. Vandamme, P. A. Jacobs, J. B. Uytterhoeven*, J. Catalysis **43**, 292 (1976).

17) *Beyer, H., P. A. Jacobs, J. B. Uytterhoeven*, J.C.S. Faraday Trans. I, **72**, 674 (1976).

18) *Herman, R. G., J. H. Lunsford, H. Beyer, P. A. Jacobs, J. B. Uytterhoeven*, J. Phys. Chem. **79**, 2388 (1975).

19) *Jacobs, P. A., W. De Wilde, R. A. Schoonheydt, J. B. Uytterhoeven*, J.C.S. Faraday Trans. I, **72**, 1221 (1976).

20) *Jacobs, P. A., J. P. Linart, H. Nijs, J. B. Uytterhoeven*, J.C.S. Faraday Trans. I, **73**, 1745 (1977).

21) *Jacobs, P. A., J. B. Uytterhoeven*, J.C.S. Faraday Trans. I, **73**, 1755 (1977).

22) *Beyer, H., P. A. Jacobs, J. B. Uytterhoeven, L. J. Vandamme*, Proc. 6th Int. Congress on Catalysis, vol. 1, p. 273, London 1976.

23) *Vandamme, L. J., P. A. Jacobs, J. B. Uytterhoeven*, unpublished results.

Author's address:

Prof. *Jan B. Uytterhoeven*
Katholieke Universiteit Leuven
Centrum voor Oppervlaktescheikunde
en Colloïdale Scheikunde
De Croylaan 42,
B-3030 Leuven (Heverlee)
Belgium

Progr. Colloid & Polymer Sci. **65**, 245–250 (1978)

ISSN 0340-255 X

Centrum voor Oppervlakteschei kunde en Colloïdale Scheikunde, Katholieke Universiteit Leuven
de Croylaan 42, B-3030 Heverlee, Belgium

Thermodynamic stability of the ammonium ions of ethylenediamine and histamine in montmorillonite*)

André Maes, Peter Marynen and *Adrien Cremers*

With 3 figures

(Received November 14, 1977)

Introduction

In a recent note (1), a proposal has been made for an alternative approach in describing the ion exchange adsorption of alkylammonium ions in ion exchangers. This approach is based upon the concept of an enhanced thermodynamic stability of the ammonium ions in the ion exchanger phase and is entirely similar to the one used in the thermodynamic characterization of ion-exchanged metal-uncharged ligand complexes (2).

The characterization of these ion-exchanged species in terms of unambiguous thermodynamic state functions seems a rather worthwile endeavour in that it permits to take a novel look at the solid-liquid interface as a unique medium which promotes the formation of complex ionic species, the properties of which are quite different from their bulk solution counterparts. Moreover, this approach may enable a closer examination of solvent effects in ion exchange reactions in general.

A detailed knowledge of the ion exchange affinity of ammonium ions is important in studying the coordination and thermodynamic properties of metal-amine complexes in ion exchangers (2, 3) and the present experimental study is within this frame of reference. However, the main purpose of this paper is to pursue this enhanced stability concept further by extending it to polyammonium ions and to illustrate its usefulness through a comparison of the effect of a montmorillonite ion exchanger on the successive protonations of ethylenediamine (en) and histamine (Hm).

Thermodynamic aspects

The stepwise protonation of an uncharged ligand L such as an amine, either in the bulk solution of a cation exchanger can formally be represented by a set of equations of the form

$$LH_{n-1} + H \rightleftarrows LH_n \qquad [1]$$

$$\overline{LH}_{n-1} + H \rightleftarrows \overline{LH}_n \qquad [1']$$

in which the bar refers to the ion exchanger phase and n can take any value between 1 and p, the denticity of the ligand. The corresponding stepwise protonation constants (omitting valence signs for simplicity) are defined as

$$k_n = \frac{|LH_n|}{|LH_{n-1}||H|} \qquad [2]$$

$$\bar{k}_n = \frac{|\overline{LH}_n|}{|\overline{LH}_{n-1}||\overline{H}|}\,. \qquad [2']$$

At the outset, a rather basic distinction should be made between the first and second protonation (or further, if any) in the cation exchanger. The first protonation is a truly heterogeneous process in the sense that it involves the reaction between an exchangeable cationic species (H^+) in the ion exchanger and an uncharged ligand in the bulk solution, through the intermediate of the interlamellar liquid phase (or zeolitic or resin solvent phase,

*) Vorgetragen auf der gemeinsamen Tagung der Arbeitsgruppe "Ionenaustausch" der Kolloid-Gesellschaft und der Deutschen Ton- und Tonmineral-Gesellschaft im Anschluß an die Hauptversammlung.

depending on the ion exchanger). In contrast, further protonations are homogeneous processes in that they relate to the reaction between two exchangeable cationic species (LH_{n-1} and H), which are confined to the ion exchanger phase.

The distinction is clearly reflected in the form of the thermodynamic state functions for protonation in the two phases. In general terms, the excess thermodynamic stability is defined as the excess standard free energy loss for the formation of LH_n in the ion exchanger, i.e.

$$\Delta G^{ex}_{LH_n} = \overline{\Delta G_0(LH_n)} - \Delta G_0(LH_n) \qquad [3]$$

for the first protonation, eqn. [3] becomes

$$\begin{aligned} - RT \ln \bar{k}_1/k_1 &= \Delta G^{ex}_{LH} \\ &= \bar{\mu}^{\circ}_{LH} - \bar{\mu}^{\circ}_{H} - \bar{\mu}^{\circ}_{L} - \mu^{\circ}_{LH} \\ &\quad + \mu^{\circ}_{H} + \mu^{\circ}_{L}. \end{aligned} \qquad [4]$$

The standard states of all species in the bulk solution are, as usual, the hypothetical state of unit activity with the properties of the infinitely dilute solution, the activities being defined on the molal scale. The same convention is used for the uncharged ligand in the ion exchanger, i.e. $\bar{\mu}^{\circ}_{L} = \mu^{\circ}_{L}$. In the case of the charged species (LH_n and H) in the ion exchanger phase, standard states are taken as the homoionic solids in equilibrium with an infinitely dilute solution of LH_n or H, and activities are defined on the equivalent fraction scale.

The excess thermodynamic stability of the species LH may be obtained experimentally from a study of the ion exchange equilibrium

$$\overline{H} + LH \leftrightarrows \overline{LH} + H. \qquad [5]$$

Since the thermodynamic equilibrium constant (K_{LH-H}) is defined as

$$K_{(LH-H)} = \frac{|\overline{LH}|\,|H|}{|\overline{H}|\,|LH|} \qquad [6]$$

and since the standard states and activities in the ion exchanger and the bulk solution are here identical to the ones specified above, it is immediately seen that

$$K_{(LH-H)} = \bar{k}_1/k_1. \qquad [7]$$

However, eqn. [7] takes for granted that the behavior of the uncharged ligand in the interlamellar phase and the bulk solution is ideal (i.e. a unit partition coefficient for the ligand). More exactly, the standard free energy change, relating to equilibrium [6] differs from the excess stability of LH in the ion exchanger by an amount $-RT \ln \gamma_L/\bar{\gamma}_L$, in which γ represents the ligand activity coefficient, defined with respect to the reference state of infinite dilution. The excess stability of LH_n ($n > 1$) is defined

$$\begin{aligned} - RT \ln \bar{k}_n/k_n &= \Delta G^{ex}_{LH_n} = (\bar{\mu}^{\circ}_{LH_n} - \mu^{\circ}_{LH_n}) \\ &\quad - (\bar{\mu}^{\circ}_{LH_{n-1}} + \bar{\mu}^{\circ}_{H} - \mu^{\circ}_{LH_{n-1}} - \mu^{\circ}_{H}). \end{aligned} \qquad [8]$$

Adding and subtracting ($n\bar{\mu}^{\circ}_{H} - n\mu^{\circ}_{H}$) to the right hand side of eqn. [8], we obtain

$$\begin{aligned} \Delta G^{ex}_{LH_n} &= [\bar{\mu}^{\circ}_{LH_n} + n\mu^{\circ}_{H} - \mu^{\circ}_{LH_n} - n\bar{\mu}^{\circ}_{H}] \\ &\quad - [\bar{\mu}^{\circ}_{LH_{n-1}} + (n-1)\mu^{\circ}_{H} - \mu^{\circ}_{LH_{n-1}} \\ &\quad - (n-1)\bar{\mu}^{\circ}_{H}]. \end{aligned} \qquad [9]$$

It is immediately seen that eqn. [9] corresponds to the difference in standard free energy changes for the ion exchange equilibria [10] and [11]

$$n\overline{H} + LH_n \leftrightarrows \overline{LH}_n + nH \qquad [10]$$

and

$$\overline{(n-1)H} + LH_{n-1} \leftrightarrows \overline{LH}_{n-1} + (n-1)H. \qquad [11]$$

In the particular case of a bidentate ligand, to be studied below, the result is

$$\bar{k}_2/k_2 = K_{(LH_2-H)}/K_{(LH-H)}. \qquad [12]$$

Therefore, the ratio of the second (or further) protonation constants is simply identical to the ratio of the equilibrium constants for the equilibria [10] and [11]. It is furthermore independent of the difference in thermodynamic behavior of the uncharged ligand in the two phases, as was to be expected from the difference (heterogeneous vs. homogeneous) in the nature of the two processes.

Materials and methods

The ion exchanger used in this study is the fine fraction (<.5 μm) of the Camp Berteau montmorillonite, the preparation of which can be found in earlier papers (4, 5). The ion exchange selectivities of the monovalent and divalent organic cations of ethylenediamine ($\log^{en}k_1 = 10.1$; $\log^{en}k_2 = 7.45$) (6) and histamine $\log^{Hm}k_1 = 9.88$: $\log^{Hm}k_2 = 6.13$) (6) are measured at 22 °C using either sodium or calcium as reference cations. Distribution data are obtained by membrane dialysis techniques, involving the equilibrium of Na- or Ca-montmorillonite suspensions (± 10 g/L) in 10^{-2} N solutions of the corresponding cations with mixed solutions of known composition at 10^{-2} total normality. Distributions of exchangeable cations are monitored using radioisotope labelling (^{22}Na, ^{45}Ca and ^{14}C-labelled en or Hm) and equilibrium pH values are measured using an extended scale potentiometer.

In the case of the diammonium ions, equilibrium pH values cover the range 4.7–6. Under such conditions, at least 95% of the amine is present as divalent cation (as calculated from log k_2), leading to a negligible participation of the monovalent species. The exchange of the monovalent cations is carried out at pH values in the range 10–11 (en) and 9.8–10.2 (Hm). Under these conditions, the molarity of the divalent cations is about 3 (en) to nearly 4 (Hm) orders of magnitude lower than the monovalent cation.

Results and discussion

The ion exchange isotherms for the pairs enH_2–Ca and HmH_2–Ca are shown in figure 1. These data point to a significantly higher selectivity for the histammonium ion. The experimental selectivity coefficients K_c', defined as

$$K_c' = \frac{Z_{LH_2} m_{Ca}}{Z_{Ca} m_{LH_2}} \qquad [13]$$

in which Z and m refer to respectively equivalent fraction in the ion exchanger and molality in the equilibrium solution, vary in the range 100–200 for HmH_2 and 5–10 for enH_2. These data are summarized in the upper part of figure 3, showing the surface composition dependence of $\ln K_c'$ for the two pairs studied.

No data are available for activity coefficients in these mixed solutions and we identify molal

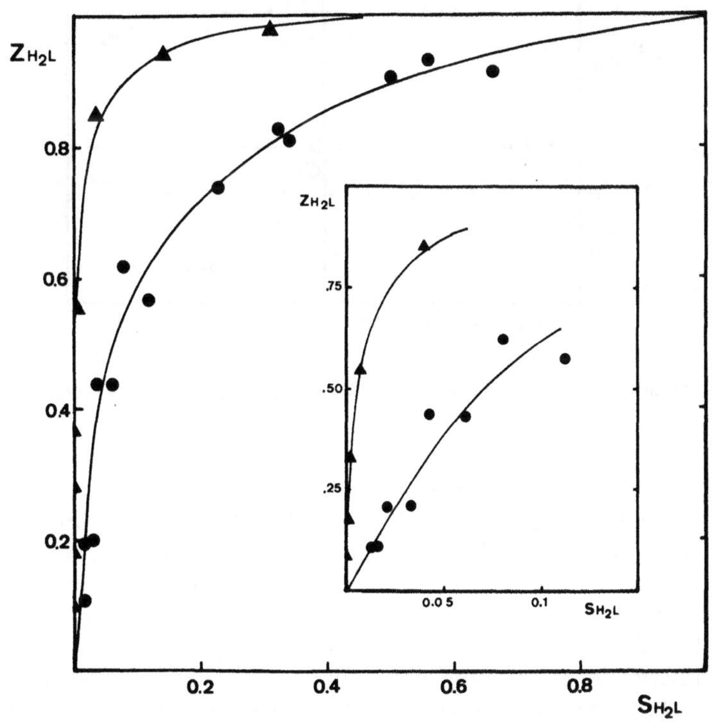

Fig. 1. Ion exchange isotherms in montmorillonite for HmH_2–Ca (▲) and enH_2–Ca (●). Inset shows data at low equivalent fraction of diammonium ions in solution, S_{LH_2}

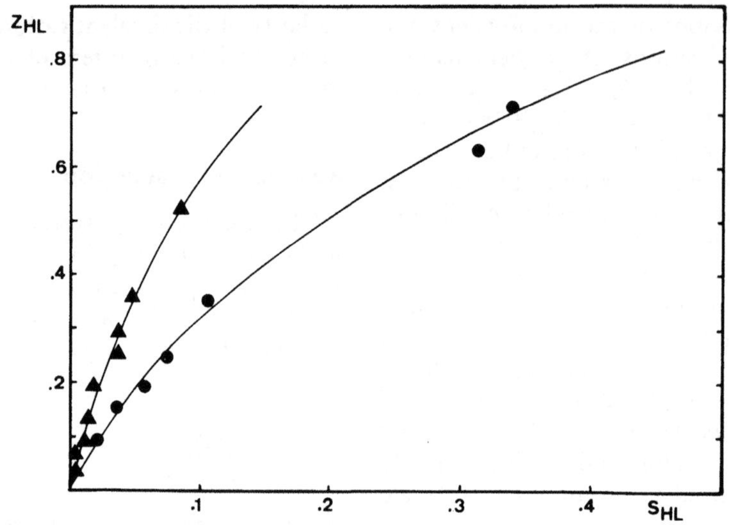

Fig. 2. Ion exchange isotherms in montmorillonite for HmH–Na (▲) and enH–Na (●)

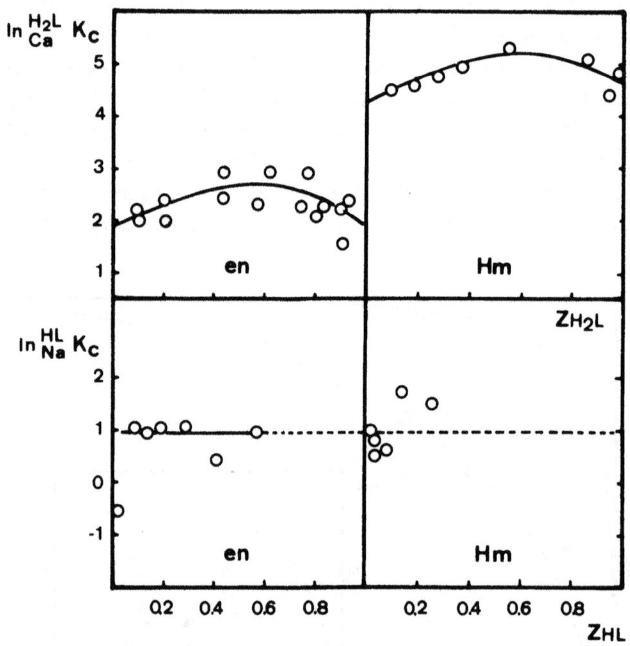

Fig. 3. Surface composition dependence of $\ln K_{c_{LH_2-Ca}}$ and $\ln K_{c_{LH-Na}}$ for ethylenediamine and histamine

and activity ratios, a fairly reasonable procedure in view of the relatively low ionic strength and in view of the fact that both ions have the same valency. The values of $\ln K$, as obtained from graphical integration (7) are 2.38 (enH_2–Ca) and 5.00 (HmH_2–Ca).

The exchange isotherms for the monovalent pairs enH–Na and HmH–Na are shown in figure 2. It is apparent from these data that the selectivity difference between the monovalent species enH and HmH is much less pronounced than for the divalent cations. The selectivity coefficients, defined by an expression similar to (13), and calculated by assuming a negligible participation of divalent ammonium ions in the exchange reaction, vary in the range 4–5 for enH–Na and 5–10 for HmH–Na. The rather high selectivity for the divalent cations, reported above, combined with the experimental fact that the cation exchange capacity (obtained as the sum of sodium and ammonium occupancies, all assumed to be monovalent) is suspiciously low (± 1.05 meq/g) for such high pH values, indicates a significant involvement of divalent ammonium ions.

The extent of the participation of divalent ammonium ions in the LH–Na exchange can be estimated from the equilibrium constant $K_{(LH_2-Na)}$, which is obtained from Hess'rule and the equilibrium constants $K_{(LH_2-Ca)}$, reported above, and $K_{(Ca-Na)}$ (8). The result is $\ln K(\text{enH}_2\text{–Na}) = 3.02$ and $\ln K(\text{HmH}_2\text{–Na}) = 5.64$. If we further approximate $\ln K_c \simeq \ln K + 1$ (neglecting significant composition dependences of K_c), the divalent ion occupancy is related to the sodium occupancy by the equation

$$K_{c(LH_2-Na)} = \frac{Z_{LH_2} m^2_{Na}}{Z^2_{Na} m_{LH_2}} \quad [14]$$

in which Z_{Na}, m_{Na} and m_{LH_2} (calculated from overall bulk solution amine content and stability constants) are known quantities. The LH_2 occupancy so obtained (about one third for en and about half for Hm) may then be subtracted from the experimentally observed values in the ion exchanger, and a corrected selectivity coefficient may be calculated. These corrected selectivity coefficients are represented in the lower part of figure 3. It is apparent from these data that no significant differences remain between enH and HmH; for both cases, $\ln K \simeq 1$.

The excess stabilities of mono- and divalent ammonium ions may be calculated from the foregoing ion exchange equilibrium constants. In the case of the monovalent species this result is obtained by assuming that the thermodynamic constant for the equilibrium sodium-hydrogen in montmorillonite is unity, a reasonable approximation in view of the data of *Foscolos* and *Barshad* (9) and *Gilbert* and *Laudelout* (10). In the case of the divalent species, no assumptions are necessary and the excess stability is calculated from eqn. [12] using K_{LH_2-Ca}, K_{Ca-Na}, K_{LH-Na} and $K_{Na-H} = 1$. The results of these calculations are $\log \bar{k}_1/k_1 = .43$ for enH and HmH and $\log \bar{k}_2/k_2 = .88$ and 2.02 for enH_2 and HmH_2 respectively.

These values require various comments. Firstly, the excess stability of the monovalent ammonium ions is identical and quite close to the values found for alkylammonium ions in montmorillonite (11, 12). This indicates that the ion exchange selectivity is primarily ruled by the stability of the protonated amine and is fairly insensitive to the nature of the remaining (non-ionized) groups in the organic ion, whether it be a primary amine, or an imidazol-group or an alkyl-group. This is a rather significant result showing that Van der Waals forces or hydrogen bonding possibilities of non-protonated functional groups, generally considered to contribute in dry or semi-dry systems (13), play only a minor role in "wet" systems, as studied here.

Secondly, it is seen that the excess free energy loss for the second protonation in en is but slightly different from the first one (bearing in mind the approximation involved in obtaining $\log \bar{k}_1/k_1$). Most significant however is the rather high stability enhancement (two orders of magnitude in k_2) relating to the second protonation in histamine. The very high stabilization of the imidazol ion, which is comparable to the result obtained for pyridinium (14), may perhaps be attributed to the fact that the cationic charge is delocalized over the entire molecular surface, i.e. highly polarizable. Since the charge in the clay results from octahedral substitution, the surface charge is smeared out and a quite favourable interaction may occur between these two oppositely charged structures.

In conclusion, it may be stated that the analysis of the ion exchange selectivity of ammonium ions in terms of enhanced stepwise protonation constants affords a rather clear examination of the contributions of the individual ionic groups, to the overall ion exchange affinity. Clearly, the relationship between ion selectivity and proton affinity is not unique in that its validity should be restricted within a homologous series of ions.

Acknowledgement

This work was supported by the Belgian Government (Programmatie van het Wetenschapsbeleid).

Summary

A thermodynamic formalism is presented for the determination of the stepwise protonation constants of polyammonium ions adsorbed on solid surfaces. The extrastabilities of the ammonium ions w.r.t. their stability in bulk solution are related to the ion exchange constants of the respective ammonium ions versus hydrogen.

Examples are given for ethylenediamine and histamine on montmorillonite. The monoammonium form of both amines are stabilized to the same extent. The excess stability constant relating to the second protonation of histamine exceeds the one for ethylenediamine by an order of magnitude. The contribution of the individual ionic groups to the overall exchange affinity is discussed.

Zusammenfassung

Es werden thermodynamische Beziehungen für die stufenweise Protonierung von Polyammonium-Ionen, die an festen Grenzflächen adsorbiert sind, aufgestellt. Infolge von Kationenaustauschvorgängen an der Grenzfläche ist die Stabilität der Ammoniumform gegenüber der Lösung erhöht. Als Beispiel werden Äthylendiamin und Histamin an Montmorillonit untersucht. Die Monoammonium-Formen beider Verbindungen werden in gleichem Ausmaß stabilisiert. Dagegen ist die Exzesstabilitätskonstante für die zweite Stufe des Histamins um eine Größenordnung höher als die des Äthylendiamins. Der Einfluß der individuellen ionischen Gruppen auf das Austauschgleichgewicht wird diskutiert.

References

1) *Maes, A., P. Marynen, A. Cremers,* Clays & Clay Min. **25**, 309 (1977).

2) *Maes, A., P. Marynen, A. Cremers,* J. Chem. Soc. Faraday I., **73**, 1297 (1977).

3) *Maes, A., P. Peigneur, A. Cremers,* J. Chem. Soc. Faraday I., **74**, 182 (1978).

4) *Pleysier, J., A. Cremers,* J. Chem. Soc. Faraday I., **71**, 256 (1975).

5) *Maes, A., P. Peigneur, A. Cremers,* Proc. Int. Clay Conf. Appl. Pub. Ltd., 319 (1975).

6) *Sillén, G. L., A. E. Martell,* "Stability Constants of Metal Ion Complexes", The Chemical Society, London (1964).

7) *Gaines, G. L., H. C. Thomas,* J. Chem. Phys. **21**, 714 (1953).

8) *Maes, A., A. Cremers,* J. Chem. Soc. Faraday, I. **73**, 1807 (1977).

9) *Foscolos, A. E., I. Barshad,* Soil Sci. Soc. Amer. Proc. **33**, 242 (1969).

10) *Gilbert, M., J. Laudelout,* Soil Sci. **100**, 157 (1965).

11) *Vansant, B. F., J. B. Uytterhoeven,* Clays & Clay Min. **20**, 47 (1972).

12) *Theng. B. K., D. J. Greenland, J. P. Quirk,* Clay Min. **7**, 1 (1967).

13) *Cloos, P., R. D. Laura,* Clays & Clay Min. **20**, 259 (1972).

14) *Rasquin, E.,* To be submitted for publication (1977).

Authors' address:

A. Maes, P. Marynen, A. Cremers
Centrum voor Oppervlaktescheikunde
en Colloïdale Scheikunde
Katholieke Universiteit Leuven
de Croylaan 42,
B-3030 Heverlee, Belgium

Neue Meßmethoden

Progr. Colloid & Polymer Sci. **65** 251–264 (1978)

ISSN 0340-255 X

Hauptlaboratorium der BASF AG, D-6700 Ludwigshafen/Rhein

Optisches Zweistrahlverfahren zur Bestimmung von Polyelektrolyten in Wasser und zur Messung der Polymeradsorption an Grenzflächen

D. Horn

Mit 17 Abbildungen

(Eingegangen am 3. Februar 1978)

1. Einleitung

Zur gezielten Steuerung der Stabilitäts- und Koagulationseigenschaften disperser Systeme werden in zunehmendem Maße organische Polyelektrolyte eingesetzt. Die kolloide Stabilität wäßriger Dispersionen wird in vielen Fällen durch Zusatz anionaktiver Polyelektrolyte verbessert (1). Bei der Herstellung von Papier oder bei der Abwasseraufbereitung werden sowohl kationaktive als auch anionaktive Polyelektrolyte als Retentions- bzw. Flockungs-Hilfsmittel verwendet (1–5).

Die kolloidchemische Wirkungsweise der Substanzen wird in erster Linie durch deren Adsorptionsverhalten gesteuert (1), das wiederum vom molekularen Aufbau, insbesondere auch von der Ladungsdichte bestimmt wird (6, 7, 8, 9, 32). Die Kenntnis der Adsorptionseigenschaften ist daher für das Verständnis der Wirkungsmechanismen unerläßlich und erfordert Meßmethoden, die die Bestimmung von Polyelektrolyten im ppm-Bereich und darunter ermöglichen. Darüber hinaus ist der Nachweis von Polyelektrolyten in Wasser zur Optimierung von Applikationsverfahren wichtig, und es besteht nicht zuletzt ein erhebliches Interesse daran, empfindliche Nachweismethoden für Polyelektrolyte zur Spurenanalyse im Abwasser an der Hand zu haben.

In der vorliegenden Arbeit soll ein automatisiertes Meßverfahren vorgestellt werden, das sich bei der Lösung der genannten Aufgabenstellungen als außerordentlich nützlich erwiesen hat. Es beruht auf der bekannten Tatsache, daß entgegengesetzt geladene Polymermoleküle unter Bildung ionischer Polymerkomplexe stöchiometrisch miteinander reagieren (10–15). Die Bestimmung des Reaktionsendpunktes der Komplexbildungsreaktion kann im Prinzip auf turbidimetrische (10b, 16), konduktometrische (11, 17), potentiometrische (12) bzw. elektrochemische (13) oder kolorimetrische (10a, 18, 19) Weise erfolgen.

Die Empfindlichkeit der vier erstgenannten Verfahrensweisen ist im allgemeinen für Untersuchungen der genannten Art nicht ausreichend. Ein genaueres Studium der Verfahrensvariante mit kolorimetrischer Endpunktbestimmung führte jedoch zur Entwicklung eines vollautomatischen Titrierverfahrens, das die quantitative Bestimmung von Polyelektrolyten bis in Konzentrationsbereiche von <100 ppb gestattet.

Nachfolgend soll über die Konstruktion des Meßgerätes und über erste Erfahrungen hinsichtlich der vielfältigen Einsatzmöglichkeiten berichtet werden.

2. Meßprinzip

Eine kolorimetrische Endpunktbestimmung bei der Bildung ionogener Polymerkomplexe ist prinzipiell immer dann möglich, wenn es sich bei dem anionischen Reaktionspartner um einen chromotropen Polyelektrolyten handelt, d.h. um ein Polymer mit relativ hoher Ladungsdichte. Bei einem mittleren Abstand benachbarter Ladungszentren von <10 Å können solche Substanzen mit metachromatischen kationischen Farbstoffen Komplexe bilden, deren Absorptionsspektren im sichtbaren Spektralbereich im Vergleich mit dem Spektrum des monomeren Farbstoffes

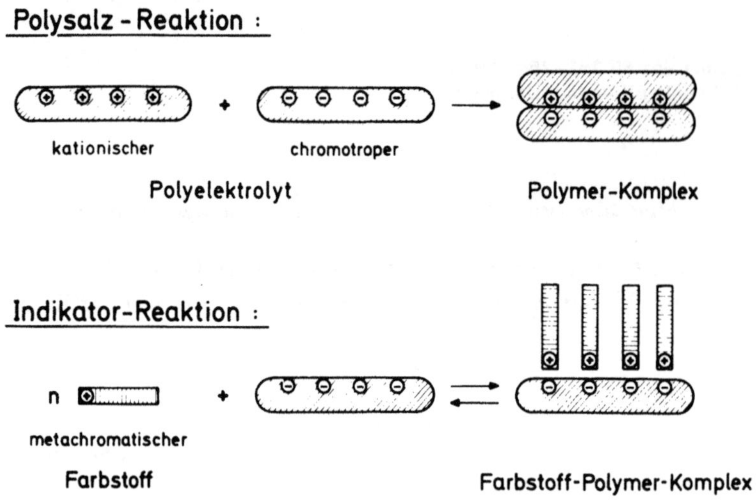

Abb. 1. Reaktionsschema zur Bestimmung kationischer Polyelektrolyte durch Komplexbildung mit chromotropen Polyelektrolyten und kolorimetrischer Endpunktbestimmung mittels eines metachromatischen Farbstoffes

eine charakteristische hypsochrome Bandenverschiebung aufweisen (20). Zahlreiche Biopolymere wie Nucleinsäuren und verschiedene Polysaccharide (20) sowie synthetische Polymere wie Polyvinylsulfate (18), Polystyrolsulfonate (21, 24) und Polyacrylate (22) gehören zu dieser Gruppe von Polymeren.

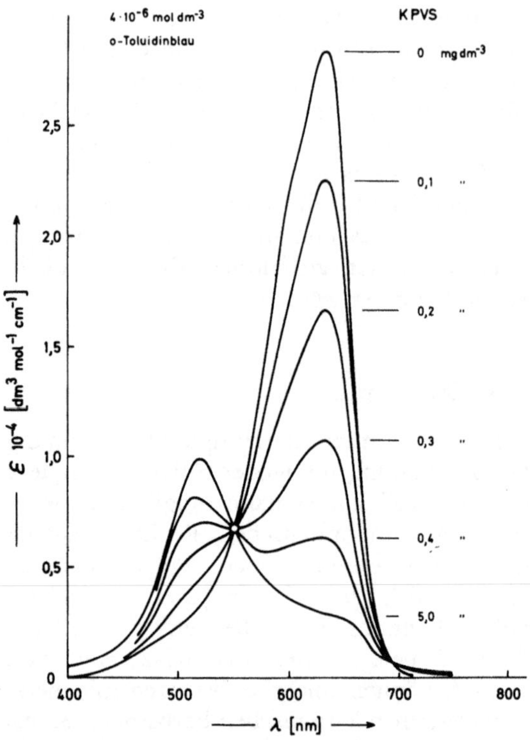

Abb. 2. Metachromatische Bandenverschiebung bei der Bildung des Toluidinblau/Polyvinylsulfat-Komplexes. Farbstoffkonzentration: $4 \cdot 10^{-6}$ mol dm^{-3}

Metachromatische Farbstoffe sind in der Histologie weit verbreitet und werden dort aufgrund der beschriebenen Reaktionsweise zur Einfärbung biologischer Präparate verwendet (20). Wichtige Vertreter dieser Gruppe sind Toluidinblau (18, 20), Methylenblau (20), Kristallviolett (20), Acridinorange (21, 22), Proflavin (23), Pyronin-G (24) u.a.

Die Bestimmung kationischer Polyelektrolyte unter Verwendung eines chromotropen Polyelektrolyten und eines metachromatischen Farbstoffes erfolgt gemäß des in Abbildung 1 wiedergegebenen Reaktionsschemas.

Sowohl die Polymerkomplexbildungsreaktion als auch die Indikatorreaktion erfolgt aufgrund kooperativer Wechselwirkungen der entgegengesetzt geladenen Reaktionspartner (11, 12, 23, 25, 26). Erwartungsgemäß übertrifft die Polysalz-Reaktion mit zunehmendem Polymerisationsgrad des kationischen Polymeren die Indikatorreaktion hinsichtlich der Größe des Korrelationsparameters (26). In der gemeinsamen Reaktionslösung läuft daher die Indikator-Reaktion erst nach Abschluß der Polysalzbildung ab.

Am Beispiel der Indikatorreaktion *K*-Polyvinylsulfat/Toluidinblau wird in Abbildung 2 die Bildung des metachromatischen Farbstoff/Polymer-Komplexes durch die bei wachsender Polymerkonzentration registrierte Spektrenfolge belegt.

Bei einer Konzentration von $4 \cdot 10^{-6}$ mol dm^{-3} liegt der Farbstoff monomolekular gelöst vor, Dimerenanteile sind spektroskopisch nicht nachweisbar. Es genügt jedoch bereits die Zugabe von 50 μg dm^{-3} *K*-Polyvinylsulfat, entsprechend $\sim 3 \cdot 10^{-7}$ mol dm^{-3}, um eine spektralphotometrisch gut meßbare kooperative Adsorption auszulösen. Mit steigendem Polymer-Farbstoff-Verhältnis fällt der Monomerenanteil gemäß den Gesetzmäßigkeiten für die kooperative Adsorption an eine lineare Kette (lineares Ising-Modell) ab (25, 26, 37). Gleichzeitig wächst unter Ausbildung eines isosbestischen Punktes die Extinktion der Assoziatbande an. Die Indikatorreaktion läßt sich daher formal durch ein einfaches Monomeren/Assoziat-Gleichgewicht beschreiben. Das Ausmaß der hypsochromen Bandenverschiebung bei der Assoziatbildung nimmt mit abnehmendem Abstand der negativen Ladungszentren an der Polymerkette zu und kann durch eine laterale Wechselwirkung benachbarter Farbstoffmoleküle interpretiert werden (25). Aus der Analyse der spektroskopischen Daten geht hervor, daß in dem Farbstoff/Polymer-Komplex jeweils drei Farbstoffmoleküle von zwei Vinylsulfat-Monomereinheiten gebunden werden (37).

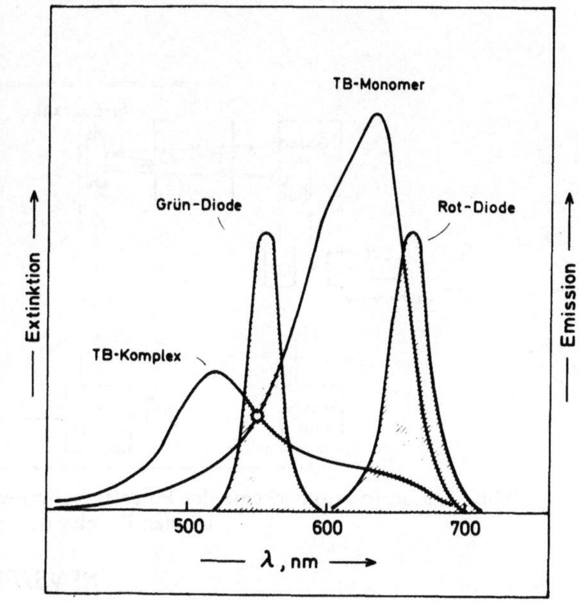

Abb. 3. Zur photoelektrischen Endpunktbestimmung bei der Polyelektrolyttitration unter Verwendung von Toluidinblau als Indikator mittels Lumineszenzdioden

3. Meßverfahren

Von den genannten Farbstoffen zeigt Toluidinblau bei der Komplexbildung mit Polyvinylsulfat eine besonders starke Bandenverschiebung. Zudem liegt die Absorptionsbande des monomeren Farbstoffes und der isosbestische Punkt im Emissionsbereich kommerziell erhältlicher Lumineszenzdioden (27). In Abbildung 3 sind die Emissionsbanden einer Rot- bzw. Gründiode (Siemens, LD 41 bzw. LD 57) dem Absorptionsspektrum von Toluidinblau überlagert.

Dies ermöglicht die Konstruktion eines photoelektrischen Titrators nach dem Zweistrahlprinzip. Neben dem Vorzug, einer weitgehend monochromatischen und auf das Absorptionsspektrum von Toluidinblau abgestimmten Emissionscharakteristik bietet die Verwendung von Lumineszenzdioden wegen ihrer praktisch trägheitslosen Ansteuerbarkeit die Möglichkeit, das rote Meßlicht (Spektralbereich der Absorptionsbande des monomeren Farbstoffes) und das grüne Referenzlicht (Spektralbereich des isosbestischen Punktes) impulsartig im Wechseltakt zu modulieren. Über einen auf die Modulationsfrequenz von 4 kHz abgestimmten Verstärker wird der von einem Si-Element (Dr. *R. Seitner*, Meß- u. Regeltechnik, Typ BS 530 F) erfaßte Extinktionswert der Meßlösung, der sich am Äquivalenzpunkt sprungartig ändert, als Funktion der zudosierten Titriermittelmenge registriert. Hierdurch wird ein optimales Signal/Rausch-Verhältnis gewährleistet, und störende Raumlichtschwankungen werden eliminiert. Außerdem werden Extinktionsänderungen, die aufgrund einer Eintrübung während der Polymerkomplexbildung ggf. eintreten, durch die Referenzmessung am isosbestischen Punkt automatisch kompensiert. Dank eines günstigen Zusammentreffens von Emissions- und Absorptionscharakteristik wird in dem für die Messung relevanten Konzentrationsbereich des Indikators die Konzentrationsänderung des Monomerenanteils von der Meßanordnung gemäß dem *Lambert-Beer*schen Gesetz registriert. Zur weiteren Verarbeitung werden diese Meßdaten auf Magnetband ausgegeben oder direkt an einen Rechner übertragen.

Abbildung 4 zeigt das Konstruktionsschema des vollautomatischen Titriergerätes.

4. Beispiele für die Anwendung des Verfahrens

4.1 Nachweis kation- bzw. anionaktiver Substanzen, Messung der Ladungsdichte

In Abbildung 5 sind einige Meßkurven, die bei der Titration verschiedener Lösungen des kationaktiven Polymeren PEI 10 (Polyäthylenimin-10, MG ~ 400) mit *K*-Polyvinylsulfat erhalten wurden, wiedergegeben.

Aus Abbildung 5 geht hervor, daß die Nachweisempfindlichkeit durch den Titrier-

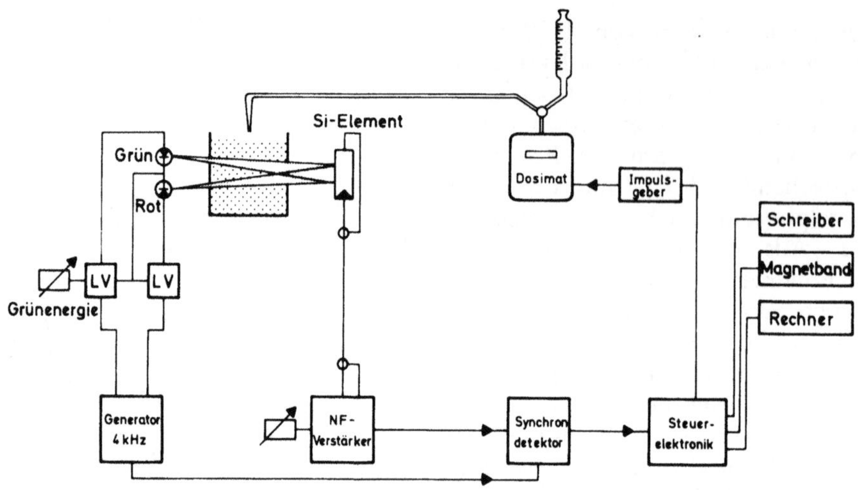

Abb. 4. Konstruktionsschema des Polyelektrolyttitrators zur Analyse von Polyelektrolytlösungen. Der Dioden-Detektor-Abstand beträgt 3,5 cm

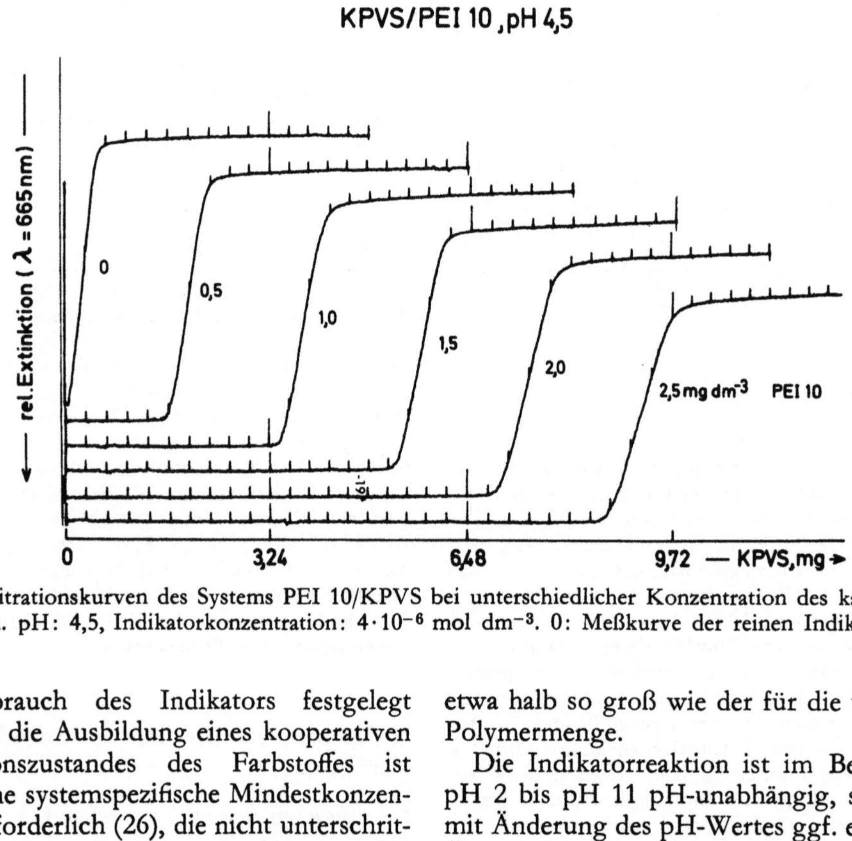

Abb. 5. Titrationskurven des Systems PEI 10/KPVS bei unterschiedlicher Konzentration des kationischen Polymeren. pH: 4,5, Indikatorkonzentration: $4 \cdot 10^{-6}$ mol dm^{-3}. 0: Meßkurve der reinen Indikatorlösung

mittelverbrauch des Indikators festgelegt wird. Für die Ausbildung eines kooperativen Adsorptionszustandes des Farbstoffes ist jedoch eine systemspezifische Mindestkonzentration erforderlich (26), die nicht unterschritten werden darf. Sie liegt in unserem Fall im Bereich von 10^{-7} bis 10^{-6} mol dm^{-3}. Bei einem Dioden-Detektor-Abstand von 3,5 cm gestattet eine Indikatorkonzentration von 10^{-6} mol dm^{-3} eine zuverlässige Messung, wodurch im Falle von PEI-Polymeren eine Nachweisgrenze von ca. 50 ppb festgelegt wird. Der Titriermittelverbrauch des Indikators ist dann etwa halb so groß wie der für die vorgelegte Polymermenge.

Die Indikatorreaktion ist im Bereich von pH 2 bis pH 11 pH-unabhängig, so daß die mit Änderung des pH-Wertes ggf. eintretende Änderung des Protonierungszustandes des Polyelektrolyten direkt gemessen werden kann. In Abbildung 6 ist das Ergebnis einer solchen Meßreihe wiedergegeben.

Der Verlauf der Titrationskurven kann formal durch die beiden in Abbildung 1 aufgeführten Komplexbildungsreaktionen in guter Näherung wiedergegeben werden.

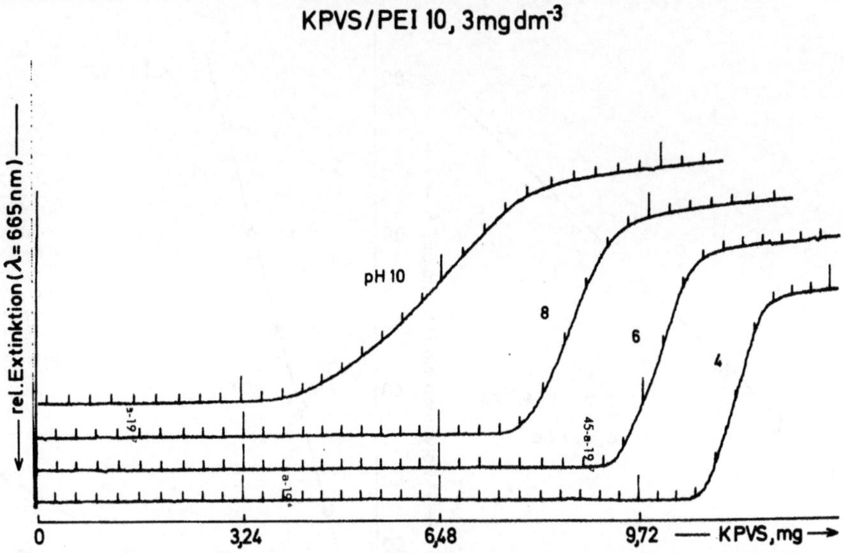

Abb. 6. Titrationskurven einer PEI-10 Lösung (3 mg dm^{-3}) bei unterschiedlichem pH-Wert. Der flache Verlauf der Meßkurven bei pH 10 deutet auf eine Verkleinerung des Kooperativitätskoeffizienten mit abnehmender Ladungsdichte hin

$$A + B \rightleftarrows AB \quad K_1 = \frac{[AB]}{[A]\cdot[B]} \qquad [1]$$

$$A + C \rightleftarrows AC \quad K_2 = \frac{[AC]}{[A]\cdot[C]} \qquad [2]$$

Darin sind [A] und [B] die auf die monomeren Äquivalentgewichte bezogenen molaren Konzentrationen des anionischen bzw. des kationischen Polyelektrolyten, und [C] ist die molare Indikatorkonzentration. [AC] ist die auf den monomeren Farbstoff bezogene Indikatorkonzentration im Farbstoff/Polymer-Komplex.

Dieser einfache Ansatz wird durch die Ausbildung eines isosbestischen Punktes bei der Indikatorreaktion, trotz der zugrundeliegenden komplizierten kooperativen Farbstoff-Polymer-Wechselwirkung, formal gerechtfertigt.

Eine Regressionsanalyse der Titrationskurven liefert dann bei bekannter Struktur des Titriermittels das Äquivalentgewicht des kationischen Polymeren sowie Werte für K_1 und K_2. Die Steigung der Titrationskurven im Äquivalenzpunkt wird durch das Verhältnis K_1/K_2 bestimmt. Sie gibt daher direkt Auskunft über das Ausmaß der Kopplung der beiden Reaktionen.

Das Titrationsverfahren ist nur anwendbar, wenn die Bedingung $K_1/K_2 \gg 1$ erfüllt ist.

Die Auswertung der in Abbildung 6 wiedergegebenen Meßkurven liefert bei den verschiedenen pH-Werten die in Tabelle 1 wiedergegebenen Werte für die Ladungsdichte, wobei angenommen wurde, daß der Wirkstoffgehalt des KPVS-Handelsproduktes 100% beträgt.

Tab. 1. Ladungsdichte von PEI-10 bei unterschiedlichem pH-Wert

pH-Wert	3	4	6	8	10
Ladungsdichte [m äquiv. g^{-1}]	23,7	22,8	20,0	17,1	13,5

Die Multiplikation des Wertes bei pH 3 mit dem Molekulargewicht des Monomeren liefert einen Wert von rd. 1 äquiv. mol^{-1}, d.h. den theoretisch erzielbaren Wert bei vollständiger Protonierung des Polyamins. Nach Untersuchungen anderer Autoren (8) liegt in diesem pH-Bereich der Protonierungsgrad von PEI nur bei ca. 75%. Die Diskrepanz könnte darin eine Erklärung finden, daß bei der Polyanion-Polykation-Wechselwirkung bis zu einem gewissen Grade auch nicht-protonierte Stickstoffatome unter Freisetzung von OH^--Ionen in die Komplexbildung einbezogen werden. In gleicher Weise könnten die relativ hohen Effektivwerte der Kationaktivität im basischen pH-Bereich gedeutet werden. Generell ist festzustellen, daß wegen der optimistischen Annahme über den Wirkstoffgehalt der KPVS-Probe die Zahlenwerte obere Grenzwerte darstellen.

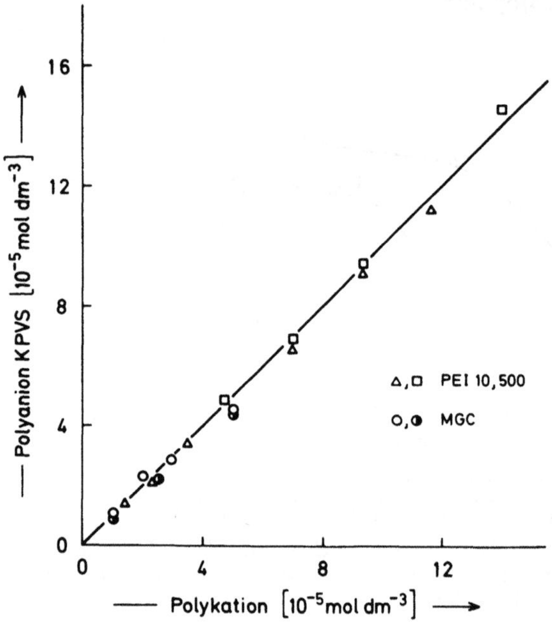

Abb. 7. Titrimetrische Bestimmung der Äquivalentgewichte von Polykationen mit KPVS. Die Konzentrationsangaben in molaren Einheiten beziehen sich auf die Molgewichte der jeweiligen Monomeren. △ PEI-10 (MG 400), □ PEI-500 (MG 20000), (jeweils pH 4,5) ○ MGC (pH 4,5), ◑ MGC (pH 7)

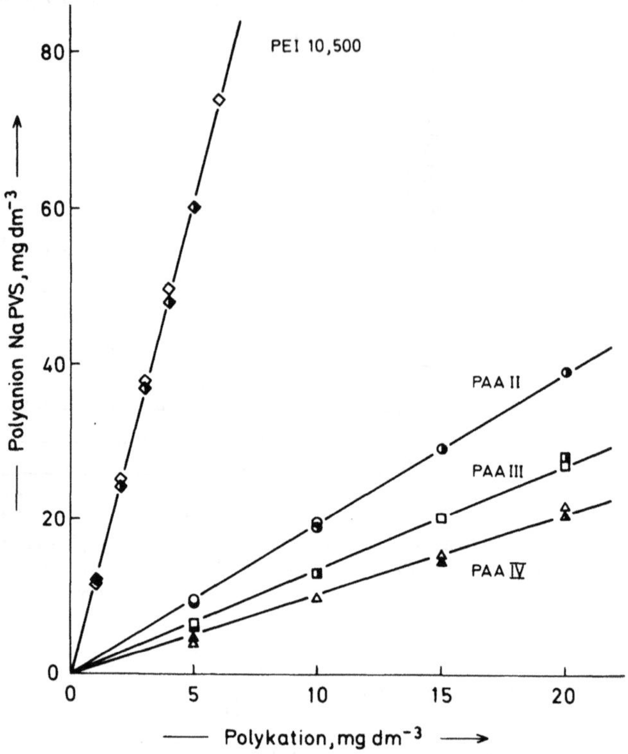

Abb. 8. Äquivalenzgeraden von PEI und von kationisch modifizierten Polyacrylamiden PAA. Molarer Anteil der kationischen Monomeren II: 51%, III: 24%, IV: 16%; pH: 4,5, Äquivalentgewicht des eingesetzten NaPVS: 208; Molekulargewichtsbereich PEI 400–20000; PAA 10^5–10^6

In Abbildung 7 ist das Ergebnis verschiedener Titrationsreihen der Systeme KPVS/PEI-10, KPVS/PEI-500 und KPVS/MGC (MGC = Methylglycolchitosan-jodid) wiedergegeben. Dabei wurden die auf den maximal möglichen Ladungszustand von einem kationischen Zentrum pro Monomereneinheit bezogenen Äquivalentgewichte (PEI: 43, MGC: 419) zugrunde gelegt.

Aus Abbildung 7 geht hervor, daß die Komplexbildungsreaktion zwischen KPVS und den Polykationen PEI und MGC im angegebenen Konzentrationsbereich vollständig abläuft, wobei jeweils ein negatives Ladungszentrum des Polyanions mit einem positiven Zentrum des Polykations korrespondiert. Bei einem pH-Wert von 4,5 werden im Falle von PEI bereits nahezu alle N-Atome in die Komplexbildung einbezogen (vgl. auch Tab. 1). Bei MGC mit quaternierten N-Atomen ist die Ladungsdichte erwartungsgemäß pH-unabhängig. Überraschend ist dagegen die Beobachtung, daß die stöchiometrischen Verhältnisse in den Polymerkomplexen auch mit wachsendem Molekulargewicht des kationischen Reaktionspartners unverändert bleiben.

Die gleiche Beobachtung wurde bei kationisch modifizierten Polyacrylamiden gemacht. Auch hier wurde in einem Molekulargewichtsbereich von 10^5 bis über 10^6 unabhängig vom Molekulargewicht bei gleicher chemischer Zusammensetzung jeweils die gleiche Kationaktivität gefunden. Abbildung 8 zeigt eine Zusammenstellung verschiedener Äquivalenzgeraden von PEI-Produkten und kationisch modifizierten Polyacrylamiden unterschiedlichen Modifikationsgrades. Als Titriermittel wurde NaPVS verwendet, dessen Äquivalentgewicht aufgrund eines Veresterungsgrades von ca. 50% durch Titration mit MGC zu 208 bestimmt worden war.

Unter Berücksichtigung des Modifikationsgrades kann aus den Meßkurven der Abbildung 8 die Äquivalentladung pro kationischer Monomereneinheit ermittelt werden. Sie beträgt bei allen Produkten $1 \pm 0{,}1$, d.h. auch kationische Polyacrylamide reagieren unab-

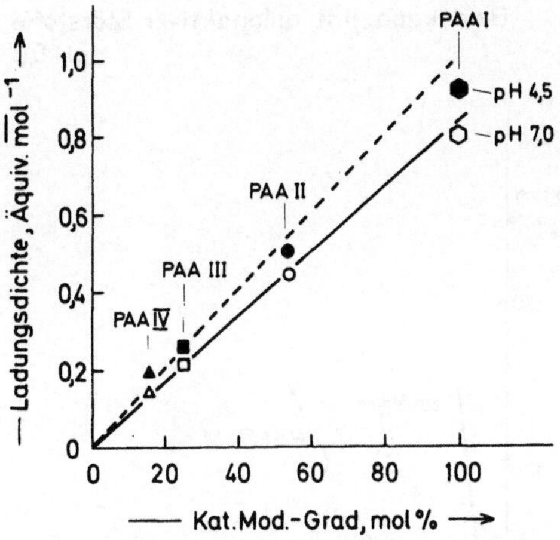

Abb. 9. Ladungsdichte kationisch modifizierter Polyacrylamide als Funktion des Modifikationsgrades. --- theoretischer Erwartungswert

hängig vom Molekulargewicht mit anionischen Polyvinylsulfaten stöchiometrisch mit einer 1:1 Korrespondenz zwischen positiven und negativen Ladungszentren. Dies wird in Abbildung 9 gezeigt.

Beim Übergang von polymeren zu oligomeren oder monomeren Systemen tritt bei der Komplexbildungsreaktion zunehmend die Kopplung mit der Indikatorreaktion in Erscheinung, da die Gleichgewichtskonstanten K_1 und K_2 der beiden Reaktionen sich immer ähnlicher werden und die Reaktionen nebeneinander und nicht mehr hintereinander ablaufen. In Abbildung 10 wird dies anhand einiger Titrationskurven veranschaulicht.

Die Steigung im Wendepunkt der Titrationskurven ist ein Maß für die Größe der Komplexbildungskonstanten K_1. Ihr Wert nimmt mit abnehmender Kettenlänge ab und wird dem von K_2 immer ähnlicher, so daß mit Triäthylentetramin der untere Grenzfall für die Anwendbarkeit des Titrationsverfahrens erreicht ist. Insbesondere können aliphatische Monoamine nach dem beschriebenen Verfahren nicht bestimmt werden, da sie offenbar nicht zu einer kooperativen Adsorption befähigt sind. Dagegen bilden verschiedene monofunktionelle Tenside, wie z. B. Benzyldimethylalkylammoniumsalze, eine Ausnahme und können ohne Schwierigkeit nach dem beschriebenen Verfahren titriert werden. Vermutlich ermöglicht in diesem Falle der Benzylrest eine kooperative Wechselwirkung, zu der die analogen Trimethyl-Verbindungen nicht befähigt sind.

Das beschriebene Verfahren wurde in der Zwischenzeit bei einer Vielzahl kationischer

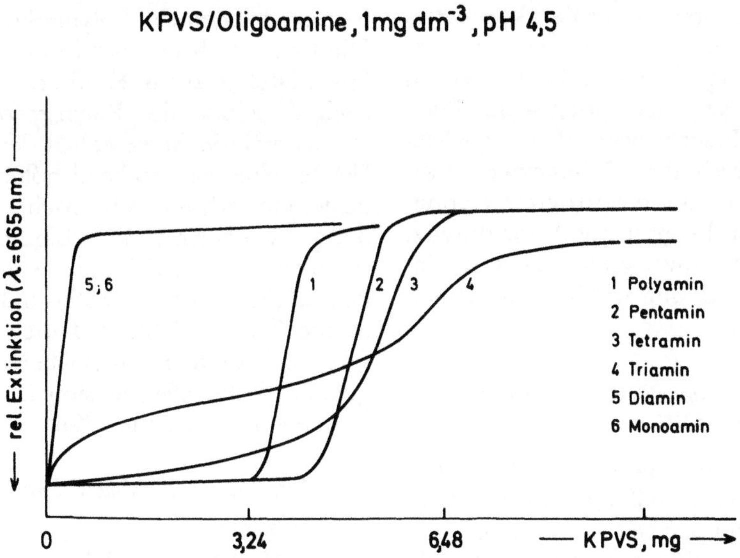

Abb. 10. Einfluß des Polymerisationsgrades kationischer Polymere auf den Verlauf der Titrationskurven, pH: 4,5

1 PEI 10 und größer, $K_1/K_2 \approx 250$	4 Diäthylentriamin $\approx 0{,}5$
2 Tetraäthylenpentamin ≈ 85	5,6 Äthylendiamin, Äthylamin $\approx 0{,}01$
3 Triäthylentetramin ≈ 40	

Zur Bedeutung des Quotienten $\frac{K_1}{K_2}$ vgl. Text

Polymere unterschiedlicher Struktur erprobt. Ausnahmslos wurden lineare Äquivalenzkurven gefunden, die auf eine Reaktionsweise im Sinne einer Ladungsneutralisation schließen lassen.

4.2 Polyanionen

Zur Bestimmung anionaktiver Polyelektrolyte kann im Falle chromotroper Substanzen die beschriebene Verfahrensweise unter Verwendung einer kationischen Titrierlösung einfach umgekehrt werden. Bei dieser Reaktion werden anfangs lediglich von den freien Polymeren Komplexe gebildet, und die Polyanion-Farbstoffkomplexe nehmen an dem Reaktionsgeschehen zunächst nicht teil. Erst in der Nähe des Äquivalenzpunktes setzt die Verdrängungsreaktion unter Freisetzung des monomeren Farbstoffes unter Bildung weiterer Polymerkomplexe ein. Neben den beschriebenen Polysulfaten sind insbesondere auch acrylsäurehaltige Polymerisate auf diese Weise bestimmbar.

Nicht-chromotrope anionische Polyelektrolyte sind durch Rücktitration nachweisbar. Hierbei macht man sich die Irreversibilität der Polymerkomplexbildung zunutze. Die Lösung des anionischen Polyelektrolyten wird mit einem Überschuß einer kationischen Polymerlösung mit bekannter Äquivalenzkonzentration versetzt, worauf die Polymerkomplexbildung vollständig abläuft und anschließend der verbliebene Rest der kationischen Polymeren auf die beschriebene Weise zurücktitriert wird. Durch den Differenzwert zwischen vorgelegter und rücktitrierter Kationaktivität ist somit die gesuchte Anionaktivität bestimmt. Die Nachweisgrenze liegt in der gleichen Größenordnung wie bei den kationischen Polymeren.

4.3 Bindekapazität anionischer polymerer Störstoffe für kationische Hilfsmittel

Die Wirksamkeit kationischer Polymere, z. B. bei der Papierherstellung, wird gelegentlich durch die Anwesenheit anionaktiver Substanzen im Kreislaufwasser gestört (28, 29). Das Ausmaß der Störwirkung wird von der Bindekapazität der anionischen Störstoffe für die kationaktiven Hilfsmittel bestimmt. Sie kann nach dem beschriebenen Rücktitrationsverfahren ermittelt werden. In Abbildung 11

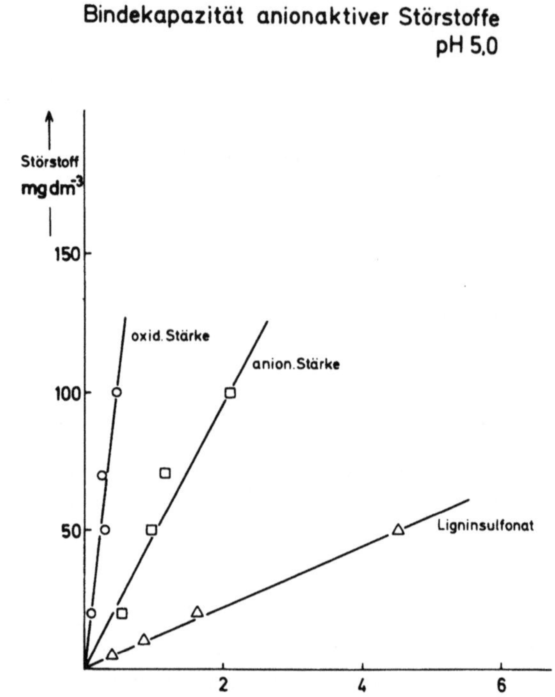

Abb. 11. Bindekapazität anionaktiver Polyelektrolyte für ein modifiziertes Polyäthylenimin (Polymin SN®)

sind entsprechende Meßkurven für drei anionaktive Polyelektrolyte wiedergegeben.

Die Störwirkung beruht danach auf der im Serum ablaufenden Polymerkomplexbildung. Die Grenzflächenadsorption der kationischen Hilfsmittel setzt als Konkurrenzreaktion erst nach Abschluß der Polymerkomplexbildung ein, so daß die Anwesenheit der Störstoffe im Wasser eine entsprechend höhere Hilfsmitteldosierung erforderlich macht. Nach Abbildung 11 übertrifft das Ligninsulfonat hinsichtlich der Störwirkung die anionisch modifizierte (Solfarine AP 85®) und die oxidierte Stärke (Farinex TSC®). Durch elektrokinetische und weitere kolloidchemische Messungen an Zellstoffsuspensionen wurden diese Befunde voll bestätigt (29).

4.4 Adsorption kationischer Polyelektrolyte an Grenzflächen

Zur Messung der Adsorptionskinetik und der Adsorptionsisothermen kationischer Polyelektrolyte an Festkörpergrenzflächen ist es erforderlich, den Polymergehalt des Serums vor und nach dem Festkörperkontakt zu bestimmen.

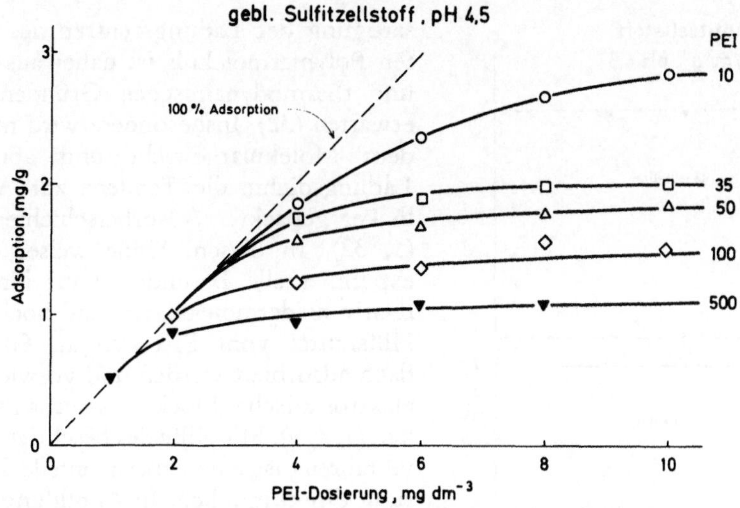

Abb. 12. Adsorption von Polyäthylenimin unterschiedlichen Molekulargewichtes an Zellstoff (BET-Oberfläche, $S_{N_2} = 3$ m²/g), pH: 4,5, Zellstoffkonzentration 2 g dm⁻³

Die Bearbeitung dieser im Prinzip einfachen Aufgabenstellung erfordert wegen der in der Praxis üblichen niedrigen Dosierung bis in den unteren ppm-Bereich eine analytische Methode, die empfindlicher ist als herkömmliche Verfahren zur Bestimmung kationischer Polyelektrolyte (30, 31). Diese Voraussetzung wird von dem hier beschriebenen Verfahren erfüllt.

Einige Beispiele werden nachfolgend diskutiert.

Abbildung 12 zeigt den Einfluß des Molekulargewichtes auf das Adsorptionsverhalten von PEI an Zellstoff.

Bei gleicher Ladungsdichte nimmt die Adsorptionstendenz mit abnehmendem Molekulargewicht zu. Dieser Befund steht im Gegensatz zur theoretischen Erwartung bei der Adsorption kationischer Polyelektrolyte an glatten Grenzflächen (32), findet aber in der porösen Struktur des Zellstoffes eine zwanglose Erklärung (9). Aus dem gleichen Grunde nimmt die Befähigung zur Umladung der elektronegativen Zellstoffgrenzflächen trotz abnehmender Adsorptionseignung mit zunehmendem Molekulargewicht zu. Dies wird in Abbildung 13 dokumentiert.

Die kolloidchemische Wirkung von PEI-artigen Hilfsmitteln ist bei einer Dosierung, die die Zellstoffteilchen in den isoelektrischen Zustand überführt, optimal (9, 29). Dies wird an Hand der Koagulationswirkung in Abbildung 14 gezeigt.

Aus Abbildung 14 geht weiter hervor, daß bei optimaler Hilfsmitteldosierung die applizierte Polyelektrolytmenge quantitativ von den suspendierten Zellstoffteilchen aufgenommen wird und somit kein Hilfsmittel ins Abwasser gelangt.

In dieser Beziehung vergleichbar verhalten sich kationisch modifizierte Polyacrylamide. Sie übertreffen hinsichtlich ihrer Adsorptionsneigung noch die PEI-Produkte. Eine Gegenüberstellung zeigt Abbildung 15.

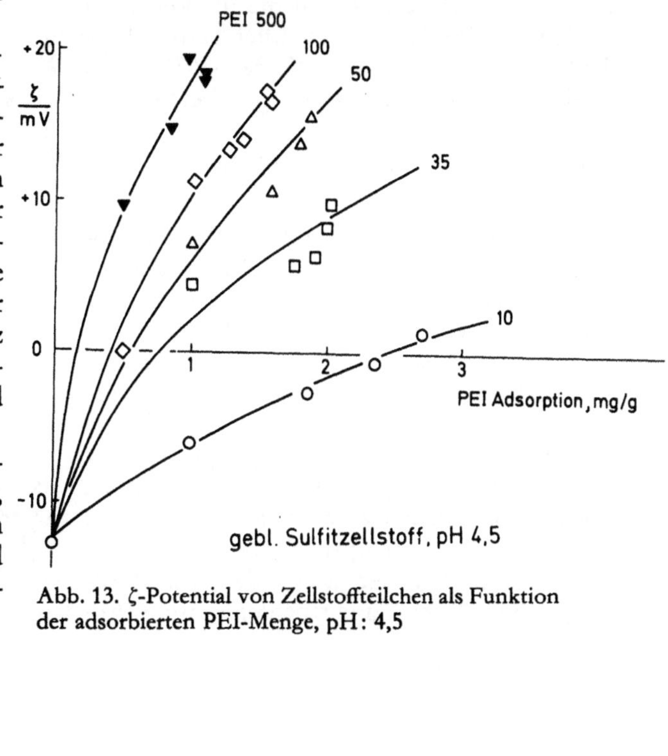

Abb. 13. ζ-Potential von Zellstoffteilchen als Funktion der adsorbierten PEI-Menge, pH: 4,5

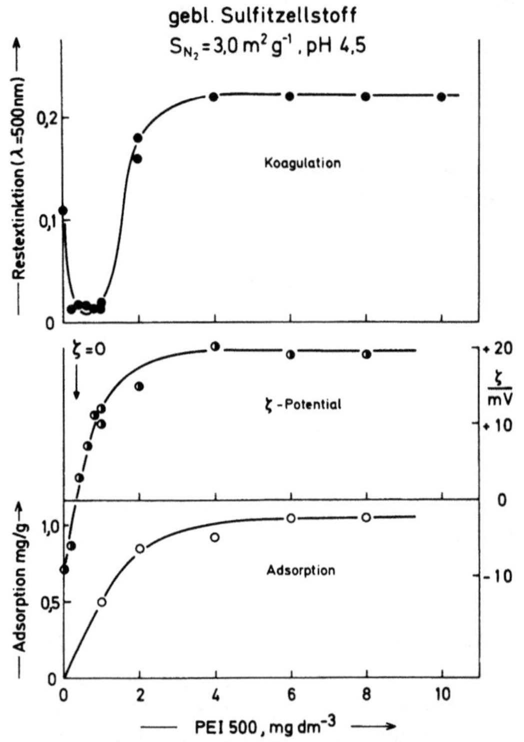

Abb. 14. Umladung und Koagulationsverhalten von Zellstoff bei der Adsorption von PEI 500 (BET-Oberfläche des Zellstoffes S_{N_2} = 3,0 m^2 g^{-1}). Der Koagulationsgrad wurde durch Messung der Restextinktion des Überstandes nach Sedimentation des Koagulats bestimmt (Küvettenschichtdicke 5 cm)

Die erhöhte Adsorptionstendenz der Polyacrylamide wird u.a. durch die im Vergleich zu den PEI-Produkten wesentlich verminderte Ladungsdichte verursacht (9, 32) (PEI: 23 m äquiv. g^{-1}; PAA: 1,6 m äquiv. g^{-1}; bei pH 4,5).

4.5 Struktur der Adsorbatschichten und Koagulationsmechanismen

Die Adsorption kationaktiver Polyelektrolyte an anionaktive Grenzflächen kann als Sonderfall der beschriebenen Polymerkomplex bildung aufgefaßt werden. Nach dem heutigen Kenntnisstand ist eine hohe Flexibilität des Molekülgerüstes der Reaktionspartner die Voraussetzung für eine ladungsäquivalente stöchiometrische Reaktion (14). Bei den hier untersuchten Komplexbildungsreaktionen ist diese Voraussetzung offenbar erfüllt. Im Grenzfall der Adsorptionsreaktion ist der eine Reaktionspartner jedoch die starre Festkörpergrenzfläche. Eine stöchiometrische Absättigung der Ladungszentren des adsorbierten Polymermoleküls ist daher aus sterischen und thermodynamischen Gründen nicht zu erwarten (32). Insbesondere wird mit steigendem Molekulargewicht und abnehmender Ladungsdichte die Tendenz zur Ausbildung locker gepackter Adsorbatschichten wachsen (1, 32). In diesem Sinne weisen zahlreiche experimentelle Befunde darauf hin, daß die relativ niedermolekularen und hochgeladenen Hilfsmittel vom PEI-Typ an Grenzflächen flach adsorbiert werden und vorwiegend über elektrostatische Flockungsmechanismen wirken (1, 4, 9). Mit Hilfe des beschriebenen Meßverfahrens ist eine experimentelle Beweisführung direkt möglich. In Abbildung 16 ist das Koagulationsverhalten einer Modellsuspension von Polystyrol-Latex (d = 0,65 μm) bei Applikation von PEI 500 wiedergegeben.

Der Koagulationsgrad ist im Bereich des isoelektrischen Zustandes der Dispersion optimal, der bei der Adsorption von 1 mg PEI 500 pro Gramm Latex erreicht wird. Setzt man für den Platzbedarf des PEI-Monomeren 20–30

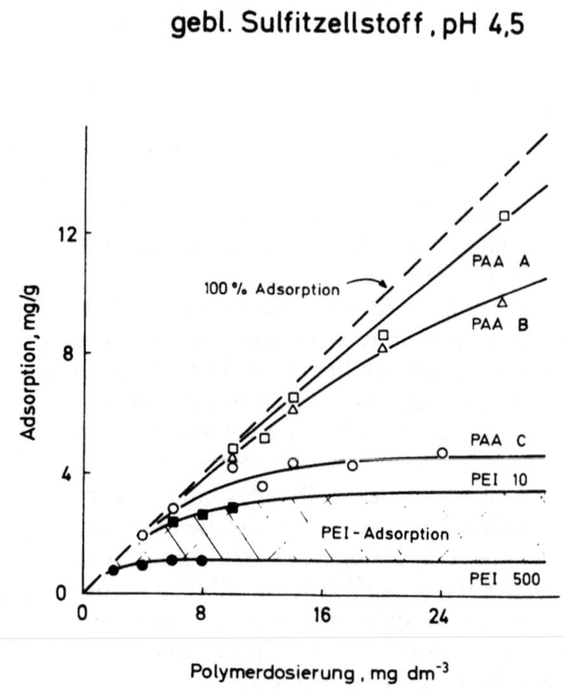

Abb. 15. Adsorption kationischer Polyacrylamide und Polyäthylenimine bei unterschiedlichem Molekulargewicht an Zellstoff. Zellstoffkonzentration 2 mg dm^{-3}, pH: 4,5. Das Molekulargewicht der Polyacrylamide bewegt sich zwischen $2 \cdot 10^5$ (PAA–A) und $2 \cdot 10^6$ (PAA–C). Die Polyacrylamide entsprechen dem Modifikationstyp IV (16% kat. Mod.)

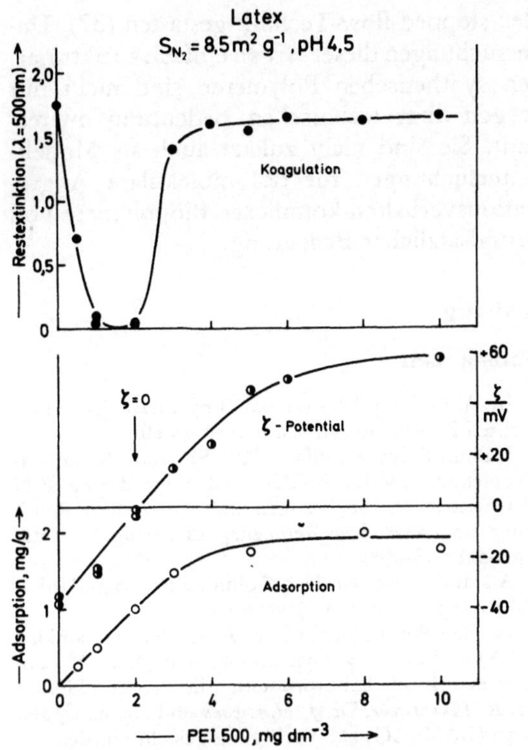

Abb. 16. Koagulationsverhalten und elektrokinetische Eigenschaften eines anionisch modifizierten Polystyrol-Latex bei der Adsorption von PEI 500. Spez. Oberfläche des Latex $S = 8{,}5\ m^2\ g^{-1}$. Bestimmung des Koagulationsgrades durch Extinktionsmessung des Überstandes nach Sedimentation des Koagulats (Küvettenschichtdicke 0,05 bzw. 5,0 cm)

Å^2 an (31, 36), dann ergibt sich für 1 mg PEI als oberer Grenzwert eine Fläche von 4,2 m^2. Bei einer spez. Oberfläche des Latex von 8,5 m^2/g werden somit optimale Koagulationsbedingungen bei einer Oberflächenbedeckung von 40–50% einer monomolekularen Schicht erreicht. Dies entspricht den Modellvorstellungen für eine Wirkungsweise der Polykationen nach dem „patch-charge"-Modell (33, 34).

Informationen über den Adsorptionszustand der Polymermoleküle können ebenfalls durch Polyelektrolyttitration gewonnen werden. Man geht dabei so vor, daß zunächst eine definierte Polymermenge adsorbiert wird. Danach wird eine bekannte Menge eines chromotropen Polyelektrolyten der Suspension zugesetzt und durch Titration des Serums, nach Abtrennen des Festkörpers, diejenige Polyanionmenge bestimmt, die durch die freien Ladungszentren des adsorbierten Kations gebunden wurde. Setzt man die Gültigkeit des Äquivalenzprinzips voraus und geht man davon aus, daß die adsorbierten Polykationen durch die Wechselwirkung mit dem anionischen Reagenz nicht von der Grenzfläche verdrängt werden, dann kann aus der Differenz der adsorbierten und der im adsorbierten Zustand noch freien Kationaktivität der Anteil der durch die Grenzflächenwechselwirkung gebundenen Ladungszentren ermittelt werden*). Entsprechende Messungen an Latexdispersionen im Sättigungsbereich der Adsorption von PEI 500 ergaben für den freien Anteil einen Wert von 40%. Dies spricht für eine flache Adsorptionsweise der Polykationen in monomolekularer Schicht. Sowohl der experimentell gefundene Sättigungswert von 1,9 mg/g (entsprechend einer monomolekularen Adsorbatschicht) wie auch theoretische Vorstellungen über die Adsorption hochgeladener Polykationen (32) stehen hiermit im Einklang.

4.6 Störung der Indikatorreaktion durch Lösungsbestandteile

Die universelle Anwendbarkeit des Meßverfahrens kann durch die Anwesenheit von Fremdelektrolyt beeinträchtigt werden, da organische und anorganische Salze die Indikatorreaktion durch Erniedrigung des Kooperativitätskoeffizienten der Farbstoffadsorption stören (23). Als Grenzwerte ergeben sich für ein-, zwei- und dreiwertige Salze folgende molare Konzentrationen: $5 \cdot 10^{-2}$ mol dm^{-3} (Na^+), $5 \cdot 10^{-3}$ mol dm^{-3} (Ca^{++}), $5 \cdot 10^{-4}$ mol dm^{-3} (Al^{+++}). Liegen die Salzkonzentrationen höher, dann ist die metachromatische Intensitätsverschiebung für eine zuverlässige Messung nicht mehr ausreichend. Diese Werte werden jedoch nur bei sehr großen Härtegraden des Wassers überschritten, so daß Messungen in Trinkwasser normalerweise störungsfrei verlaufen. Andernfalls kann durch eine kurzfristige Diafiltration der Meßlösung unter Verwendung methylierter elektroneutraler Membranen die Salzkonzentration rasch unter den erforderlichen Grenz-

*) Diese Voraussetzung ist offensichtlich erfüllt, da auch bei geänderter Konzentration des Polyanions stets der gleiche Differenzwert bestimmt wurde.

wert abgesenkt werden. Hierbei müssen jedoch geringe Polyelektrolytverluste durch Membranadsorption in Kauf genommen werden.

Die Anwesenheit nicht-ionogener Polymere, wie Polyvinylalkohol, Celluloseäther, Stärke u.a. hat dagegen auch bei hoher Konzentration keine nachteiligen Folgen. Die Polyelektrolyttitration verläuft bei Anwesenheit dieser Substanzen störungsfrei. Ebenso verhält es sich mit Lösungen von Glukose, Saccharose und anderen Zuckern. Über andere Systeme liegen noch keine Erfahrungen vor.

Schlußbemerkung

Anhand einiger Beispiele sollte gezeigt werden, daß für das hier vorgestellte Meßverfahren vielfältige Anwendungsmöglichkeiten sowohl im Bereich der anwendungstechnischen Analytik von Polyelektrolyten wie auch in der kolloidchemischen Grundlagenforschung bestehen. Zusammenfassend seien folgende Einsatzgebiete angeführt:

a) Messung der Äquivalentkonzentration von Oligo- und Polyelektrolyten und ggf. von monofunktionellen Tensiden in wäßrigen Lösungen sowie von deren Ladungsdichte; Abwasseranalytik.
b) Untersuchung der Komplexbildung zwischen anionischen und kationischen Polyelektrolyten in wäßrigen Lösungen, z.B. Bestimmung der Bindekapazität anionaktiver Störstoffe für kationaktive Hilfsmittel.
c) Messung der Polyelektrolytadsorption an Grenzflächen, Kinetik und Isothermen; Grenzflächencharakterisierung.
d) Untersuchung des Konformationszustandes adsorbierter Polyelektrolyte.

Obwohl unser gegenwärtiger Kenntnisstand über die beschriebenen Polymerreaktionen ausreicht, um sie meßtechnisch zu nutzen, sind wir von einem vollen Verständnis der Wechselwirkung entgegengesetzt geladener Polyelektrolyte in Lösung noch weit entfernt. Eine eingehende Untersuchung des thermodynamischen und kinetischen Aspekts der zugrundeliegenden Komplexbildungsreaktionen wurde daher in Angriff genommen. Die Relaxationszeiten der Polymerkomplexbildung liegen nach vorläufigen Untersuchungen in einer Größenordnung, die eine Anwendung der stopped-flow-Technik gestatten (37). Untersuchungen dieser Art an einfach strukturierten synthetischen Polymeren sind nicht nur wegen ihrer technischen Bedeutung interessant. Sie sind nicht zuletzt auch als Modelluntersuchungen für das molekulare Aggregationsverhalten komplexer Biopolymere von grundsätzlicher Bedeutung.

Anhang

Substanzen

In Abbildung 17 sind die Strukturen der untersuchten Polyelektrolyte zusammengestellt.

Kalium-Polyvinylsulfat (KPVS) und N-Methylglycolchitosan-jodid (MGC) wurden von der Fa. ICN Pharmaceuticals Inc. bezogen und ohne weitere Reinigung eingesetzt. Der Reinheitsgrad betrug lt. Katalogangabe 95–99%.

Als Indikator wurde o-Toluidinblau (Standard f. Mikroskopie, Fluka AG) verwendet.

Bei den Polyäthyleniminen (PEI), Polyacrylamiden (PAA) und Na-Polyvinylalkohol-sulfat (NaPVS) handelte es sich um Laborprodukte, die von den Herren Dr. *R. Fikentscher*, Dr. *J. Hartmann* und Dr. *K. Oppenländer* (BASF-AG) zur Verfügung gestellt wurden.

Bei den PEI-Produkten lag das Verhältnis von primärem, sekundärem und tertiärem Stickstoff bei 1:2:1.

Für die Molekulargewichte der verschiedenen PEI-Produkte ergeben sich entsprechend dem Polymerisationsgrad Mittelwerte von 400, 1500, 2200, 4300 und 22000.

Der Variationsbereich des Molekulargewichtes der PAA-Produkte lag nach Viskositätsmessungen zwischen $1 \cdot 10^5$ und $2 \cdot 10^6$.

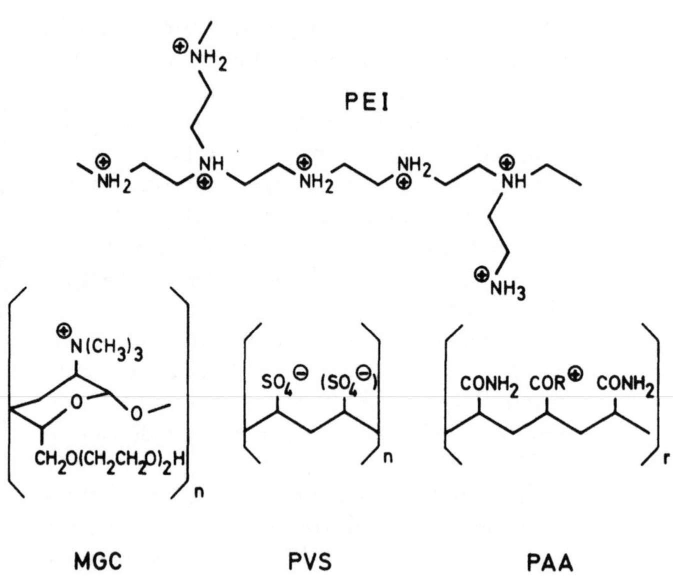

Abb. 17. Strukturen der untersuchten kationischen und anionischen Polyelektrolyte (Auswahl)

Das NaPVS wurde durch Umsetzung eines Polyvinylalkohols vom Molgewicht ~2500 hergestellt. Der Veresterungsgrad betrug ~50%.

Zur Herstellung homogener Stammlösungen von KPVS ($2 \cdot 10^{-3}$ molar) und MGC ($1 \cdot 10^{-3}$ molar) in bidest. Wasser wurden die Substanzen 24 Stunden unter Rühren gelöst. Zur Herstellung der PAA-Lösungen waren vergleichbar lange Lösungszeiten erforderlich. Der gewünschte pH-Wert wurde durch Zugabe von HCl bzw. NaOH eingestellt. Bei der Herstellung der Lösungen wurden Glasgefäße vermieden und ausschließlich Polypropylengefäße verwendet, um Polyelektrolytverluste durch Adsorption an den Wandungen möglichst klein zu halten. Die Messungen wurden in einer Plexiglas®-Küvette (Schichtdicke 3,5 cm) durchgeführt.

Einzelheiten zur Charakterisierung des für die Adsorptionsmessungen verwendeten Zellstoffs wurden an anderer Stelle mitgeteilt (9, 29). Das gefriergetrocknete Material (Sulfitzellstoff, gebleicht) hatte eine spez. Oberfläche nach BET von 3,0 $m^2 g^{-1}$. Die Adsorptionsmessungen wurden bei einer Zellstoffkonzentration von 2 g dm^{-3} bei 24 °C durchgeführt.

Für die Latexmessungen wurde ein emulgatorfreier, anionisch modifizierter Polystyrol-Latex mit enger Verteilungsbreite und einem mittleren Teilchendurchmesser von 0,65 μm eingesetzt (Latexkonzentration 2 g dm^{-3}).

Sonstige Meßmethoden

Die ζ-Potentiale der dispergierten Zellstoff- bzw. Latex-Teilchen wurden nach der Smoluchowski-Gleichung aus den Werten der elektrophoretischen Beweglichkeit errechnet. Zur Bestimmung der elektrophoretischen Beweglichkeit wurde ein Laser-Zee-Meter®, Modell 400, der Firma Pen-Kem-Company, Croton-on-Hudson, USA, verwendet (29, 35).

Die Bestimmung des Koagulationszustandes durch Messung der Serumextinktion nach Sedimentation des Koagulats erfolgte mit Hilfe eines Cary 14 Spektralphotometers in 5 cm bzw. 0,05 cm Küvetten.

Danksagung

Ich danke den Herren Dr. *R. Fikentscher*, Dr. *J. Hartmann* und Dr. *K. Oppenländer* sowie Herrn Dipl.-Ing. *J. Melzer* für die Überlassung von Substanzen und für zahlreiche Diskussionen.

Die Latex-Probe wurde von Herrn Dr. *D. Distler* zur Verfügung gestellt.

Für die sorgfältige Durchführung der Messungen sowie für die Erstellung der Rechenprogramme bin ich Frau *Inge Fielhauer* und Herrn Ing. grad. *Scharf* zu Dank verpflichtet.

Herrn Ing. grad. *K. Becker* danke ich für den Bau der Meß- und Steuerelektronik.

Zusammenfassung

Es wird ein automatisiertes kolorimetrisches Titrierverfahren zur Bestimmung von organischen Polyelektrolyten in wäßrigen Lösungen beschrieben. Die Methode beruht auf der Komplexbildung zwischen kationischen und anionischen Polymeren und der Endpunktbestimmung durch kooperative Adsorption eines metachromatischen Farbstoffs an einen chromotropen Polyelektrolyten.

Für die Komplexbildung zwischen Polykationen (Polyäthylenimine, modifizierte Acrylamide, Aminopolysaccharide u.a.) und Polyanionen (Polyvinylsulfate, Polyacrylate u.a.) wurde eine ladungsäquivalente Reaktionsweise gefunden. In gleicher Weise reagieren Oligoelektrolyte wie Pentamine und Tetramine entsprechend ihrem pH-abhängigen Ladungszustand. Monofunktionelle kationische Tenside können in Ausnahmefällen ebenfalls quantitativ bestimmt werden.

Die Nachweisgrenze für Substanzen vom Äthyleniminttyp liegt bei 50 ppb.

Die vielfältigen Anwendungsmöglichkeiten für das Meßverfahren werden anhand folgender Beispiele erläutert:

Messung der Konzentration bzw. der Ladungsdichte organischer Polyelektrolyte, Abwasseranalytik;

Untersuchung der Polyanion-Polykation-Wechselwirkung, Bindekapazität anionaktiver Störstoffe für kationische Hilfsmittel;

Messung der Polyelektrolytadsorption an Grenzflächen, Grenzflächencharakterisierung;

Untersuchung des Adsorptionszustandes von Polyelektrolyten.

Summary

An automatic colorimetric titration method is described for the determination of organic polyelectrolytes in aqueous solution. The method is based on the formation of complexes between cationic and anionic polymers and on the determination of the equivalent point by the cooperative adsorption of a metachromatic dye onto a chromotrope polyelectrolyte.

For the formation of the complexes between polycations (e.g. polyethyleneimines, modified acrylamides, aminopolysaccharides etc.) and polyanions (e.g. polyvinylsulfates, polyacrylates etc.) the neutralization of opposite charges is the prevailing mode of reaction. Oligoelectrolytes like pentamines and tetramines react in a similar way according to their pH-dependent state of charge. In exceptional cases monofunctional kationic tensides can also quantitatively be determined.

The detection limit for ethyleneimine-type substances is 50 ppb.

The potential applications for the method are discussed in regard to the following examples:

determination of concentration or charge density of organic polyelectrolytes, waste water analysis;

investigation of polyanion-polycation-interaction, interference capacity of anionic water constituents for cationic auxiliaries;

measurement of polyelectrolyte adsorption at interfaces, surface characterization;

investigation of the state of adsorption of polyelectrolytes.

Literatur

1) *Vincent, B.*, Adv. Colloid Interface Sci. **4**, 193 (1974).

2) *Melzer, J.*, Das Papier **26**, Nr. 10 A, 305 (1972).

3) *La Mer, V. K., Th. W. Healy*, Rev. Pure Appl. Chem. **13**, 112 (1963).

4) *Kitchener, J. A.*, Br. Polym. J. **4**, 217 (1972).

5) *Reuter, J. M.*, Chem.-Ing.-Techn. **48**, 389 (1976).

6) *Sandell, L. S., P. Luner*, J. Applied Polym. Sci. **18**, 1075 (1974).

7) *Lindström, T., Ch. Söremark*, J. Colloid Interface Sci. **55**, 305 (1976).

8) *Lindquist, G. M., R. A. Stratton*, J. Colloid Interface Sci. **55**, 45 (1976).

9) *Horn, D., J. Melzer*, Transactions 6th Fundamental Research Symposium Fibre-Water Interactions in Paper-making Oxford, Sept. 1977.

10a) *Terayama, H.*, J. Polym. Sci. **8**, 243 (1952).

10b) *Michaels, A. S., O. Morelos*, Ind. Eng. Chem. **47**, 1801 (1955).

11) *Tsuchida, E., V. Osada, K. Abe*, Makromol. Chem. **175**, 583 (1974).

12) *Polderman, A.*, Biopolymers **14**, 2181 (1975).

13) *Ishibashi, N., K. Kina, K. Tamura*, Anal. Letters **8** (**12**), 867 (1975).

14) *Sato, H., A. Nakajima*, Polymer J. **7** (**2**), 241 (1975).

15) *Philipp, B.*, Zellstoff und Papier **1976** (**4**), 102

16) *Josephs, R., J. Feitelson*, J. Polym. Sci. **1(A)** 2285 (1963).

17) *Michaels, A. S., L. Mir, N. S. Schneider*, J. Phys. Chem. **69**, 1447 (1965).

18) *Kawamura, S., Y. Tanaka*, Water and Sewage Works **113**, 348 (1966).

19) *Wang, L. K., W. W. Shuster*, Ind. Eng. Chem., Prod. Res. Dev. **14** (**4**), 312 (1975).

20) *Pearse, A. G. E.*, Histochemistry Vol. I, S. 330ff. (J. and A. Churchill Ltd., London 1968).

21) *Vitagliano, V., L. Costantino, A. Zagari*, J. Phys. Chem. **77**, 204 (1973).

22) *Tan, J. S., R. L. Schneider*, J. Phys. Chem. **79**, 1380 (1975).

23) *Schwarz, G., S. Klose, W. Balthasar*, Eur. J. Biochem. **12**, 454 (1970)

24) *Vitagliano, V., L. Costantino*, J. Phys. Chem. **74**, 197 (1970).

25) *Bradley, D. F., M. K. Wolf*, Proc. Nat. Acad. Sci. (US) **45**, 944 (1959).

26) *Schwarz, G.*, Eur. J. Biochem. **12**, 442 (1970).

27) *Plikal, M., C. Weyrich*, Siemens-Z. **50** (**3**), 167 (1976).

28) *Melzer, J.*, Das Papier **28**, Nr. 10 A, V 33 (1974).

29) *Horn, D., J. Melzer*, Das Papier **29**, Nr. 12, 534 (1975).

30) *Perrine, T. D., W. R. Landis*, J. Polymer Sci. A-1, **5**, 1993 (1967).

31) *Treweek, G. P., J. J. Morgan*, J. Colloid Interface Sci. **60**, 258 (1977).

32) *Hesselink, F. Th.*, J. Colloid Interface Sci. **60**, 448 (1977).

33) *Kasper, D. R.*, Dissertation, Cal. Inst. Technol., (Pasadena 1971).

34) *Gregory, J.*, J. Colloid Interface Sci. **42**, 448 (1973).

35) *Anderson, R., J. G. Penniman*, Paper Trade J. **158** (**2**), 56, **158** (**38**), 22 (1974).

36) *McClellan, A. L., H. F. Harnsberger*, J. Colloid Interface Sci. **23**, 577 (1967).

37) *Horn, D.* et al., in Vorbereitung.

Anschrift des Verfassers:

Dr. *Dieter Horn*
Hauptlaboratorium der BASF
Aktiengesellschaft
6700 Ludwigshafen

Progr. Colloid & Polymer Sci. **65**, 265–270 (1978)

ISSN 0340-255 X

Laboratory for Technology of Macromolecular Compounds Delft University of Technology, Delft (Netherlands)

Prospects for the application of refined measuring techniques in the rheology of colloidal systems*)

B. Koeman and *H. Janeschitz-Kriegl*

With 9 figures

(Received October 28, 1977)

Introduction

In the rheology of dilute polymer systems two shear rate ranges are of interest: the low shear rate range (where extrapolation to zero shear rate is carried out) and the high shear rate range where the solutions show a non-Newtonian behaviour.

In the following two experimentally accessible quantities will be considered, namely flow birefringence and viscosity.

Flow birefringence measurements

In shear flow a dilute polymer solution becomes optically anisotropic. This anisotropy can be represented by a refractive index ellipsoid, of which two principal axes lie in the 1,2-plane (fig. 1). The (flow) birefringence is defined as the difference in length between these principal axes, while the extinction angle is defined as the smallest angle between one of these axes and the direction of flow.

Figure 2 shows the coaxial cylinder apparatus for flow birefringence measurements (1), as used in our laboratory. In this apparatus the inner cylinder is rotating, while the gap between the cylinders is 0.25 mm. Thanks to the special construction, particularly of the windows, this apparatus is suitable for temperatures between 5 and 160 °C. Extinction angles and birefringences, as functions of shear rate, are determined with the aid of an optical system containing a polarizer and an analyser.

*) Presented under the title: "Aussichten für die Verwendung verfeinerter Meßtechniken in der Rheologie kolloidaler Systeme" at the annual meeting of the Kolloid-Gesellschaft at Kiel (BRD), October 4–6, 1977.

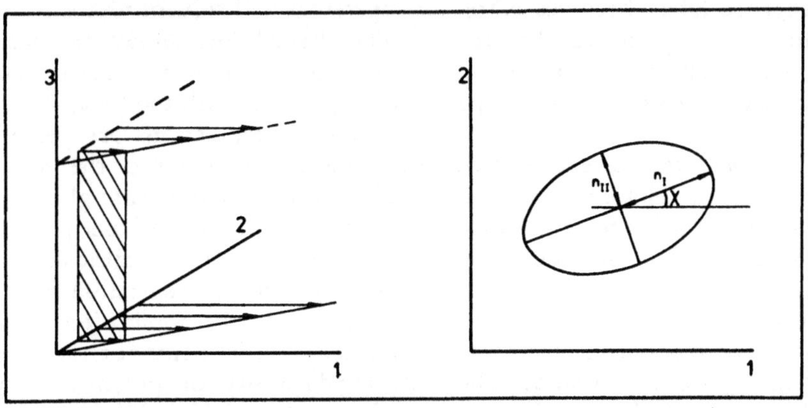

Fig. 1. Left part: flow pattern in shear flow. 1-direction of flow, 2-direction of velocity gradient, 3-indifferent direction. In the shaded plane every part of the liquid has the same velocity.

Right part: in shear flow the refractive index ellipsoid of the birefringent liquid has two principal axes lying in the 1,2-plane. The flow birefringence is $\Delta\eta = \eta_I - \eta_{II}$, the extinction angle is χ.

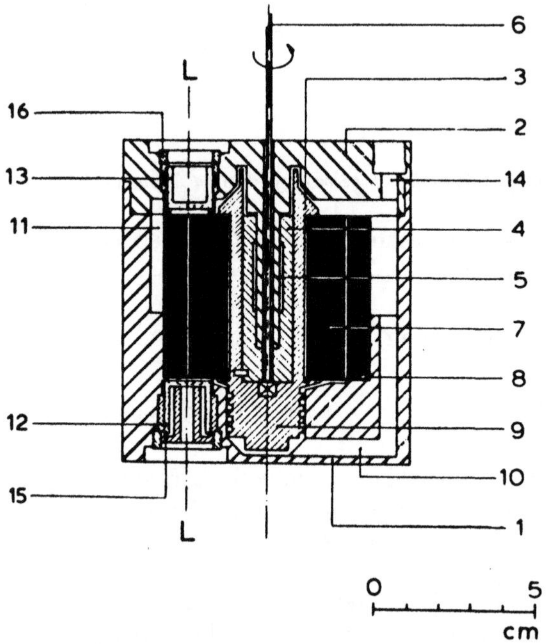

Fig. 2. Cross-section of the rotor unit for measurements in a wide range of temperatures (1). (1) pot, (2) cover, (3) rotor, (4) bronze bush, (5) axle, (6) driving shaft, (7) internal cylinder of black glass, (8) external cylinder of black glass (stationary), (9) screw pump, (10) bore for fluid circulation, (11) chamber, (12) lower window, (13) upper window, (14) filling hole. *L-L* direction of light beam.

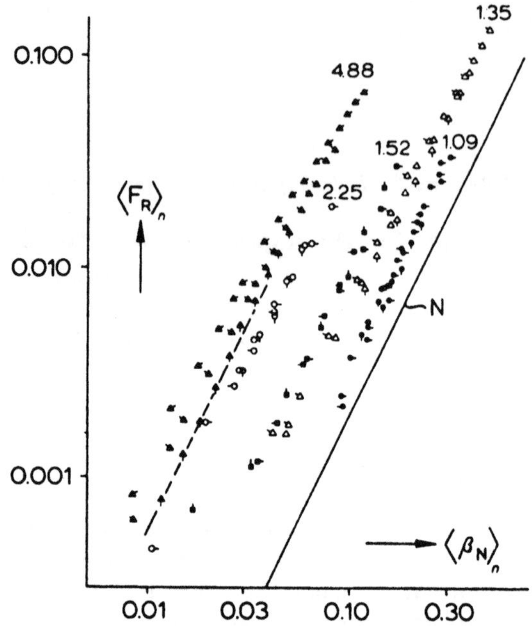

Fig. 3. Effect of polydispersity on the relation between the number average of reduced free energy of orientation and reduced shear rate for a series of polystyrenes in monobromo-benzene at 25 °C (3). The numbers are the ratios of weight and number average molecular weights of the different polystyrenes. For each polymer different concentrations are presented. The dashed line is the result of extrapolating the data for the polystyrene with ratio 4.88 to zero concentration. The full line *N* indicates the nondraining behaviour of a monodisperse polymer (4).

At infinite dilution a polymer molecule can be considered as a separate visco-elastic element (2). The longest relaxation time of such an element can be found from the slope of cot 2χ at zero shear rate. At low shear rates the birefringence effect becomes extremely small, with the consequence that the extinction angle can hardly be measured and the error in the determination of the slope becomes considerable.

In figure 3 a number average reduced free energy of orientation is plotted against a number average reduced shear rate on a double logarithmic scale. The points indicate those free energies for different polystyrenes in monobromo-benzene as published by *Daum* (3). The free energies are calculated from the initial slopes of cot 2χ vs. rate of shear. The numbers are the ratios of the weight and number average molecular weights of the different polystyrenes. From this figure it appears that the polydispersity works as a shift factor: the full line *N* is a theoretical line corresponding to the theory of *Zimm* (4). For monodisperse polymers this line is a master curve with respect to molecular weight, temperature and solvent viscosity.

The dashed line shows the result of an attempt to extrapolate to zero concentration for the polymer with the (M_w/M_n)-ratio 4.88. No other extrapolations are performed, because the determination of the initial slope of cot 2χ was not accurate enough to justify such an extrapolation for the other polymers.

It is felt that these difficulties of extrapolation to zero concentration form the main impediment to the application of flow birefringence measurements for the investigation of polydispersity of polymer samples: the pertinent theory is valid only for infinite dilution (2, 3, 12). So there are enough reasons to try to improve the accuracy of the measuring method.

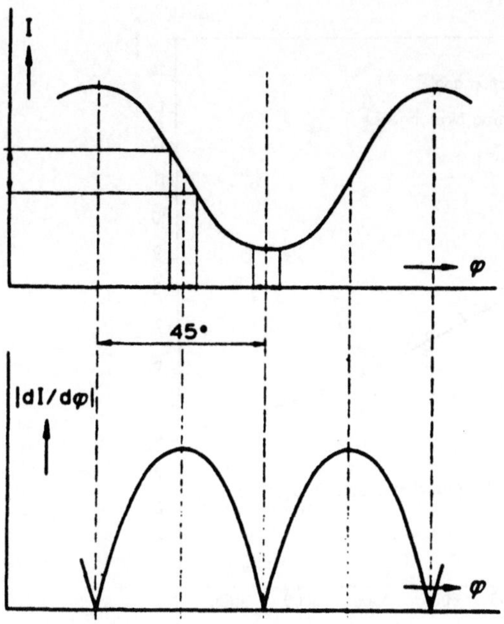

Fig. 4. Upper part: intensity of the light through the analyser when the analyser is rotated.

Lower part: absolute value of the differential quotient of the intensity curve.

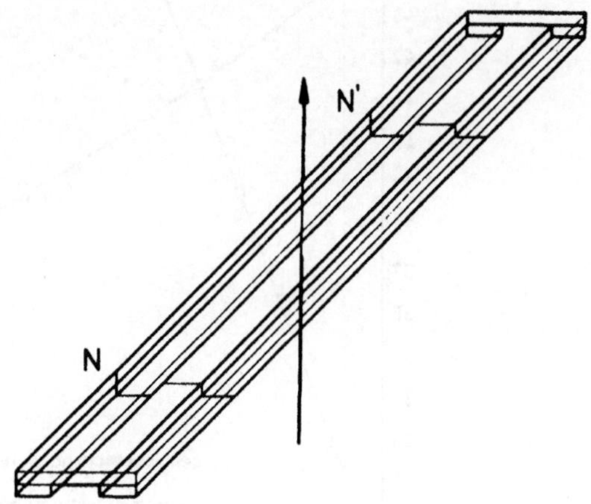

Fig. 5. A perspective view from below on the modulator made of optical glass. Dimensions $150 \times 40 \times 5$ (mm). The original glass strips cemented together have a thickness of 2,5 mm. N and N' are the nodal planes. The arrow gives the path of the light.

The measurement of an extinction angle or a birefringence essentially comes down to the determination of the extinction position of the analyser. When the intensity of the light emerging from the analyser is measured while the analyser is rotated, a sine-shaped curve is obtained, as a function of the rotation angle ϕ (fig. 4). The extinction position corresponds to the minimum of the curve. The amplitude of this sine is related to the optical path difference caused by the birefringent liquid. The determination of the extinction position becomes increasingly difficult when the birefringence becomes small, as is the case with lowering of concentration and rate of shear.

It can easily be shown that one can electronically differentiate the intensity curve vs. rotation angle ϕ by modulating the light coming from the birefringent liquid with a small sinusoidal ripple of additional birefringence (2). The optical signal can then be measured with a photomultiplier and the differentiation can be performed with a suitable phase selective amplifier.

This procedure has been proposed in the literature several times (5–9), but the problem is to find a suitable modulator. The modulators proposed until now all have serious practical disadvantages.

The modulator we use is a very simple one: it consists of a glass bar which is brought in transversal vibration in the lowest mode of the eigen frequency, which is near 1000 Hz (fig. 5). The U-profile is made to shift the neutral plane of the stress pattern in the bent glass. Otherwise no net stress birefringence would be produced in the glass, because the optical path differences would be the same with inverse sign on either side of the neutral plane. The glass bar is mounted in its nodal planes and electromagnetically excited.

Figure 6 shows the effect of the modulator. Extinction angles can still be measured at a shear rate where the flow birefingence is nearly a decade lower compared with the one at which visual determinations were possible in the past. A more detailed publication is in preparation (13).

Viscosity measurements

While with birefringence measurements the contribution of the solvent to the total birefringence is usually rather small, with viscosity

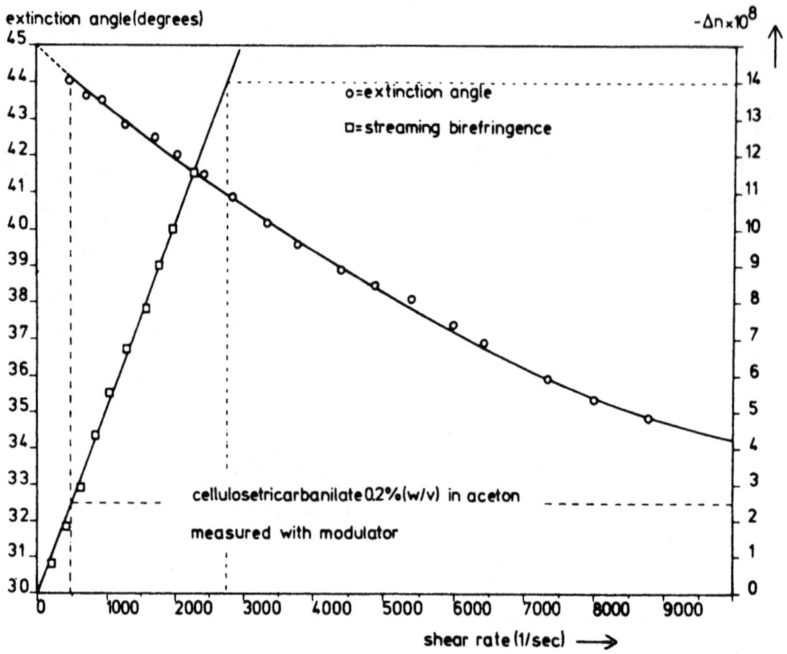

Fig. 6. Curves of extinction angle and flow birefringence of cellulosetricarbanilate in acetone at 25 °C. With the modulator extinction angles can be measured down to a shear rate where the birefringence is -2.5×10^{-8}. By the visual method described earlier (2) extinction angles can be measured only down to a shear rate where the birefringence is -1.4×10^{-7}.

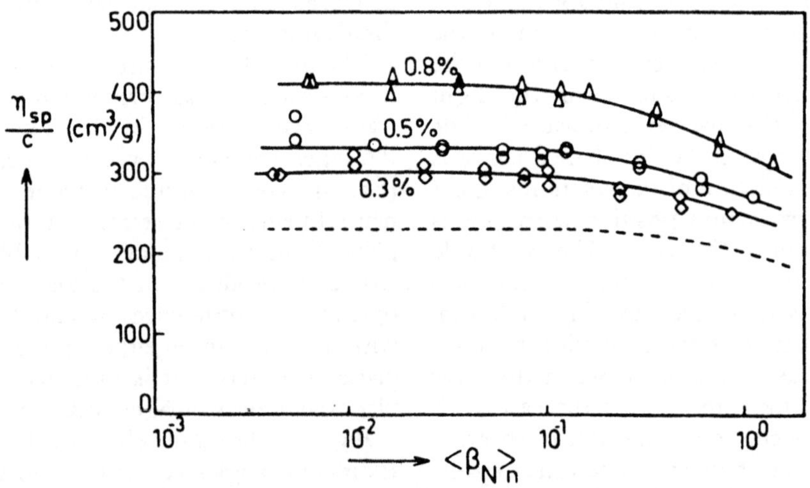

Fig. 7. Determination of the intrinsic viscosity of cellulosetricarbanilate in phenyl benzoate at 75 °C (10). The dashed line is the result of extrapolation to zero concentration: Intrinsic viscosity as a function of reduced rate of shear.

measurements the reverse situation is encountered, if the dilution is extreme: the contribution of the polymer molecules is very small compared with that of the solvent.

With viscosity measurements the determination of the non-Newtonian behaviour is experimentally extremely difficult. Most known accurate viscometers make use of a falling liquid level. When the liquid is allowed to flow only with gravitational forces, usual Ubbelohde viscometers will furnish an intrinsic viscosity in the region of Newtonian behaviour.

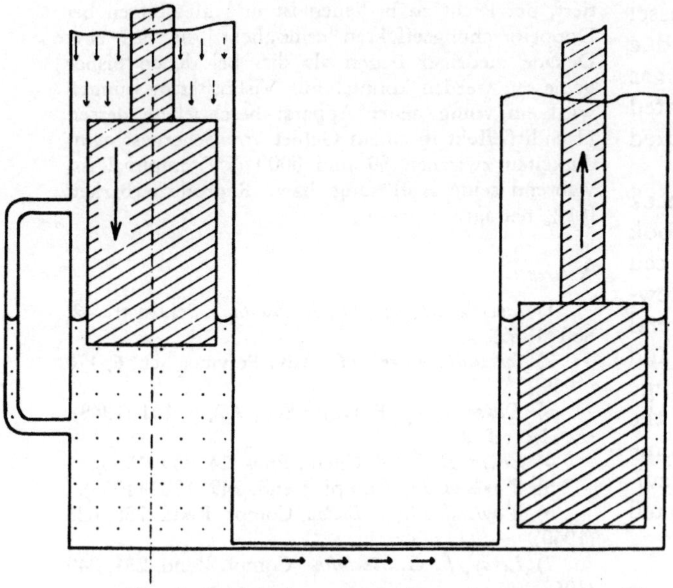

Fig. 8. Principal cross-section of viscometer. The cross-sections through the plungers are shaded, while that of the liquid is dotted. Only at the left vessel a bypass pipe is made for optical level detection.

To reach the region of higher shear rates, external gas pressure must be applied. However at those shear rates the downward motion of the liquid becomes so fast, that, with increasing flow rate, drainage on the walls of the viscometer causes an increasing systematic deviation. As a consequence, an experienced non-Newtonian behaviour may be an artefact.

The experimentally determined intrinsic viscosities are the result of an extrapolation procedure to zero concentration. This procedure is extremely difficult in the region where the solutions show a non-Newtonian behaviour (fig. 7).

The measurements in figure 7 are performed with a piston type capillary viscometer described by *Daum* and *Janeschitz-Kriegl* (12). However, the resolution of this viscometer is only of the order of one percent. Our new viscometer consists of two cylindrical vessels connected by an exchangeable capillary (fig. 8). Gas pressure can be applied optionally to each of the vessels and can be controlled between 10^2 and 10^4 (dyne/cm^2) within 0.1 % of the actual gas pressure. The displacement of liquid from the pressurized vessel to the other is compensated by lowering of the pertinent plunger and by simultaneously raising the plunger in the other vessel with the same but opposite speed. When the speed of the plungers is correctly chosen the surfaces of the liquid in both vessels stay at constant level. The speed of the plungers is controlled by an optical level detection which is so accurate that the level is allowed to vary no more than 5 microns in height. By measuring the time in which the plungers cover a certain displacement, the flow rate is determined.

However, there is still a certain drainage on the surface of the plunger which moves out of the liquid. Any little change in total liquid volume as caused by drainage, will be the same function of time irrespective of the direction of the displacements. The drainage results in a small time-dependent hydrostatic height which in one case works in the same direction as the gas pressure and in the other case in the opposite direction, due to the fact that the liquid is

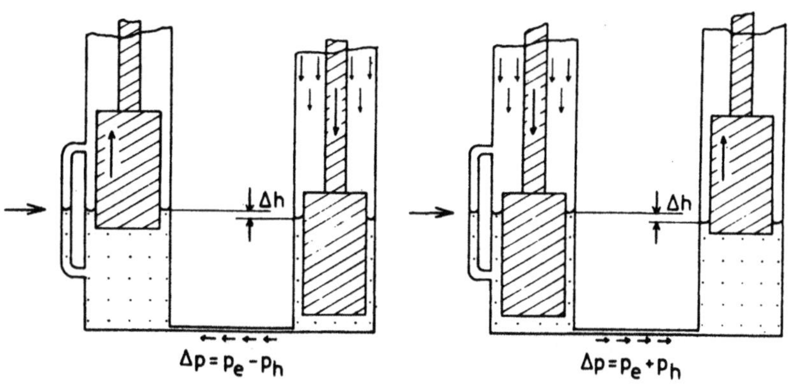

Fig. 9. The effect of drainage: p_e ... external gas pressure, p_h ... hydrostatic pressure due to drainage, Δh ... hydrostatic height due to drainage. The surface of the liquid is kept at constant level always in the left vessel.

kept at constant level always in the left vessel (fig. 9). As long as the hydrostatic pressure due to drainage is small compared to the gas pressure, the influence of drainage is eliminated simply by taking the average of the measured flow times in both directions of flow.

One of the most sensitive methods to check the accuracy of such a viscometer, is to look how accurate the kinetic energy correction can be determined with measurements on Newtonian liquids. From measurements on several organic liquids, such as toluene, benzene and dioxane, it can be summarized that, in a range of shear rates between 50 and 8000 (s^{-1}), the experimentally determined reciprocal flow time as a function of the external gas pressure deviates never more than 0.1 % from the expected quadratic dependency.

Summary

Birefringence and viscosity measurements must be carried out at lower concentrations and at high accuracy if molecular theories are tested. For birefringence measurements a modulator is presented, which is easy to handle and enables measurements at birefringence effects nearly one decade lower than those at which measurements were possible until now. For viscosity measurements an entirely new apparatus is presented, with minimal drainage in a range of shear rates between 50 and 8000 (s^{-1}) and a resolution and reproducibility of 0.1%.

Zusammenfassung

Messungen der Strömungsdoppelbrechung und der Viskosität müssen bei niedrigen Konzentrationen und mit hoher Genauigkeit erfolgen, wenn molekulare Theorien getestet werden. Für die Messung der Strömungsdoppelbrechung wird ein Modulator präsentiert, der leicht zu bedienen ist und Messungen bei Doppelbrechungseffekten ermöglicht, die fast eine Dekade niedriger liegen als die, bei denen bisher gemessen werden konnte. Für Viskositätsmessungen wird ein völlig neuer Apparat beschrieben, dessen Nachfließeffekt in einem Gebiet von Schergeschwindigkeiten zwischen 50 und 8000 (s^{-1}) minimal ist, während seine Auflösung bzw. Reproduzierbarkeit 0.1% beträgt.

References

1) *Janeschitz-Kriegl, H., R. Nauta,* J. Sci. Instr., **42,** 880 (1965).

2) *Janeschitz-Kriegl, H.,* Adv. Polymer Sci., **6,** 170 (1969).

3) *Daum, U.,* J. Polymer Sci., A2, **6,** 141 (1968), see also ref. 2.

4) *Zimm, B. H.,* J. Chem. Phys. **24,** 269 (1956).

5) *Wayland, H.,* Compt. Rend. **249,** 1228 (1959).

6) *Wayland, H., J. Badoz,* Compt. Rend. **250,** 688 (1960).

7) *Leray, J., G. Scheibling,* Compt. Rend. **251,** 349 (1960).

8) *Leray, J., Ph. Gramain,* J. Chim. Phys. **60,** 1396 (1963).

9) *Pen'kov, S. N., V. Z. Stephanenko,* Opt. i Spektroskopiya **14,** 156 (1963).

10) *Noordermeer, J. W. N., R. Daryanani, H. Janeschitz-Kriegl,* Polymer **17,** 155 (1976).

11) *Daum, U., H. Janeschitz-Kriegl,* Rheol. Acta **7,** 349 (1968).

12) *Peterlin, A., P. Munk,* Physical Methods in Chemistry, Vol. I, part 3c, *A. Weissberger, B. Rossiter,* Eds. Wiley, New York (1972).

13) *Koeman, B., H. Janeschitz-Kriegl,* prepared for J. Phys. E. Sci. Instr.

Author's address:

B. Koeman
Laboratory for Technology of
Macromolecular Compounds
Delft University of Technology
Delft (Netherlands)

Progr. Colloid & Polymer Sci. **65**, 271–278 (1978)

ISSN 0340-255 X

Dunlop-Forschung, Hanau (Federal Rep. of Germany)

The determination of size distribution of carbon blacks in aqueous dispersion by turbidity measurements

Tet Soei Ng

With 7 figures and 2 tables

(Received October 28, 1977)

1. Introduction

In a previous work (1) the characterization of carbon blacks by turbidity measurements at two wavelengths was studied. For each of the dispersed blacks an average particle size was found.

The present paper attempts by estimation of the turbidity spectra over a wide wavelength range instead of at only two wavelengths to obtain an additional information, viz. the size distribution of the dispersed black particles.

It will also be tried to prove, if the turbidity spectra of recovered blacks from black-filled vulcanizates will correspond with those of the same types of original blacks. In the affirmative, the method can be used to determine qualitatively blacks in vulcanizates.

The theoretical turbidity curves as a function of wavelength and size distribution are monotonic over wide ranges of particle size. Some workers (2–7) have computed turbidity spectral curves for non-absorbing particles with real refractive indices, assuming a two or three-parameter distribution. Stepwise variation of the parameters of the distribution function yields a set of curves. By superimposing the experimental turbidity spectra upon the theoretically computed turbidity spectra the parameters of the size distribution may be evaluated. The curve-matching technique employed in this study is essentially as proposed by *Dettmar* et al. (2).

2. Outline of the theory

The specific turbidity of a polydisperse system is given by

$$s = \frac{\tau}{\varphi} = \frac{3}{4} \cdot \frac{\int_0^\infty a^2 Q(\alpha, m) f(a) da}{\int_0^\infty a^3 f(a) da}. \qquad [1]$$

The meanings of the used symbols are as follows:

τ = turbidity
φ = volume fraction of scattering material
$Q(\alpha, m)$ = extinction efficiency factor
a = radius of particle
α = $\frac{2\pi a}{\lambda}$ (size parameter)
m = relative refractive index of the particle to that of the medium
λ = wavelength in medium

$f(a)$ is the frequency function of the log-normal size distribution defined by

$$f(a) = \frac{1}{a\sqrt{2\pi}\ln\sigma_g} \cdot \exp\left[-\frac{1}{2}\left(\frac{\ln a/a_g}{\ln\sigma_g}\right)^2\right] \qquad [2]$$

where

a_g = geometric mean value of a
σ_g = geometric standard deviation of a and a measure of the width of the size distribution.

The success of the method depends upon the proper choice of the two-parameter function to approximate the actual distribution. One cannot a priori assume that this can always be done. Based on the results of *Medalia* et al. (8) the log-normal distribution is the probable size distribution for carbon black.

By an appropriate transformation one obtains for the specific turbidity the expression:

$$s = \frac{3}{4\sqrt{2\pi}}\, a_g^{-3} \exp\left[-\frac{9}{2}(\ln \sigma_g)^2\right](\ln \sigma_g)^{-1}$$

$$\int_0^\infty a Q(\alpha, m) \exp\left[-\frac{1}{2}\left(\frac{\ln a/a_g}{\ln \sigma_g}\right)^2\right] da. \quad [3]$$

For the convenience of computation the following substitutions:

$$\alpha = \frac{2\pi a}{\lambda}$$

$$\alpha_g = \frac{2\pi a_g}{\lambda}$$

$$\sigma_x = \ln(\sigma_g)$$

are made in eq. [3]. This equation then becomes

$$\lambda s = \frac{3\sqrt{2\pi}}{4}\, \alpha_g^{-3} \cdot \exp\left[-\frac{9}{4}\sigma_x^2\right] \cdot \sigma_x^{-1}$$

$$\int_0^\infty Q(\alpha, m)\alpha \cdot \exp\left[-\frac{1}{2}\left(\frac{\ln \alpha/\alpha_g}{\sigma_x}\right)^2\right] d\alpha. \quad [4]$$

λs is a dimensionless quantity and can be computed and plotted as a function of α_g. σ_g will then be the only parameter.

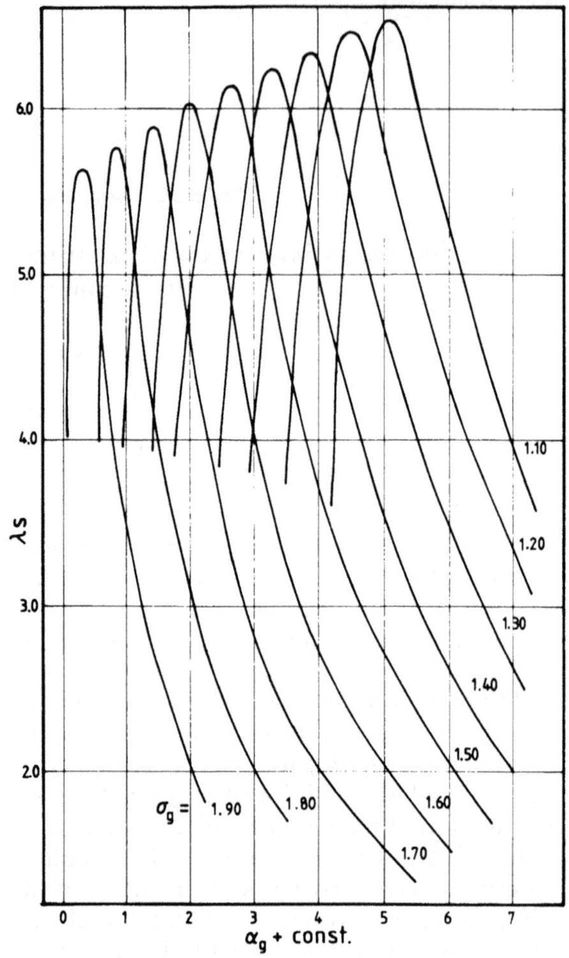

Fig. 1. Theoretical spectra of λs against α_g for various values of σ_g

3. Computation of the turbidity spectra

The values of λs were computed by numerical integration in steps of $\Delta\alpha = 0.1$ or 0.2 depending on the integration limits set by the parameters a_g and σ_g of the distribution function. Partly the integration was also carried out in steps of $\Delta\alpha = 0.05$ in order to get a sufficient number of nodes giving greater accuracy. The programme for the present computation was written in the Fortran IV language for the IBM 370. It is composed of

1) a main programme to carry out the numerical integration
2) a subroutine to calculate the distribution function
3) a subroutine to compute the Mie extinction efficiency factors, essentially equal to the programme described previously (1).

In table 1 are given the computed theoretical values of λs for varying values of α_g and σ_g.

In figure 1 λs values as a function of α_g are illustrated, using σ_g as parameter. The range of σ_g is 1.10 (0.10) 1.90. The curves are shifted with regard to the abscissa to get them separated. In order to obtain curves that correspond more to the experimentally determined spectra without further computation the log values of $2\pi a_g s$ are plotted vs. log (α_g). This is shown in figure 2.

The experimental turbidity spectral data can be compared with the theoretical curves by a log-log plot of the specific turbidity s vs. the wave number $\nu = 1/\lambda$.

For a particular size distribution the experimental curve should have the same shape as

Table 1. Values of λ_s for varying values of α_g and σ_g

α_g \ σ_g	1.10	1.20	1.30	1.40	1.50	1.60	1.70	1.80	1.90
0.10	3.17634	4.12362	4.46150	4.60289	2.97331	3.53260	2.41189	2.97352	3.56246
0.25	3.92206	5.00963	5.02968	5.15024	5.31611	5.49157	5.13797	5.42500	5.54795
0.30	–	–	–	–	–	–	5.53836	5.66589	5.63773
0.40	–	–	–	5.48897	5.70841	5.85103	5.87670	5.76494	5.52112
0.50	5.42605	5.59667	5.77214	5.94545	6.05241	6.04586	5.88457	5.61252	5.23474
0.65	5.89263	6.01549	6.14324	6.20291	6.14616	5.95471	5.63450	5.21318	4.72733
0.80	6.25512	6.31921	6.33444	6.24756	6.02525	5.70166	5.26648	4.76643	4.23771
1.00	6.52059	6.46489	6.32326	6.07293	5.71108	5.25764	4.74355	4.20390	3.66996
1.25	6.48308	6.28818	6.03792	5.66294	5.20025	4.68043	4.13840	3.60455	3.10092
1.50	6.13410	5.96385	5.62448	5.18682	4.68371	4.15163	3.62239	3.11994	2.65924
2.00	5.35576	5.13434	4.74518	4.28320	3.79058	3.30103	2.83775	2.41450	2.03776
2.50	4.62872	4.35330	3.97832	3.55144	3.11242	2.65448	2.29573	1.94294	–
2.75	4.27164	4.00979	3.65259	3.25067	2.84134	2.44892	2.08762	–	–
3.25	3.65769	3.42362	3.10799	2.75730	2.40360	2.06703	1.75891	–	–
3.50	3.39607	3.17695	2.88212	2.55531	2.22628	1.91363	1.62774	–	–
3.75	3.16214	2.95740	2.68229	2.37754	2.07088	1.77965	1.51350	–	–
3.00	3.94877	3.70039	3.36357	2.98757	2.60698	2.24383	1.91066	–	–
4.00	2.95306	2.76196	2.50512	2.22048	1.93399	1.66191	–	–	–
5.00	2.31423	2.16708	1.96787	1.74437	1.52184	1.30871	1.11322	–	–

the theoretical curve, except that its co-ordinates are shifted over $-\log(2\pi a_g)$.

4. Experimental

The carbon black dispersions were prepared by means of an ultrasonic vibrator TG 250 (Schoeller & Co., Frankfurt (Main)) 10–15 mg of the black were dispersed in 50 ml distilled water with the aid of 5 ml 0.2% Vultamol solution (Vultamol is a sodium salt of alkylated naphthalene sulphonic acid). The vibrator was operated for 3 min at an intensity of approx. 18 W/cm^2.

After proper dilution the turbidity of the black dispersions was measured over the wave length range of $\lambda = 200$–1100 nm, employing a Zeiss Spectrophotometer PMQ II. A special arrangement prevented that stray and secondary scattered light would reach the phototube.

The recovery of the blacks by ozonolysis was done by suspending the comminuted vulcanizate in chloroform and cooling the suspension to a temp. of -20 °C. Ozone was then led through for a period of 3 hrs. Subsequently the carbon black was separated by filtration, washed several times with chloroform and dried.

The vacuum pyrolysis of the comminuted vulcanizate scraps was carried out in an oven at 600 °C, using a quartz tube to hold the material. A water-jet pump produced the necessary vacuum. The carbon black obtained was next powdered by milling.

5. Results and discussion

The experimental results $s(\lambda)$, i.e. specific turbidity as a function of the wavelength, were plotted on transparent log-log graph paper, with the specific turbidity s as ordinate and the wave number $\nu = 1/\lambda$ as abscissa. By parallel shifting the experimental curves can be superimposed upon the theoretical curves, as illustrated in figure 3. By the matching procedure σ_g is estimated. The radius a_g can be calculated from the corresponding abscissa-values $(\alpha_g)_{max}$ and ν on the superimposed curves. In figure 3 the co-ordinates between the square brackets belong to the experimental curves.

The experimental curve section in the ultraviolet ($\lambda = 200$–300 nm) deviates from the theoretical curve, probably caused by a strong absorption of the dispersing agent or by functional groups on the surface of the black. This deviation is stronger for the colour blacks, e.g. HCCI (9). The maxima of the experimental turbidity spectra mostly lie outside the measured wavelength range or are masked by this strong absorption.

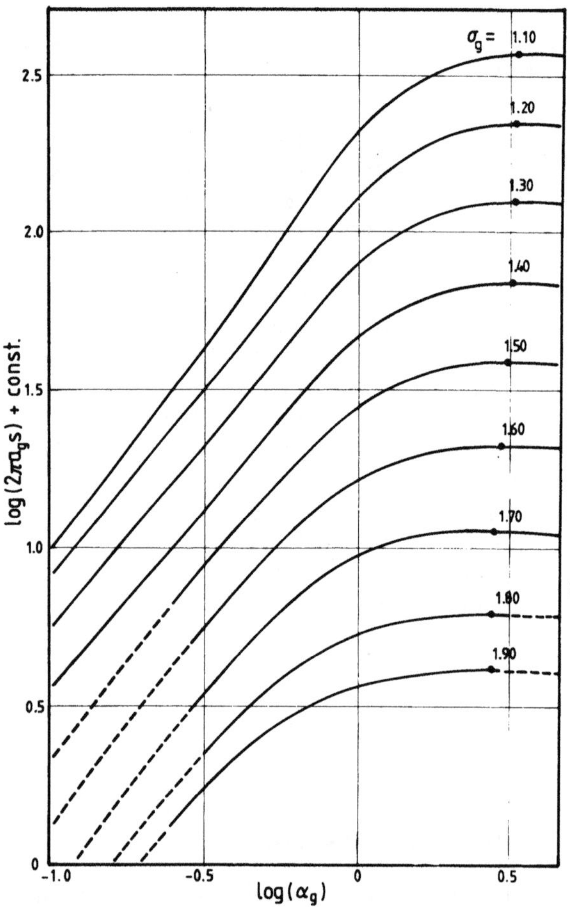

Fig. 2. Plots of $\log(2\pi a_g s)$ against $\log(\alpha_g)$ for various values of σ_g

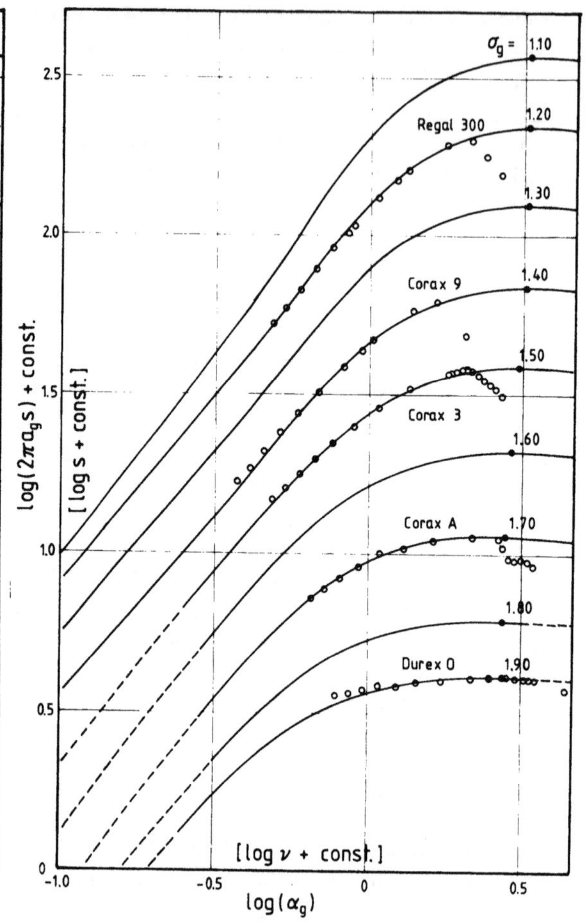

Fig. 3. Experimental turbidity spectra $\log(s)$ vs. $\log(\nu)$ are superimposed upon the theoretical turbidity spectra $\log(2\pi a_g s)$ vs. $\log(\alpha_g)$ showing the curve-matching technique

Figure 4 shows the experimental curves of commercially obtainable black types, some of which were already presented in figure 3.

In table 2 the parameters of the size distribution obtained from the turbidity spectra are listed and compared with the size of corresponding blacks that can be found in the literature. The a_{St} are the *Stokes* radii as estimated by *Heckman* et al. (10) using the Joyce Loebl disc photosedimentometer. Within the experimental error there is good agreement between the results.

The order of magnitude of the particle size found in this study comply also with the aggregate size of experimental carbon blacks measured by *Kraus* et al. (11) by ultrafiltration of black dispersions.

Thus the size obtained by the method described in the present work should correspond to the "primary aggregate" size as has been shown by *Heckman*, *Medalia* and *Heckman* et al. (12, 13, 14) using electron microscopic techniques. This aggregate consists of individual spherical black particles fused partly together to a unity and represents the smallest dispersible unit of carbon black.

In a previous work (1) using the "dispersion-quotient" method for size determination based upon the ratio of the turbidity at two wavelengths yielded higher aggregate sizes than the present method based upon the turbidity spectra taking into consideration the effect of size distribution as well. Presumably the present results should conform better to the actual aggregate sizes of the carbon black in aqueous dispersion.

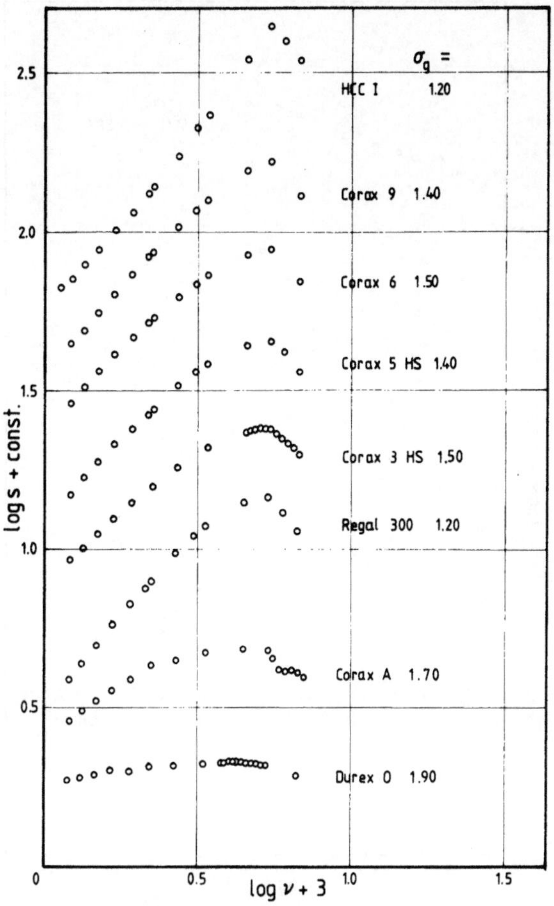

Fig. 4. Experimental turbidity spectra log(*s*) + const. plotted against log(ν) of some commercially carbon blacks. The const. was so chosen that the curves can be depicted separately

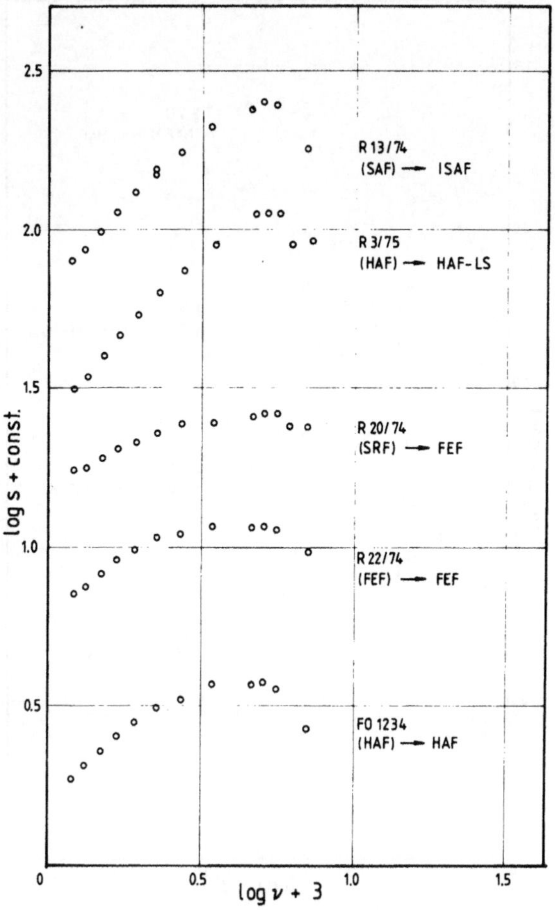

Fig. 5. Experimental turbidity spectra log(*s*) + const. against log(ν) of some blacks recovered from vulcanizates by ozonolysis

Table 2. Widths of distribution and mean aggregate radii of black samples examined

sample	black type	width of distribution σ_g	aggregate radius a_g (nm)	Stokes radius a_{st} (nm) (10)
HCCI	colour	1.20	26	
Corax 9	SAF	1.40	46	36
Corax 6	ISAF	1.50	52	48
Corax 5	ISAF-HAF	1.40	59	
Corax 3	HAF	1.50	60	
Vulcan 3	HAF	1.40	62	58
Regal 300	HAF	1.20	60	
Corax A	FEF	1.70	71	
Durex O	SRF	1.90	96	

Based on the results shown in table 2 five main black types can be distinguished:

Colour black HCCI, very small aggregate radius ($a_g = 26$ nm), narrow size distribution ($\sigma_g = 1.20$)

SAF (Super Abrasion Furnace) – Corax 9, small aggregate radius ($a_g = 46$ nm), medium size distribution ($\sigma_g = 1.40$)

ISAF (Intermediate Super Abrasion Furnace) – Corax 6, slightly coarser ($a_g = 52$ nm), medium size distribution ($\sigma_g = 1.50$)

HAF (High Abrasion Furnace) – Corax 5 (classified between ISAF and HAF), Corax 3, Vulcan 3, Regal 300, aggregate radius about 60

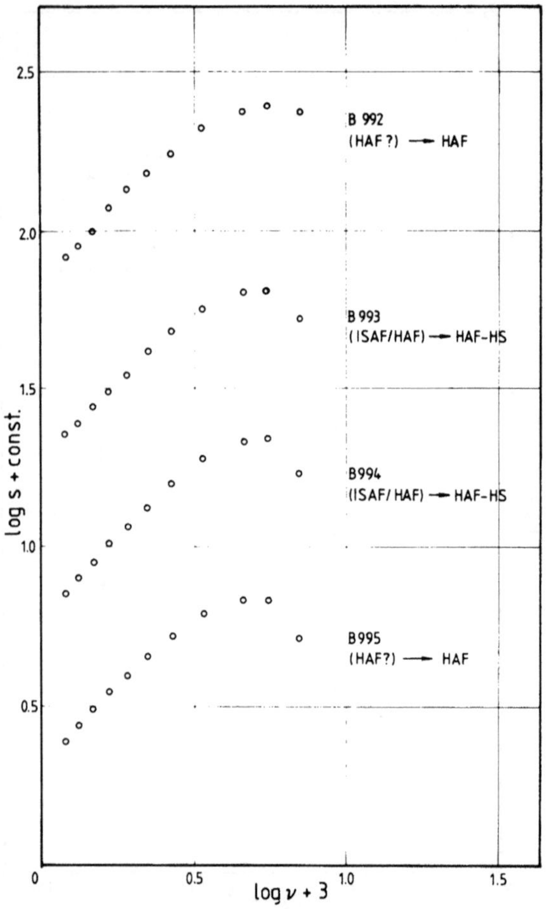

Fig. 6. Experimental turbidity spectra of some blacks recovered from tyre scraps by vacuum pyrolysis

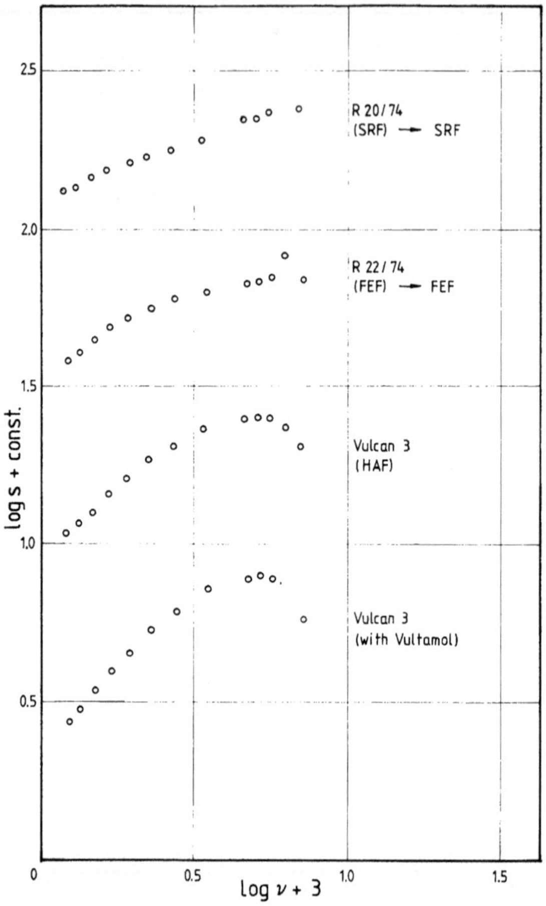

Fig. 7. Experimental turbidity spectra of some blacks recovered by ozonolysis dispersed in pure water. For comparison two experimental curves of Vulcan 3, dispersed in water with and without Vultamol, are also depicted

nm, medium size distribution $\sigma_g = 1.40–1.50$ (with the exception of Regal 300 where $\sigma_g = 1.20$)

FEF, SRF (Fast Extrusion Furnace and Semi Reinforcing Furnace) – Corax A, Durex O, relatively large aggregate size ($a_g = 71–96$ nm), broad size distribution ($\sigma_g = 1.70–1.90$).

Upon comparison of the experimental curves of two very different black types, e.g. Corax 3 and Durex O, a pronounced difference in the slope of the curves may be noticed, indicating a difference in σ_g or the size distribution. The determination of a small difference in the breadth of size distribution is difficult, as the turbidity spectra vary only slightly with σ_g. One may compare e.g. the experimental curves of Corax 3 with Corax 5 or Corax 6. If one has to choose between neighbouring σ_g values, this will result in a slight deviation in the a_g values.

In case the experimental curve cannot be matched with a theoretical curve, it must be assumed that the dispersed particles have a size distribution other than the logarithmic normal one or the Mie scattering theory cannot be applied to the system.

The method of the turbidity spectra offers, notwithstanding the above mentioned drawbacks, a method for the qualitative characterization of the black types in black filled vulcanizates. The black can be isolated from the vulcanizates by vacuum pyrolysis or ozonolysis.

Figure 5 shows the turbidity spectra of such blacks recovered by ozonolysis. The curves can be fully matched with those of the original blacks in most cases. Though the recovered blacks could not be completely dispersed, it is evident that the dispersible portion is characteristic for the black type concerned. In the figure the original black is designated between brackets, the arrow indicates the black that is found.

Likewise the blacks from tyre scraps were recovered by vacuum pyrolysis. Figure 6 shows the experimental curves of such blacks. The identification of the black type is in most cases fairly certain, if the sample does not consist of a blend.

The blacks recovered by ozonolysis were sufficiently hydrophilic to be dispersed in pure water. The turbidity spectra of these hydrophilic blacks are presented in figure 7. In spite of qualitative agreement the recovered blacks did not possess the same reinforcing properties as the original blacks. The reason for this poor technological behaviour may be essentially the fact that the non-dispersible portion amounted to more than 50% and contained non-black components. However, surface morphology and structure should play a role in this respect.

Summarizing it can be put forth, that the method of the turbidity spectra offers the following advantages:
Only a small quantity of sample is required. The size distribution can be estimated and the mean particle size is better defined. Moreover the method provides a means to identify qualitatively the black type in black-filled vulcanizates.

Acknowledgements

The author wishes to thank the Dunlop AG, Hanau for the permission to publish this paper.

Thanks are also due to Mr. *W. Himmel* for his co-operation in carrying out the computer programme and Mr. *O. Bieber* for the recovery of the blacks. Finally, he gratefully acknowledges the encouragement and interest of Prof. Dr. *H. Schnecko* and Dr. *G. Angerer* in this study.

Summary

From the spectral transmission measurements of some carbon black types the size distribution was estimated. For a logarithmic normal distribution a programme was written in the Fortran IV language to compute the theoretical turbidity spectra. As far as known, such computations have only been carried out for non-absorbing particles.

By superimposing the measured turbidity curves upon the computed set of curves the parameter σ_g and a_g of the logarithmic normal size distribution could be determined. It shows that the colour black HCCI has a narrow, SAF-, ISAF- and HAF-blacks medium, whereas FEF- and SRF-blacks have broad size distribution. The aggregate radii increase from 26 to 96 nm in the order HCCI-, SAF-, ISAF-, HAF-, FEF- and SRF-black.

As the turbidity spectra are characteristic for a black type, this method can be used for the identification of carbon blacks.

Zusammenfassung

Aus Messungen der spektralen Durchlässigkeit der Suspension einiger Rußtypen wurde die Teilchengrößenverteilung ermittelt. Für eine logarithmische Normalverteilung wurde ein Programm in der Fortran IV Sprache zur Berechnung der theoretischen spektralen Trübung aufgestellt. Soweit bekannt, sind solche Berechnungen nur für nichtabsorbierende Teilchen durchgeführt worden.

Durch Einpassen der gemessenen Trübungskurven in die berechnete Kurvenschar konnten die Parameter σ_g und a_g der log-normalen Teilchengrößenverteilung bestimmt werden. Es zeigt sich, daß der Farbruß HCCI eine enge, SAF-, ISAF- und HAF-Ruße mittelmäßige, während FEF- und SRF-Ruße breite Teilchengrößenverteilungen haben. Die Aggregatsradien nehmen in der Reihenfolge: HCCI-, SAF-, ISAF-, HAF-, FEF- und SRF-Ruß von 26 bis 96 nm zu.

Da die spektrale Trübung charakteristisch für einen Rußtyp ist, kann diese Methode zur Identifizierung der Ruße verwendet werden.

References

1) *Ng, T. S.*, Angew. Makrom. Chem. **44**, 165–180 (1975).

2) *Dettmar, H.-K., W. Lode, E. Marre*, Kolloid-Z. Z. Polymere **188**, 28 (1963).

3) *Weber, H. H.*, Kolloid-Z. Z. Polymere **188**, 40 (1963).

4) *Wallach, M. L., W. Heller, A. F. Stevenson*, J. Chem. Phys. **34**, 1796 (1961).

5) *Wallach, M. L., W. Heller*, J. Chem. Phys. **68**, 924 (1964).

6) *Walstra, P.*, J. Colloid Interface Sci. **27**, 493 (1968).

7) *Dreyer, J., G. Hilbig*, Plaste und Kautschuk **18**, 507 (1971).

8) *Medalia, A. I., E. M. Dannenberg, F. A. Heckman, G. R. Cotten*, Rubber Chem. Technol. **46**, 1239 (1973).

9) *Voet, A.*, Rubber Age **82**, 657 (1958).

10) *Heckman, F. A., E. Redman, J. E. Connolly*, Cabot Techn. Report, Complementary Studies of Carbon Black Aggregate Morphology by Analytical Centrifugation and Quantitative Image Analysis, Spring, 1977.

11) *Stacy, C. J., P. H. Johnson, G. Kraus*, Rubber Chem. Technol. **48**, 538 (1975).
12) *Heckman, F. A.*, Rubber Chem. Technol. **37**, 1245 (1964).
13) *Medalia, A. I.*, J. Colloid Interface Sci. **24**, 393 (1967).
14) *Hess, W. M., G. C. McDonald, E. Urban*, Rubber Chem. Technol. **46**, 204 (1973).

Author's address:
Tet Soei Ng
DUNLOP AG
FORSCHUNG
Dunlopstraße 2, Postfach 129
D-6450 Hanau

Für die Schriftleitung verantwortlich: Prof. Dr. G. Lagaly, Kiel
Dr. Dietrich Steinkopff Verlag, Saalbaustraße 12, Postfach 111008, 6100 Darmstadt 11
Herstellung: Meister Druck, 3500 Kassel

MELVIN W. HANNA

Quantenmechanik in der Chemie

Autorisierte Übersetzung von *Werner Georg Luck* und *Anette Holtkamp*

Mit Anmerkungen von *Werner A. P. Luck*

XII, 301 Seiten, 59 Abb., 18 Tab. DM 44,–

Hauptkapitel:

Mathematische Vorbemerkungen – Klassische Mechanik – Quantenmechanik – Spektroskopie und spektroskopische Messungen – Rotation und Schwingung von Molekülen – Die elektronische Struktur von Atomen – Moleküle und chemische Bindung – Die elektronische Struktur konjugierter Systeme – Magnetische Elektronen- und Kernresonanzspektroskopie – Anhang (Grundlagen des Molekülbaus – Grundlagen der Schrödinger-Gleichung – Orthogonalitätsbeziehung der Wellenfunktion – Coulombkräfte als Ursache der Reaktionswärmen – Prinzipien der MO- und LCAO-Verfahren – Einige gruppentheoretische Bemerkungen)

Aus den Rezensionen:

Das hier erstmals in deutscher Übersetzung vorgelegte Studienbuch dient in didaktisch sehr geschickter Weise dem Chemiestudenten, der sich in das schwierige Kapitel der Quantenchemie einzuarbeiten hat. Es ist insbesondere auch später gut geeignet zur Vorbereitung und als Repetitorium für die anstehenden Examina. Dem ausgebildeten, praktisch tätigen Chemiker vermittelt es auf knappem Raum die notwendigen Informationen, über den gegenwärtigen Stand der Quantenchemie.

Chemie-Neuerscheinungen

Das Buch besticht sofort durch die Auswahl und Anordnung des Stoffes, die in der Tat geeignet sind, den Chemiker und den Chemiestudenten in die Begriffswelt der quantentheoretischen Atom- und Molekeltheorie und in die quantenmechanische Deutung der chemischen Bildungsphänomene einzuführen . . . Das Buch scheint dem Rezensenten eine erfreuliche Bereicherung auf einem Gebiet zu sein, auf dem gute Lehrbücher bisher zu den Raritäten zählen.

Farbe und Lack

Zur Selbstkontrolle des Lesers sind im Text Übungsaufgaben eingefügt. Am Ende eines jeden Kapitels befindet sich eine kurze Zusammenfassung, und es werden Begriffe aufgeführt, die dem Leser nach der Lektüre vertraut sein sollten. Sicher eine nützliche Hilfe für den Studierenden. Für den in theoretischer Chemie weniger geübten deutschen Studenten hat Werner A. P. Luck zahlreiche erläuternde Fußnoten und einen Anhang angefügt.

Erdöl und Kohle, Erdgas, Petrochemie

GPSR Compliance

The European Union's (EU) General Product Safety Regulation (GPSR) is a set of rules that requires consumer products to be safe and our obligations to ensure this.

If you have any concerns about our products, you can contact us on ProductSafety@springernature.com

In case Publisher is established outside the EU, the EU authorized representative is:

Springer Nature Customer Service Center GmbH
Europaplatz 3
69115 Heidelberg, Germany

Batch number: 10578403

Printed by Printforce, the Netherlands